教育部高等学校轻工与食品学科
教学指导委员会专业特色教材

油脂精炼与加工工艺学

第二版

何东平　闫子鹏　主　编
刘玉兰　齐玉堂　罗　质　副主编
陈文麟　主　审

化学工业出版社

·北京·

本书系统地介绍了毛油的来源及组成、毛油的初步处理、油脂脱胶、油脂脱酸、油脂脱色、油脂脱臭、油脂脱蜡、油脂分提、油脂氢化、油脂酯交换、油脂深加工产品、油脂产品包装及储存、油脂检验分析、油脂精炼实例及附录等内容。阐述了油脂精炼和加工过程的基本原理、工艺流程及相关参数、设备结构及操作方法。

本书是轻工、食品科学与工程专业的本、专科教材，也可作为相近专业师生和从事油脂加工科学研究、生产技术人员的参考书。

图书在版编目（CIP）数据

油脂精炼与加工工艺学/何东平，闫子鹏主编 . —2 版 . —北京：化学工业出版社，2012.7（2025.7 重印）
教育部高等学校轻工与食品学科教学指导委员会专业特色教材
ISBN 978-7-122-14285-6

Ⅰ . 油… Ⅱ.①何…②闫… Ⅲ.①油脂制备-精炼-方法-高等学校-教材②油脂制备-生产工艺-高等学校-教材
Ⅳ. TQ644

中国版本图书馆 CIP 数据核字（2012）第 094778 号

责任编辑：何 丽 徐雅妮 装帧设计：关 飞
责任校对：陈 静

出版发行：化学工业出版社（北京市东城区青年湖南街 13 号 邮政编码 100011）
印 装：北京科印技术咨询服务有限公司数码印刷分部
787mm×1092mm 1/16 印张 23 插页 2 字数 593 千字 2025 年 7 月北京第 2 版第 5 次印刷

购书咨询：010-64518888 售后服务：010-64518899
网 址：http://www.cip.com.cn
凡购买本书，如有缺损质量问题，本社销售中心负责调换。

定 价：69.00 元 版权所有 违者必究

编者的话

　　《油脂精炼与加工工艺学》于 2005 年出版，为适应油脂精炼和加工技术的发展，对第一版教材进行了增补，形成《油脂精炼与加工工艺学》的第二版。本书可作为从事油脂、粮食、农业、轻工、食品、贸易等专业的本科生教材及科研人员、企业技术人员及管理人员的参考书。

　　《油脂精炼与加工工艺学》是教育部高等学校轻工与食品学科教学指导委员会组织编写的专业特色教材之一。

　　民以食为天，油脂是人类食物供给中必不可少的。改革开放以来，中国人民的生活发生了翻天覆地的变化，对油脂的质量有了更高的要求，极大地推动了油脂精炼与加工技术的发展。经过近三十年的艰苦努力，中国的油脂精炼与加工技术和装备已基本与国际接轨，达到了世界先进水平。如今的超市里各种品牌的油脂产品琳琅满目，满足了人们的不同需求。

　　参加本书编写的有：武汉工业学院何东平（第 1 章、附录）、武汉工业学院张世宏（第 2、3 章）、河南工业大学刘玉兰（第 4 章）、武汉工业学院罗质（第 5、6 章）、武汉工业学院齐玉堂（第 7、8 章）、武汉工业学院胡传荣（第 9 章）、武汉工业学院姚理（第 10、11 章）、武汉工业学院刘良忠（第 12 章）、中粮北海粮油工业（天津）有限公司邓斌（第 13 章）、中粮北海粮油工业（天津）有限公司张毅新、河南华泰粮油机械工程有限公司、河南滑县粮机厂闫子鹏（第 14 章）；主编何东平、闫子鹏，副主编刘玉兰、齐玉堂、罗质。

　　本书编写过程中，得到了中国粮油学会油脂分会的大力支持；得到了王瑞元、张根旺、刘大川、胡键华、左恩南、姚专、刘世鹏、褚绪轩、王兴国、谷克仁、李子明、王玉梅、孙孟全、伍翔飞、傅敦智、胡新标、周伯川、陶钧、周丽凤、张甲亮、冉萍、陈德炳、沈金华、任卫民、刘喜亮、江汉忠、贾先义、景波和蒋新正等专家教授的指导。本书编写过程中，武汉工业学院任扬、佘隽、史文青、马寅斐、刘露、段愿、柴莎莎、胡晚华、邹翀、尤梦圆、双杨、刘金勇、王文翔、赵书林、闵征桥、柳鑫、孙红星和庞雪风等研究生参与了本书的书稿校订和绘图工作。在此向他们表示衷心的感谢。

　　诚请陈文麟教授为本书主审，并感谢他的全力支持。

　　由于编者水平有限，书中不妥或疏漏之处恐难避免，敬请读者不吝指教。

编者
2012 年 3 月于武汉

编者的话（第一版）

《油脂精炼与加工工艺学》是教育部高等学校食品科学与工程专业教学指导分委员会推荐的专业特色教材之一。

民以食为天，油脂是人类食物供给中必不可少的。改革开放以来，中国人民的生活发生了翻天覆地的变化，对油脂的质量有了更高的要求，极大地推动了油脂精炼与加工技术的发展。经过近三十年的艰苦努力，中国的油脂精炼与加工技术和装备已基本与国际接轨，达到了世界先进水平。如今的超市里，各种品牌的油脂产品琳琅满目，满足了人们的不同需求。为了适应油脂精炼和加工技术的发展，特组织了长期从事油脂专业教学和科研的人员编写《油脂精炼与加工工艺学》一书，作为从事油脂、粮食、农业、轻工、食品、贸易等专业的师生及科研人员、企业技术人员及管理人员的参考书。

本书由何东平主编，齐玉堂、罗质副主编。参加本书编写的有：武汉工业学院何东平（第1章）、张世宏（第2、3章）、罗质（第5、6章）、齐玉堂（第7、8章）、胡传荣（第9、12章）、姚理（第10、11章）；河南工业大学刘玉兰（第4章）；河南省滑县粮机厂闫子鹏（第13章）。

本书诚请陈文麟教授审阅全书，并感谢他的全力支持。

鉴于编者专业水平有限，加之付梓仓促，书中疏漏及不妥之处难免，恳请读者不吝赐教，以便匡正。

编者
2005 年 3 月于武汉

目 录

第 10 章　油脂酯交换

第 11 章　油脂深加工产品

第 12 章　油脂产品包装及储存

第13章 油脂检验分析

第14章　油脂精炼实例

附录　部分油脂质量的国家标准

参考文献

第1章　毛油的来源及组成

经压榨、浸出或水代法得到的未经精炼的植物油脂称为毛油。油料经磁选、筛选、破碎、轧坯、蒸炒后用机械挤压而制得的毛油，称为机榨毛油。油料经预处理（或用压榨饼）采用溶剂浸出等方法制得的毛油，称为浸出毛油。

1.1　毛油的组成及性质

毛油的主要成分是甘油三脂肪酸酯的混合物（俗称中性油）。除中性油外，毛油中还含有非甘油酯物质（统称杂质），其种类、性质、状态，大致可分为机械杂质、脂溶性杂质和水溶性杂质等三大类。见图1-1。

- 毛油
  - 甘油三脂肪酸酯混合物（中性油）
  - 杂质
    - 机械杂质
      - 泥砂
      - 料坯粉末
      - 纤维
      - 草屑
      - 金属
    - 胶溶性杂质
      - 水分
      - 蛋白质
      - 糖类
      - 树脂类
      - 黏液
    - 脂溶性杂质
      - 游离脂肪酸
      - 甾醇
      - 维生素（A、D、E、K）
      - 脂溶性色素
      - 烃类
      - 蜡及磷脂
      - 多环芳烃
      - 呈味物质

图1-1　毛油及其杂质的成分

1.1.1　水分

水分一般是生产或储运过程中直接带入或伴随磷脂、蛋白质等亲水物质混入的。常与油脂形成油包水（W/O）乳化体系，影响油脂的透明度，是解脂酶活化分解油脂的必需条件，不利于油脂的安全储存。生产上常采用常压或减压加热法脱除水分，常压加热脱水易导致油脂过氧化值的增高，不及减压加热脱水所得的油脂稳定性好。

1.1.2　固体杂质

毛油中通常含有一些油料饼屑、泥砂及草秆纤维等固体杂质，因这些杂质多以悬浮状态存在于油脂中，故称之为悬浮杂质。毛油中悬浮杂质的存在，对毛油的输送、暂存及油脂精炼效果都产生不良影响，因此必须及时将其从毛油中除去。

1.1.3　胶溶性杂质

胶溶性杂质以1nm～0.1μm的粒度分散在油中呈溶胶状态。其存在状态易受水分、温度及电解质的影响而改变，一般有以下几种。

1.1.3.1　磷脂

磷脂是一类结构和理化性质与油脂相似的类脂物。油料种子中呈游离态的磷脂较少，大部分与碳水化合物、蛋白质等组成复合物，呈胶体状态存在于植物油料种子内，在取油过程中伴随油脂而溶出。在毛油中的含量视油料品种和制油方法不同而异（一般毛油中含1%～3%），几种毛油中磷脂含量见表1-1。

1.1.3.2　蛋白质、糖类

毛油中的蛋白质大多是简单蛋白与碳水化合物、磷酸、色素和脂肪酸结合成的糖朊、磷朊、色朊、脂朊以及蛋白质的降解产物，其含量取决于油料蛋白质的生物合成及水解程度。

糖类包括多缩戊糖（$C_{18}H_{30}O_{16} \cdot 5H_2O$），戊糖胶、硫代葡萄糖苷以及糖基甘油酯等。

表 1-1   几种毛油的磷脂含量

油　　脂	磷脂含量/%	油　　脂	磷脂含量/%
大豆油	1.0～3.0	亚麻籽油	0.1～0.4
菜籽油	0.8～2.5	红花籽油	0.4～0.6
棉籽油	0.7～1.8	葵花籽油	0.2～1.5
花生油	0.3～1.5	小麦胚油	0.1～2.0
芝麻油	0.1～0.5	猪脂	0.05～0.1
米糠油	0.5～1.0	牛脂	0.07～0.1
玉米油	1.0～2.0	乳脂	1.2～1.5

游离态的较少，多数与蛋白质、磷脂、甾醇等组成复合物而分散于油脂中。这类物质亲水，对酸、碱不安定，故可应用水化、碱炼、酸炼等方法将其从油中分离出来。必须指出的是，蛋白质与糖类的一些分解物发生梅拉德反应产生的棕黑色色素，一般的吸附剂对其脱色无效，故须在油脂制取过程中加以注意。

1.1.4　脂溶性杂质

脂溶性杂质是指完全溶于油脂中呈真溶液状态的杂质。主要有以下几种。

1.1.4.1　游离脂肪酸

未熟油料种子中尚未合成为酯的脂肪酸和油料因受潮、发热、受解脂酶作用以及油脂氧化分解而产生的在油脂中呈游离状态的脂肪酸，称为游离脂肪酸。其含量视油料品种，储存条件不同而异，一般未经精炼的植物油脂中约含有 0.5%～5% 游离脂肪酸，受解脂酶分解过的米糠油、棕榈油中游离脂肪酸可高达 20% 以上。

1.1.4.2　甾醇

植物甾醇系广泛存在一般植物中脂质成分之一，人们从蔬菜、豆类、谷类等食品中，每人每日平均摄取量约 200～400mg。甾醇与胆固醇结构极为类似，如图 1-2 所示。其被人体摄取后，可与胆固醇竞争进入胆汁酸胶束中溶解，在小肠中抑制胆固醇吸收，具有降低血中胆固醇特别是低密度脂蛋白胆固醇的作用。甾醇一般在体内不易被吸收，蓄积性也低，因此它是安全性高，能降低胆固醇的天然成分。甾醇难溶于水。人们对甾醇已有长时间食用历史，很早以前就用作为抑制高血脂症的药物，但在食品中使用仍受到一定限制。

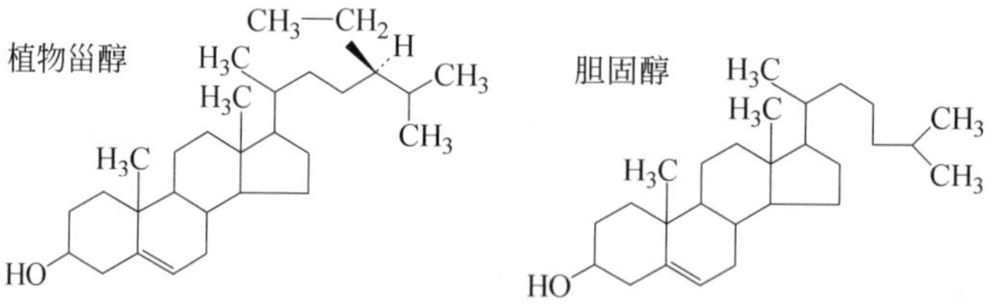

图 1-2　植物甾醇与胆固醇结构

甾醇是甾族化合物的一类，因在常温下呈固态，又俗称固醇。甾醇以游离、高级脂肪酸酯、苷三种形式存在于动、植物和微生物体内。甾醇与油脂共存，是油脂不皂化物的主要成分。甾醇是饱和或不饱和的仲醇，在结构上具有甾族化合物性质的有大豆甾醇、菜油甾醇、菜籽甾醇、麦角甾醇等。甾醇是具有旋光性的白色固体，经溶剂结晶获得的甾醇通常为针状或鳞片状白色结晶，其商品则多为粉末状、片状或颗粒状，甾醇相对密度略大于水，如胆甾醇为 1.03～1.07，麦角甾醇为 1.04。甾醇的熔点均在 100℃ 以上，最高可达 215℃。油脂中的甾醇大部分为无甲基甾醇，比例约为 50%～97%，其中以谷甾醇、大豆甾醇、菜油甾醇三种占总甾醇 50% 以上，各甾醇含量不低于 5%，其中又以谷甾醇含量最为集中、分布最广，在 60%～70% 的植物油脂中，谷甾醇的比例达 50%～80%。

1.1.4.3　维生素 E

维生素 E(V_E)，又称生育酚，为脂溶性维生素，是由 α、β、γ、δ-维生素 E 及 α、β、γ、δ-生育三烯酚组成的复杂混合物。维生素 E 在空气中会缓慢氧化，紫外线照射也可使其分解。它可以保护其他易被氧化的物质使其不被破坏，所以它是极有效的抗氧化剂，不仅可以防止油脂的自动氧化，对光氧化也有较好的延缓作用。几种主要食用植物油中维生素 E 含量及类型见表 1-2。

表 1-2　几种主要食用植物油中维生素 E 含量及类型

油脂	维生素 E 含量/(mg/100g 油脂)				生育三烯酚含量/(mg/100g 油脂)				总量/(mg/100g)
	α	β	γ	δ	α	β	γ	δ	
玉米油	22.3	3.2	79	2.6	—	—	—	—	107.1
大豆油	10.0	0.8	62.5	26.1	—	—	—	—	99.4
棕榈油	15.2	—	—	—	20.5	—	43.9	9.4	89
棉籽油	38.1	—	38.7	—	2.5	—	—	—	77.6
葵花籽油	59.9	1.5	3.8	0.7	—	—	—	—	68.4
菜籽油	18.4	—	38	1.2	—	—	—	—	57.6
红花籽油	36.6	—	—	1.0	—	—	—	—	37.7
花生油	13.9	3	18.9	1.8	—	—	—	—	37.7
芝麻油	1.2	0.6	24.4	3.2	—	—	—	—	29.4
橄榄油	16.2	0.9	1.0	—	—	—	—	—	18.7
椰子油	0.5	—	—	0.6	0.5	0.1	1.9	—	3.6
小麦胚油	115	66.0	—	—	2.6	8.1	—	—	192.0

1.1.4.4　色素

纯油脂应无色。天然油脂具有绿、红、黄等不同的颜色是由于色素溶于油脂所致。在食用油脂中，色素虽为微量成分，但对油脂的稳定性和营养价值有着十分重要的影响。油脂色素主要有叶绿素、胡萝卜素等，叶绿素广泛存在于植物油脂中，胡萝卜素存在于动物和植物油脂中。

(1) 叶绿素　叶绿素的结构十分复杂，主要有 α 型、β 型及去镁叶绿素 α 型、β 型。在植物油脂中含量由几毫克/千克到数万毫克/千克不等。叶绿素不易溶于水，易溶于有机溶剂，在碱液中稳定，在酸液中不稳定，因此酸性白土吸附叶绿素的效率高于中性白土。叶绿素有促进油脂氧化和抑制氢化效果的作用。当叶绿素含量大于 $20\mu g/g$ 时，随着光照时间的延长，氧化反应呈直线上升，并趋于单纯的光氧化反应，同时还伴随叶绿素的自身氧化。当叶绿素的含量为 $20\mu g/g$ 时，叶绿素 β 的助氧化能力远大于叶绿素 α。叶绿素的自身氧化以 β 型最快，其次是 α 型，去镁叶绿素相对比较稳定。值得一提的是，在黑暗条件下，实验证明油脂中的叶绿素反而会起抗氧化作用。抗氧化能力是去镁叶绿素最强，其次为 α 型，随着叶绿素含量的增加，抗氧化能力增强。叶绿素在氢化反应中对氢化反应的进行有明显的抑制作用，因此，用于氢化的植物油脂应在精炼过程中尽量除去叶绿素，以利氢化反应的顺利进行。

(2) 胡萝卜素　最早认为胡萝卜素是一个单纯的物质，后来发现，从不同来源得到的胡萝卜素的熔点、旋光性并不同。通过层析法分离，可知胡萝卜素有三种异构体。自然界最多的是 β-胡萝卜素，其次是 α-胡萝卜素，γ-胡萝卜素。α、β、γ 三种胡萝卜素都存在于油脂中，其中以 β-胡萝卜素为主，是油脂红色的主要成分，也是油脂中的天然抗氧化剂。它们还是维生素 A 源，一个 β-胡萝卜素分子氧化分解，可得到两个分子的维生素 A。α 及 γ-胡萝卜素一个分子能得到一个分子的维生素 A。

胡萝卜素在高温和光照下可氧化分解褪色而失去抗氧化作用，油脂迅速劣变。油脂在加热过程中有时颜色转浅就是这个原因。

1.1.4.5　棉酚

棉籽中充满色素腺体，内含一种高活性的多酚类化合物——棉酚或棉毒素，人和单胃动物食用后胃黏膜组织易受破坏，引起消化功能紊乱等疾患。棉酚是七十多年前由前苏联斯曼诺娃女科学家首先发现的。发展至今，人类不仅攻克了"棉酚"难关而广泛地品尝了棉籽蛋白质，而且还变毒为"宝"，充分利用"棉酚"之功能特性为人类健康服务。国际红十字会《药学》杂志刊登了棉酚具有杀菌作用的文章，提出用棉酚制成油膏治疗伤口，可刺激组织再生，促使伤口愈合。棉酚既有杀死疱疹病毒之功，也有抑制乳腺癌之效，还可以杀死90％黑瘤癌细胞与结肠癌细胞，并对老年慢性气管炎也有疗效。棉酚是棉籽中最重要的色素，占总色素的 20％～40％，为棉籽总量的 0.15％～1.8％。棉籽壳中棉酚含量约为 0.005％～0.01％；棉仁中含量约为 0.5％～2.5％。棉酚存在于棉仁中的色腺体中，占腺体总重的 35％～50％。色腺体又占棉仁重量的 1.2％～2.0％，直径 100～400μm，在显微镜下呈现晶莹夺目的黄色。包含色腺体壁对水以及极性有机溶剂很敏感，在与这些液体接触时就会破裂，从而释放出其内部所含的棉酚等色素。但是如果不与极性溶剂接触，色腺体可以承受很大的机械压力而保持完整。棉酚除了可作为男性抗生育用药外，也可适用于治疗女性某些激素依赖性疾病，如子宫内膜异位症、子宫肌瘤和痛经等。棉酚具有抗疟疾的作用，可杀死疱疹等病毒。此外，棉酚还对胃癌、肺癌、肝癌、结肠癌等有一定的疗效。棉酚及其某些衍生物具有抗氧化剂的性质，可用作氧化抑制剂。棉酚在橡胶、聚乙烯、聚丙烯生产以及作为火箭燃料中的抗氧化剂方面的应用已有相关报道。虽然棉酚有很高的抗氧化能力，但是因为本身的毒性，限制了棉酚在食品行业中的应用，一般仅作为化工产品的抗氧化剂。棉酚还可以作为石油、机械加工、筑路方面的稳定剂。棉酚经高水分蒸胚变成结合棉酚就失去了毒性，不溶于油而残留在饼粕里，棉籽储存发热过久、低水分、高温度和长时间的蒸炒，以及榨后毛棉油不及时冷却，均能产生变性棉酚和棉酚衍生物，从而使油色加深，不易被碱炼法脱除，在生产中应当尽量避免此类情况的发生。

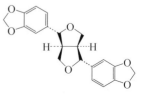

1.1.4.6　芝麻素

芝麻素为白色针状晶体，其结构如图 1-3 所示，熔点 120～121℃。未精炼芝麻油显著的稳定性在很大程度上归功于芝麻素、芝麻酚林和芝麻酚的存在。芝麻素早期主要用作除虫菊杀虫剂的辅助剂，因为它具有增效作用，并可降低生产成本。但是随着科学技术的发展，对芝麻素研

图 1-3　芝麻素分子结构

究的深入，高纯度的芝麻素逐渐应用在保健品和医药上。芝麻素在生物体内呈现较强的抗氧化作用，具有多种生理活性功能。过量的饮酒会引起肝脏中脂肪酸代谢的障碍，导致肝脏内脂肪的沉积。芝麻素能促进乙醇代谢，改善脂肪酸 β 氧化，这对过度饮酒而引起肝功能障碍的患者无疑是个福音。

1.1.4.7　糠蜡

糠蜡的主要组成为偶碳长链脂肪酸和偶碳长链脂肪族一元醇构成的蜡酯，其碳链总长度为 C_{44}～C_{62}，主要为碳链长度 C_{50} 以上的蜡酯。油脂中的蜂蜡、巴西蜡、糠蜡、棕榈蜡、棉花蜡和虫蜡等是这类物质的代表，米糠油、棉籽油、芝麻油、大豆油、葵花籽油及玉米油中含量较多，米糠可达 3％～5％，主要为蜂花醇蜜蜡酸酯和蜜蜡醇蜜蜡酸酯，它们的存在使油脂冷却时呈浑浊现象，影响油品的外观及质量，故应除去。

1.1.4.8　烃类

油脂中的烃类大多为不饱和高碳烃，含量约为 0.1%～0.2%，碳原子数从 C_{13}～C_{30} 均有。三十碳六烯在鱼肝油、橄榄油、棉籽油、米糠油中均有，花生油中有 C_{15}～C_{19} 的不饱和烃，大豆油中含有十八碳三烯，通常认为油脂的气味和滋味与烃类的存在有关，故要设法脱除。由于烃类在一定温度和压力下，其饱和蒸气压较油脂的高，故应用减压水蒸气蒸馏法将其脱除。

1.1.5　毒性物质

1.1.5.1　黄曲霉毒素

黄曲霉菌本身是无毒的，但在其繁殖代谢的过程中，可分泌出有毒的物质——黄曲霉毒素。黄曲霉毒素是一种剧毒物质，它损害动物的肝脏，引起肝细胞坏死、肝纤维化、肝硬化等病变。黄曲霉毒素是目前发现的最强的致癌物质之一。主要可诱发肝癌，还能诱发胃癌、肾癌、直肠癌及乳腺、卵巢、小肠等部位的肿瘤。黄曲霉毒素对人体健康威胁很大。目前已确定其化学结构的有黄曲霉毒素 B_1、B_2、C_1、C_2 等 17 种，其中 B_1 毒性最大。食物中的花生、花生油、玉米、大米、棉籽等最容易污染上黄曲霉毒素，小麦、大麦也常被污染，豆类一般污染较轻。我国卫生标准规定，花生、花生油、玉米中黄曲霉毒素含量不超过 $20\mu g/kg$；大米、食用油中不得超过 $10\mu g/kg$；其他粮食、豆类、发酵食品不得超过 $5\mu g/kg$；婴儿食品中不得有黄曲霉毒素。油脂加工中采用碱炼配合水洗的工艺条件下，才能使油脂中黄曲霉毒素降至标准含量以下，但碱炼皂脚及洗涤废水中可能含有毒素，须妥善处理，以免造成污染。黄曲霉毒素能被活性白土、活性炭等吸附剂吸附，在紫外光照下也能解毒，采用溶剂萃取、化学药品破坏和高温破坏等方法均可脱除。

1.1.5.2　多环芳烃

多环芳烃（PAH）是指两个以上苯环稠合的或六碳环与五碳环稠合的一系列芳烃化合物及其衍生物。如苯并（a）蒽、苯并（a）菲、苯并（a）芘 [简称 B(a)P]、二苯并（b，e）芘和三苯并（a，e，i）芘等。自然界中发现的 PAH 有 200 多种，其中很多具有致癌活性。B(a)P 是 PAH 类化合物中的主要食品污染物。植物油料在生长过程中，受空气、水和土壤的 PAH 污染，加工中由于烟熏和润滑油的污染或油脂在过高的温度下热聚变形成 PAH，使得毛油中普遍存在着 B(a)P，其含量约为 1～$40\mu g/kg$；PAH 对人体的主要危害可能是致癌作用，一般致癌物多在四、五、六环和七环范围内，都含有菲的结构，也可以认为凡具有致癌作用的多环芳烃都是菲的衍生物。油脂中的多环芳烃可采用活性炭吸附精炼或特定条件的脱臭处理方法来脱除。

1.1.5.3　农药

农药安全使用的主要任务和目标是加强农药的使用管理，做好甲胺磷等 5 种高毒有机磷农药的削减和禁用工作，全面限制和禁止使用高毒、高残留农药，大力推广高效低毒环保型化学农药和生物农药，努力推进施药机械的更新换代，实现农产品的无害化生产，确保食用安全，做好高毒农药取代工作。农业部和国家发改委 2003 年公布了甲胺磷、甲基对硫磷、对硫磷、久效磷、磷胺等 5 种高毒有机磷农药削减方案，分三个阶段完成削减计划。农药在防治农作物病虫害、去除杂草、控制人畜传染病、提高农畜产品的产量和质量、确保人体健康等方面，都起着重要作用。但化学农药的广泛大量使用，也造成了食品的污染。动植物油料由于喷洒农药直接污染水、土壤和空气，而被间接污染，以及经食物链生物浓集作用，都含有一定数量的农药。制油过程中部分转入毛油中，造成了油脂的农药污染。油脂中残留农药对人机体的危害表现在侵害肝、肾和神经系统，大剂量摄入则有致畸、致突变、促癌和致癌作用。只要精炼工序完整，经过脱臭处理后，油脂中残留的各类农药即会完全脱除。

1.2　油脂精炼的目的和方法

1.2.1　油脂精炼的目的

油脂精炼，通常是指对毛油进行精制，毛油中杂质的存在，不仅影响油脂的食用价值和安全储藏，而且给深加工带来困难，但精炼时，又不是将油中所有的"杂质"都除去，而是将其中对食用、储藏、工业生产等有害无益的杂质除去，如棉酚、蛋白质、磷脂、黏液、水分等除去，而有益的"杂质"，如维生素 E、甾醇等又要保留。因此，根据不同的要求和用途，将不需要的和有害的杂质从油脂中除去，得到符合一定质量标准的成品油，就是油脂精炼的目的。

1.2.2　油脂精炼的方法

根据操作特点和所选用的原料，油脂精炼的方法可大致分为机械法、化学法和物理化学法 3 种。具体的油脂精炼方法分类见图 1-4。上述精炼方法往往不能截然分开。有时采用一种方法，同时会产生另一种精炼作用。例如碱炼（中和游离脂肪酸）是典型的化学法，然而，中和反应生产的皂脚能吸附部分色素、黏液和蛋白质等，并一起从油中分离出来。由此可见，碱炼时伴有物理化学过程。

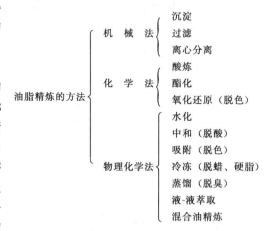

图 1-4　油脂精炼的方法

油脂精炼是比较复杂而具有灵活性的工作，必须根据油脂精炼的目的，兼顾技术条件和经济效益，选择合适的精炼方法。高烹油半连续精炼工艺流程见图 1-5（书后插图）。

第 2 章　毛油的初步处理

由压榨、浸出和水代法等方法制得的毛油，虽然经过了初步的油渣分离，但由于粗分离设备技术性能的限制，或由于储运过程中的混杂污染，毛油中仍然含有一定数量的机械杂质。这些机械杂质主要是料坯粉末、饼渣粕屑、泥砂、纤维等，其含量随油料品种、制油方法及操作条件的不同而有较大的差别，其颗粒大小和形状也不一样，粒度有大于 $100\mu m$ 的，有界于 $100\sim 0.5\mu m$ 之间的，还有小到 $100\mu m$ 而呈胶溶状的，它们分布在油相中构成悬浮体系，故有的称之为悬浮杂质。这些杂质的存在会促使油脂水解酸败，在精炼加工中容易造成离心机堵塞，在水化脱胶、碱炼脱酸时造成过度乳化。因此，机械杂质的去除是不可少的环节。

毛油中的固体颗粒组成比较复杂，颗粒承受压力的能力强弱不同，加之液相分散介质-油脂的化学组成和结构，以及毛油中水分、胶溶性和脂溶性组分的交错影响，因此与普通流体不同，属于非牛顿型流体之一，没有共同的黏性摩擦定律可以遵循，其黏度是随着悬浮固体微粒的浓度增加而增加的。

除了毛油原有的悬浮杂质外，在油脂精炼过程中还会形成新的悬浮体系，例如水化过程形成的油-磷脂油脚体系，碱炼过程形成的油-皂脚体系，脱色过程中形成的油-白土体系，脱蜡和脱脂过程中形成的高低凝固点组分体系等。

毛油的初步处理主要有重力沉降、过滤和离心分离等方法。

2.1　毛油的沉降

在重力作用下的自然沉降分离是最简单且最常用的分离方法。它是利用悬浮杂质与油脂的密度不同，在自然静置状态下，使悬浮杂质从油中沉降下来而与油脂分离。重力沉降的分离效率低，只适用于毛油中大颗粒悬浮杂质的分离和油脂水化脱胶或碱炼脱酸过程中胶粒皂粒的分离。当重力沉降用于微细粒子分离时，为了提高沉降速度，一般要进行凝聚处理。

2.1.1　沉降原理

悬浮于油脂中的单一颗粒，或者颗粒群充分地分散，以致颗粒不致引起碰撞或接触的情况下的沉降过程，称为自由沉降过程。若该颗粒是球形，则颗粒的理论沉降速度可用斯托克斯定律来描述。

$$u_e = \frac{d^2(\rho_1 - \rho_2)g}{18\mu_s}$$

式中，u_e 为颗粒的自由沉降速度，m/s；d 为杂质颗粒直径，m；ρ_1 为杂质颗粒密度，kg/m^3；ρ_2 为油脂的密度，g/cm^3；μ_s 为油脂与悬浮微粒组成的胶溶体系的动力黏度，Pa·s；g 为重力加速度，m/s^2。

由上列公式可知，颗粒的沉降速度与其直径、固液相密度差成正比，与体系黏度成反比。实际上，油脂悬浮体系中的颗粒形状是不规则的，球形度愈小的颗粒，其阻力系数愈大，因而实际沉降速度远小于理论值。此外，颗粒沉降速度受体系中颗粒浓度的影响，浓度增大时，使颗粒的下沉和流体的向上置换，会发生流体动力作用的相互影响，或者发生颗粒间的相互碰撞，使颗粒的沉降受到干扰，由此也使其实际沉降速度远小于理论值。

2.1.2　影响沉降的因素

（1）颗粒性质　悬浮颗粒的表面形状是影响颗粒沉降速度的重要因素。这是因为颗粒在流体中运动的阻力，是由表面阻力和形状阻力所组成的，它们都与颗粒的形状有关。形状不规则的颗粒比球形颗粒或颗粒聚集体的沉降速度要慢。凝聚或絮凝可将粒度不同、形状不规则的颗粒变成能够大大改善悬浮沉降性能的球形聚集体。此外，颗粒的粒度和密度等性质对沉降速度和沉降性质也有影响。高浓度的油脂悬浮体系中，颗粒的沉降属于干扰沉降，由于颗粒下沉和流体向上置换引起的相对速度效应以及颗粒的碰撞和凝聚作用等因素的影响，颗粒不是单个地而是成群地一同下降，这种受到阻碍的沉降速度远慢于自由沉降速度。通过观测不同颗粒浓度的絮凝悬浮液的沉降过程，归纳出低浓度、中浓度及高浓度悬浮液的沉降规律如下。

① 在低浓度悬浮液中，絮团单个地在介质中自由沉降，介质被置换并在絮团间向上流动。

② 在中浓度悬浮液中，絮团间的接触不够紧密，只要该悬浮液有足够的高度，絮团就能通过沟道沉降。这些沟道是在愈来愈多的置换介质（液体）被迫通过絮团间向上流动的诱导期中形成的。

③ 在高浓度悬浮液中，或较低浓度悬浮液沉降过程形成的中浓度区中，由于悬浮液的高度不够或保留在容器底部附近的介质（液体）量较少，不可能形成置换介质的流动沟道，因此介质只能通过初始颗粒间的微小空隙向上流动，从而使压实速度降低，于是整个沉降过程延长。

（2）凝聚处理　油脂悬浮体中的微细颗粒通过添加电解质可实现凝聚。凝聚包括颗粒的聚集和聚集颗粒的进一步絮凝。凝聚的深度影响絮团的密实程度和有效直径，而这些又主要取决于凝聚剂的类型和凝聚操作。因此根据悬浮颗粒的性质，选择合适的高效凝聚剂并注意操作，才能获得密实粗大的絮团，从而有利于提高沉降速度和缩短整个沉降过程，并使沉降油脚或皂脚中的含油量降到最低水平。

（3）器壁效应　沉降颗粒附近的静止器壁或边界，影响该颗粒周围的正常流型，因而会降低其沉降速度。这种容器器壁对颗粒沉降的阻滞作用称为器壁效应。实践说明，如果沉降容器直径与颗粒的直径比大于100，则沉降容器器壁对颗粒的沉降速度几乎无影响。沉降容器给予的悬浮液高度，一般不影响颗粒沉降速度和最终沉降油脚或皂脚的稠度。但若颗粒浓度高，则沉降容器应有足够的高度，以使整个沉降过程能有一段自由沉降时间。沉降容器的形状，只要器壁竖直，横截面积不随高度变化，则对沉降速度的影响较小，但当横截面积或器壁倾斜度有变化时，容器形状对沉降过程就会产生明显的影响。

（4）温度　由沉降公式可知，悬浮颗粒的沉降速度与体系的黏度有关，而温度是影响体系黏度的重要因素。在一定范围内，温度对体系黏度的影响呈反比例关系。因此调整体系温度即可改变黏度，从而有利于颗粒的沉降。对于胶溶性的悬浮体系，温度往往又是影响其稳定度的因素，所以温度降低到临界温度时，胶溶颗粒即会发生凝聚，而有利于沉降。由此可见，当采用重力沉降分离悬浮胶体颗粒时，体系温度的调整应不超过颗粒的凝聚临界温度。

由于油脂悬浮体中微细粒子的直径及其与油脂的密度差均很小，而且体系的黏度较大，因而沉降过程是很缓慢的。为了提高沉降速度，可以采用凝聚和降低体系黏度的方法。体系温度升高可以降低油脂黏度，从而有利于颗粒的沉降，但是体系温度的升高应以不超过颗粒凝聚的临界温度为限。沉降分离的温度一般保持在70℃左右。向油中添加电解质及水，可促使悬浮物凝聚或吸水膨胀，相对密度增大，从而提高沉降分离的速度。

2.1.3 沉降设备

重力沉降分离设备有沉降池、暂存罐、澄油箱等。澄油箱是最普通的一种毛油粗沉降分离设备，如图 2-1 所示。

澄油箱为一长方体，箱内有一回转的刮板输送机，油箱上面有一组特制的长形筛板。含渣毛油由螺旋输送机送入澄油箱内，经过静置沉淀，毛油通过几道隔板从溢流管流入清油池，然后泵入滤油机进一步分离其中所含的细渣。刮板输送机以很低的速度连续运转，输送机的刮板将沉入箱底的油渣刮运上来，在通过上面的筛板时，油渣中所含的油通过筛孔流入箱内，而饼渣则随着刮板移到箱的另一端，落入一条横穿澄油箱的螺旋输送机内，被送去进行复榨。

澄油箱的优点是对毛油中粗大饼渣的沉降效果好，机械化自动捞渣和回渣。其缺点是沉降时间长，分离后的油中含渣量及渣中含油量均较高。此外，澄油箱中热毛油有较长时间与空气接触，对毛油品质会产生不利影响。

重力沉降法在油厂应用较广。但在分离毛油中悬浮杂质时，由于悬浮颗粒直径很小，悬浮颗粒和油脂密度差也不大，而黏度较大，因此沉降速度很慢，不能适应工业生产的需要，一般油厂都是把沉降作为辅助措施，与过滤或离心分离配

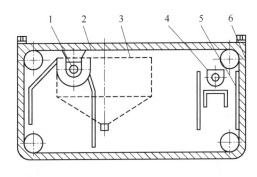

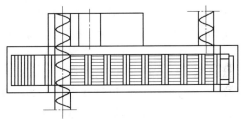

图 2-1 澄油箱的结构

1,4—螺旋输送机；2—筛板；3—清油池；
5—澄油箱壳体；6—刮板输送机

合使用，降低过滤和离心分离设备的负担。此外，间歇式碱炼中，油-皂分离，以及水洗时油-水分离也采用沉降的方法，这里的皂（或水）粒子较毛油中悬浮粒子大，油和粒子密度差也较大，操作温度又相对较高，因而沉降速度较快，可以适应中小型油厂生产的要求。

2.2 毛油的过滤

过滤法分离就是在重力或机械外力作用下，使悬浮液通过过滤介质，悬浮杂质被截留在过滤介质上形成滤饼，从而达到除去悬浮杂质的一种方法。这种方法可以用于悬浮杂质的分离，也可以用于工艺性悬浮体的分离。

根据过滤推动力类型的不同，过滤常分为重力过滤、压滤、真空过滤及离心过滤等。

（1）重力过滤 重力过滤的生产效率较低，仅在生产规模较小的工厂中应用。

（2）压滤 广泛用于固体含量为 1%～10%、可滤性差的悬浮液的分离，其推动力是输油泵输出压力或压缩空气，在油脂工厂应用最为普遍。

（3）真空过滤 真空过滤的推动力较小，因而只适用于细颗粒所占质量分数较低的悬浮液和可压缩滤饼的过滤。

（4）离心过滤 应用于固体含量较多而且颗粒较大的悬浮液的分离。离心过滤的推动力是离心力，转鼓带有过滤介质是这类过滤的共同特性。

2.2.1 过滤理论

2.2.1.1 过滤速率

过滤操作中最初为过滤介质所截留的仅是大于或相当于介质孔隙的颗粒，由于充填压缩

形成了一些更为狭窄的孔道，从而有可能截留悬浮液中的微细颗粒，因此可认为逐渐构成的滤饼才是实际的过滤介质。滤饼构成的过滤通道弯弯曲曲，交错联通，很不规则，加之胶黏颗粒的压缩影响，使得油脂悬浮体系的过滤复杂化，因为至今尚未作专题研究，故仍以过滤基本方程式作为油脂过滤过程的分析基础。过滤过程中任一瞬间的过滤速率都与过滤面积、过滤推动力、过滤介质及滤饼性质有关。

2.2.1.2　影响过滤的因素

（1）悬浮体系的性质　油脂悬浮体系中的固相含量、固体颗粒的粒度和机械性能直接影响滤饼的结构特性，直接影响过滤阻力和过滤速率。在推动力及悬浮体系其他参数相同的情况下，固相浓度愈大，则过滤速率愈慢。颗粒愈大愈坚硬，又有不可压缩性，则形成的滤饼阻力愈小，过滤速率愈快。颗粒的机械性能决定滤饼的压缩程度，进而影响过滤操作参数的选择。可压缩性滤饼主要是指胶性、纤维性杂质形成的滤饼；不可压缩性滤饼主要是指泥砂、饼渣等形成的滤饼。对于不可压缩性的滤饼，提高推动力是提高过滤速率的重要因素。对于可压缩性的滤饼，在过滤速率随推动力增大而加速的同时，滤饼孔隙率却随推动力的增大而缩小（滤饼阻力增大）。在低于临界推动力的情况下，随推动力正比例增加的流量超过因阻力增大而导致流量减小。但当高于临界推动力时，其结果截然相反。因此对于可压缩性颗粒的过滤，推动力不再是提高过滤速率的主要因素，并且还应该将其控制在临界值以下。一般对于可压缩性滤饼的过滤，可通过提高过滤温度、降低滤液黏度或掺入不可压缩性助滤剂来提高过滤速率。但过滤温度不能过高，以免胶溶性杂质溶解度增加。对于因工艺限制不能在较高温度下过滤的悬浮体系则往往通过添加溶剂或表面活性剂的方法，降低体系黏度，以提高生产率。过滤速率与悬浮体系的黏度成反比例函数关系。提高温度能降低油脂悬浮体系的黏度，从而可提高生产能力。

（2）过滤推动力　是指滤液通过滤饼和过滤介质时的总压强降。它可以随时间变化，也可以是常数，这取决于机械泵的特性或推动力源。

滤饼过滤初始阶段压强降较小，滤液累积体积随过滤时间呈线性增加。随着时间的延长，过滤介质表面截留的滤饼逐渐增厚，消耗在滤饼本身的压强降愈来愈大，结果使滤层阻力显著增大，导致流量逐渐减小，这时滤液累积体积与过滤时间呈曲线关系。欲维持初始阶段的流量，势必要增加机械泵的输出压力。此外，初始过滤阶段的推动力影响滤层颗粒的排列，当初始推动力过高时，会形成密实的底层滤饼，并使得部分微细颗粒填入过滤介质的毛油通道，从而降低了过滤速率。因此油脂悬浮体系的初始过滤阶段，不应追求高的过滤速率，而应获得理想的底层滤饼结构，以利于正常过滤阶段获得较高的过滤速率。

过滤推动力分为重力、加压、真空和离心力四种类型。加压过滤可借助泵的压力，迫使液体通过过滤介质，维持较高的压强差不但能提高过滤速率，而且对某些难过滤的悬浮液也唯有加压过滤才能行之有效，因此加压过滤在油脂生产中普遍采用。压滤所用的过滤推动力多为输油泵产生的流体压强，少数压滤设备的过滤推动力则由装有悬浮液的密闭容器中的气体压强所提供。油厂普遍采用的压滤泵有三缸油泵、蒸汽往复泵和齿轮泵等。

恒压过滤是将过滤操作的推动力维持在不变的过滤压力下进行的过滤方法。恒速过滤则是一种非恒压过滤，它在操作中以恒定的流量向过滤机供料，以维持过滤速率不变。实际上，整个过滤过程都在恒速和恒压下操作是不合适的，因为若整个过滤过程都在恒速条件下进行，则到过滤的末期，压力必然会升得很高，容易使设备发生故障。如果整个过程都在恒压下操作，则过滤刚开始时，滤饼很薄过滤阻力小，此时采用较高压力过滤，会使较细的颗粒通过过滤介质而使油脂浑浊，或堵塞介质的孔隙增大其阻力，降低过滤速率。压滤的主要设备是压滤机，由于压滤机滤室容积有限，当滤饼填满滤室时，即需停止供料，卸出滤饼。

因此压滤操作多为间歇作业。

(3) 过滤介质和助滤剂　过滤过程中,凡能截留固体而让液体通过的材料均可视为过滤介质。对过滤介质的基本要求是具有多孔性、阻力小、耐腐蚀、耐热,并有足够的机械强度。油厂采用的过滤介质有棉织品、毛织品、化纤织品、金属丝编织品以及工业滤纸等。常用的棉织品有:32S/8 棉帆布、32S/4 斜纹帆布、20S/6 无梭苦盖布和普通白细布等。常用的化纤织品有:240#、260#、261#、747#涤纶滤布和 928#维尼纶滤布等。以上经、纬股数多的用于粗油过滤,股数少的用于精油过滤,对于有特殊要求的精油过滤,还需要在粗滤布外层上覆盖一层白细布或工业滤纸。金属丝编织品常选用不锈钢丝产品。016-1 型筛网(100 目/in^2)(1in=0.0254m)多用于粗浓香花生油过滤;20#/180、24#/360 型过滤网(180 目/in^2、360 目/in^2)则用于浓香花生油过滤。

在过滤含有胶性颗粒或可压缩性颗粒的油脂悬浮液时,过滤介质的滤孔容易被油中的悬浮物堵塞而造成过滤速率降低,或者由于悬浮物微粒容易穿过过滤介质的滤孔而使滤液澄清度不够,为此可采用助滤剂来提高过滤效能。助滤剂表面具有吸附胶体颗粒的能力,能使可压缩滤饼形成较好的滤饼骨架,使得过滤孔道不易堵塞,从而有利于过滤速率和澄清度的提高。特别是对于滤液黏度大、含有可压缩颗粒以及一些受工艺限制不能在较高温度下过滤的悬浮体系,助滤剂的应用具有重要意义。

理想的助滤剂应具备的条件是:惰性好,不影响悬浮液的化学性质;不溶解于悬浮液;具有不可压缩性,在过滤机操作压强下,助滤剂滤饼应能保持高的孔隙度;颗粒小而多孔,形状不规则,从而可使助滤剂滤饼具有较高渗透性,构成的液流通道既小且多;价格低廉,货源充足。

油厂常用的助滤剂是硅藻土,其次有珍珠岩。硅藻土助滤剂由化石硅藻沉积物加工而成,其主要成分为二氧化硅。硅藻土助滤剂颗粒小、多孔、形状不规则、惰性好、不溶于油脂悬浮液,经过处理和分级,可以得到非常宽的粒级范围。一般情况下,使用细粒级的硅藻土可以达到较好的澄清度,而使用粗粒级的硅藻土可以获得较高的过滤速率。珍珠岩助滤剂由珍珠岩经膨胀、磨细和分级而成,主要成分为硅酸铝。在同样过滤条件下,用珍珠岩所得的澄清度不及用硅藻土高,但其滤饼的密度低(低于硅藻土 40%~50%),当其他过滤要求能获得满足时,这种低密度便成了优点。

任何滤饼过滤机都可使用助滤剂。压滤时助滤剂的典型用法分三个步骤,即预涂、混入悬浮液一起过滤以及卸除滤饼。预涂层悬浮液由滤清油与助滤剂调混而成,每平方米过滤面积所使用助滤剂量一般为 250~700g,密度小的助滤剂取下限,反之则取上限。混入悬浮液中一起过滤的助滤剂量,需视悬浮液固相颗粒浓度和性质而定,一般添加量为 0.1%~0.5%,粒度小的凝胶颗粒则需添加较多的助滤剂。当过滤阻力达到 0.34MPa 左右时,则应停止进油,卸除滤饼进行清理后再重复操作。

采用助滤剂虽然使过滤方便了,但给操作带来麻烦,并且增加了成品油的灰分,因此在选择过滤工艺时,应全面权衡。过滤的阻力包括过滤介质和滤饼阻力之和,开始过滤时,阻力只有过滤介质,随着过滤的进行,滤饼逐渐增厚,滤饼阻力逐渐成为主要阻力,而过滤介质的阻力常常可以忽略不计。

过滤阻力取决于滤饼的厚度和性质。滤渣可分为可压缩和不可压缩两种。在油厂过滤操作中,可压缩滤渣有磷脂、蛋白质、固态脂等。不可压缩滤渣有饼粕粉、泥砂等。在过滤不可压缩滤渣时,颗粒之间的位置及其间的孔道均不随压强的增大而改变;反之,可压缩性滤渣过滤时,粒子与粒子之间的位置及其间的孔道随压强的增大而变小,甚至堵塞,对清油的滤出产生阻碍作用。因此,为了使过滤能顺利进行,可在滤布上预涂一层性质坚硬的助滤剂或助滤剂均匀混于毛油中,之后再进行过滤。

　　(4)其他因素　悬浮液的输送方式对过滤过程也是重要的影响因素之一。低剪切力的泵可以避免絮凝颗粒或晶粒的破裂,脉冲小的泵可维持良好的滤饼结构,从而有可能获得较高的过滤速率。生产工艺对过滤过程的要求,例如要最大限度地去除固相,滤饼中的残油量要求尽量低,这些都影响到过滤设备和操作条件的选择。此外,间歇过滤循环周期长短的选择对生产率的影响也是重要的,只有选择合理的循环周期才能获得较高的经济效益。

2.2.2　过滤设备

2.2.2.1　厢式压滤机

　　厢式压滤机如图2-2所示。它的主要构件是一组垫有滤布的滤板,滤板为正方形,上有两个把手,垂直搁置在机座两边的横梁上。滤板两面有直的或其他形状的沟槽,滤板两面的周边都有凸出的边缘,每块滤板下部装有排油嘴。滤板中心有一圆孔,装置滤布时,用一特制的螺帽、螺栓将圆孔两侧的滤布锁紧,机座上有固定端板和可移动的端板。工作前,各滤板由压紧机构压紧而构成许多小室。过滤时,毛油通过滤板中心孔组成的输油通道进入滤室,在压力作用下透过滤布,从滤板槽内汇流到滤板下部的排油嘴流出,而杂质则被截留在

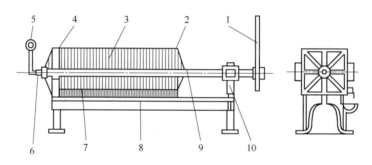

图2-2　厢式压滤机的结构示意

1—压紧装置;2—可移动端板;3—滤板;4—固定端板;5—压力表;6—进油管;
7—出油旋塞;8—集油槽;9—横梁;10—机座

滤室内。待滤室内的滤渣量增多、滤布上形成的滤饼厚度增加、进油压力升高至0.34MPa左右时,停止进油,通入压缩空气或水蒸气吹洗出滤饼内包裹的油脂,然后松开滤板,清除滤板网上的滤饼。

　　厢式压滤机滤室的容积较小,只适用于分离悬浮杂质含量不大的毛油。分离悬浮杂质含量较多的毛油时,最好采用板框式压滤机。

2.2.2.2　板框式压滤机

　　板框式压滤机与厢式压滤机基本相同,不同的是除滤板外,还有和滤板大小相同,周边是凸缘而中间空的滤框,滤布覆盖于滤板上,滤板与滤框相间排列,当压紧时,两块滤板之间所构成的滤室容积大大增加。过滤时,毛油在压力作用下通过滤布,沿滤板上的沟槽汇流到滤板下部的出油旋塞排出,滤渣则被截留在滤室(框)里。由于板框式压滤机较厢式压滤机的滤室容积大,无需频繁停机清理滤渣而使过滤周期延长。

　　板框式压滤机根据滤液引出的形式不同,分为明流式和暗流式两种。滤液从每片滤板出口旋塞直接流出的为明流式,滤液集中从尾板的出液口流出的为暗流式。油厂常用明流式,以便在个别滤布破损时,可及时发现并关闭相对应的阀门而不影响整个过滤机的工作。

　　板框式压滤机具有结构简单、过滤面积大、动力消耗低和工作可靠等优点,但操作劳动

强度大，生产效率较低，滤饼含油量较高。近年来，对其进行了改进，例如板框的压紧以电动液压千斤顶替代手动螺旋压紧装置；以塑钢板及塑钢网结构的滤板和滤框代替铸铁片造板框，大大减轻了设备质量；采用涤纶布为过滤介质；实现了液压紧板、机械松板和自动卸渣，从而降低了滤饼含油率，减轻了劳动强度，提高了生产效率。

压滤机使用的滤布常选用较高强度的20S/6无梭苦盖布。装置滤布时要安放平整，避免皱褶，用压紧装置把一块块滤板压紧后方可进行过滤。压滤机开始过滤时，由于适宜的过滤孔道尚未形成，滤出的油是浑浊的，必须回入待滤油中重新过滤，只有当滤渣层达到一定厚度，滤出的油澄清了，才能收集到清油池中。随着过滤时间的延长，当滤框中滤渣积聚到一定厚度，装在进油管上的压力表显示的过滤阻力达到一定数值时（一般为0.34MPa左右），压滤机就需要停机清理。压滤机在卸渣之前，要通入压缩空气，缓慢升压，把滤渣中的油脂挤压出来，以降低滤渣残油。清理滤渣时，旋开压紧机构，松开滤板，用小铲刀（最好是木制铲刀）把滤渣从滤布上刮下来，要避免损伤滤布。需定期更换和洗涤滤布，可用热水漂洗，切忌用碱水煮洗。

2.2.2.3　叶片过滤机

叶片过滤机有立式和卧式两种形式。立式叶片过滤机应用较广，当需要过滤面积很大时，为了方便卸料，通常采用卧式叶片过滤机。叶片过滤机最早用于含有白土的脱色油脂的过滤，近年来通过对其过滤介质和操作条件的改进，将其用于压榨毛油的过滤也取得了很好的效果。

立式叶片过滤机的结构如图2-3所示，它主要由罐体、过滤叶片、支撑杆、集油管、排渣碟阀、振动器、液压千斤顶和罐盖锁紧装置等组成。罐体是带有碟形盖和锥底的圆筒体，过滤叶片垂直安置在支撑杆和集油管间，通过偏心的压杆压紧，使其各叶片的出油口与集油管密封衔接（见图2-4）。滤叶上铺设不锈钢滤网。工作时待滤油由输油泵以一定压力送入罐内，油脂穿过滤叶上的滤网进入滤叶清油通道，汇入集油管被引出机外，悬浮杂质被截留在滤网表面形成滤饼，当滤饼达到一定厚度（极限拦截量1.0～1.2MPa）时，关闭进油阀，开启压缩空气，将罐内的油脂转入另一个过滤机并压出渣中

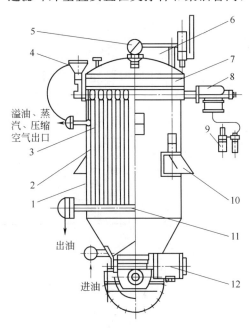

图2-3　立式叶片过滤机

1—罐体；2—工作腔；3—滤叶；4—锁帽；
5—压力表；6—碟形盖提升装置；7—碟形
盖；8—振动器；9—气阀；10—支座；
11—滤叶集油管；12—卸渣碟阀

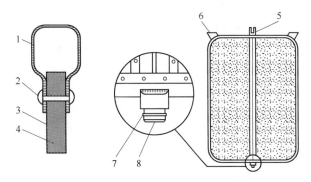

图2-4　过滤机叶片结构

1—集油滤叶框；2—铆钉；3—滤网；4—滤网衬；
5—偏心压杆楔槽；6—手拉环；
7—O形密封圈；8—出油口

残油，再用干燥蒸汽吹扫滤饼。吹扫结束后，降低罐内压力，启动脉冲振动装置将滤饼振离滤叶，然后打开底部碟阀，借助罐内的剩余压力将滤饼排出罐外。渣卸净后，关闭碟阀，切换调节有关管路阀门，转入下一个过滤周期，两机并联即可实现毛油（或脱色油）的连续过滤。

卧式叶片过滤机其基本结构和工作原理与立式叶片过滤机基本相同，只是卸渣作业是由快开碟形盖和推拉装置将滤叶拉出罐体外进行的，因而滤叶的清理更为彻底。

叶片过滤机结构紧凑，占地面积小，过滤面积大，操作维修简便，若辅以自控装置，则可使过滤作业实现连续化、自动化，因而已广泛应用于毛油中悬浮物的分离。

叶片过滤机的每一个过滤周期由 8 个步骤组成：①进油；②循环，该步骤需 4～6min，直到集油管出口端视镜可见完全清油为止；③过滤，过滤阶段的持续时间根据待过滤油悬浮颗粒含量和过滤速率计算确定，一般控制过滤叶片截留杂质量≤10～12kg/m²，过滤阶段控制过滤压力为0.35～0.40MPa；④转罐（排空），过滤阶段结束后，关闭进油阀，用 0.05～0.15MPa 压缩空气将罐内的待滤油转入另一过滤机；⑤吹饼，转罐结束后，用 0.2～0.3MPa 干燥蒸汽吹扫滤饼 15～20min，降低滤饼含油量。过滤粗油时，只宜采用压缩空气吹扫滤饼；⑥打开碟阀，滤饼吹干后，降低工作室压力，然后通过压缩空气转向阀或转动手柄打开碟阀；⑦卸滤饼，打开压缩空气阀，启动振动器约 1min，将滤饼从滤叶上卸下并排出工作室，如果排卸不彻底，可重复多次振动卸渣；⑧关闭碟阀，滤饼排尽后进行下一周期的过滤操作。

过滤作业中容易产生的不正常现象主要有以下几点。

① 滤液浑浊。原因是滤网破损、泄漏；滤叶出油口O形密封圈损坏或密封不严；过滤压力不稳定等。

② 梨形滤饼。原因是待滤油固、液相密度差大；固体颗粒大，在工作室中沉降。

③ 过滤压力上升快，过滤速率慢。可能是油渣或白土过细，或初始进油流量大，或待滤油含胶杂、含皂量大，或滤网堵塞。初滤油呈浑浊状，也需复滤，待油澄清后方可进入清油池。

2.2.2.4　圆盘过滤机

圆盘过滤机有一个圆筒形密闭工作室，内装水平或竖直放置的滤盘。如图 2-5 所示的立式圆盘过滤机主要由罐体、空心过滤轴、滤盘传动机构和卸渣阀门等组成。轴上段实心、中段空机由金属底盘、滤网架和不锈钢丝滤网构成的过滤圆盘与隔离环相间连接在中段空心轴上，离心排渣传动机构连接在过滤轴的上端。

当含悬浮颗粒的油脂由进油口泵进入工作室时，在泵的推动力下，油脂穿过滤网进入空心轴，经出油口排出；悬浮杂质（或脱色白土）被滤网截留形成滤饼。当滤饼达到一定厚度，达到罐所能承受的工作压力（0.5MPa）时，停止进油，改用压缩空气作推动力，继续过滤至最低工作位置后，由污油口放出剩余悬浮液，沥干滤饼，关闭压缩空气。开启电机，使滤盘上

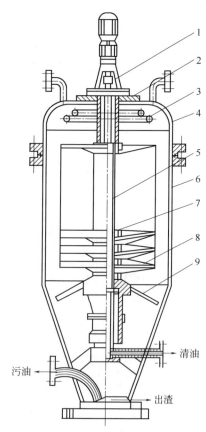

图 2-5　圆盘过滤机
1—传动轴；2—支撑架；3—毛油进口管；
4—顶盖；5—空心过滤轴；6—罐体；
7—隔离环；8—滤盘；9—排渣刮刀

的滤饼借助离心力和刮刀卸下，经排渣口排出。排渣后即可进行下一个过滤周期。

2.2.2.5　袋式过滤器

袋式过滤器有一个圆柱形立式金属外壳，里面有一个用带孔的金属板或金属网制成的篮子，篮子的内壁放置了一只布袋。一个壳体内也可以配置多个布袋。原料从壳体顶部进入，通过布袋及篮子，滤油从底部卸出。布袋的质地和孔径有多种，每个布袋的表面积从 0.05～0.40m^2 不等。这种装置的优点是投资小，容易清理；缺点是它的固体容量小，更换布袋的费用高。此外，因为很难有效地吹干过滤器中滤渣中的残油，因此油脂的损失较多。袋式过滤器要用于大型压滤机后面的补充过滤，如安装在板框压滤机和叶片过滤机后面，滤去由于大型过滤机渗漏随滤液排出的少量滤渣或助滤剂。用于补充过滤时，常用的滤布孔径为 10μm 左右。用于成品油脂精过滤时，常用的滤布孔径为 3～5μm。

2.3　毛油的离心分离

离心分离是利用离心力分离悬浮杂质的一种方法。虽然离心机种类很多，但其主要结构部分都是一快速旋转的转鼓，安装在垂直或水平轴上。转鼓可为有孔（孔上覆以滤网或其他过滤介质）和无孔式。当鼓壁有孔，转鼓在高速旋转时，鼓内液体受离心力的作用由滤孔迅速泄出，固体颗粒则截留在滤网上，这称为离心过滤。鼓壁无孔，则物料受离心力的作用按密度大小分层沉淀，密度最大的直接附于鼓壁上，密度最小的则集中于鼓中央，这称为离心沉降。

2.3.1　离心分离机理

2.3.1.1　离心沉降

理想固体粒子在离心力场中的沉降速度，通常可看作符合斯托克定律。重力沉降中的加速度为重力加速度，离心沉降中的加速度为离心加速度 $a = \omega^2 r$，离心沉降速度为：

$$u_r = \frac{(\rho_1 - \rho_2) r \omega^2 d^2}{18 \mu_s}$$

式中，u_r 为悬浮杂质离心沉降速度，m/s；ρ_1 为悬浮颗粒密度，kg/m^3；ρ_2 为油脂密度，kg/m^3；r 为旋转半径，m；ω 为旋转角速度，rad/s；d 为颗粒直径，m；μ_s 为悬浮液黏度，Pa·s。

离心沉降速度与重力沉降速度之比即分离因素 $a = \omega^2 r / g$。a 大，意味着分离过程迅速，分离效果好。转速高，转鼓直径大，a 就大。但是 r 大，转鼓壁所受的应力也大，对设备的机械强度要求也高，对于转鼓的转速、直径和设备的机械强度、刚度应综合考虑。

2.3.1.2　离心过滤

和一般的压力过滤相比，离心过滤推动力（离心力）大，过滤速率快、效果好。如应用重力沉降，沉淀物含油率在 60% 以上，压力过滤的滤渣含油率达 30%～50%，而离心过滤的滤渣含油率都在 30% 以下，有的在 10% 以下。

离心过滤速率符合过滤的基本方程，只是离心过滤和压力过滤不同：离心过滤的压力降 Δp 以及过滤面积是不断变化的。这是因为压力降 Δp 由离心力产生，而离心力随液体旋转半径改变而改变；过滤面积随滤饼厚度的增加而减小。

（1）离心压力降 Δp 的计算　以圆柱形筒体为例，微圆液体的离心力为：

$$dF_c = 2\pi h \rho \omega^2 r^2 dr$$

式中，h 为微圆悬浊液高度，m；ρ 为悬浊液密度，kg/m^3；ω 为转筒旋转角速度，rad/s；r 为微圆悬浊液旋转半径，m。

微圆液体的离心压力应为 $\mathrm{d}F_c$ 除以微圆表面积 $A = 2\pi rh$，即

$$\mathrm{d}p = \frac{\mathrm{d}F_c}{A} = \omega^2 \rho r \, \mathrm{d}r$$

在离心机内过滤时，过滤推动力为液体的离心压力，则过滤推动力可对上式积分：

$$\Delta p = \frac{\rho \omega^2}{2}(r_2^2 - r_1^2)$$

式中，r_2 为转鼓半径，m；r_1 为悬浮液表面距轴心的距离，m。

（2）离心过滤速率方程　为简化起见，设过滤介质（滤网）阻力可忽略，又设滤饼厚度与转鼓直径相比可忽略，则过滤面积 A 可以视为不变而等于转鼓内壁的面积，滤渣为不可压缩性滤渣，那么，过滤基本方程可演变成离心过滤速率方程：

$$\frac{\mathrm{d}V}{\mathrm{d}\tau} = \frac{\rho \omega^2 (r_2^2 - r_1^2) A^2}{2\mu r' W V}$$

式中，V 为悬浮液体积，m^3；τ 为过滤时间，s；r' 为单位压强差下滤饼比阻，$1/\mathrm{m}^2$；W 为过滤中单位滤液生成的滤饼体积，$\mathrm{m}^3/\mathrm{m}^3$；$\mu$ 为悬浮液黏度，$\mathrm{Pa \cdot s}$；ρ 为悬浮液密度，kg/mL；ω 为转鼓旋转角速度，$\mathrm{rad/s}$；r_2 为转鼓半径，m；r_1 为悬浮液表面距轴心的距离，m；A 为过滤面积，m^2。

2.3.2　离心分离设备

离心分离设备型式很多，沉降式离心设备在油脂工业中应用较普遍的是管式、碟式和螺旋型离心机。过滤式离心设备也有多种型式，但应用没有沉降式离心机普遍。毛油中悬浮杂质颗粒大小不均匀、黏稠，尤其是机榨毛油含渣量高，粒子粗硬，因此不少离心设备的应用受到限制。去除毛油中悬浮杂质的离心设备主要有卧式螺旋卸料沉降式离心机和离心分渣筛等。

2.3.2.1　卧式螺旋卸料沉降式离心机

卧式螺旋卸料沉降式离心机在轻化工业应用时间较早，近年来用于分离机榨毛油中的悬浮杂质，取得较好的工艺效果。

卧式螺旋卸料沉降式离心机主要由转鼓、螺旋推料器、传动装置和进出料装置等部分组成。其内部结构如图 2-6 所示，转鼓通过轴安装在机壳内。转鼓小端锥形筒上，均布有 4 个排渣用的卸料孔；转鼓大端螺旋轴承座溢流板上，均布有 4 个长弧形排出净油用的溢流孔。螺旋推料器上的螺旋叶为双头左螺旋叶、推料器的锥形筒上开有 4 个不在同一圆周上的圆孔，供排送悬浮液，螺旋外缘与转鼓内壁仅留很小间隙。转鼓小端装有传动装置，不仅使转

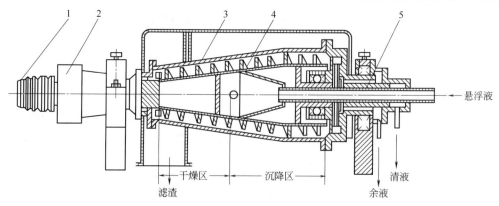

图 2-6　卧式螺旋卸料沉降式离心机内部结构
1—离心离合器；2—摆线针轮减速器；3—转鼓；4—螺旋推料器；5—进出料装置

鼓和螺旋推料器同轴转动，而且使两者维持约 1% 的速差，转轴为中空，供进料。

工作时，毛油自进料管连续进入螺旋推料器内部的进料斗内，并穿过推料器锥形筒上的 4 个小孔进入转鼓内。在离心力的作用下，毛油中的悬浮杂质逐渐均布在转鼓内壁上，由于螺旋推料器转速比转鼓稍快，两者间隙又很小，离心沉降在鼓壁内的饼渣便由推料器送往转鼓小端，饼渣在移动过程中，由于空间逐渐缩小，受到挤压，挤出的油沿转鼓锥面小端流向大端，饼渣则由转鼓小端 4 个卸料孔排出。当机内净油达到一定高度时，由转鼓大端 4 个长弧形孔溢流出去，这样连续地完成了渣和油的分离。

清油溢流口的位置对工艺指标影响较大，它既能决定转鼓内液体量，也能确定沉降区与干燥区的长度。一般地讲，设备结构一定时，干燥区长，渣中含油就低，但同时沉降区长度短，会导致沉降时间短，使清油含渣量增加；干燥区短，渣中含油就增加。所以必须根据毛油含渣量、清油含渣量或渣中含油量，合理调节溢流口的高度，以达到工艺要求。

用 WL 型离心机分离毛油中悬浮杂质的流程见图 2-7。

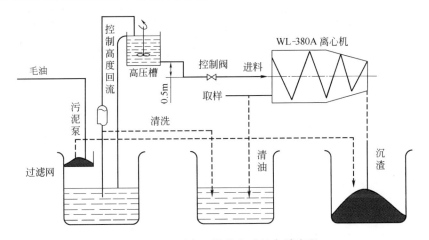

图 2-7　WL 型离心机分离毛油杂质流程

该流程中的液下泵输液量中，有一部分回入毛油池起循环搅拌作用，目的是使毛油杂质浓度相对稳定，以免杂质沉积不均影响转鼓动平衡。

该离心机加工精良，转速较高，要加强操作责任心和设备维护，才能取得满意效果。WL 型离心机的操作要点如下。

① 进油流量要稳定控制在一定范围，最好采用回流装置，使分离操作达到最好效果。

② 停机前要用清油冲洗，为下次启动创造条件。

③ 定期维护设备。对各润滑点经常加润滑油，特别是进料端螺旋上的两套推力轴承，缺少润滑油会出故障，且此处油孔较细，油路较长，时间长了加不进润滑油。启动前，打开减速器加油孔，注满润滑油后再启动（油塞处不能漏油）。

④ 在预榨-浸出工厂中，蒸炒条件要完全采用预榨要求的条件，减少饼渣，提高卧式螺旋离心机使用效果。

该装备分离因素较高，去杂效果较好，经过滤的毛油，含渣率可降至 0.3% 以下，渣中含油率一般在 30% 左右，生产连续，出渣自动并可均匀送回蒸炒锅，处理量大，结构紧凑，适应范围广（颗粒度 0.005～2mm，含量 2%～30%，温度 0～90℃，相对密度在 1.2 左右的悬浮液较合适），但设备制造要求高，螺旋叶易磨损，操作时调节较困难。

2.3.2.2　CYL 型离心分渣筛

CYL 型离心分渣筛是一种过滤式离心设备。其结构如图 2-8 所示，主要由转鼓、传动装置和进出料输送机组成。转鼓是水平卧置的截头圆锥，表面有孔并覆有滤网。

　　工作时，含渣毛油由输送机送入转鼓小端，在离心力的作用下，油脂穿过滤饼和筛网，汇流入滤清油箱内。转鼓内壁截留的饼渣沿倾斜鼓壁向转鼓大端移动，落入送渣输送机，达到毛油固液两相的分离。

　　CYL离心分渣筛结构紧凑，动力消耗不大，能连续地自动排渣，对含渣量大的毛油除渣效果较好，能对含渣毛油进行粗分离，使油中含渣率从15%～30%降到0.17%～1.5%。但渣中含油率达30%～40%，处理量小。此外，其过滤效果易受进料均匀程度的影响，易造成滤饼厚薄不匀，均有待进一步研究改进。

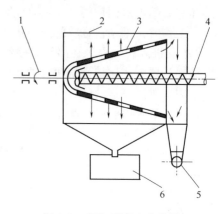

图2-8　CYL型离心分渣筛
1—传动装置；2—机壳；3—筛网转鼓；
4—含渣毛油输送机；5—出渣输送机；
6—滤渣油箱

　　离心分离是一种先进的分离悬浮液的方法，也是连续炼油的一种重要手段，产量高，分离效果好，消耗低。不仅用于毛油中悬浮杂质的分离，在碱炼中脱皂、水洗时脱水，以及脱胶、脱蜡、分提中都可使用。

第3章 油脂脱胶

毛油中含的磷脂、蛋白质、黏液质和糖基甘油二酯等杂质，因与油脂组成溶胶体系而称之为胶溶性杂质。这些胶溶性杂质的存在不仅降低了油脂的使用价值和储藏稳定性，而且在油脂的精炼和加工中，有一系列不良的影响，导致最终使成品油质量下降。例如胶质使碱炼时产生过度的乳化作用，使油、皂不能很好地分离，即皂脚夹带中性油增加，导致炼耗增加，同时使油中含皂增加，增加水洗的次数及水洗引起的油脂损失；脱色时胶质会覆盖脱色剂的部分活性表面，使脱色效率降低；脱臭时温度较高，胶质会发生碳化，增加油脂的色泽；氢化时会降低氢化速率等。因此油脂精炼工艺中一般是先脱胶。

脱除毛油中胶溶性杂质的工艺过程叫作脱胶。因毛油中胶溶性杂质主要是磷脂，所以工业生产中常把脱胶称为脱磷。在碱炼前先除胶溶性杂质，可以减少中性油的损耗，提高碱炼油质量，可以节约用碱量，并能获得有价值的副产品——磷脂。

脱胶的方法很多，如水化脱胶、酸炼脱胶、吸附脱胶、热聚脱胶及化学试剂脱胶等。油脂工业中应用最普遍的是水化脱胶和酸炼脱胶。对于磷脂含量多或希望磷脂作为副产品提取的毛油，在脱酸前通常进行水化脱胶。而要达到较高的脱胶要求，可能需要用酸脱胶，主要是用磷酸、柠檬酸等弱酸，而硫酸很少用于食用油的脱胶。一般用酸脱胶得到的油脚色深，且部分磷脂变质，不能作为制取食用磷脂的原料。

3.1 油脂水化脱胶

水化脱胶是利用磷脂等胶溶性杂质的亲水性，把一定数量的水或电解质稀溶液在搅拌下加入毛油中，使毛油中的胶溶性杂质吸水膨胀，凝聚并分离除去的一种脱胶方法。在水化脱胶过程中，能被凝聚沉降的物质以磷脂为主，此外还有与磷脂结合在一起的蛋白质、黏液物和微量金属离子等。

3.1.1 水化脱胶的基本原理

水化脱胶的原理基于胶体体系的基本特性和毛油中胶溶性杂质的胶体性。

3.1.1.1 溶胶的基本特性

溶胶体系最基本的特性是分散性和不稳定性。

（1）分散性 溶胶中粒子与介质间存在着界面，表（界）面积随粒子分散度的增加而增大。分散度是指单位体积物质的表面积，即比表面积 S_0，它与总表面积 S 和总体积 V 有如下关系：

$$S_0 = S/V$$

当胶粒为立方体时，若边长为 L，则

$$S_0 = 6L^2/L^3 = 6/L$$

当胶粒为球形时，若粒子半径为 r，则

$$S_0 = 4\pi r^2/(4/3\pi r^3) = 3/r$$

可见，比表面积与胶粒的大小成反比。胶粒越小，胶体的分散度越大，总表面积也越大。粒子的表面积大，意味着表面能大、吸附能力强及热力学上的不稳定性。若加入微量电解质，使胶粒吸附离子带上电荷，互相排斥，方可保持溶胶的高分散度。这里电解质对溶胶

体系起到稳定剂的作用。

（2）不稳定性　由于溶胶粒子具有高表面能，故粒子总要趋向降低表面能达到稳定的平衡状态，即粒子趋向于凝聚而沉降。如油脂在容器中保存一定的时间后，在其底部往往会有一些沉淀物。

在一定条件下，添加适量电解质以中和胶粒所带的电荷，或加热至适当温度，加剧布朗运动，增加粒子间的碰撞机会，并通过膨胀作用减弱胶核对离子的吸附作用，从而减少胶粒所带的电荷。这些方法都可加速胶粒的聚沉，此过程称为凝结，聚沉物称为凝胶。溶胶除了会凝结聚沉之外，其状态改变还有一种形式——胶凝，即在溶胶浓度相当大的时候，在少量电解质作用下，胶粒先定向排列，然后随着温度的变化形成网状体型结构，溶剂被包在网状结构的空隙中，使胶凝不能流动，呈现既非液态、又非固态的块状。在毛油水化过程中，因溶胶浓度小，一般不会发生胶凝现象，但在用盐析法回收碱炼皂脚中的中性油时，若条件控制不当，会发生胶凝。

3.1.1.2　毛油中胶溶性杂质的胶体性

毛油中的磷脂是多种含磷类脂的混合物。它主要由卵磷脂和脑磷脂组成。卵磷脂的化学名称为磷脂酰胆碱，脑磷脂过去认为就是磷脂酰乙醇胺。根据近年的研究报告，这种醇不溶性的脑磷脂是磷脂酰乙醇胺、磷脂酰丝氨酸和磷脂酰肌醇的混合物。磷脂分子比油脂（甘油三酸酯）分子中的极性基团多，属于双亲性的聚集胶体，既有酸性基团，又有碱性基团，所以它们的分子能够以游离羟基式和内盐式存在：

内盐式（偶极离子式）　　　　　　　　　游离羟基式

当毛油中含水很少时，磷脂以内盐式结构存在，这时极性很弱，能溶解于油中；毛油中有一定数量的水分时，水就与磷脂分子中的成盐原子团结合，以游离羟基式结构存在。在磷脂酰胆碱分子中，有两个游离羟基，一个在磷酸根上，是强酸性的；另一个在季铵碱上，是强碱性的，其酸碱强度相当，因此磷脂酰胆碱是中性的。磷脂酰乙醇胺分子中，磷酸根上有强酸性的游离羟基，氨基醇上有弱碱性的氨基，因此呈微酸性。磷脂酰丝氨酸分子中，有一个强酸性的游离羟基，一个弱酸性的羧基和一个弱碱性的氨基，所以呈酸性。磷脂酰肌醇分子中，有酸性的游离羟基，无碱性基团，所以也呈酸性。

当水分散成小滴加入油中时，磷脂分子便在水滴和油的界面上形成定向排列，疏水的长碳氢链留在油相，亲水的极性基团则投入水相。因为磷脂具有强烈的吸水性，其极性基团会结合相当数量的水。另外，水分子还会渗入极性基团邻近的亚甲基（—CH$_2$—）周围，以及进入两个磷脂分子之间。水的进入并没有破坏磷脂分子的结构，只是引起磷脂的膨胀。在水的作用下，磷脂分子可电离成既带阳电又带阴电的两性离子。磷脂不是以单分子分散在油中，而是以多分子聚集体——胶粒分散在油中，并且疏水基聚集在胶粒内部，亲水基朝向外部，胶粒表现为亲水性从油中析出。由于卵磷脂分子中酸性基团与碱性基团强度相当，电离后带的正、负电荷数量相等，因而卵磷脂分子缔合成的胶粒表面不存在扩散双电层，也就不存在一般胶粒间的电排斥力，由于卵磷脂胶粒间的色散力而存在引力，故容易聚结。脑磷脂分子中，由于其亲水基团的酸性大于碱性，因而电离后通常使脑磷脂离子带负电荷。由脑磷脂分子缔合成的胶粒，以及脑磷脂和卵磷脂缔合成的胶粒表面带负电荷。系统中一部分正离子（系水部分电离或电解质电离产生）排列在磷脂胶粒表面附近形成紧密层，该紧密层表面粗糙不平，在此紧密层的界面区域之外。随着与表面距离的增大，正离子由多到少，呈扩散状分布，构成了扩散双电层。脑磷脂粒子总是带着界面上紧密层的离子不断运动，这样在滑动界面上产生电位差，称为动电位。由于该动电位的存在，使胶粒之间存在着相互排斥的作用力。随着水化作用的进行，磷脂胶粒吸水越来越多，体积越来越大，使胶粒周围的扩散双电层发生重叠，这时胶粒之间的吸引力大于排斥力，胶粒在引力的作用下逐渐聚结。如果水化时加入的是电解质的稀溶液，由于电解质能电离出较多的阳离子，使表面双电层的厚度受到压缩，这样就降低了动电位，胶粒间的排斥力减弱，因此电解质的加入有利于胶粒的凝聚。电解质浓度越高，凝聚作用越显著。

水化时，在水、加热、搅拌等联合作用下，磷脂胶粒逐渐合并、长大，最后絮凝成大胶团。因为胶团的密度大于油脂的密度，所以可以利用其重力从油中沉降，或利用离心力使油和磷脂分离。胶团内部，疏水基之间持有一定数量的油脂。油脂、磷脂和水三者之间具有相互作用的力。当磷脂与油脂比例为 7：3 时，三者有最大的作用力，此时胶团很稳定，即使使用转速很高的离心机，也很难把油脂从胶团中分离出来，须通过适当的方法予以回收。

3.1.2　影响水化脱胶的因素

3.1.2.1　操作温度

胶体分散相在一定条件下开始凝聚时的温度，称为胶体分散相凝聚的临界温度。只有等于或低于该温度，胶体才能凝聚。临界温度与分散相质点粒度有关，质点粒度越大，质点吸引圈也越大，凝聚临界温度也就越高。毛油中胶体分散相的质点粒度，是随水化程度的加深而增大的。因此胶体分散相吸水越多，凝聚临界温度也就越高。

温度高，油脂的黏度低，水化后油脂和磷脂油脚分离效果好；温度高，磷脂吸水能力强，吸水多，水化速度也快，磷脂膨胀得充分，有些夹持在磷脂疏水基间的油被迫排出，因而水化温度高，有利于提高精炼率。但水、电、汽（气）消耗较高，磷脂油脚中含水高，不利于储存。

水化脱胶过程中，温度必须与加水量配合好。工业生产中往往是先确定工艺操作温度，然后根据毛油胶质含量计算加水量，最后再根据分散相水化凝聚情况，调整操作的最终温度。温度低，加水量少；温度高，加水量多。因为加水量少，磷脂吸水少，胶粒小，密度也小，由于布朗运动所引起的扩散作用与沉降方向相反，使胶粒比较难凝聚，即凝聚的临界温度较低，所以操作温度必须要相应降低，才能使油和磷脂较好分离；加水量大，磷脂胶体质点吸水多，胶团大，容易凝聚，临界温度较高，即在较高的温度下磷脂也能凝聚析出。

加入水的温度要与油温基本相同或略高于油温，以免油水温差悬殊，产生局部吸水不匀而造成局部乳化。终温不要太高，终温最好不要超过 85℃。高温油接触空气会降低油的品质。国内有些厂水化终温超过 95℃，这样不仅影响脱胶油的质量，而且这时水大量汽化，磷脂胶团在较强的搅动下不易下沉，甚至使磷脂浮在油面，增加操作的难度。实践证明，加水水化后温度升高 10℃ 左右，对于油和油脚的分离是有利的。

3.1.2.2　加水量

加水是磷脂水化的必要条件，它在脱胶过程中的主要作用：①润湿磷脂分子，使磷脂由内盐式转变成水化式；②使磷脂发生水化作用，改变凝聚临界温度；③使其他亲水胶质吸水改变极化度；④促使胶粒凝聚或絮凝。

水化操作中，适量的水才能形成稳定的水化混合双分子层结构，胶粒才能絮凝良好。在一定范围内，加入毛油中的水多，磷脂吸得也多，胶粒膨胀得也充分，使之易于凝聚，此时凝聚的临界温度也高；反之，加水量不足，磷脂胶粒较细则难凝聚，使毛油中的胶体杂质难以除净，影响脱胶油的质量。但如果加水太多，除了磷脂能吸收的水外，还有过量的水，就使油中含游离水，由于磷脂是一种油包水型的浮化剂，就会形成乳化，一旦发生乳化，必然给分离造成困难，即使用其他办法把油和磷脂油脚分开了，也必然大大增加油脂的损耗。

适宜的加水量要根据毛油中磷脂含量和水化操作的温度而定。生产中，可根据油中磷脂含量计算。高温水化时，加水量为磷脂含量的 3.5 倍左右；中温水化时，加水量为磷脂含量的 2～3 倍；低温水化时，加水量为磷脂含量的 0.5～1 倍。具体操作中，适宜的加水量可通过下列小样实验来确定。

（1）磷脂沉淀测量法　在工艺操作温度下，于已知磷脂含量的毛油样中分别加入不同量的水进行水化，测得油脚的丙酮不溶物与毛油中磷脂相当时的相应加入量为最适水量。

（2）显微镜观察法　取 20mL 试管数支，放入同量毛油，在工艺操作温度下，分别加入不同量的水进行水化。经 10～20min，稍加染料着色，取样镜观察，无水珠者表示加水量不足；有大量水珠者表示加水太多；有少量水珠者，则为最适加水量。

（3）糖液浓度法　利用一定温度下的标准浓度糖溶液具有定值折射率的物理性质，于水化净油中加入定量已知浓度的糖溶液，如果水化操作中加水过量，未被磷脂润吸的游离水分即会被糖溶液吸收，引起糖溶液浓度和折射率降低。根据糖溶液折射率的变化，可折算出最适加水量。

此外，加水量也与所用工艺有关，一般在同样温度下，采用间歇式脱胶工艺时加水量较多，而采用连续式脱胶时加水量较少。

3.1.2.3　混合强度与作用时间

水化脱胶过程中，油相与水相只是在相界面上进行水化作用。对于这种非均态的作用，为了获得足够的接触界面，除了注意加水时喷洒均匀外，往往要借助于机械混合。混合时，要求使物料既能产生足够的分散度，又不使其形成稳定的油-水或水-油乳化状态。特别是当胶质含量大、操作温度低的时候尤应注意。因为低温下胶质水化速度慢，过分激烈的搅拌，会使较快完成水化的那部分胶体质点，有可能在多量水的情况下形成油-水乳化，以致给分离操作带来困难。连续式水化脱胶的混合时间短，混合强度可以适当提高。间歇式水化脱胶的混合强度须密切配合水化操作，添加水时，混合强度要高，搅拌速度以 60～70r/min 为宜，随着水化程度的加深，混合强度应逐渐降低，到水化结束阶段，搅拌速度则应控制在30r/min 以下，以使胶粒絮凝良好，有利于分离。

水化脱胶过程中，由于水化作用发生在相界面上，加之胶体分散相各组分性质上的差异，因此胶质从开始润湿到完成水化，需要一定的时间，在适宜的混合强度下，给予充分的作用时间，才能保证脱胶效果。不同油品的水化时间，除由小样实验确定外，还可由操作经验加以判断。在加水量与操作温度相应的情况下，如果分离时，重相只见乳浊水或分离出的油脚呈稀松颗粒状，色黄并拌有明水，脱胶油280℃加热实验不合格时，即表明水化作用时间不足；反之，当分离出的油脚呈褐色黏胶时，则表明水化时间适宜。

水化反应是非均相物理化学反应，而且磷脂水化作用比较慢，因此从开始加水到水化完成，需要一定的时间才能保证脱胶效果。在连续脱胶工艺中，油和水快速混合后，一般经过另一设备絮凝一段时间后，才能进入离心机分离。间歇脱胶中，加完水后必须继续搅拌，直到胶粒开始长大，然后升到终温，促进胶团聚集。当油中胶体杂质较少时，胶粒絮凝较慢，应适当延长水化时间。

3.1.2.4　电解质

毛油中的胶体分散相，除了亲水的磷脂外，有时还含有一部分非亲水的磷脂（β-磷脂，钙、镁复盐式磷脂，溶血磷脂，N-酰基脑磷脂等），以及蛋白质降解产物（腙、胨）的复杂结合物，个别油品还含有由单糖基和糖酸组成的黏液质。这些物质有的因其结构的对称性而不亲水，有的则因水合作用，颗粒表面易为水膜所包围（水包分子）而增大电斥性，因此在水化脱胶中不易被凝聚。对于这类胶体分散相，可根据胶体水合、凝聚的原理，通过添加食盐或明矾、硅酸钠、磷酸、柠檬酸、酸酐、磷酸三钠、氢氧化钠等电解质稀溶液改变水合度、促使其发生凝聚。

电解质在脱胶过程中的主要作用如下。

① 中和胶体分散相质点的表面电荷点，消除（或降低）质点的 e 电位或水合度，促使胶体质凝聚。

② 磷酸和柠檬酸等促使钙镁复盐式磷脂、N-酰基脑磷脂和对称式结构（β-）磷脂转变成亲水性磷脂。

③ 明矾水解出的氢氧化铝以及生成的脂肪酸铝具有较强的吸附能力，除能包络胶体质点外，还可吸附油中色素等杂质。

④ 磷酸、柠檬酸螯合、钝化并脱除与胶体分散相结合在一起的微量金属离子，有利于精炼油气味、滋味和抗氧化稳定性的提高。

⑤ 促使胶粒絮凝紧密，降低絮团含油量，加速沉降速度，提高水化油脂的得率与生产率。

使用电解质既加快了沉降速度，又降低了磷脂油脚中的含油量，提高了水化效果，但要消耗一定量的辅助材料，增加溶盐的操作，对磷脂的综合利用也有一定影响。因此在正常情况下，水化脱胶时一般不用电解质。只是当普通水水化脱不净胶质、胶粒絮凝不好或操作中发生乳化现象时，才添加电解质。

电解质的选用需根据毛油品质、脱胶油的质量、水化工艺或水化操作情况确定。实际生产中，用于水化的电解质一般为食盐。食盐价廉，适合于工业生产。如果选用食盐或磷酸三钠，其用量为油重的 0.2%～0.3%；若选用明矾和食盐，其用量则各占油重的 0.05%，当脱胶作为精制油的前道精炼工序时，则需按油重的 0.05%～0.2%添加 85%的磷酸调质，以保证脱胶效果和后续工序对其质量的要求。

3.1.2.5　原料油的质量

用未完全成熟或变质油料制取的毛油，脱胶比较困难，胶质往往不易脱净。制油过程对脱胶也有一定影响，用没有蒸炒好的油料制得的油，脱胶也较困难。原因在于这些毛油中含有比正常毛油多的非亲水性胶质，主要为 β-磷脂（其磷酸基接在甘油基的第二位）和磷脂的钙镁复盐。油脂品种不同，脱胶的难易程度也不同。可可仁油、棕榈油、橄榄油等易于脱胶；葵花籽油、花生油、大豆油、棉籽油等较难脱胶；亚麻籽油、菜籽油则更难。

3.1.3 水化脱胶工艺

水化工艺可分为间歇式和连续式。间歇式适用于生产规模较小或油脂品种更换频繁的企业，连续式适用于生产规模较大的企业。

3.1.3.1 间歇式水化工艺

间歇式水化方法较多，其工艺流程可用图 3-1 表示。

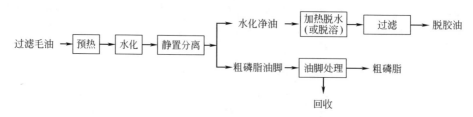

图 3-1　间歇式水化工艺流程

（1）高温水化法　此法是将毛油预热到较高的温度进行水化的方法。刚榨出的毛油趁热过滤，若粗磷脂要进一步进行综合利用，那么必须使滤清毛油的含杂量低于规定，如要制取食用浓缩磷脂，过滤后含杂量应低于 0.1%。

① 预热。泵入水化锅的毛油在机械搅拌下，用间接蒸汽（有的用直接蒸汽配合）加热到 65℃ 左右。

② 加水水化。这是水化脱胶最重要的阶段，要掌握好加水量、温度和加水速度。一般加水量为油中磷脂含量的 3.5 倍左右。若油中机械杂质或黏液物较多，加水量可适当增加。水化时要经常用勺子取样观察，凭经验灵活掌握加水量和加水速度，加完水后要继续搅拌，一般搅拌 0.5h 以上。最好事先做小样实验，确定最佳加水量。

加入的水有三种：比油温稍高或同温的清水、直接蒸汽的冷凝水、稀盐水。直接蒸汽可使加热和加水同时进行，热量利用最充分，但有时需加的冷凝水和需加热量不一定配合得好，且加直接蒸汽的量没有加清水易掌握。盐水的优缺点如前所述。实际生产中，采用高温水化时，一般都是加入微沸的清水。

当磷脂胶粒开始聚集，应慢速搅拌，并升温到 75～80℃，也有的毛油预热的温度达到 75～80℃，加水水化后不升温。当液面有明显的油路时，即停止搅拌。

③ 静置沉降，分离油脚。静置时间为 3～8h，根据具体情况确定。一般时间长分离得好些。分离出的磷脂油脚若用离心机回收其中的油脂，或用来制取浓缩磷脂时，沉淀的时间可以短些。为了减少磷脂油脚中的含油量，尤其在冬天，可在沉降时稍开间接蒸汽，使油温维持在 70℃ 左右，保温时间最好不低于 4h。沉降完毕，先用摇头管抽出上层水化净油，再从锅底放出黄水，然后再放出磷脂油脚。

④ 加热脱水（或脱溶）。水化净油中通常含有 0.3%～0.6% 的水分。脱胶后的油若作为成品油或供储藏，必须脱除水分。脱水有常压脱水和真空脱水两种。常压脱水是将油升温到 95～110℃，并不断搅拌，直至小样检验合格为止（小样检验的方法是：取样于玻璃试管中，冷却到 20℃，油样澄清透明为合格）。但常压脱水会使油脂氧化，颜色也会有一定程度的加深，只有小型油厂使用，一般的油脂加工厂大多采用真空脱水。

真空脱水的油温可控制在 90～105℃，设备中的绝对压强为 8kPa 左右。浸出油脱胶后需转入脱臭罐或连续脱溶器脱除残留溶剂。操作条件为温度 140℃，绝对压力 4.0kPa，直接蒸汽通量不低于 30kg/(h·t 油)。脱溶时间 1h 左右，连续式 40min 左右。

⑤ 水化油脚的处理。水化磷脂油脚可用盐析的方法回收其中的中性油。把粗磷脂油

脚置于油脚锅内，用直接蒸汽和间接蒸汽将其加热到 90～110℃，并不断搅拌，在此温度下继续加热，直到磷脂变为深黄色。加入磷脂油脚质量 4%～5% 的碾细食盐，稍加搅拌使其混合均匀，静置沉降 2h 以上，撇取浮于上层的油脂，并放出底部废水，中间层为磷脂。放出后暂存在较热处，搁置几天，尽量撇取上层油脂。用直接蒸汽加热的目的是使稠厚的磷脂搅动和加热得更充分，同时可使磷脂在高温下继续吸收一些水分，排挤出其中包的油脂。

有条件的企业，可用离心机分出油脚中的油脂。水化结束后，缩短沉降时间到 2～3h，由摇头管转出上层一部分清油后，另一部分油和油脚进入油脚调和锅，调和到一定稠度，泵入离心机分出油脂。这里分出的油脂质量优于上述盐析回收的油脂，可放入水化净油中，盐析回收得到的油脂则需送回水化锅重新处理。

也可以把水化油脚送回浸出车间，利用溶剂浸出，使油脂溶于溶剂而得到回收。由于油脚中的磷脂及其他胶质已与水组成了较大的胶团，此胶团是亲水性的，而且比较牢固，溶剂浸出时溶剂不再能够溶解磷脂等胶质，只能破坏磷脂和油脂之间的亲和力而溶解油脂。其工艺流程见图 3-2。

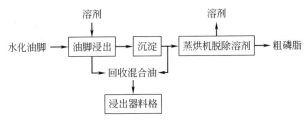

图 3-2　溶剂回收油脂工艺流程示意

油脚在油脚浸出罐用溶剂浸出，浸出温度在 40℃ 以下（温度高会增加磷脂在油脂中的溶解度），搅拌速度在 40r/min 以内，溶剂比可掌握在 2 : 1 到 2.5 : 1 之间。静置沉淀时间一般为 3～4h。然后上层混合油抽送入浸出器料格，即回收油进入了浸出系统。下层沉淀物就是磷脂水化胶团，进入沉淀罐，进一步分出混合油后，送入蒸烘机回收溶剂。

该方法回收油脂投资少，操作方便，处理费用低，能减轻油脚回收油的劳动强度，改善卫生环境，出油率可增加 0.2%～0.3%，出粕率可增加 0.5%～0.8%，提高粕的营养价值。缺点是回收油色较深，与浸出毛油混在一起，会增加毛油颜色，磷脂脚打入蒸烘机，可能会对蒸烘机的操作产生一些不良影响。

（2）中温水化法　中温水化法是中小型油厂普遍应用的一种水化方法。其工艺流程与高温水化法相同，主要不同点是加水量少一些，为磷脂含量的 2～3 倍，水化时油温低一些，为 50～60℃，静置沉降的时间要长些，一般不少于 8h。其操作条件控制得适宜，才能获得较为满意的效果。

（3）低温水化法　此法又称简易水化法。其特点是在较低温度下，只需添加少量的水，就可以达到完全水化的目的。低温水化操作温度控制在 20～30℃，加水量为毛油胶质含量的 0.5 倍，静置沉降时间不少于 10h。该工艺操作周期长，油脚含油量高，处理麻烦，只适用于生产规模小的企业。

采用低温水化工艺脱胶时，将过滤毛油泵入水化罐内，待油温达到 20～25℃ 时，将搅拌速度调整到 60～70r/min，按毛油胶质含量的 0.5 倍左右加入同油温的水进行水化，添加水在 7～10min 内均匀洒入油中后，继续搅拌 20～30min，然后停止搅拌，静置沉降 12h，分离水化净油和油脚。上层水化净油转入脱水罐真空脱水，下层油脚转入盐析罐回收油脂。

盐析油脚时，先以蒸汽或直接火将其加热到 80～90℃，然后按油脚重量的 30%～50%，

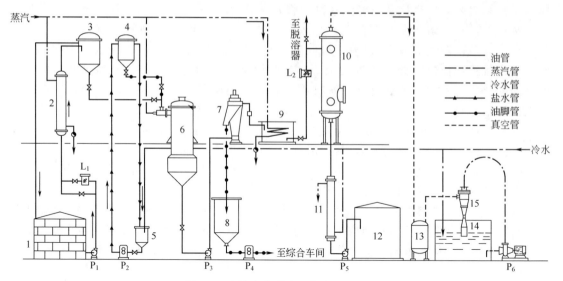

图 3-3　连续水化脱胶工艺流程（Ⅰ）

1—毛油储罐；2—加热器；3—高位油罐；4—高位盐水罐；5—溶盐罐；6—连续水化器；7—管式脱皂机；8—油脚罐；9—中间油罐；10—真空干燥器；11—冷却器；12—脱胶油储罐；13—平衡罐；14—循环水池；15—低位水喷射泵；L₁，L₂—管道过滤器；P₁，P₂，P₃，P₅—输油泵；P₄—油脚泵；P₆—水泵

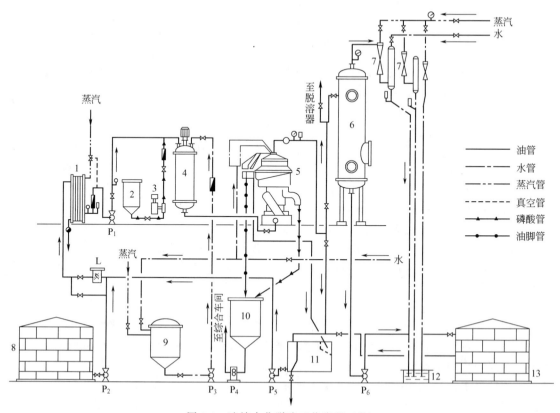

图 3-4　连续水化脱胶工艺流程（Ⅱ）

1—加热器；2—磷酸罐；3—比配泵；4—脱胶混合器；5—脱胶离心机；6—真空干燥器；7—真空装置；8—毛油储罐；9—热水罐；10—油脚储罐；11—捕油池；12—水封池；13—脱胶油储罐；P₁，P₂，P₅，P₆—输油泵；P₃，P₄—油脚泵；L—管道过滤器

均匀加入浓度为5％～10％的食盐水溶液（70～80℃），并配合搅拌继续升温到100℃左右，停止加热搅拌，静置沉降24h，撇取上层油脂，直到无油析出时为止。

3.1.3.2　连续式水化脱胶工艺

连续式水化是比较先进的脱胶工艺。操作中毛油的水化和油脚的分离均连续进行。按油-油脚分离设备的不同，连续式水化脱胶可分离心分离和连续沉降两种工艺。

（1）离心分离工艺　所谓离心分离工艺，即毛油与添加水（或磷酸水溶液）连续定量比配，经混合、凝聚完成水化后，直接泵入离心机进行油-油脚分离，分离出的油在真空条件下连续干燥（或脱溶）的连续水化脱胶工艺。典型的工艺如流程Ⅰ（见图3-3）和流程Ⅱ（见图3-4）。流程Ⅰ适用于生产规模较小的企业，生产规模大的企业则采用流程Ⅱ。

工艺流程Ⅰ采用喷射式水化罐进行连续水化。毛油温度为40～50℃，盐水浓度为2.5％～3％，添加量视毛油品质和分离效果通过流量计控制。当喷射器通入450～600kPa饱和蒸汽时，油、盐水即被引射、混合、射入水化罐完成水化作用，水化温度控制在85～90℃，随后连续泵送管式或碟式脱皂机进行油-油脚分离。分离油经真空干燥器脱水或脱溶后即成脱胶油。分离出来的油脚含油较少，可直接送至副产品车间处理。

该工艺过程可采用不同形式的连续水化器（见图3-4和图3-5），也可采用定量泵将毛油、水连续泵入脱胶混合器及凝聚器完成水化。分离油-油脚的脱胶离心机采用自动排渣分离机，也可以脱皂离心机代替。该工艺毛油、盐水的流量受引射蒸汽参数的影响，因此，操作中必须注意控制。

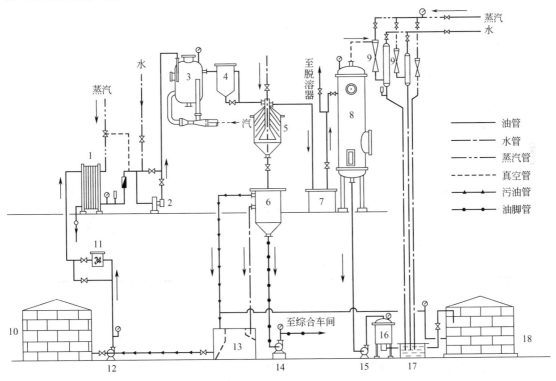

图 3-5　连续水化脱胶工艺流程（Ⅲ）

1—加热器；2—混合器；3—连续水化器；4—恒位罐；5—连续沉降器；6—分离罐；7—中间油罐；
8—真空干燥器；9—蒸汽喷射泵；10—毛油储罐；11—过滤器；12—输油泵；13—捕油池；
14—油脚泵；15—油泵；16—过滤机；17—水封池；18—脱胶油储罐

工艺流程Ⅱ（见图3-4）采用脱胶混合器连续水化。脱胶混合器为一带有桨式搅拌器的圆筒罐。操作时过滤毛油由泵送到毛油预热器，调整油温到 80～85℃后，连续泵入混合器，与定量送入的磷酸（含量 85%，用量为油重的 0.05%～0.2%），由热水泵送来的占油重的 0.05%～3.5% 的 90℃ 热水，充分混合完成水化作用，然后送入离心机分离油脚。脱胶油经真空干燥连续脱水或脱溶后，由泵送入冷却器冷却到 40℃后，转入脱胶油储罐。

（2）连续沉降工艺　连续沉降工艺即毛油经连续水化后，以很慢的速度流经沉降器时，利用重力差连续沉降分离油脚的一种工艺。水化作用可采用蒸汽连续水化器或其他形式的连续水化器。现以蒸汽水化为例，介绍这一工艺的操作过程（见图 3-5）。

采用工艺流程Ⅲ脱胶时，过滤毛油连续泵入毛油预热器，预热到 45～50℃后，进入连续水化器，通过蒸汽喷射器和蒸汽鼓泡器，与蒸汽冷凝水充分作用，完成水化后溢入恒位罐，借静压力缓慢进入连续沉降器（盘式分离器），在重力作用下连续沉降分离油脚。完成水化作用的油进入沉降器的速度需根据沉降器的几何容量及实验沉降速度确定，要保证有足够的停留时间。沉降脱胶油经真空干燥器脱水后，冷却到 40℃过滤，然后转入脱胶油储罐。沉降器锥底积聚的油脚定时间歇转入中间分离罐进一步沉降分离。上层乳浊油间歇转入水化器重新水化。下层油脚送至副产品车间处理。

该工艺的脱胶效率受沉降因素的影响较大，因此要掌握好影响沉降的诸因素。

上述几种水化脱胶工艺在处理胶质含量低的原料油脂时，需扩大水化器的容量或增设凝聚罐，以确保胶粒的良好凝聚，获得好的脱胶效果。

3.1.4 水化脱胶设备

水化脱胶的主要设备按工艺作用分为水化器、分离器及干燥器等。按生产的连贯性可分为间歇式和连续式。间歇水化的主要设备是炼油锅和干燥锅，若用离心机回收磷脂油脚中的油脂，还需有油脚调和锅和离心机；连续水化脱胶使用的主要是离心机。这些设备同时也是碱炼脱酸中的配套设备，故一并放在碱炼部分叙述。水化脱胶的其他主要设备介绍如下。

3.1.4.1 水化锅

连续式水化脱胶的主要设备与间歇碱炼锅完全相同，在企业通称炼油锅，沉降分离水化油脚的沉降罐的结构与其也相似。考虑到生产的周转，往往配备两个以上。水化锅、沉降罐、碱炼锅可相互通用。炼油锅的结构见图 3-6。炼油锅的主体是一个带有 90°锥形底的圆筒体，锅内装有桨叶式搅拌器，搅拌轴上装有三对桨叶式搅拌翅，锅底部分还有一对特殊形式的搅拌翅，其形状与锥形底相适应。搅拌器由电动机通过摆线针轮无级调速器传动，可根据工艺要求调节搅拌轴的转速。电动机和减速器安置在锅的盖板上方，在锅体和搅拌器之间装置着垂直加热栅管（或蛇管），操作时通蒸汽加热，也可与冷却管相通（可通入冷却水冷却锅内油脂）。锅体上部有毛油进口管，锅口有一圈加水管（水化时加水，

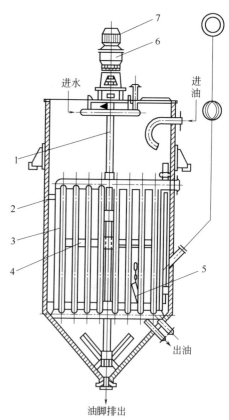

图 3-6　炼油锅

1—搅拌轴；2—锅体；3—间接蒸汽加热管；
4—搅拌翅；5—摇头管；
6—减速器；7—电机

碱炼时加碱），加水管上有许多小孔，交错地斜向油面，使加入的水能均匀地喷洒到整个油面。锅内装有一可上下摆动的摇头管，它可以根据需要放出不同深度的油脂。锥形底尖端有排放油脚出口管，在锥底上还装有油和冷凝水出口管。

LYY 型炼油锅为油脂选定型设备，可作水化锅、碱炼锅和水洗锅等，已有系列产品可供选用，其技术性能见表 3-1。

表 3-1　LYY 型炼油锅技术性能

项　目	LYY 160	LYY 180	LYY 220
处理量/(t/罐)	3	5	10
罐体内径/mm	1600	1800	2200
总容积/m²	4.8	8.26	14.97
传热面积/m²	5.9	9.8	17.05
搅拌器类型及数量	斜桨叶 3 对	斜桨叶 3 对	斜桨叶 4 对
加热装置工作压力/kPa	588	588	686
主轴转速/(r/min)	11/80	11/80	30/60
电机型号功率/kW	JO₃ 112 S/4(4)	JO₃ 112 M/4(5.5)	JDO₃ 132 S8/4T(7.5)
外形尺寸直径×高度/mm×mm	2146×4339	2396×5269	2796×6094
设备质量/kg	1300	3517	4500

3.1.4.2　连续水化器

连续水化器的结构比较简单，只要能保证毛油在连续流动的情况下完成水化历程即可，水化器可设计成多种形式。图 3-7 所示为连续水化设备，由蒸汽喷射器和水化罐组成。蒸汽喷射器的工艺作用主要是引射毛油和水化用的盐水，并使其在混合腔瞬时剧烈混合射入水化

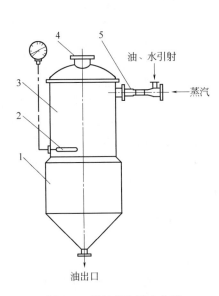

图 3-7　喷射式连续水化罐
1—加热夹套；2—温度计；3—罐体；
4—维修孔；5—喷射器

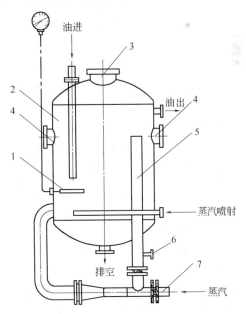

图 3-8　连续水化器
1—温度计；2—罐体；3—维修孔；4—视镜；
5—循环导流管；6—取样管；7—蒸汽喷射器

罐。水化罐为附夹套加热的空罐体，保证一定的滞留时间，使胶粒充分凝聚。

图 3-8 是以直接蒸汽水化的连续水化器。设有蒸汽鼓泡器和蒸汽喷射循环装置，结构简单，操作方便。

3.1.4.3　连续沉降器

连续沉降器见图 3-9，是利用重力作用连续沉降分离水化油脂悬浮体的设备。主体为上下带锥盖的圆形罐体，罐中央设有进料分配器，分配器外套管上通过颈圈相间固定有碟形分离盘，碟盘锥度为35°～45°，每组构成一个分离室，分离室油层厚度 30～50mm，中央分配器下端及罐锥部连有辅助出油管，锥底部设有油脚出口。

连续沉降器作业时，水化油脂悬浮体，经进油口、分配器进入沉降器，当充满罐体后，以恒定流速连续缓慢进入设备的悬浮液，经分配器分送至碟形分离盘组构成的各分离室。在重力作用下，水化油脚沿下盘锥面下滑积聚于沉降器底锥部分，间歇地由油脚出口排出。澄清的水化净油，沿上盘背面折流汇入分配器外管，由出油管排出。作业结束时，设备内的澄清油，则经辅助出油口逐步排清。

完成水化作用的油脂悬浮体，也可由输油泵送入管式或碟式脱皂机，通过离心力连续分离去除水化油脚。

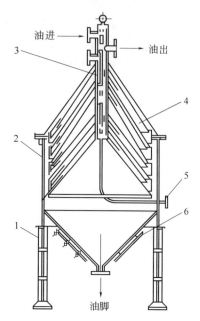

图 3-9　连续沉降器
1—支架；2—罐体；3—进料分配器；
4—碟形分离盘组；5—辅助出油管；
6—人孔

3.2　油脂酸炼脱胶

传统的水化脱胶仅对可水化磷脂有效，而油脂中的磷脂按其水化特性分为可水化的和非水化两类。其中 α-磷脂很容易水化，水化后生成不易溶于油脂的水合物，而 β-磷脂则不易水化。钙、镁、铁等磷脂金属复合物也不易水化，这些就是所谓不能或难以水化的非水化磷脂。在正常情况下，非水化磷脂占胶体杂质总含量的 10% 左右，但受损油料的油脂中所含非水化磷脂数量可能高达 50% 以上。另外在浸出油料期间，磷脂酶会促使可水化磷脂转化成非水化磷脂。当水分和浸出温度较高时，这种转化更为显著。因此在有的油脂中，含非水化磷脂是正常情况的 2～3 倍。其中 β-磷脂可以用碱或酸处理除去，而磷脂金属复合物，必须用酸处理方可除去。要把毛油精炼成高级食用油，或要把含胶质较多的毛油（如豆油、菜籽油、玉米油等）精炼成低胶质油，以适应后续加工的需要，因此必须用酸炼脱胶。

3.2.1　硫酸脱胶原理

硫酸脱胶法一般用于工业用油脂的精炼。例如用油脂制取肥皂或油脂裂解前，常用硫酸进行预处理。

3.2.1.1　硫酸脱胶机理

浓硫酸具有强烈的脱水性，能把油脂胶质中的氢和氧以 2∶1 吸出而发生炭化现象，使胶质与油脂分开。浓硫酸也是一种强氧化剂，可使部分色素氧化破坏而起到脱色作用。

稀硫酸是强电解质，电离出的离子能中和胶体质点的电荷，使之聚集成大颗粒而沉降。稀硫酸还有催化水解的作用，促使磷脂等胶质发生水解而易于从油脂中去除。

$$CH_2OCOR \atop \underset{OCH_2CH_2N(CH_3)_3}{\overset{OH}{|}} \atop CH_2OCOR \quad \overset{OH}{} + 3H_2O \overset{H^+}{\rightleftharpoons} CHOHP=O \atop CH_2OH \quad + CH_2CH_2N(NH_3)_3 + 2RCOOH$$

甘油磷脂酸胆碱的水解

3.2.1.2　硫酸脱胶法

（1）浓硫酸脱胶法　冷油放在锅中，在搅拌器和压缩空气的强烈搅拌下，硫酸均匀地加入（温度不要超过 25℃）。用 66°Bé 的工业硫酸，酸的用量根据毛油质量而定，一般用量为油重的 0.5%～1.5%，应在实验室内作小样实验后具体确定，或定时取小样，放在瓷板上检视，絮状物较容易分离时就立即停止加酸，加完酸后再搅拌片刻。加酸时，油脂从原来的棕黄色变成黄绿色，胶溶性杂质凝聚成褐色或黑色絮状物，油色逐渐变深，絮状物沉淀后，油脂变成淡黄色。搅拌结束后，升温并加入油重 3%～4% 的热水，使未作用的酸稀释并使反应停止。静置沉淀 2～3h，将上层油转移到另外设备内，用热水洗涤 2～3 次（每次用水量为 15%～20%），从油中洗净硫酸后脱水，即得脱胶油。如因操作不当，上层油中会混有一些沥青状物时，在洗涤时注意第一遍水洗时搅拌速度不能太快，以免形成稳定的悬浊液，如果发生乳化，则用食盐（或明矾）盐析。必须注意酸炼温度和用酸量要适当，以防止油脂发生磺化作用，若生成了磺化，不仅会损失油脂，而且磺化油是一种乳化剂，其乳化作用可进一步造成中性油损失。磺化油的红色很难除去而使脱胶油带有很深的颜色。

（2）稀硫酸法　用直接蒸汽将油加热到 100℃，油内积聚了冷凝水（水量为油重的 8%～9%），然后在搅拌下将 50～60°Bé 的硫酸均匀加入油中，加入量为油重的 1% 左右，这时硫酸被油内的冷凝水稀释，稀硫酸与油中杂质作用，酸加完后，搅拌片刻，然后静置沉降（其余过程同浓硫酸脱胶法）。酸炼锅与一般炼油锅相似，但锅内壁必须有耐酸衬里，锅面上装的一圈加酸（或水）的管子，锅内安装的搅拌器、加热管等必须用耐酸材料制成。锅内除桨式搅拌器外，在底部还装有吹入压缩空气（或直接蒸汽）的环形管，管上开有方向朝下，直径为 1.5～2mm 小孔若干。

3.2.2　磷酸脱胶

按照卫生要求，食品中含有微量的磷酸是允许的，因此磷酸常用于食用油脂的脱胶。

3.2.2.1　磷酸的作用

（1）除去某些非水化的胶质　磷酸可以把 β-磷脂和磷脂金属复合物转变成水化磷脂，从而有效地降低油脂中胶质和微量金属的含量。例如菜籽毛油中含铁量为 2.0mg/kg，采用磷酸处理后的菜籽油，含铁量可降到 0.77mg/kg，而不用磷酸处理，仅用常规水化脱胶的菜籽油，含铁量只能降到 1.2mg/kg。大豆毛油含铁量为 1.3mg/kg，经磷酸和水化处理后，可降至 0.2mg/kg 左右。生产实践表明，不预先除去磷脂金属复合物，在碱炼时不仅会产生一般胶质的乳化作用，而且生成的钙镁等金属皂水洗时不易去除。磷酸处理后再进行碱炼，碱炼油中磷脂和含皂量明显降低（见表 3-2）。

（2）使叶绿素转化成色浅的脱镁叶绿素　实践证明，使用磷酸脱胶对降低油脂的红色也很有利。

（3）使 Fe、Cu 等离子生成络合物　钝化微量金属对油脂氧化的催化作用，增加了油脂抗氧化性能，改善了油脂的风味（见表 3-3）。

实验证明，使用草酸、柠檬酸处理，也能起到上述的作用，但草酸为粉状，需要加热才

表 3-2　用 H_3PO_4 处理（紧接碱炼）后油中皂和磷脂含量比较

油脂种类	$85\%H_3PO_4$ 处理的情况	含皂量/($\times 10^{-6}$)		磷脂含量/%	
		中和后	水洗后	毛油中	水洗后
菜籽油	a	2300	1000	0.63	0.24
	b	1300	30	0.63	0.005
花生油	a	1100	260	0.84	0.14
	b	480	20	0.84	0.006
大豆油	a	2700	1600	1.10	0.32
	b	800	60	1.10	0.006
葵花籽油	a	2200	310	0.57	0.15
	b	1100	80	0.57	
棉籽油	a	5000	2100	0.70	0.30
	b	1100	110	0.70	0.012

注：a 为未用 H_3PO_4；b 为用 0.2% 油重的 H_3PO_4。

表 3-3　菜籽油和大豆油用不同方法处理的比较

油种类	除中和水洗外的其他处理	脱色前过氧化值/(mmol/kg)	脱色后磷脂含量/%	脱臭油氧化稳定性(某时间间隔过氧化值)/(mmol/kg)				味道标记
				100	200	300	400	
菜籽油	未处理	4.35	0.111	22.8	40.5	—	—	1
	NaOH、Na_2CO_3 混合液复炼	5.20	0.011	7.1	15.5	20.3	—	3
	H_3PO_4 预处理	4.54	0.001	2.1	3.0	2.8	2.5	5
大豆油	未处理	2.05	0.018	30	—	—	—	1
	NaOH、Na_2CO_3 混合液复炼	2.46	0.001	2.3	5.7	13.4	39	5
	H_3PO_4 预处理	1.53	0.009	1.4	4.1	10.2	32.1	5

注：味道标记中 1 为较差，3 为一般，5 为较好。

能很好溶于水，不如磷酸使用方便，另外对草酸的应用还存有不同看法。草酸有毒性，有的国家禁止使用于食用油的精炼，但草酸易分解，油脂经高温、真空处理后已基本除去，不少国家仍把草酸应用于食用油的精炼。柠檬酸价格较贵，因此油厂实际生产中使用磷酸较多。

3.2.2.2　磷酸脱胶方法

用磷酸脱胶的方法有多种，下面介绍两种典型的方法。

(1) 与碱炼相结合的脱胶　虽然磷酸脱胶时温度高，磷酸与胶质的反应快，但因磷酸处理后就碱炼，因此脱胶温度必须与碱炼初温相适应，否则酸处理后，还必须重新调节油温，既耽误时间，又增加操作麻烦，这在间歇精炼中尤为重要，因为间歇碱炼初温都较低，脱胶就应采用较低温度。间歇精炼中，磷酸处理不需增加设备。过滤毛油在碱炼锅内调节到碱炼初温，加入占油重的 0.05%～0.2%、含量为 75%～85% 的磷酸，并以快速搅拌 0.5h 左右，因温度低，搅拌时间要加长，然后马上加碱进行碱炼。加碱的量要比不用酸处理时增加一些。按经验，加入 0.1% 的磷酸，计算理论碱时要多算 1.6 个酸值的碱。其余与一般间歇碱炼相同。在连续精炼中，磷酸处理需增加磷酸计量泵和混合器。毛油预热到 85℃ 左右，通过计量泵加入一定量磷酸，在混合器里充分混合和反应，然后按比例与碱混合和反应。

对于磷脂含量较高的油脂，可采用先水化，脱除大部分磷脂后，再用磷酸处理，然后进行碱炼的工艺。

(2) 磷酸处理为独立工序的脱胶　一般是把油预热到 60℃ 左右，加入占油重的 0.05%～0.2%、含量为 75%～85% 的磷酸。充分混合后，再加 1%～5% 的水进行水化，继续搅拌 20min 左右，然后用离心分离或沉降法将油脚分出。脱胶油根据需要再进行碱炼或其他处理。

　　与碱炼相结合脱胶以及用磷酸脱胶后碱炼这两种方法，前者只分离一次油脚，工序简单，但有时会造成过度乳化，使油和油脚分离不好。后者是分出胶质后再碱炼，有利于油和皂脚的分离。从这个角度看，可提高精炼率，还可减少碱液的消耗，但需增加一次分离操作，增加一道分离设备，也难免带走一些油脂。这两种工艺究竟哪种有利，还有争论。许多研究者认为，如果能控制适当的操作温度、碱液浓度、中和用碱种类，那么结合进行的工艺比分两步的工艺损耗和成本均低。实践中前者用得较普遍，因而常常把磷酸处理归于脱酸工序。

3.3　酶法脱胶

　　在众多的脱胶工艺中，不断改良的酶法脱胶以其良好的经济环保性能而受到越来越多的重视。酶法脱胶最早是由 Rohm 和 Lurgi 开发的，当时采用一种从猪胰脏提取的磷脂酶 A2，此方法称为"Enzymax"工艺（酶法脱胶工艺）。由于磷脂酶 A2 的来源有限、价格昂贵和性质上的缺陷等原因，该方法一直未大规模推广。近年来，人们发现了可以用于油脂脱胶的微生物来源的磷脂酶 A1，微生物酶可以采用发酵法大规模生产，而且通过不断的筛选可以获得性能越来越优良的新酶，使得油脂的酶法脱胶在经济上、效果上取得重大突破，酶法脱胶因而日益受到重视。

3.3.1　植物油的精炼方法

　　植物油的精炼方法可分为化学精炼和物理精炼。物理精炼根据脱胶方法的不同，又主要分为酸法脱胶物理精炼和酶法脱胶物理精炼。这些精炼方法常见的工艺流程如图 3-10 所示。

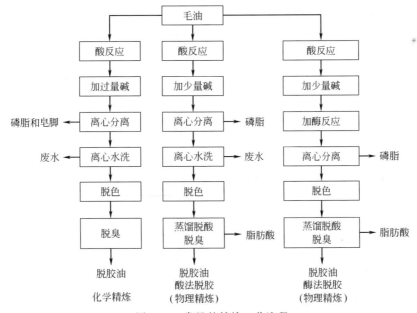

图 3-10　常见的精炼工艺流程

　　从图 3-10 可见，化学精炼与物理精炼相比，化学精炼产生较多的皂脚和废水，这一方面增加了油脂的炼耗，另一方面也增加了环保压力；而酸法脱胶物理精炼产生的废水和炼耗均明显降低，所以一般物理精炼的经济性能优于化学精炼。但酸法脱胶物理精炼的脱胶效果有时不理想，这直接影响到脱色工段白土的消耗量和最后成品油的质量。如何提高物理精炼中脱胶效果是物理精炼的瓶颈问题。酶法脱胶物理精炼则在很大程度上解决了常规物理精炼的不足，该工艺只用一台离心机就可以达到满意的分离效果，精炼过程基本不产生废水，所以酶法脱胶物理精炼是常规物理精炼的一大进步。

3.3.2 酶法脱胶的原理

酶法脱胶是利用磷脂酶将毛油中的非水合磷脂水解掉一个脂肪酸，生成溶血性磷脂，溶血性磷脂具有良好的亲水性，可以方便地利用水化的方法除去。目前，用于酶法脱胶的酶主要有磷脂酶 A_2 和磷脂酶 A_1 两种。磷脂酶的作用如图 3-11 所示，磷脂酶 A_2 作用于磷脂 2 位的脂肪酸，而磷脂酶 A_1 作用于 1

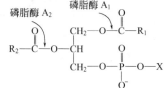

图 3-11　磷脂酶的作用示意图

位的脂肪酸。经磷脂酶 A_1 水解生成的溶血性磷脂为 2-酰基溶血性磷脂，该溶血性磷脂 2 位上的脂肪酸有转移至 1 位继续被水解的倾向，所以在磷脂酶 A_1 的作用下有部分磷脂可被完全降解。

3.3.3 磷脂酶简介

丹麦 Novozymes 公司是植物油脱胶用酶的主要供应商，目前可提供 3 种磷脂酶，见表3-4。其中猪胰脏来源的磷脂酶 Lecitase 10L 已不用于植物油脱胶，目前已被更具有优势的微生物磷脂酶 Lecitase Novo 和 Lecitase Ultra 所代替。Lecitase Novo 和 Lecitase Ultra 相比，在多数情况下，Lecitase Ultra 具有更好的热稳定性和脱胶效果。利用 Lecitase Ultra 脱胶，在良好的控制条件下，脱胶油可以达到 5 mg/kg 左右的含磷量，经后续的吸附脱色后，脱胶油含磷量可降低至 2 mg/kg 以下，完全满足物理精炼的要求。

表 3-4　目前可商业化供应的脱胶磷脂酶

磷脂商品名	Lecitase 10L	Lecitase Novo	Lecitase Ultra
来源	猪胰脏	F. oxysporum	T. Lanuginosa/F. oxysporum
特异性	A_2	A_1	A_1
耐热性/℃	70～80	50	60
最适脱胶温度/℃	65～70	40～45	50～55
最适脱胶 pH	5.5～6.0	4.8	4.8
离子依赖性	Ca^{2+}	无	无
脱胶效果	一般	好	非常好
Kosher/Halal 认证	否	是	是

3.3.4 酶法脱胶工艺流程

目前推行的酶法脱胶是采用微生物磷脂酶的脱胶工艺，采用 Lecitase Novo 和 Lecitase Ultra 的工艺流程如图 3-12 所示。在该工艺中，毛油经过加热至 75～85℃，然后按每吨油 0.65kg 柠檬酸的比例加入 45% 的柠檬酸溶液进行酸反应。酸反应的目的是络合油中的金属离子，保证精炼油的稳定性。酸反应后的油经换热器降至预定温度，使用 Lecitase Novo 需使油降温至 45℃ 以下，使用 Lecitase Ultra 时降温至 55℃ 以下，然后加入水、NaOH 和酶。加 NaOH 的目的是使其与前期加入的柠檬酸形成缓冲体系，有利于酶发挥作用，每吨油添加 NaOH 量约为 0.20～0.25kg，水的添加量约为 1%～5%，加水量对脱胶无明显影响。加酶后的油-水体系经高速混合后进入酶反应罐，反应 4～6 h 完成脱胶过程，经一步离心即可获得脱胶油，脱胶油含磷量一般低于 10mg/kg，甚至低于 5mg/kg，经吸附脱色后含磷量进一步降低，完全满足物理精炼的要求。

酶法脱胶是油脂精炼的一项高新技术，该技术在提高油脂工业的经济和环保性能方面具

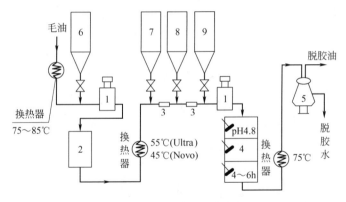

图 3-12　酶法脱胶工艺流程
1—高速混合器；2—酸反应罐；3—静态混合器；4—酶反应罐；
5—离心机；6—柠檬酸罐；7—软水罐；8—NaOH 罐；9—酶罐

有巨大的应用价值。该方法经过十多年的发展，已在脱胶用酶和控制方法等关键技术上实现突破，使该技术具有很强的推广价值。目前，酶法脱胶技术已引起世界各国油脂工业界的重视，在德国有几家工厂采用酶法脱胶工艺炼油，印度有 7 家中型工厂采用了酶法脱胶工艺，埃及也有两条生产线正在进行酶法脱胶工艺的改造，中国的某大型油脂企业也有 400t/d 的生产线在采用酶法脱胶工艺生产，另有若干家工厂在进行酶法脱胶工艺的试验，准备进行工程改造。

3.4　其他方法脱胶

除了上述的水化脱胶、酸炼脱胶外，还有多种方法用于油脂脱胶，主要是为适应物理法精炼脱酸的脱胶方法和某些特殊油脂的脱胶方法。

物理法精炼要求油脂中的胶质含量很低、尽量少的微量金属和热敏性色素，所以常把酸处理和脱色结合进行。

3.4.1　干式脱胶

干式脱胶的工艺流程见图 3-13。油脂加热到 40～45℃，加入占油重 0.1%～0.15%、含量为 75%～85% 的磷酸，充分搅拌约 15min，使形成胶粒，真空下加活性白土 1%～2.5%（一般为磷脂量的 5 倍），搅拌并加热到 150℃，然后冷却到 70℃ 以下过滤。

这种方法适合于含胶质低的油脂的处理。胶质含量较高的油脂，可用湿式脱胶等方法。

3.4.2　湿式脱胶

把油脂预热到 60～70℃，加入占油重 0.05%～0.2% 的浓磷酸，在混合器充分混合，并在暂存罐停留片刻，再加 1%～5% 的水进行水化，然后离心分离，脱胶油脱水后再用活性白土脱色。

3.4.3　超级脱胶

这是一种改良的加酸脱胶方法。油脂加热至 70℃ 左右，与柠檬酸反应 5～15min，冷却至 25℃，与水混合，输送至处理容器中，凝聚胶质形成液体结晶，吸附大部分的金属和糖的化合物，保持时间达 3h 以上。之后，油脂被加热至 60℃，在离心机中分离出湿胶质，便可得到适应物理法精炼的油脂。用这种工艺，酸和活性白土用量可减少一半。

3.4.4　Alcon 方法

在大豆等油料中，非水化磷脂的含量本来很少，但制油过程会使所得毛油中非水化磷脂含量增加。这在浸出温度较高、水分较高时更为显著。研究发现，这主要是磷脂酶作用的结

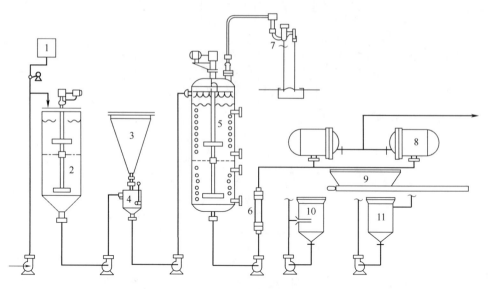

图 3-13　干式脱胶流程

1—磷酸罐；2—酸油反应罐；3—漂土斗；4—混合罐；5—脱色罐；6—冷却器；

7—二级蒸汽喷射泵；8—压滤机；9—滤饼槽；10—预涂罐；11—汇集罐

果，磷脂酶促使 α-磷脂部分转变成 β-磷脂，而且这一转变主要发生在大豆浸出过程中。另外料坯在浸出前储存时间过长也会因酶的作用而发生这种转变。Alcon 过程是鲁奇公司研究推出的，其做法是在轧坯和浸出工序之间对料坯进行处理，使大豆坯的温度在较短时间内就升到 100℃左右，迅速避开临界温度范围，使水分含量达到 15%~16%。这些条件维持15~20min，以使磷脂酶的活性被钝化。大豆经过 Alcon 技术处理后，磷脂酶活性被钝化，减少了 α-磷脂转变成 β-磷脂的机会，所得到的浸出毛油中非水化磷脂含量很低，并可用水化脱胶法去除毛油中的磷脂，脱胶油中磷脂的残留量低至 0.03%~0.05%，即含磷量低于 10~17mg/kg。脱胶油再用常规的脱色方法脱色，油中含磷量可降至 1~2mg/kg 以下，完全可以满足大豆油物理精炼的要求。该方法不适合对已变质或受损油料的处理，因为这些油料中 α-磷脂已经部分转变成非水化的 β-磷脂。

第4章 油脂脱酸

未经精炼的各种毛油中，均含有一定数量的游离脂肪酸，脱除油脂中游离脂肪酸的过程称之为脱酸。脱酸的方法有碱炼、蒸馏、溶剂萃取及酯化等多种方法。在工业生产上应用最广泛的是碱炼法和水蒸气蒸馏法（即物理精炼法）。

4.1 油脂碱炼脱酸

碱炼脱酸法是用碱中和油脂中的游离脂肪酸，所生成的肥皂吸附部分其他杂质而从油中去除的精炼方法。肥皂具有很好的吸附作用，它能吸附色素、蛋白质、磷脂、黏液及其他杂质，甚至悬浮的固体杂质也可被絮状肥皂夹带，一起从油中分离，该沉淀物油厂称为皂脚。

用于中和游离脂肪酸的碱有氢氧化钠（俗称烧碱或火碱）、碳酸钠（纯碱）和氢氧化钙等。油脂工业生产上普遍采用的是烧碱、纯碱，或者先用纯碱后用烧碱。其中烧碱在国内外应用最为广泛，烧碱碱炼分间歇式和连续式。碱炼脱酸过程的主要作用可归纳为以下两点。

① 烧碱能中和毛油中绝大部分的游离脂肪酸，生成的脂肪酸钠盐（钠皂）在油中不易溶解，成为絮凝状物而沉降。

② 中和生成的钠皂为一表面活性物质，吸附和吸收能力都较强，因此可将其他杂质（如蛋白质、黏液质、色素、磷脂及带有羟基或酚基的物质）也带入沉降物中，甚至悬浮固体杂质也可被絮状皂团所挟带。因此碱炼具有脱酸、脱胶、脱固体杂质和脱色等多种作用。

必须指出的是，烧碱和少量甘三酯（即中性油）的皂化反应会导致炼耗的增加。因此生产中要选择最佳操作条件，以获得成品的理想得率。

4.1.1 碱炼的基本原理

4.1.1.1 化学反应

碱炼过程中的化学反应主要有以下几种类型。

（1）中和

$$RCOOH + NaOH \longrightarrow RCOONa + H_2O$$

（2）不完全中和

$$2RCOOH + NaOH \longrightarrow RCOONa \cdot RCOOH + H_2O$$

（3）水解

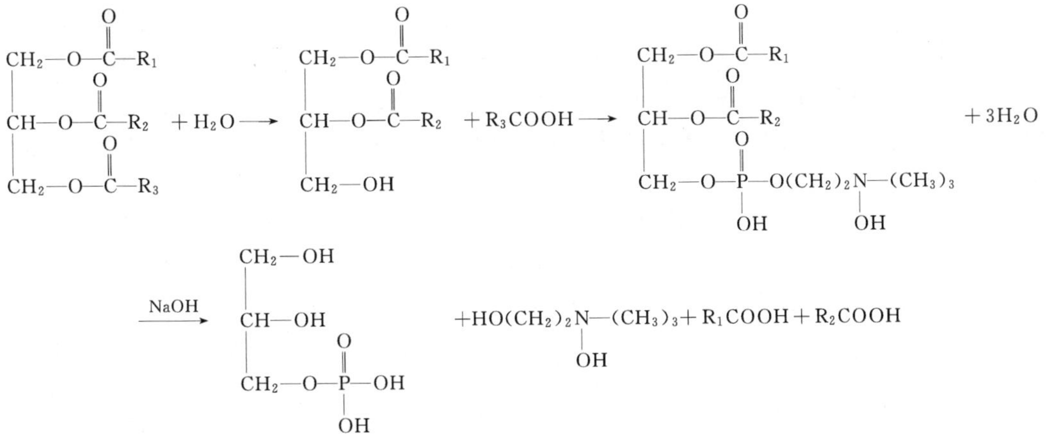

（4）皂化

$$
\begin{array}{l}
\text{CH}_2\text{—O—}\overset{\text{O}}{\overset{\|}{\text{C}}}\text{—R}_1 \\
\text{CH—O—}\overset{\text{O}}{\overset{\|}{\text{C}}}\text{—R}_2 \quad +3\text{NaOH} \longrightarrow \\
\text{CH}_2\text{—O—}\overset{\text{O}}{\overset{\|}{\text{C}}}\text{—R}_3
\end{array}
\quad
\begin{array}{l}
\text{CH}_2\text{—OH} \\
\text{CH—OH} \quad +\text{R}_1\text{COONa}+\text{R}_2\text{COONa}+\text{R}_3\text{COONa} \\
\text{CH}_2\text{—OH}
\end{array}
$$

4.1.1.2　影响碱炼反应速率的因素

（1）中和反应速率　根据质量守恒定律，中和反应的速率方程式为：

$$r_1 = K(C_A)^m (C_B)^n \tag{4-1}$$

式中，r_1 为化学反应速率，mol/(L·min)；K 为反应速率常数；C_A 为脂肪酸浓度，mol/L；C_B 为碱液浓度，mol/L；m 为该反应对于反应物 A 是 m 级反应；n 为该反应对于反应物 B 是 n 级反应。

由式（4-1）可见，中和反应速率与油中游离脂肪酸的含量和碱液的浓度有关。对于不同种类的油脂，因酸值不同，当用同样浓度的碱液碱炼时，酸值高的比酸值低的油脂易于碱炼；对于同一批油脂，可通过增大碱液浓度来提高碱炼的反应速率。但是碱液浓度并不能任意增大，因为碱液浓度愈高，中性油被皂化的可能性也随之增加，同时碱液分散所形成的碱滴大，表面积小，反而会降低界面反应速率。

（2）非均态反应　脂肪酸是具有亲水和疏水基团的两性物质，当其与碱液接触时，虽然不能相互形成均态真溶液，但由于亲水基团的物理化学特性，脂肪酸的亲水基团会定向围包在碱滴的表面而进行界面化学反应。这种反应属于非均态化学反应，其反应速率取决于脂肪酸与碱液的接触面积，可用式（4-2）描述。

$$r_2 = KF \tag{4-2}$$

式中，r_2 为非均态化学反应速率；K 为反应速率常数；F 为脂肪酸与碱液接触的面积。

由式（4-2）可知，碱炼操作时，碱液浓度要适当，碱滴分散得很细，使碱滴与脂肪酸有足够大的接触界面，方能提高中和反应的速率。

（3）相对运动　碱炼中，中和反应速率还与游离脂肪酸和碱滴的相对运动速度有着密切的关系，见式（4-3）。

$$r_3 = Ku' \tag{4-3}$$

式中，u' 为反应物相对运动速度；K 为反应速率常数。

在静态情况下，这种相对运动仅仅是由于游离脂肪酸中心、碱滴中心分别与接触界面之间的浓度差所引起的，其值甚微，似乎意义不大，但在动态情况下，这种相对运动的速度对提高中和反应速率起着重要的作用。因为在动态情况下，除了浓度差推动相对运动外，还有机械搅拌所引起的游离脂肪酸、碱滴的强烈对流，从而增加了它们彼此碰撞的机会，并促使反应产物迅速离开界面，加剧了反应的进行。因此碱炼中一般都要配合剧烈的混合或搅拌。

（4）扩散作用　中和反应在界面发生时，碱分子自碱滴中心向界面转移的过程属于扩散现象。反应生成的水和皂围包界面形成一层隔离脂肪酸与碱滴的皂膜，膜的厚度称之为扩散距离。该扩散速率同样遵守菲克定律，见式（4-4）。

$$r_4 = D \frac{C_1 - C_2}{L} \tag{4-4}$$

式中，r_4 为扩散速率；D 为扩散常数；L 为膜的厚度或扩散距离；C_1 为反应物液滴中心的浓度；C_2 为界面上反应物的浓度。

由式（4-4）可知，扩散速率与毛油中的胶性杂质的多少有关，因毛油中胶性杂质会被碱炼过程中产生的皂膜吸附形成胶态离子膜，从而增加了反应物分子的扩散距离，减少扩散速率。因此碱炼前，对于含胶性杂质多的毛油，务必预先脱胶，以保证精炼效果。

（5）皂膜絮凝　碱炼反应过程中如图 4-1 所示，随着单分子皂膜在碱滴表面的形成，碱滴中的部分水分和反应的水分渗透到皂膜内，形成水化皂膜，使游离脂肪酸分子在其周围作定向排列（羟基向内，烃基向外）。被包围在皂膜里的碱滴，受浓度差的影响，不断扩散到水化皂膜的外层，继续与游离脂肪酸反应，使皂膜不断加厚，逐渐形成较稳定的胶态离子膜。同时皂膜的烃基间分布着中性油分子。

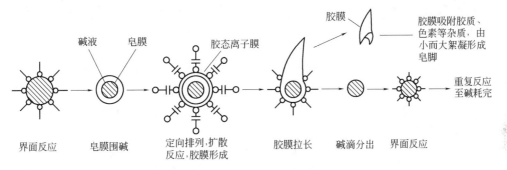

图 4-1　碱炼脱酸过程示意

随着中和反应的不断进行，胶态离子膜不断吸收反应所产生的水而逐渐膨胀扩大，使之结构松散。此时胶膜里的碱滴因密度较大，受重力影响，将胶粒拉长，在此情况下因机械剪切力的作用而与胶膜分离。分离出来的碱滴又与游离脂肪酸反应形成新的皂膜。如此周而复始地重复进行，直到碱耗完为止。

皂膜是一种表面活性物质，能吸附油中的胶质、色素等杂质，并在电解质、温度及搅拌等作用下，相互吸引絮凝成胶团，由小而大，形成"皂脚"并从油中分离。

分离出的皂脚中带有相当数量的中性油，一般呈三种状态：一是中性油胶溶于皂膜中；二是皂膜与碱滴分离时，进入皂膜内而被皂膜包容；三是皂团絮凝沉降时，被机械地包容和吸附。处在三种状态中的中性油，第一种不易回收，而后两种较易回收。

碱炼过程是一个典型的胶体化学反应。良好的效果取决于皂态离子膜的结构。该离子膜必须易于形成，薄而均匀，并易与碱滴脱离。如果毛油中混有磷脂、蛋白质和黏液质等杂质，该膜就会吸附它们而形成较厚的稳定结构，搅拌时就不易破裂，挟带在其中的游离碱和中性油也就难以分离出来，从而影响碱炼效果。

综上所述，碱炼操作时必须力求做到以下两点。

① 增大碱液与游离脂肪酸的接触面积，缩短碱液与中性油的接触时间，降低中性油的损耗。

② 调节碱滴在毛油中的下降速度，控制皂胶膜结构，避免生成厚的皂胶态离子膜，并使该膜易于絮凝。

要做到这两点，就必须掌握好碱液浓度、加碱量、操作温度及搅拌速度等影响碱炼的因素。

4.1.2　影响碱炼的因素

为了选择最适宜的操作条件，获得良好的碱炼效果，现将碱炼时的主要影响因素进行讨论。

4.1.2.1 碱及其用量

(1) 碱 油脂脱酸可供应用的中和剂较多，大多数是碱金属的氢氧化物或碳酸盐。常见的有烧碱（NaOH）、氢氧化钾（KOH）、氢氧化钙 [Ca(OH)$_2$] 以及纯碱（Na$_2$CO$_3$）等。各种碱在碱炼中有不同的工艺效果。

烧碱和氢氧化钾的碱性强，反应所生成的皂能与油脂较好地分离，脱酸效果好，并且对油脂有较高的脱色能力，但存在皂化中性油的缺点。尤其是当碱液浓度高时，皂化更甚。钾皂性软，加之氢氧化钾价昂，因此在工业生产上不及烧碱应用广泛。市售氢氧化钠有两种工艺制品：一种为隔膜法制品；另一种为水银电解法制品。为避免残存水银污染，应尽可能选购隔膜法生产的氢氧化钠。

氢氧化钙的碱性较强，反应所生成的钙皂重，很容易与油分离，来源也很广，但它很容易皂化中性油，脱色能力差；且钙皂不便利用，因此除非当烧碱无来源时，一般很少用它来脱酸。

纯碱的碱性适宜，具有易与游离脂肪酸中和而不皂化中性油的特点。但反应过程中所产生的碳酸气体，会使皂脚松散而上浮于油面，造成分离时的困难。此外，它与油中其他杂质的作用很弱，脱色能力差，因此很少单独应用于工业生产。一般多与烧碱配合使用，以克服两者单独使用的缺点。

(2) 碱的用量 碱的用量直接影响碱炼效果。碱量不足，游离脂肪酸中和不完全，其他杂质也不能被充分作用，皂粒不能很好地絮凝，致使分离困难，碱炼成品油质量差，得率低。用碱过多，中性油被皂化而引起精炼损耗增大。因此正确掌握用碱量很重要。

碱炼时，耗用的总碱量包括两个部分：一部分是用于中和游离脂肪酸的碱，通常称为理论碱，可通过计算求得；另一部分则是为了满足工艺要求而额外添加的碱，称之为超量碱。超量碱的用量需综合平衡诸因素，通过小样实验确定。

① 理论碱量。理论碱量可按毛油的酸值或游离脂肪酸的百分含量进行计算。当以酸值表示时，则中和所需理论 NaOH 量为：

$$G_{NaOH,理}=G_{油}\times AV\times \frac{M_{NaOH}}{M_{KOH}}\times \frac{1}{1000}=7.13\times10^{-4}\times G_{油}\times AV \qquad (4-5)$$

式中，$G_{NaOH,理}$ 为氢氧化钠的理论添加量，kg；$G_{油}$ 为毛油的质量，kg；AV 为毛油的酸值，mg(KOH)/g 油；M_{NaOH} 为氢氧化钠的相对分子质量，40.0；M_{KOH} 为氢氧化钾的相对分子质量，56.1。

当毛油的游离脂肪酸以含量（质量分数）% 给出时，则可按式（4-6）确定理论 NaOH 量：

$$G_{NaOH,理}=G_{油}\times FFA\times \frac{40.0}{M} \qquad (4-6)$$

式中，$G_{NaOH,理}$ 为氢氧化钠的理论添加量，kg；$G_{油}$ 为毛油的质量，kg；FFA 为毛油中游离脂肪酸含量（质量分数），%；M 为脂肪酸的平均分子量。

一般取毛油中的主要脂肪酸的平均相对分子质量，例如棉籽油的主要脂肪酸为油酸和亚油酸，其平均相对分子质量为 281.46，则式（4-6）可导成：

$$G_{NaOH,理}=0.1421\times G_{油}\times FFA \qquad (4-7)$$

② 超量碱。碱炼操作中，为了阻止逆向反应弥补理论碱量在分解和凝聚其他杂质、皂化中性油以及被皂膜包容所引起的消耗，需要超出理论碱量而增加用碱量，这部分超加的碱称为超量碱。超量碱的确定直接影响碱炼效果。同一批毛油，用同一浓度的碱液碱炼时，所

得精炼油的色泽和皂脚中的含油量随超量碱的增加而降低。中性油被皂化的量随超量碱的增加而增大。超量碱增大，皂脚絮凝好，沉降分离的速度也会加快。图 4-2 所示为超量碱与炼耗之间的关系。不同油品和不同的精炼工艺有不同的曲线，可由实验求得。曲线 3 的最低点示出最合适的超碱量。图中的数值为全封闭快混合连续碱炼工艺的最适超碱量。

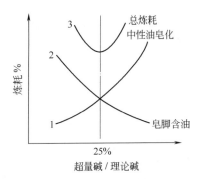

图 4-2　超量碱与炼耗的关系

　　由此可见，超量碱的确定必须根据毛油品质、精油质量、精炼工艺和损耗等综合进行。当毛油品质较好（酸值低、胶质少、色泽浅），精炼油色泽要求不高时，超量碱可偏低选择，反之则应选高。连续式碱炼工艺，油碱接触时间短，为了加速皂膜絮凝，超量碱用量较间歇式工艺高。

　　超量碱的计算有两种方式，对于间歇式碱炼工艺，通常以纯氢氧化钠占毛油量的百分数表示。选择范围一般为油量的 0.05%～0.25%，质量劣变的毛油可控制在 0.5% 以内。对于连续式碱炼工艺，超量碱则以占理论碱的百分数表示，选择范围为 10%～50%。

　　③ 碱量换算。一般市售的工业用固体烧碱，因有杂质存在，NaOH 含量通常为 94%～98%，故总用碱量（包括理论碱和超量碱）换算成工业用固体烧碱量时，需考虑 NaOH 的纯度因素。

　　当总碱量欲换算成某种浓度的碱溶液时，可按式（4-8）来确定碱液量。

$$G_{NaOH} = \frac{G_{NaOH,理} + G_{NaOH,超}}{C} = \frac{(7.13 \times 10^{-4} \times AV + B) \times G_油}{C} \tag{4-8}$$

式中，G_{NaOH} 为氢氧化钠的总添加量，kg；$G_{NaOH,理}$ 为氢氧化钠超量碱，kg；$G_{NaOH,超}$ 为氢氧化钠的总添加量，kg；$G_油$ 为毛油的质量，kg；AV 为毛油的酸值，mgKOH/g 油；B 为超量碱占油重的百分数；C 为 NaOH 溶液的质量分数。

　　油脂工业生产中，大多数企业使用碱溶液时，习惯采用波美度（°Bé）表示其浓度。各种常用烧碱溶液的质量分数与波美度的关系见表 4-1。

表 4-1　烧碱溶液波美度与相对密度及其他浓度的关系（15℃）

波美度 /°Bé	相对密度 (d)	质量分数 /%	当量浓度 /(mol/L)	波美度 /°Bé	相对密度 (d)	质量分数 /%	当量浓度 /(mol/L)
4	1.029	2.50	0.65	19	1.150	13.50	3.89
6	1.043	3.65	0.95	20	1.161	14.24	4.13
8	1.059	5.11	1.33	21	1.170	15.06	4.41
10	1.075	6.58	1.77	22	1.180	16.00	4.72
11	1.083	7.30	1.98	23	1.190	16.91	5.03
12	1.091	8.07	2.20	24	1.200	17.81	5.34
13	1.099	8.71	2.39	25	1.210	18.71	5.66
14	1.107	9.42	2.61	26	1.220	19.65	5.99
15	1.116	10.30	2.87	27	1.230	20.60	6.33
16	1.125	11.06	3.11	28	1.241	21.55	6.69
17	1.134	11.90	3.37	29	1.252	22.50	7.04
18	1.143	12.59	3.60	30	1.263	23.50	7.42

例 某油脂加工企业精炼一批酸值为 7 的毛棉油，超量碱选用 0.2%，试求碱炼每吨油所需工业固体碱（纯度为 95%）、16°Bé 及 20°Bé 烧碱溶液的量。

解 $G_{NaOH,理}=7.13\times10^{-4}\times G_{油}\times AV=7.13\times10^{-4}\times1000\times7=5$ （kg）

$$G_{NaOH,超}=0.2\%\times G_{油}=0.2\%\times1000=2 \text{（kg）}$$

$$固体烧碱质量=(5+2)\div95\%=7.37 \text{（kg）}$$

查表 4-1，16°Bé 及 20°Bé 烧碱溶液的质量分数分别为 11.06% 和 14.24%。依据式 (4-8)，则：

16°Bé 烧碱溶液的量：

$$G_{NaOH}=\frac{G_{NaOH,理}+G_{NaOH,超}}{C}=\frac{5+2}{11.06\%}=63.29 \text{（kg）}$$

20°Bé 烧碱溶液的量：

$$G_{NaOH}=\frac{G_{NaOH理}+G_{NaOH超}}{C}=\frac{5+2}{14.24\%}=49.09 \text{（kg）}$$

4.1.2.2 碱液浓度

(1) 碱液浓度的确定原则　碱炼时碱液浓度的选择，必须满足以下三点。

① 碱滴与游离脂肪酸有较大的接触面积，能保证碱滴在油中有适宜的降速；

② 有一定的脱色能力；

③ 使油-皂分离操作方便。

适宜的碱液浓度是碱炼获得较好效果的重要因素之一。碱炼前进行小样实验时，应该用各种浓度不同的碱液作比较实验，以优选最适宜的碱液浓度。

(2) 碱液浓度的选择依据　选择碱液渡的依据如下。

① 毛油的酸值与脂肪酸组成。毛油的酸值是决定碱液浓度的最主要依据。毛油酸值高的应采用浓碱，酸值低则用淡碱。碱炼毛棉油通常采用 12～22°Bé 碱液。

长碳链饱和脂肪酸皂对油脂的增溶损耗，比短碳链饱和脂肪酸皂或不饱和长碳链脂肪酸皂大，因此大豆油、亚麻油、菜籽油和鱼油宜采用较高浓度的碱液；椰子油、棕榈油等则宜采用较低的碱液浓度。

② 制油方法。油脂制取的工艺及工艺条件影响毛油的品质。在毛油酸值相同的情况下，用碱浓度按制油工艺统计的规律为：

浸出＞动力榨机压榨＞动力榨机预榨＞液压机榨＞冷榨。

但此规律仅供选择碱液浓度时参考，并不能作为确定碱液浓度的依据。因为毛油的品质还决定于制油工艺条件以及毛油的保质处理。因此当考虑制油工艺对碱液浓度选择的影响时，需根据毛油的质量具体分析。

③ 中性油皂化损失。当含有游离脂肪酸的毛油与碱液接触时，由于酸碱中和反应比油碱皂化反应速度快，故中性油的皂化损失一般是以碱炼副反应呈现的。皂化反应的程度决定于油溶性皂量和碱液浓度。当碱炼的其他操作条件相同时，中性油被皂化的概率随碱液浓度的增高而增加。

④ 皂脚稠度。皂脚的稠度影响分离操作。稠度过大的皂脚易引起分离机转鼓及出皂口（或精炼罐出皂阀门）堵塞。在总碱量（纯 NaOH）给定的情况下，皂脚的稠度随碱液浓度的稀释而降低。此外，皂脚包容的中性油，其油珠粒度取决于皂脚中水和中性油的含量，即油珠粒度与皂脚的稠度有密切关系，随着皂脚的稀释，皂脚中包含的油珠粒度将增大。油珠粒度增大可以提高油珠脱离皂脚的速度，从而有利于皂脚含油量的降低。

⑤ 皂脚含油损耗。碱炼时反应生成的皂膜具有很强的吸收能力，能吸收碱液中的水和反应生成的水。当采用过稀的碱处理高酸值毛油时，所生成的水皂溶胶，受到的碱析作用弱，皂膜絮凝不好，从而增加了皂脚乳化油的损耗，甚至会在不恰当的搅拌下形成水/油持久乳化现象，给分离操作增加困难。皂脚乳化包容中型油一般与碱液浓度呈反比关系。选择适宜的碱液浓度，才能使皂脚乳化包容的中性油降至最低水平。

⑥ 操作温度。温度是酸碱中和反应及油碱皂化反应的动力之一。由阿伦尼乌斯（Arrhenius）方程可知：

$$\lg K = A - B/T$$

反应速率常数 K 的对数与绝对温度 T 的倒数呈直线关系，即反应速率常数随操作温度的升高而增大。因此为了减少中性油的皂化损失，应控制皂化反应速率：当碱炼操作温度高时，应采用较稀的碱液；反之，则用较浓的碱液。

⑦ 毛油脱色程度。碱炼操作中，毛油褪色的机理主要表现在皂脚的表面吸附现象以及对酚类发色基团的破坏。浓度低的碱液因反应生成的皂脚表面亲和力受水膜的影响，对发色基团的作用弱，因而其脱色能力不及浓度高的碱液。但过浓的碱液形成的皂脚表面积过小，也影响对色素的吸附。只有适宜的碱液浓度才能发挥碱炼脱色作用而获得较好的效果。

综上所述，碱炼时碱液浓度的选择受多方面因素影响，适宜的碱液浓度需综合平衡诸因素，通过小样实验优选确定。

4.1.2.3　操作温度

碱炼操作温度是影响碱炼的重要因素之一，其主要体现在碱炼的初温、终温和升温速度等方面。所谓初温，是指加碱时的毛油温度；终温是指反应后油-皂粒呈现明显分离时，为促进皂粒凝聚加速与油分离而加热所达到的最终油温。

碱炼操作温度影响碱炼效果，当其他操作条件相同时，中性油被皂化的概率随操作温度的升高而增加。因此间歇式碱炼工艺一般在低温下进行，以使碱与游离脂肪酸的完全中和，并尽量避免中性油的皂化损失。

中和反应过程中，最初产生水-油型乳浊液，为了避免转化成油-水型乳浊液以致形成油-皂不易分离的现象，反应过程中温度必须保持稳定和均匀。

中和反应后，油-皂粒呈现明显分离时，升温的目的在于破坏分散相（皂粒）的状态，释放皂粒的表面亲和力，吸附色素等杂质，并促进皂粒进一步絮凝呈皂团，从而有利于油-皂分离。为了避免皂粒的胶溶和被吸附组分的解吸，加热到操作终温的速度愈快愈好。升温速度一般以每分钟升高 1℃ 为宜。

碱炼操作温度是一个与毛油品质、碱炼工艺及用碱浓度等有关联的因素。对于间歇式碱炼工艺，当毛油品质较好，选用低浓度的碱液碱炼时可采用较高的操作温度；反之，操作温度要低。表 4-2 列出了间歇碱炼时不同浓度碱液的相应操作温度。

表 4-2　碱液波美度与操作温度的关系

烧碱溶液波美度 /°Bé	毛油酸值	操作温度/℃		备　注
		初　温	终　温	
4～6	5 以下	75～80	90～95	用于浅色油品精制
12～14	5～7	50～55	60～65	用于浅色油品精制
16～24	7 以上	25～30	45～50	用于深色油品精制
24 以上	9 以上	20～30	20～30	用于劣质棉油精制

采用离心机分离油-皂的连续式碱炼工艺，由于油-碱接触时间短，选定操作温度时，可

主要考虑如何满足分离的要求。在较高的分离温度下，油的黏度和皂脚稠度都比较低，油-皂易分离，皂脚有良好的流动性，不易沉积在转鼓内。反之则会增加分离操作的困难。皂脚在 90℃时的黏度大约比 60℃时的黏度低 45%。在 80～90℃范围内，皂脚与油的密度差最明显，而且皂脚黏度的降低率最大。因此在该温度范围内分离油-皂可获得最佳效果。

对于先混合后加热的工艺，初温可控制在 50℃左右，分离温度则根据油品性能掌握在 75～90℃；而对于先加热后混合的工艺，操作温度一般控制在 85～95℃。

4.1.2.4　操作时间

碱炼操作时间对碱炼效果的影响主要体现在中性油皂化损失和综合脱杂效果上。当其他操作条件相同时，油碱接触时间愈长，中性油被皂化的概率愈大。采用间歇式碱炼工艺时，由于油、皂分离时间长，故由中性油皂化所致的精炼损耗高于连续式碱炼工艺。

综合脱杂效果是利用皂脚的吸收和吸附能力以及过量碱液对杂质的作用而实现的。在综合平衡中性油皂化损失的前提下，适当地延长碱炼操作时间，有利于其他杂质的脱除和油色的改善。

碱炼操作中，适宜的操作时间需综合碱炼工艺、操作温度、用碱量、碱液浓度以及毛、精油质量等因素并加以选择。

4.1.2.5　混合与搅拌

碱炼时，烧碱与游离脂肪酸的反应发生在碱滴的表面，碱滴分散得愈细，碱液的总表面积愈大，从而增加了碱液与游离脂肪酸的接触机会，能加快反应速率，缩短碱炼过程，有利于精炼率的提高。混合或搅拌不良时，碱液形不成足够的分散度，甚至会出现分层现象而增加中性油皂化的概率。因此混合或搅拌的作用首先就在于使碱液在油相中造成高度的分散。为达到此目的，加碱时混合或搅拌的必须足够强烈，采用间歇式碱炼工艺时要求搅拌速度为 60r/min。

混合或搅拌的另一个作用是增进碱液与游离脂肪酸的相对运动，提高反应速率，并使反应生成的皂膜尽快地脱离碱滴。这一过程的混合或搅拌要温和些，以免在强烈混合下造成皂膜的过度分散而引起乳化现象。因此中和阶段的搅拌强度，应以不使已经分散了的碱液重新聚集和引起乳化为度。在间歇式工艺中，中和反应之后，搅拌的目的在于促进皂膜凝聚或絮凝，提高皂脚对色素等杂质的吸附效果。为了避免皂团因搅拌而破裂，搅拌应减缓，一般以 30～15r/min 为宜。

4.1.2.6　杂质的影响

毛油中除游离脂肪酸以外的杂质，特别是一些胶溶性杂质、羟基化合物和色素等，对碱炼的效果也有重要的影响。这些杂质中，有的（如磷脂、蛋白质）以影响胶态离子膜的结构而增大炼耗；有的（如甘一酯、甘二酯）以其表面活性而促使碱炼产生持久乳化；有的（如棉酚及其他色素）则由于带给油脂深暗的色泽，造成因脱色而增大中性油的皂化概率。此外，碱液中的杂质对碱炼效果的影响也不容忽视。它们除了影响碱的计量之外，其中的钙、镁盐类在中和时会产生水不溶性的钙皂或镁皂，给洗涤操作增加困难。因此配制碱溶液应使用软水。

4.1.2.7　分离

中和反应后的油-皂分离过程直接影响碱炼油的得率和质量。对于间歇式工艺，油皂的分离效果取决于皂脚的絮凝情况、皂脚稠度、分离温度和沉降时间等。而在连续式工艺中，油-皂分离效果除上述因此影响之外，还受分离机性能、物料通量、进料压力以及轻相（油）出口压力或重相出口口径等影响，只有掌握好这些因素，才能保证获得的分离效果。

4.1.2.8　洗涤与干燥

分离去除皂脚的碱炼油，由于碱炼条件的影响或分离效率的限制，其中尚残留部分皂和游离碱，必须通过洗涤降低其残留量。影响洗涤效果的因素有温度、水质、水量、电解质以及搅拌（混合）等。操作温度（油温、水温）低、水量少、洗涤水为硬水或不恰当的搅拌（混合）等，都将增大洗涤损耗和影响洗涤效果。洗涤操作温度一般为85℃左右，添加水量为油量的10%～15%。淡碱液能与油溶性的镁（或钙）皂作用使其转化为水溶性的钠皂，降低油中残皂量。同时反应的另一种产物——氢氧化镁（或氢氧化钙）在沉降过程中对色素具有较强的吸附能力，从而使油品的色泽得以改善。洗涤操作的搅拌或混合程度，取决于碱炼的含皂量，含皂量较高时，第一遍洗涤用水，建议采用食盐和碱的混合稀溶液，并降低搅拌速度。在间歇式工艺中有时甚至不搅拌，而以喷淋的方式进行洗涤，以防乳化损失。

碱炼油的干燥过程，影响油品的色泽和过氧化值。以机械或气流搅拌的常压干燥方法，已经是落后的干燥工艺，因为油脂在高温下长时间接触空气会发生氧化变质，引起过氧化值升高，并产生较稳定（不易脱除）的氧化色素。而真空干燥工艺则可避免此类副作用的发生。表4-3和表4-4列出了常压和减压干燥工艺对油脂过氧化值的影响。由表中可看到，常压干燥的油品过氧化值与干燥前相比，升高了1.3倍，而减压干燥的油品过氧化值几乎变化不大。由此可见，常压干燥的工艺对油品质量是不利的。

表 4-3　常压干燥对油脂过氧化值的影响

批　号		1	2	3	4	5	平　均
过氧化值 /(mmol/kg)	干燥前	2.34	2.34	1.82	1.82	1.82	2.03
	干燥后	4.16	3.38	4.68	5.98	5.20	4.68

表 4-4　减压干燥对油脂过氧化值的影响

批　号	操作温度/℃	干　燥　前		预　热		干　燥　后	
		水分/%	过氧化值 /(mmol/kg)	水分/%	过氧化值 /(mmol/kg)	水分/%	过氧化值 /(mmol/kg)
1	90～92	0.24	1.45	0.19	2.02	0	1.97
2	84～86	0.40	1.45	0.25	1.95	0.028	1.65
3	85～87	0.40	1.45	0.24	1.97	0.072	1.65

4.1.3　碱炼损耗及碱炼效果

碱炼操作中，除了脱除游离脂肪酸和杂质外，不可避免地要损失一部分中性油。因此碱炼总损耗包括两部分：一是工艺的当然损耗，称为"绝对炼耗"；二是工艺附加损耗（皂化和皂脚包容的中性油损失）。"绝对损耗"即游离脂肪酸及其他杂质的损耗。大多数企业常采用威逊（D. Wesson）法测定，因此"绝对炼耗"又通称为"威逊损耗"，在碱炼理论和生产过程中均有一定的重要性。因为它给出了碱炼的理论损耗，为此可用来判断碱炼工艺的先进性或碱炼操作的效果。

"威逊损耗"是碱炼脱酸的最低炼耗，生产中的实际炼耗远大于该值。例如对于优质棉籽油（FFA 为2.4%），测得的"威逊损耗"为4.7%，而碱炼生产的实际损耗在间歇式工艺中则为7.2%，在阿尔法-拉伐尔（α-Laval）工艺中则为6.4。对于劣质棉籽油（FFA 为5.7%），"威逊损耗"为8.1%，而实际生产损耗则分别为16.8%和11.3%。为了通过实际损耗直观地反映工艺的先进性和企业的生产水平，研究部门和企业中更多采用下列方法表示碱炼脱酸效果。

4.1.3.1　酸值炼耗比或精炼指数

酸值炼耗比（L/A）或精炼指数（RF）即碱炼总损耗与脱除的酸值或游离脂肪酸的比值。

$$\frac{L}{A}=\frac{L\times100\%}{AV_{C}-AV_{R}} \tag{4-9}$$

$$L（炼耗）=1-精炼率=（1-成品油量/毛油量）\times100\%$$

$$RF=\frac{L}{(FFA_{C}-FFA_{R})} \tag{4-10}$$

式中，AV_{C} 或 FFA_{C} 为毛油的酸值或游离脂肪酸百分含量；AV_{R} 或 FFA_{R} 为精油的酸值或游离脂肪酸百分含量。

酸值炼耗比或精炼指数能直接反映出企业的工艺和生产水平。

4.1.3.2　精炼效率

精炼效率是以中性油脂的回收率来考核精炼效果的一种方法。毛油经过碱炼脱酸后，得到的碱炼成品油量与毛油量的百分比（即精炼率），若视为中性油的回收量，则该回收量占毛油中性油脂含量的百分数，即为中性油脂的回收率——精炼效率。精炼效率由式（4-11）确定。

$$精炼效率=\frac{精炼率}{毛油中性油含量}\times100\%=\frac{碱炼成品油量}{毛油量\times毛油中性油含量}\times100\% \tag{4-11}$$

精炼效率排除了不平衡因素（磷脂、胶质、水分、游离脂肪酸等杂质）的影响，将碱炼效果统一在单因素（中性油脂）下进行考核。因此，与酸值炼耗比、精炼指数及精炼常数等相比，精炼效率能更准确地反映工艺的先进性和企业的生产水平。

碱炼损耗是反映精炼效果的一项技术经济指标。由于经济上的重要性，生产规模大的企业，近年来采用了钠对比法或电子效应法，快速并连续监测、记录精炼损耗，从而使操作者的精力和各项工艺参数，都集中反映在这一重要指标上，以确保良好的精炼效果。

4.1.4　碱炼脱酸工艺

碱炼脱酸工艺按作业的连贯性分为间歇式和连续式两种。间歇式工艺适宜于生产规模小或油脂品种更换频繁的企业，生产规模大的企业多采用连续式脱酸工艺。

4.1.4.1　间歇式碱炼脱酸工艺

间歇式碱炼是指毛油中和脱酸、皂脚分离、碱炼油洗涤和干燥等环节，在设备内是分批间歇进行作业的工艺。其工艺流程如图4-3所示。

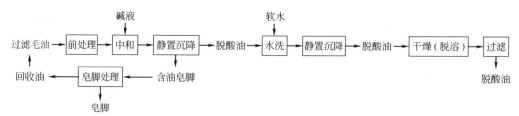

图4-3　间歇式碱炼脱酸工艺流程

间歇式碱炼脱酸按操作温度和用碱浓度分为高温淡碱、低温浓碱以及纯碱——烧碱工艺等。

（1）高温淡碱工艺　高温淡碱脱酸法是在推广高水分蒸胚制取棉油，通过长期的科学实验和生产实践总结出来的一种先进碱炼工艺。由于推广了高水分蒸胚后，提高了毛棉油的质量（胶质少、色泽浅），结合采用高温淡碱的碱炼操作，可以大大提高精炼率。

高温淡碱的碱炼方法是充分运用碱炼理论服务于生产的一项成功经验。由于中和前，以电解质溶液凝聚了磷脂等胶溶性杂质，消除或减弱了表面活性作用，从而降低了中性油的乳化损失；高温提高了中和反应速率，淡碱减少了中性油皂化的概率，从而保证了精炼效率。

高温淡碱脱酸工艺操作要点如下。

① 毛油品质。采用高温淡碱脱酸的前提条件是毛油的品质，待炼油一般是采用高水分蒸胚而制得的低胶质浅色油，要求滤后油含杂不超过 0.2%。

② 前处理。前处理的内容包括预热和凝聚胶杂。预热温度一般为 75℃ 左右。凝聚胶杂的添加剂为食盐溶液（食盐用量一般为油重的 0.1%），添加量可按毛油酸值确定。毛油酸值低时，每 100kg 油的加水量可按酸值的 1.25 倍添加。酸值较高的毛油则如下处理：当毛油酸值在 5 以下时，每 100kg 油的总加水量（包括食盐水和碱液中的水）为酸值的 2.3 倍；毛油酸值大于 5 时，总加水量控制在 12% 以内。

凝聚胶杂的方法与一般水化脱胶的操作相同。搅拌至胶杂充分凝聚后，方可进入中和操作。

③ 中和。中和操作是该工艺的核心。理论碱量根据酸值确定，超量碱一般按油重的 0.005%~0.02% 添加。碱液浓度视毛油酸值参考表 4-5 选择。对于酸值较高的毛油，碱液浓度可偏高选择，以控制总加水量不超过 12%。

表 4-5　高温淡碱工艺碱液浓度的选用

毛油酸值/(mgKOH/g 油)	碱液浓度/°Bé	毛油酸值/(mgKOH/g 油)	碱液浓度/°Bé
3 以下	10	7~10	14
3~5	11	10 以上	16
5~7	12		

中和操作时，全部碱液在 5~10min 内连续加入，搅拌要强烈（搅拌速度 60r/min 左右），保证碱液有足够的分散度。碱加完后，搅拌 40~50min，使酸碱充分反应。完成中和反应后，将搅拌速度降至 30r/min 左右，继续搅拌 10min，使皂粒凝聚。然后开启间接蒸汽，使油温升至 90~95℃。在升温过程中，视皂粒的凝聚情况，添加电解质或调整皂粒内的水分，促使皂粒絮凝，当油皂呈明显分离易于沉降时，即可停止搅拌，保温静置使皂脚沉降。

④ 油、皂分离。油、皂静置沉降过程中要注意保温。静置时间视皂脚处理方法而定。采用间歇方法处理时，应适当延长静置沉降时间（不小于 4h），使沉降皂脚有足够的压缩压实时间，以降低其中中性油含量。当采用脱皂机连续脱皂时，静置沉降的时间可以缩短至 3h 以内。

⑤ 洗涤。洗涤操作最好在专用设备（洗涤罐）内进行。洗涤操作温度（油温、水温）应不低于 85℃。洗涤水要分布均匀，搅拌强度适中，洗涤水应采用软水。每次洗涤用水量为油量的 10%~15%。洗涤 2~3 次，直到油中残皂量符合工艺指标为止。

当油、皂分离不好，油中残留有多量微细皂粒时，要注意严格控制洗涤操作条件。第一遍洗涤水可选用淡碱液或食盐稀溶液，搅拌强度降低或不搅拌，而采用喷淋方式使洗涤水均洒油中，以防产生洗涤乳化现象。一旦发生洗涤乳化现象，可根据情况采用细食盐或盐酸溶液破乳。

洗涤操作的油-水沉降分离时间，以油-水分离界面清晰或油-水界面间的乳化层极少为度，一般为 0.5~1h。

⑥ 干燥（或脱溶）。洗涤合格的油中含有约 0.5% 的水分，需转入干燥设备脱水。干燥过程应采用真空干燥工艺，操作温度 100~105℃，真空度 98.6kPa，碱炼浸出油需转入脱溶器脱除残留溶剂，操作条件为：温度 140℃，真空度 98.6kPa，直接蒸汽通量不低于 30kg/

（h·t），脱溶时间 1h 左右（连续脱溶 40min）。

⑦ 皂脚处理。沉降分离的皂脚中含有中性油，可转入皂脚处理设备内回收中性油。采用皂脚调和罐，通过添加中性油、食盐或食盐溶液，使皂脚调和到分离稠度，然后送入脱皂机连续分离皂脚中的油。富油皂脚经上述处理后，所得贫油皂脚即可转入综合车间加以利用。

（2）低温浓碱工艺　低温浓碱工艺又称干法碱炼工艺，适用于酸值高、色泽深毛油的精炼。浓碱有利于色泽的改善，低温控制了中性油的皂化损失。其操作要点如下。

① 前处理。毛油含杂控制在 0.2% 以下，前处理只是调整油温和逸除油中气体，不进行胶杂凝聚。通过传热装置使油温调整至 25～30℃，并经静置使气体逸出。

② 中和。理论碱由毛油酸值确定，超量碱按油重的 0.10%～0.25% 添加或由小样实验确定。碱液一般为 16～24°Bé。搅拌速度 60r/min 左右，全部碱液在 5～10min 内连续加完。继续搅拌至油、皂呈明显分离时（20～50min），降低搅拌速度至 30r/min 左右，通过加热装置以每分钟升高 1℃ 的速度加热油脂，促进皂粒絮凝，终温控制在 60℃ 左右。

③ 静置分离。油皂分离的沉降时间一般为 6～8h，设备条件允许时，可适当延长。沉降过程中要注意保温。

④ 皂脚处理。低温浓碱法脱酸工艺所得皂脚的中性油含量较高，需经多次升温、静置及撇取浮油。食盐添加量为皂脚的 4%～5%，操作温度由 60℃ 递增至 80℃。

⑤ 洗涤、干燥等其余操作可参见高温淡碱脱酸工艺。

（3）"湿法"碱炼工艺　"湿法"碱炼即中和反应后添加一定量的软水或电解质溶液，冲淡过剩碱液，使皂脚吸水提高沉降速度或使皂脚稀释溶解呈皂浆而有利于油-皂分离的工艺。"湿法"碱炼适宜于精炼酸值高、杂质少的毛油，其操作要点如下。

① 毛油前处理。油温调整至 30～50℃。

② 中和。总碱量的确定及中和操作与低温浓碱工艺相同，终温控制在 60～70℃。

③ 压水。中和结束后添加软水或电解质溶液称为压水，添加量为油量的 5%～15%。以提高沉降速度为目的时，偏低添加；若为了稀释皂脚，则偏高选择。有时为了有利于破除乳化皂脚，则改用浓度为 10% 的纯碱溶液，也可在添加软水后按毛油中每 1% 的游离脂肪酸添加 0.1% 粉末食盐（可配成饱和溶液添加）。添加的水温与油温相同，搅拌速度为 30r/min，添加水后，立即停止搅拌，静置沉降。

④ 其余操作参照低温浓碱工艺。

（4）脱胶-碱炼工艺　毛油中的胶性杂质，由于其特殊的物理化学性质，在中和过程中容易产生乳化作用而导致炼耗的增加。钙、镁离子的存在，还会影响碱炼水洗效果。因此碱炼前先进行脱胶，能提高碱炼效果。

① 脱胶。待脱胶油温为 60～65℃，添加水量为油量的 2%～4%，搅拌速度为 60r/min 左右，搅拌时间为 30min。

② 分离胶体油脚。脱胶静置沉降时间为 1～2h，根据毛油品质和产品质量要求，确定排放胶体油脚量。毛油品质差的考虑精炼油质量可全部排尽胶体油脚；毛油品质好的考虑到精炼率则可按添加水量排放胶体油脚。

③ 中和。中和操作采用中温碱炼工艺，初温为 60～65℃，超量碱控制在油量的 0.1%～0.2%，碱液为 14～20°Bé，终温为 80℃ 左右。

④ 其余操作参见高温淡碱工艺。

另外，油脂碱炼还可采用纯碱-烧碱脱酸法，即碱炼时先按理论碱量的 25%～35% 添加纯碱（Na_2CO_3）溶液，除去部分游离脂肪酸后，再将剩余碱量改用烧碱溶液完成中和反应的一种碱炼方法。由于纯碱碱性较弱，不易皂化中性油，烧碱有较强的脱色能力，因而配合使用时，在操作技术不甚高的情况下，也能获得较好的精炼效果。纯碱-烧碱脱酸法虽然具有上述优点，但用纯碱碱炼时，将产生大量气泡，要求精炼罐留有较大的空余容积，操作稍有疏忽，即会发生溢罐现象。纯碱-烧碱脱酸法如今已很少在生产应用。

4.1.4.2　连续碱炼脱酸工艺

该工艺的全部生产过程是连续进行的。工艺流程中的某些设备能够自动调节，操作简便，具有处理量大、精炼效率高、精炼费用低、环境卫生好、精炼油质量稳定、经济效益显著等优点，是目前国内外大中型企业普遍采用的先进工艺。见图 4-4（书末插图）。

（1）长混碱炼工艺　"长混"技术是由油脂与碱液在低温下长时间接触的情况而开发出来的。在美国，将长混碱炼过程称为标准过程，常用于加工品质高、游离脂肪酸含量低的油品，如新鲜大豆制备的毛油。另外，在碱炼过程油与碱液混合前，需加入一定量的磷酸进行调质，以便除去油中的非水化磷脂。

连续长混碱炼的典型工艺流程如图 4-5 所示。由泵将含固杂小于 0.2% 的过滤毛油泵入板式热交换器预热到 30～40℃后，与由比例泵定量的浓度为 85% 的磷酸（占油量的 0.05%～0.2%）一起进入混合器进行充分混合。经过酸处理的混合物到达滞留混合器，与经油碱比配系统定量送入的、经过预热的碱液进行中和反应，反应时间 10min 左右。完成中和反应的油-碱混合物，进入板式热交换器迅速加热至 75℃左右，通过脱皂离心机进行油-皂分离。分离出的含皂脱酸油经板式热交换器加热至 85～90℃后，进入混合机，与由热水泵送入的热水进行充分洗涤后，进入脱水离心机分离洗涤废水，分离出的脱酸油去真空干燥器连续干燥后，进入脱色工段或储存。

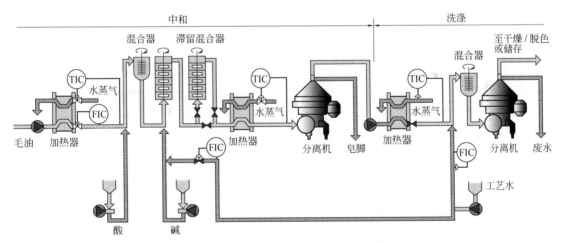

图 4-5　连续长混碱炼工艺流程

（2）短混碱炼工艺　高温下油脂与碱液短时间的混合（1～15s）与反应，可避免因油碱长时间接触而造成中性油脂的过多皂化，这对于游离脂肪酸含量高的油脂的碱炼脱酸非常适用。短混碱炼工艺也适合易乳化油脂的脱酸。另外对非水化磷脂含量较高的油脂脱磷也有较好的效果。

图 4-6 是短混二次碱炼工艺流程。过滤后的毛油经泵进入板式加热器加热至 85℃左右。预热后的毛油与由酸定量泵打入的一定量的磷酸一起进入混合器混合并反应。然后进入碱混合器，与经碱定量泵计量后根据所需碱液浓度，在加入一定量的热水使之达到合适浓度的碱液进行混合反应。完成中和反应的油-皂混合物进入第一台碟式分离机进行脱皂，分离出的

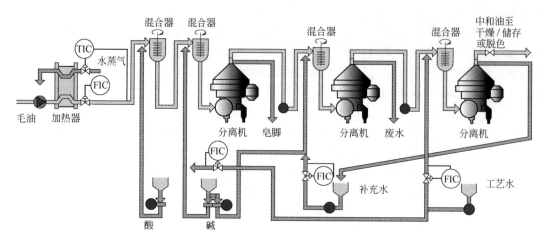

图 4-6 短混二次碱炼工艺流程

皂脚收集后进行利用。分离后的油经泵进入复炼混合器，与碱定量泵计量并送来的少量浓碱（由热水泵加水后稀释成所需的稀碱液）进行混合，进一步完成中和反应。反应后的油-皂混合物进入第二台离心分离机分离出油和皂脚。分离出的油经泵进入水洗混合器，与一定量的热水混合并洗涤，然后一起进入离心分离机分离油和废水。分离后的油经干燥送到脱色工段。复炼过程对改善油的品质和色泽、降低残皂量以及提高成品油脂的风味，具有明显效果。

碟式离心机连续碱炼工艺操作要点如下。

① 碱液及其计量。碟式离心机碱炼工艺由于油碱接触时间短，使用的碱液浓度高。当毛油游离脂肪酸含量小于 5％时，烧碱溶液的使用一般为 20°Bé 左右，游离脂肪酸大于 5％时，碱液则为 20～28°Bé。碟式离心机碱炼工艺，超量碱的控制范围一般为理论碱量的10％～25％，当碱液浓度为 20°Bé 时，若碱量过低、皂脚发软而蓬松，对酚酞指示剂显中性反应；碱量过高（超过理论碱量 50％时），则发生碱析作用，导致进料压力增加、流量降低、分离操作困难；碱量适宜时，皂脚软滑，对酚酞指示剂呈明显碱性反应，脱酸油澄清。

碟式离心机碱炼工艺，碱液的耗用量可按式（4-12）确定。

$$L = \frac{1000 \times V \times d \times FFA \times K}{M \times c} \tag{4-12}$$

式中，L 为液体碱流量，L/h；V 为毛油流量，L/h；d 为毛油密度，kg/L；FFA 为油中游离脂肪酸含量（质量分数），％；K 为超量碱系数，取值为 1.1～1.5；M 为游离脂肪酸平均分子量；c 为碱溶液的物质的量浓度，mol/L。

如果前处理工序进行磷酸脱胶，则在计算碱耗用量时需加上中和磷酸所需的碱量，一般按 1∶10 比例，折算成游离脂肪酸，即 0.1％的磷酸对应的游离脂肪酸约为 1％。

② 油碱比配与混合。碟式离心机碱炼工艺的油碱比配方较多，无论以何种形式比配，都应确保流量稳定，比配精确。处理量较大时，则往往通过二级程序来进行油碱比配，即先由油流量传感系统比配较浓的碱液量，然后再向浓的碱液中添加水，使之稀释到工艺所需的浓度。操作中要注意稀释水流量稳定。

中和混合时，一般采用桨叶式混合器、离心混合器或静态混合器进行短时混合，接触时间一般为 1～15s，混合强度需根据中和温度及毛油品种来调节，酸值高或脂肪酸平均分子量低的油应采用低强度混合，一般油品则可采用中、高强度混合，在某些情况下（例如橄榄油的精炼），甚至采用装置于离心机空心轴里的超短混合器进行剧烈混合，油碱接触时间少于 0.5s，从而降低中性油损失，提高精炼效果。

③ 油-皂分离。碟式离心机分离效果受多种因素影响，首先要求离心机性能稳定，安装正确，然后检查装配质量，待符合要求后，方能按程序启动、运转。端面密封离心机严禁在冲洗水和密封水切断的情况下启动或停止运转，以保证离心机的分离性能和保护摩擦端面。碟式离心机转鼓碟片间隔小、沉降距离短，因此要求油碱比配率适宜，使被分离物料呈良好的离析状态。分离温度一般为 70～90℃。自清式或水冲式离心机都可用来进行油-皂的分离。为了稀释皂脚和冲洗转鼓内壁，确保出皂口通畅，分离操作中要添加冲洗水，一般添加量为 25～100L/h。端面密封离心机正常操作中端面密封水不得中断，密封水压应略高于轻相出口压力，密封水量约为 50L/h。

除了上述影响因素外，油-皂分离效果还受物料流量、压力的影响。物料流量应该低于理论容量值。当其他条件稳定时，碟式离心机的分离效果可通过调节轻相出口压力来调整。当轻相中含有较多皂或水、重相含少量油时（轻相出口视镜观察到的油不清晰，呈浑浊状），可适当调大压力。当分界面位置向中心孔外缘偏离，重相中夹有较多油时，可适当调低轻相出口压力。在正常情况下，轻相出口压力一般控制在 0.1～0.3MPa。进料压力取决于流量和轻相出口背压力，一般也控制在 0.1～0.3MPa。

碟式离心机转鼓分离液封是正常分离的必要条件。被分离物料乳化、分离程度低或轻相出口压力过高等，都会导致液封丧失。液封一旦丧失，分离操作即无法进行，需立即降低轻相出口压力，增加冲洗水量，恢复液封后再根据查找的原因妥善处置。

④ 复炼。复炼可改善碱炼油的洗涤性能，对改善油品的质量和色泽、降低残皂量及提高成品油的风味有明显效果。复炼会增加精炼损耗（0.5%～2.4%），因此需根据油脂品种和成品油脂的质量要求来决定该工艺的取舍。复炼采用的烧碱溶液为 6～12°Bé，碱量为毛油体积的 1%～3%。复炼温度一般为 70～90℃，离心机轻相出口压力为 0.15MPa，转鼓冲洗水量为油脂体积的 5%～10%。

⑤ 洗涤及工艺用水。碟式离心机洗涤操作是在密封条件下进行的，洗涤水通过玻璃转子流量计比配，与油一起进入混合机或静态混合器进行混合。洗涤操作油温为 85～90℃，水温略高于油温，一般为 90～95℃，添加水量为油脂体积的 10%～15%。脱水离心机轻相出口压力通常为 0.3MPa，以分离后的油流清晰，含水量不大于 0.2% 为宜。

碱炼工艺（中和、复炼及洗涤等工序）中用于配碱液的水、转鼓冲洗水及洗涤水统称为工艺用水。为避免硬水中的盐类对比配、计量装置及碟片和转鼓的结垢污染，提高洗涤效果，工艺用水应采用冷凝水或软水。当水质硬度超过 5 个德国度时，必须进行软化处理。碱炼所得油脂的品质为：P≤50mg/kg，残皂≤40mg/kg。

4.1.4.3　混合油碱炼

混合油碱炼即将浸出得到的混合油（油脂与溶剂混合液）通过添加预榨油或预蒸发调整到一定的浓度后进行碱炼，然后再进一步完成溶剂蒸脱的精炼工艺。

混合油碱炼，中性油皂化概率低，皂脚持油少，精炼效果好。由于在混合油蒸发汽提前除去胶杂、FFA 以及部分色素，因此有利于油脂品质的提高。

(1) 混合油碱炼机理　浸出法制油所用的溶剂通常为非极性的轻汽油（主要成分为正己烷）。所得的混合油中，溶剂分子围包在甘三酯分子中的烃基周围，而排斥、阻碍极性碱液与甘三酯分子中酰氧基的接触，从而避免了中性油的皂化。而游离脂肪酸的烃基虽然也被溶剂包围，但其羧基比甘三酯的酰氧基受的空间阻碍小得多，且极性较大，因此羧基能插入碱液中发生中和反应。所得皂脚与混合油的密度差别很大，加之混合油的黏度小，故皂脚易从混合油中分离出来，且持油少。

此外，由于混合油在进一步蒸脱溶剂前已经脱除了胶质和某些热敏杂质（皂脚的吸收和吸附作用），故可避免蒸发器结垢，从而提高蒸发效率并改善油品色泽。

（2）混合油碱炼的主要影响因素

① 混合油浓度。浓度过稀的混合油，因其与碱液的密度和极性的差别极大，难以混合，而使完成中和反应的附加措施过于复杂化，并且因游离脂肪酸的浓度过小而大大降低中和反应的速度。但是浓度过高的混合油又不能满足混合油碱炼的条件。适宜的混合油浓度为40%～65%，以机械分离皂脚时选上限，沉降分离时则取下限。

② 碱液浓度及碱量。在混合油中，中和反应较易进行，色素较易被皂脚吸附，因此所用碱液可较常规工艺低，为18～26°Bé，甚至使用10～14°Bé的碱液，同样能获得满意的效果。

混合油碱炼的用碱量，除中和游离脂肪酸及脱胶剂（磷酸）的理论用量外，尚需添加一定的超量碱。由于混合油体系的特点，超量碱添加的范围较一般碱炼法高，通常控制在油量的0.25%～0.45%。

③ 操作温度。混合油碱炼操作中，为了加速中和反应，便于皂粒的凝聚或絮凝以及对色素的吸附，需要较高的温度，但反应温度不可超过溶剂的沸点，而且在皂粒絮凝后应及时冷却，以避免系统压力的增高，并利于降低分离时的溶剂损耗。中和操作温度一般为50～60℃，分离温度为40～45℃。

④ 油碱比配与混合。混合油碱炼中和阶段可采用连续式或间歇式。连续式比配常采用比例泵或隔膜装置。选用比例泵要求密封性能好。碱液耗量可由式（4-13）确定：

$$L_{混} = \frac{V \cdot d \cdot AV_{混} \cdot K}{56.1c} \qquad (4\text{-}13)$$

式中，$L_{混}$为液体碱流量，L/h；V为混合油流量，L/h；d为混合油密度，kg/L；$AV_{混}$为混合油酸值；K为超量碱系数，$AV_{混} > 10$取值为1.2～1.5，$AV_{混} < 10$取值为1.5～2.0；c为碱溶液的物质的量浓度，mol/L。

与机榨毛油相比，混合油中亲水物质较少，油相与碱液相密度差异大，加之溶剂的空阻作用，游离脂肪酸与碱液较难形成乳化状的非均态反应，因此需提高混合强度，以增加游离脂肪酸与碱液的接触概率，从而提高中和反应的速率。

⑤ 添加剂。混合油碱炼过程中，加入进混合油中的物质称为添加剂。除碱液外，有时在中和前还需添加脱胶或脱色剂。脱胶剂常采用柠檬酸或磷酸等，脱色剂常采用过氧化氢，其添加量一般为100～400mg/kg。

中和反应后，为了不使系统的压力升高而采用加水的方法来促使皂脚凝聚。凝聚水的添加量需根据混合油的浓度、品质、碱量及碱液浓度等因素，通过小样实验确定。

⑥ 溶剂。浸出法制油常用的溶剂有工业正己烷，6号溶剂油及丙酮等。不同溶剂所得的混合油质量不同，从而影响碱炼时对其他因素的选择。例如用丙酮得到的混合油中磷脂与胶质含量少，棉酚含量高，故油色较深，因此操作条件的选择就有别于己烷混合油。丙酮混合油浓度一般控制为60%。由于中和反应产生的皂脚和棉酚的钠盐黏度较高，不便于直接分离，故需加水稀释，以降低稠度。

⑦ 油-皂分离。混合油碱炼生成的皂相，不溶于混合油，且与油相的密度差大，常采用连续沉降器或密闭碟式离心机进行分离。但不同的分离设备对分离物的要求不同。采用沉降设备分离时，要求皂粒充分凝聚或絮凝，中和反应后常需添加凝聚水。当采用碟式离心机分离时，则要求皂粒充分地溶成皂相，加热溶皂的时间一般为10～15min。

（3）混合油碱炼工艺　混合油碱炼按操作的连贯性可分为间歇式和连续式两种。连续式混合油精炼工艺分沉降分离和离心分离两类。

离心机分离工艺如图 4-7 所示。混合油浓度为 45%～60%。酸处理添加剂的量为 100～400mg/kg。超量碱为混合油量的 0.25%～0.45%，碱液为 16～22°Bé。中和温度为 54～60℃。经密闭离心机脱过皂的混合油中，残皂量较低，可不经洗涤而直接输入溶剂蒸脱工序蒸脱溶剂。

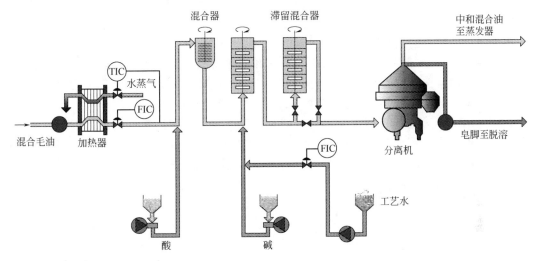

图 4-7　混合油碱炼工艺流程

混合油精炼具有较多优点，但所使用的溶剂易燃易爆，因此需采取相应措施。所有容器设备应设有自由气体管线，与自由气体平衡罐连通，分离机最好安装在车间最高层专用机房内，且有良好的通风设施，以保安全生产。

4.1.4.4　表面活性剂碱炼

在中和阶段掺进表面活性剂溶液，利用其选择性溶解特性，以降低炼耗提高精炼率的一种碱炼工艺称为表面活性剂碱炼。目前应用于生产的比较成熟的表面活性剂是海尔活本（Hatropen OR），即二甲苯磺酸钠异构体的混合物，常温下呈粉末或片状，易溶于水，对酸和碱都较稳定。其中活性物的含量大于 93%，硫酸钠含量小于 4.5%。海尔活本溶液的特点是：在碱炼过程中能选择性地溶解皂脚和脂肪酸，减少皂脚包容油的损失。由于皂脚的稀释，故增加搅拌强度也不致出现乳化现象，从而可用增加搅拌强度来代替或减少部分超量碱，减少中性油被皂化的概率，所以可获得较高的精炼率。此外，海尔活本精炼法获得的皂脚质量高（脂肪酸含量高达 93%～94%），对酸值高的毛油（游离脂肪酸含量高达 40%）也能获得较好的精炼效果，同时还能简便地连续分解皂脚、回收海尔活本而循环用于生产，排出的废水量为中性，免除了对环境的污染。

4.1.4.5　泽尼斯碱炼工艺

塔式泽尼斯（Zenith）法碱炼工艺是目前国际上比较先进的碱炼工艺之一。特别适用于低酸值毛油的精炼，具有设备简单、成本低、精炼效率高、无噪声等特点。此工艺自 1960 年诞生以来，不少国家已推广应用。它与一般碱炼工艺有显著区别，属于 O/W 型碱炼。它是将含有游离脂肪酸的毛油分散成油珠，通过呈连续相的稀碱液层进行中和的一种工艺，主要由脱胶、脱酸、脱色和皂液处理等工序组成。

（1）机理及影响因素　泽尼斯碱炼工艺的中和过程，油珠为分散相，碱液呈连续相，构成了 O/W 型反应体系。在此体系中，碱液总量相对于游离脂肪酸要高得多，因而中和反应快而完善。由于油相密度低于碱液相的密度，毛油经分布器形成油线进入碱液时，即会在浮力作用下穿越碱液层而上升。在上升过程中，油线因表面张力而逐渐转呈油珠，油线和油珠中的游离脂肪酸与碱液在相界面中和，形成的皂膜不断如蝉脱壳似的离开油珠，从而使酸碱接触界面始终不存在皂膜的影响，减少了油脂的胶溶概率，提高了中和反应速度。此外，O/W 型体系中的稀碱液，对皂膜的溶解能力强，碱性皂液对色素的相对吸附表面积远大于常规中和皂脚，稀碱液对中性油脂的皂化缓和，所有这些特点便构成了塔式泽尼斯碱炼工艺的理论基础。

影响泽尼斯碱炼的主要因素如下。

① 碱液浓度。碱液浓度影响中和反应速率和对色素的脱除能力，过浓的碱液易引起中性油的皂化。通常选用的碱液含量为 1%～3%，为了保证碱液浓度及乳化层的分离，当含皂碱液中的氢氧化钠有效含量低于 0.4%～0.5% 时，即应更换新鲜碱液。

② 中和温度。泽尼斯碱炼工艺用的碱液含量低，故温度的工艺作用更为重要。温度的作用不仅表现在对反应速率的影响，而且还表现在对油脂黏度的影响，较高的温度可加快油珠穿越碱液层的速度，以及对油、皂乳化层的分离。操作温度较高并保持稳定，毛油与碱液温差小，才能避免涡流影响，保证工艺效果。操作温度一般为 60～80℃。

③ 毛油品质及预处理。毛油中的磷脂等胶体杂质具有亲油及亲水特性，如果中和反应前脱除不彻底，即易形成乳化层，造成分离困难，甚至与固相颗粒一样，堵塞分配头，致使操作无法进行。脱胶操作按常规脱胶工艺进行。固相颗粒杂质务必脱除彻底。

毛油的酸值影响碱液浓度的选择以及皂脚排放和新鲜碱液补充的频率。酸值过高的毛油会导致中和过程失去稳定条件，因此酸值高于 10 的毛油，就不宜采用泽尼斯碱炼工艺脱酸。

④ 其他。中和塔高度、油珠分布器的结构、进油压力及毛油的酸值等对工艺的影响都很重要。分布器造成的油线直径及油珠进入碱液层的压力，影响油珠上浮穿透速率，这与中和塔塔高、碱液浓度及毛油酸值等因素相关。油线细，输入压力低，可在较低的中和塔中完成反应。过细的油线会增大损耗，而过大的油珠则又影响工艺的稳定性。分布器造成的油线直径一般为 0.5～2mm。

（2）泽尼斯碱炼工艺设备　泽尼斯中和塔是工艺的特征设备。中和塔如图 4-8 所示。由中和段、分离段、油珠分布器、碱液分布器及液位控制器等构成。塔高约 3～4m。中和段为带有锥底的中圆筒体，设有夹套保温层，锥底设有排放含皂碱液的浮标控制阀门。分离段紧连在中和段上部，直径大于中和段，以扩大乳化层的分离界面。上部设有油、皂分离视镜、皂液浮标及恒位溢油口。毛油分布器设在圆筒体下端与锥底的相接处，分布器以特殊的结构均匀设置有布油孔。孔密度约为 10000 孔/m²，每孔能形成直径为 0.5～2mm 的油线。碱液分布呈辐射形，辐射管上开有直径为 5mm 的分布孔，由浮标控制器自动控制新鲜碱液添加量。中和塔工作为半连续式，两只并联交替作业可使脱酸过程连续化。

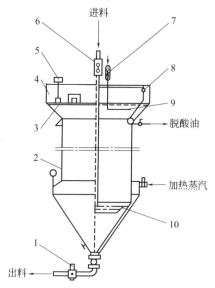

图 4-8　中和塔

1—浮标排皂阀；2—中和塔；
3—分离窥视镜；4—分离段；
5—碱液浮标控制器；6—油视镜；
7—碱液视镜；8—恒位油溢流口；
9—碱液分布器；10—油分布器

4.1.5　碱炼脱酸设备

碱炼脱酸的主要设备，按工艺作用可分为中和罐

（结构同水化罐）、油碱比配机、混合机、洗涤罐、脱水机、皂脚调和罐及干燥器等。具体的工艺流程见图 4-4（书后插页）。连续碱炼工艺流程图按生产的连贯性又可分为间歇式和连续式设备。

4.1.5.1　皂脚调和罐

皂脚调和罐是处理富油皂脚（或油脚）的设备。间歇式碱炼（或水化）分离出的皂脚（或油脚），包容有 40% 以上的中性油。为了回收这部分中性油脂，可通过该设备添加中性油和食盐水溶液，将皂脚稀释、加热、调和到一定的稠度后，输入脱皂机分离回收其中的油脂。皂脚调和罐如图 4-9 所示，主体是带有碟盖和锥底的短圆筒体，罐的下半部设有笼管式传热装置，轴心线上设有直立螺旋搅拌器，搅拌轴通过碟盖上的密封填料箱与传动装置连接，传动装置由直立电机和摆线针轮减速器组成。罐体上设有物料进出管，碟盖上设有照明灯和快开式人孔盖，可以观察掌握皂脚调和程度。碟盖上还设有真空连接管，以调和操作在负压下进行。

4.1.5.2　油碱比配装置

油碱比配装置是连接式碱炼工艺的重要装置。它的工艺作用是根据毛油品质，按毛油流量比配碱液。主要有比例泵、油碱比配机及隔膜阀比配装置等几种形式。

（1）比配泵　比例泵又称计量泵，属容积式泵。其柱塞行程可按比例进行调节，因而可用于物料定量比配。该类泵有单缸、双缸和多缸式，按输送物料的性质分为普通型和耐酸型两类。我国研制专用于油脂精炼工程的 YBND 计量泵为三缸泵如图 4-10 所示，可用于流量为 19～240L/h，工作吸力为 0.7MPa 的酸、碱计量场合。其他定型计量泵也可按需配套于精炼过程。

（2）油碱比配机　油碱比配机如图 4-11 所示，是专用于油脂精炼工程的一种计量泵。

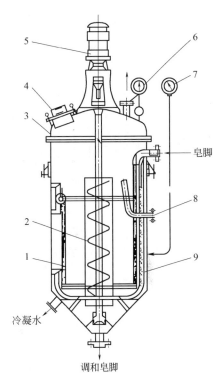

图 4-9　皂脚调和罐
1—加热装置；2—搅拌器；3—封头；
4—人孔；5—传动装置；6—接管；
7—温度计；8—摇头管；9—蒸汽喷管

我国研制的 YJR 型油碱比配机采用双缸柱塞计量泵形式作为主体结构，主要由油泵头、碱泵头、传动机构和行程调节装置等部件组成。油碱泵头包括球阀、柱塞、填料和泵缸体等。传动机构包括立式电机、蜗轮蜗杆、楔形轴偏心轮连杆、十字头等。立式电机通过同一蜗杆带动两只蜗轮，进而借楔形轴偏心轮连杆、十字头带动油碱泵柱塞作同步往复运动，使油碱物料脉动吸入并输送至油碱混合机。油碱流量的调节，通过高速电机的速度，或通过调节螺杆改变楔形轴与偏心距，进而改变柱塞行程而实现。电机速度或偏心距的改变，通过一套齿轮装置反映在行程表

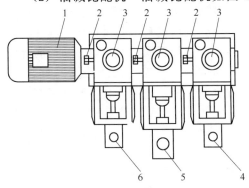

图 4-10　比配泵
1—电机；2—定位螺杆；3—刻度盘；
4—酸泵；5,6—碱泵

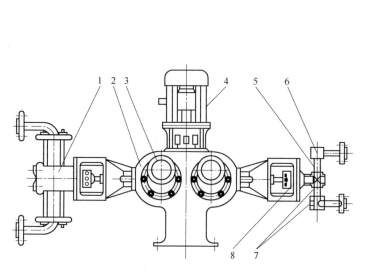

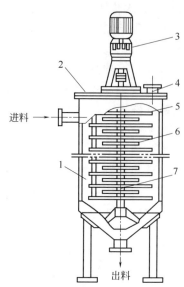

图 4-11 油碱比配机
1—油泵缸体；2—传动部分；3—行程调节机构；4—电机；
5—柱塞；6—碱泵缸体；7—双重球阀；8—填料箱

图 4-12 立式桨叶混合机
1—筒体；2—密封盖；3—传动
机构；4—溢流管；5—隔板；
6—搅拌叶；7—搅拌轴

上，从而可由行程表直接读出油碱流量。该机特点是流量精度高、动力省、具有定量比配输送物料的双重功能。

4.1.5.3 混合机

混合机是使碱液或洗涤水在油中高度分散、混合的设备或装置。分有桨叶式、盘式、刀式、离心式混合机以及静态混合器等。目前国内大中型油脂加工企业主要使用桨叶式或离心式混合机。

（1）桨叶混合机 桨叶式混合机分卧式和直立式两种形式。卧式桨叶混合机配套于管式离心机工艺。立式桨叶混合机配套于碱炼油连续洗涤工序，也可配套于油脂连续脱胶工艺。其结构如图 4-12 所示，主要由带锥底的圆筒体、密封盖、搅拌轴、隔板、传动机构、物料进出口等构成。其工作原理与卧式桨叶混合机相同。该设备根据工艺作用和生产规模设有不同规格，可根据工艺需要选择。

（2）离心混合器 离心混合器是近代发展起来的集混合、输送为一体的流体混合设备。按混合物料性质的不同，分为带机械密封环和不带机械密封环的两种。前者用于易氧化、挥发的物料混合，配套防爆电机可用于混合油精炼。后者则广泛用于酸、碱水溶液与油脂等流体物料的混合。其结构如图 4-13 所示，主要由机座、机壳、轴承座、混合转鼓、向心泵、物料进出口和电机等构成。待混合物料由供料口连续输入工作腔，在随混合转鼓高速旋转的同时与供料管末端轴向运动物流产生强烈的混合，然后沿转鼓径向形成高速旋转的层流，抵达转鼓边缘的高速旋转物流在向心泵入口端，由于物流方向的急速改变，产生二次强烈混合，这种带有细小气泡的物流在沿向心泵特殊通道运动时转变成层流流动，并同时将物料流入口端的动能转化成静压能，然后压入卸料口排出。向心泵所产生的静压在生产工艺中能满足流体输送的要求，加上结构简单、体积小、操作维护简便，因此在油脂精炼工艺中的应用相当普遍。

（3）静态混合器 静态混合器是指流体通道中没有机械转动部分，能使物料在 $Re > 0$

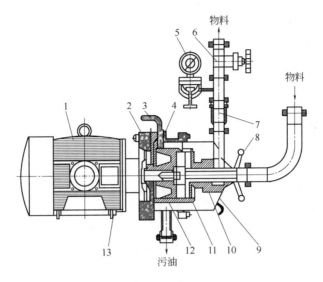

图 4-13　离心混合器

1—电机；2—机座；3—锁钉；4—混合器座；5—压力表；6—调节阀；7—视镜；
8—接管锁紧轮；9—壳体；10—填料；11—向心泵；12—混合转鼓；13—电机座

的全部范围内实现混合的结构体。它是由装置在管道内的一组混合元件构成的。依据混合元件结构的不同，可分为回转型——凯尼斯型（Kenice）、位置交换型——苏尔兹型（Sulzer）、回转换位混合型等。其中凯尼斯型混合器诞生历史较久，因其结构简单，制作方便，混合效果也好，所以至今仍广泛应用于化工单元操作中的搅拌、萃取、气体吸收、强化传热、溶解、分散以及粉粒体混合等方面。凯尼斯混合器由管道体和管内混合元件构成，其结构如图4-14所示。管内混合元件由扭转了180°的一些右旋和左旋的麻花状螺旋单元交替排列，并且相邻两个单元的导向边相互交错成90°，组合在同一轴线上而成。螺旋单元长度和直径的比值（L/D）为1.4～2，螺旋边缘与管道内壁应尽量吻合，不可留有过大的缝隙，以免缝隙滞流层影响混合效果。

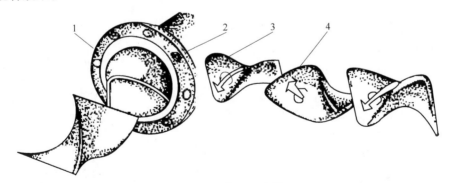

图 4-14　静态混合器

1—法兰；2—管道体；3—左螺旋单元；4—右螺旋单元

　　凯尼斯混合器的混合机理是：当油和碱液（水）流经第一螺旋单元时，每一组分即被切割成两股流束，由于流道截面积的变化，流体产生加速、减速及旋转作用，再进入第二螺旋单元时，每股流束又被分割成两股，并反向重复上述加速、减速及转向作用。如此周而复始地延伸下去，产生强烈的湍流，并由此而产生漩涡，从而使空间三个方向的浓度达到均匀化，产生良好的混合效应，或使换热器管壁滞流内层中的流体不断更新，减小管壁和管道中心流体间的温度梯度而强化传热过程。

凯尼斯静态混合器造价低，动力省，运行无噪声，不占车间安装位置，不仅能满足混合工艺要求，而且应用于强化传热也有明显的效果。是节省能源的一种混合装置。

静态混合器混合程度剧烈，使物料形成的分散度高，为了避免过度的分散，需视工艺要求合理确定 L/D 值和混合单元数，以保证分离操作顺利。

4.1.5.4　超速离心机

超速离心机是指分离因数 α 大于 3000 的一类离心机。碱炼脱酸工艺中应用的这类离心机，主要有管式离心机和碟式离心机。

（1）管式离心机　管式离心机是一种在不过度增加转鼓壁应力的情况下，以增加转速提高分离因数和延长悬浮液行程来确保分离效果的高速分离机。它具有较高的分离因数（15000～60000），转速高达 8000～50000r/min，适宜于分离乳浊液和澄清固相粒度很细的悬浮液。油脂碱炼脱酸工艺中常用来分离油-皂悬浮液和油-水乳浊液，用于前者称脱皂机，用于后者称脱水机。

管式离心机的构造如图 4-15 所示。主要由机座、机壳、导向轴承、喷油嘴、高速轮、出油口和出皂口等构成。机壳和机座铸成一体，转鼓通过螺帽连接在挠性轴上，挠性轴穿过轴承内套，通过雌、雄连接器的圆头锥面螺钉，悬挂在高速轮内的橡胶联轴器上，使转鼓在随高速轮旋转时，自由摆动而自动定心。转鼓底盖的空心轴插在导向轴承中（滑动轴承），导向轴承在转鼓正常旋转中不起作用，只是当转鼓通过临界转速时，借轴座上的锥形弹簧限制振幅，减轻或吸收转鼓的纵向和轴向振动。

脱皂机工作时，油-皂悬浮液由进口通过喷嘴进入转鼓，经三叶隔片分隔成三部分随转

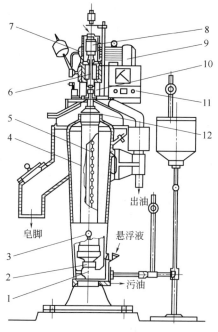

图 4-15　管式离心机

1—喷油嘴；2—导向轴承；3—制动器；4—转鼓；
5—分隔片；6—挠性轴；7—游轮；8—传动轮；
9—电机；10—连接螺帽；11—配电盘；
12—分隔圈

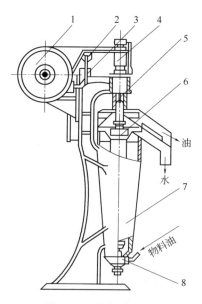

图 4-16　管式脱水机

1—带轮；2—游轮；3—电气箱；
4—轮轴装置；5—吊轴；6—旋
筒；7—机体；8—喷油装置

鼓高速旋转，在离心力作用下，皂粒沉积于转鼓内壁汇成塑性重相流，由轴向分力推动沿转鼓壁向上运动，经由分隔圈、皂脚斗和出皂口排出。轻相（油）则沿轴线上升，由转鼓上端空心轴的出油孔射出，汇入油斗，经出油口流入去集油池。油-皂（或水）分离效果通过更换不同规格的分隔圈进行调节。

管式脱皂机根据转鼓直径设计有系列产品。常见的脱皂机转鼓直径有 105mm、127mm 两种。国产 LGZ-105 型脱皂机，转鼓直径 105mm，转鼓转速 15000r/min，配用动力 2.2kW，生产能力为日处理 10t。

管式脱水机的基本结构与脱皂机相似，只是转鼓重相出口略有不同，机壳上没有出皂口，其结构如图 4-16 所示。国产 LGS-105 型脱水机的生产能力为日处理洗涤油 15t。

管式离心机结构简单，运行可靠，易损件更换方便，但容量小，效率低，噪声较大，不适宜处理固相含量高的悬浮液。

（2）碟式离心机　碟式离心机是在管式离心机基础上发展起来的离心分离机。它是在不增加转鼓转速的情况下，利用薄层分配原理来优化离心过程的。由于悬浮液一经分离，轻相和重相就不再接触，避免了再度混合的影响，从而为含微量固相的悬浮液的澄清和乳浊液的分离创造了良好的分离条件。

碟式离心机的基本结构如图 4-17 所示，主要由机身、转鼓、传动机构、配水装置和物料进出口装置等组成。传动部分主要由立轴、电动机、液体联轴器、横轴和一对螺旋齿轮组成。立轴采用挠性结构，下端装有双列调心球轴承，上部与单列向心球轴承配装于具有弹簧自位的减振装置中，以消除转鼓旋转时不平衡而引起的振动。立轴由合金钢材料制成中空结构，以供进料。

转鼓部分是离心机的主要工作部件，如图 4-18 所示，位于立轴顶端。由转鼓体、下分配器、上分配器、碟片、液位环、重力环、顶盖、转鼓盖和锁紧圈等组成，全部零件采用耐蚀不锈钢材料制成。碟片锥角 45°，上有椭圆形分配孔。若干层碟片由定距条相间隔成为碟片组，装于上分配器上，组成 6～8 条进液通道。下分配器的作用是使进入转鼓的悬浮液和冲洗液隔开，并将冲洗液引向转鼓

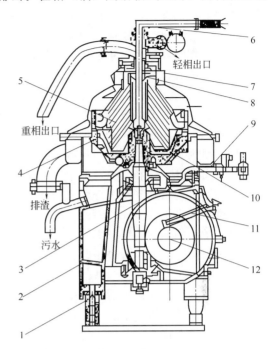

图 4-17　碟式离心机

1—机座；2—机架体；3—立轴；4—转鼓体；5—碟片；6—物料进出装置；7—重相向心泵；8—轻相向心泵；9—密封水配水装置；10—转鼓活塞；11—测速装置；12—传动装置

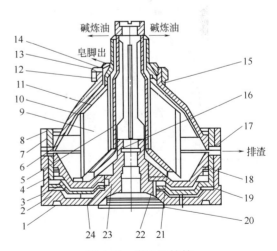

图 4-18　离心机转鼓

1—转鼓体；2—活塞；3—活塞环；4—盘架环；5—盘架；6—主密封环；7—转鼓盖；8—主锁环；9—碟片；10—颈盖；11—无边碟片；12—重力锁环；13—顶密封环；14—重力环；15—皮环；16—底碟片；17—定位块；18—盘架环弹簧；19—活塞环弹簧；20—分流挡板；21—筋条；22—盘架底；23—密封环；24—导锁

壁，以稀释和冲走沉积在转鼓壁上的杂质。转鼓顶端装置有液位环，重力环，轻、重相向心泵盖，借助于向心泵分别引出轻相和重相。整个转鼓部件组装后由锁环锁紧。物料进出口装置位于离心机顶部，由轻、重相向心泵，接头座和物料进出口接管等组成。配水装置位于转鼓下部，由配水座、配水圈、控制撇液盘、导水座和进水接管等组成。配水装置与转鼓供水槽吻合，工作时转鼓密封水通过控制撇液盘进入密封室启闭转鼓活塞。

水冲式离心机的转鼓冲洗水，由立轴下部进料接头，通过中空立轴进入转鼓。碟式离心机工作时，油-皂或油-水悬浮液由进料装置经进料管压入转鼓，通过上、下分配器间的间隙，经由碟片中心孔组成的孔道进入各碟片间的薄层沉降区，在随转鼓高速旋转中，产生离心分离作用；密度小的轻相（油），在操作压力和轴向推力下，沿着碟片表面流向碟片内缘，通过碟片束内缘与上分配器间形成的间隙及孔道向上运动，在下向心泵的作用下，经轻相出口通道排出机外；重相（皂粒或水）则沿着碟片表面下滑至碟片外缘，到达碟片束与转鼓内壁形成的通道，借助于从下分配器引入的冲洗水（脱水时不加冲洗水）而得到稀释，然后沿转鼓内壁上升，汇入上向心泵区，在向心泵的作用下，经重相出口通道而排出机外，从而达到了轻、重物料的连续分离。碟片式离心机轻、重相物料的分离效果，一般通过调节轻相出口压力来控制，油中含皂多时，可调大轻相出口压力，反之则要调低。

碟式离心机按转鼓内淤渣的清理方式，分自清式和非自清式两类。自清式碟式离心机基本结构与非自清式相似，所不同的是转鼓体工作室由密封圈封闭的上、下两部分构成。工作室下部分设计成随密封室水压变化而上、下滑动的活塞体（工作室阀体）。上、下部衔接处的转鼓壁上设有排渣孔，通过排渣程序控制器、压力开关和转鼓水阀控制密封室的水压，驱动工作室阀体上、下滑动，手动或周期性自动地将沉积在转鼓工作室内壁上的固相淤渣迅速排出机体外，从而畅通了转鼓内部料路，确保了离心机的连续运转（排渣工作原理见图4-19）。

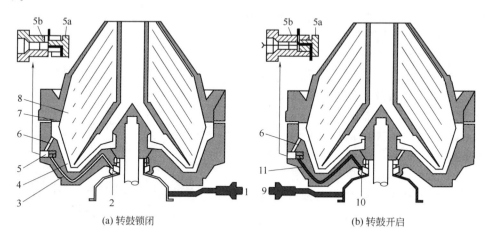

(a) 转鼓锁闭　　　　　　　　　　　　　(b) 转鼓开启

图 4-19　离心机排渣工作原理

1—密封水进口；2—密封水注入室；3—密封室；4—滑动活塞；5—转鼓阀门；
5a—阀门活塞；5b—密封垫；6—密封水出口；7—转鼓密封垫；8—离心室；
9—喷渣供水口；10—喷渣用水注入室；11—供水槽

碟式离心机具有沉降面积大、沉降距离小、处理量大、操作简便、生产可靠以及运转周期长等特点，已成为目前世界各国油脂精炼中应用最为广泛的一种离心分离机械。世界上制造碟式离心机的国家不少，较著名的企业有瑞典阿尔法-拉伐尔（α-Laval）公司、德国威斯伐利亚（Westfalia）公司以及丹麦狄探（Titan）公司等。我国生产碟式离心机企业有南京绿洲机器厂、宜兴粮食机械厂等。

4.2　其他脱酸方法

毛油一般要经精炼才能达到食用要求。精炼是将毛油经脱胶、脱酸、脱色和脱臭等工序除去毛油中非甘油酯成分的工艺过程。其中，脱酸是油脂精炼重要工序之一，其主要目的是除去毛油中游离脂肪酸，并同时除去部分色素、磷脂、烃类和黏液质等杂质，以及分出如维生素 E、甾醇、甾醇酯等有益成分。目前应用于工业生产脱酸方法主要是传统脱酸方法，包括化学脱酸、物理脱酸（或蒸汽精炼）、混合油脱酸三种方法。新方法包括生物脱酸（或生物精炼）、化学再酯化脱酸、溶剂萃取脱酸、超临界萃取脱酸、膜分离技术脱酸、分子蒸馏脱酸、液晶态脱酸等。

4.2.1　脱酸方法分类

传统脱酸方法通常是指用于工业生产脱酸方法，包括化学脱酸、物理精炼（或脱酸）及混合油精炼（或脱酸）三种方法。

化学脱酸又称碱炼脱酸，是工业上最普遍的方法。通常向脱胶油中加入碱液，使碱液与游离脂肪酸（FFA）反应，FFA 以皂脚形式沉淀，有些杂质也被皂脚吸附，皂脚经离心分离除去。化学脱酸通常使用苛性碱（氢氧化钠）。中性油在碱作用下发生水解，有大量油脂损耗；另外，皂脚夹带中性油也造成中性油损失。生成的皂脚需硫酸酸化处理，造成大量废水而污染环境。油耗的多少取决于毛油 FFA 含量，FFA 含量越高，油耗越大。该方法脱酸较为彻底，油脂质量稳定。

物理脱酸是在高真空条件下，蒸汽通入油脂，让蒸汽携带除去 FFA、不皂化物、气味物质的一种方法。与化学脱酸相比，该方法无皂脚产生，因此油耗低；FFA 质量高，且操作简单；需要蒸汽、水和动力少，投资低；一些热敏性色素（类胡萝卜素）和臭味物质也随蒸汽汽提除去。同碱炼脱酸相比，物理脱酸具有产量大，无皂脚产生，溢流物量降低，减少污染环境等优点；但也存在毛油预处理要求严格，不适用热敏性棉籽油，及高温下油脂产生聚合物和反式酸等缺点。

混合油脱酸（或精炼）是指在混合油状态下脱酸。在混合油中 FFA 与氢氧化钠溶液混合中和，同磷脂反应并脱色，产生的皂脚用离心分离除去。混合油精炼可用于棉籽油、葵花籽油、棕榈油、可可油和猪油等各种油脂。但工业上仅应用于棉籽油脱酸。混合油脱酸与连续化学脱酸相比，混合油脱酸具有优点：①采用 10～40°Bé 苛性碱溶液；②碱液与正己烷密度差大，离心分离效率高，产量可提高 50%；③产生皂脚中性油含量极低，油耗最小；④省略水洗；⑤混合油在汽提和蒸发前，除去皂脚、磷脂和部分色素等杂质，减少蒸发器负荷。尽管混合油脱酸具有许多优点，但仍存有一些缺点，如所有设备需密闭和防爆，设备投资大等。几种传统脱酸法特点和局限性见表 4-6。

4.2.2　植物油脱酸新方法

在化学脱酸过程中，总有大量中性油、甾醇、维生素 E 等损耗，且产生皂脚在处理利用时易造成环境污染；另一方面，物理精炼仅适于优质毛油脱酸，且预处理要求严格，有时还需脱色处理。而混合油脱酸需两步溶剂去除设备，设备要求全部密封和防爆，成本相当高，限制混合油脱酸应用。

传统脱酸方法不适用高酸值油脂脱酸，为克服传统脱酸方法不足，许多学者研究许多新的脱酸方法，主要包括生物脱酸、溶剂萃取脱酸、再酯化脱酸、超临界流体萃取脱酸、膜技术脱酸、分子蒸馏脱酸、液晶态脱酸等。这些脱酸新方法特点和局限性见表 4-7。

表 4-6　传统脱酸法特点和局限性

特点	局限性
化学脱酸	
通用:适合各种毛油脱酸	高 FFA 毛油(夹带)中性油损耗较大
多因素影响:净化,脱胶,中和,部分脱臭油脂	皂脚商业应用价值低
	中性油水解损耗
物理脱酸	
适用高 FFA 油脂	预处理非常严格
低成本和操作消耗(蒸汽)	不适用热敏性油脂(如棉籽油)
动力消耗较低	产生热聚合
油脂产量较高	需控制 FFA 去除速率
省略皂脚和减少溢流物量	
提高 FFA 量	
混合油脱酸	
碱溶液强度较低	投资高,全部设备需密闭和防爆
分离因素增加	损耗溶剂,需仔细操作和维护
皂脚夹带油脂少	成本高,需均质化影响中和、脱臭
产品油色泽好	需在有效操作浓度下操作,混合油浓
省去水洗工序	度为 50%(两步溶剂去除)

表 4-7　脱酸新方法特点和局限性

特点	局限性
生物精炼	
利用全细胞微生物选择吸收 FFA	亚油酸和短碳链脂肪酸($c<12$)
假单孢菌变种(BG1)	不能利用,此外,抑制微生物生长
酶催化再酯化——脂酶再酯化	脂肪酸利用取决于其水溶性
油脂产量增加	酶成本高
能量消耗低	
操作条件温和	
再酯化(化学再酯化)	
添加或不添加催化剂	随机再酯化
适于高酸值油脂	热聚合
油脂产量增加	加工费用昂贵
溶剂脱酸	
在室温和大气压力下萃取	资本投入高
容易分离——溶剂与脂肪化合	操作能量消耗高
物沸点差别大	脱酸不完全(TG 溶解性随原料 FFA 而增加)
超临界流体萃取(SCFE)	
选择性高	加工成本昂贵
低温和无污染操作	
适用宽范围 FFA 油脂	
油耗最小	
膜技术脱酸	
能量消耗低	TG 和 FFA 之间分子量差别小
环境温度操作	使分离少
不添加化学品	没有实用的、合适的、高选择性膜
截留营养成分和其他有益化合物	渗透通量小

4.2.2.1　生物脱酸法

生物脱酸/生物精炼已研究多年,并取得重要进展。生物精炼包括:利用全细胞微生物体系,选择吸收 FFA 碳源,将 FFA 转化为甘油酯;利用脂酶体系能再酯化 FFA 生成甘油酯。

(1) 微生物脱酸法 Cho 等从土壤中筛选出不分泌细胞外脂酶，且能吸收长碳链脂肪酸的微生物，并鉴定为假单孢菌变种（BG_1）。发现可利用月桂酸、肉豆蔻酸、棕榈酸、硬脂酸、油酸作碳源。当 BG_1 在油酸和三甘油酯混合物中长大时，它能选择除去 FFA，而没有甘油三酯损失，不能生成单甘油酯和甘油二酯。该方法局限性是碳原子低于 12 短碳链脂肪酸及亚油酸不能被利用，且能抑制 BG_1 生长，而碳原子在 12 或以上游离饱和脂肪酸及油酸可被利用，游离酸去除速率与其在水中溶解性成正比。从油酸发酵可获取最多生物量，尽管丁酸、戊酸、己酸、辛酸在水中溶解性高于油酸，但它们没被利用，可能是由于短碳链脂肪酸对微生物体产生毒性缘故。

(2) 酶催化脱酸/再酯化脱酸 酶催化脱酸/再酯化脱酸是利用一些独特的能将 FFA 和甘油合成甘油酯的微生物脂肪酶，将 FFA 转化为甘油酯的脱酸方法。该方法主要适于高酸值油脂脱酸，尤其对高酸值米糠油精炼应用较多。微生物脂肪酶催化酯化较化学酯化脱酸具有更多优点，酶催化脱酸/再酯化需要能量低，一般在低温下进行。而化学酯化需在高温（$180\sim200℃$）下进行。酶催化脱酸潜力取决于酯化反应几个参数，如酶浓度、反应温度、反应时间、甘油浓度、反应混合物中水分量、操作压力等。不同油脂的酶催化脱酸已在实验室获得成功。

Bhattacharyya 等采用一种特殊的 1,3-脂肪酶（Mucor miehei）通过 FFA 与加入甘油酯化，成功将米糠油 FFA 含量由 30％降至 3.6％，再经碱炼脱酸、脱色和脱臭，可生产优质米糠油。根据精炼因素和色泽，生物精炼与碱炼精炼结合工艺，可与混合油精炼工艺相媲美。若就精炼特性来说，甚至优于物理精炼和化学精炼联合工艺。

Sengupta 等进行的一项研究发现，在某些程度上，酶催化脱酸可应用于低 FFA 米糠油。含有 5％～17％ FFA 米糠油可通过一种脂肪酶（M. miehei）与甘油酯化脱酸。在与碱炼或物理精炼结合时，生物精炼油耗比单独使用碱炼精炼时低，且 TG 含量较高。生物精炼与传统碱炼精炼或物理精炼结合获得精炼米糠油特性见表 4-8。

表 4-8 酶催化脱酸和其他精炼脱酸的米糠油精炼特性比较

油脂种类	FFA /%	精炼因素	工艺总损耗	蜡 /%	UM /%	DG /%	TG /%	罗维朋色泽 (1cm 槽)
毛油	10.2	—	—	3.8	4.4	—	—	8.6Y+3.8R+0.6B
脱胶脱蜡和脱色油	8.6	—	—	0.5	2.2	7.2	79.7	5.7Y+1.1R
生物精炼油	3.0	—	—	0.38	2.2	5.0	89.7	3.3Y+0.3R
生物精炼、碱炼精炼、脱色和脱臭油	0.2	1.2		0.3	2.0	0.73	96.8	6.0Y+1.1R
生物精炼、脱色和物理精炼油	0.3	1.1	10.2	0.4	3.0	2.0	93.8	8.2Y+1.2R
碱炼精炼、脱色和脱臭油	0.2	1.8	20.4	0.2	2.0	5.6	92.2	7.6Y+1.4R
物理精炼油	0.4	1.3	16.2	0.4	3.9	4.7	90.7	9.0Y+1.8R

注：UM—不皂化物；DG—甘油二酯；TG—甘油三酯；"—"没有检测。

Sengupta 等也提出另外一种商业用单甘酯（MG）和脂肪酶（M. miehei）催化酯化米糠油 FFA（8.6％～16.9％）方法，游离酸可降至 2％～4％，这取决于使用 MG 量。据此，MG 可有效代替甘油降低油脂中 FFA，产生甘油三酯（TG）含量高的优质油脂。

Kurashige 使用甘油二酯酯化毛棕榈油甘油酯，采用来自荧光假单孢菌（Pseudomonas fluorescens）一种脂肪酶。用甘油二酯代替甘油，酯化程度高，这是因 DG 在油脂中溶解性更好。

杨博等就固定化脂肪酶 Lipozyme RM IM 应用于高酸值米糠油脱酸进行探讨，得到以下优化条件：甘油添加量为理论所需甘油量，加酶量为油重5%，反应温度65℃，真空条件为1.2kPa。在此优化条件下，经过8h反应，米糠油FFA量由初始14.47%降至2.50%。脱酸后米糠油中甘油三酯含量由74.68%升至84.35%，显著提高了高酸值米糠油精炼率。

酶催化酯化工艺对高酸值油脂脱酸主要优点：增加中性甘油酯含量，尤其是TG；主要缺点：酶成本高，若应用于产业化尚有许多工作要做。

4.2.2.2　化学再酯化脱酸法

化学再酯化脱酸是在高温、高真空和催化剂存在条件下，将油脂中FFA与甘油反应生成甘油酯的方法。可采用两种途径降低油脂FFA含量，并提高中性油产量。其一是油脂FFA与甘油直接酯化生成甘油三酯、甘油一酯、甘油二酯；二是甘油一酯、甘油二酯与FFA反应生成甘油三酯。通常采用酸性催化剂或碱性催化剂，如苯磺酸、对甲苯磺酸、甲醇钠、$ZnCl_2$、$SnCl_2 \cdot 2H_2O$、$AlCl_3 \cdot 6H_2O$、固体超强酸、强酸性树脂等。该方法适于高酸值油脂脱酸，主要用于高酸值米糠油脱酸。经酶催化脱酸和其他精炼脱酸的米糠油精炼特性比较见表4-8。

Anand等研究再酯化工艺，在不同温度和减压下，加入或不加入催化剂，对加入等比例甘油的米糠油进行脱酸。在无催化反应、190℃成功将FFA由64.7%降至3.4%，而在200℃下由64.7%降至2.8%。以氯化亚锡作催化剂，在180℃，190℃，200℃时，FFA分别降至3.5%、1.2%、0.9%。在此阶段，催化剂反应和无催化剂反应均有发生，起初阶段具有快速反应速率。

Millwall等报道，以锌作催化剂，在200℃、绝对压力267～533Pa下，FFA与甘油再酯化4h，米糠油FFA含量可由40%降至10%。

Bhattacharyya等研究甘油和催化剂对米糠毛油脱酸影响。采用超理论数量50%过量甘油中和脂肪酸，增加酯化反应速率。使用催化剂达2h时影响酯化速率。表明含有15%～30% FFA脱胶和脱蜡米糠油在真空和p-甲苯磺酸存在下，与甘油再酯化脱酸，FFA可降至1.6%～4.0%水平。且还发现再酯化脱酸与传统碱炼中和脱色结合可生产出色泽浅食用油。

De等研究一种自动催化高温（210℃）、低压（1.3MPa）应用MG直接酯化工艺，用于含高FFA（9.5%～35%）米糠油脱酸。研究表明，MG能有效降低脱胶、脱蜡和脱色米糠油FFA含量，可达到0.5%～3.5%，这取决于毛油中FFA含量。方法是将米糠油碱炼、脱色和脱臭或简单脱臭，然后进行酯化（MG处理），获得优质油脂。从成本考虑，自动催化工艺精炼高FFA米糠油显示出比混合油精炼、生物精炼或碱炼精炼工艺更具竞争性。但综合考虑高酸值米糠毛油、商业纯甘油一酯的成本、生产精炼油产量、平均支出费用及精炼油价格等，该工艺是一种颇有发展前途的工艺，但与物理精炼工艺相比无竞争性。

尽管化学再酯化脱酸法处理高FFA油脂在技术上可行，但工艺成本高，但在精炼高酸值米糠油仍有潜力。

4.2.2.3　溶剂萃取脱酸法

溶剂萃取脱酸即液-液萃取脱酸，是利用毛油中各组分在某溶剂中溶解度不同，在一定温度下，用该溶剂进行液-液萃取，以脱除油脂中游离脂肪酸的脱酸方法。溶剂萃取可在室温和大气压力下进行，能量消耗少，无任何天然物质损失。常用溶剂有：甲醇、乙醇、丙烷、正丙醇、正丁醇、异丙醇、糠醛等；也可采用混合溶剂，如己烷-乙醇、甲醇-乙醇-丙酮混合物等。在选择溶剂时，主要应考虑溶剂选择性、分离效果、价格及回收难易程度，同时还要考虑残留溶剂对油脂的安全性。

Thomopoulos研究脱溶高酸值橄榄油脱酸，96%乙醇能去除毛油中大部分FFA。完全中和需要用传统方法，但总产量明显高于单独采用化学脱酸的产量。

Sreenivasan 等采用甲醇、乙醇、正丙醇和正丁醇等常用溶剂，研究棉籽油脱酸，并用乙醇选择萃取毛油中 FFA。发现正丙醇在溶剂相与油相之间分布最好，但选择性差；虽甲醇选择性稍好于乙醇，但首选乙醇，因其脂肪酸分布好、经济、无毒性；同时乙醇也是去除棉籽油棉酚的良好溶剂。

Bhattacharyya 等采用两步法在室温下，用乙醇萃取对脱胶、脱蜡、高 FFA 米糠油进行脱酸，得到低 FFA 油进一步碱炼中和并脱色，可获得适于生产人造黄油（氢化油）油脂。

乙醇、甲醇和丙酮可作为植物油萃取脱酸溶剂。虽脂肪酸和甘油三酯在这些溶剂中溶解性差别明显不同，且完全分离也不可能，因甘油三酯溶解性低，其溶解性随其 FFA 含量成正比增加。因此，采用这些溶剂脱酸只有部分成功，且也有中性油损耗。所以，用碱中和处理才能使浸出油完全脱酸。

Turkay 等在扩大规模单级萃取中，研究从硫磺处理橄榄油混合油中液-液萃取 FFA。混合油由正己烷和乙醇组成，采用含量 30％以上稀释乙醇溶液用于萃取混合油，能保证甘油三酯损耗少。Pina 等在一个旋转盘式柱中，以含有 6％水的乙醇为溶剂，通过连续液-液萃取研究玉米油脱酸。结果表明，如原料中 FFA 含量不高于 3.5％，通过连续溶剂萃取，很易得到游离酸含量低于 0.3％精炼油。中性油相应损耗低于 5％，明显低于碱炼和物理精炼玉米油时值。

曾益坤采用乙醇对高酸值菜籽油萃取脱酸进行研究，萃取温度 60℃左右，油脂与乙醇比为 1:（2～2.5），萃取时间约 30 分钟，菜籽油脱酸酸值炼耗比从 1:1.5 降至 1:0.7，精炼率从 80％增至 90％以上，且提高油品质量。

刘晔对高酸值米糠油溶剂萃取脱酸工艺进行研究。在以 95％乙醇为溶剂、萃取温度 30℃、油与溶剂比为 1:1.8（质量比）条件下萃取 3 次，可将米糠油酸值从 31.02(KOH)/(mg/g)降至 4.52(KOH)/(mg/g)，再通过碱炼可进一步降低酸值至 0.23<(KOH)/<(mg/g)。该工艺可大幅降低脱酸过程中炼耗，经蒸发脱溶后可直接获得副产品脂肪酸。

Christianne 等对米糠油液-液萃取脱酸表明，油脂中游离脂肪酸浓度、乙醇溶剂含水量，油溶剂质量比是影响萃取效果主要因素。结果显示，液-液萃取对米糠油脱酸是可行的，中性油和营养成分损耗可通过选择溶剂加以控制。在油-溶剂质量比 1:1、乙醇溶剂水含量 12％质量、脱胶油酸值低情况下，中性油和营养成分损耗最小。通过工艺条件优化，建立可预测 FFA 传质最大及营养物质传质损失最小的 UNIQUAC 数学模型，其预测结果和实验测定结果一致。

溶剂萃取脱酸适于高酸值油脂脱酸，并不适于低酸值油脂脱酸。

4.2.2.4　超临界萃取脱酸法

在临界点以上温度和压力下溶剂萃取称之为超临界流体萃取（SCFE）。与传统萃取相比，超临界流体萃取工艺有许多优点，主要是低温和无环境污染，惰性溶剂，可人为控制产品选择分离和分提，可萃取高附加值产品，提高功能和营养特性。超临界流体萃取使用溶剂有二氧化碳、乙烯、丙烷、氮气和一氧化二氮，最常用溶剂是二氧化碳，因其无毒、安全、容易分离、低耗及有备用性等优点。超临界流体萃取另一个优点是可通过控制温度和压力改变流体选择性。脂肪酸和甘油三酯在超临界二氧化碳中溶解性研究证明，在某一温度和压力下，FFA 在 CO_2 中溶解性比相应甘油三酯高，因此具有萃取选择性。

Brunetti 等在萃取压力 20MPa 和 30MPa、萃取温度 40℃和 60℃下，用超临界 CO_2 萃取对高酸值橄榄油进行脱酸，在 20MPa 和 60℃下脂肪酸选择性较高，且随着油脂 FFA 浓度降低，明显增加。

Ziegler 等采用稠密 CO_2 在不同温度、压力和萃取因素下对烘烤压榨花生油进行模拟脱酸和脱臭研究。研究表明，FFA 溶解性与不饱和度成正比，用 CO_2 在 47℃和 20MPa 下可有效完成脱酸和脱臭。

Turkay 等用 SC-CO_2 在两个温度（40℃和 60℃）、两个压力（15MPa 和 20MPa）下，采用两种极性物质（纯 CO_2 和 CO_2/10％甲醇）对由黑孜然籽制取高酸值油脂进行脱酸研究。在两步工艺中，FFA 在第一步萃取从油籽中得到中性油，接着用较高萃取压力回收。在相对低压力（15MPa）和相对高温度（60℃）下采用纯 CO_2 时，可将高酸值（37.7％ FFA）油脂脱酸至低酸值（7.8％ FFA）。降低萃取温度至 40℃，增加萃取压力至 20MPa，即添加甲醇携带剂增加超临界流体极性，萃取选择性明显降低；随 FFA 萃取中性油量由 23％增至 94％。

在传统食用油精炼工艺中，植物油大部分天然植物甾醇损失于副产品中。Dunford 等提出一种方法，采用两步、半连续超临界 CO_2 分提工艺，在精炼时富集增加植物油植物甾醇含量。研究分提柱内，等温操作和温度梯度操作对米糠油组分组成影响，且植物甾醇和 TG 损耗最小。在柱内，应用温度梯度操作有利于降低在萃取组分中 TG 损耗。此外，在汽提部分，利用高温可加快米糠毛油 FFA 去除。Dunford 等研究连续逆流超临界 CO_2 分提工艺，富集植物油中植物甾醇潜力。在低压（13.8MPa）和高温（80℃）下分提，可有效去除米糠毛油 FFA，而在萃取组分中无任何谷维素损失。在脱酸工艺中，植物甾醇脂肪酸酯含量也增加，但富集量没有谷维素高。

Leandro Danielskia 等用间歇式超临界流体萃取米糠油，萃取压力 10～40MPa，温度 50℃和 60℃，米糠油收率 20％。在逆流柱中，25MPa 和 67℃下脱酸，脱酸米糠油 FFA 含量降至 1％以下。

超临界流体萃取是一种代价昂贵工艺，因此，可采用超临界萃取用于价格昂贵高酸值特种油脂脱酸。

4.2.2.5　膜技术脱酸法

膜分离技术即以选择性透过膜为分离介质，当膜两侧存在某种推动力（如压力差、浓度差、电位差等）时，原料组分选择性透过膜，以达到分离、提纯目的。膜技术脱酸与传统脱酸工艺相比，具有能量消耗低，室温下操作，不添加化学品，营养物质及其他有益组分保留等优点。按照膜分离压力可分为反渗透（RO）、纳滤（NF）、超滤（UP）、微滤（MF），采用哪种过滤形式取决于粒子特性或分离溶质分子的大小。商业膜装置主要有四种：板框式、管式、螺旋型和中空纤维。脂肪酸分子量低于 300Da，而甘油酯分子量高于 800Da，理想工艺是用精确有孔疏水膜，从甘油三酯中分离 FFA。但由于它们分子量差别太小不能单独使用膜（NF）分离。用无孔稠密聚合膜对未稀释油脂脱酸，产生渗透液和滞留组分中含有甘油三酯和其他油脂组分。渗透降低先后顺序为 FFA、维生素 E、甘油三酯、醛类、过氧化物、色泽和磷脂。在膜分离过程中，FFA 比甘油三酯优先渗透导致脂肪酸产生负截留率。在葵花籽油中，FFA 截留率为 8％～27％。在甘油三酯-油酸模拟体系中，与甘油三酯相比较，油酸优先渗透，因其溶解性较高及油酸在膜物质中扩散。但膜选择性不适于工业应用，膜分离技术的不同方法见表 4-9。

用正己烷和丙酮溶剂从油脂分离脂肪酸，当采用合适 NF 膜时，脂肪酸在正己烷中部分分离。据报道，在此同时脱溶和脱酸工艺中，当分离模拟混合油（含 20％大豆油和 2％ FFA），脂肪酸含量降低 40％，蒸发正己烷需要能量降低 50％。

使用无孔稠密膜，在用正己烷稀释时，FFA 对 TG 无选择性。当使用由实验室制造，这些膜在丙酮、乙醇、2-丙醇和正己烷中稳定，在这些膜中 FFA 保留低于甘油三酯，表明脱酸可能性；同时也认为，这些亲水 NF 膜具有较好选择性，就工业应用而言，油脂通量需

表 4-9　膜分离技术的不同方法

处理方法	局限性
直接脱酸	
无溶剂分离——NF	对分离来说,TG 和 FFA 之间分子量差别小,合适的膜没有价值
无溶剂分离——无孔	选择性和渗透通量不适于工业应用
用正己烷稀释——NF	部分脱酸(FFA 降低 40%)
用正己烷稀释——无孔	没有选择性
用丙酮稀释——NF	选择性好,但油通量非常低
预处理脱酸	
氨水处理——UF	联合处理问题
氢氧化钠处理——MF	需要优化
氢氧化钠处理,接着添加异丙醇-联合膜技术(疏水和亲水——OF/MF)	没有足够数据
溶剂萃取	
用丁二醇膜萃取	传质阻力(需膜表面积大)高
溶剂萃取和膜分离(RO/NF)	引入其他溶剂,使该工艺失去吸引力

要大大提高。

Sen Gupta 提出另一种改变 FFA 特性方法,先化学结合形成大的胶束,然后用 OF 膜分离 FFA。对含有低 FFA 和高磷脂浓度油脂(大豆油和菜籽油)来说,混合油可直接中和,然后超滤。但对含有较低量磷脂油脂(如鱼油),卵磷脂先加入到混合油中,然后再中和,几乎没有磷脂通过 OF 膜渗透,而 90% 以上 FFA 被截留。

Pioch 等提出一种添加氢氧化钠,同时降低毛油 FFA 和磷含量方法,但使用 MF 工序。实验采用连续循环渗透,在错流过滤装置中进行,避免增加浓度影响,这可能将增加膜堵塞,该工艺真正优化用于工业尚需进一步研究。

Keurentjes 等采用亲水和疏水联合膜,而后采用 1,2-丁二醇作萃取剂进行膜分离,去除 FFA。在第一个体系,液体氢氧化钠加入油脂中,形成脂肪酸钠盐,然后加入异丙醇,形成两种不能混合溶液;一种溶液含有水、异丙醇和皂脚,另一种溶液含有油脂和少量异丙醇。一种亲水膜和一种疏水膜交替使用分离两相获得脱酸明显的油脂。实验用有些膜能成功应用,但由于传质阻力大,用于萃取需要的膜表面积相对高。不同碳链脂肪酸之间传质因素差别是脂肪酸混合物分提理论基础。

将溶剂萃取和膜分离技术进行结合。有报道,采用乙醇萃取 FFA,接着膜分离,去除模拟油和米糠毛油中 FFA。该方法使用一种合适溶剂选择溶解 FFA。在相分离后,萃取剂(FFA-溶剂混合物)通过合适 RO 或 OF 膜回收溶剂和脂肪酸。

Ramanet 等采用甲醇从模拟植物油中萃取脂肪酸,而采用 NF 膜从甲醇中分离 FFA。在评价几种具有工业价值膜中,获得最好结果是 FFA 截留率 > 90%,通量大于 25L/(m² · h)。结合使用高截留率和低截留率膜可生产含 35% FFA 残留物和渗透物中 FFA 小于 0.04%,这些物质在工艺中可循环使用。

Krishna Kumar 等采用纤维素和非纤维素型膜处理 TG 和 FFA 和乙醇混合物。与纤维素乙酸酯膜(MWCO500Da)和聚砜膜(MWCO1000Da)相比,聚酰胺膜(MWCO500-600Da)对脂肪酸分离具有较好选择性。用聚酰胺膜处理花生油/脂肪酸/乙醇混合物,当原料中含有 61.7% FFA 时,渗透液中 FFA 含量为 83.8%;渗透通量为 67.4L/(m² · h);但在加工条件下,膜长期稳定性还有待实验研究。

Kale 等通过甲醇萃取,然后膜分离,研究米糠毛油脱酸。在甲醇/油最佳比为 1.8 : 1

时，米糠毛油 FFA 含量由 16.5% 减至 3.7%。第二次在 1∶1 比率下萃取将油脂 FFA 降至 0.33%，甲醇萃取物中 FFA 用商业膜纳滤回收。两步膜体系可回收 97.8% FFA，最终保留物含有 20% 以上 FFA，而渗透物中含 0.13% FFA。采用耐溶剂膜，结合进行溶剂萃取和膜分离虽在技术上可行，但与直接膜脱酸工艺相比，不足之处是该工艺引入另一种溶剂（甲醇/乙醇）。

Abdellatif Hafidi 等采用死端过滤装置，膜采用 Whatman 纤维素微滤膜（孔径 2.5μm，过滤面积 16cm²）对大豆油、葵花籽油和菜籽毛油进行脱胶并同时脱酸，研究物理化学特性对亚微米聚集体稳定性和分离效率影响。同中和 FFA 和 PL 产生皂脚分子比较，在微滤时保留，适当调节毛油可形成亚微米聚集体。0.8μm 膜起始通量（560L/m²）约是 0.5μm 膜的 2 倍，0.2μm 膜的 10 倍，采用 0.2μm 和 0.5μm 膜过滤油质量好，但采用 0.8μm 膜能使一些皂脚通过。操作压力影响分离效率，且发现温度提高到 25℃ 以上，类囊聚集体稳定性受到严重影响；此外，FFA，PL、水、微量物质和色素含量也大大降低。但采用 20% 氢氧化钠，葵花籽油罗维朋黄色由 28 降低到 10，大豆油和菜籽油由 34 降至 6～10。单甘油酯用同样条件经膜处理后没有检测出。在试验毛油中甘油二酯含量在 0.8%～1.0% 之间，膜处理后，两种油脂几乎无变化，而其他油脂中甘油二酯增加可忽略，总植物甾醇含量降低。用 20% NaOH 中和比采用 40% NaOH 中和时甾醇损耗高，甾醇化合物含量几乎以相同比例降低。

张国栋等采用 SPK-10 膜，截留分子量（MWCO）1000 和 NFM2221，截留分子量 500，对菜籽油进行溶剂-膜法脱酸。先采用乙醇溶剂对菜籽毛油进行萃取，然后将萃取后溶剂再利用膜分离进一步分离出 FFA 和乙醇溶剂，从而实现菜籽毛油脱酸。研究结果表明，在一定压力作用下，截留分子量 500 膜对 FFA 具有 50.25% 平均截留率，而截留分子量 1000 膜没有表现出任何截留作用，说明适宜截留分子量是影响膜分离效果重要因素。

4.2.2.6 分子蒸馏脱酸法

分子蒸馏是依靠不同物质分子运动平均自由程差异实现物质分离。分子蒸馏在油脂领域主要有两方面应用，一是单甘油酯分离；二是提取维生素 E。分子蒸馏在油脂脱酸中应用较少。

Miriam Martinello 等采用分子蒸馏对葡萄籽油进行脱酸，毛油采用水脱胶、脱蜡、脱色进行初步处理，最后脱酸采用分子蒸馏完成。就精炼油游离脂肪酸含量和维生素 E 回收率来说，在分子蒸馏中，两个有影响操作条件是进料速率 0.5～1.5ml/min 和蒸发温度 200～220℃。研究发现，在高的蒸发温度，所有进料流速下，可达到游离脂肪酸含量低于 0.1%。在低进料流速和低温，及高进料流速和高温两个范围内，可使维生素 E 回收率高。因此，采用高的进料流速（1.5ml/min），可使产量提高，而高温（220℃）可获得游离脂肪酸含量极低精炼油，且维生素 E 回收率高（约 100%）。

4.2.2.7 液晶态脱酸法

液晶态脱酸既不同于化学脱酸，又不同于物理脱酸的一种新方法。它是根据脂肪酸在一定 pH 值范围内转化为脂肪酸钠可形成液晶相原理实现 FFA 与油脂分离。目前只应用于米糠油脱酸。方法为：在 75℃ 有过量水存在时，用氢氧化钠水溶液调整米糠毛油 pH 值到 6.38，生成脂肪酸钠即可成为液晶相。由于油脂、脂肪酸钠、水密度不同，因而在重力场中发生层析，上层是米糠油，中间层是液晶相脂肪酸钠，下层是游离水，从而实现对米糠油 FFA 分离。

液晶相脱酸作为油脂一种脱酸方法，其酸值炼耗比为 1∶（0.65～0.75），损耗较低。据文献报道，该脱酸法不仅可用于米糠油脱酸，还可用于其他高酸值油脂脱酸，或应用于高附加值油脂脱酸。

　　化学脱酸、物理脱酸和混合油脱酸已应用于工业生产，这些传统脱酸方法都存在不足。新的脱酸方法，即生物脱酸、再酯化脱酸、溶剂萃取脱酸、超临界流体萃取脱酸、膜分离技术脱酸、分子蒸馏脱酸及液晶态脱酸等新方法独立使用或与目前使用的工艺技术结合使用能克服传统脱酸方法的主要不足。这些新方法具有对环境友好、节省能量、减少油耗等优点，具有替代现代工艺技术的潜力。

第5章 油脂脱色

纯净的甘油三酸酯在液态时呈无色，在固态时呈白色。但在常见的各种植物油脂中都带有不同的颜色，这是由于含有数量和品种各不相同的色素。这些色素有些是天然的，有些则是在油料储藏和制油过程中新生成的。通常可以把它们分成三类：第一类是有机色素，主要有叶绿素（使油脂呈绿色）、类胡萝卜素（其中，胡萝卜素使油脂呈红色，叶黄素使油脂呈黄色）。个别油脂中还有特殊色素，如棉籽油中的棉酚使油脂呈深褐色。这些油溶性的色素大多是在油脂制取过程中进入油中的，也有一些是在油脂生产过程中生成的，如叶绿素受高温作用转变成叶绿素红色变体，游离脂肪酸与铁离子作用生成深色的铁皂等。第二类是有机降解物，即品质劣变油籽中的蛋白质、糖类、磷脂等成分的降解产物（一般呈棕褐色），这些有机降解物形成的色素很难用吸附剂除去。第三类是色原体，色原体在通常情况下无色，经氧化或特定试剂作用会呈现鲜明的颜色。绝大部分色素虽然无毒，但会影响油脂的外观。所以要生产较高等级的油脂产品，如高级烹调油、色拉油、人造奶油的原料油以及某些化妆品原料油等，因此必须对油脂进行脱色处理。

油脂脱色的方法很多，工业生产中应用最广泛的是吸附脱色法。此外还有加热脱色、氧化脱色、化学试剂脱色法等。事实上，在油脂精炼过程中，油中色素的脱除并不全靠脱色工段，在碱炼、酸炼、氢化、脱臭等工段都有辅助的脱色作用。碱炼可除去酸性色素，如棉籽油中的棉酚可与烧碱作用，因而碱炼可比较彻底地去除棉酚。此外，碱炼生成的肥皂可以吸附类胡萝卜素和叶绿素。但肥皂的吸附能力是有限的，如碱炼仅能去除约 25% 的叶绿素。所以单靠碱炼脱色是不够的，碱炼后的油脂还要用活性白土进一步的进行脱色处理。酸炼对去除油脂中黄色和红色较为有效，尤其对于质量较差的油脂效果比较明显。氢化能破坏还原色素，如类胡萝卜素分子内含有大量共轭双键，易加氢氢化。氢化后红、黄色褪去。叶绿素中也含一定数量共轭和非共轭双键，氢化时部分叶绿素被破坏。脱臭可去除热敏感色素，类胡萝卜素在高温高真空条件下分解而使油脂褪色，适用于以类胡萝卜素为主要色素的油脂。

脱色工段的作用主要是脱除油脂中的色素，同时还可以除去油脂中的微量金属，除去残留的微量皂粒、磷脂等胶质及一些有臭味的物质，除去多环芳烃和残留农药等。尤其用活性炭作脱色剂时，可有效地除去油脂中分子量较大的多环芳烃，而油脂的脱臭过程只能除去分子量较小的多环芳烃。

评定油脂色泽或测试脱色工艺效果的标准，目前国际上通用的有两种方法。对于浅色毛油、脱酸油或全精制油及其制品，多以罗维朋色度计标准油槽测得的黄色和红色色度来表示；对于深色油脂，由于罗维朋色度计不能满足比色的要求，则多以分光光度计在波长范围 400～700nm 间测得的油脂透光曲线或在固定波长下测得的油脂透光率来表示。

油脂脱色的目的，并非理论性地脱尽所有色素，而在于获得油脂色泽的改善和为油脂脱臭提供合格的原料油品。因此，脱色油脂色度标准的制定，需根据油脂及其制品的质量要求，以及力求在最低的损耗下获得油色在最大程度上的改善为度。

5.1 吸附脱色

油脂的吸附脱色，就是利用某些对色素具有较强选择性吸附作用的物质（如漂土、活性白土、活性炭等），在一定条件下吸附油脂中的色素及其他杂质，从而达到脱色的目的。经过吸附剂处理的油脂，不仅达到了改善油色、脱除胶质的目的，而且还能有效地脱除油脂中的一些微量金属离子和一些能引起氢化催化剂中毒的物质，从而为油脂的进一步精制（氢化、脱臭）提供良好的条件。

5.1.1　吸附剂

物质在相界面上浓度自动发生变化的现象称为吸附。能于表面吸附某种物质而降低自身表面能，同时其吸附容量达到具有实用价值的固体物质叫吸附剂。可供生产应用的吸附剂较多，不同种类的吸附剂因其表面结构的不同而具有特定的性质，现就油脂工业上应用到的几种吸附剂讨论如下。

5.1.1.1　吸附剂的种类

（1）天然漂土　天然漂土，学名膨润土。其主要组分是蒙脱土 $[Al_4Si_8O_{20}(OH)_4 \cdot nH_2O]$，还混有少量 Ca，Mg，Fe，Na，K 等成分。其悬浮液的 pH 值为 5～6，呈酸性，所以又称为酸性白土。

天然漂土从开矿到最后研磨分级，仅经物理方法处理。其结构呈微孔晶体或无定形，比表面积比其他黏土大得多，具有一定活性，但其脱色系数较低（指同批油脂脱色前后，同时观察达到相同色度时油柱高的比率），吸油率也较高，因而逐渐为活性白土所代替。天然漂土化学组分见表 5-1。

表 5-1　漂土的化学组分

组分名称	SiO$_2$	Al$_2$O$_3$	Fe$_2$O$_3$	MgO	CaO
比例/%	56～80	11～13	2～4	1～6	1～3

（2）活性白土　活性白土是以膨润土为原料，经处理加工成的活性较高的吸附剂，在油脂工业的脱色中应用最广泛。活性白土的加工由开矿、粗碎、酸活化、水洗、干燥、碾磨、过筛等工序制成。其中酸活化是最重要的一步，酸活化是用硫酸或盐酸使蒙脱土结构中的铝离子被氢离子取代到某一合适的程度，同时溶解掉一部分氧化铁、氧化镁、氧化钙等，使微孔增加，有效地提高其吸附脱色的能力。

活性白土对色素，尤其是叶绿素及其他胶性杂质吸附能力很强，对于碱性原子团和极性原子团吸附能力更强。油脂经白土脱色后，会残留少许土腥味，可在脱臭过程除去。

（3）活性炭　活性炭是由木屑、蔗渣、谷壳、硬果壳等炭化后，再经化学或物理活化处理而成。其主要成分——碳的含量高达 90%～98%，密度为 1.9～2.1t/m³，松密度为 0.08～0.45t/m³，具有疏松的孔隙，比表面积大，脱色系数高，并具有疏水性，能够吸附高分子物质，对蓝色和绿色色素的脱除特别有效，还能脱除微量矿物油带给油脂的"闪光"。此外，对气体、多环芳烃和农药残毒等也有较强的吸附能力。由于价格昂贵，吸油率较高，在油脂脱色操作中往往与漂土或活性白土一起使用，混合比通常为 1：（10～20）。混合使用可明显提高脱色能力，并能脱除漂土腥味。

（4）沸石　沸石属酸性火山熔岩与碎屑沉积间层的多旋回、多矿层的湖盆沉积，多系火山玻璃的熔解或水解作用而成斜发沸石矿床，经采矿、筛选、碾磨、筛分即得沸石吸附剂。

其化学组成主要为二氧化硅，其次是氧化铝。沸石具有较好的脱色效果，脱色时还能降低油脂的酸值和水分，价格比活性白土便宜，是油脂脱色的新材料。

（5）凹凸棒土　凹凸棒土是一种富镁纤维状矿物，其主要成分为二氧化硅，这种土质地细腻，外观呈青灰色或灰白色。产地农民把它作饲料添加剂使用，未发现动物病变。

凹凸棒土的脱色效果良好，与活性白土比较，脱色时用量少，油损失小，价格便宜。问题是过滤较困难，可以考虑适当把土的粒度放大。

（6）硅藻土　硅藻土由单细胞类的硅酸钾壳遗骸在自然力作用下演变而成。纯度较好的硅藻土呈白色，一般为浅灰色或淡红褐色，主要化学成分为二氧化硅，对色素有一定的吸附能力，但脱色系数较低，吸油率较高，油脂工业生产中多用作助滤剂。

（7）硅胶　硅胶的主要成分为 SiO_2（含量为 92%～94%），其余为水分，呈多孔海绵状结构，具有较强的吸附能力，价格昂贵，一般多充填成硅胶柱进行压滤脱色。

（8）其他吸附剂　应用于油脂脱色的吸附剂还有活性氧化铝以及经亚硫酸处理的氧化铝等。

5.1.1.2　吸附剂的选择依据

很多吸附剂都具有吸附油脂中色素的能力，但只有少数能应用于工业生产。应用于油脂工业的吸附剂应具备下列条件。

① 对油脂中色素有强的吸附能力，即用少量吸附剂就能达到吸附脱色的工艺效果。

② 对油脂中色素有显著的选择吸附作用，即能大量吸附色素而吸油较少。

③ 化学性质稳定，不与油脂发生化学作用，不使油脂呈异味。

④ 方便使用，能以简便的方法与油脂分离。

⑤ 来源广、价廉、使用经济。

完全具备上述条件的吸附剂目前尚未见报道，寻找理想的吸附剂对油脂脱色具有重要的意义。几种活性白土的规格见表 5-2。

5.1.1.3　影响活性白土质量的因素

（1）原矿土的质量　膨润土的质量是影响活性白土活性的首要因素。膨润土的化学组成与活性白土的脱色能力并没有固定的关系。大多数膨润土有较好的天然脱色力，但并不适宜于活化；而一些天然脱色力较差的膨润土往往能加工成较高质量的活性白土。因此不能以一般的化学或物理分析方法来筛选原矿土，唯一的方法是进行一系列小型活化和脱色实验，找出最适宜活化的原矿土，不同的原矿土应进行不同的酸处理以获得较高的脱色能力。理想的原矿土应是只需经过弱程度的酸处理，便能获得高的活性度。如图 5-1 所示，生产中应尽量选用 3# 膨润土。然后在生产各工序做好分级除杂，避免劣土和砂砾等混入。

（2）酸处理（活化）程度　一般酸处理程度越大，铝离子被氢离子取代越多，制成的活

表 5-2　几种活性白土的规格

项　　目	原　　土	活　性　白　土		
		德　国	一般活化（50% H_2SO_4）	美　国
总挥发物[①]/%	—	—	—	20
游离水分[②]/%	13.5	5.5	6.5	15
粒度(200目/325目)	100/98	96/76	100/98	94/75
pH 值(10%水溶液)	7.1	2.7	2.5	—
水合二氧化硅/%	1.6	16.5	12.6	—
松密度/(t/m³)	0.87	0.59	0.63	—
吸油率(干基)/%	35.7	53.3	49.0	35
活性指数	—	—	—	100
脱色效率[相对标准(红3.0)]	—	—	—	100
过滤速率/(mL/min)	—	—	—	45

① 927℃下损失量；② 105℃下损失量。

性白土脱色能力越强，但每一种原土有其最适宜的酸处理程度，若酸处理过头，反而会使脱色能力降低（见图 5-1）。另外不同油脂脱色时的最适宜酸处理程度也不同（见图 5-2），用于蓖麻油和猪油的最佳酸处理程度有较大的差异。酸处理程度与油脂脱色的温度也有密切的关系，如图 5-3 所示。高温脱色，适宜用酸处理程度较弱的活性白土；低温脱色，适宜用酸处理程度较强的活性白土。

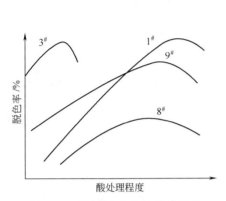

图 5-1　不同原矿土的酸处理程度
[脱色率指与标准（红 3.0）比的相对值]

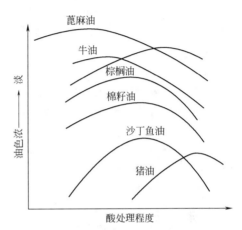

图 5-2　酸处理程度与油脂品种的关系

（3）水分　活性白土中有结合水分（930℃灼烧失重求得）和游离水分（105℃干燥失重求得）两种。原土中结合水分较多的为好，一般应在 12% 以上，制成活性白土后含结合水为 4%～7% 的脱色力最强。

活性白土中的游离水分在 15% 左右为宜，如太少，会降低脱色力。因为活性白土中，游离水分起着分隔、支撑蒙脱土晶格使其呈多层晶格的作用。在脱色过程中，游离水分逸出后，空出的就是活化表面，若没有游离水分，蒙脱土晶格的内分层消失，也就不会有这些内层活化表面，使比表面积缩小。但游离水分太高也会降低脱色力。如图 5-4 所示，总水量在 18%～22% 最好。水分太高会使油脂酸值上升。

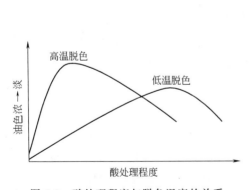

图 5-3　酸处理程度与脱色温度的关系

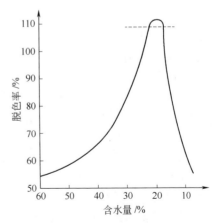

图 5-4　总水量与脱色效率的关系
[脱色率指与标准（红 3.0）比的相对值]

此外，在制取活性白土中，干燥速率很重要，应采用快速干燥设备，有利于提高活性白土的脱色能力。

（4）松密度 敲击填实的活性白土单位容积中的质量称松密度。空隙愈多，比表面积愈大，松密度愈低，吸油率就愈高。

（5）酸度和 pH 值 酸度是对活性白土水浸出液滴定而求得的，它与滤布损伤关系密切，酸度高，滤布损伤快。pH 值是 10% 活性白土水溶液测得的数值，它与脱色油中增加的游离酸量成反比。由于盐类的缓冲作用，两者呈不规则的关系。

如果把活性白土中的残留酸完全洗去，其脱色率会剧烈下降，因此生产厂必须控制允许的酸度和 pH 值。一般而言，用于油脂脱色的酸度应小于 0.2% H_2SO_4，pH 值为 2～5。

（6）粒度 粒子越细，脱色率越高，但吸油越多，且分离时过滤速率慢。一般通过 Tyler 标准筛 200 目的活性白土量应大于 95%，100μm 以下的粒子不宜太多。

（7）水合二氧化硅 水合二氧化硅指原土中铝离子被氢离子取代后的一种副产品中存在的水合硅酸量，可作为衡量原土活性程度的一项指标。水合二氧化硅增加时，活性白土的脱色率和吸油率也增加。

（8）比表面积 一般高温脱色用的活性白土比表面积在 180～240m²/g 之间，低温脱色用的在 250～300m²/g 之间。

5.1.2 吸附脱色机理

5.1.2.1 吸附剂表面的吸附

（1）物理吸附 靠吸附剂和色素分子间的范德华引力，不需要活化能，无选择性，吸附物在吸附剂表面上可以是单分子层，也可以是多分子层。吸附放出的热量较小，吸附速率和解吸速率都较快，易达到吸附平衡状态。一般在低温下进行的吸附主要是物理吸附。

（2）化学吸附 吸附剂内部的原子（或原子团）所受的引力是对称的，使引力场达到饱和状态，而表面上的原子（或原子团），尤其是超微凹凸表面上的原子（或原子团），所受到的引力是不对称的，即表面分子有剩余价力（表面自由能）。剩余价力有吸附某种物质而降低表面能的倾向。这时被吸附物和吸附剂之间发生电子转移或形成共用电子时，就如同进行化学反应，称为化学吸附。当然这类化学键不很牢固，较为松懈，但比物理吸附牢固得多。因为是靠剩余价力吸附的，所以化学吸附只能是单分子层吸附，放出的吸附热也比物理吸附大得多，吸附和解吸达到平衡也慢得多，故多在高温下进行。但化学吸附是有选择性的，某一吸附剂只对某些被吸附物发生化学吸附。

吸附量与色素等被吸附物在油中的平衡浓度有关，与温度也有关。为了讨论方便，常固定一个因素，找出另外两个因素的关系。

当吸附物平衡浓度一定时，吸附量随温度而变化：温度很低时，主要以物理吸附为主，由于物理吸附过程是放热的，因此吸附量随温度升高而降低；温度升到一定值后，物理吸附量继续下降，而化学吸附加快，此时以化学吸附为主，总吸附量是增加的；化学吸附也是放热反应，当温度达到某一数值以后，吸附量反而会下降。

5.1.2.2 吸附等温线

若固定温度，就得到等温时的吸附量。第一阶段，吸附剂表面还没有或很少已经吸附到色素或其他杂质，基本上还是空白表面。由于表面有剩余价力，接触到吸附物就吸附上去。这些被吸附的分子不停地运动，当被吸附分子的能量足以克服吸附剂表面对它的吸附引力时，它可以重新回到油中去，这种现象称为解吸。第一阶段基本上没有解吸，所以吸附量随浓度的增加呈直线上升。第二阶段，随着吸附量的增加，吸附剂表面未被色素等覆盖的空白表面就愈来愈少，色素等分子撞到空白表面的可能性逐渐减少，吸附速率也因此下降，同时解吸速率却逐渐增大，总的吸附量曲线表现为缓慢上升。第三阶段，吸附速率继续下降，解吸速率继续上升，最后吸附速率等于解吸速率，达到了吸附的动态平衡，曲线在这一段基本平行于横坐标。

5.1.2.3　等温吸附经验公式

由于在溶液中的吸附比气体吸附更复杂，尚无理想的公式来表达，吸附的理论有待进一步发展。

根据吸附理论，吸附剂对于溶质的吸附容量与溶质在溶液中的浓度有直接关系，油脂中的色素含量一般在 10^{-6} 数量级，因此对色素而言，未脱色油脂可认为属于稀溶液，从而可应用弗兰德里胥（Freundlich）吸附等温式来表示吸附容量与平衡浓度的关系〔见式(5-1)〕：

$$\frac{X}{m}=\frac{V(C_1-C_2)}{m}=KC^{\frac{1}{n}} \tag{5-1}$$

式中，X 为被吸附组分量，kg；m 为吸附剂量，kg；V 为待脱色油的体积，L；C_1 为被吸附组分在待脱色油中的质量浓度，kg/L；C_2 为被吸附组分在脱色油中的残留质量浓度，kg/L；C 为吸附平衡时被吸附组分在油中的残留浓度，kg(组分)/kg(油)；K 为吸附常数；$\frac{1}{n}$ 为吸附特点常数，一般为 0.4~4。

若将式（5-1）取对数，则得到一直线方程式，即式（5-2）：

$$\lg\frac{X}{m}=\lg K+\frac{1}{n}\lg C \tag{5-2}$$

式（5-2）表达的直线称为吸附等温线，直线的截距为 K 值，其斜率为 $\frac{1}{n}$。要衡量色度的单位能够累积，并与油中色素的浓度成正比，即可由弗兰德里胥公式确定 K 和 $\frac{1}{n}$ 值。例如根据棉籽油的典型脱色实验（见图 5-5）即可作出相应的脱色吸附等温线（见图 5-6），并进而求得 K 为 1.14，$\frac{1}{n}$ 为 0.84。

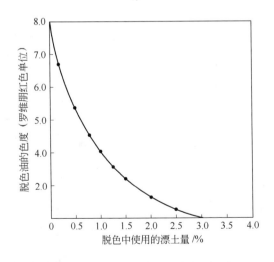

图 5-5　根据棉籽油的典型脱色吸附等温线

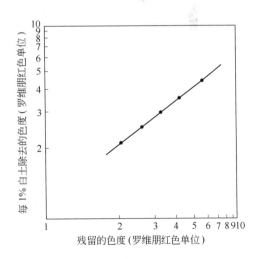

图 5-6　脱色吸附等温线

由于吸附类型、油脂品种及脱色工艺的不同，K 及 $\frac{1}{n}$ 值变化较大，表 5-3 给出了部分数据，这些数据大部分在实验室测得，一般认为要低于实际生产中的数据。

表 5-3　由吸附等温式求得的不同吸附剂的 K 及 $\dfrac{1}{n}$ 值

测 定 者	油 品	吸 附 剂	脱色条件	色度测定方法	K	$\dfrac{1}{n}$
海司勒和海格保	棉籽油	天然漂土	I	A	0.60	0.45
	棉籽油	活性炭	I	A	0.20	0.22
	椰子油	天然漂土	I	A	0.50	1.30
	椰子油	活性炭	I	A	7.20	1.80
贝雷	棉籽油	天然漂土	I	A	0.60	0.40
	棉籽油	活性白土	I	A	1.14	0.84
	棉籽油	活性白土	I	A	0.90	0.34
	棉籽油	活性白土	II	A	1.60	0.73
金氏和华登	棉籽油	天然漂土	I	A	2.00	0.42
	棉籽油	天然漂土	III	A	3.30	0.39
	棉籽油	活性白土	III	A	4.00	0.39
	大豆油	天然漂土	III	A	2.30	0.36
辛纳斯等	大豆油	活性白土	III	B	0.25	0.33
	大豆油	活性白土	III	B	0.58	0.33
	大豆油	活性白土	III	B	1.10	0.33
西拉滑石公司	牛脂	活性白土	I	C	0.66	0.77
	牛脂	活性白土	I	D	0.85	0.80
斯托突等	棉籽油	天然漂土	I	E	0.29	2.21
	棉籽油	活性白土	I	E	0.45	2.16
	棉籽油	硅酸镁	I	E	0.10	4.00
	大豆油	天然漂土	I	E	1.00	1.21
	大豆油	活性白土	I	E	3.12	1.48
	大豆油	硅酸镁	I	E	1.26	1.70
	橡胶籽	天然漂土	III	F	1.66	1.82
	橡胶籽	活性炭	III	F	1.20	2.08
	橡胶籽	白土-活性炭	III	F	1.32	2.00
	甜瓜籽	天然漂土	III	F	1.36	1.43
	甜瓜籽	活性炭	III	F	1.60	1.89
	甜瓜籽	白土-活性炭	III	F	1.26	2.12

注：吸附剂量以占油量的质量百分率计；I. 实验室、常压；II. 生产车间、常压；III. 实验室、真空；A. 罗维朋色度计、红色单位；B. 光谱法，660μm（绿色量度或叶绿素含量）；C. 光谱法、470μm（黄色量度）；D. 光谱法、520μm（红色量度）；E. 光谱法、475μm（黄色量度）；F. 光谱法、400μm。

就脱色过程而言，K 值反映了吸附剂的脱色能力，活性度愈高的吸附剂，其 K 值愈大；而 $\dfrac{1}{n}$ 值则表示吸附情况的特点，它决定吸附剂能发挥最高能力的范围。当两种具有不同脱色能力的吸附剂在相同条件下使用时，即 K 值不等而 $\dfrac{1}{n}$ 值相同的两种吸附剂，欲使同一样品油的色泽褪至相同色度时，其吸附剂使用量与 K 值呈反比关系。如图 5-7 所示，A、B、C 三种吸附剂，由于其 K 值不等，吸附剂 A 的添加量必须两倍于 B 种，方可对同一样品油脂具有一致的脱色效果。吸附剂的 $\dfrac{1}{n}$ 值与其脱色持久力有关系，$\dfrac{1}{n}$ 值大的吸附剂对于起初一部分色素的吸附力大，但后期吸附力却不及 $\dfrac{1}{n}$ 值小的吸附剂。就一般吸附脱色而言，在 K 值大的基础上总希望吸附剂有最大的 $\dfrac{1}{n}$ 值，但在特定的脱色范围内，$\dfrac{1}{n}$ 值的选择应该兼顾到持久力。例如由图 5-7 可见到，在色度要求低于红 2.1 的特定脱色范围内，选择 $\frac{1}{n}$ 值较低的 B 种吸附剂就比 C 种吸附剂具有更高的脱色效率。

油脂吸附脱色是一个复杂的物理化学平衡过程，油脂的特性、脱色工艺及操作条件等都会影响吸附剂的吸附特性，因此，特定条件下确定的 K 和 $\frac{1}{n}$ 值并不能通用于同类油品的吸附过程。

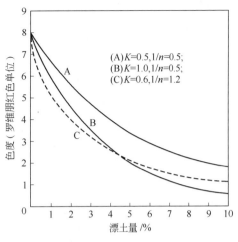

(A)K=0.5,$1/n$=0.5;
(B)K=1.0,$1/n$=0.5;
(C)K=0.6,$1/n$=1.2

图 5-7　不同特性漂土的理论脱色曲线

5.1.3　影响吸附脱色的因素

5.1.3.1　油的品质及前处理

如前所述，油中的天然色素较易脱除，而油料储存和油脂生产过程中形成的新生色素或因氧化而固定了的色素，则较难脱除。由此可见，提高毛油质量，避免油脂在加工环节中的氧化，才能确保脱色效果。

脱色前的油脂质量对脱色效率的影响也甚为重要。当待脱色油中残留胶质和悬浮物时，这部分杂质即会占据部分活化表面，从而降低脱色效率或增加吸附剂用量。因此脱胶及脱酸过程中，务必掌握好操作条件，以确保工艺效果。

5.1.3.2　吸附剂的质量和用量

吸附剂是影响脱色效果的最为关键的因素。不同种类的吸附剂具有各自的特性，只有根据油脂脱色的具体要求来合理选择吸附剂，才能最经济地获得最佳脱色效果。

活性白土是油脂脱色最常用的吸附剂。不同规格的活性白土所表现出的性能各异。其活性度受原土、酸处理、水分、松密度、pH 值和粒度等因素的影响。在期望获得高活性度的同时，还应该考虑到这些因素对油品酸值、过滤速率以及油损率等的影响。某种油品在特定脱色条件下的最适活性白土及其最佳添加量一般可通过实验室小样实验确定。实际生产中添加量可酌减。

5.1.3.3　操作压力

在油脂的吸附脱色过程中，除吸附作用外，往往还伴有热氧化副反应。这种副反应对油脂脱色有利的一面是部分色素因氧化而褪色，不利的一面是因氧化而使色素固定（对吸附作用无反应）或产生新的色素以及影响成品油的稳定性。

吸附脱色操作分常压及负压两种类型。常压脱色时，热氧化副反应总是伴随着吸附作用，而负压脱色过程由于操作压力低，相对于常压脱色其热氧化副反应甚微，理论上可认为只存在吸附作用。不同品种的油脂及吸附剂在不同压力条件下呈现出不同的脱色效果。活性度较高的吸附剂及饱和程度低的油脂适宜在负压状态下脱色，而活性度较低的吸附剂（天然漂土或 AOCS 标准活性白土）以及饱和度较高的油脂在常压下脱色，则能获得较高的脱色效率。这是因为活性低的吸附剂催化氧化的性能也低，使色素褪色的程度超过了新色素生成和原有色素固定的程度。

吸附脱色过程中由于吸附剂的催化作用，油脂结构中的一些非共轭脂肪酸有可能发生共轭化作用而转变成共轭酸。油脂某种程度的事先氧化是非共轭酸异构化的先决条件。共轭化也需要一定的时间，由于常压脱色提供了共轭化条件，共轭酸生成的概率大，给油脂增加了自动氧化因素，因此常压脱色的成品油脂的稳定性不及负压条件脱色的成品油脂。

目前世界各国通用的是负压脱色，并且在脱色过程中还采取了一些措施来避免氧气的介入以及油脂与吸附剂过长时间的接触，从而保证了脱色油脂的稳定性。

5.1.3.4　操作温度

吸附脱色中的操作温度决定于油脂的品种、操作压力以及吸附剂的品种和特性。脱除红色较脱除黄色用的温度高；常压脱色及活性度低的吸附剂（如天然漂土）需要较高的操作温度；负压脱色及活性度高的吸附剂则适宜在较低的温度下脱色；高温型的活性白土在低温下操作就不能获得好的脱色效果；而硅酸镁型的吸附剂则需更高的操作温度（204℃）。不同的油品均有最适脱色温度，若操作温度过高，就会因新色素的生成而造成油脂回色。

油脂的脱色温度还影响脱色油的酸度，在一定的范围内，操作温度对油品酸度的影响较小，但当超越临界点后，随着温度的升高，脱色油的 FFA 含量即会呈正比例函数增值。因此操作中要权衡脱色率和 FFA 增长率，使油脂在最佳温度下脱色。表 5-4 给出了常见油脂的推荐脱色温度，可供生产参考。

表 5-4　常见油脂的推荐脱色温度

油脂名称	最高脱色温度/℃		最高温度下的接触时间/min
	常压①	负压②	
牛油	110	82	30
椰子油	112	82	20
玉米油	104	82	20
棉籽油	104	82	20
亚麻籽油	88	77	20
棕榈仁油	110	82	20
棕榈油	113	113	20
花生油	104	82	20
菜籽油	104	82	20
大豆油	104	82	20
葵花籽油	104	82	20
桐油	—	82	20

① 搅拌速度 50～100r/min，吸入吸附剂油温 71℃。
② 搅拌程度充分但不强烈，真空度不低于 94.7kPa。

5.1.3.5　操作时间

吸附脱色操作中，油脂与吸附剂在最高温度下的接触时间决定于吸附剂与色素间的吸附平衡，只要搅拌效果好，达到吸附平衡并不需要太长的时间。尽管在一定的范围内，脱色程度随时间的延长而加深，但过分地延长时间，不但褪色幅度会缓慢下来，甚至会使油脂的色度回升（见图 5-8）。

高温下与吸附剂接触的油脂随着时间的延长有可能发生脂肪酸双键共轭化，并给油脂带来异味（漂土味），操作也不经济。因此工业生产中往往不片面追求理论上的最佳时间，而将脱色时间控制在 20min 左右。

5.1.3.6　混合程度

脱色过程中，吸附剂对色素的吸附是在吸附剂表面进行的，属于非均匀物理化学反应。良好

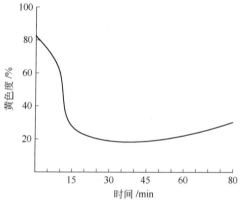

图 5-8　脱色时间对大豆油脱色程度的影响
（反应温度：95℃；白土添加量：2%；
绝对压力：8kPa；充分搅拌）

的混合能使油脂与吸附剂有均匀的接触机会，从而有利于吸附平衡的建立，并避免局部长时间接触而引起的油质劣变。常压脱色操作中，混合强度以达到吸附剂在油中呈均匀悬浮状态即可，不要过于强烈，以减少油脂氧化的程度。负压脱色操作中混合强度可激烈些，以不引起油脂的飞溅为度。

5.1.3.7　脱色工艺

由吸附等温式可看出，吸附剂的有效浓度及吸附平衡状态是吸附剂达到饱和吸附力的重要因素。在浅色油中达到吸附平衡的吸附剂对深色油脂仍有脱色能力，因此逆流吸附操作可以得到最大的脱色效率。常见的脱色工艺只能建立一次吸附平衡，而多段脱色工艺则能多次建立平衡，如果取平衡次数为无限大，则可实现理论上的逆流操作。但由于工业吸附剂多为颗粒散体，生产中难以实现逆流操作。多段式的逆流脱色虽然具有理论优越性，但由于吸附剂滤饼转移时避免不了与空气接触，颗粒携带的油脂容易氧化，故很少实际采用。然而逆流脱色的理论却在一些工艺中得到体现。例如预脱色-复脱色工艺就属于典型的两段逆流脱色工艺。

由吸附等温式还可看出，一定量的吸附剂分批添入油中较一次全量投入油中的脱色效果好。将待脱色油穿滤吸附剂层的压滤脱色也有特殊的脱色效果。这都可认为是"浓度效应"引起了吸附剂与色素之间的新平衡。一次全量投入的吸附剂只建立一次吸附平衡，而分批添加吸附剂时，即会发挥新添吸附剂的活力，与前次平衡时的剩余色素建立新的吸附平衡。压滤脱色时，相对于穿滤油脂中的色素而言，吸附剂的有效浓度是很高的，而且接近于逆流脱色理论。油与吸附剂接触的时间短，避免了因氧化作用而产生新色素或色素固定，因此脱色效率高。

大多数的连续脱色设备虽然避免了间歇式脱色中因先后过滤而存在的油和吸附剂接触时间的不均衡，但仍存在着物料短路、返混和局部死区，使部分反应物（油和吸附剂）在设备中的停留时间低于或超出平均停留时间（设计脱色时间），从而不能达到理论吸附效率。只有将混合隔层设计成多层（n 层），并使 $n \to \infty$，使混合物料成"柱塞流"通过脱色塔，方能使油和吸附剂保持始终均匀接触。新近盛行的管道式连续脱色器较好地体现了这一理论。

吸附剂与油脂初始接触的温度，对脱色效果的影响也较明显。初始温度高时，活性白土中的自由水分会迅速蒸发，导致蒙脱土晶格瓦解，致使活性白土在有机会吸附色素前就丧失了部分活性表面；此外，初始温度高时，油脂在升温过程中得不到白土水分挥发时所逸出的水蒸气的保护作用，导致色素固定和产生新生色素，从而反映出在相同吸附剂量下的脱色效率低于冷油添加吸附剂的操作。

在考虑初始接触温度因素时，要注意到脱酸油残存水分对残皂和 FFA 的影响。当油中含有水分时，即会降低吸附对残皂的吸附率。并有可能导致脱色油 FFA 增值。因此低温添加吸附剂的工艺，务必先行脱除油中的水分。

5.1.4　吸附脱色设备

具体的脱色工艺流程见书后插页连续脱色脱臭工艺流程图。吸附脱色工段中具有工艺功能的主要设备有脱色器、吸附剂定量器及吸附剂分离机等。按生产的连贯性，脱色器又可分为间歇式和连续式。

5.1.4.1　脱色罐

脱色罐是间歇脱色的主要设备，主体为带有碟盖和锥底的密闭圆筒体，罐内设有传热装置和能造成强烈混合的搅拌装置，顶部碟盖上设有真空管、人孔、照明灯、吸附剂吸管及传动装置等，锥底上设有出料管和冷凝（却）水出口管。加热蒸汽（及冷却水）接管、安装支座设在罐体上部，其结构如图 5-9 所示。

5.1.4.2　脱色塔

脱色塔是连续脱色工艺的主要设备，主体结构为圆筒体层式密闭塔，依据塔层油流转移方式的不同，设计有多种形式。如图 5-10 所示。脱色塔是由自控阀门控制塔层油流转移的一种脱色塔。全塔共分四层，层与层之间由自控阀门联通，一、二、三层设有板式桨叶，装置在同一搅拌轴上。各层排气通道由设在塔中央的套筒沟通。通过设在塔顶盖上的真空接管与真空系统接通，使脱色塔在真空状态下工作（残压 1.3～3.3kPa）。

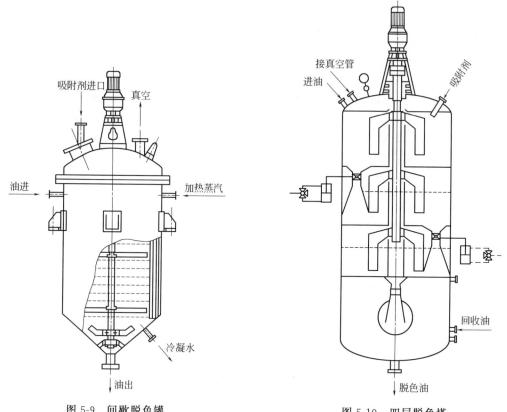

图 5-9　间歇脱色罐　　　　　　　图 5-10　四层脱色塔

如图 5-10 所示，脱色塔工作时，吸附剂由真空吸入第一层，脱酸油通过顶盖上的 4 个喷油嘴进入油分布室，沿塔中央的圆形挡板溢流进入第一层，其工艺作用是捕集来自第一层气流中的吸附剂粉尘。随后通过三层分段混合和第四层油流冲击循环，达到油与吸附剂均匀接触，每层油的停留时间和向下一层转移，是通过液体传感器和程序控制系统指令大尺寸碟阀按 3→2→1 顺序启闭，从而使油与吸附剂经三程均匀混合构成连续脱色作业。

时控转移脱色塔避免了溢流转移脱色塔普遍存在的物料短路、返混及局部死区的缺点，因此吸附剂用量省，工艺效果好。

图 5-11 为由挡板控制塔层油流转移的一种连续脱色塔，其主体结构为一圆筒体隔板式密封塔。塔内通过支撑固定有若干块分隔板，分隔板外径稍小于塔内径，中心开有稍小于搅拌翅直径的孔，紧贴于每块分隔板的上方安有搅拌翅，吸附剂油浆与待脱色油进入塔后，在搅拌下得到混合，然后沿分隔板与塔壁的缝隙以及搅拌翅与隔板间的空隙依次向下一层转移，从而完成吸附平衡。设置分隔板的工艺目的是防止油流短路和控制停留时间。

设计中必须注意，在满足总停留时间的前提下，尽量减小隔板与塔壁和搅翅间的缝隙。

图 5-12 为一种带有蒸汽搅拌的分层式真空脱色塔，从储油罐来的进料油和定量的吸附

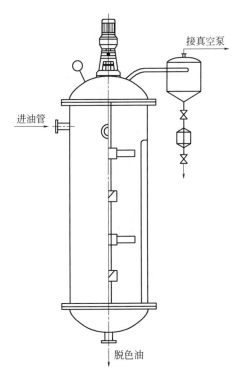

图 5-11　连续脱色塔

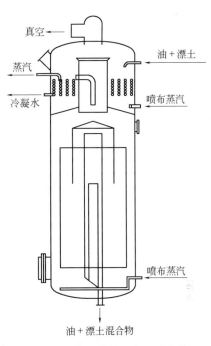

图 5-12　蒸汽搅拌的真空脱色塔

剂进行连续混合，混合后的浆状物吸入真空脱色塔的顶部层，闪蒸出油中的空气和水分，用间接蒸汽加热，直接蒸汽搅拌，将浆液加热到脱色温度，再溢流入塔的第二层，加热除去从漂土中释放出的结合水分。在塔的底部喷入少量水蒸气汽提，以便翻动油脂，促使水分和空气的脱除。脱色完成后，油和漂土混合物从塔底，由泵打入一密闭压滤机除去漂土，然后经冷却器冷却后去储存罐。

　　图 5-13 为一种带有蒸汽搅拌的分上、下层的层式真空脱色塔，从储油罐来的进料油和定量的吸附剂进行连续混合，混合后的浆状物吸入真空脱色塔的上层，用间接蒸汽加热，直接蒸汽搅拌，将浆液加热到脱色温度，闪蒸出油中的空气和水分，再溢流入塔的下层，加热除去从漂土中释放出的结合水分。在塔的上、下层的底部喷入少量水蒸气汽提，以便翻动油脂，促使水分和空气的脱除。脱色完成后，油和漂土混合物从塔底，由泵打入一密闭压滤机除去漂土，然后经冷却器冷却后去储存罐。

5.1.4.3　管式脱色器

　　管式脱色器是力求使吸附剂和油的混合符合理想状态（无轴向扩散的柱塞流）的一种脱色装置（见图 5-14）。该装置由混合器、预热器、加热器、管式反应器和冷却器等组成。管式反应器是该装置的主体，由竖直倒装的几组 U 形管组成。油在管中呈层流状，

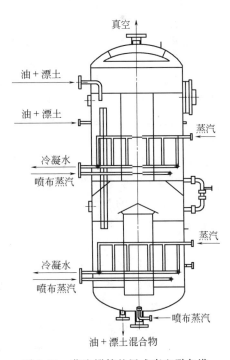

图 5-13　蒸汽搅拌的层式真空脱色塔

其流速略大于吸附剂的最大粒子在油中的沉降速度，为了避免吸附剂的沉积，管的末端加工成斜底，以减小两组 U 形管衔接处的截面积，造成油的湍流，促成吸附剂重新均匀分散。反应器的管直径、长度和程数的设计由处理量和脱色滞流时间而定。

　　管式脱色器中油和吸附剂的混合接触接近理想状态，处理量可通过简便的方法获得调整〔±（20%～35%）设计能力〕；设备结构简单，体积小；布置灵活，很容易与现有精炼设备衔接，是一种较先进的脱色设备。

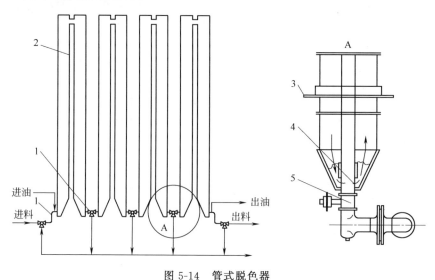

图 5-14　管式脱色器
1—连通器；2—反应管；3—支座；4—连通管；5—排空阀

5.1.4.4　吸附剂定量器

　　吸附剂定量器是按工艺要求，连续定量添加吸附剂的设备。常见的定量器有定量螺旋输送器及容积式定量器等。

　　定量螺旋输送器主要由机壳、螺旋轴、进料口、出料重力门和传动装置等构成。机壳为短圆筒体，两端焊有法兰，一端紧固于减速器输出端的法兰上，另一端则连接于脱色塔或吸附剂调和罐。螺旋轴的输入端为等螺距、不连续双头螺旋翅，输出端为连续单螺旋叶，其工艺作用是造成输出端物料滞流，使其在带有一定压实系统的情况下卸料，以保证添加量均匀。螺旋轴的转速由电机通过无级变速器作 10～40r/min 的调整，以适应不同脱色要求的添加量控制。

　　容积式定量器主要由供料罐、定量筒和自动控制装置等构成。供料罐为圆筒锥底罐或圆台垂直壁锥底罐，设有振动或流态化防搭桥设施。定量筒主体为一标准容积的圆储料筒，上下设有交替启闭的碟形阀，构成"船闸式"供料，由于储料筒容积是一定的，因此，控制充填频率即可调整吸附剂添加量。自动控制装置包括油流量和吸附剂料位传感器、控制器及油流量和吸附剂量积分器等。传感器给控制器的信号叠加后转变为"船闸式"定量筒的操作信号，使吸附剂添加量始终跟踪油流量比配。

　　容积式定量器的工艺效果，主要取决于自控系统，采用时需选配和调整好自控仪表。

5.1.4.5　吸附剂分离

　　脱色后的油与吸附剂分离一般采用压滤法。常用的压滤设备有直立式叶片过滤机（见图 5-15）、板框式压滤机、圆盘叶滤机等。其中直立式叶片过滤机更为适宜。过滤介质多选用不锈钢过滤网和涤纶滤布。一般配置两台以上，以便实现过滤连续化。

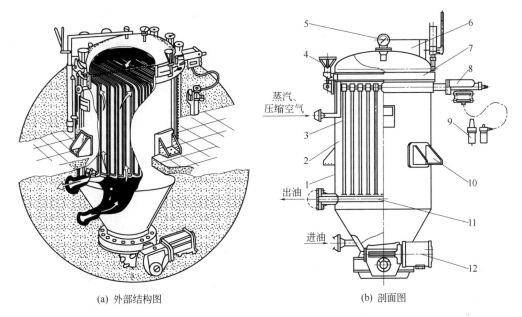

(a) 外部结构图　　　　　　　　(b) 剖面图

图 5-15　直立式叶片过滤机

1—罐体；2—工作腔；3—滤叶；4—快开锁帽；5—压力表；6—碟盖提升装置；
7—碟盖；8—振动器；9—气阀；10—支座；11—滤叶集油管；12—卸渣碟阀

　　滤后吸附剂残油的回收方法有溶剂萃取法、常压或加压水煮法等。溶剂萃取法可采用类似蜡饼处理罐结构的装置，常压水煮法可选用带气流搅拌的敞口罐或槽，加压水煮法则采用吸附剂处理罐。

5.1.5　吸附脱色工艺

　　吸附脱色分间歇式和连续式。间歇式脱色是指油脂分批与吸附剂作用，间断地完成吸附平衡和分离的一类工艺；连续式脱色工艺则是指在油脂连续流动的状态下，与定量配比的吸附剂连续地完成吸附平衡的一类工艺。

5.1.5.1　间歇式脱色工艺

　　间歇式脱色即油脂与吸附剂在间歇状态下通过一次吸附平衡而完成脱色过程的工艺。工艺流程如图 5-16 所示。

　　采用常规间歇脱色工艺时，待脱色油经储罐转入脱色罐，在真空下加热干燥后，与由吸附剂罐吸入的吸附剂在搅拌下充分接触，完成吸附平衡，然后经冷却由泵泵入压滤机分离吸附剂。滤后脱色油汇入储罐（或脱色油池），借真空吸力或输油泵转入脱臭工序，压滤机中的吸附剂滤饼则经压缩空气"吹干"后转入处理罐回收残油。

5.1.5.2　连续式脱色工艺

　　(1) 常规连续脱色工艺　　常规连续脱色即油脂与吸附剂在连续接触的状态下，通过一次吸附平衡而完成脱色过程的工艺。其工艺流程见图 5-17。

　　采用常规连续脱色工艺时，待脱色油在真空吸力下，经加热器转入除氧干燥器除氧干燥后由泵泵入连续脱色塔，与定量比配添加的吸附剂连续完成吸附平衡，然后由泵泵入压滤机（两台交替作业组成连续过滤）分离吸附剂。分离后的脱色油经冷却器汇入中间储罐，由泵泵入安全过滤机进一步滤除微量吸附剂后，经脱色油储罐转入脱臭工序。吸附剂滤饼则经蒸汽挤压和热水洗涤处理后，由螺旋输送机转入吸附剂处理罐进一步回收残油。蒸汽和热水洗涤得到的油-水混合物经分水罐分离废水后，泵入毛油罐重新回炼。

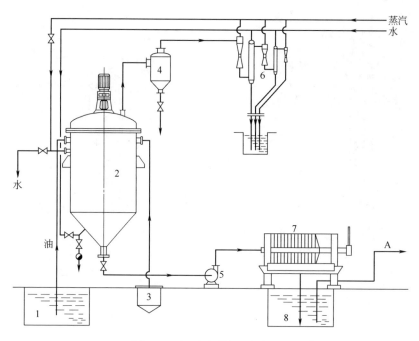

图 5-16　间歇式脱色工艺流程

1—待脱色油储槽；2—脱色罐；3—吸附剂罐；4—捕集器；5—油泵；
6—真空装置；7—压滤机；8—脱色油储槽；A—去脱臭

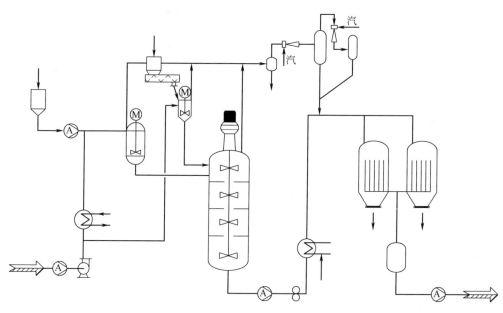

图 5-17　连续式脱色工艺流程

（2）管道式连续脱色工艺　管道式连续脱色工艺是力求维持反应条件稳定、确保产品质量一致性的一种近代脱色工艺（见图 5-18）。该工艺包括预热、除氧、加热、反应和冷却等几个部分。

采用管道式连续脱色工艺时，脱酸油由泵输入流程，经流量计调整到工艺流量后进入调和罐，借循环流的冲击，与定量配比的吸附剂充分混合，然后由泵泵经预热器预热到一定温

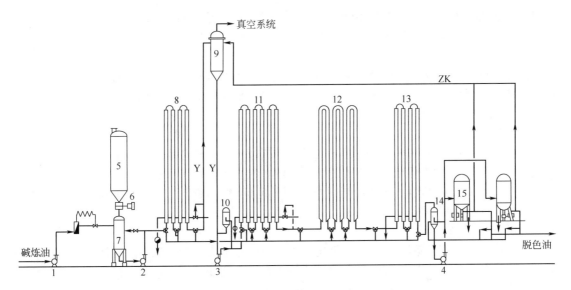

图 5-18　管道式连续脱色工艺

1~4—输油泵；5—白土罐；6—白土计量器；7—混合罐；8—管道预热器；
9—真空脱气脱水器；10,14—循环混合罐；11—管道加热器；
12—管道反应器；13—管道冷却器；15—过滤机

度，进入干燥器除氧干燥，再由泵泵经加热器加热到脱色温度后进入反应器完成吸附平衡，随后经冷却器冷却到过滤温度，泵入过滤器分离吸附剂。

管道式连续脱色工艺中，油与吸附剂调和罐的容量应尽可能设计小些，以减少滞流影响。预热、加热和冷却段管径应细些，以使油在其中呈湍流状态，从而获得较高的传热系数。除氧干燥操作温度为 90℃，残压为 2.6~5.2kPa，进入脱色反应管道的油温为 110℃，停留时间控制在 20min 以内，过滤温度以不超过 70℃为宜。吸附剂添加量较一般的脱色工艺节省 15%~50%。

5.2　其他脱色法

5.2.1　光能脱色法

光能脱色是利用色素的光敏性，通过光能对发色基团的作用而达到脱色目的的一种脱色方法。油脂中的天然色素（类胡萝卜素、叶绿素等），其结构中的烃基高度不饱和，大多为异戊间二烯单体的共轭烃基，能吸收可见光或近紫外光的能量，使双键氧化，从而使发色基团的结构破坏而褪色。

光能脱色的方法及其设施较简单，一般是将待脱色油脂置于广口油槽中，上罩透光覆盖物，或将其循环通过透光管道，利用日光或特定波长的光源辐射脱色。油脂的单位受光面积力求大，覆盖物可采用能透过紫外线的特种玻璃、塑料薄膜或油纸。为了避免油脂氧化，辐射光源的波长应控制在 3000~5000Å（1Å=0.1nm）的有效脱色范围内。

光能脱色的缺点是伴有油脂的光氧化，从而促进油脂的氧化酸败。因此很少应用于食用油脂的脱色，仅用作蓖麻油、亚麻仁油和漆脂等工业用油脂的辅助脱色。

5.2.2　热能脱色法

热能脱色是利用某些热敏性色素的热变性，通过加热而达到脱色目的的一种脱色方法。油脂中的某些蛋白质、胶质及磷脂等物质的降解物，在热能作用下脱水变性，于凝析过程中吸附其他色素一并沉降；其他热敏性物质受热分解，这就是热能脱色的机理。

热能脱色可在常压或负压下进行，操作温度为140℃左右，色泽减褪后应及时冷却，以减缓油脂的热氧化。

热能脱色法不可避免地伴随着油脂热氧化，往往由于操作不当而导致过氧化值增高及新色素的产生。因此该方法仅限于一些含热敏性色素的低碘值油脂的辅助脱色（棕榈油、椰子油等），而不列为油脂脱色的正规工艺。

5.2.3 空气脱色法

空气脱色是利用发色基团对氧的不稳定性，通过空气氧化色素而脱色的一种方法。油脂中的类胡萝卜素、叶绿素由于其结构的极不稳定，易在氧的作用下破坏而褪色。

空气脱色的方法当然也存在油脂热氧化副反应问题，仅限用于胡萝卜素含量高的油脂（如棕榈油）的辅助脱色。

5.2.4 试剂脱色法

利用化学试剂对色素发色基团的氧化作用进行脱色的方法称为试剂脱色法。常用的氧化剂有重铬酸钠、双氧水及臭氧等。试剂脱色法存在脱色剂残留问题，因此操作中要严格控制反应及洗涤分离条件，以使残留量控制在允许范围内。

5.2.5 其他脱色法

油脂的脱色法还有活性氧化铝吸附法、氢化脱色法、溴酸处理法、离子交换树脂法、沸石分子筛法及液-液萃取法等。以活性氧化铝或亚硫酸处理过的氧化铝漂白油脂时，试剂添加量占油重4%左右，在温度225℃、残压0.065～0.13kPa条件下反应30min，然后冷却到70℃左右，过滤分离脱色剂。据报道，经过处理的油脂不仅对红色素、绿色素的脱除有特效，而且脱色油的过氧化值和活性氧稳定性也有所改善。虽然经过处理的油脂有轻微的二烯结合及反式异构化，但油脂的品质并未受多大的影响。

第6章 油脂脱臭

纯净的甘油三脂肪酸酯是没有气味的，但不同的油脂都具有多种不同程度的气味，有些为人们所喜爱，如芝麻油和花生油的香味等，有些则不受人们欢迎，如菜籽油和米糠油所带的气味。通常将油脂中所带的各种气味统称为"臭味"，这些气味有些是天然的，有些是在制油和加工中新生的。气味成分的含量虽然极少，但有些仅在毫克/千克（PPb）数量级即可被觉察。

引起油脂臭味的主要组分有低分子的醛、酮、游离脂肪酸、不饱和碳氢化合物等。如已鉴定的大豆油气味成分就有乙醛、正己醛、丁酮、丁二酮、3-羟基-2-丁酮、2-庚酮、2-辛酮、乙酸、丁酸、乙酸乙酯、二甲硫等十多种。在油脂制取和加工过程中也会产生新的异味，如焦煳味、溶剂味、漂土味、氢化异味等。此外，个别油脂还有其特殊的味道，如菜籽油中的异硫氰酸酯等硫化物产生的辛辣味。

油脂中除了游离脂肪酸外，其余的臭味组分含量极少，仅0.1%左右。经验告诉我们，气味物质与游离脂肪酸之间存在着一定关系。当降低游离脂肪酸的含量时，能相应地降低油中一部分臭味组分。当游离脂肪酸达0.1%时，油仍有气味，当游离脂肪酸降至0.01%～0.03%（过氧化值为0）时，气味即被消除，可见脱臭与脱酸是紧密相关的。

油脂脱臭不仅可除去油中的臭味物质，提高油脂的烟点，改善食用油的风味，还能使油脂的稳定度、色度和品质有所改善。因为在脱臭的同时，还能脱除游离脂肪酸、过氧化物及其分解产物和一些热敏性色素，除去霉烂油料中蛋白质的挥发性分解物，除去小分子量的多环芳烃（如表6-1所示）及残留农药，使之降至安全范围内。因此脱臭在高等级油脂产品的生产中备受重视。

6.1 脱臭的理论

6.1.1 水蒸气蒸馏理论

油脂脱臭是利用油脂中臭味物质与甘油三脂肪酸酯挥发度的差异，在高温和高真空条件下借助水蒸气蒸馏脱除臭味物质的工艺过程。对水蒸气蒸馏脱酸和脱臭时从油脂中分离出的挥发性组分的蒸气压与温度曲线图进行分析得知，酮类具有最高的蒸气压，其次是不饱和碳氢化合物，最后为高沸点的高碳链脂肪酸和烃类。表6-1列出了毛糠油及其精炼油中多环芳烃的含量。在工业脱臭操作温度（250℃）下，高碳链脂肪酸的蒸气压约为26～2.6kPa；而天然油脂和高碳链脂肪酸相应的甘油三脂肪酸酯的蒸气压却只有$1.3 \times 10^{-9} \sim 1.3 \times 10^{-10}$kPa。

天然油脂是含有复杂组分的混甘油三脂肪酸酯的混合物，对于热敏性强的油脂而言，当操作温度达到臭味组分汽化温度时，往往会发生氧化分解，从而导致脱臭操作无法进行。为了避免油脂高温下的分解，可采用辅助剂或载体蒸汽，其热力学的意义在于从外加总压中承受一部分与其本身分压相当的压力。辅助剂或载体蒸气的耗量与其分子量成正比。因此从经济效益出发，辅助剂应具有分子量低、惰性、价廉、来源容易以及便于分离等特点。这些便构成了水蒸气蒸馏的基础。

表 6-1　毛糠油及其精炼油中多环芳烃的含量　　　　　单位：mg/kg

名　　称	浸出油	压榨油	精炼油
蒽	7.5	3.3	0.1
菲	60.5	43.5	8.5
芘	13.2	9.9	1.5
荧蒽	14.3	9.8	3.3
1,2-苯嵌蒽	7.7	5.5	1.8
3,4-苯并芘	1.8	1.0	0.6
1,2-苯并芘	3.5	1.6	1.3
11,12-苯并芘	0.8	0.5	0.2
1,12-苯并芘	0.9	0.6	0.5
3,4-苯嵌蒽	1.2	0.5	0.2
茚并芘	0.3	0.2	0.05

水蒸气蒸馏（又称汽提）脱臭的原理，系水蒸气通过含有臭味组分的油脂，汽-液表面相接触，水蒸气被挥发的臭味组分所饱和，并按其分压的比率逸出，从而达到了脱除臭味组分的目的。

假设被脱臭油脂（含甘油三脂肪酸酯和臭味组分）符合理想溶液状态，令 p_v° 为游离脂肪酸及臭味组分在油脂内的平衡压力；p_v 为纯脂肪酸及臭味组分的蒸气压；n_v 为游离脂肪酸及臭味组分的物质的量（mol）；n_o 为甘油三脂肪酸酯的物质的量（mol），则根据拉乌尔定律（Raoult's law），脂肪酸和臭味组分的蒸气压将等于其在纯粹状态下的蒸气压乘上它在油脂中的浓度，即公式(6-1)：

$$p_v^{\circ}=p_v\frac{n_v}{n_o+n_v} \tag{6-1}$$

正常情况下，由于中性油脂与游离脂肪酸及臭味组分具有较大的摩尔体积比，n_o 可看作 n_o+n_v 的近似值，因此公式(6-1)可简化成公式(6-2)：

$$p_v^{\circ}=p_v\frac{n_v}{n_o} \tag{6-2}$$

根据道尔顿定律，在任何瞬间，来自脱臭器的蒸汽馏出物中，挥发性物质与水蒸气摩尔比等于其分压比，便可得公式(6-3)：

$$\frac{dn_s}{dn_v'}=\frac{p_s}{p_v'} \tag{6-3}$$

式中，n_v' 为脂肪酸及臭味组分的物质的量，mol；n_s 为水蒸气的物质的量，mol；p_v' 为脂肪酸及臭味组分的实际分压；p_s 为水蒸气的实际分压。

由于水蒸气蒸馏过程中，水蒸气用量大，脂肪酸及臭味组分的实际分压 p_v' 与水蒸气的实际分压 p_s 比较，其数值是很小的，p_s 可近似地看作总压力 p（$p=p_s+p_v'$）。因此公式(6-3)可演变为公式(6-4)：

$$\frac{dn_s}{dn_v}=\frac{p}{p_v'} \tag{6-4}$$

若以 E 代表水蒸气蒸馏过程脂肪酸和臭味组分的蒸发效率，则

$$E=\frac{p_v'}{p_v} \tag{6-5}$$

根据公式(6-2)、公式(6-5)可推导出脂肪酸及臭味组分的实际分压：

$$p_v'=Ep_v\frac{n_v}{n_o} \tag{6-6}$$

将公式(6-6)代入公式(6-4)，则得公式(6-7)：

$$\frac{\mathrm{d}n_s}{\mathrm{d}n_v} = \frac{pn_o}{Ep_v n_v} \tag{6-7}$$

对公式(6-7)积分可得公式(6-8)：

$$n_S = \frac{p(O)}{Ep_v} \ln\left(\frac{n_{v1}}{n_{v2}}\right) \tag{6-8}$$

式中，n_{v1} 为油脂中游离脂肪酸及臭味组分的最初浓度；n_{v2} 为油脂中游离脂肪酸及臭味组分的最终浓度。

由于汽提脱臭过程中，部分中性油脂在高温下会水解产生脂肪酸，一些热敏性组分也会分解产生新的挥发性组分，因此，油脂在汽提脱臭过程中，一定温度下组分的实际分压总是小于相同温度下理想状态所具有的压力，故水蒸气实际耗量较公式(6-8)的理论值有误差。若以 K 代表校正系数，A 代表脂肪酸和臭味组分的活动系数，则接近于生产实际的汽提脱臭方程可用公式(6-9)或公式(6-10)表示：

$$n_S = \frac{pn_o}{Ep_v A} \ln\left(\frac{n_{v1}}{n_{v2}}\right) \tag{6-9}$$

$$\ln\left(\frac{n_{v1}}{n_{v2}}\right) = \frac{Ep_v A n_s}{pn_o} = \frac{Kp_v n_s}{pn_o} \tag{6-10}$$

式中，E 为蒸发效率；p_v 为纯脂肪酸及臭味组分的蒸气压；p 为系统总压力；A 为活动系数；K 为校正系数；n_s 为水蒸气的物质的量，mol；n_o 为中性油脂的物质的量，mol。

公式(6-10)是根据理想状态推导出的汽提方程式，适用于间歇式脱臭（或称分批脱臭）过程，其中蒸发效率 E 是用以衡量蒸汽通过油层时被脂肪酸及臭味组分所饱和的能力，它与脱臭罐（塔）的结构有关，当水蒸气与油脂有较长的接触时间和最大的接触面积时，E 值接近于 1；对于结构合理的间歇式脱臭罐，E 值范围一般在 $0.7 \sim 0.9$；半连续脱臭塔为 0.99。活动系数 A 常由实验求得。据报道，当油脂中游离脂肪酸浓度较低时，活动系数 A 可达 1.5。游离脂肪酸及臭味组分的蒸气压 p_v 通常也可由实验确定或根据实验选用。由于游离脂肪酸及臭味组分复杂，因此对于不同品种的油脂，需相应地改变操作条件，以确保操作效果。

当汽提脱酸脱臭是在连续式脱臭塔作业时，则公式(6-10)中的变量参数就变成了与时间有关联的变量。n_o 的涵义表示为每小时中性油流量的物质的量（mol）；n_s、n_{v1}、n_{v2} 相应表示为每小时蒸汽的物质的量和每小时油脂流量中游离脂肪酸及臭味组分的最初和最终物质的量。故每小时进入脱臭塔的中性油脂 n_o 中必含有 n_{v1} 的游离脂肪酸及臭味组分，离塔的汽提蒸汽中，则必含有 $(n_{v1} - n_{v2})$ 游离脂肪酸及臭味组分。离塔的脱臭味油中，游离脂肪酸及臭味组分的浓度为 $\frac{n_{v2}}{n_o + n_{v2}}$。正常情况下，由于游离脂肪酸及臭味组分相对于中性油脂而言是极其微量的，$n_o + n_{v2}$ 接近于 n_o 的数值，故离塔油脂中游离脂肪酸及臭味组分的浓度可简化成 $\frac{n_{v2}}{n_o}$。同理，离塔蒸汽中脂肪酸及臭味组分的浓度也可简化成 $\frac{n_{v1} - n_{v2}}{n_s}$。

根据拉乌尔定律，脱臭塔盘液面上游离脂肪酸及臭味组分的分压 p_v' 为公式(6-11)：

$$p_v' = \frac{n_{v2} p_2 E}{n_o} \tag{6-11}$$

式中，p_v' 为游离脂肪酸及臭味组分在油面上的压力；n_{v2} 为离塔油脂中游离脂肪酸及臭味组分的物质的量，mol。

同理，气相中脂肪酸及臭味组分的分压 p_v' 为公式(6-12)：

$$p_v' = \frac{n_{v1} - n_{v2}}{n_s} p_s \tag{6-12}$$

由于 p_v 相对于 p_s 是极微量的，因此，p_s 可近似地看作气相总压力 p，则公式(6-12)可演变为公式(6-13)：

$$p_v' = \frac{n_{v1} - n_{v2}}{n_s} p \tag{6-13}$$

将公式(6-11) 代入公式(6-13) 可得

$$\frac{n_{v1} - n_{v2}}{n_s} p = \frac{E n_{v2} / p_v}{n_o} \tag{6-14}$$

解 $\dfrac{n_{v1}}{n_{v2}}$ 即得公式(6-15)：

$$\frac{n_{v1}}{n_{v2}} = 1 + \frac{E p_v (S)}{p (O)} \tag{6-15}$$

与间歇式汽提公式(6-10) 同理，实际操作中需考虑由蒸发效益 E 和活动系数 A 构成的校正系数 K，则连续式汽提脱臭方程式可表示为公式(6-16)：

$$\frac{n_{v1}}{n_{v2}} = 1 + \frac{K p_v (S)}{p (O)} \tag{6-16}$$

式中，n_{v1} 为每小时进塔油脂中游离脂肪酸及臭味组分物质的量，mol；n_{v2} 为每小时离塔油脂中游离脂肪酸及臭味组分物质的量，mol。

由间歇式汽提公式(6-10) 和连续式汽提公式(6-16)，可以得知脱臭罐（塔）的蒸发效率均与设备操作温度、压力和水蒸气量/油量三个主要参数有关，其关系可概括如下。

① n_{v2} 与操作温度成反比。在固定压力下，随着操作温度的提高，p_v 增大，则脱臭油脂中游离脂肪酸及臭味组分的最终浓度降低。

② n_{v2} 与 p 成正比。即降低操作压力 p，则 n_{v2} 也相应降低。

③ n_{v2} 与 (n_s / n_o) 成反比。即随着 (n_s / n_o) 比值的增大，脱臭油脂中游离脂肪酸及臭味组分的物质的量（mol）n_{v2} 降低。

如果固定脱臭深度，即将 n_{v2} 定为脱臭成品油脂的质量指标，若操作温度保持不变，系统内压力 p 与水蒸气用量 n_s 之比恒定，则由以上两个汽提公式可以得出结论：操作压力如能接近真空，则汽提水蒸气的用量即会大幅度降低，这就是为什么汽提脱臭操作必须尽可能处于最大限度的负压下作业的理论根据。

汽提脱臭过程中，游离脂肪酸及臭味组分的蒸发效率，实际上是水蒸气通过油脂后，其游离脂肪酸及臭味组分达到饱和程度的量度根据气体吸收双膜理论，可知游离脂肪酸及臭味组分从油脂内到蒸汽泡中的速率，等于蒸汽泡中的饱和蒸气压与实际压力之差乘以蒸汽泡的表面积，再乘以水蒸气与油脂的特性常数，可由公式(6-17) 表示：

$$\frac{\mathrm{d} p_v'}{\mathrm{d} t} = K F (p_v - p_v') \tag{6-17}$$

式中，t 为水蒸气泡与油脂的接触时间；F 为水蒸气泡表面积；K 为气体扩散数。

将公式（6-17）积分可得：

$$FK_t = \ln\left(\frac{p_v}{p_v - p_v'}\right) = \ln\left(\frac{1}{1 - \dfrac{p_v'}{p_v}}\right) = \ln\left(\frac{1}{1 - E}\right) \tag{6-18}$$

或
$$E = 1 - e^{-ky} \tag{6-19}$$

由公式（6-18）或公式（6-19）可以看出，增大水蒸气泡的总面积以及水蒸气与油脂接触的时间，则游离脂肪酸及臭味组分的蒸发效率即可增大。不管由公式（6-19）计算得到的蒸发效率其绝对的可靠性如何，但其对在不同条件下的汽提效率及水蒸气利用率却有一个合适相对比较，因此对脱臭设备的设计是具有重要参考价值的。

一般认为汽化主要产生在液体的自由表面上。因此必须要有暴露液体部分表面的条件。在传统的间歇式和浅盘型脱臭器中，是由容器底部分布（分布器）管或喷射（大型）泵喷入的水蒸气通过油层时扩大其气泡表面积，同时气泡通过表面时爆裂产生飞溅（splash）的效果，由设置于非常靠近自由液体表面的挡板或喷射器帽来增强飞溅的效果。采用这种方法循环油，使油脂有很大的自由表面，以充分汽化不需要的成分。水蒸气还提供动能来破坏液膜，而液膜阻止在表面上的汽化同时增加已挥发物质的速度。但是需要喷入间歇式或浅盘式脱臭器的大部分水蒸气起混合作用和引起飞溅的作用。因此当水蒸气与油以错流方式喷入非常厚的油层时，蒸汽汽提理论与之相关。

在薄膜系统中，由油脂分布成薄层状增大了油脂自由表面与体积的比率，油脂进入填料装置中靠重力形成薄层状或由强制循环和喷雾形成薄层状。因此为了混合和搅拌，只需要极少的汽提水蒸气。此外，水蒸气以真正逆流的形式与油脂接触。

在工业生产中，在260℃、0.4kPa下，除加热和冷却期间蒸汽的搅拌，间歇式脱臭器所需汽提蒸汽是脱臭油重的2%～4%；连续式和半连续式浅盘脱臭器需0.75%～1.5%；而薄膜式系统只需要0.3%～0.6%的蒸汽就足够了。

6.1.2 脱臭损耗

前已述及油脂中的气味组分量是极少的，一般不超过油重的0.10%。然而，我们发现油脂脱臭过程中的实际损耗却远大于该数值。这是因为在任何情况下，蒸馏引起的损耗均取决于脱臭时间、通汽速率、操作压力和温度、油脂中游离脂肪酸和不皂化物的含量以及甘油三脂肪酸酯的组分等因素。在汽提脱臭过程中，有相当数量的油脂是由于飞溅在汽提蒸汽中而损失的。因此脱臭总损耗包括蒸馏损耗和飞溅损耗。不同的油脂、不同的设备及不同的操作条件，其脱臭总损耗是不尽一致的。在先进的设备及合理的操作条件下，对于游离脂肪酸含量小于0.10%的油脂，在操作压力为0.4kPa、温度为230～270℃条件下，脱臭所得的良好产品，其脱臭最小损耗一般为0.2%～0.4%，再加上脱臭原料油中游离脂肪酸含量的1.05～1.2倍即为脱臭总损耗。

6.1.2.1 蒸馏损耗

汽提脱臭过程中，低分子的醛类、酮类及游离脂肪酸最容易蒸馏出来，随着脱臭过程的加深，油脂内原有游离脂肪酸经脱臭后几乎完全被除去，因此蒸馏损耗应包括油脂脱臭前的游离脂肪酸的含量。此外，根据反应方程可知，汽提蒸汽不可避免地要引起部分油脂的水解，因油脂水解所生成的这部分脂肪酸，也构成了蒸馏损耗。根据经验，当游离脂肪酸含量降低至0.015%～0.03%时，游离脂肪酸的脱除速率与裂解生成的速率即达到平衡，这可由

前述蒸发效率 E 值和相关公式计算求得。据报道，当棉籽油在温度为 248℃、压力为 0.4kPa 条件下脱臭时，每千克汽提蒸汽带出的游离脂肪酸约为 0.034～0.058kg。在工业间歇式脱臭罐内容许有一定的回流量，计算求得的损耗与实际损耗基本相符。在一系列的实验中，将游离脂肪酸含量低的油脂脱臭，并将气压冷凝器的排水取样分析测定脂肪酸的数量和成分，当操作压力为 1.3kPa，操作温度为 210℃和 238℃时，测得的损耗以每千克汽提蒸汽带出的游离脂肪酸千克数表示，其结果分别为 0.005～0.012kg 和 0.008～0.011kg。实际上，在这些条件下的工业脱臭操作，以游离脂肪酸形式引起的蒸馏损耗常不超过总损耗的 20%～30%。

蒸馏损耗还包括油脂中存在的甾醇和其他不皂化物，尽管这部分物质较游离脂肪酸难于挥发，但在脱臭馏出物却占有一定的比例，它们构成的蒸馏损耗取决于脱臭操作条件。以大豆油为例，在较高的脱臭温度下，甾醇及不皂化物蒸馏脱除率约为 60%，而在一般操作条件下脱除率较低。

此外，汽提脱臭过程中，尽管中性油脂的蒸气压相应低，比其他组分更不容易挥发，但中性油脂是脱臭油脂的主要组分，因此不可避免地也要被蒸馏出一部分。中性油脂蒸馏损耗随不同油品而异，平均分子量低的损耗较高，反之损耗则低。例如在相同的脱臭条件下，大豆油的损耗低于棉籽油，更低于椰子油。

中性油脂的蒸馏损耗与脱臭条件有关，操作压力低，温度高时损耗高；反之损耗则低。例如贝雷等人曾对棉籽油工业间歇式脱臭进行过测定，在不同的操作条件下，每千克汽提蒸汽带出的中性油脂及不皂化物的量分别为 0.018kg（210℃、3.3kPa）；为 0.057kg（238℃、3.3kPa）；为 0.035kg（210℃、1.3kPa）；为 0.110kg（238℃、1.3kPa）。这些实验是采用各种方法尽可能使损耗在最低的情况下进行的。如果没有回流，则蒸馏损耗还要大。

甘油三脂肪酸酯的蒸气压是很低的。不可能构成直接的蒸馏损耗。因此脱臭时中性油脂的蒸馏损耗，可认为是甘油三脂肪酸酯水解生成的甘二酯和脂肪酸被蒸馏而损耗。

6.1.2.2 飞溅损耗

在许多脱臭装置中，由于汽提蒸汽的机械作用而引起的油脂飞溅现象是构成脱臭损耗的另一重要方面。汽提蒸汽在冲出油层到达脱臭罐（塔）的顶部时，一般已没有足够的速度能使相当数量的油滴带走，但当蒸汽喷入油中，以及由油层表面冲出时，由于蒸汽体积膨胀能产生相当大的动能，这一能量使油滴冲出挡板进入排气管道，排汽管道截面积小，该处蒸汽流速较大，能使油滴继续被气流带出脱臭罐（塔）外。

在任何情况下，飞溅损耗率均与蒸汽的密度和速度有关，索特（Sauter）和勃朗（Brown）对蒸汽带走一定大小油滴所需的极限速度曾发表如下公式：

$$V = KD^{\frac{1}{2}}\left(\frac{d_1 - d_2}{d_2}\right)^{\frac{1}{2}} \tag{6-20}$$

式中，V 为水蒸气的速度；D 为油滴的直径；d_1 为油滴的密度；d_2 为蒸汽的密度；K 为常数。

公式(6-20)中，d_2 与 d_1 比较其数值是很小的，故公式(6-20)可演变成公式(6-21)：

$$V = KD^{\frac{1}{2}}d_1^{\frac{1}{2}}\left(\frac{1}{d_2^{\frac{1}{2}}}\right) \tag{6-21}$$

在一定的温度下，d_1 是常数，因此，$d_1^{\frac{1}{2}}$ 及 K 可合成总常数 K'，则公式（6-21）可演变为公式（6-22）：

$$V = K'\frac{D^{\frac{1}{2}}}{d_2^{\frac{1}{2}}} = K'\sqrt{\frac{D}{d_2}} \qquad (6\text{-}22)$$

由公式（6-22）可见，造成油滴飞溅的蒸汽速度随油滴直径的平方根而变。由于油滴的质量随其直径的 3 次方变化，因此飞溅油滴的质量将随蒸汽速度的 6 次方而变化。尽管大的油滴质量与单位时间内油脂的飞溅损耗并不直接相关联，但当增加蒸汽流速时，油滴飞溅损耗将很快增加。

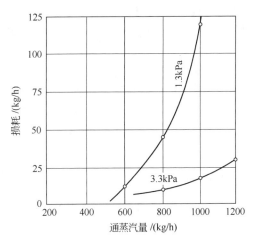

图 6-1　间歇脱臭时的飞溅损耗

如图 6-1 所示的曲线，表示在不同操作压力的情况下，当直接蒸汽的喷入速度超过一定限度时，油滴飞溅损耗迅速增加的情况。由此可见，脱臭时的通汽速率不能太大。

6.2　影响脱臭的因素

油脂脱臭效果受脱臭温度、操作压强、通汽速率及时间、脱臭设备等因素的影响。

6.2.1　脱臭温度

汽提脱臭时操作温度的高低，直接影响到蒸汽的消耗量和脱臭时间的长短。在一般范围内，脂肪酸及臭味组分的蒸气压的对数与它的绝对温度成正比例。在真空度一定的情况下，温度增高，则油中游离脂肪酸及臭味组分的蒸气压也随之增高。例如棕榈酸在温度为 177℃ 时，其蒸气压为 0.24kPa；温度升到 204℃ 时，其蒸气压增高到 0.99kPa（7.4mmHg）；当温度升到 232℃ 时，其蒸气压增高到 3.3kPa（25mmHg）。与此同时，游离脂肪酸及臭味组分由油脂中逸出的速率也在增大，例如脂肪酸蒸馏温度由 177℃ 增加到 204℃ 时，游离脂肪酸的汽化速率可以增加 3 倍，温度增至 232℃ 时，又再增加 3 倍。换句话说，欲获得具有相同气味、滋味标准的产品，在 177℃ 温度下脱臭要比 204℃ 温度下增加 3 倍时间，比 232℃ 温度下则需增加 9 倍的时间。由此可知，温度越高，脂肪酸及臭味组分蒸汽压力 p_v 就越大，蒸馏脱臭也越易进行。但是温度的增高也是有限度的，因为过高的温度会引起油脂的分解，影响产品的稳定性能并增加油脂的损耗。因此工业生产中，一般控制蒸馏温度为 230～270℃，载热体进入设备的温度以不超过 295℃ 为宜。

6.2.2　操作压强（真空度）

汽提脱臭所需的蒸汽量，如前所述是与设备绝对压强成正比例的。脂肪酸及臭味组分在一定的压力下具有相应的沸点，随着操作压强的降低，脂肪酸的沸点也相应降低。例如操作压强为 0.65kPa 时，棕榈酸的沸点为 188.1℃，油酸沸点为 208.5℃；而在 5.33kPa 下，它们的沸点则分别为 244.4℃ 和 257℃。因此在固定操作温度的前提下，根据脂肪酸蒸气压与温度的正比例关系，操作压强低能降低汽提蒸汽的耗用量。例如在同样操作温度下，绝对压强 1.60kPa 时的耗汽量是 0.80kPa 下的 2 倍；绝对压强 3.20kPa 时，蒸汽的耗用量将会增加到 4 倍。

此外，操作压强对完成汽提脱臭的时间也有重要的影响。例如在压强 0.80kPa 下，不引起飞溅的最大喷汽速率为 159kg/h；当压强为 3.20kPa 时，最大喷汽速率可增加至 317kg/h，即完成汽提脱臭的时间将增加 1 倍。因此欲获得经济的操作，必须尽可能提高设备真空度，目前优良的脱臭蒸馏塔的操作压强一般控制在 0.27～0.40kPa。

脱臭塔的真空度还与油脂的水解有关，设备真空度高，就能有效地避免油脂的水解所引起的蒸馏损耗，并保证获得低酸值的油脂产品。

表 6-2 给出了意大利贝拉蒂尼博士推荐的对不同油脂的脱臭温度及操作压强。

表 6-2 不同油脂脱臭时的温度及操作压强

油品种类	脱 臭 系 统			
	间 歇 式		连 续 式	
	操作压强/kPa	温度/℃	操作压强/kPa	温度/℃
大豆油	1.3～2.7	200	0.5～0.8	240
菜籽油	1.3～2.7	200	0.5～0.8	240
花生油	1.3～2.7	190	0.5～0.8	220
葵花籽油	1.3～2.7	190	0.5～0.8	220
橄榄油	1.3～2.7	180	0.5～0.8	220
椰子油	1.3～2.7	180	0.5～0.8	180
棕榈油	1.3～2.7	180	0.5～0.8	230
棕榈仁油	1.3～2.7	180	0.5～0.8	230

6.2.3 通汽速率与时间

在汽提脱臭过程中，汽化效率随通入水蒸气的速率而变化。通汽速率增大，汽化效率也增大。但通汽速率必须保持在油脂开始发生飞溅现象的限度以下。

在汽提脱臭过程中，为了使油中游离脂肪酸及臭味组分降低到要求的水平，需要有足够的蒸汽通过油脂。脱除定量游离脂肪酸及臭味组分所需的蒸汽量，随着油中游离脂肪酸及臭味组分含量的减少而增加。当油中游离脂肪酸及臭味组分含量从 0.2% 降到 0.02% 时，脱除同样数量的游离脂肪酸及臭味组分，过程终了所耗蒸汽的量将是开始时所耗蒸汽量的 10 倍，因此在脱臭的最后阶段，要有足够的时间和充足的蒸汽量。蒸汽量的大小，以不使油脂的飞溅损失过大为限。

表 6-3 给出了某厂 5t 间歇式脱臭在相同温度及压强条件下得到的数据，由表中数据可以看出，通过油层的蒸汽量为 125kg/h 是脱臭的最佳条件，蒸汽量再加大并没有好处。不同的情况其最佳条件也不同，但都必须低于允许的最大蒸汽流速。蒸汽量太大，会使油脂的飞溅损失过大。

表 6-3 脱臭条件与蒸汽喷射量

脱 臭 条 件	蒸汽喷射量/(kg/h)				
	75	100	125	150	200
时间/h	16	9	7	7	7
温度/℃	200	200	200	200	200
操作压强/kPa	1.6	1.6	1.6	1.6	1.6

此外当压力和通汽速率固定不变时，汽提脱臭时间与油脂中游离脂肪酸及臭味组分的蒸气压成反比。根据实验，当操作温度每增加 17℃ 时，由于游离脂肪酸及臭味组分的蒸气压升高，脱除它们所需的时间也将缩短一半。

汽提脱臭操作中，油脂与蒸汽接触的时间直接影响到蒸发效率。因此欲使游离脂肪酸及臭味组分降低到产品要求的质量标准，就需要有一定的通汽时间。但是考虑到脱臭过程中发生的油脂聚合和其他热敏性组分的热分解，在脱臭器的结构设计中，应考虑到使定量蒸汽与油脂的接触时间尽可能长些，以期在最短的通汽时间及最小的耗汽量下获得最好的脱臭效果。据资料报道，汽提脱臭时，直接蒸汽量（汽提蒸汽量）对于间歇式设备一般为 5%～15%（占油量）；半连续式设备为 4.5%；连续式为 4% 左右。通常间歇脱臭需 3～8h，连续脱臭为 15～120min。

6.2.4　待脱臭油和成品油质量

待脱臭油的品质决定了其中臭味组分的最初浓度（c_{v_1}），成品油的质量决定了它的最终浓度（c_{v_2}），从脱臭公式可以看出，它们对脱臭的影响很大。

待脱臭油一般先经过了脱胶、脱酸、脱色处理。因为脱臭前的油脂必须除去胶质、色素、微量金属后才能得到优质成品油。若毛油是极度酸败的油，它已经通过氧化失去了大部分天然抗氧剂，那么它很难被精炼成稳定性好的油脂。

c_{v_2} 取决于对成品油的要求，随意提高成品油品级，会增加各种消耗，生产成本也随之升高，往往事与愿违。

6.2.5　直接蒸汽质量

直接蒸汽与油脂直接接触，因而其质量也至关重要。过去通常要求直接蒸汽（一般用低压蒸汽）要经过过热处理。考虑到饱和蒸汽对油脂的降冷作用很小，目前使用的直接蒸汽一般不再强调过热，但要求蒸汽干燥、不含氧。要严防直接蒸汽把锅炉水带到油中，因锅炉水中难免不含金属离子，常采用的方法是锅炉蒸汽经过分水后再进入脱臭器。

此外，脱臭系统的设备、管道、阀门、泵等都要严格密闭，不漏气，以免造成真空度下降和油脂氧化。

6.2.6　脱臭设备的结构

脱臭设备的结构设计，关系到汽提过程的汽-液相平衡状态。良好的脱臭设备，在结构设计上应能保证汽提蒸汽在最理想的相平衡条件下与游离脂肪酸及臭味组分的油脂在各种情况下都只进行一次相平衡，因此耗汽量较大。而多级逆流循环的连续式脱臭器，能于每个交换级中建立汽-液相平衡。因此蒸汽的耗用量明显降低。

脱臭器中的油层深度对脱臭时的效果有很大的影响。较深的油层内绝对压强比较高，因此单位蒸汽的体积也比较小。在 2m 深的油层底部通入蒸汽，当设备内维持绝对压力为 1.3kPa 时，油层底部蒸汽泡内的压强即为 20kPa，在这样的压力条件下，脱臭效果几乎等于 0。脱臭作用仅在油层的浅表面进行。若把蒸汽通入 0.2m 深的油层内，蒸汽泡内达到 2.7kPa 的压强。因此，油应该在浅油层中（0.20～0.25m）被汽提。这在连续脱臭塔中可以做到，在间歇脱臭锅中不可能做到，避免这个缺点的方法是采用大口径、油层深度宜为 1.0～1.4m 的脱臭锅为宜。另外在脱臭锅内增加油循环装置，使底层的油能翻到表面来。浅油层可以降低脱臭时间，减少油脂的水解。

脱臭器内防飞溅和蒸馏液回流结构对脱臭效果也有明显的影响。例如液面以上空间太大，蒸馏到气相的臭味组分不能及时引到脱臭设备外，就会在该空间冷凝回流到液相，严重影响脱臭效果；而液面以上空间太小，又会增加飞溅损耗。因此脱臭器在设计时除了在液面以上留有合适的空间外，还应在脱臭器中装有折流板以阻挡油滴进入排气通道，并设计将蒸馏出的冷凝液引出脱臭器外，以避免其返回油中。

脱臭是在高温下进行的，脱臭器要用不锈钢制造，否则脱臭过程会引起油脂色泽大幅度增加，并会降低油脂的抗氧化稳定性能。

6.3 脱臭工艺

油脂脱臭分为间歇式、半连续式、连续式及填料薄膜等工艺。

6.3.1 间歇式脱臭工艺

间歇式脱臭适合于产量小、加工多品种油脂的工厂。其主要缺点是汽提水蒸气的耗用量高及难以进行热量回收利用。

传统的间歇式脱臭器是一单壳体立式圆筒形带有上下碟形封头焊接结构的容器,壳体的高度为其直径的2～3倍,总的容量至少2倍于处理油的容量,以提供足够的顶部空间,减少脱臭过程中由于急剧飞溅而引起油滴自蒸汽出口逸出。此外,在蒸汽出口的前面还设置一个雾沫夹带分离器。

汽提水蒸气以两种途径加入。通常是从脱臭器底部直接汽盘管的多孔分布器喷入油脂中,如图6-2所示。另一部分是在中央循环管中喷入,喷射装置是一种喷射器或喷射泵,使所有油脂反复地被带到蒸发表面,在表面产生大量的蒸发。当油脂和蒸汽混合物离开循环管顶部时,混合物飞溅撞击喷射管上方蒸发空间的挡板帽,由此增强了混合和防止喷射的油滴进入蒸汽出口。

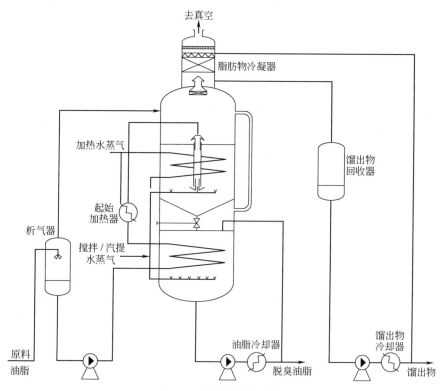

图6-2 间歇式脱臭系统

待脱臭油的加热和脱臭后油的冷却是采用塔内盘管换热或通过强制循环的外部换热器来完成。塔内盘管换热,不用高温油泵,降低了电耗,但传热效率低;外部加热或冷却通常速度快,传热效率高,从而减少了水蒸气或水的需要量。这种方法也容易清理加热表面。

间歇式脱臭器应具有非常好的保温。以免脱臭器内部挥发物在上部空间被冷凝而产生回流。

在脱臭器下部增加冷却段（见图 6-2），可以使脱臭后的热油在此与待脱臭的冷油进行热交换。这样不仅回收了热油约 50% 的热量用来对冷油进行加热，而且脱臭后的热油在真空条件下得到了预冷却。

间歇式脱臭的操作周期通常在 8h 内完成，其中需要在最高温度下维持 4h 以上。

6.3.2 半连续式脱臭工艺

半连续式脱臭主要应用于对精炼的油脂品种作频繁更换的工厂。常用的半连续式脱臭器如图 6-3、图 6-4 所示。经过计量的一批油脂进入系统，然后通过许多立式重叠的分隔室或浅盘，在设定时间的程序下，依次在真空下进行脱气、加热、脱臭和冷却。通常每个分隔室中液面是 0.3～0.8m，停留时间 15～30min。在最高温度下的脱臭时间是 20～60min。由热虹吸方法一般可获得 40%～50% 的热回收，热虹吸装置是基于预热分隔室和预冷却分隔室相连接的封闭回路，在流体冷却分隔室蒸发和加热分隔室中冷却进行封闭循环。在加热和冷却分隔室中需要由管分配器或喷射泵喷入蒸汽对油脂进行搅拌，以提高传热效果。

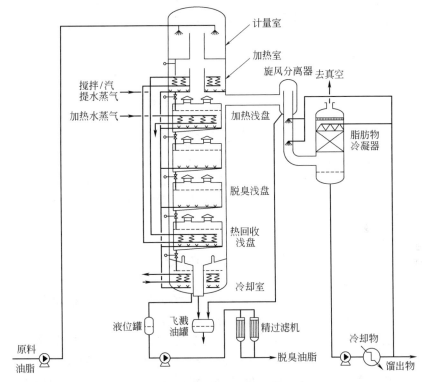

图 6-3 半连续式脱臭系统

半连续式和连续式相比较，主要优点是更换原料的时间短，系统中残留油脂少，因为各个分隔室通常有相对较小的容积和表面积。由于没有折流板（在连续系统中需要），油脂能快速地排出。此外，脱臭器外部的油脂管道较少，只有捕集油脂的设备需要清洗（连续系统通常有外部脱气器和换热器及许多泵）。由于每批物料是间歇移动的，也容易监控半连续系统中的油脂。与连续式脱臭器相比较，它的主要缺点是热量回收利用率低，设备成本较高。另外与外部热交换形式相比较，在加热和冷却分隔室中要用蒸汽搅拌，使脱臭总的蒸汽消耗量增加 10%～30%。

图 6-3 是一种将立式层叠分隔和浅盘组合在一个双壳体塔中的半连续式脱臭系统。其工艺过程是：用泵将油脂泵至塔顶单壳体段上部的计量罐进行计量并使油脂脱气，经计量的一

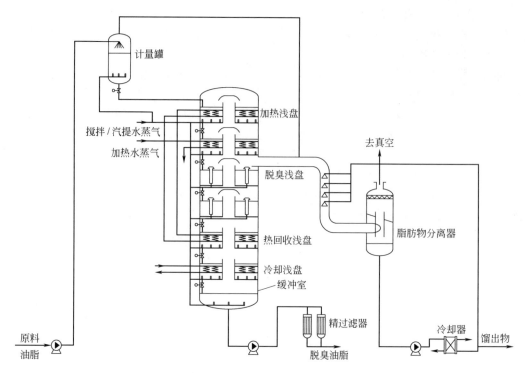

图 6-4　单壳体塔半连续式脱臭工艺

批油脂靠重力落下经自动阀进入脱臭塔内的第一层分隔室。在该分隔室中，油脂由下面脱臭的热油脂产生的蒸汽预热，经过一个预先设置好的循环周期，待下面的浅盘放空后，打开落料的阀门，根据各段控制的程序，将这一批油排入脱臭双壳体段的第一个浅盘，由高压水蒸气盘管加热至脱臭温度。

　　在下一个或几个浅盘中，由管道分布器喷入汽提水蒸气对油脂进行汽提、脱臭和热脱色。脱臭后的油，将在与预热浅盘相连的热虹吸环路的盘管中的水加热产生水蒸气而回收脱臭浅盘中油的热量，使油脂在真空下冷却。在真空下已脱臭的油脂进一步由在塔内单壳体段的一个附加的浅盘中的冷却水盘管冷却。脱臭后的油脂排出并经精过滤器后送去储存。所有的加热和冷却分隔室及浅盘均由管道分布器通入的水蒸气进行搅拌。

　　来自上部单壳体分隔室的蒸汽流经中央管至双壳体段。来自底部单壳体段和浅盘的蒸汽通过雾沫夹带分离器也到达双壳体段，混合的蒸汽经一设计在侧面的管道和旋风分离设备排出，在管道中经脱臭馏出物辅助喷淋进行预冷却和部分冷凝后进入填料塔型脂肪物冷凝器，来自旋风分离器和双壳体段的飞溅油收集在排出罐中。

　　图 6-4 是一种立式层叠分隔室（浅盘）组合在单壳体塔中的半连续式脱臭工艺。其工艺过程是：首先将预热的原料泵至计量罐，在真空条件下使油脂部分脱气，计量的一批油脂由重力（落下）经自动阀门进入脱臭塔中第一（顶部）只浅盘。在该浅盘中油脂进一步脱气，并由脱臭热油产生的蒸汽加热，经预先设定的周期后，按控制的程序，在下面一只浅盘放空后，打开重力排放阀。当一批油脂放入下一只浅盘后，由间接高压水蒸气加热该批油脂至脱臭温度。

　　在接着的两只浅盘中，油脂被汽提水蒸气汽提、脱臭和热脱色，水蒸气通过一组合的气体提升泵和管道分布器加入。在第五只浅盘中回收热量，油脂在真空下被虹吸循环连接的顶部加热浅盘的盘管中的水蒸气的产生而被冷却。然后排放到塔底部缓冲分隔室中，之后油脂排至精过滤器，并送至储存罐。

所有加热和冷却浅盘中的油脂均自管道分布器加入的水蒸气搅拌。来自浅盘的蒸汽通过带防飞溅帽的中央管道并经一设置在侧面的管道排至塔外，在用辅助馏出物喷淋冷却和冷凝蒸汽之后，进入旋风型脂肪物分离器。

6.3.3 连续式脱臭工艺

连续式脱臭工艺比间歇式和半连续式需要的能量较少，适用于不常改变油脂品种的加工厂。大多数设计采用内有层叠的水蒸气搅拌浅盘或分隔室的立式圆筒壳体结构。从选择的角度考虑，每个分隔室可以是各自独立的容器，也可以是水平放置的分隔室。按照外部加热或冷却及其容量，每个分隔室中油脂的停留时间通常为 10～30min。通过立式折流板隔成通道，避免相互窜流。汽提水蒸气由设置于折流板之间的管分配器或喷射器注入。由溢流管或堰保持分隔室中 0.3～0.8m 的液位。用排料阀排净分隔室中的物料。为了缩短排放时间和减少残留油脂，浅盘底部应朝阀门方向倾斜，并将排放狭槽设置在折流板上。

有时通过设置折流板形成狭窄的油脂通道产生薄层条件，采用在底部的一根管分配器上的多个点喷射气体来驱动油脂，使油脂以薄层状态连续地流向折流板并紧贴其上。也可由带有降低液位的多孔塔板或阀型盘组合成浅盘。

由于连续流动，高效的热回收较容易完成。该方法取决于油脂在真空下加热和冷却的敏感程度。棕榈酸和月桂酸型的油脂通常能在外部换热器中完全加热和冷却，热回收率高达80％，而且没有任何质量或操作问题。另一方面，大豆油和类似的油脂通常要求在真空下部冷却，是为了避免其风味问题。在这种情况下，至少部分热量回收一定是在油脂流经搅拌分隔室中或分隔的真空容器中进行的，这使得热量回收更困难。

图 6-5 是一种水平圆筒中包括多格浅盘连续式脱臭系统。原料在喷淋塔板式脱气器中脱气，然后进入浅盘热回收段，油脂在一组立式单板的槽中加热，并由流入平板之间的热脱臭油脂进行热回收。在真空加热段，油流入另一组装有高压水蒸气盘管的平板间，使其达到最高的加工温度。热油进入脱臭段进行汽提脱臭和热脱色。该段由许多穿过整个浅盘的立式平

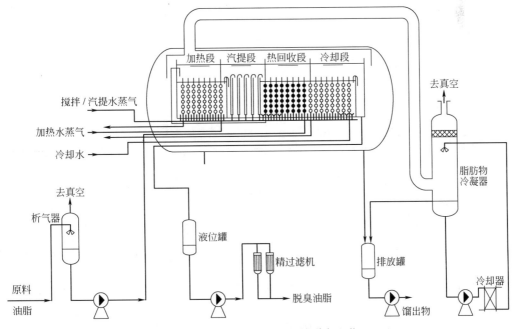

图 6-5 连续水平式浅盘连续脱臭工艺

板组成，每个板条底部带整个宽度的进口槽，顶部有翻转出口。两平板设置很靠近，以致当汽提水蒸气从槽底部水平管分布器喷入油中时，膨胀的水蒸气沿槽壁以薄层推动油脂向上，在翻滚出口处，蒸汽经雾沫夹带挡板进入气化物总管，油脂下降至壁的底部，进入下一个槽内。

　　经过最后一个槽后，油脂排放至热回收和冷却段，在真空下冷却油脂，首先由进入的油脂冷却，然后由冷却水在平板盘管中循环冷却。脱臭油脂靠重力排入真空落料罐，之后脱臭油脂经精过滤机后送去储存。

　　所有热传递隔板起着流体挡板和折流的作用，油脂在隔板组成的浅盘之间流动，在折流板之间通过一根管分配器加入搅拌水蒸气。液面由加热和冷却段尾部的溢流堰保持超过平板顶部的水平。为原料油变化和停车准备了单独排放的阀门。

　　来自浅盘中不同段的蒸汽经雾沫夹带分离器排出，并收集在容器的固定封头与喷嘴相接的罩帽中。喷嘴与喷雾型脂肪物冷凝器相连接，进外部容器（壳体）的飞溅油脂收集在一排放罐中，并加到馏出物中。

　　图 6-6 是一种立式层叠分隔室（浅盘）的单壳体连续脱臭塔。原料在喷雾型脱气器中脱气，在外部换热器中加热至最高加工温度。首先由脱臭热油（在省热器中）加热，然后由高压水蒸气（在最后加热器中）加热。

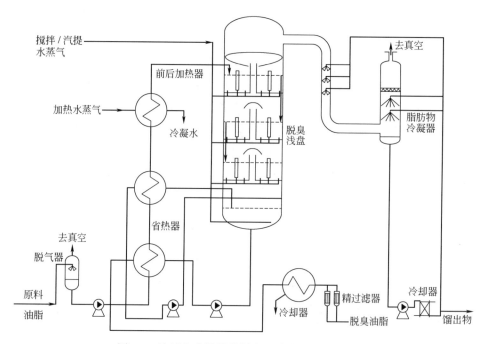

图 6-6　连续立式层叠分隔室（浅盘）的单壳体塔

　　热油脂进入塔和脱臭浅盘，通过水蒸气进行汽提脱臭和热脱色。汽提水蒸气通过管道分布器注入。脱臭后的油脂进入省热器中预冷却，然后回到脱臭器中，在后脱臭浅盘中再经过真空和汽提水蒸气的作用。油脂在另一只省热器和外部冷却器中进一步冷却，然后经精过滤机送至储存罐。

　　当油脂流经浅盘时，由折流板导流油。溢流管保持液位在适宜的水平上，并为原料油的变化和停车准备了单独排料阀门。

　　来自脱臭器的蒸汽进入设置在侧面的管道中，在进入喷雾型脂肪冷凝器前，先进辅助馏出物喷雾预冷却和部分冷凝。

图 6-7 是一种单壳体塔中设计有立式层叠分隔室的连续式脱臭工艺。物料在喷雾型脱气器中脱气后，进入塔下部的热回收段，在侧面设置的管束加热器中加热。经热的脱臭油脂回收热量，然后流入塔顶部加热段，在真空下用高压水蒸气加热到最高的加工温度。

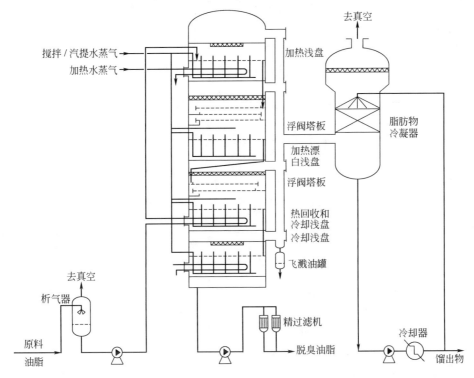

图 6-7　带浮阀塔板的连续脱臭工艺

热油以薄膜状穿过一组浮阀塔板，与水蒸气接触进行预汽提。油脂进入停留段后，以蛇形穿过浅盘，进行热漂白。然后油脂流经第二段浮阀塔板，之后油脂进入热回收段，并在真空下与进入的冷油脂冷却，最后溢流至冷却段，在真空下进一步采用水盘管冷却，然后经精过滤机后送至储存。

脱臭时由溢流管保持液位，并为原料油改变和停车准备了单独的排料阀门。在每段的底部通过入水蒸气进行搅拌和汽提。

来自不同段的蒸汽经雾沫夹带分离器和设置在塔边的许多排气嘴（也用作人孔）排到塔外的总管中。夹带出的各段飞溅油脂雾沫降至总管的底部，收集于排出接收罐中。总管与在脱臭器侧面的混合填料塔和喷雾型脂肪物冷凝器相连。

图 6-8 是一种立式层叠水平单壳体圆筒形容器的连续式脱臭工艺。原料在一飞溅挡板脱臭器内脱气，并由脱臭油脂在外部换热器（省热器）中预热。之后进入底部热回收器的盘管组合件中，由盘管周围的热脱臭油进一步加热。油脂继续升至上部加热器，在真空下用浸没在油脂中的高压水蒸气管加热，使油脂达到最高加工温度。热油脂由重力卸入一个或多个脱臭器中，进行汽提脱臭和热脱色。这些容器为上下双层结构，使油能两次通过容器，在通过时由浸没在油脂中水蒸气加热管来保持温度，已脱臭的油脂排入热回收器中，在真空下预冷却，并进一步在外部省热器和紧邻的外部冷却器中冷却，然后经精过滤后送至储存。

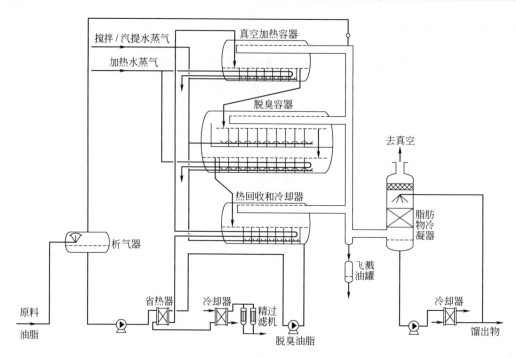

图 6-8 连续式多容器脱臭工艺

所有容器的设计是为了使油脂在单一流程中从一端流向另一端，经过一组立式的折流板，之后将油脂排入下面一层或下一个容器中，由溢流管保持液位，并为原料油改变和停车准备了单独排料阀门。搅拌和汽提水蒸气由沿容器长度的多组管道分布器注入。

在沿圆筒高度一根管上的多个点收集每个容器中的蒸汽，并进入总管中，总管与混合喷雾和填料塔型脂肪物冷凝器相连接。

图 6-9 是一种带一薄膜段和立式层叠分隔室（浅盘）的单壳体塔的连续式脱臭系统。原

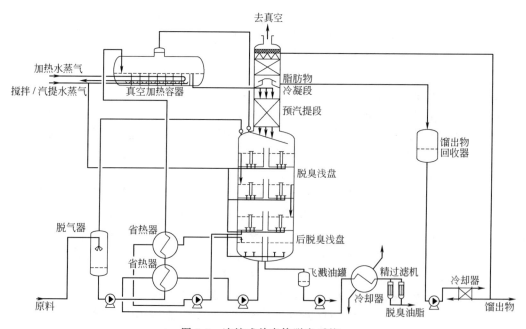

图 6-9 连续式单壳体脱臭系统

料在喷雾脱气器中脱气，在两只外部换热器（省热器）中由脱臭后的油脂预热，然后进入真空加热器，由浸没在油脂中的高压间接水蒸气将油脂加热到最高加工温度，真空加热器是一水平的单壳体圆筒。在真空条件下，油脂从一端流至另一端，经一组立式折流板并经溢流管流出。在真空加热器底部由管道分布器喷入水蒸气进行搅拌和汽提。

热油脂进入脱臭塔，分布在薄膜段的填料表面。当油脂慢慢流下经过填料的同时，即被预汽提和部分脱臭，并与来自下部浅盘上升的水蒸气逆流接触，接着油脂进入脱臭浅盘，由管道分布器加入水蒸气汽提、脱臭和热脱色。油脂进入外部省热器中，与进入的冷油脂预冷却后返回到脱臭器中，在后脱臭浅盘中再次受到真空和汽提水蒸气的作用，油脂再入另一只省热器和外部冷却器中进一步冷却，然后经精过滤后送至储存。

当油脂通过浅盘流动时，由折流板导流。脱臭时由溢流管保持液面高度，并为更换原料油更换和停车准备了单独的排空阀门。夹带的飞溅油脂雾沫由浅盘落入管道，收集于脱臭器底部的排出罐中。

来自脱气器和加热容器的蒸汽通过输气管道进入脱臭浅盘上部的脱臭器喷管，混合蒸汽经薄膜段到塔顶部装填料的脂肪物冷凝段再离开。

图 6-10 是一种立式层叠分隔室（浅盘）组合在单壳体塔中的连续式脱臭系统。原料在喷雾脱气器中脱气。之后进入串联的两只热回收和冷却浅盘，由分隔室中的盘管进行加热，从蛇形流动的热脱臭油脂中回收热量。然后油脂流至塔顶部的加热浅盘中。由高压水蒸气盘管加热至要求的脱臭温度。之后热油脂连续以一螺旋形，向下经几个汽提脱臭浅盘进行汽提

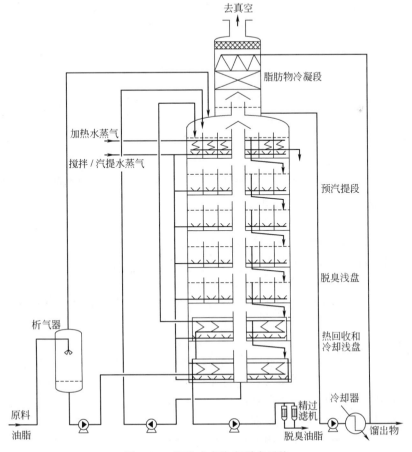

图 6-10　连续式多浅盘脱臭系统

脱臭和热脱色。脱臭油脂在真空下经热回收和冷却浅盘中冷却，冷却后进入精过滤机，后送至储存。

在浅盘底部，由固定在折流板之间的管道分布器通入水蒸气进行搅拌和汽提。脱臭时由溢流管保持液位，为原料油改变和停车准备了单独的排料阀门。

来自各浅盘的蒸汽通过中央管道再经设置于塔顶部的填料塔脂肪酸冷凝器冷凝后直接排出。从浅盘夹带的飞溅油脂雾沫落至塔底部，并从塔底部循环至加热浅盘。

6.3.4　填料薄膜脱臭工艺

使用填料薄膜系统主要目的是在最小压降下，用最少能量产生最大的油脂表面积比率。将除氧和高温加热的油脂送入塔顶靠重力流过塔填料，并与汽提蒸汽逆流搅拌接触。结构填料见图 6-11，通常为 $250m^2/m^3$ 左右。填料柱高为 $4\sim5m$，每米穿过该层的油脂的容量大约为 $10000kg/(h \cdot m^2)$，每米填料的压降约为 $0.2kPa$。

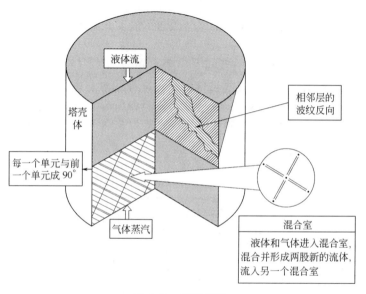

图 6-11　结构填料

另一种扩大油脂表面积比率的方法是将油脂喷雾入真空室。油脂通过一个喷嘴时增加其动能，这样只需使用少量的直接水蒸气。

在薄膜脱臭中停留的时间只有几分钟，热脱臭时间太短，在最高温度下热脱臭需要15~60min，因此在薄膜式设备前后必须增加一容器或分隔室。对于 FFA 含量高的油脂的物理精炼系统，以增加进料温度来补偿蒸发。物料中游离脂肪酸含 1%，其温度下降大约 $1.2℃$。在极端的情况下，可在加热分隔室上部与脱臭段连接处增加闪蒸段。

当需要在真空下冷却时，在薄膜式设备后增加喷射分隔室或容器。可减少设备的制造成本，但也降低了热量回收的潜力。

图 6-12 是一种在真空下热脱色、薄膜脱臭和冷却的立式单壳体脱臭塔。

原料在喷雾脱气器中脱气，并在一外部换热器（省热器）中预热。然后进入真空加热容器中，由浸没在油中高压间接水蒸气加热管加热，达到加工温度。真空加热器是一水平单壳圆筒容器，在真空下真空加热器中，油脂从一端流至另一端，经一组立式折流板，直接蒸汽由容器底部管道分布器加入进行搅拌和汽提。

热油进入塔后，在控制的路径中流动，通过热脱色分隔室，接着油脂被分配穿过填料薄膜段的表面，当油脂慢慢地流下经过填料时，与来自底部冷却段上升的汽提水蒸气逆流接

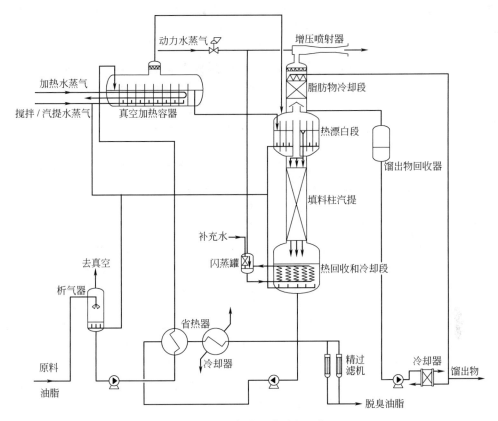

图 6-12　连续薄膜式脱臭工艺

触，得以汽提脱臭。脱臭油脂进入冷却段，在真空和汽提下降低温度。然后进入外部加热器和外部冷却器中进一步冷却，经精过滤后送去储存罐。

来自脱臭器和加热器的蒸汽经管道输送至热脱色分隔室上部的喷管，与来自塔的蒸汽合并，混合蒸汽直接经塔顶填料脂肪物冷凝段排放。

6.3.5　油脂脱臭操作

6.3.5.1　脱臭前处理

油脂脱臭前处理视油脂品种和品质而定，一般需经过脱胶、脱酸和脱色处理。各工序都要求严格控制质量。经过吸附脱色处理的油脂，应不含胶质和微量金属离子，脱色油要严格控制过滤质量，不得含有吸附剂。吸附剂滤饼回收油脂的过氧化值较高，不宜并入脱色油中，供作脱臭原料油。

油脂进入脱臭塔前需要进行脱氧，间歇式的脱臭工艺可于油脂进入脱臭罐后在真空条件下维持一段低温（温度低于70℃）蒸汽搅拌的同时，使溶解于油脂中的空气，在进入脱臭阶段前脱除。半连续和连续式的脱臭工艺，油脂除氧可于析气器中连续进行。析气器工作压强与脱臭塔相同，操作温度控制在70℃以下。

6.3.5.2　汽提蒸汽处理

在油脂脱臭过程中，高质量的汽提蒸汽是保证脱臭效果的重要条件。普通小容量蒸汽锅炉，一般均未附设供水除氧装置，蒸汽中不可避免地带有氧气的成分。因此有条件的企业，供汽提的蒸汽应进行锅炉供水除氧，可采用大气热力式除氧器进行。将锅炉供水升温至100～105℃除氧后，再泵入汽提蒸汽发生器或锅炉。由锅炉或蒸汽发生器输送出的蒸汽应不带炉水，进塔前还需通过汽水分离器严格分离出蒸汽中可能携带的冷凝水，防止炉水盐类或输气管道金属离子混入油中，以免引起油脂氧化。

6.3.5.3　汽提脱臭

汽提脱臭是油脂脱臭工艺的核心工序。汽提脱臭的操作条件直接影响脱臭油脂品质和经济效益。间歇式脱臭设备可采用低温长时间操作法，每批油装载容量不超过设备总容积的 60%～70%，汽提蒸汽用量为 30～50kg/(t 油·h)。脱臭时间根据油脂中挥发性组分的组成而定，在操作温度 180℃左右、压强 0.65～1.3kPa 的操作条件下，脱臭时间 5～8h（不锈钢脱臭罐可采用高温短时间操作法，操作温度 230～250℃，压强控制在 0.65kPa 以下，脱臭时间 2.5～4h）。当操作温度和压强达不到上述要求时，可根据汽提原理，通过延长汽提脱臭时间来弥补。半连续式脱臭，操作压强为 0.26～0.78kPa，操作温度为 240～270℃。油脂在脱臭塔的停留时间为 10～135min（视脱臭油脂品种和脱臭塔类型而选定）。汽提直接蒸汽用量，半连续式为脱臭油脂质量的 4.5%，连续式为 4.0%左右。

各种类型的脱臭器，在汽提脱臭过程中要杜绝油层以下附件、外加热器、冷却器和输油泵渗漏空气。普通碳钢脱臭罐在运行始末，需按油量的 0.01%～0.02%添加柠檬酸（配制成浓度为 5%的溶液），以便使脱臭过程中偶然混入的金属离子被螯合，以保证油脂质量。

6.3.5.4　脂肪酸捕集

油脂脱臭过程中，汽提后的挥发性组分中有不少具有很高的利用价值（如游离脂肪酸和维生素 E 等）。为了回收这些组分，可于排气通道中连接脂肪酸捕集器加以捕集。游离脂肪酸含量低的油脂，在脱臭时捕集器可连接在第一级蒸汽喷射泵后面，游离脂肪酸含量高时，则连接在第一级蒸汽喷射泵的前面，以保证捕集所得的脂肪酸浓度。脂肪酸气体可通过冷却了的脂肪酸直接喷淋冷凝回收。用于喷淋的液体脂肪酸温度为 60℃左右。

6.3.5.5　热量回收

油脂脱臭的操作温度较高，完成脱臭过程的油脂以及热媒蒸汽冷凝水，都带有较高的热量。为了降低操作费用，对这部分热量可以回收利用。例如脱臭油携带的热量，可通过油-油换热器以进塔（或罐）冷油脂来回收；热媒蒸汽冷凝水可通过降压二次蒸发加以利用，或引至锅炉供水池。

6.3.5.6　冷却过滤

脱臭油脂经油-油换热器回收热量后，仍有相当高的温度，需通过水冷却器进一步冷却降温，当油温降至 70℃以下方可接触空气进行过滤。脱臭油脂过滤的目的是脱除金属螯合物等杂质，称作安全过滤。脱臭油的安全过滤不同于毛油净化过滤，过滤介质（滤布、滤纸）要求及时清理，经常更换，严禁介质不清理而长时期间歇使用。过滤后的成品油要及时包装或添加抗氧化剂，以保证油品的储存稳定性。

6.3.5.7　真空系统运行

油脂脱臭过程中，建立真空的装置要保证运行稳定。蒸汽喷射泵虽然操作简便，但要经常检查和维持动力蒸汽的压力稳定。

大气冷凝器的排水温度影响蒸汽喷射泵的工作效率，要经常检查冷凝器排水温度，保证供水稳定，严防冷却水中断。正常情况下，第一级冷凝器排水温度应控制在 20～30℃。有条件的企业，可通过排水温度检测传感器，自动调节动力蒸汽用量，以节省能源，提高经济效益。

末级喷射真空泵的排气口，最好也附设气压冷凝器，或设置有效的止逆阀，以避免因动力蒸汽的突然中断而导致系统真空破坏。

真空装置终止运行前，应先关闭汽提直接蒸汽，然后依次关闭加热蒸汽阀、脱臭器排气总阀、喷射泵动力蒸汽阀、大气冷凝器进水阀，以保证运行安全。

6.4　脱臭设备

油脂脱臭设备包括脱臭器以及辅助装置。

6.4.1　脱臭器

脱臭器是油脂脱臭的主要设备，根据生产的连贯性，分为间歇式脱臭罐、半连续式和连续式脱臭塔，即化工中通称的蒸馏釜（塔）。脱臭设备的结构和原理见图 6-3 至图 6-11，具体工艺流程见图 6-13 连续脱色脱臭工艺流程（书后插图）。

6.4.1.1　结构材料

对制造脱臭器的材料选择，必须排除碳钢的助氧化影响。过去采用普通碳钢制作间歇式脱臭器时，在容器的内壁涂上一层聚合材料。耐酸钢（316）、不锈钢（304）、碳钢和铜，依次序增加对油脂氧化的催化活性。铜是一种非常强的助氧化剂，绝不能与油脂接触。采用物理精炼工艺的脱臭器，常与腐蚀性的脂肪酸接触，因此所有材料应选择耐酸腐蚀的不锈钢。

6.4.1.2　双壳体和单壳体容器

双壳体由于外壳与内层留有空隙，真空管道连接在外壳上，防止空气泄漏对油脂的氧化。另外也避免回流作用，且保温要求较低。而单壳体比较容易操作（通过视镜）和保养，有相对较低的设备成本，对空气泄漏的问题可通过改善制造和装配技术来解决。由于加强了蒸发操作避免了回流的问题，因此单壳体和部分单壳体结构目前最为常用。

定期维修设备是必需的，操作条件或空气泄漏引起的质量问题可能是由加热表面上沉积的聚合物而引起的。另外，聚合物的存在会降低传热效果。积聚在静止部件上的这些物质可能落入油脂中，并使油脂体系产生黏性，从而引起污染。因此脱臭器应该每年检查、清理 1～4 次，次数多少主要取决于加工油脂的种类。

6.4.2　软塔脱臭系统

6.4.2.1　软塔脱臭系统的开发

以瑞典 Alfa laval 公司开发的薄膜式填料脱臭塔在马来西亚棕榈油的物理精炼中取得了极大的成功。该方式是将油在填料塔中呈垂直方向流动，形成薄膜，从而实现与水蒸气高效率的接触。与传统的塔盘式脱臭塔相比较，在真空下压力损失变得极小，从而可在较低的温度下，使用较少的蒸汽，不依赖化学精炼的方式而将游离脂肪酸和"臭味"物质同时有效地除去。

但是，在棕榈油以外的大豆油、菜籽油等油品中，因为还需要进行热脱色，仅仅采用填料塔脱臭进行物理精炼不能满足对油品质量的要求。

因此，Alfa laval 公司在原有物理精炼的基础上开发出新的软塔脱臭系统。该系统是将脱臭用薄膜式填料塔与热脱色用保持层的塔盘组合的新型装置，与 VHE 真空加热器、VHE 真空节能器这四大核心部件，以及独具特色的板式换热器、卸油阀、捕集器、脱气塔、过滤器等共同组合而成新型脱臭系统，如图 6-14 所示。

软塔脱臭系统依据"先汽提，后保持"的原理，首先在填料塔内进行多级汽提，除去游离脂肪酸、其他挥发物、"臭味"物质和部分维生素 E。这一操作采用水蒸气和温度控制的物理处理过程，约 5min。然后再在塔盘部分的滞留段中做必要的热保持进行脱色及进一步脱臭，这一操作是通过时间和温度控制的化学处理过程，约 30min，如图 6-15 所示。薄膜式填料塔中的填料具有最佳的表面积比，油脂以降膜逆流的形式通过填料，汽提能力高，压力降小，无结构死角，油脂附着极其微弱，脂肪酸可快速去除而不至于发生水解如图 6-16 所示。热脱色用的保持层为开放式带有喷射管的无挡板浅盘，通过较低的温度和灵活的保持

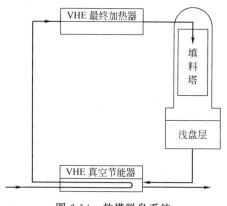

图 6-14　软塔脱臭系统

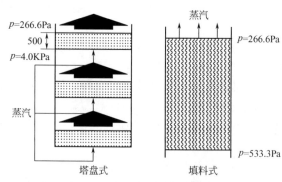

图 6-15　塔盘式与填料式脱臭塔

时间，按其顺序间歇式运行，避免了不必要的反应，可抑制反式脂肪酸的产生，以保证油品质量。塔盘结构如图 6-17 所示。增加 VHE 真空节能器、VHE 真空加热器更有益于加大处理量和改善油脂品质。从而实现了低温、短时间的处理，同时大幅度地削减运行成本；在抑制反式脂肪酸产生的同时保持或提取维生素 E 的存留量，制取色、香、味俱佳的高品质食用油新的脱臭工艺系统。

6.4.2.2　软塔脱臭系统工艺

（1）脱臭　软塔脱臭工艺流程图如图 6-18 所示，将脱色油在热交换器（E-2）中用蒸汽加热到 100℃，在脱气塔（C-1）内采用真空将空气和水分脱除，脱气塔（C-1）也具有缓冲罐的作用。脱气脱水后的油与最初的脱臭油进行热交换，经由 VHE 节能器（E-3）在 VHE 加热器（E-4）采用高压蒸汽加热到脱臭温度。这个温度由控制蒸汽压力自动保持。在 VHE 加热器（E-4）内，真空下吹入 0.01％ 的水蒸气进行热交换。

油借助重力从 VHE 加热器（E-4）进入到填料塔（C-2）的液体分配器中，落入填料上，将油分散成薄层流动，并与水蒸气成逆流接触状。脂肪酸和各种挥发性成分在真空与汽提蒸汽的相乘效果中被蒸馏脱除。填料塔中的逆流流动方式与传统塔盘式的脱臭塔相比较，可显著地减少吹入的蒸汽量。

图 6-16　填料结构与汽提过程示意图

脱臭油从汽提开始即保持在塔盘内流动。其中汽提的蒸汽需保持一定量的供给，蒸汽从喷管均匀地吹入。在塔盘中汽提蒸汽的总消耗量根据油品而异，最大为通入油量的 0.8％。真空装置的设计压力是 266.6 Pa。以保证塔盘中色素等物质在热操作中被分解，这也是通常所说的热脱色。另外，各种稳定的氧化物被破坏而转变为稳定的油品。塔盘中油的流动是不连续的，保持时间是可变化的，并不依存于通油量。

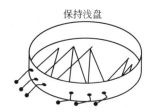

图 6-17　塔盘结构图

在蒸汽管道被冷凝的物质（称飞沫油）集中到蒸馏物贮罐（T-3），按其品质可返回到脱气塔（C-1）或脱色工段。

脱臭后的油在 VHE 节能器（E-3）中，真空下，一边吹入最大值为 0.1％ 的直接蒸汽，一边与未脱臭油采用热交换进行冷却。为了增加油品的稳定性，可在 VHE 节能器（E-3）

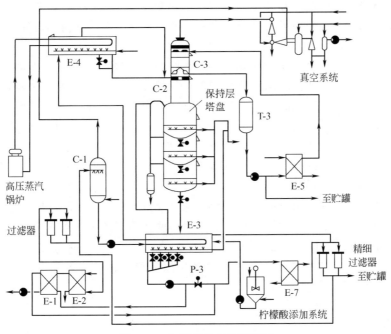

图 6-18　软塔脱臭工艺流程图

将柠檬酸注入油内。

　　油用节能泵（P-3）排至 VHE 节能器（E-1）中冷却，在油冷却器（E-7）中被最终冷却，通过精细过滤器后送至贮罐。停车关闭时，VHE 节能器（E-3）无进行热交换油时，可将油冷却器（E-7）中的一部分返回到 VHE 节能器（E-3），以降低脱臭油的温度。

　　（2）脂肪酸蒸馏物回收　为了使排水的污染和真空装置的负荷变得最小，将从脱臭塔中排出的蒸汽在洗涤器（C-3）中进行冷却回收，被集中在蒸馏物罐（T-3）中，依液位开关自动排出到贮存罐中。循环蒸馏物的温度采用蒸馏物加热器（E-5）自动保持在 50～60℃。

6.4.2.3　软塔脱臭系统的特点

　　（1）蒸汽吹入量少　用不到 1% 的蒸汽量即可获得高品质的脱臭油。采用的薄膜脱臭效率较高，蒸汽消耗量仅相当于塔盘型脱臭装置的一半或 1/3，可得到相同品质的脱臭油（5kg 蒸汽/t 油）。同时，整个系统中真空泵的投资成本也可以得到减少。

　　（2）汽提部与保持塔盘完全分离　可防止自由基的发生和色素沉着，自由基是产生油脂风味劣化和色泽变深的原因之一。另外，游离脂肪酸的存在可诱发色素沉着和新的游离脂肪酸的产生。但软塔脱臭系统在 5 min 时间内即可完成汽提操作，因而就有可能抑制反式脂肪酸的产生。填料式与塔盘式两种结构的脱臭温度和时间比较如图 6-19 所示。

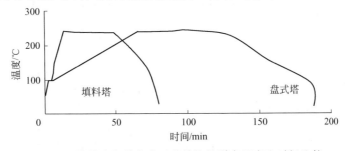

图 6-19　填料式与塔盘式两种结构的脱臭温度和时间比较

在进入汽提段之前的加热部分中，采用真空热交换器在真空下一边吹入蒸汽，一边通过加热器将过氧化物和氧预先除去。上述的自由基和过氧化物在热保持前的完全去除，因此能够抑制反式脂肪酸的产生。

（3）灵活性　这是一种可随意变换油脂品种、灵活调整滞留时间、有效控制维生素 E 含量的半连续脱臭操作方式。采用计算机控制进行简单的设置，即可按照各种不同的油品，选择最佳的条件实施半连续化的运转。同时，直接固定在脱臭塔的浅盘底部的卸油阀设有一个特大的开口，非常便于油的排放，也保证油品的迅速更换。在操作中只需有限的油来保持，可在一个班次中，完成 6～9 个油脂品种的变换，而且极少发生油脂"交叉感染"。

通过对阀门自动控制的设置，可以灵活地调节控制油脂在脱臭操作中的滞留时间，从而确保油品质量，如图 6-20 所示。

软塔脱臭系统的灵活应用也体现在对维生素 E 的提取或保持上，无论是将其保存在油脂内，或是提取用于维生素高附加值产品和利用，变换不同的工艺条件均可得到满足，如图 6-21 所示。选用 0.5%，1%，2% 不同蒸汽流量，在 266.6 Pa 真空条件下，维生素 E 含量不同。若提高维生素 E 的回收能力，可采用提高汽提蒸汽流量的方式，脱臭馏出物中的维生素 E 最高可达到 20% 以上。

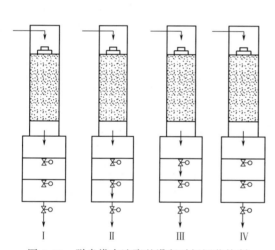

图 6-20　脱臭塔中油脂的滞留时间调节控制

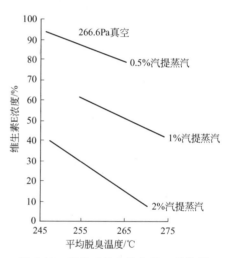

图 6-21　脱臭工艺中维生素 E 的控制

6.4.2.4　软塔脱臭系统的应用范例

采用软塔脱臭系统已经在亚洲和欧美等取得了许多成功经验，中国一些企业对此也做了许多有益的实践（表 6-4，表 6-5）。

表 6-4　软塔脱臭系统的实际数据

国家	韩国 100t/d	美国 1100t/d	法国 150t/d	英国 600t/d
油脂品种	大豆油	大豆油	菜籽油	菜籽油
RB FFA/%	0.072	0.05	0.72	0.09
RBD FFA/%	0.024	0.015	0.04	0.03
RB 色	1.6	6.3R	5.3R	—
RBD 色	0.4	0.4R	0.7R	0.9
RB 磷(mg/kg)	2.7	0.5	0.5	0.5
风味	9 点(10 点)	淡薄	3.3 点(10 点)	7 点(10 点)
CIP 间隔	1 年 1 回	试运转开始	1 年 1 回	1.5 年 1 回

注：RB—脱酸、脱色油；RBD—脱酸、脱色、脱臭油；FFA—游离脂肪酸。

上述数据均是以脱胶油直接进行物理精炼后所得到的结果。在欧洲，曾采用塔盘型脱臭塔尝试过菜籽油的物理精炼，但是由于汽提与热保持均在同一个塔盘中进行处理，效率极差，并且还常伴随有大量的游离脂肪酸等液沫飞出。往往还需要追加热量再进行处理，使成本升高，对油脂品质也极为不利。与此相对照，软塔脱臭系统，特别是在游离脂肪酸的汽提部分效果显著，受到业界一致好评。风味测试上，与化学精炼＋脱臭的工艺相比结果稍差，但通过延长保持时间等方法也有望获得改善。

表 6-5　软塔脱臭的典型工艺数据

精炼方式	大豆油化学精炼	菜籽油物理精炼	精炼方式	大豆油化学精炼	菜籽油物理精炼
游离脂肪酸/%	0.08/0.03	0.5/0.05	维生素 E 去除/%	70	15
温度/℃	260	250	反式酸含量/%	1	0.6
蒸汽/%	1.5	0.7			

注：操作条件：真空度 200 Pa；滞留时间 45 min。

此外，在废弃食用油的再生技术方面，采用盘式离心机或过滤机与软塔脱臭系统进行物理精炼工艺，可以得到游离脂肪酸及无臭味的再生油。这对于废弃资源的再利用、高附加值产品的开发，做到减废、再利用、回收、再生，为工艺过程的"零污染"也将带来新的方式。

6.4.3　辅助设备

在油脂脱臭工艺过程中，辅助完成油脂脱臭的设备有油脂析气器、换热器、脂肪酸捕集器和屏蔽泵等。

6.4.3.1　析气器

油脂经脱色处理后，通常溶解 0.01%～0.05% 的氧气，为了避免在脱臭温度下的氧化现象，待脱臭油脂在进入高温换热器前需经过除氧处理。油脂除氧的设备通称析气器，它是利用减压脱气原理而工作的。其主体结构由一圆筒形的真空罐和油分布器构成。脱色油脂借真空吸入工作腔，在真空条件下脱气除氧。

6.4.3.2　换热器

最常用的外部换热器是板式、螺旋板式和列管式。板式换热器的应用最多，但采用传统的腈类垫片密封时，使用温度不能超过 120℃。采用高温橡胶垫片价格昂贵，所以板式换热器适合于低温液-液换热的应用。板式的变异型是板-壳式，它是一套内部互相联通的板室组成的压力容器，此结构排除了垫片和温度限制的问题，但板室内部不能进行机械清理。

螺旋板式换热器效率不如板式，可用于高温连续操作，无垫片泄漏，但形成污染后很难机械清理。螺旋式主要用于换热和加热/冷却，可用于 120℃ 以上的物料。

列管式换热器虽然效率较低，但能设计成可以拆卸的封头。很容易对管子进行清理，因此是最常用的换热器类型。

6.4.3.3　脂肪酸捕集器

油脂脱臭过程蒸馏出来的挥发组分主要由脂肪酸、不皂化物及飞溅油脂组成，其组成比例随进入脱臭塔的油脂品质而异。对于游离脂肪酸含量较高的油脂，为了回收脂肪酸，减少污染，各类脱臭器于真空装置前，在挥发性气体通道上都设有脂肪酸捕集器。

脂肪酸的捕集多采用混合式的冷却方法，以冷却了的脂肪酸直接喷洒于挥发性气体中，使脂肪酸等高沸点组分冷凝，从而与工作蒸汽分离。脂肪酸捕集器由脂肪酸喷头、旋风分离室和分离挡板组成。

6.4.3.4 屏蔽泵

屏蔽泵又称密封泵,用于高温油脂输送。由于泵体和转子同处在一个密封装置内,有效地防止了泵运转时的空气泄漏,从而避免了高温油脂与氧的接触。屏蔽泵的主要特点是:泵与电机为一整体结构,定子与转子都用薄金属罩密封,所有通向外界的连接处均使用密封片或 O 形密封环进行密封。

屏蔽泵结构主要由机座、蜗壳、转子、定子、金属密封罩以及电机等组成。转子和叶轮联装在泵轴上,叶轮收容于蜗壳里。转子由耐蚀性金属薄壳包覆,电机定子由耐蚀性薄金属定子罩包覆,与浸没于输送液中的转子隔开,循环管可通过过滤器由蜗壳出口侧的分支口吸取一部分输送液送往前后轴承箱,润滑前后轴承,并冷却转子与定子。这部分抽吸液在润滑了前轴承之后进入蜗壳叶轮背侧的低压区域,随输送液主流排出泵体。

6.4.3.5 真空装置

真空装置的一些典型设计见图 6-22。油脂脱臭理论上可在最低的压力下操作,可是当低于大约 0.2kPa 时,真空系统的水、电、汽消耗和设备成本会迅速增大。此外,该系统对蒸汽负荷和水、电、汽的波动很敏感。因此大多数企业都在该压强以上操作。

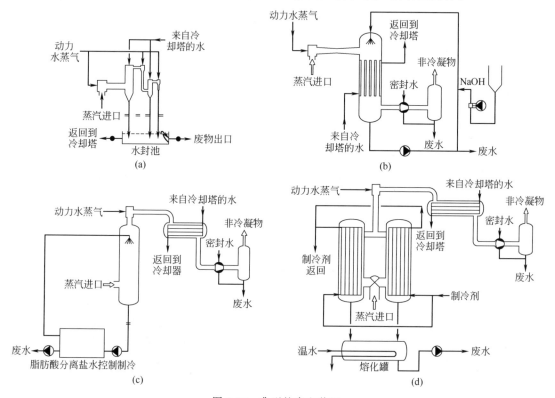

图 6-22 典型的真空装置

真空装置多由两只中间冷凝器与三级蒸汽喷射泵组成,最后一级泵通常由液体循环泵所替代,这种系统能降低动力水蒸气的消耗,但会增加动力消耗的费用。为达到 0.2～0.4kPa 的操作压强,除非冷却水温低于 25℃左右,否则通常需要一只附加的主喷射泵(增压器)。

即使采用最有效的馏出物冷凝器,仍有少量的馏出物进入真空系统,并积累在常规气压系统的冷却循环水中,污染冷却塔和释放出令人不愉快的气味。为防止这种情况的发生,将被污染的冷却水在封闭式环状系统中进行分离,并在表面冷凝器或板式换热器中间接冷却。为保持这些换热器冷却表面不受污染,可以将 $NaHCO_3$ 或洗涤剂注入被油污染的水中。如果采用冷冻真空系统，一般选择两个交替使用冷凝器或换热器。当一个进行操作时，另一个在融化积累的馏出物并使其从中流出。

间接式水冷凝系统的弊端是成本高，由于间接冷凝冷凝器或换热器的效率比较低，冷凝水的温度比冷却塔水温高大约 4℃，使未冷凝的馏分量增加，增加了动力水蒸气的消耗，一般在 10％以上。但是能减少环境污染和节约维修成本，利大于弊。

6.4.4　脱臭热媒源

在油脂脱臭工艺中，提供高温的热媒源主要有高压蒸汽、矿物油、过热蒸汽和电加热装置等。

6.4.4.1　高压蒸汽

以高压蒸汽作加热剂，传热系数高、经济、安全。由于它与油脂的相对温度差较低，可避免油脂的局部过热，所以是比较理想的加热体。所谓高压蒸汽，只是指相对于目前油脂工业采用的饱和蒸汽而言，脱臭采用的高压蒸汽的饱和蒸气压为 6.86kPa 左右，在化学工程上属中等压力，可由特制的中压锅炉提供。一般中等处理量的脱臭器，蒸发量为 0.5～1.0t/h 的中压小型锅炉即能满足生产要求。例如日处理 75t 的脱臭器附设的蒸汽高压锅炉，其技术性能为：输出热量 60×435.1kJ/h；设计压力 8.33MPa；传热面积为 22.3m^2；容水量（满位时）0.552m^3，正常运行 0.473m^3。采用高压蒸汽作加热剂，要求脱臭器加热装置的管道和管件能承受高压高温，传热装置制作和安装要求高，如果管件质量及制作安装技术不能适应高压时，则不宜采用。以高压蒸汽加热的流程如图 6-23 所示。

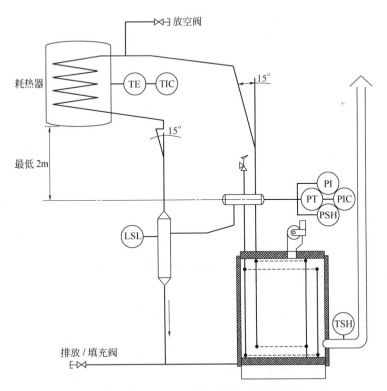

图 6-23　高压水蒸气锅炉加热流程

6.4.4.2　矿物油

以热稳定性良好的矿物油作传热媒在工业上应用较多。其特点是工艺效果稳定，操作简便。我国生产有导热油炉和导热油系列产品，如 YD 131、YD 132、YD 133 型导热油的导热温度分别为 10～250℃、10～300℃、10～330℃。导热油炉的燃料可采用燃煤、燃油或煤气，也可采用电热器加热。运行中要求导热油循环泵耐高温，注意调节燃料量，严格控制导热温度范围。要定期检查换热装置，加强对成品油的检测，杜绝管道渗漏。

矿物油热媒在循环系统内难以达到湍流状态，有可能局部过热分解，又因传热系数较低，需要的工艺传热面积大，而且渗漏后造成油品的污染。因此近年来已有被其他热媒所取代之势。

6.4.4.3　电加热

电加热是指以电加热器直接进行热量传递加热油脂。其特点是清洁卫生，操作简便，更换物料节省时间。电加热器一般由氧化镁固定的镍铬合金电阻丝装置在 U 形不锈钢套管内组成，可直接置入脱臭器，也可在脱臭器外设计成加热室。

第7章 油脂脱蜡

蜡是高级一元羧酸与高级一元醇形成的酯。其化学式为：

$$CH_3(CH_2)_n-\overset{\displaystyle O}{\overset{\displaystyle \|}{C}}-O(CH_2)_mCH_3$$

式中，n 在 $13\sim16$ 之间；m 在 $24\sim36$ 之间。

油脂脱蜡是通过冷却和结晶将油中含有高溶点蜡与高溶点固体脂从中析出，再采用过滤或离心分离操作将其除去的工序。

通常所说油脂脱蜡实际上包含有两个方面意义：其一是将包括米糠油、葵花籽油、玉米油、红花籽油、小麦胚油等含有高溶点的蜡除去，这些蜡（wax）本质上是 $C_{20}\sim C_{28}$ 高级脂肪酸与 $C_{22}\sim C_{30}$ 高级脂肪醇组成蜡酯（wax ester）；其二是将油脂在贮藏中产生浑浊的所有固体成分除去，在这些固体成分中，既含有蜡的成分，也有油的聚合物、饱和三甘油酯等成分。严格说，前者应称为脱蜡（Dewaxing），后者应称为冬化（winterization）。这是两个不同的概念，二者不应混同。

另外，即使是在固液分离中，像棉籽油冬化是在室温左右将固体脂析出进行分离，而从棕榈油中将不同熔点的油脂区分物除去，则是在 $0℃$ 左右将棕榈硬脂与棕榈油酸的高熔点成分顺次结晶化来区分，因此，对于将去除饱和甘油酯工序则应称谓分提（fractionated）更为确切，冬化也可称之为自然分提（Dry fractionated）。

蜡多存在植物油料种皮和胚芽中。不同植物油及不同加工方法，其蜡的含量各有不同。米糠油中蜡含量约为 $3\%\sim9\%$，玉米油为 0.05%，葵花籽油为 $0.01\%\sim0.35\%$，菜籽油为 0.0016%。葵花籽中蜡大部分含在壳皮中。不经脱壳制取毛油，含蜡量约为 $0.02\%\sim0.35\%$，而经脱壳后制取毛油中蜡含量则为 $0.011\%\sim0.015\%$。各种毛油的蜡含量见表 7-1。

表 7-1　各种毛油的蜡含量

油品	蜡/%	不皂化物/%	油品	蜡/%	不皂化物/%
米糠油	3~9	3~5.0	菜籽油	0.0016	0.3~1.2
玉米油	0.05	0.8~2.9	小麦胚油	—	2~6
葵花籽油	0.01~0.35	0.3~1.2	大豆油	—	0.2~0.5
红花油	微量	0.3~1.2			

不同植物油中所含蜡成分均有不同差别，在各种植物油脂所含蜡构成的直链醇含量及其组成可参见表 7-2。

通常如葵花籽油、红花油、玉米油、菜籽油等含蜡量较少时，一般将油冷却至 $7\sim14℃$ 左右静止放置，再将析出的结晶用压滤机进行过滤。在过滤蜡时，油脂中常常存有微量黏性物质、油溶性胶质、皂脚组分等附着在蜡的结晶上，这些物质往往会引起滤布堵塞，给过滤操作带来明显困难。脱蜡成功与否，怎样过滤使其结晶易于析出，如何提高过滤效率，关系到所有过滤操作的难易程度。为了减少这类杂质和无结晶物质的析出，尽量避免过滤操作困难，作为需进行脱蜡的油，通常不是毛油，最好是经脱酸、脱色后半精炼油。对于不同杂质、水分、脂肪酸含量、蜡含量的脱蜡对象油，可选择不同的脱蜡工艺，以确保最终产品油的质量。

表 7-2　各种植物油脂所含蜡构成的直链醇含量及其组成

油种		醇含量/ppm	醇组成/%																			
			20:0	21:0	22:0	23:0	24:0	25:0	26:0	27:0	28:0	29:0	30:0	31:0	32:0	33:0	34:0	35:0	36:0	37:0	38:0
米糠油	毛油	331	0.2	0.1	1.1	0.3	8.4	0.6	8.2	0.6	15.5	1.5	27.0	0.9	17.3	0.4	11.9	0.2	4.8	—	1.0
	脱蜡油	231	0.6	0.4	1.4	0.7	20.0	1.9	26.6	1.1	23.1	1.6	17.0	0.3	4.1	1.0	0.2	—	—	—	—
葵花油	毛油	279	3.6	0.3	13.9	1.3	30.3	2.2	23.7	0.5	11.4	0.5	6.2	0.3	5.2	0.1	0.5				
	脱蜡油	55	7.3	2.5	12.1	2.7	16.8	1.4	16.0	1.4	13.4	1.3	10.5	0.1	10.2	0.6	1.2	—	0.3	—	0.3
亚麻油	毛油	165	3.6	0.1	5.4	0.9	24.6	4.7	42.8	1.3	11.1	0.4	3.4	0.1	1.2	0.1	0.5				
橄榄油	毛油	107	0.4	0.3	16.6	2.6	28.3	4.4	34.8	2.0	10.1	0.4	0.7	—	0.4						
红花油	毛油	98	2.3	0.5	5.0	1.8	14.5	2.7	29.4	2.8	20.5	1.9	9.4	0.7	6.8	0.1	1.2	—	0.2		
菜籽油	毛油	62	2.2	0.5	7.1	1.0	7.9	0.4	19.5	2.1	21.2	4.1	15.6	0.9	4.1	0.3	0.7				
芝麻油	毛油	29	9.6	16.9	3.8	3.2	3.1	1.4	6.3	8.0	3.2	2.9	10.4		1.7		1.7				
大豆油	毛油	28	4.3	1.8	14.5	3.0	9.5	2.0	7.3	1.8	9.8	2.4	23.1	3.7	14.1	1.0	1.7				
棕榈油	毛油	65	0.4	—	0.8	—	1.9	1.3	3.4	1.0	13.6	2.4	24.2	3.4	27.9	3.3	12.7				
玉米油	脱蜡油	8	6.6	2.6	24.5	5.8	24.1	2.4	13.9		6.2		5.1		6.4		2.4	1.0	2.5		0.2

7.1　脱蜡的意义及机理

7.1.1　脱蜡的意义

在30℃以下蜡质在油脂中的溶解度较低，析出蜡晶粒而成为油溶胶，具有胶体的一切特性，因此油脂中的含蜡量可借助光的散射——丁达尔现象为原理制作的浊度计来测量。随着储存时间的延长，蜡的晶粒逐渐增大而变成悬浮体，此时体系变成粗分散系——悬浊液，从而体现了溶胶体系的不稳定性，由此可见，含蜡毛油既是溶胶又是悬浊液。油脂中含有微量蜡质，即可使浊点升高，使油品的透明度和消化吸收率下降，并使气味和适口性变差，从而降低油脂的食用品质、营养价值及工业使用价值。另外，蜡是重要的工业原料，可用于制蜡纸、防水剂、光泽剂等。因此从油中脱除、提取蜡质既可达到提高食用油脂的品质、营养价值和含油食品的质量，又能提高油脂的工业利用价值和综合利用植物油脂蜡源的目的。

脱蜡方法有多种：常规法，溶剂法，表面活性剂法，结合脱胶、脱酸法等，此外还有凝聚剂法、尿素法、静电法等。虽然各种方法所采用的辅助手段不同，但基本原理均属冷冻结晶后再行分离的范畴。即根据蜡与油脂的熔点差及蜡在油脂中的溶解度（或分散度）随温度降低而变小的性质，通过冷却析出晶体蜡（或蜡及助晶剂混合体），经过滤或离心分离而达到油-蜡分离的目的。脱蜡诸法的一个共同点，就是温度都要求在25℃以下，才能取得预期的脱蜡效果。

7.1.2　脱蜡的机理

蜡分子中存在酰氧基使蜡带有微弱的极性。因此蜡是一种带有弱亲水基的亲脂性化合物。温度高于40℃时，蜡的极性微弱，溶解于油脂，随着温度的下降，蜡分子在油中的游动性降低，蜡分子中的酯键极性增强，特别是低于30℃时，蜡呈结晶析出，并形成较为稳定的胶体系统，低温持续，蜡晶体相互凝聚成较大的晶粒，密度增加而形成悬浊液，由此可见，油和蜡之间的界面张力随着温度的变化而变化。两者界面张力的大小和黏度呈反比关系，这就是为什么脱蜡工艺必须在较低温度下进行的理论根据。

要油-蜡良好分离，必须使结出的蜡晶粒大而结实。可以采用不同的辅助手段达到此目的。

7.1.3　影响脱蜡的因素

影响油脂脱蜡的因素很多，主要有温度、冷却速率、结晶时间、搅拌速率、辅助剂、输送及分离方式等。

7.1.3.1　温度和冷却速率

由于蜡分子中的两个烃基碳链都较长，在结晶过程中会发生过冷现象，加之蜡烃基的亲脂性，使其达到凝固点时呈过饱和现象，为了确保脱蜡效果，脱蜡温度一定要控制在蜡凝固点以下，但也不能太低，否则不但油脂黏度增加，给油-蜡分离造成困难，而且熔点较高的固态脂也会一并析出，分离时固态脂与蜡一起从油中分出，增加了油脂的脱蜡损耗。国内多采用常规法，其结晶温度为 20~30℃，而溶剂法控制在 20℃左右。

结晶是物理过程，变化较慢。整个结晶过程可分为三步：熔融含蜡油脂，过冷却、过饱和，晶核的形成和晶体的成长。蜡质熔点高，在常温下就可自然结晶析出。自然结晶的晶粒很小，而且大小不一，有些在油中胶溶，使油和蜡的分离难以进行，因此在结晶前必须调整油温，使蜡晶全部熔化，然后人为控制结晶过程，才能创造良好的分离条件——晶粒大而结实。晶粒的大小取决于两个因素：晶核生成的速率（W）和晶体成长速率（Q）。晶粒的分散度与 W/Q 成正比，结晶过程中应降低 W，增加 Q。

冷却速率与 W、Q 关系很大。当冷却速率足够慢时，高熔点的蜡首先析出结晶，同时放出结晶热。温度继续下降，熔点较低的蜡也析出结晶。即将析出的蜡分子与已结晶析出的蜡晶碰撞，而且以已析出蜡晶为核心长大，使晶粒大而少。如果冷却的速度较快，高熔点蜡析出，还未来得及与较低熔点的蜡相碰撞，较低熔点的蜡就已单独析出，使晶粒小而多，夹带油脂必然多。为了保持适宜的冷却速率，要求冷却剂和油脂的温度差不能太大，否则会在冷却面上形成大量晶核，既不利于传热，又不利于油-蜡分离。冷却过程要缓慢进行，但从生产上考虑也不能太慢，适宜的冷却速率可通过冷却实验确定。

7.1.3.2　结晶时间

如上所述，为了得到易于分离的蜡晶，冷却必须缓慢进行。而且当温度逐渐下降到预定的结晶温度后，还需在该温度下保持一定时间进行养晶（或称老化、熟成）。养晶过程中，晶粒继续长大。也就是说，从晶核形成到晶体长成大而结实的结晶，需要足够的时间。

7.1.3.3　搅拌速率

结晶要求在低温下进行，但它是放热过程，所以必须进行冷却。搅拌不仅可使油脂冷却均匀，还能使晶核与即将析出的蜡分子碰撞，促进晶粒有较多机会均匀长大，搅拌可减少晶簇的形成。结晶中除了晶核长大，几颗晶体还可能聚集成晶簇，晶簇能将油夹带在内，增加脱蜡时油脂的损耗。反之，不搅拌只能靠布朗运动，结晶速率太慢，但搅拌不能太快，否则会打碎晶粒（一般为 10~13r/min）。

7.1.3.4　辅助剂

不同的脱蜡方法需要采用不同的辅助剂。

（1）溶剂　油脂和蜡的结构不同，对溶剂的亲和力也不同，尤其在低温下亲和力的差异更大。溶剂的存在使蜡易于结晶析出，有助于固（蜡晶）液（油脂）两相较快达到平衡，得到的结晶结实（夹带的油少），冷却速率也可高一些。同时溶剂可降低体系的黏度，改善油-蜡的分离效果。

（2）表面活性剂　加入表面活性剂有助于蜡的结晶。表面活性剂分子中的非极性基团与蜡的烃基有较强的亲和力而形成共聚体，表面活性剂具有较强的极性基团，因而共聚体的极性远大于单体蜡，使油-蜡界面的表面张力大大增加，而且共聚体晶拉大，生长速度快，与油脂易于分离。

毛油中的磷脂、单甘酯、双甘酯、游离脂肪酸以及碱炼中生成的肥皂，都是良好的表面活性剂，能在低温条件下把蜡从油中"拉"出来。这就是米糠油等能在低温脱胶和碱炼的同时进行脱蜡的主要依据，但是蜡和油之间还存在着一定亲和力，上述油脂中的表面活性物质，尚没有足够的"拉力"，要将油脂中的全部蜡分子分离出来，还要加入一些强有力的表面活性剂才能达到理想的脱蜡效果，常用的有聚丙烯酸胺、脂肪族烷基硫酸盐及糖脂等。近年来，国内外油脂科研人员正在寻求理想的表面活性剂，使憎水基的结构力求和蜡分子接近，亲水基上力求有较多的烃基，表面活性剂的憎水基和蜡的亲和力加强，它的亲水基和水的亲和力加强，从而大大地加强了把蜡从油中"拉"出来的力量，脱蜡能力得以提高。

对于不同的油脂，学者们持不同的见解，例如有人认为糠蜡熔点高，分子量大，晶粒坚实且大，应少加这类助晶剂，否则加入表面活性剂易造成乳化现象，促使甘三酯分解成胶溶性较强的甘二酯或甘一酯，给蜡、油分离及其质量带来不良影响。这些有待于通过科学研究加以验证和完善。

（3）凝聚剂　凝聚剂是一种电解质助晶剂，在蜡-油溶胶中加入适量的电解质溶液，以增加溶胶中的离子浓度，给带负电荷的蜡晶粒创造吸引带相反电荷离子的有利条件，降低胶体双电层结构中的电位差，粒子间的斥力减小，溶胶的稳定体系被破坏，从而使蜡晶粒凝聚。

（4）尿素　尿素能选择性地把蜡包合在结晶形成的螺旋状管道体内，该包合物易沉淀而与油脂分离。由于蜡和尿素在水中溶解度不同，蜡和尿素很易分离。

（5）静电脱蜡　是利用外加不均电场使蜡分子极化，带负电荷的蜡晶粒在电场作用下，从而在阳极富集并沉降，使油-蜡分离的一种方法。

7.1.3.5　输送及分离方式

各种输送泵在输送流体时，所造成的紊流强弱不一，紊流愈强，流体受到的剪切力愈大。为了避免蜡晶受剪切力而破碎，在输送含有蜡晶的油脂时，应使用弱紊流、低剪切力的往复式柱塞泵，或者用压缩空气，最好用真空吸滤。蜡-油分离时，过滤压力要适中，因为蜡是可压缩性的，压力过高会造成蜡晶滤饼变形，堵塞过滤缝隙而影响过滤速率，但压力太低，会导致过滤速率降低而不能生产。采用助滤剂能提高过滤速率。

7.1.3.6　油脂品质

油脂中的胶性杂质会增大油脂的黏度，不但影响蜡晶形成，降低蜡晶的结实度，给油-蜡分离造成困难，而且还降低了蜡的质量（含油及胶杂量均高），因此油脂在脱蜡之前应先脱胶。蜡质对于碱炼、脱色、脱臭工艺都有不利的影响。毛油脱胶后先经脱蜡，然后再进行碱炼、脱色、脱臭是比较合理的。但国内油厂常常在脱臭后进行脱蜡，这是由我国采用的精炼工艺所决定的，我国一般都采用常规法脱蜡，且不加助滤剂，这样可以与成品油过滤合并进行，从而少一套过滤设备的投资。

7.2　油脂脱蜡工艺

油脂脱蜡方法有常规法、溶剂法、表面活性剂法等多种。

7.2.1　常规法

常规法脱蜡即仅靠冷冻结晶，然后用机械方法分离油、蜡，而不加任何辅助剂和辅助手段的脱蜡方法。分离时采用加压过滤、真空过滤和离心分离等设备。此法最简单的是一次结晶、过滤法。例如将脱臭后的米糠油（温度在 50℃ 以上）移入有冷却装置的储罐，慢速搅拌，在常压下充分冷至 25℃。整个冷却结晶时间为 48h，然后过滤分离油、蜡。过滤压强维持在 0.3～0.35MPa，过滤后要及时用压缩空气吹出蜡中夹带的油脂。

由于脱蜡温度低、黏度大，分离比较困难，所以对米糠油这种含蜡量较高的油脂，通常采用两次结晶过滤法，即将脱臭油在冷却罐中充分冷至 30℃，冷却结晶时间为 24h，用滤油机进行第一次过滤，以除去大部分蜡质，过滤机压强不超过 0.35MPa。滤出的油进入第二个冷却罐中，继续通入低温冷水，使油温降至 25℃ 以下，24h 后，再进行第二次过滤，滤出的油即为脱蜡油。经两次过滤后，油中蜡含量（以丙酮不溶物表示）在 0.03% 以下。有的企业采用布袋过滤也能取得良好的脱蜡效果，但布袋过滤的速率慢，劳动强度也较大。其工艺流程见图 7-1。

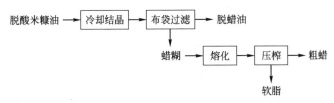

图 7-1　冷却袋过滤法脱蜡工艺流程

冷却结晶是在冷却室进行的，室温 0～4℃，油于 70℃ 左右送入外涂保温层的冷却罐中，冷却时间 72h，冷却罐最终油温为 6～10℃。降温速度开始 24h 内，平均为 2℃/h；之后 24h 为 0.5℃/h；最后 24h 总降温约 1～2℃。布袋过滤在过滤室内进行，室温保持 15～18℃，过滤时间为 10～12h，布袋可用涤卡、维棉或棉布做，过滤速率是涤卡＞维棉＞棉布，脱蜡效果相当好。过滤油在做 0℃ 冷冻实验时，2h 以上都透明、清亮，脱蜡油中含蜡量在 10^5 数量级以下。过滤介质经受冷冻实验的强度顺序是：棉布＞维棉＞涤卡。

蜡糊（占总油量的 15%～17%）倒入熔化锅，加热到 35～40℃，装袋入榨，榨机选用 90 型液压榨油机，榨盘平面压强为 2.5～5MPa，操作时要做到轻压、勤压、不跑蜡糊，压榨时间为 12h。压榨分离出的软脂约占 61%，粗蜡约占 39%。粗蜡中含油 40%～45%。

目前国内大多油厂是冷却结晶后用板式压滤机分离油和蜡糊。有些小厂用布袋过滤，由于条件的限制，不能像上述要求那样控制冷却结晶温度和时间，所以脱蜡效果不太理想。葵花籽毛油含蜡比毛米糠油少，可以采用脱胶、脱酸油，在 2 天时间内从 50℃ 以上冷却到 10～15℃，然后用压缩空气将油送入滤油机。分出的油含蜡在 10^5 的数量级以下。一般而论，用常规法脱蜡设备简单，投资省，操作容易，但油-蜡分离不完全，脱蜡油得率较低且浊点高。

7.2.2　溶剂法

溶剂脱蜡是在蜡晶析出的油中添加选择性溶剂，然后进行蜡-油分离和溶剂蒸脱的方法。蜡的分离温度一般要求在 30℃ 以下，而一般油品的黏度在 30℃ 以下增加特别快，无论哪一种分离设备，都因为黏度增加使分离困难。为了解决这一矛盾，可采用加入溶剂以加速分离。可供工业使用的溶剂有己烷、乙醇、异丙醇、丁酮和乙酸乙酯等。

7.2.2.1　工业己烷法

工业己烷法如图 7-2 所示，含蜡油由脱酸油储罐 1 用泵 P_1 以 3000L/h 经换热器 H_1 加热至 80℃，泵入高位罐 2 借位能连续转入结晶塔 3_{1-5}，其中塔 3_1 和 3_3 用地下水冷却（其水

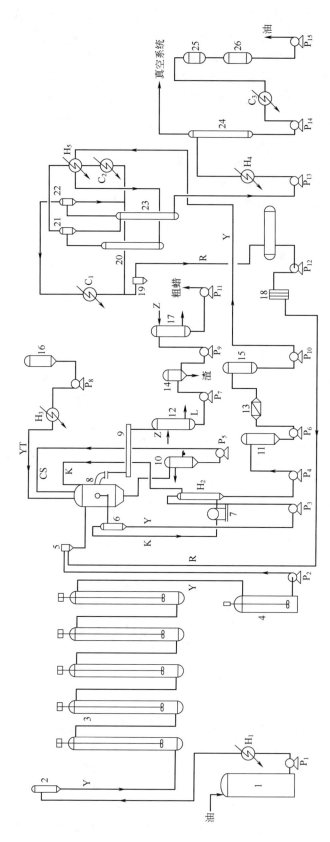

图 7-2　溶剂脱蜡工艺流程

1—脱酸油储罐；2—高位罐；3—结晶塔；4—养晶罐；5—混合罐；6—接受罐；7—罗茨风机；8—真空过滤机；9—滤饼输送机；10—洗涤液收集罐；11—混合油储罐；12—滤饼调和罐；13—过滤器；14—蜡饼调和罐；15—中间罐；16—预涂层调和罐；17—蒸发器；18—溶剂冷却器；19—分水器；20—蒸发器；21—分离器；22—溶剂罐；23—溶剂罐；24—干燥塔；25—周转罐；26—计量罐；$H_1 \sim H_5$—换热器；$C_1 \sim C_3$—冷却器；$P_1 \sim P_{15}$—输送泵；Y—油；K—空气；R—溶剂；YT—预涂剂；L—蜡；CS—冲洗剂；Z—水蒸气

温约 18℃），塔 3_2、3_4 和 3_5 用工业水冷却（其水温为 6～10℃），每个塔的出口油温顺次为 76℃，56℃，47℃，38℃和 22℃。油脂经过结晶塔历时约 10h，然后流入养晶罐 4，停留 5h，使油温降至 20℃，用泵 P_2 以 3000L/h 送入混合器 5，与输送泵 P_{12} 输入的占油量 40% 的冷溶剂（18～20℃）充分混合后，输入预涂好的真空过滤机 8 分离蜡、油。制备真空过滤机预涂层时，在预涂调和罐 16 内加入 $2m^3$ 溶剂和适量硅藻土。硅藻土分两次加入，先加 160kg，然后再陆续加入 600kg，搅拌成浆状，浓度控制在 25%～30%，由泵 P_3 经涂浆加热器加热至 30℃，喷入真空过滤机的转鼓上，使转鼓上预涂上 80mm 厚的硅藻土过滤层，预涂要缓慢进行，每次历时 2h 左右，以获得良好的预涂层结构以利蜡-油分离。真空过滤时，操作压力控制在 50kPa 左右，转鼓转速 15r/min，以 1～1.5mm/h 的进刀速度使刮刀刮下蜡层。滤出的脱蜡油通过接受罐 6 与溶剂气体分离后，由泵 P_4 输入混合油储罐 11，经混合油过滤器 13 过滤后，再由泵 P_{10} 送入混合油蒸发器 20 和汽提塔 23 蒸脱溶剂。蒸发器中，混合油浓度控制在 93%～95%，温度为 120℃，混合油经汽提后，基本上脱除了溶剂，再经干燥塔 24 脱水干燥后，由泵 P_{14} 经冷却器 C_3 冷却至 50℃，进入脱蜡油周转罐 25，经计量槽计量后由泵 P_{15} 送往后续工序。

由蒸发器 20、汽提塔 23 和蒸发罐 17 蒸脱出的溶剂气体经冷凝、冷却、分水后入溶剂储罐 22。真空过滤机刮刀刮下来的带蜡滤饼，经蜡饼输送机 9 输入蜡饼调和罐 12，熔化调匀后，用泵 P_7 送往蜡饼处理罐 14，分离蜡、硅藻上和溶剂，滤液（蜡）由泵 P_9 送往蒸发罐 17 蒸脱溶剂。蒸脱完溶剂的粗蜡由泵 P_{11} 送往蜡的精制工序。滤渣（硅藻土）用蒸汽把其中的溶剂蒸发后，借液压装置自动打开底盖后排出。

7.2.2.2　丁酮沉降法

己烷法需通过冷却、过滤等诸多工序，存在不少困难，例如溶剂要回收，过滤机又必须特制，滤布要常更换，助滤剂要混合等，操作繁琐，过滤速率慢。本法改用丁酮沉降，可以不通过过滤是其优点。例如米糠油和 12% 的水饱和丁酮混合，液态油在丁酮中易溶解，固态脂和蜡在常温下不易溶解而析出。油和丁酮容量比为 25:75，在 12.5℃时缓慢流入槽中，固体不溶物则在沉降承板上沉淀。

7.2.2.3　三氯乙烯和甲醇混合液法

毛糠油 1860g 加三氯乙烯、甲醇混合液 1000g（按质量比 64:36），搅拌、加热至 40℃，成为透明溶液，冷却至 0℃，放置 24h，晶体析出，然后分离。此法主要是处理高酸值米糠毛油。如酸值不高，可以不用甲醇。

7.2.3　表面活性剂法

在蜡晶析出的过程中添加表面活性剂，强化结晶，改善蜡-油分离效果的脱蜡工艺称为表面活性剂脱蜡法。本法主要是利用表面活性物质中某些基团与蜡的亲和力（或吸附作用）形成与蜡的共聚体而有助于蜡的结晶及晶粒的成长，利于蜡-油的分离。

不同工艺目的所添加的表面活性剂的种类、数量各异。以助晶为目的，可于降温结晶过程中添加聚丙烯酸胺和糖脂等，其量以聚丙烯酸胺为例，约为油重的 50～80mg/kg。若以提高表面活性、促进分离，则于分离前添加综合表面活性剂，添加量以油重计：其中烷基磺酸酯为 1～100mg/kg，脂肪族烷基硫酸盐为 0.1%～0.5%，硫酸为 0.1%～11%，一起溶于占油重 10%～20% 的水中。添加后在 20～27℃温度下搅拌 30min，即可进行离心分离。

另外利用一种或多种食用合成表面活性剂（蔗糖脂肪酸酯和丙二醇脂肪酸酯等），可以提高植物油脱蜡的效率。例如毛糠油加 HLB（亲水亲油平衡值）为 5 的蔗糖脂肪酸酯，在 50℃时搅拌 30min，然后冷却至 5℃，保持 1h 过滤。操作时因蜡和固态脂肪形成了大结块，过滤极为容易，蜡和固态脂得以完全滤去，同时对油还有一定的脱色作用（色素能同蜡质析出并带走）。所用表面活性剂有蔗糖脂、甘油酯、山梨醇酯、丙二醇酯等，由 $C_{11} \sim C_{22}$ 脂肪酸组成。蔗糖脂从单酸酯到三酸酯均好，其他几种都以单脂肪酸酯为好。表面活性剂可单独使用或两种混用，加入量在 0.1%～0.5% 之间。

葵花籽油的脱蜡是利用蜡分子的特性，将油中大部分的蜡质除掉。具有 C_{32} 长链的蜡分子能被 O/W（油/水）乳化液的界面所吸附，从而能被离心机分离，这种乳化液可用表面活性剂的水溶液（诸如十二烷基硫酸钠、蔗糖二硬脂酸酯和二聚磷酸钠或六偏磷酸钠的混合液）。温度必须保持30℃以下，因为温度较高，蜡分子的亲脂性加强而其弱极性不变，在所有乳化剂中，以蔗糖硬脂酸酯和脂肪醇硫酸盐最有效（用量为油重的 0.05%）。米糠毛油采用此法，则大部分磷脂会随同沉淀而去除。

美国有专利报道葵花籽油的脱蜡问题，其方法为：先将葵花籽油加无机磷酸盐进行脱胶，然后在 24℃ 左右加入 5% 的表面活性剂混合溶液（内含 1% 十二烷基硫酸钠，4% 六偏磷酸钠，95% 水）进行乳化，利用离心机进行分离。再将分离所得油脂在 15～16℃ 时水洗，再加入 10mg/kg 的二辛基磺化琥珀酸钠加以处理，可得基本不含蜡的油，在冷藏时放置数日，油液不浑，透明度不变。

7.2.4　结合脱胶、脱酸的脱蜡方法

本方法是将脱胶、脱酸、脱蜡三脱合一，同步进行，并采用离心机分离的常温碱炼脱蜡工艺（简称三合一法）。该工艺是国内油脂工作者的研究成果。其流程见图 7-3。

图 7-3　三合一法脱蜡工艺流程

将油温调节到 25℃ 左右，加入油重 7% 的草酸水溶液（其中含有油 0.2% 的草酸），搅拌 10min 以上，加入碱和水玻璃溶液，当出现清晰的油、皂纹路，再用泵循环翻动一下，使其均匀，然后用泵送入离心机分离，如果分出的皂脚很稠，可适当加入不超过油重 3% 的食盐水（浓度为 7°Bé），使皂脚稀薄些。分出的皂脚送去综合处理，得到的油已去除 90% 的蜡，经水洗、干燥、脱色、脱臭，然后把油冷却到室温，再通冷冻氯化钙液，冷到 5℃ 左右。保持 2.5～3h，冷冻罐搅拌速度为 20r/min，将冷却后的油通过有硅藻土涂层（每平方米过滤面积铺硅藻土 900g 左右）的压滤机，滤液即成品油。

该方法简化了脱蜡操作，生产周期短，设备利用率高，脱蜡效果好（成品油 0℃ 冷冻实验保持 15min 透明），但精炼率比常规碱炼低，皂脚成分复杂，增加了综合利用的困难。

7.2.5　其他脱蜡法

7.2.5.1　稀碱法

本法利用蜡分子在低温下的亲水性，通过稀碱液富集蜡的分子，以利蜡结晶，操作时脱酸油（FFA 低于 0.05%）在 15℃ 左右进入结晶槽，以冷却剂迅速冷至 −1～7℃，并以低剪切力高循环的搅拌器搅拌，促进蜡质结晶，然后按油重的 20%～40% 加入含量为 1%～3% 的低温碱液，保持温度不超过 8℃，在连续搅拌 15min 后，加入占油重 0.07%～0.15%（浓度为 20%～40%）的磷酸溶液，再搅拌 15～20min，破乳后送入离心机分离，采用该法脱蜡时的关键是低温、磷酸添加量及磷酸添加的方式。

7.2.5.2　添加凝聚剂法

在中性或碱性条件下，添加凝聚剂以增进脱蜡效果的方法称为凝聚剂法。常用高效能的凝聚剂是硫酸铝，其工艺流程见图 7-4。

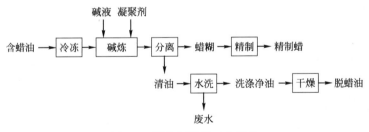

图 7-4　凝聚剂脱蜡工艺流程

以凝聚剂法脱蜡时，先将含蜡油冷至 9～13℃，然后搅拌，添加理论碱量中和游离脂肪酸，约为 15°Bé，搅拌（60～70r/min）1～1.2h 后，添加占油重 0.1％的硫酸铝（配成13.6％～30％的水溶液），继续搅拌 1～1.2h，终温不得超过 17℃，然后经分离、洗涤及干燥，即得脱蜡油。

7.2.5.3　尿素脱蜡法

本法是通过添加尿素溶液包合蜡分子共结晶的一种脱蜡方法。首先将含蜡油按常规方法碱炼，然后冷至 10℃左右，添加油量 3％的尿素（配成饱和水溶液）搅拌、结晶 20～24h，经离心分离、水洗、干燥即得脱蜡成品油、尿素脱蜡法与常规脱蜡法（即单纯机械分离法）设备通用，脱蜡率较高，残留尿素可结合后续工序脱除，但尿素的分解产物氨会造成环境污染，该方法有待工艺和设备的进一步完善。

7.3　油脂脱蜡设备

油脂脱蜡设备主要包括结晶和分离两大类装置。

7.3.1　结晶器

间歇式结晶器可分成两种：装有调温介质循环装置的结晶器以及安装在冷库内的结晶器。前者为长圆形的容器，内装搅拌器，器外层为冷却夹套（也可采用炼油锅类似的设备）。后者为直径较小的长圆柱形结晶罐（也可以采用一个斜底，宽度不超过 600mm 的长方形罐），在罐内设有搅拌器，罐外有保温层，保温层的作用可使油脂在冷库中冷却缓慢。

7.3.2　结晶塔

图 7-5 给出的结晶塔是一种连续结晶设备，可用于溶剂脱蜡。其主体是直立长圆筒体，由上、下碟盖和若干塔体构成。筒体外安有冷却夹套。在塔内安有数层中心开孔的隔板，塔体中心有搅拌轴，轴上间隔安装搅拌叶和导流圆盘挡板，由变速电机带动，以 10～13r/min 转动，以促进油脂的对流。

7.3.3　养晶罐

养晶罐是为蜡质晶粒成长提供条件的设备，间歇式养晶罐与结晶罐通用。连续式养晶罐如图 7-6 所示，主体是一带夹套的碟底平口圆筒体。罐内通过支撑杆装有导流圆盘挡板，置于轴心上的桨叶式搅拌轴由变速电机带动，以对初析晶粒的油脂作缓慢搅拌（10～13r/min）。夹套上连有外接短管，以便通入冷却剂进行冷却，促进晶粒的成长。罐外部装有液位计，以便掌握流量，控制养晶效果。

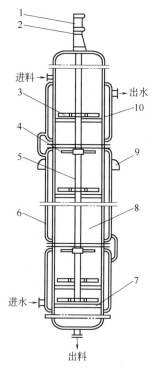

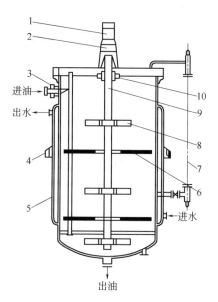

图 7-5 连续结晶塔

1—电机；2—摆线针轮减速器；3—桨叶；
4—倒盘；5—轴；6—夹套；7—下轴
承架；8—塔体；9—支座；10—孔板

图 7-6 连续式养晶罐

1—电机；2—减速器；3—视镜；4—支
座；5—夹套；6—孔板；7—液位计；
8—桨叶；9—轴；10—轴承

7.3.4 加热卸饼式过滤机

在脱蜡操作中，结晶出的蜡晶悬浮在油中，要将它们分离，国内普遍采用板式压滤机，由于操作温度低，黏度大，滤饼又是可压缩性的，因此过滤时间长，人工卸饼麻烦。油脂加工设备中的加热卸饼式过滤机，可以较好地解决这些问题，这种滤油机的主要结构与板框式压滤机一样，主要的不同在于滤框中装有蒸汽或热水循环蛇管。图 7-7 给出的是这种滤机的滤板、滤框示意。

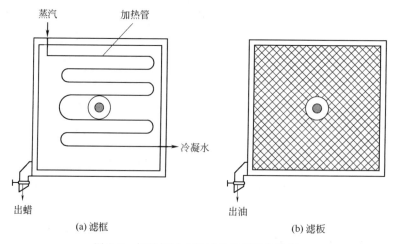

图 7-7 加热卸饼式过滤机的滤板和滤框

这种滤油机的操作与普通的压滤机一样，液态油在压强差下穿过滤布，由滤板上的油出口流出，蜡被截留在滤框内，过滤压强达到预定值时，停止送料，在滤框中通入蒸汽（或调节好温度的热水），使截留在滤框中的蜡熔化，打开滤框的出口，使蜡排出。然后将冷水通入滤框内的加热管，使过滤机恢复到需要的操作温度，关闭滤框上的出口。过滤机又继续工作。

由于在较低的温度下操作，需要较长的时间，因而该机器的过滤面积应很大，例如在 24h 内处理 50t 米糠油，必须安装两台滤机，其总过滤面积为 $300m^2$。该机用加热的方式自动卸渣，非常方便，劳动强度低，卫生条件好，正常运行时，长期勿需装拆，缺点是设备占地面积大，耗用钢材多。

7.3.5　连续封闭式过滤机

该过滤机的过滤、卸饼、洗涂可以同时进行，实现连续工作，尤其适用于含有挥发性，甚至是易燃性溶剂的悬浮液过滤。在油脂加工中可用于溶剂脱蜡。

连续封闭式过滤机的结构见图 7-8，它由安装在封闭壳体内的若干部件组成，转筒分成数个互不相通的小格，表面设置金属格栅，格栅上覆盖滤网，分配阀由一安装在转筒上的转动盘和一个与之紧密接合的固定盘组成。转动盘上的孔分别与转筒小格连通，当固定盘上的凹槽与转动盘上的某几个孔相遇时，使转筒表面分别处于不同的操作状态。当固定盘上的空白位置与转动盘小孔相遇时，则转筒表面相应区域便停止工作，这里是过渡区，防止两个不同的操作区域互相串通，三个辊轮组成了滤网的导向系统。

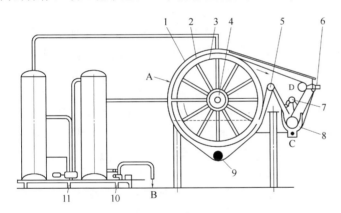

图 7-8　连续封闭式过滤机

1—封闭机壳；2—滤网；3—转筒；4—分配阀；5—辊轮；6—刮刀；7—洗涤喷嘴；8—卸饼装置；9—搅拌器；10—液相抽出泵；11—真空泵；A—悬浮液进口；B—液相出口；C—固相出口；D—滤布洗涤区

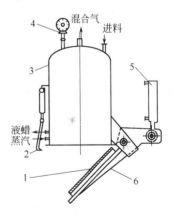

图 7-9　蜡饼处理罐结构示意

1—滤网；2—挂钩；3—罐体；4—压力表；5—液压装置；6—快开底盖

浸在悬浮液中的格子处于真空下，使滤液穿过滤网，固相则沉积在滤网上形成滤饼层，格子里所收集的滤液通过导管流进接收罐，随着转筒向上旋转，由于格子里仍保持真空，故沉积在滤网上的滤饼层在露出液面时进入吸干阶段。沿着运行途径，滤网离开转筒，随后由刮刀刮下滤网上的滤饼，并把滤网进行洗涤。洗净的滤网又重新转回到转筒上。此外，安装在箱底的搅拌器不断搅拌，使悬浮液均匀。为了使转筒下部在悬浮液中浸没一定深度，借助溢流管使液面维持恒定。

7.3.6　蜡饼处理罐

蜡饼处理罐是用于分离含溶剂、硅藻土和蜡糊的设备，是溶剂脱蜡所用的分离设备，也叫做硅藻土过滤罐，其结构如图 7-9 所示。它主要由碟盖圆筒罐体和带过滤网的快开底盖以及液压启闭底盖的装置构成。处理罐周围有 4 个挂钩，以锁紧底盖，底盖的开闭用油压自动操作，当底盖闭合时能承受 1MPa 的压强。快开底盖焊有钢制钻孔滤网骨架，骨架上覆有 50 孔/cm 不锈钢滤网，对应于滤网骨架下方的罐壁，应接有液蜡出口管和蒸汽进口管。工作时快开底盖闭合，蒸汽进入罐内，蜡熔化成液体从液蜡出口流出，继续通入直接蒸汽，使截留在滤网上的硅藻土中的溶剂热脱，从罐上方混合气体出口管引出罐外冷凝回收，然后打开底盖，排出硅藻土。

7.4　米糠油脱蜡

米糠油是兼具很高营养价值的健康营养油。由于它含有 2%～4%（高者可达 5%）的糠蜡，常温（30℃以下）蜡质在米糠油中的溶解度降低，形成糠蜡晶粒而凝聚沉降。油脂中含有少量的蜡，甚至痕量的蜡（5ppm），可使云点和浊点上升，使油品的透明度降低，并使气味、滋味和适口性变差。糠蜡的化学性质比较稳定，一般不易水解，不易被人体消化吸收，从而大大降低了米糠油的营养价值。因此，食用米糠油必须将蜡质除去。糠蜡作为工业制油原料广泛应用于鞋油，地板蜡和家具、汽车、机床等上光蜡，皮革润饰剂等；制造印刷油墨、打字蜡纸、胶光纸张润饰剂和纸制品添加剂；纤维加工用油剂、乳剂、增进纤维织品柔性、滑性和光泽；用作苹果、梨、柑橘等水果蔬菜保鲜剂；用作化妆品和医药用品等，特别是利用米糠蜡制取三十醇，是新型植物生成调节剂，能使多种作物显著增产。为提高油品质量和开展综合利用，米糠油脱蜡已成为米糠油精炼的重要工序。

7.4.1　糠蜡的主要成分

糠蜡和其他植物蜡一样是高级一元羧酸和高级一元醇所形成的酯。对于米糠蜡的成分研究，早在上世纪 20 年代就开始。随着色谱分离技术在脂质分析上的应用，米糠蜡组成分析在 70 年代才有了突破。日本岩问、高本及洛克（Tulloch）等人先后分析了米糠中醇、酸同系物的碳数组成，进行了碳数的确定。米糠蜡是由多种不同碳链长度的脂肪醇和脂肪酸结合而成的酯类混合物。至于米糠蜡中蜡类组分的含量，至今还未见较详细的报道。糠蜡的平均分子量为 740～800，分子量分布范围为 600～900。蜡酯分子碳链长度分布范围为 C_{44}～C_{62}，蜡酯中脂肪醇（蜡醇）平均分子量为 430～460，脂肪酸（蜡酸）平均分子量为 340～360。蜡酯中醇酸比（52～56）:（38～48）。蜡醇中有 C_{22}～C_{38} 九种偶碳脂肪醇及少量奇碳醇；蜡酸主要由二十二碳酸（山嵛酸）和二十四碳酸组成，其他偶碳酸不多，奇碳和不饱和酸很少。1977 年日本高本彻氏对米糠蜡进行气相色谱分析，测得脂肪醇及脂肪酸组分中的碳链数百分比（见表 7-3）。

表 7-3　糠蜡中脂肪醇与脂肪酸组分碳链数百分比

碳数	C_{16}	C_{18}	C_{20}	C_{22}	C_{24}	C_{26}	C_{28}	C_{30}	C_{32}	C_{34}	C_{36}	C_{38}
脂肪醇	—	—	—	—	9.4	9.1	16.9	19.4	9.1	16	14.1	1.0
脂肪酸	1	2.3	1.5	24.7	62.0	2.0	—	—	—	—	—	—

表 7-3 中所示脂肪醇基本上都是饱和的，而在分离所得的脂肪酸中尚有少量不饱和物，其含量见表 7-4。

表 7-4　糠蜡中与醇结合的不饱和脂肪酸含量

脂肪酸碳数	$C_{18:1}$	C_{20}	$C_{22:1}$	$C_{24:1}$	$C_{26:1}$	$C_{28:1}$	$C_{30:1}$	$C_{32:1}$
含量/%	0.1～0.5	0.2	1.2～1.8	0.2～0.6	0.3～0.6	0.4～0.8	2.4～7.2	0.0～0.2

从表7-4、表7-5大体上可以认为，糠蜡中的脂肪醇含量为55％～60％，脂肪酸含量为40％～45％，其主要组分为：蜂花醇蜜蜡酸酯（C_{30}醇 C_{20}酸酯）43％～44％，蜜蜡醇蜜蜡酸酯（C_{20}醇 C_{20}酸酯）21％～22％，异蜜蜡醇异蜜蜡酸酯（甲基在 C_{24}位上）9.5％～10.5％，游离高碳脂肪酸6.5％～7.5％，高级饱和及不饱和脂肪醇3％～5％。

7.4.2　糠蜡的物化特性

糠蜡在常温时呈悬浮状态于油中，油温升高则以分子分散状态溶于油中；当油温降至25以下时成结晶状析出。糠蜡不溶于水、丙酮、丁酮，对某些有机溶剂如己烷、轻汽油、异丙醇、乙酸乙酯等具有热溶冷析特性。

糠蜡虽属天然蜡，但它是工业精制品，其组成单纯而稳定。不像巴西棕榈蜡、蜂蜡等天然蜡那样组成很复杂，质量差异大，物化特性介于巴西棕榈蜡和蜂蜡之间，且接近于巴西棕榈蜡，个别性能优于巴西棕榈蜡。它的性状与色泽多为棕褐色硬质固体，精制程度高的呈棕色、棕红色，经漂白处理的呈橙黄色、淡黄色直至白色；常温下相对密度为0.97，随着温度升高相对密度降低；100 ℃液态下为0.78；固体糠蜡（25℃）膨胀系数为0.0011，100℃液体时为0.00064；国产米糠蜡的熔点为78～80℃，仅次于巴西棕榈蜡；日本高熔点糖蜡熔点为82～83℃，与巴西棕榈蜡熔点相当；糠蜡的熔点上升力比石蜡等低熔点蜡大，比巴西棕榈蜡低；4℃时硬度为90g，25时为76.5，5s；25℃下的针入度为0.5，100时为7；糠蜡的溶剂吸收率介于巴西棕榈蜡与地蜡、蜂蜡之间，溶剂保留率和巴西棕榈蜡相近；糠蜡的光泽度很好，为巴西棕榈蜡的1.2倍～1.5倍，其精制程度越高，光泽度越高；糠蜡可以乳化形成稳定的乳化物，高熔点的糠蜡做成水包油型乳化剂时，要求乳化剂具有的HLB为6～7，低熔点糠蜡为8～9；纯糠蜡的理论皂化值为70～76，工业提纯糠蜡通常为72～80，含油量多的低熔点糠蜡由于本身蜡酯分子量小，皂化值较高（81～105）。由于糠蜡精制方法不同，其纯度相差较大，酸值、碘值、乙酰值等化学常数亦不相同。

7.4.3　糠蜡的提取——脱蜡

脱蜡是米糠油精炼工艺的一道关键工序。脱蜡效果的优劣直接影响精炼成品油的质量和精炼得率以及糠蜡综合利用的效果。

7.4.3.1　脱蜡方法与工艺

脱蜡方法从工艺上可分为常规法、碱炼法、溶剂法、表面活性剂法、凝聚剂法、尿素包合法、静电法和综合法等。其原理均属根据糠蜡的物化特性，进行冷冻结晶分离的范畴。脱蜡工艺包括两个方面：一是脱蜡工序在米糠油精炼工艺中的排列顺序，二是脱蜡工艺条件的选择。

（1）工艺排列顺序　米糠油脱蜡工艺排列顺序国内外基本上采用两种不同安排。国外大多数倾向于安排在脱胶与脱酸之间，属于前脱蜡。其主要理由：脱胶后有部分蜡即结晶出来，少量蜡的存在为脱蜡的结晶、养晶创造了条件，有晶种作用，同时避免脱酸时蜡随皂脚而流失，提高蜡的收率。我国通常将脱蜡放在米糠油精炼的最后一道工序，即脱胶、脱酸、脱色、脱臭之后再脱蜡，属后脱蜡。优点：脱蜡时油温不需要冷却至5～10℃，而只冷却到20～25℃，且可以加快过滤速度，减少蜡油数量。这是因为米糠油中如含有微量水分、胶质、蛋白质、游离脂肪酸等杂质，蜡就很难分离析出。经过脱胶、胶酸、脱色、脱臭，去掉了上述杂质，再经冷却后蜡能结晶成较大的颗粒，较易过滤。

（2）工艺条件　脱蜡工艺安排顺序不同，米糠油脱蜡的工艺条件也不尽相同。这里仅对中试脱蜡工序放在精炼工艺末端，采用常规冷却分离的工艺进行讨论。

7.4.3.2 常规冷却分离脱蜡

(1) 工艺流程 米糠油脱蜡工艺流程如图 7-10 所示。

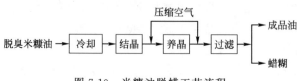

图 7-10 米糠油脱蜡工艺流程

(2) 工艺条件 米糠油脱蜡主要分两个阶段进行，即冷却和分离。冷却分三步进行。

① 经过脱胶、脱酸、脱色、脱臭的油用泵送人冷却罐中用水进行冷却，使脱臭油温度由 150℃左右降至 96～90℃，其目的是通过预冷却减少冷冻机负荷，提高结晶罐的利用率。

② 经预冷却的米糠油泵入结晶罐进行调温，控制进入夹套冷却介质的流量，调整结晶与冷却速度，以得到良好的糠蜡晶体。在此过程中，先将油从 30～40℃冷却到 20～25℃，时间约为 7～8h；然后在此温度下继续结晶 15～17h。

③ 结晶后的油用压缩空气倒入养晶罐，保持油温 20～25℃，养晶 24h，以利于形成稳定的晶型。米糠油与蜡的分离是用压缩空气为动力，通过热卸过滤机进行分离。为了达到理想的分离效果，分离初始靠液位差将油送入过滤机，待蜡层形成后再借助压缩空气进行过滤。

(3) 影响脱蜡的因素 米糠油脱蜡过程影响脱蜡的主要因素有如下几方面。

① 冷却速率。糠蜡结晶过程与其它结晶过程一样是放热过程。当油冷却到一定温度时，油中熔点高的蜡脂首先结晶析出，同时放出结晶热。随着温度继续降低，溶解度较大、熔点较低的蜡也析出。此时，如果冷却速度足够慢，在搅拌作用下，使已经析出的蜡在油中游动，并与要析出的蜡分子相互碰撞，后者以前者为核心，附着在原蜡表面，使晶粒逐渐增大，可得到晶粒大而结实、内部包含较少油脂的晶粒。这个过程需要较长时间。如果冷却速率快，高熔点的蜡刚刚析出，还未与低熔点蜡相撞，低熔点蜡就单独析出。这样晶粒的蜡，其晶粒多而小，即使通过下一步养晶，晶粒中夹带的油还是比较多，晶粒松而不实，给分离带来困难。冷却速率对糠蜡结晶影响非常大，冷却速率慢，糠蜡晶粒较大，且结实；反之，晶粒则小。为不使油脂剧冷而影响结晶效果，油与冷却剂的温度差不能过大，一般控制在 5℃左右。

② 养晶温度。所谓养晶，是指经过结晶的糠蜡在同温度下保持一定时间，使尚未结晶的糠蜡继续结晶析出，使小的晶粒继续长大的过程。养晶温度高低对蜡晶形成与晶粒大小影响较大。温度太高，蜡不能全部形成，达不到脱蜡目的；温度太低，油的黏度增大，流动性差，糠蜡晶粒碰撞机率小，不易达到晶粒形成和成长目的。即使晶粒有所增大，由于晶粒周围油膜较厚，晶粒中间夹带的油分也多，结构不够结实。中试时养晶温度过低（5～7℃），使一部分熔点较高的脂析出，这不仅增大了油蜡分离的困难，而且影响了精炼油的收率。

③ 搅拌速度。糠蜡结晶与养晶过程中，搅拌速度对晶粒的形成及脱蜡效果有一定影响。若不搅拌，蜡晶析出后，一部分附着在罐壁上，阻碍传热效果，致使糠油受冷不均或局部过冷，影响糠蜡的正常结晶过程；同时，已经析出的糠蜡晶体与将要析出的蜡分子之间的碰撞只能靠对流来进行，碰撞机率大为减少，不利于结晶。若搅拌速度过快，已形式的蜡晶会被打碎，也不利于结晶。因此，在冷却降温过程应配合适当的搅拌。对于米糠油来说，搅拌速度控制在 13～15r/min 为宜。

④ 输送、过滤推动力。脱蜡过程中经冷却形成的蜡晶仅是糠蜡熔点差异的产物，其结构强度有限，不能承受高剪切和压力。因此，输送过程中应避免受紊流剪切，否则，将破坏糠蜡晶粒，造成油蜡难以分离。一般多用柱塞泵。中试时，采用压缩空气作为输送与过滤的推动力，很好地避免了蜡晶受剪切作用而被破坏的不良后果。但在过滤时应控制空气压力和流量，以达到油蜡分离目的。

第8章 油脂分提

8.1 油脂分提的机理

天然油脂是由多种甘三酯组成的混合物。由于组成甘三酯的脂肪酸碳链长度、不饱和程度、双键的构型和位置及各脂肪酸在甘三酯中的分布不同，使各种甘三酯组分在物理和化学性质上存在差别。油脂由各种熔点不同的甘三酯组成，不同组成的油脂的熔点范围各异。在一定温度下，利用构成油脂的各种甘三酯的熔点差异及溶解度的不同，把油脂分成固、液两部分，这就是油脂分提。早在1870年，法国、意大利等国就用固体脂肪或其他油脂（如牛脂、棉籽油）为原料，通过结晶、分离生产人造奶油、起酥油及代可可脂等专用油脂。1901年，Hole and Starge将橄榄油的乙醚溶液冷却至－40℃，分离得到了少量的固体甘三酯（主要是棕榈油酸组成的甘三酯），这是最早利用溶剂低温结晶分提植物油中甘三酯组分的工作。

8.1.1 分提的意义和方法

很多天然油脂由于自身特有的化学组成，使其应用领域受到限制，影响产品的使用价值。食用油脂制品起酥油、人造奶油中，如果二烯以上的脂肪酸含量低，那么制品的稳定性就会提高，商品的货架期会延长；冷餐色拉油要求低温下保持透明，对油脂中固态甘三酯组分的含量就必须限制；用于制漆行业的油脂原料，要求较高的不饱和度，有利于改善产品的质量。根据目前的分析和分离手段，不仅可以分离、测定几种类型的甘三酯的熔点，而且可以测定其晶型，为油脂分提提供了理论基础。天然油脂的甘三酯大体上分为四大类：三饱和型、二饱和单不饱和型、单饱和二不饱和型及三不饱和型。目前的工业生产过程尚未实现甘三酯中所有组分的分提，仅限于熔点差别较大的固态脂和液态油的分离。

结晶分提与冬化是有区别，尽管两种操作都基于同一原理，但它们有不同的目的。在冬化过程中，油脂在低温下保持一段时间，然后通过过滤除去能使液态油产生浑浊的固体成分，这些物质或者是高熔点的甘油酯，或者是高熔点的蜡，需要除去的固体物质相当少（小于5％）；冬化大多被认为是精炼工艺的一部分。分提则是油脂改性的过程，它涉及油脂组分的改变。工业中油脂分提方法有常规法（干式）、溶剂法和表面活性剂法等。另外在油脂的科学研究中，已对液-液萃取、分子蒸馏、超临界萃取以及吸附法应用于油脂分提进行了探索和某些实践。

8.1.2 分提机理

油脂分提的方法分为结晶和分离两大步骤，首先使油脂冷却析出晶体，然后进行晶-液分离而得到固态脂和液态油。

8.1.2.1 甘三酯的同质多晶体

同一种物质在不同的结晶条件下具有不同的晶体形态，称为同质多晶现象。不同形态的晶体称为同质多晶体。同质多晶体间的熔点、密度、膨胀及潜热等性质不同。高级脂肪酸的甘三酯一般有三种结晶形态，即 α、β'、β，其稳定性为 $\alpha < \beta' < \beta$。另外，在快速冷却熔融的甘三酯时会产生一种非晶体，称为玻璃质。由于 α、β'、β 三种晶型所具有的自由能不同，其物理性质也不同。甘三酯三种晶型的主要特征比较见表8-1。

表 8-1 甘三酯三种晶型的主要特征

晶型	形态	表面积	熔点	稳定性	密度
α	六方结晶	大	低	不	小
β'	正交结晶	中	中	介稳	中
β	三斜结晶	小	高	稳	大

8.1.2.2 互溶性

不同甘三酯之间的互溶性取决于它们的化学组成和晶体结构,它们可以形成不同的固体溶液。油脂分提的效率不仅取决于分离的效率,也受固态溶液中不同甘三酯互溶性的限制。与晶体形成油脂的相特性有关。

相平衡是结晶过程的理论基础。利用图形来表示相平衡物质的组成、温度和压力之间的关系以研究相平衡,这种图称为相图,又称为平衡状态图。我们可以利用固液平衡相图说明固态溶液的互溶性。

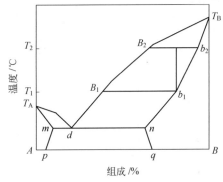

图 8-1 二元混合物相图

一般说来,油脂的固态溶液为部分互溶型,并具有低共熔点(见图 8-1)。图 8-1 中的六个相区,曲线 $T_A d T_B$ 以上是液相区,曲线 $T_A mp$ 左侧 α 为固体相区(固体 α 为 B 溶于 A 的固态溶液),$T_B nq$ 右侧是固体 β 相区(固体是 A 溶于 B 的固态溶液),$T_A dm$、$T_B dn$ 及 $mnqp$ 为两相区。点 d 是低共熔点,此时固体 A 与固体 B 同时析出。这种同时析出的 A 和 B 的混合物,称作低共熔混合物。低共熔点的物系像一纯化合物,熔化迅速。如果从组成为 C 的二元物系 $A+B$ 中分离高纯度的物质 B,应首先熔化物系,然后控制冷却至温度 T_1,分离出现组成为 b_1 的晶体和组成为 a_1 的液体。若晶体进一步熔化,冷却至温度 T_2,将产生纯度较大的晶体(组成为 b_2)及组成为 a_2 的液体。由于低共熔点的存在,不能利用重复结晶法从物系中分离出纯净的组分 A。低熔点有机溶剂的存在不影响相的特点,并且此原理也适应于多元物质(组分可分为两大类,每类中的各组分性质相近)。

8.1.2.3 结晶

(1)结晶过程 油脂结晶过程分为三个阶段,即熔融油脂的过冷却、过饱和、晶核的形成以及脂晶的成长。当熔融油脂的温度比热力学平衡温度低得多,即过冷却(或稀溶液变得过饱和)时,将出现晶核。过饱和形成的浓度差(过饱和度)是晶核形成和晶体成长的浓度推动力,其大小影响脂晶的粒度及粒度分布。溶液中晶核有三种成核现象,即在大量液相中均匀成核;外来物质的异类成核;以及当微小晶粒从母体晶核上剥离,并作为二次成核的晶核。

溶液过饱和度与结晶的关系如图 8-2 所示。图中 AB 线为普通的溶解度曲线,CD 线代表溶液过饱和而能自发地产生晶核的浓度曲线,即超溶解曲线,它与溶解度曲线大致平行。这两条曲线将浓度-温度图分割为三个区域。在 AB 线以下是稳定区域,在此区域中溶液尚未达到饱和,因此没有结晶的可能。AB 线以上为过饱和区,此区又分为两部分,即在 AB 与 CD 线之间称为介稳区,在该区域中,不会自发地产生晶核。如果溶液中已加入了晶种,那么这些晶种就会成长,CD 线以上是不稳定区,在此区域中,溶液能自发地产生晶核。若原始浓度为 E 点的溶液冷却到 F 点,溶液刚好达到饱和,此时由于缺乏作为结晶推动力的过饱和度,因此不能结晶。从 F 点继续冷却到 G 点后,溶液才能自发产生晶核,越深入不稳区(如 H 点),自发产生的晶核越多。可见,晶核的形成速率取决于冷却、过饱和的程度。

在过饱和溶液中已有晶核形成或加入晶种后，以过饱和度为推动力，晶核或晶种将长大。晶体的生长过程是由三个步骤组成的：待结晶的溶质借扩散穿过靠近晶体表面的一个静止液层，从溶液中转移到晶体的表面，并以浓度差作为推动力；到达晶体表面的溶质长入晶面使晶体增大，同时放出结晶热；放出的结晶热借传导回到溶液中。结晶热量不大，对整个结晶过程的影响很小。成核速率与晶体生长速率应匹配。冷却速率过快，成核速率大，生成的晶体体积小，不稳定，过滤困难。在晶体的成长过程中，晶粒之间的相互吸引作用，使它们靠弱键结合在一起形成附聚物，这种附聚作用会使分离效率降低，这是因为晶体内部夹带着较多的液体。

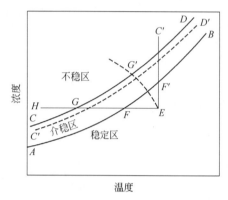

图 8-2   溶液过饱和度与结晶的关系

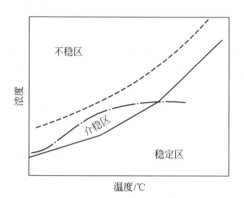

图 8-3   添加晶种时溶液过饱和度与超溶解度曲线

图 8-3 是加晶种的油脂缓慢冷却结晶的情况。由于溶液中有晶种存在，且降温速率得到控制，溶液始终保持在介稳状态，晶体的生长速率完全由冷却速度控制。因为溶液不致进入不稳区，不会发生初级成核现象，所以能够产生粒度均匀的晶体。

（2）晶型对分提的作用   将熔化的油脂冷却到熔点以下，抑制了高熔点甘三酯的自由活动能力，变成称为过饱和溶液的不稳定状态。在此状态下首先形成晶核，通过在其晶核表面逐步供给甘三酯分子，使结晶生长到一定体积及形状，以便有效地分离。在晶体成长的固相内还发生相转移，这是结晶的多晶现象。在缓慢冷却的情况下，结晶的过程一般呈如下规律：

$$熔融油脂 \rightarrow \alpha \begin{matrix} \nearrow \beta \\ \searrow \beta' \rightarrow \beta \end{matrix}$$

同质多晶体的相转移是单向性的，即 $\alpha \rightarrow \beta' \rightarrow \beta$，而 $\beta \rightarrow \beta' \rightarrow \alpha$ 不能发生。油脂结晶速率的顺序为 $\alpha > \beta' > \beta$，有关特性见表 8-2。

表 8-2   三硬脂酸甘油酯的三种晶型特性

特 性	晶 型		
	α	β'	β
熔点/℃	55	64	72
熔化焓/(J/g)	163	180	230
熔化膨胀/(cm³/kg)	119	131	167

有机溶剂能够降低油脂的黏度，使甘三酯分子的运动变得容易，能够在短时间内生成稳定的、易过滤的结晶。不稳定晶型向稳定晶型转变的快慢主要取决于甘三酯的脂肪酸组成及分布，脂肪酸碳链长或脂肪酸种类复杂的油脂转变速率慢，同一碳链长度、甘三酯结构对称的转移速率快。

8.2　影响油脂分提的因素

分提过程力求获得稳定性高、过滤性能好的脂晶。由于结晶发生在固态脂和液态油的共熔体系中，组分的复杂性及操作条件都直接影响着脂晶的大小和工艺特性。

8.2.1　油品及其品质

不同品种的油脂，甘三酯组分不同，加之油脂在制取、精制过程中的工艺影响，使得油品在离析的难易程度上存在着差异。固体脂肪指数较高或脂肪酸组成较整齐的油品，如棕榈油、椰子油、棉籽油及米糠油等的分提较容易。某些油脂（如花生油）由于组成其脂肪酸的碳链长短不齐，冷冻获得的脂晶呈胶性晶束，从而无法进行分提。因此工业脱脂的可行性首先取决于油脂的品种（即甘三酯的组成）。

天然油脂中的类脂组分对油脂的品质和结晶分提也有影响。

（1）胶质　油脂中的胶性杂质因为会增大各种甘三酯间的互溶度和油脂的黏度而起结晶抑制剂的作用。另外，在低温下有可能形成胶性共聚体，从而降低了脂晶的过滤性，因此油脂在脱脂前必须进行脱胶和吸附处理。

（2）游离脂肪酸　由于游离脂肪酸在液态油中的溶解度较大，且易与饱和的甘三酯形成共熔体，使得部分饱和甘三酯随其进入液态油中，从而阻碍结晶进程而降低固态脂的得率。研究表明，游离脂肪酸含量达 0.7% 时，即影响油脂的结晶和可塑性。但是也有人认为，适量的游离脂肪酸能起到晶种的作用，可降低结晶的温度，使分提范围变窄而有利于分提，这应该是指固体 FFA 而言。

（3）甘油二酸酯　天然油脂中的甘油二酸酯大部分是植物体内合成甘三酯过程中的中间产物。在分提过程中能减小油脂的固体脂肪指数，能与甘三酯形成共熔混合物，而且有推迟 α 型脂晶形成，延缓 α 型脂晶向 β' 型或 β 型转化的作用，从而阻碍脂晶的成长。一般认为其含量超过 6.5% 时，阻晶作用即会加强。值得注意的是，甘二酯在甘三酯中的溶解度大，脱除较困难。

（4）甘油一酸酯　甘油一酸酯具有乳化性，在固态脂结晶过程中起阻碍作用，其含量超过 2% 时即阻碍晶核形成。另外在应用极性溶剂（如丙酮、异丙醇）进行分提时，甘一酯具有分散水的作用，使得溶剂的极性降低，从而影响分提效率。甘一酯较活泼，在碱炼或物理精炼中均可降低其含量。

（5）过氧化物　过氧化物不仅会降低油脂的固体脂肪指数，而且会增大油脂的黏度，对结晶和分离均有不良影响。分提一般在脱臭以前进行。油脂经过加工处理后，分提又进一步除去了液态油中的杂质。这样的液态油所需脱臭的时间较短，成品油的质量好。

8.2.2　晶种与不均匀晶核

所谓晶种，是指在冷却结晶过程中首先形成的晶核，并能诱导固态脂在其周围析出、成长。在分提过程中，一般添加与固态脂中脂肪酸结构相近的固态脂肪酸，有时对油脂则不进行脱酸预处理，以含有的游离脂肪酸充作晶种，以利脂晶成长。不均匀晶核是指油脂在精制、输送过程中，由于油温低于固态脂凝固点而析出的晶体。这部分晶体由于是在非匀速降温过程中析出的，晶型各异，晶粒大小不一，当转入冷冻结晶阶段后，会不利于脂晶的均匀成长和成熟，使结晶体本身产生缺陷，影响油脂的分提。因此分提过程中，油脂在进入冷冻阶段前，必须将这部分不均匀晶核破坏。通常将油脂熔融升温至固态脂熔点以上，保温 $20\sim30min$，然后再转入正常冷冻分提阶段。

8.2.3　结晶温度和冷却速率

分提过程中，由于甘三酯分子中的三个酰基碳链都较长，结晶时会有较严重的过冷、过饱和现象，其结晶的温度往往远低于固态脂的凝固点。在整个结晶过程中，油脂中具有高熔点的三饱和酸酯最先结晶，然后依次是二饱和、单饱和及其他易熔组分，最后达到相平衡。这种平衡主要根据外界冷却条件和晶体的有关特性而定。如果过冷度太大，同时会形成很多晶核，使整个体系黏度增加，分子移动困难，妨碍结晶成长。将油脂逐渐冷却，使过饱和溶液形成的晶核少时，就能在较短时间内形成包含液体少的稳定型结晶。由此可见，结晶温度是与分提效果紧密相连的。不同分提工艺，不同的结晶温度，具有相应的分提效果（见表8-3、表8-4）。

表 8-3　棕榈油常规分提不同工艺的分提效果

结晶温度/℃	收　率/%		液态油浊点/℃	固态脂熔点/℃
	液态油	固态油		
29	75	25	12	—
24	70~80	20~30	9	—
22	65	35	7.5	50
18	55~60	40~45	6	45~50

表 8-4　棕榈油溶剂分提工艺不同温度下的分提效果

结晶温度/℃	收　率/%		液态油浊点/℃	固态脂熔点/℃
	液态油	固态油		
5	85	15	10	55
0	83	17	7	52.5
−5	52.5	47.5	5	48.5
−10	45	55	3	46.5
−15	40	60	−1	43
−20	35	65	−4	41.6

分提过程中，脂晶的晶型影响分离效果，适宜过滤分离的脂晶必须具有良好的稳定性和过滤性。各种油脂最稳定的晶型与其固态脂的甘三酯结构有关，分子结构整齐或对称性强的甘三酯（如三硬脂酸酯、猪脂、三软脂酸酯或结构相近的 SOP、SOS、POP 构型）的稳定晶性为 β 型；分子结构不太整齐（即组成甘三酯的脂肪酸碳原子数相差 2 个以上的或 OPP型）的则为 β' 型。表 8-5 给出了各种油脂最稳定的结晶型态。

表 8-5　各种油脂最稳定的结晶型态

晶型	β' 型	β 型
油品	棉籽油、棕榈油、菜籽油、步鱼油、鲱鱼油、鲸鱼油、牛脂、奶油、改性猪脂	大豆油、红花籽油、葵花籽油、芝麻油、玉米油、橄榄油、花生油、椰子油、棕榈仁油、猪脂、可可脂、卡诺拉油

某种油脂最稳定晶型的获得是由冷却速率和结晶温度决定的，温差过大的急骤冷却易形成无法分离的玻璃质体，缓慢冷却至一定的结晶温度，才能获得相应的晶型，表 8-6 列出了棕榈油的结晶温度与相应晶型。

表 8-6　棕榈油的结晶温度与相应晶型

结晶温度/℃	晶　型
−5 以下	次 α 型
−5～7	α 型和 β′ 型
7 以上	β′ 型

冷却速率取决于冷却介质与油脂的温差和传热面积，过大的温差会在换热器表面形成晶核垢，影响换热和延缓分提历程。为了在较小的温差前提下保证冷却速率，结晶塔的换热面积均设计得较大。

冷却速率还与工艺有关，溶剂分提的冷却速率可高于常规分提法，例如溶剂分提棕榈油时，冷却速率可提高至 3～5℃ 以上。各种油脂中高熔点组分的组成不同，晶体的特性各异，因此要求不同的结晶温度和冷却速率。某种油品适宜的结晶温度和降温速率，需要通过实验得到的冷却曲线和固体脂肪含量曲线所示的函数关系确定。例如棉籽油的结晶分提过程一般分为两个阶段，各个阶段的工艺参数见表 8-7。

表 8-7　棉籽油分提工艺参数

冬化阶段	冷却温度/℃		冷却速率/(℃/h)	油与冷却剂温差/℃
	初温	终温		
I	21～26	13	1～2	10～14
II	7～13	7	0.3～0.5	5
III	7	7	恒温养晶 12h	—

8.2.4　结晶时间

由于甘三酯分子中脂肪酸碳链较长，结晶时有过冷现象，低温下的黏度又大，所以自由度小，形成一定晶格的速度较慢。加之不稳定的 α 晶型要向稳定 β′ 晶型和 β 晶型转变，甘三酯的同质多晶体分别与液态油之间的转化是可逆的，因此达到稳定晶型需要足够的时间。天然油脂组分复杂，又因为一定温度下每个特定体系有其相应的溶解度，因此某种油脂结晶达到平衡所需要的时间是难于预测的。

固态脂的结晶时间不仅与体系黏度、多晶性、某种饱和或不饱和甘三酯结成稳定晶型的性质、冷却速率以及达到平衡的不同速率等因素有关，而且还受结晶塔结构设计的直接影响。某种油品在某种结构的结晶塔达到结晶相平衡的时间需要通过实验方可确定。

8.2.5　搅拌速度

晶核一旦形成将进一步长大。生长速率不仅取决于外部环境（过冷、抑晶剂的存在等），而且也取决于体系的内部因素（如同质多晶体的形成、晶体的形态和晶体缺陷等）。生长速率与过冷度成正比，与油脂的黏度成反比，黏度越大，母液相和晶体表面之间的传质就越困难，因而晶体生长超缓慢。另外，黏度对结晶热从晶体表面传递到主流体中也起阻碍作用。因此工艺过程中，如果采用静置结晶罐，依靠扩散传热，冷却速率较慢，时间较长。如果采用具有搅拌功能的结晶罐，就能加快热的传递速率，保持油温和各成分的均匀状态，加快结晶分提速率。但是若搅拌力度不够，会产生局部晶核；搅拌太剧烈，会使结晶撕碎，致使过滤发生困难，则更为不利。所以应该控制适当的搅拌速度（一般为 10r/min 左右）。

有人认为，在晶核生成过程用搅拌，结晶成长过程可不用搅拌，但一般认为全过程中都用搅拌为好；也有人认为，搅拌速度与结晶温度有关，增加搅拌速度，同时控制较低的结晶温度，也会获得同样好的脱脂效果。但是由于需要更多能量，经济上不合算，所以一般认为，应选用较低搅拌速度和较高结晶温度。

8.2.6 辅助剂

溶剂在分提中的作用是稀释，不仅降低了黏度，而且增加了体系中的液相比例，使饱和程度高的甘三酯自由度增加，脂晶成长速率加快，向稳定型结晶转变加快。另外还有利于得到易于过滤的结晶，并且得到的固态脂中含液态油少，分出的液态油浊点比较低，有效地提高了分提效果。

分提中采用的溶剂分极性和非极性两类。不同的溶剂要配合相应的操作条件，例如非极性溶剂对油脂的溶解度大，因此相对于其他溶剂，结晶温度要低，养晶的时间也要适当延长。溶剂比影响分提效果和成本，操作中需综合平衡。

分提过程中获得的脂晶是一多孔性物质，孔隙和表面吸附着一定量的液态油，常规分提法无法分离这部分液态油。当脂晶-油混合体中添加表面活性剂时，脂晶由疏水性变为亲水性而移向水相，脂晶孔隙和表面的液态油也会直接地或由于毛细管作用的湿润而从结晶体中分离出来，从而提高了分提效果。分提工艺使用的表面活性剂要求憎水基的结构要近似于固态脂的结构，操作中还要防止 O/W 体系逆转。为此，在应用表面活性剂时，还要添加电解质助剂。

有各种各样的晶体改良剂以改善或延缓结晶。为改善晶体结构和特性，通常助晶剂是在结晶前加入油中的。助晶剂无论是与热油混合还是以固态形式添加，都是起晶种作用。加入结晶促进剂如羟基硬脂酸酯、固态脂等，诱发晶核，促进结晶成长。加入非脂质固体细粒（如硅藻土），除上述作用外，还有助滤作用。

在结晶过程加入改良剂以抑制油脂结晶，将改善油脂的冷藏稳定性，延缓液态油浑浊的时间，或阻止晶体转化防止脂肪起霜。抑制油脂结晶剂有卵磷脂、单甘酯、甘二酯、山梨醇脂肪酸酯及聚甘油脂肪酸酯等。Bailey 曾实验证实，没有添加抑制剂的棉籽油在 10h 时浑浊，并在 48h 固化；当在相同的棉籽油中添加 0.05% 的卵磷脂作为抑制剂时，15h 才出现浑浊，150h 后仅变成糊状。

8.2.7 输送及分离方式

冷冻形成的脂晶仅是甘三酯熔点差异下的产物，其结构强度有限，不能承受高剪切力和压力，因此在输送过程中应尽量避免受紊流剪切，最好用真空吸滤或压缩空气输送。

过滤压强不宜太大，最好开始 1h 左右借其重力进行过滤，不加压。然后慢慢加压过滤，最后压力不宜超过 0.2MPa，否则结晶受压易堵塞过滤孔隙而使过滤困难。为了提高过滤速率，可加入 0.1% 助滤剂，这样可提高过滤速率达 4 倍之多。过滤速率与过滤温度有极大关系，所以过滤温度可以比结晶温度稍高。

8.3　油脂分提工艺及设备

8.3.1 油脂分提工艺

油脂分提工艺按其冷却结晶和分离过程的特点，分常规法、表面活性剂法、溶剂法以及液-液萃取法等。

8.3.1.1 常规分提法

常规分提法是油脂在冷却结晶（冬化）及晶、液分离过程中，不附加其他措施的一种分提方法，有时也称干法分提。常规分提法分间歇式、半连续式和连续式。目前大多数干法分提的工厂采用的是间歇式和半连续式工艺，分提过程涉及一定量的固体物的产生，这些固体沉积在结晶器的底部和换热表面，造成设备的传热性质和油脂结晶行为的不断变化。半连续工艺由间歇结晶和连续过滤组成。

用 Tirtiaux 法分提棕榈油，是当今世界上常规法分提的典范，它在比利时首先应用于工业生产。该方法的关键是控制冷却速率和温度差，使结晶颗粒过滤性能好；固、液两相用真空吸滤机分离。图 8-4 为 Tirtiaux 法的工艺流程。经前处理的棕榈油加热到 70℃，使固态脂完全熔化后，送入计量罐。计量罐上有液位控制装置，两液位点之间的容量恰与结晶塔容量相当。当计量罐内油位达到控制液位高度时，V_1 阀关闭，V_2 阀开启，计量罐内的油脂用 P_4 泵入板式换热器不断循环约 2h。使油温从 70℃逐渐冷却到 40℃，并在 40℃维持 4h。此阶段饱和甘三酯之间均匀析出晶核，并作为下一步冷却结晶的晶核。开启三个阀 V_3 中的一个，使计量罐内的预冷却油脂进入三个结晶塔①中（每 6h 逐次供给各塔）。

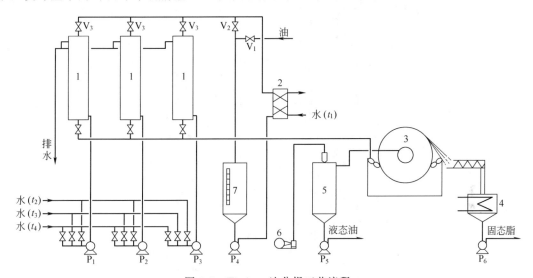

图 8-4　Tirtiaux 法分提工艺流程

1—结晶塔；2—板式换热器；3—真空转鼓吸滤机；4—固态脂熔化罐；
5—液态油收集罐；6—真空泵；7—计量罐；$P_1 \sim P_6$—泵

用温度为 t_1 的冷却水泵入结晶塔夹层中换热，然后逐一改用温度 t_2、t_3 的冷却介质进入夹层进行换热。在此期间，使油温和冷却介质（水）温度差控制在 5～8℃，冷却时间约 6h，油温从 40℃降到 20℃，整个过程边搅拌边冷却。油温在 20℃时滞留 6h，在此阶段，晶体逐渐成长。

用真空转鼓吸滤机进行固液分离，每个结晶塔内的油脂均用 6h 完成过滤。该流程中，结晶塔的生产能力与吸滤机的处理量相匹配，结晶间歇进行，过滤连续进行。刚开始过滤时，过滤的液态油中含有固态脂，须重新过滤。滤网上截留的固态脂用红外线辐射进行加热熔化。分离出的液态油和熔化的固态脂由泵分别输送储存。

结晶塔内的油脂过滤完毕后，塔内温度较低，这时不能将 40℃的棕榈油直接送入该塔，否则塔内油脂会立即产生结晶。在排空料液之后，应将温度 t_2 的冷却介质通入塔的中央层，待塔内温度接近 t_2 后再进新料。

上述分提工艺条件是根据棕榈油的冷却规律确定的。图 8-5 是棕榈油实际测定的冷却曲线的变化规律：从 70℃缓慢冷却到 40℃，在 40℃维

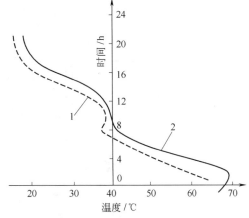

图 8-5　棕榈油的冷却曲线

1—冷却水；2—脱酸棕榈油

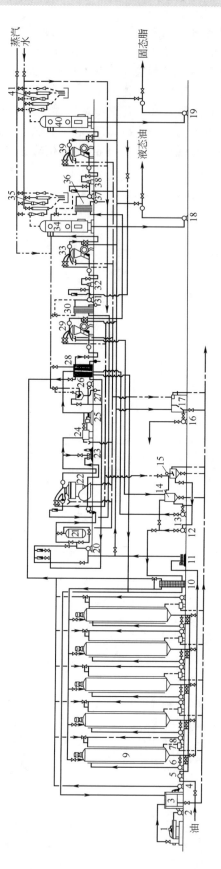

图 8-6　表面活性剂法分提工艺流程

1—冷冻机；2,4—离心水泵；3—冷水箱；5,16,18,19,31,37—离心油泵；6—循环油泵；7—循环水箱；8—水循环泵；9—结晶塔；10—冷却器；11,25—输油泵；12,13—活性剂循环泵；14—活性剂预备罐；15—活性剂罐；17—非水箱；20,32,38—刀式混合器；21—桨式混合器；22,29,33,39—离心分离机；23—再循环泵；24—循环泵；26—表面活性剂槽；27—辅助活性剂槽；28—换热器；30,36—加热器；34,40—真空干燥器；35,41—蒸汽喷射泵持 4h，然后降到 20℃。在 20℃恒温维持 6h，然后用过滤机过滤 6h，这样可以得到较好的分提效果，这条曲线为人们确定棕榈油分提的工艺流程和参数提供了依据。

各种油脂中含有的甘三酯组分及比例均不相同，导致冷却结晶的冷却温度和控制养晶的时间均不一样。每种油脂在生产之前，应当做小样测定其冷却趋向，根据曲线提供的数据确定工艺条件和工艺流程，以求得到理想的分提效果。

常规分提法工艺和设备简单，分提效率低，固态脂中液态油的含量较高，固态脂和液态油的品级低。有些企业在油脂冷却结晶阶段，添加 NaCl，Na_2SO_4 等助晶剂，促进固态脂结晶，可以提高分提效果。

8.3.1.2　表面活性剂法

在油脂冷却结晶后添加表面活性剂，改善油与脂的界面张力，借脂与表面活性剂间的亲和力，形成脂在表面活性剂水溶液中的悬浮液，促进脂晶离析的方法称为表面活性剂分提法。

此方法是在 20 世纪初由 Fratelli 和 Lanea 发明的，应用于牛油和脂肪酸的分离。1965年，瑞典 α-Laval 公司成功地用于棕榈油的分提。其工艺流程见图 8-6，包括冷却结晶、表面活性剂湿润、离心分离以及表面活性剂回收等工序。

经预处理的棕榈油输入结晶塔，在塔内冷却 8h。结晶塔一般为间歇操作，设置 5 台结晶塔，组成后工序的连续操作。塔内径 1.6m，高 7m，容积 14m^3，塔内设置 12 对搅拌翅，主轴转速 6～8r/min。结晶塔设有冷却夹层，冷却介质为水或冷冻水。在搅拌和强制循环下，将油脂在一定时间内分阶段冷却到结晶温度。水温和油温的变化关系见表 8-8，冷却介质和油温的差别一般为 10～15℃，养晶阶段控制在 5℃左右。不同油品的冷却结晶时间和温度见表 8-9。

表 8-8　表面活性剂分提棕榈油的冷却结晶历程

阶段	冷却水温/℃	冷却时间/h	油温下降/℃
Ⅰ	26～28	2	40
Ⅱ	22～23	2	↓
Ⅲ	15～16	2	↓
Ⅳ	13	2	18

表 8-9　表面活性剂法冷却结晶工艺参数

项　目	棕榈油	棉籽油	米糠油	葵花籽油	牛脂	改性猪脂	乳脂	鲱鱼油
冷却时间/h	8～12	10～12	4～6	4～6	6	8	6	4
结晶温度/℃	18～25	0～5	10～20	5～10	35	35	22	2

油脂分提过程中常用的表面活性剂为十二烷基磺酸钠，添加量一般为油量的 0.2%～0.5%。为了稳定 O/W 体系，还需添加 1%～3%的硫酸镁或硫酸铝等电解质。表面活性剂和电解质加入与油量相等的水中，配成表面活性剂溶液，该溶液分两次加入。将其中的20%经冷却后加进结晶塔，以促进稳定晶型的形成，其余 80%经冷却后进入湿润阶段。湿润阶段的表面活性剂溶液，一半进入刀式混合器与结晶塔送出的油较强烈混合；另一半进入桨式混合机较缓慢地继续混合，然后离心分离。分离后得到两部分——液态油部分和固态脂表面活性剂悬浊液。

离心机分离出的液态油，经洗涤、干燥后即成为分提液态油。固态脂的悬浊液经换热器加热至 90～95℃，泵入离心机分离出表面活性剂，调整浓度后循环使用。固态脂则经洗涤、干燥即得成品。液态油和固态脂洗涤温度均为 90～95℃，洗涤水添加量为油量的 15% 左右，干燥温度为 90℃ 左右，操作绝对压强低于 8kPa。表面活性剂法分离效率高，产品品质好（见表 8-10），用途广，适用于大规模生产。

表 8-10　表面活性剂分提棕榈油效果

项　目	原料油	液态油	硬质脂
碘值(IV)	53	58±2	36±4
熔点/℃	37	20±2	50±2
收率/%	100	70～80	20～30
脂肪酸组成/%			
$C_{14:0}$	1.13	1.10	1.20
$C_{16:0}$	48.53	44.00	59.10
$C_{18:0}$	4.58	4.40	5.00
$C_{18:1}$	35.82	39.30	27.70
$C_{18:2}$	9.94	11.20	7.00

8.3.1.3　溶剂分提法

溶剂分提法是指在油脂中按比例掺入某一溶剂构成混合油体系后进行冷却结晶、分提的一种方法。溶剂分提法能形成容易过滤的稳定结晶，提高分离得率和分离产品的纯度，缩短分离时间。尤其适用于组成甘三酯的脂肪酸碳链长、黏度较大油脂的分提。由于结晶温度低以及溶剂的必须回收，因此溶剂分提法能量消耗高，投资较大。

溶解度不同的各甘三酯可通过分提法经过结晶得到分离。油脂在溶剂中的溶解以及降低体系的黏度是溶剂分提方法的机理。一般情况下，饱和甘三酯熔点高，溶解性差；反式酸甘三酯较顺式酸甘三酯的熔点高，溶解度低。选择溶剂主要根据物质的介电常数（极性大小）确定，两种物质极性相近则易于溶解，即遵循相似相溶的原理。表 8-11 给出了常用分提溶剂的介电常数。

表 8-11　常用分提溶剂的介电常数

名　称	正己烷	四氯化碳	苯	异丙醇	丙酮	乙醇	甲醇	油脂
介电常数	1.89	2.24	2.28	18.6	21.5	25.7	31.2	3.0～3.2

物质的介电常数愈大，其极性愈强。由表 8-11 可知，溶剂极性大小的顺序为：

甲醇＞乙醇＞丙酮＞异丙醇＞苯＞四氯化碳＞正己烷

油脂的介电常数为 3.0～3.2。溶剂的选择取决于油脂中甘三酯的类型及对分离产品的特性要求等。目前用于工业分提的溶剂有正己烷、丙酮及异丙醇等。

（1）正己烷法　正己烷分提法的工艺流程如图 8-7 所示。油脂经前处理后，由泵输入油冷却器中，经初步冷却后进入混合罐，与 2.0～2.5 倍于油量的冷却溶剂混合后，进入一次结晶塔，经 3 个塔（塔内有三对桨式搅拌器，转速 10r/min）约 4h 的串联冷却结晶后，由暂存罐进入真空吸滤机分离固态脂 a，滤液则经旋液罐由泵输入二次结晶塔，经 4 个塔，约 4h 的串联冷却后，进入真空吸滤机分离固态脂 b。滤出的混合油经加热、蒸发及汽提，分离溶剂后即得脱脂液态油。含有溶剂的固态脂 a 和固态脂 b 脱溶后，则得到熔点不同的两种固态脂组分。采用溶剂法分提时，冷却介质与油脂的温差一般控制在 5～10℃。在两段分提过程中，各结晶塔油温变化控制如图 8-8 所示。

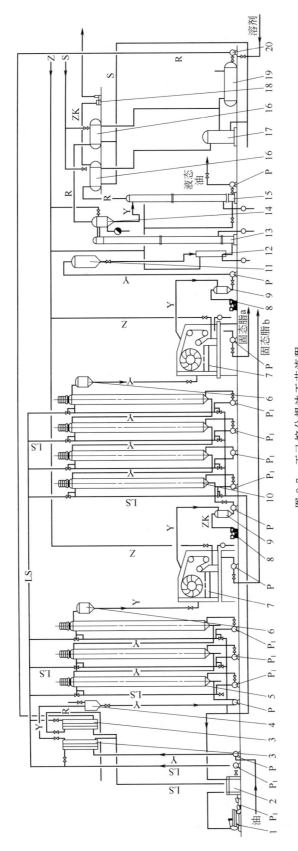

图 8-7　正己烷分提法工艺流程

1—冷冻机；2—冷液箱；3—冷却器；4—混合器；5—一次结晶器；6—暂存罐；7—真空吸滤机；8—真空泵；9—旋液罐；10—二次结晶塔；11—混合油罐；12—加热器；13—蒸发器；14—分离器；15—汽提塔；16—冷凝器；17—分水器；18—尾气风机；19—己烷储罐；20—溶剂罐；P—输油泵；P₁—输水泵；P'—溶剂泵；Y—油；S—水；Z—蒸汽；ZK—真空；LS—冷冻盐水；R—溶剂

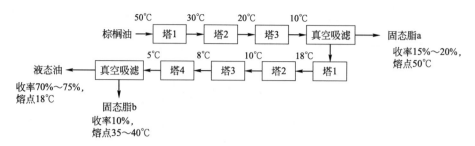

图 8-8　各结晶塔油温变化控制示意

己烷对油脂的溶解度大，与其他溶剂相比，结晶析出温度低，结晶生成速率慢。

（2）丙酮法　丙酮分提法的工艺流程如图 8-9 所示。油脂经预处理后，由输油泵输入冷却器，经初步冷却后进入混合罐，与占油量 40%～60% 的丙酮充分混合后进入结晶塔，经 4只塔（塔内径 0.9m，高 7m，容量 4.5m³，桨叶三对，主轴转速 10r/min）约 4h 的串联冷却结晶后，由暂存罐入真空吸滤机进行分离。分离出的固、液两部分，分别经蒸发器、汽提塔脱除丙酮后即得成品液态油和固态脂。丙酮经冷却、精馏后汇集于储罐循环使用。

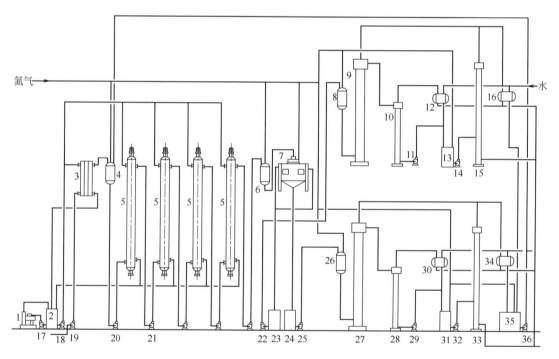

图 8-9　丙酮分提法工艺流程

1—冷冻机；2—盐水箱；3—冷却器；4—混合罐；5—结晶塔；6—中间储罐；7—真空吸滤机；8,13,26,31—储罐；
9,27—蒸发器；10,28—汽提塔；11,14,19,20,22,25,29,32—离心油泵；12,16,30,34—冷凝器；15—精馏；
17,18—离心水泵；21—水循环泵；23—液态油罐；24—固态脂罐；33—精馏塔；35—丙酮储罐；36—离心泵

使用丙酮分提时，丙酮纯度要求高于 99.5%，含水小于 0.5%，含铅小于 0.1mg/kg，冷却介质与油脂的温度差一般控制在 5～10℃，各塔冷却结晶的温度变化如图 8-10 所示。

丙酮与正己烷相比，冷却结晶温度可以高些，液态油得率也较高。从比热容和潜热来看，也比正己烷耗热能少，但回收麻烦，极性溶剂，能与水以任何比例混溶。当纯度低于 99.5% 时，即会使分离的临界温度上升，从而降低了分提效率。因此回收循环使用的

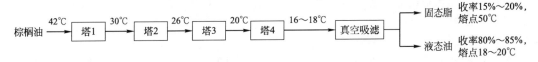

图 8-10　各塔冷却结晶温度的变化

丙酮必须蒸馏提纯。为了弥补丙酮的上述缺点，常使用混合溶剂（如丙酮-己烷）作为分提溶剂。

（3）异丙醇法　异丙醇分提法是近年发展起来的。该法不需要专门的分离设备，而采用倾析法分离固、液相。由于溶剂比小且异丙醇闪点低，所以操作安全。

异丙醇分提法的工艺流程如图 8-11 所示。油脂经预处理后，与异丙醇按 1:1 的比例在混合罐中充分混合，再经冷却器冷却后进入结晶罐结晶 2～4h，然后转如倾析器，用倾析法分离固、液相。倾析器下层的粗液态油再经一次重复分离，下层液相经蒸脱异丙醇后得液态油，倾析器上层异丙醇脂晶悬浊液经蒸脱溶剂后得固态脂。

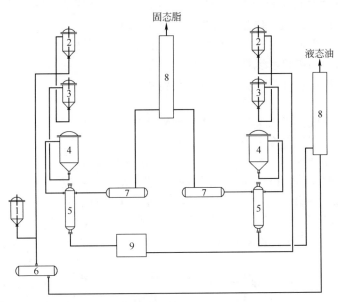

图 8-11　异丙醇分提法工艺流程示意

1—原料油糠；2—混合罐；3—冷却器；4—结晶罐；5—倾析器；
6—异丙醇罐；7—加热器；8—蒸发器；9—缓冲罐

8.3.1.4　液-液萃取法

液-液萃取法的原理基于油脂中不同甘三酯组分，对某一溶剂具有选择性溶解的物理特性，经萃取将分子量低、不饱和程度高的组分与其他组分分离，然后进行溶剂蒸脱，从而达到分提目的的一种方法。

工业上应用液-液萃取分提油脂的操作可在单元极性溶剂或极性完全相异的二元溶剂系统中进行。常用的极性溶剂为糠醛，非极性溶为石油醚。

以糠醛萃取分提亚麻仁油时，填料塔直径 1.67m，高 23.4m，油流量为 1800～1900kg/h，溶剂比为 6:1，回流比为 4:1。经萃取后，碘值为 150 的亚麻仁油可分提的收率为 25%，碘值为 132.2 的低碘值油脂的收率为 75%，碘值为 196.3 的高碘值油脂。采用液-液萃取法分提时，操作温度为 26～52℃，塔高和回流比与分提油脂的碘值差成正比，溶剂比与回流比成反比，分提的油脂碘值差愈大，分提效果好。回流比大，溶剂比可减小，但产量会相应降低。如果采用另一溶剂（石油醚）作辅助回流，则对含磷和其他杂质的未脱胶油的分提有明显效果。

8.3.2　分提设备

结晶器设计的优劣不仅决定着油脂结晶过程是否顺利，而且左右着油脂结晶的速率。

8.3.2.1　结晶器

结晶器是给脂晶提供适宜结晶条件的设备。间歇式的结晶器称为结晶罐，连续式的称为结晶塔。前者结构类似于精炼罐，只是将换热装置由盘管式改成夹套式；罐体直径相对减小的同时增加了罐体的长度，搅拌速度需调整到适宜于脂晶成长。连续式结晶塔见图 8-12。

结晶塔的主体由若干个带夹套的圆筒形塔体和上、下碟盖组成。塔内有多层中心开孔的隔板。塔体轴心设有搅拌轴，轴上间隔地装有搅拌桨叶和导流圆盘挡板。搅拌轴由变速电机通过减速器带动，转速根据结晶塔内径大小控制在 3～10r/min。搅拌使塔内油脂缓慢地对流，有利于传热和结晶。各个塔体上的夹套由外接短管相互连通，内通入冷却水与塔内油脂进行热交换，使固态脂冷却结晶。塔内的隔板和搅拌轴上的圆盘挡板规定了油流的路线，可防止产生短路，并起控制停留时间的作用。

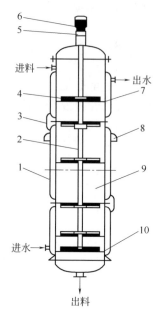

图 8-12　连续式结晶塔

1—夹套；2—轴；3—圆盘；
4—桨叶；5—减速器；
6—电机；7—孔板；
8—支座；9—塔体；
10—下轴承架

8.3.2.2　养晶罐

养晶罐是为脂晶成长提供条件的设备。间歇式养晶罐与结晶罐通用。连续式养晶罐的结构见图 8-13。连续式养晶罐的主体是一带夹套的碟底平盖圆筒体。罐内支撑杆上装有导流圆盘挡板。置于轴心的桨叶式搅拌器，由变速电机通过减速器带动，搅拌速率根据养晶罐内径大小控制在 3～10r/min，对初析晶粒的油脂作缓慢搅拌。夹套内通入冷却剂维持养晶温度，促使晶粒成长。罐体外部装有液位计，以掌握流量，控制养晶效果。

8.3.2.3　分离设备

分提工艺常使用的过滤、分离设备如板框过滤机、立式叶片过滤机、碟式离心机等在油脂精炼工艺设备中已作了详细介绍，不再赘述。目前在油脂分提工艺中使用的还有真空过滤机和高压膜式压滤机。

（1）真空过滤机　两种使用最普遍的真空过滤机是转鼓过滤机和带式过滤机。真空过滤分为三个阶段：在第一阶段中，液相或油相通过吸力透过固体层和过滤介质，使晶体在过滤介质（硬脂饼）上被浓缩；第二阶段，通过空气流（或用氮气）透过浓缩晶体对滤饼进行干燥；第三阶段，借助空气（或氮气）流逆向流动或依靠后部刮刀将滤饼从过滤介质上卸除。过滤速率及分离效率主要取决于晶体的形态。晶体尺寸分布范围越广，晶体层越不密实，从固态脂中分离液态油就越困难，使滞留在结晶中的油相大幅度上升。由于过滤压差受到限制（工业用真空过滤机的压力大多在 0.03～0.07MPa 之间），真空过滤机安装的滤布或滤带大多有较高的渗透性和较大的孔隙，因此为减少晶体透过过滤介质，需要脂晶的尺寸大。再者可利用硬脂饼代替滤布作为过滤介质。

图 8-14 为转鼓真空过滤机的结构示意。主要由机座、密封机壳、转鼓、卸饼机构（刮刀）和分配头等组成。由于转鼓壁内外压力差的作用，液态油透过过滤介质吸入滤室，经分配头由液态油出口排出。悬浮液中的固态脂颗粒被截留在介质表面形成滤饼。当转鼓载着硬脂饼进入沥干区，继续依靠负压沥干所含的液态油。随后硬脂饼进入卸渣区，分配头向滤室

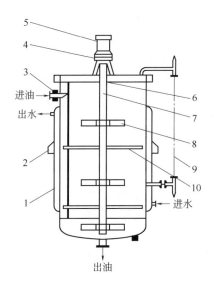

图 8-13　连续式养晶罐

1—夹套；2—支座；3—视镜；4—减
速器；5—电机；6—轴承；7—轴；
8—桨叶；9—液位计；10—孔板

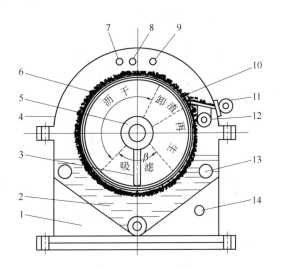

图 8-14　转鼓真空过滤机

1—机座；2—悬浮液槽；3—液体出口；4—密封机壳；
5—分配头；6—转鼓；7—预涂管；8—洗涤液管；
9—真空管；10—滤布；11—刮刀；12—硬脂饼
输送机；13—悬浮液进口；14—冷却液进口

内通入压缩空气，使硬脂饼与滤布松离，并由刮刀将硬脂饼卸入输送机。卸饼后的滤室继续
回转至再生区，由压缩空气（或蒸汽）吹落堵塞在滤布孔隙中的颗粒，使滤布得到再生。每
个滤室经过一个周期后，即可进入下一个循环。

（2）高压膜式压滤机　压滤技术的发展已经使分离效率明显改善。如今大多分提系统都
安装了 De Smet 公司的膜压滤机。膜压滤机由一系列滤板柜组成，通过液压活塞使它们形
成一体，过滤表面比真空过滤机大得多，适合于更快和更合理的过滤。充满滤室后被浓缩的
硬脂晶体，通过膨胀的膜进一步地挤压在一起，可以使残留的液相更好地除去，从而得到较
多液态油。由于采用较高的压力，使晶体结构变化对分离的影响不太敏感。膜压滤机工作过
程可分为两个步骤：过滤和挤压。如图 8-15 所示，滤浆被压入滤室，大部分游离的油从滤

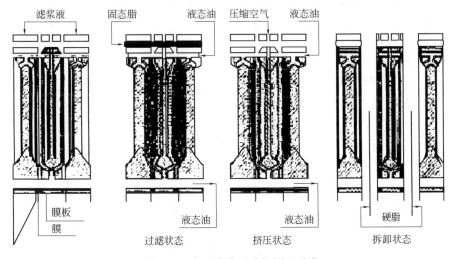

图 8-15　高压膜式过滤机原理示意

浆中分离，接下来的是膜板间对浓缩的晶体进行机械挤压，目的是将包裹在固态脂内的液态油挤出。然后过滤机打开，滤饼靠重力卸出。

相对于真空过滤机，膜压滤机有一些重要的优点：较高的分离效率；较强的耐晶体形变能力；较好地保护油脂不被氧化；过滤快及能耗低等。由于提高了分离效果，因此硬脂具有碘值低（即饱和度高）、高熔点以及较陡的固态脂肪曲线（SFI）等特性。另外，所得到的液态油质量更高。压滤机的主要缺点是操作过程是半连续的。

8.4   油脂分提的原料

油脂是各种不同脂肪酸组成的甘三酯的混合物。大多油脂含有常见的棕榈酸、硬脂酸、油酸、亚油酸和亚麻酸。这些脂肪酸有饱和酸（S）与不饱和酸（U）之分，由它们构成的甘三酯表现出不同的物理特性和化学特性，并各具有不同的特殊用途（见表8-12）。

表 8-12   不同种类甘三酯特性

甘三酯种类	物理状态	用　　途	甘三酯种类	物理状态	用　　途
SSS	固体	脂肪酸产品、硬脂涂层	SUU-USU	半固体→液体	人造奶油
SSU-SUS	固体→半固体	糖果脂	UUU	液体	色拉油、液体煎炸油

从上列特性不能推断油脂是富含短碳链还是中碳链，例如棕榈仁油和椰子油富含月桂酸（C_{12}）和豆蔻酸（C_{14}），这些油有与SSU-SUS类似的特性，而富含C_8和C_{10}脂肪酸的油有很多特性类似于SUU-USU类型。

8.4.1   植物油

植物油的来源广泛，例如棉籽油和部分氢化大豆油通过分提可生产符合冷冻实验要求的色拉油，分提出的棕榈油软脂可用于生产高附加值的类可可脂（CBE）等。常用于分提的油脂有如下几种。

8.4.1.1   棕榈油

棕榈油是最重要的分提原料。如今仅国内运行中的分提装置每日处理棕榈油就有 2000t 以上，不论棕榈毛油还是精制棕榈油都可用于分提。其主要的目的是获取低凝固点和较高冷冻稳定性的油。单级分提生产的液态油凝固点（浊点）在10℃以下，硬脂熔点为44~52℃。液态棕榈油用于烹调软脂和色拉油的代用品，而硬脂应用于煎炸油、人造奶油和起酥油生产。图8-16 给出了棕榈油分提的两种典型工艺过程。

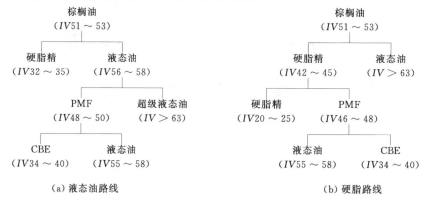

（a）液态油路线　　　　　　　　　　　　（b）硬脂路线

图 8-16   棕榈油分提的不同工艺
（PMF 为棕榈油中间分提物；CBE 为类可可脂）

单级分提棕榈油工艺有进一步发展，为了分提特殊性能的棕榈油，其工艺趋向两级甚至三级分提，以获得高碘值超级液态油（$IV > 63$）和中间体棕榈油分提物（$IV > 50$），将初级分提物进行再分提出棕榈油中间体或软脂，用于如人造奶油、起酥油或生产可可代用脂的原料（CBE），见表 8-13。

表 8-13　棕榈油组分的应用

产　品	棕榈油	液态油	固态脂	超级液态油	软脂	PMF
起酥油	+++	+++	++	—	+++	+
人造奶油	++	+++	+	—	+++	+
煎炸油	+++	+++	—	+++	++	+
烹调油	—	++	—	+++	—	—
色拉油	—	+	—	+++	—	—
特殊涂层脂肪	—	—	—	—	+	++
类可可脂	—	—	—	—	+	+++
冰淇淋	+++	—	—	—	—	—
糖衣	++	—	—	—	+	++
饼干	+++	+	+	—	++	—
蛋糕	+++	—	—	—	++	—
家常小甜饼	+++	—	—	—	++	—
脆皮点心	+++	—	—	—	++	—
面条	+++	+++	—	—	++	—
硬质涂层	—	—	++	—	—	—
脂肪酸原料	+	—	+++	—	—	—

注：+++为高度适合；++为适合；+为限制应用；—为不适合。

棕榈油分提最新的进展已使 $IV = 70$ 或更高的超级液态油生产成为可能。例如将 $IV > 62$ 的超级液态油再分提得到的高碘值或顶级的碘值液态产品。

超级液态油（$IV = 63 \sim 65$）

顶级液态油（$IV = 69 \sim 71$）←　再分提　→（$IV = 59 \sim 61$）液态油

8.4.1.2　棕榈仁油

棕榈仁油分提后产生的硬脂，通过氢化作为高质量的硬奶油或高附加值脂肪。硬脂一般通过高压液压机干法分提，或采用溶剂混合油分提法生产。

棕榈仁油（$IV\,17 \sim 19$）→液态油（$IV\,25 \sim 27$）

固态脂（$IV \leqslant 7$，收率40%）

对于具有特殊结晶行为的棕榈仁油，改变结晶罐，利用高压膜式压滤机进行干法分提已经像分提棕榈油一样成为可能。

8.4.1.3　大豆油

大豆油的碘值在 135 左右，是一种富含高度不饱和脂肪酸（大约 50%～60% 亚油酸和 5%～10% 的亚麻酸）的油脂，故容易氧化变质。为了延长它的货架期，大豆油宜被部分氢化。然而氢化会使部分甘三酯的熔点升高，因而为了生产稳定的液态色拉油，需进行固态脂的分提。要生产冷藏稳定性好的色拉油，油脂通常被氢化至 $IV = 100 \sim 110$（减少亚麻酸含量至 2%～3%），可冬化至很低温度（2～3℃）不发生浑浊。作为烹调或煎炸油，为了提高抗氧化稳定性（亚麻酸含量 < 0.5%），大豆油进一步氢化至 $IV < 90$。从氢化大豆油中分提的硬脂组分是生产起酥油和人造奶油较好的基态油，并可作为可可代用脂（CBR）（见表 8-14）。

表 8-14 氢化大豆油干法分提产品

碘值 IV	液 态 油				固 态 脂	
	收率/%	IV	CP/℃	CT/h	IV	DP/℃
115	85～90	119	—11	＞24	98	33.5
109	75～80	114	—10	18～24	92	34.5
97	65～70	104	—9	12～18	84	35.5
85	50～55	94	—7	＜5	75	36.5
75	40～45	84	—5	＜2	68	37

注：IV 代表碘值，CP 代表浊点，DP 代表滴点，CT 代表冷冻实验；在 0℃下冷冻实验方法测定油脂的质量。

8.4.1.4 特殊油脂

为了得到物理特性与可可脂相似的脂肪，一些特殊的油脂如沙罗双树脂、牛油树脂和芒果脂可用于分提处理。它们采用与棕榈仁油类似的方法进行分提，通常用溶剂分提法进行。然而这些特殊油脂中的大多也能采用干法分提（见表 8-15）。

表 8-15 典型干式分提产品

分提产品	产 品	液态油	固态脂	固态脂得率/%
	沙罗双树脂			
IV SFC/%	41	47	34	45
20℃	56	26	87	
30℃	42	—	72	
	芒果脂			
IV SFC/%	47	55	39	50
20℃	45	17	74	
30℃	32	—	62	

注：压力为 0.6MPa 的标准压滤机分离的结果。

8.4.2 动物脂肪

8.4.2.1 乳脂

由于季节、饲料方式以及品种的不同，奶牛所产乳脂成分有较大差异。为了获得物理特性不变、质量稳定的产品，需要按规定指标分提和重新提炼乳脂。除乳脂稠度外，乳脂分提物在多种食品中有诸多作用：①脆松饼需要高熔点硬脂；②含 40% 乳脂的低脂奶油需加入硬脂；③软质奶油为了提高其延展性，需加入低熔点分提物；④糖脂需要特殊奶油分提物；⑤冰淇淋含有液态油分提物；⑥丹麦小甜饼含有乳脂中间分提体；⑦减少巧克力起霜需用硬脂和中间分提物；⑧作为液态烹调奶油。

昂贵的奶油有严格的质量标准。图 8-17 给出了一个多阶段分提乳脂的工艺。乳脂可以通过 4 种途径分提得到：①从黄油中分提无水乳脂；②从奶酪中分提无水乳脂；③免洗乳脂；④脱臭乳脂。

8.4.2.2 牛油

除了乳脂，在食品工业中还有其他两种重要的动物脂肪，即牛油和猪油。由于棕榈油发展迅速，这些动物油脂肪逐渐失去了它们的重要性，但它们在煎炸和焙烤制品中仍有广泛应用，由于季节、饲料和动物种类不同等原因，牛油的熔点较高（42～48℃）。牛油分提的主要优点是全年都可得到组分相似以及低熔点软脂分提物，依据其软脂熔点，分提可分为一级或多级。具体过程见图 8-18 的(a) 和(b)。

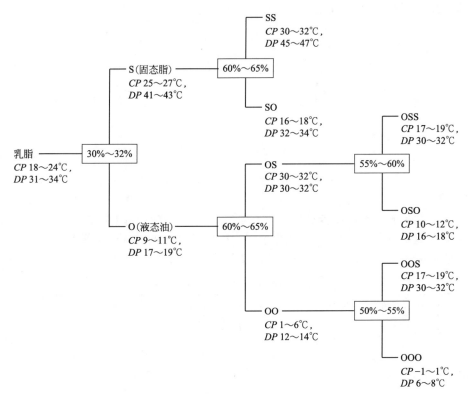

图 8-17　乳脂多级分提示意

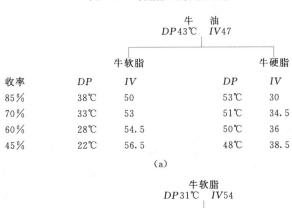

牛油 DP43℃ IV47				
	牛软脂		牛硬脂	
收率	DP	IV	DP	IV
85%	38℃	50	53℃	30
70%	33℃	53	51℃	34.5
60%	28℃	54.5	50℃	36
45%	22℃	56.5	48℃	38.5

(a)

牛软脂 DP31℃ IV54				
	牛油		软硬脂	
收率	DP	IV	DP	IV
80%	22℃	56.5	41℃	42
75%	20℃	57.5	40℃	43
70%	17℃	58	39℃	45
65%	15℃	58.5	37℃	46
50%	14℃	59	34℃	49

(b)

图 8-18　牛油的一级和二级分提产品示意

8.4.2.3　猪板油

由于猪板油敏锐的熔点和陡峭的结晶曲线，使得其分提很困难。然而经过酯交换或部分氢化的猪油便容易进行分提。依据所需液态油质量，猪板油的分提可通过单段或连续多阶段分提完成（见图 8-19）。

猪油（酯交换）
DP 33℃ *IV* 63

		软脂		硬脂	
收率	*DP*	*IV*		*DP*	*IV*
80%	27℃	67		50℃	45
70%	24℃	69		48℃	47.5
66%	20℃	75		47℃	48.5
50%	16℃	73.5		45℃	50

图 8-19 酯交换猪油干法分提产品示意

8.4.2.4 鱼油

鱼油含有大量的高不饱和脂肪酸。为了提高鱼油的抗氧化稳定性和防止回味，通常使鱼油部分氢化（至碘值在 120 左右）。氢化过程中生成的高熔点成分可在低温（5～15℃）下分提除去。鱼油的质量主要取决于原料品种以及氢化条件（见表 8-16）。

表 8-16 鱼毛油和氢化鱼油的分提产品

项目名称	初级产品	液态油	固态脂	液态油收率/%	项目名称	初级产品	液态油	固态脂	液态油收率/%
鱼毛油 I					氢化鱼油 I				
IV	146	156	119	±70	*IV*	124	135	105	±60
CP/℃	—	−5	18		*CP*/℃	14			
CT/℃	5	>18h	—		*DP*/℃	28	—	34	
鱼毛油 II					氢化鱼油 II				
IV	198	208	160	±80	*IV*	115	129	84	±70
CP/℃	—	−8	14		*CP*/℃	17	−2		
CT/℃	2	>36h	—		*DP*/℃	31	—	37	

8.4.3 油脂的衍生物

除了上述动植物油脂原料通过分提可得到希望的产品外，还有其他脂肪类物质可以通过干式分提而得到，并且用于食品和非食品工业中。

8.4.3.1 脂肪酸和脂肪酸酯

脂肪酸的分离通常依据它们的碳链长度，减压蒸馏分离出短碳链（C_{12}）、中碳链（C_{14}）和长碳链（C_{16}，C_{18}）。然而从不饱和酸中分离饱和酸，例如硬脂酸（$C_{18}:C_0$）和油酸（$C_{18}:C_1$），尽管它们之间的沸点差异不小，但是通过蒸馏仍然不能完全分离。现今这类脂肪酸的分提工艺大多采用溶剂或表面活性剂法。表 8-17 给出的是对从牛油脂肪酸和脂肪酸甲酯混合物进行分提的数据。

表 8-17 脂肪酸和脂肪酸甲酯的分提

项目名称	初级产品	油酸(酯)	硬脂酸(酯)	油酸(酯)收率/%
牛油脂肪酸				
IV	45	83	17	40～45
CP/℃	38	5	—	
DP/℃	47	—	58	
牛油脂肪酸甲酯				
IV	41	60	8	60～65
CP/℃	11	−1	24	

8.4.3.2 甘一酯和甘二酯混合物

另一类有价值的产品是甘油和脂肪酸的部分酯化产品，它们作为乳化剂在食品工业、医药工业领域广泛使用，例如玉米油和大豆油进行部分水解，甘三酯转化为复杂的 MG/DG/TG 混合物。在水解过程中，为了获得冷冻稳定性高的液态成分，需将高熔点的甘油酯分提出去（见表 8-18）。

表 8-18　部分水解甘油酯的分提

项目名称	MG/DG/TG 混合物 (36/48/16)/%(质量分数)	液态混合物	固态混合物	液态混合物收率/%
IV	114	120	97	70~75
$CP/℃$	16	−8.5	30	
$DP/℃$	23	3.5	44	
$MP/℃$	38	7	48	

第9章　油脂氢化

油脂是由甘油和脂肪酸酯化的产物。其中有些植物油脂和海洋动物油脂的组成中高度不饱和脂肪酸的含量较高，常温下多呈液态。尽管其中的一些不饱和酸（如油酸、亚油酸、亚麻酸、花生四烯酸、EPA、DHA 等）对人体脂质代谢有一定的营养和健康意义，但它们的存在会使油脂的化学稳定性下降，使这些油脂的应用受到一定的影响或限制，满足不了日益发展的食品、轻工业的需求。而借助于油脂氢化技术，可以根据需要，将不饱和度高的液态油脂加工成一系列饱和度不同的半固态或固态油脂。

油脂氢化是指液态油脂或软脂在一定条件（催化剂、温度、压力、搅拌）下，与氢气发生加成反应，使油脂分子中的双键得以饱和的工艺过程，经过氢化的油脂称为氢化油（极度氢化的油脂又称硬化油）。采用氢化技术加工食用或工业用氢化油的目的都是为了降低油脂的不饱和程度，以达到三个目的：①使油脂的熔点上升，固态脂量增加；②提高油脂的抗氧化性、热稳定性，改善油脂的色泽、气味和滋味；③使各种动、植物油脂得到适宜的物理、化学性能，其产品用途更加广泛，互换性更大。

根据氢化深度的不同，油脂氢化分为极度氢化和局部（轻度）氢化。由于天然油脂是由多种脂肪酸组成的甘三酯的混合物，各种脂肪酸的双键数、双键的位置以及脂肪酸在甘油基上的位置不同，加之采用的催化剂种类、结构和性质的不同，致使各双键加氢的速率和异构化的程度产生差异，因而局部氢化又可分为选择性氢化和非选择性氢化两种。多烯酸酯和一烯酸酯中的各个双键加成速率相同或极相近的称为非选择性氢化，而多烯酸酯（或二烯酸酯）高于二烯酸酯（或一烯酸酯）的加氢速率的称为选择性氢化。选择性氢化广泛应用于食用油脂的改性加工，是食用油脂改性的重要方法之一。

历史上最早的油脂氢化诞生于 18 世纪末，由 Hemptinne 用电化法实验将氢加到液态油脂中而获得成功。现代氢化技术起源于 1897~1905 年间，由 Sabatier 和 Senderens 用镍或其他廉价金属作催化剂，在简单实验装置中，对气态烯烃加氢成功；1903 年，Normann 获得了油脂液相氢化技术专利；1906~1909 年，英、美一些公司将氢化技术应用于工业生产，成功地开创了油脂氢化技术，才使油脂现代氢化技术得以普及和发展。近代油脂氢化开始大规模生产和进入商业化用途，是由于液态油脂氢化质量大为改善，增加了油脂的塑性和具有类似奶油的稠度，迎合了美国人喜用塑性脂肪的习惯。

我国第一套油脂氢化装置诞生于中华人民共和国成立之前的大连油脂化学厂，主要加工制皂的原料油脂。新中国成立后，在大连扩建氢化油厂取得经验后，20 世纪 60~70 年代间，全国各地相继兴建大小氢化油脂工厂 30 多个，推进了我国氢化油脂工业的发展。

1965 年前，我国普遍采用常压氢化技术；1966 年，大连首先采用中压连续氢化技术获得成功。随后沈阳、上海、重庆、武汉等地相继建厂，我国氢化油脂工业达到了一个新的水平。20 世纪 70 年代，我国氢化油脂工业开始采用选择性氢化技术生产食用氢化油脂。20 世纪 80 年代以来，伴随着起酥油、人造奶油、煎炸油以及食品工业的发展，食用氢化油脂的生产和加工技术均得到了进一步的发展。

值得注意的是，氢化过程中易发生双键位移和构型反式化，从而产生众多与天然脂肪酸（酯）结构不同的异构体，使氢化油脂的组成复杂化。例如，大豆油进行局部氢化时，至少产生 30 多种脂肪酸组成的 4000 多种甘三酯。近代研究脂质代谢与人体健康的关系中发现，反式酸不利于健康，故欧洲一些国家规定了反式酸的极限量为 2% 以下。氢化油脂产品组成及结构的复杂性，一方面因其不同的物理特性展示了其广阔的用途，另一方面为了控制异构化的发生，多年来，油脂化学家和工艺专家们一直在定向选择性氢化方面进行着不懈的努力。

9.1　油脂氢化机理

9.1.1　氢化机理

油脂分子中的碳碳双键与氢的加成反应如下式：

$$-CH=CH- + H_2 \rightleftharpoons -\overset{\overset{H}{|}}{C}H-\overset{\overset{H}{|}}{C}H- + 热量$$

非催化的加氢反应活化能较高，即使在高温下反应速率依然很慢，原因是反应的活化能很高。现多借助于金属催化剂来降低反应活化能。因此，氢化反应是有液相（油）、固相（催化剂）和气相（氢气）参与的非均相界面反应。

催化剂表面的活化中心具有剩余键力，与氢分子和油脂分子中的双键的电子云互相影响，从而削弱并继而打断 H—H 中 σ 键和 C=C 中的 π 键形成了氢-催化剂-双键不稳定复合体（见图 9-1）。在一定条件下复合体分解，双键碳原子首先与一个氢原子加成，生成半氢化中间体，然后再与另一个氢原子加成而饱和，并立即从催化剂表面解吸扩散到油脂主体中，从而完成加氢过程。由此可见，催化剂在参与化学反应的过程中，将加氢反应分成了两个步骤，以两个活化能较低的反应取代了一个活化能较高的反应，从而提高了氢化速率。

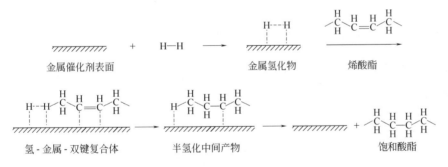

图 9-1　油脂催化氢化的过程机理

半氢化中间体在完成加氢饱和的同时，还可能通过下述三种途径恢复反应底物的原结构或形成各种异构体（见图 9-2）。

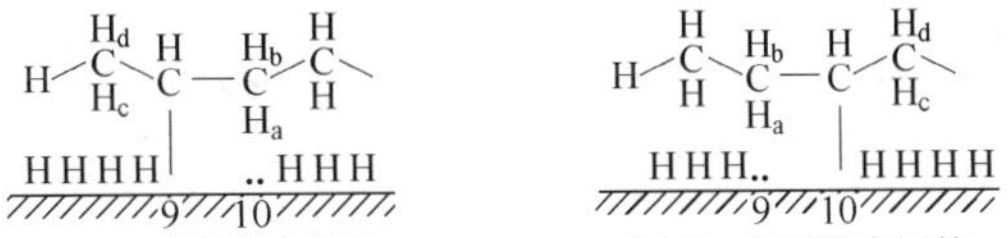

① 若氢原子 H_a，脱氢回到催化剂表面，恢复原双键后解吸，则恢复底物原结构。

② 或 C_{-10} 或（C_{-9}）上的氢原子 H_b，脱氢回到催化剂表面，则生成反式异构体。

③ 或 C_{-8} 或（C_{-13}）上的氢原子 H_a，脱氢回到催化剂表面，则产生 Δ^8（或 Δ^{10}）位置（或反式）异构体。

(a) C_{-10} 半氢化中间体　　(b) C_{-9} 半氢化中间体

图 9-2　氢化过程中异构体形成示意

9.1.2　氢化过程

油脂氢化过程中，尽管反应物在相界面接触时发生的具体反应尚无定论，但这种多相催化反应通常可归纳为五个步骤。

① 扩散。氢气加压溶于油中，溶于油的氢和油分子中的双键向催化剂表面扩散。

② 吸附催化剂的活化中心吸附溶于油中的氢和油分子中的双键，分别形成金属-氢及金属-双键配合物。

③ 表面反应。两种配合物的反应活化能较低，互相反应生成半氢化的中间体，进而再与被配合的另一个氢反应，完成双键的加成反应。

④ 解吸或脱氢。吸附是可逆的动态平衡，有吸附必有解吸，无论是双键还是已完成氢化的饱和碳链，均能从催化剂表面解吸下来；若半氢化中间体不能与另一个氢反应，则已加成上去的氢或与原双键碳原子相邻的碳上的两个氢或双键碳原子上原有的那个氢都有可能脱氢。解吸或脱氢均会导致双键位移或反式化。

⑤ 扩散。氢化分子由催化剂表面解吸下来，向油脂主体（反应底物）扩散。

多烯酸酯中的任一双键加氢时，同样经历这些步骤。具有五碳双烯结构的多烯酸酯加氢前易共轭化，从而优先被吸附氢化，并产生更多的异构体。只要二烯或多烯酸酯在油脂主体中的浓度不是很低，这种优先吸附氢化将一直进行下去。

9.1.3　选择性氢化

选择性对于氢化反应及其产物有两层涵义：一是指化学选择性，即亚麻酸酯氢化成亚油酸酯，亚油酸酯再氢化成油酸酯，油酸酯氢化成硬脂酸酯的速率常数之比；二是指催化剂的选择性，即某种催化剂催化生产的氢化油在给定的碘值下具有较低的稠度和熔点，我们称这种催化剂在氢化过程中具有选择性。这两种选择性的涵义均不能定量给出，因此这个术语仅用作相对比较。

假设油脂氢化的每一步均为一级不可逆反应，催化剂不发生中毒，异构体间的反应速率差也忽略不计，其反应模式为：

$$\text{亚麻酸酯(Ln)} \xrightarrow{k_1} \text{亚油酸酯(Lo)} \xrightarrow{k_2} \text{油酸酯(O)} \xrightarrow{k_3} \text{硬脂酸酯(S)}$$

根据这一模式,在导出的动力学方程中,将组分中每种酸酯的浓度均表达为时间的函数,经过运算即可求得每一步骤的相对反应速率常数。将亚油酸酯氢化成油酸酯的反应速率常数 k_2 与油酸酯氢化成硬脂酸酯的反应速率常数 k_3 相比较,求得的比值（SR_{I} 或 SR_{Lo}）称为亚油酸酯氢化的选择性。

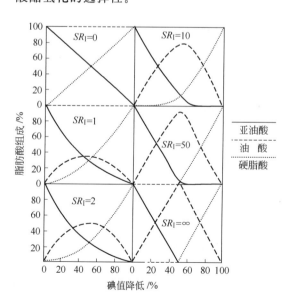

图 9-3　氢化亚油酸酯的理论组成曲线

即　　$$SR_{\text{I}}(SR_{\text{Lo}}) = \frac{k_2}{k_3}$$

通常将 $SR_{\text{I}} \geqslant 31$ 的氢化称为选择性氢化，而把 $SR < 7.5$ 的氢化视为非选择性氢化。

同理，亚麻酸酯的选择性为：

$$SR_{\text{II}}(SR_{\text{La}}) = \frac{k_1}{k_2}$$

选择性可根据 Abright 简式导出的方程式，通过计算机求得反应速率常数或借助图表求得。选择性的大小不仅是选择性氢化条件的重要依据，也反映了氢化油产品的组成及性质（见图 9-3）。

在实际氢化过程中，选择性 SR 并非为常数，假定 $SR_{\text{I}} = 0$ 为常数，则可用以表组成的变化：

例如 $SR_I=0$ 时，所有分子中的双键同步氢化成硬脂酸。在低温、高压下，以铂作催化剂时接近此情况。$SR_I=1$ 时，油酸与亚油酸的氢化速率相等。$SR_I=2$ 时，油酸和亚油酸中的各个双键的加氢速率相等，亚油酸是油酸氢化速率的 2 倍。$SR_I=50$ 时，亚油酸是油酸氢化速率的 50 倍，用镍催化剂可达此效果。$SR_I\gg50$ 时，亚油酸完全氢化后，油酸才开始氢化，铜催化剂具此特性。

大多数的工业用催化剂在压力为 $0.07\sim0.34$MPa，温度为 $150\sim225℃$ 的氢化条件下，可使亚油酸的选择性 SR_I 达到 $30\sim90$。

选择性在油脂氢化中意义重大，根据选择性可以研制、筛选特定氢化条件的催化剂；通过选择性，可以控制氢化产品的脂肪酸组成、理化性质及加工性能。在特定氢化条件下，不同的催化剂具有不同的选择性，催化反应至同一氢化终点时得到的产品组成和 SFI-T 曲线不同。表 9-1 给出了特定条件下使用三种 SR_I 值不同的催化剂将棉籽油氢化到碘值为 75 时产品的组成情况。

表 9-1　棉籽油氢化到碘值为 75 的结果 ［204℃，表压 0.14MPa(1.4kg/cm²)］

氢化油的脂肪酸组成	三种选择性 SR_I			备　注
	60	50	32	
软脂酸	21.8	21.8	21.8	
硬脂酸	3.6	4.0	4.8	
油酸	62.3	61.8	61.4	含反油酸
反油酸	37.8	35.7	36.6	
亚油酸	11.6	11.7	11.3	

在不同的选择性 SR_I 下，加工的氢化产品，其固体脂肪指数迥然不同（见图 9-4）。采用 SR_I 为 50 的氢化条件加工得到的碘值为 95 的氢化产品具有较窄的塑性范围，而采用 SR_I 为 4 的加工的同碘值氢化产品却有较宽的塑性范围。可见，不同选择性下加工的产品，其 SFI 随温度的变化有显著的差异。色拉油要求 5℃ 时 SFI 很低，以保证在 0℃ 温度下透明不混浊，并具有较高的抗氧化稳定性。高选择性下轻微氢化不饱和油脂，降低多烯酸含量，并减少硬脂的生成，即可确保色拉油的质量。又如氢化生产人造奶油原料油脂及糖果硬脂时，选择性应高，以使产品在人体口腔温度下 SFI 接近零而具有爽口的感觉。焙烤用油及起酥

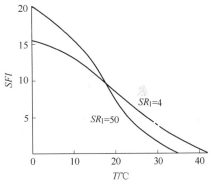

图 9-4　不同 SR_I 下氢化大豆油（$IV=95$）的 SFI 曲线

油则应采用选择性较低的氢化条件，以使产品具有较宽的塑性范围和加工特性。

此外，在选定催化剂的情况下，催化剂使用场合不同或部分中毒，均会影响氢化反应速率常数而导致 SR 变化。

9.1.4　氢化反应速率及反应级数

天然油脂是混甘三酯的混合物，氢化时难免有多种烯酸酯同时进行反应而产生同分异构体。但不同脂肪酸吸收氢的速率不同，因此即使每一单独反应的过程都是单纯的，综合起来便成为复杂的反应。另外，氢化条件不可能不变，氢化过程中催化剂的活性逐渐降低；氢的浓度不仅会变，且难以测定，因此整个反应不可能有一定的级数。但氢化反应速率毕竟与油脂的不饱和度有关。绝大多数情况下，氢化均接近于单分子反应特性，

其中任何瞬间的氢化速率都大致地与油脂的不饱和度成正比。然而反应特性明显受氢化条件的影响。

图 9-5 给出了棉籽油的各种典型氢化曲线，图中纵坐标为碘值，横坐标为氢化时间。真正的单分子反应或二级反应的碘值与氢化时间的对应关系是一条直线。在通常的压力、搅拌、催化剂浓度和中温或低温（149℃以下）氢化条件下，用测得的油脂碘值对相应的氢化时间作图，可得近似于 B 的曲线。在较高温度下氢化得曲线 C，由于温度的升高对氢化初期的加速程度比对后期的加速程度大得多，即加速亚油酸转化为油酸比加速油酸转化为硬脂酸的程度大得多。可见升温有利于提高亚油酸的选择性。曲线 A 表示氢化速率几乎接近于线性增加，在氢化饱和度较高的油脂（如牛油）或用低压、高浓度催化剂时，会得到曲线 A，此时氢化速率取决于氢气在油中的溶解速率。在极高温度下氢化时，或所用催化剂的浓度很低时，或是在反应期间催化剂缓慢中毒均会得到曲线 D。曲线 E 是用一种本身已中毒的硫酸镍作催化剂氢化所得，在反应的后期催化剂几乎完全失去作用。在催化剂迅速中毒的条件下氢化，也可得到类似 E 的曲线。

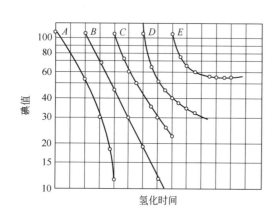

图 9-5　典型的棉籽油氢化曲线

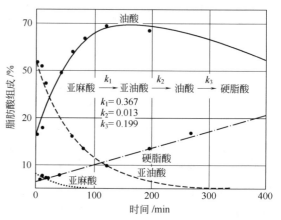

图 9-6　大豆油脂肪酸组成随氢化时间的变化
（反应条件为 $IV=178$，0.01% Ni，1.05kg/cm²，600r/min）

如上所述，在假定条件下氢化反应的简单顺序（18:3→18:2→18:1→18:0）只是氢化中很多反应总体的近似表达式，按一级反应考虑时，可以计算出氢化反应速率常数。

图 9-6 反映了在特定条件下，大豆油的脂肪酸组成随氢化时间变化的情况。该图先以实验测得的脂肪酸组成数据，应用动力学方程，计算出反应速率常数，再计算出相应时间的脂肪酸含量而制得。计算结果与实验数据较吻合。由计算所得的速率常数可知，亚麻酸是亚油酸氢化速率的 2.3 倍（k_1/k_2），而亚油酸是油酸氢化速率的 12.5 倍（k_2/k_3）。

实际氢化过程中，氢化速率受温度、催化剂浓度、氢气压力搅拌强度以及被氢化油脂的种类和品质、氢气纯度和氢化程度等因素的综合影响。改变任一条件，都会导致氢化速率的变化。

9.1.5　异构化

油脂氢化过程中，双键被吸附在催化剂的表面活性中心，既可加氢饱和，也可产生位置或几何异构体，这对局部氢化的油脂尤为重要。

当氢化过速、氢量不足时，碳链上会脱氢，且反式较顺式更易脱氢，产生原位或新位双键，具有五碳双烯结构的多烯酸中两个双键之间的亚甲基会脱去并转移一个氢原子而形成共轭双键，双键位移时会产生较多的反式酸。如亚油酸的氢化产物可能含有 Δ^9、Δ^{10}、Δ^{11} 及 Δ^{12} 的顺式或反式一烯酸，且多数 Δ^{10} 和 Δ^{11} 为反式双键。

反式酸的形成速率与氢化反应条件存在的关系为：

大豆油　$R=-11.06+10.07x+0.037T-0.15p+0.014Tp$

菜籽油　$R=3.31+33.2x+0.073T-0.38p+0.0037Tp$

$$R=\frac{\Delta T_{rans}}{tx(1-x)}；\Delta T_{rans}=\frac{氢化油的反式酸\%}{原料油的反式酸\%}；x=\frac{氢化油的碘值}{原料油的碘值}$$

式中，t 为氢化反应时间，h；T 为反应温度，℃；p 为反应压力，lb/in^2（$145lb/in^2=$ 1MPa）。

对于一定的氢化过程，在确定了反应温度和压力之后，利用此方程可以算出不同氢化程度（不同碘值）的氢化油中的反式酸的含量。反之，若要求生产一定反式酸含量的氢化油，也可根据此方程式选择氢化反应的条件（T 值与 P 值之积）。

由于同分异构体中的反式酸远高于顺式酸的熔点，但又低于同碳数的饱和酸的熔点，因此其甘油酯的熔点也存在类似的规律。顺油酸甘三酯、反油酸甘三酯及硬脂酸甘三酯的熔点顺次为 4.9℃、42℃ 及 73.1℃。可见，在不同温度下，油脂的固态脂含量取决于反式酸酯和硬脂酸酯的含量。一般在高温下，固态脂含量随硬脂酸鞭酯的增加而增加，在较低温下，固态脂含量则与反式酸酯和硬脂酸酯的含量呈正相关。

食品专用油脂中，反式酸含量直接影响油脂产品的质量和营养价值。不同的油脂对反式酸含量的要求不同，有些专用油脂，如经轻度选择性氢化的大豆色拉油，要求反式酸含量越少越好，这不仅是为了避免在冬化过程中产生过多的结晶，从而减少损耗，而且还为了减少反式酸对人体的影响。但是有些专用油脂，如反式酸型代可可脂，就要求较高含量的反式酸，以使其熔化特性接近于天然可可脂。使用经硫毒化的镍催化剂对大豆油进行氢化时，可得到反式酸含有率高达 60%～70% 的氢化大豆油。

9.1.6　氢化热效应

油脂氢化反应是放热反应。据测定，氢化一般的植物油时，每降低一个碘值，就使油脂的温度升高 1.6～1.7℃，相当于每摩尔双键被饱和时，放出约 117～121kJ（28～29kcal）热量。

表 9-2 给出了一些不饱和脂肪酸甲酯氢化的热效应值，可见，脂肪酸的氢化热与其他液态脂肪族化合物的氢化潜热基本相似。

表 9-2　常见的烯酸甲酯氢化反应的热效应

名称	顺 9-棕榈油酸甲酯	反 9-棕榈油酸甲酯	顺油酸甲酯	反油酸甲酯	亚油酸甲酯	反亚油酸甲酯	亚麻酸甲酯
ΔH_h/(kcal/mol)	-29.30 ± 0.24	-32.43 ± 0.60	-29.14 ± 0.26	-28.29 ± 0.15	-58.60 ± 0.39	-55.70 ± 0.13	-85.40 ± 0.58

注：1kcal/mol=4.1840kJ/mol。

9.2　影响油脂氢化的因素

对于非均相的氢化反应，温度、压力、搅拌和催化剂是最主要的影响因素。尽管氢化油脂产品在很大程度上取决于油脂和催化剂的种类，但对于同种油脂和催化剂，改变氢化反应的条件，却可得到不同品质的氢化油。氢化反应诸条件之间是相互关联、制约的。

9.2.1　温度

由于氢化是放热反应，温度对反应速率的影响不如一般化学反应那样显著，提高反应温度对氢化速率的影响较小，而且其影响程度与搅拌速率有关。如图9-7所示，在高速搅拌下，反应速率随温度升高而稳定增加，但在低速搅拌下，反应速率则随温度升高而缓慢地减弱。这是因为低速搅拌传质较慢，氢气在油中的溶解速率低所致。由此可见，温度、搅拌对氢化速率的影响是互相制约的。

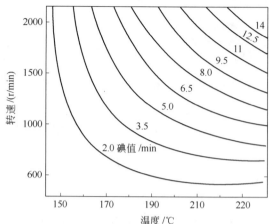

图9-7　温度和搅拌对大豆油氢化速率的影响
（反应条件为 0.08% Ni, 1.97kg/cm²）

氢气在油脂中的溶解度与温度有关（见表9-3）。标准大气压下，氢在油中的溶解度 S 与温度 T（℃）的关系为：

$$S(体积分数)=0.0295+0.000497T$$

表 9-3　氢气在油中溶解度与温度的关系

温度 T/℃	溶解度 S/[L(H₂)/m³(油)]	温度 T/℃	溶解度 S/[L(H₂)/m³(油)]
25	42	150	104
100	79	180	119

温度对氢化的影响是综合的。首先，温度升高增大了氢气在油中的溶解度。其次，升温降低了油的黏度，因此能增强搅拌效果，使氢气容易通过相界面从气相扩散到油相中，随着搅拌和压力的增强，可持久确保氢的供给，使有效氢在催化剂表面呈饱和状态，从而加速催化剂表面的反应。再次，因高温下反应快，催化剂表面上的有效氢有可能部分被耗尽，致使催化剂表面剩余的活化中心向碳链上夺取一个氢原子，从而产生位置或反式异构体。图9-8给出了反式异构体随温度升高的变化情况，此外还有助于二烯酸酯的共轭化，因此比一烯酸酯氢化快得多，故选择性随温度升高而增大。但是随着温度的升高，催化剂表面缺氢愈加严重，因此，当温度上升到一定程度后，SR 值就不再增大。

9.2.2　压力

油脂氢化通常是在压力为 0.07～0.39MPa 下进行的。虽然这个压力范围不大，但在此范围内，压力的变化却对氢化有较大的影响。

氢气在植物油中的溶解度近似为压力和温度的线性函数：

$$L(H_2)=(47.04+0.294T)p×10^{-3}$$

式中，L 为标准状况（0℃，101.325Pa）每千克油中溶解氢气的体积，L；T 为氢化温度，℃；p(H₂) 为氢气压力 [p(H₂)=1～10atm，1atm=101.325kPa]。

增大压力可增大氢在油中的溶解，使催化剂表面吸附的有效氢处于饱和状态，从而加速氢化反应（见图9-9）。

压力对异构化和选择性的影响有限。在较低的压力下，催化剂表面吸附的有效氢可能满足不了氢化反应的需求，容易导致异构化，且对选择性的影响较大，但在高压下由于催化剂表面吸附的有效氢足以满足氢化反应的需求，对异构化和选择性的影响较少（见图9-10）。

9.2.3　搅拌

油脂的多相氢化不仅包括含多个连续的和同时发生的化学反应，而且还包含气体和液体

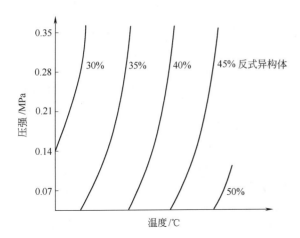

图 9-8　氢化温度和压力对大豆油中
产生反式酸酯的影响（$IV=80$）
（反应条件为转速 7205r/min，不含 Ni）

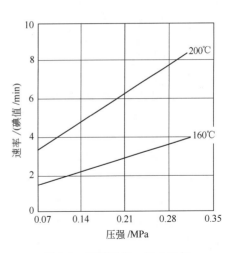

图 9-9　不同温度、压力下氢
化速率的变化
（反应条件为转速 1200r/min，0.08% Ni）

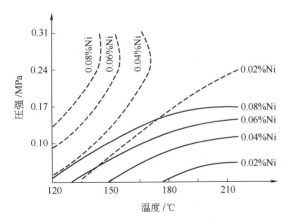

图 9-10　压力对大豆油氢化选择性的影响
（反应条件为转速 700r/min；----为 $SR=20$；——为 $SR=40$）

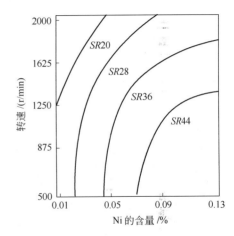

图 9-11　搅拌强度对氢化选择性的影响

在固态催化剂表面的传质物理过程。为了提高传质、传热效果，确保催化剂与油脂、氢气的充分混合，氢化过程必须伴有高效的搅拌混合。氢化过程中，氢在油中的溶解速率可由下式表示：

$$R_H = CLa(H_g - H_0)$$

式中，R_H 为氢气溶解速率；C 为常数；La 为气-液界面面积；H_g 为氢气在气相中的浓度（或压力）；H_0 为氢气在油中的浓度（或压力）。

由于搅拌能扩大气-液接触面积，故能增大氢气在油中的溶解速率，从而加速氢化反应。其影响与氢化温度互联。低温下，搅拌对氢化速率的影响小；高温下，影响显著（见图 9-7）。在一定的压力下，高效率的搅拌增加了传质速度，催化剂表面吸附有足够的有效氢，可供各种双键加成，且脱氢概率小。因此选择性低、异构化少（见图 9-11）。

9.2.4　催化剂

催化剂是氢化的关键，它对氢化的影响表现在其种类、结构和浓度等几个方面。

9.2.4.1　催化剂的种类

不同种类的催化剂对氢化反应有不同的选择性，这对油脂氢化十分重要。常用的多相催化剂的选择性的强弱顺序为：铜＞钴或钯＞镍或铑＞铂。

一般镍催化剂的选择性 SR_{Ln} 只有 $2.0\sim2.3$，而铜催化剂（亚铬酸铜）的选择性 SR_{Ln} 为 $8\sim15$，这是由于亚铬酸铜能促使三烯酸在其表面发生共轭化。但亚铬酸酮只能选择性地催化二烯以上的多烯酸。

选择性大的催化剂吸附力强，相同条件下中毒的概率与程度高于选择性低的催化剂，从而导致氢化速率降低。变价金属铜对油品的促氧化作用也较镍强。

不同催化剂对反应物异构化的影响也不同，亚铬酸铜可使共轭体系发生位置异构化，而镍钯等催化剂却无此作用。但亚铬酸铜和镍对双键反异构化的影响相似。达到顺-反异构化平衡点时，反式酸含量均可达到氢化产生的单烯酸酯的 70%。

均相催化剂 $[Cr(CO)_3$、$Cr(CO)_6$、$Fe(CO)_3$ 和 $Fe(CO)_5$ 等] 不但可使亚麻酸酯含量低于 1%，控制一烯酸酯的氢化，还能减少反式化。

此外，不同催化剂在不同的氢化方法下要求的氢化条件也相同。不同氢化方法使用镍催化剂的氢化条件见表 9-4。

表 9-4　以镍为催化剂的氢化条件

氢化方式	温度/℃	压强/(kg/cm²)	催化剂浓度/%
非选择性	177	$0.35\sim0.98$	0.05
选择性	121	3.516	0.05

注：$1kg/cm^2=9.806\times10^4Pa$。

9.2.4.2　催化剂的表面结构

不同金属原子由于内部结构不同而具有不同的催化性能，而同种催化剂的表面结构（即孔隙度、孔径大小、孔道长短、比表面积等）则决定了它的催化活性，对氢化速率和选择性影响较大。一般氢化速率、选择性与孔隙度和比表面积呈正相关系。孔径粗短（$\phi\geqslant2.5nm$）的结构比孔径细长的结构氢化速率快，选择性高。

9.2.4.3　催化剂浓度

虽然催化剂浓度可在很宽的范围内变动，但是从经济上考虑，则要求在确保快速反应的前提下，尽量降低催化剂使用量。

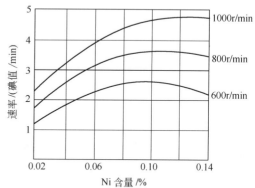

图 9-12　催化剂浓度对大豆油氢化速率的影响
（反应条件为压强 $1.97kg/cm^2$）

在催化剂浓度较低时，增加催化剂的浓度，会使氢化速率相应提高，但当催化剂增至一定量时，氢化速率达到某一数值后将不再提高（见图 9-12）。增加催化剂的用量可增加有效氢的吸附量，虽然单位表面积覆盖的氢较少，但总氢量的增多仍可减少反式异构体的产生，但这种影响要比改变搅拌速度对反式异构化的影响小得多。此外，增加催化剂还能减小选择性，这是因为催化剂多时，同时吸附了大量的多烯酸酯和少量的单烯酸酯，使部分单烯酸酯与多烯酸酯同步氢化，从而降低了选择性 SR 值。

相同氢化方式下，催化剂用量相对于其他操作条件对氢化的影响较小（见表 9-5）。故工业氢化生产中多通过温度、压力和搅拌等操作条件的改变来控制氢化过程。

表 9-5　反应条件对氢化的影响

项　　目	氢化反应速率	选择性	异构化
温度	++++	++++	++++
压力	+++	---	---
搅拌速度	++++	----	----
催化剂浓度	+++	-	-

注："+"号表示增加，"-"号表示减弱；"+"、"-"号的多少表示增加、减弱的程度。

9.2.5　反应物

9.2.5.1　底物油脂

油脂的组成和结构是影响氢化速率的内因，氢化速率与组成甘三酯的烯酸种类、数量及其在甘油基上的位置有关，其规律为：①双键愈多，氢化速率愈快；②靠近羧基的双键较靠近甲基的双键氢化速率快；③共轭双键较所有非共轭双键氢化速率快；④顺式双键较反式双键氢化速率快；⑤1,4-戊二烯酸（酯）较被多个亚甲基隔离的二烯酸（酯）氢化速率快。

油脂的品质对氢化过程的影响主要体现在油脂中游离脂肪酸、磷脂、蛋白质、硫化物及碱炼油脂中残存的微量金属（Na、K、Mg、Fe 等）杂质使催化剂中毒上。因为这些杂质的分子中含有第 V、Ⅵ和Ⅷ主族元素的原子 N、P、O、S、Cl 等，这些原子的未成键孤对电子可被催化剂的 d 空轨道接纳，而所含的Ⅰ、Ⅱ主族元素的金属离子有失去电子的空轨道，Ⅰ、Ⅱ副族元素的金属离子有较多的单电子 d 轨道，均可接纳催化剂活化中心提供的电子，从而形成牢固的化学吸附，难以解吸，占据了催化剂的活化中心，使催化剂产生不可逆中毒，导致氢化速率的降低。除此之外，由于游离羧基被催化剂吸附的能力强于 2 个双键之间的亚甲基，故使亚油酸酯的氢化选择性降低。还有游离脂肪酸可与催化剂镍、铜反应生成金属皂而覆盖催化剂表面，不仅降低催化活性，而且这类金属皂使过滤分离催化剂的操作难度加大，从而导致氢化油产品色泽加深，酸值增高。因此油脂在氢化前需要精炼，并严格控制精炼油的质量，使上述杂质降低至安全水平。

9.2.5.2　氢气

未经净化的氢气含有少量硫化氢、二硫化碳和一氧化碳等杂质，同样能使催化剂中毒，0.5%～5%的硫足以使镍完全失去催化活性。含硫化合物的毒性取决于其含硫量，与化合物的类型无关。

一氧化碳和氮气对催化剂虽然只引起可逆性中毒，但在低温（149℃）下，即使氢气中只有 0.1%的一氧化碳，氢化反应也会终止。在低于 90℃下操作，一氧化碳的含量即使只有

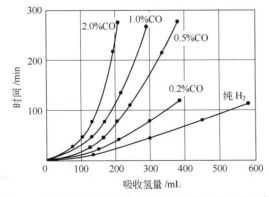

图 9-13　镍对纯氢和不同 CO 含量的氢吸收量的比较

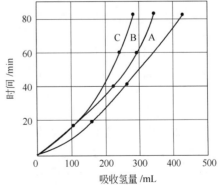

图 9-14　氢对纯氢和混合氢吸收量的比较
A—纯氢；B—氢中含 3%氮；C—氢中含 3%稀释气体

100mg/kg，氢化反应就不可能发生。高温下，一氧化碳和氧气对催化剂的中毒效应虽然不那么明显，但它们聚集在封闭式的氢化反应釜中，会降低催化剂对氢气的吸附量（见图9-13和图9-14），从而降低氢化速率，影响氢化过程。因此氢化中，尤其是没有自备制氢系统的企业要重视外购氢气的纯净度。

9.3　氢化催化剂

1976年IUPAC（国际纯粹及应用化学协会）公布的催化作用的定义是：催化作用是一种化学作用，是靠用量极少而本身不被明显消耗的一种叫做催化剂的外加物质来加速化学反应的现象。也就是说，在反应过程中，催化剂和反应物（底物）发生作用，经过渡态，生成产物，同时催化剂复原。若催化剂为固体，反应发生在固-液或固-气界面，称为多相催化。催化剂这一词汇，来源于希腊文Kata，意即"完全地"，lyo意思是"解放"，催化作用就是催化剂使反应物键解放，从而大大地改善反应速率。

据估计，20世纪70年代末，全球催化剂销售额仅约10亿美元，而到1990年，已达60亿美元，1995年达86亿美元，2001年为107亿美元。就美国工业而言，直接或间接依靠催化剂所获产品的产值约占美国国民生产总值的10%～15%。20世纪80年代中期，美国每消耗1美元的催化剂就能生产出195美元的石油或石油化工产品，其经济效益十分可观。

9.3.1　催化剂的种类及组成

油脂氢化使用的催化剂的基础物质主要为金属，对油脂加氢特别有活性的金属有铂、钯及镍，另外，铜、铝、钴等也有助催化作用。金属催化剂可分为单元催化剂（由一种金属组成）、二元催化剂（由两种金属组成）以及多元催化剂（由多种金属组成）等。

固体催化剂往往不是单一物质，而是由多种物质组成。通常将多组分的固体催化剂分为活性组分和载体两部分。活性组分一般由主催化剂和助催化剂构成。主催化剂是固体催化剂中表现活性的主要成分，助催化剂是指这样一类物质——该物质单独使用时，本身没有活性或活性很小，但将它和主催化剂结合后却能显著提高催化剂的活性、选择性或延长使用寿命。例如铜具有较好的选择性，以铜为助催化剂制成的Ni-Cu二元催化剂能大大改善Ni单元催化剂的选择性。

工业上常将催化剂附着在一些多孔性物质上，以这些物质作为催化剂的骨架，用作骨架的物质称为催化剂的载体。例如Ni-Cu催化剂为粉末状，密度稍大于油，虽有搅拌也常沉于锅底，且用量仅为油重的0.2%左右，与油接触面小，因此必须增加接触面积，并使其悬浮于油中才能很好地反应，加入载体即可达到这种要求。氢化催化剂常用载体为硅藻土。因为它有如下优点：①与油、催化剂及氢不起反应；②不溶于油；③密度小于油，可悬浮于油中；④多孔，可增加催化剂的分散度；⑤有助于过滤。

硅藻土是由硅藻的硅质细胞壁组成的一种生物化学沉积岩，含硅在90%以上，合格的硅藻土的密度（其粉末与同体积水的质量比）要小于0.5，含铁量小于3%，应不含腐殖土和黏土。

催化剂的活性中心具有很强的吸附力，如遇极性很强的物质则将其牢牢吸住而不再解吸，这种使催化剂不能重复起催化作用，从而失去活性的现象称为催化剂中毒。能使催化剂中毒的物质有：不纯氢气中含微量 H_2S、SO_2、CS_2 及 CO 等气体，油脂精炼程度不够时所含的硫化物、游离脂肪酸、磷脂、皂粒以及水分等极性分子。这些毒物中以气态或液态硫化物的毒性最大，如 H_2S、SO_2 及菜籽油中的芥籽苷分解产物等。

9.3.2　几个系列催化剂的性能

9.3.2.1　镍（Ni）系催化剂

催化剂中含镍量一般为 $20\%\sim25\%$。该催化剂活性较高，用于大豆油氢化，亚油酸的选择性比 $SR_L=10\sim30$，亚麻酸的选择性 $SR_{Ln}=1.5\sim2.0$。该催化剂对油的污染少，稳定性高，氢化时其活性变化较小，可多次重复使用，且价格便宜，因此被广泛用于油脂氢化工业。尤其在国外，单元镍催化剂的应用更为普遍。如果轻度硫毒化的催化剂（如荷兰 SP-7型）用于氢化会大大提高氢化油中反式异构酸的含量。

使用镍单元催化剂进行菜籽油氢化时，其活性明显低于氢化大豆油，加入铁则可提高催化剂的活性。

9.3.2.2　铜系催化剂

铜具有较好的选择性。将铜与镍、钴、铂、铬等做成二元或多元催化剂，用于氢化时不仅有较高的反应速度，而且有较强的选择性。铜系催化剂的缺点是铜金属本身对油脂具有较强的促氧化作用。

（1）铜-镍二元催化剂　该催化剂国内常用，其原料价格便宜，易于回收再生。氢化时对亚麻酸有较好的选择性，美国常将该催化剂用于大豆油的轻度氢化，使大豆油中亚麻酸氢化成亚油酸，提高其稳定性，改善其风味，生产大豆色拉油。

（2）铜-铬-锰三元催化剂　该催化剂对多烯酸的选择性较高。氢化时，亚麻酸的选择性比 SR_{Ln} 达 $10\sim15$，而镍单元催化剂的 SR_{Ln} 只有 $1.5\sim2.0$，对油酸的选择性极低，故产品中硬脂酸增量极少，同时该催化剂具有抑制异构化的作用。催化剂中铬起吸氢和加氢作用，铜起选择性作用，锰起抑制异构化作用。该催化剂在常压下活性较弱，高压下 [9.80MPa（100kg/cm² 左右）] 其活性明显增强。所用的铜为氧化铜，铬为三氧化铬。

9.3.2.3　钯和铑催化剂

这种催化剂用碳做载体，性能有所差别。钯-碳催化剂是近几年问世的，在大豆油和菜籽油中表现出较强的活性。铑-碳在这两种油中的选择性较好，但其异构化作用比较明显，钯-碳具有更好的选择性，同时异构化作用也不那么明显。

常用催化剂活性顺序为：钯＞铑＞镍-铁＞铜-铬。

9.4　氢　　气

氢气中杂质的成分因其制法不同而异，常含有 H_2S、SO_2、CS_2、CO、N_2 及水蒸气等。杂质的存在会使催化剂中毒，使氢化时间延长，对安全生产也不利。一般油脂氢化工艺要求氢气纯度在 98% 以上。

氢是易燃气体，当氢气在空气中的含量在大于 4.0% 而小于 74.2% 的范围内，氢-空气混合物即易爆炸。但由于氢气极轻，逸入空气中会迅速上升并分散，因而通风良好的储氢系统中，通常发生的少量氢气泄漏不易造成爆炸事故。

氢气是无色气体，没有滋味和气味，燃烧时为无烟蓝色火焰，在水中不溶解。氧气含量不应超过 3%。

氢气在一般情况下不太活泼，在催化剂存在下加热时，在紫外线和放射线作用下可以提高它的反应能力。在这些场合下，它的活性提高是由于在它的分子离解时生成原子氢的结果。

应用于油脂氢化的工业氢气主要有三种生产方法：水电解法、天然气（甲烷）转化法和铁蒸气法。

本书仅介绍电解法制氢气。制取电解氢的原料是蒸馏水，作为电解质应用的氢氧化钾或氢氧化钠、重铬酸钾或重铬酸钠属于基本物质，压缩氮、水解乙醇等作为辅助物应用。为了从电解槽、气体设备、氢气柜内部孔穴中取代空气采用压缩氮气。乙醇指定供工作部分和设备部件在修理时脱脂用。

氢气是在专用电解槽中用电解水的方法（即在电流作用下水分解为氢气和氧气）制得的：$2H_2O \longrightarrow 2H_2 + O_2$。

水的离解反应在 KOH 或 NaOH 存在下的水溶液中进行，靠它们提高水的导电性加快电解过程。水的离解过程为：$H_2O \rightleftharpoons H^+ + OH^-$。

9.5　油脂氢化设备

油脂氢化的主要设备包括氢化反应器和辅助设备。

9.5.1　氢化反应器

氢化反应器是油脂氢化的主要设备，按生产的连贯性分间歇式和连续式两类，按完成氢化过程的形式可分为搅拌式、外循环式和气泡式三类（见图 9-15）。

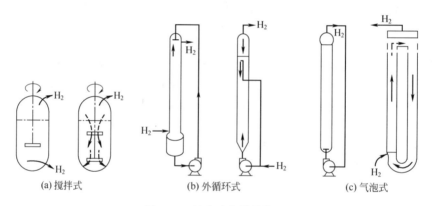

(a) 搅拌式　　　　　　　(b) 外循环式　　　　　　　(c) 气泡式

图 9-15　氢化反应器的类型

9.5.1.1　氢化罐

氢化反应罐是将油脂分批间歇进行氢化作业的反应器，按搅拌装置的结构不同，分为蜗轮式（见图 9-16）和桨叶式（见图 9-17）两类。

氢化罐是上下带有碟盖的直立圆柱形真空压力容器，其高径比为 3～4，容量一般为 6～16m³，工作容量为 3～10t。主要由上下带有碟盖的罐体、换热装置、氢气分配器、搅拌装置、真空接管、泄氢接管、进出油管、氢化油出口及维修人孔等组成。换热面积需满足 4～5m²/t。整个设备全部用不锈钢制成。

氢化罐工作时，氢气由罐底分配器进入油内，通过透平蜗轮搅拌器打散氢气泡，形成良好的油流向上对流循环，氢化罐上部带有导流筒的透平搅拌器，形成油流向下对流循环，使催化剂和氢气均匀分布于油中，推进传质过程，使催化剂表面构成良好的吸附、解吸环境，从而提高氢化反应速率。

氢化罐通过泄氢接管的阀门控制，可配套于封闭式或循环式间歇氢化工艺中，广泛用于食用油脂的氢化和生产规模较小的工业氢化油脂的生产。

9.5.1.2　外循环反应器

外循环反应器是一种借输油泵和液力喷射器而实现反应物混合的间歇式氢化装置（见图

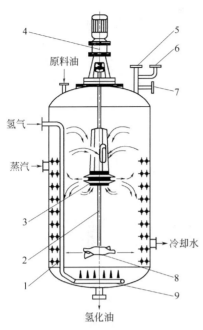

图 9-16　蜗轮式氢化罐
1—加热盘管；2—搅拌轴；3—蜗轮搅拌器；
4—减速装置；5—真空接管；6—泄氢管；
7—循环氢接管；8—蜗轮搅拌器；
9—氢气分配器

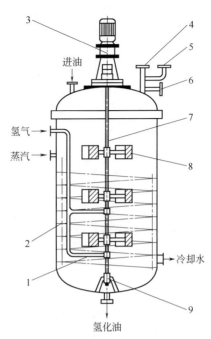

图 9-17　桨叶式氢化罐
1—氢气管；2—加热装置；3—传动
装置；4—真空接管；5—泄氢管；
6—循环氢管；7—搅拌轴；
8—桨叶；9—底轴承

9-18）。主要由反应釜、液力喷射器、催化剂添加罐、热交换器及循环泵等组成。

该装置多配套于生产规模较小的循环式间歇氢化工艺。

9.5.1.3　塔式反应器

塔式反应器俗称氢化塔，按结构分泡罩塔和中空塔两类。泡罩塔类似于化学工程中通用的泡罩塔。主要由长径比较大的塔体、泡罩塔盘、氢气进出口和油进出口等组成。

中空塔的结构较简单，由一组夹套筒（管）体叠装而成。塔径一般为 0.8～1.0m，长径比为 10～20，塔顶设有真空和泄氢接管，塔底部设有辅助氢气鼓泡器。塔中设置催化剂装置，可进行固定床催化加氢作业，其结构见图 9-19。

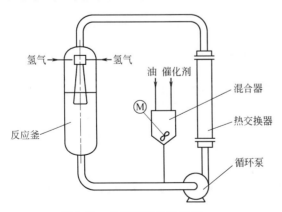

图 9-18　外循环氢化反应器

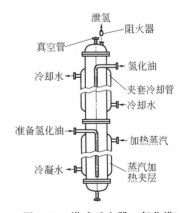

图 9-19　塔式反应器（氢化塔）

氢化塔由 1～3 台串联组成反应器。工作时，氢化油经预热、脱氧干燥、与催化剂混合后，由高压泵输入工作塔，加压氢气随输油管道一同进入，在油流湍流和氢气辅助鼓泡形成激烈混合的过程中完成氢化。氢化塔多配套用于生产规模较大的工业氢化油脂的加工企业。

9.5.1.4 管式反应器

管式反应器是由一组套管换热器、列管相互串联而成的氢化反应器（见图 9-23）。套管换热器或列管通过连接管连接形成一个封闭的氢化系统。连接管有时采用管道静态混合器，以增加混合效果。管式反应器结构简单，广泛用于大规模的工业氢化油脂的生产。

9.5.2 辅助设备

9.5.2.1 脱氧干燥器

脱氧干燥器的作用是使待氢化的油脂脱水除氧。其结构和工作原理类似于油脂脱臭系统中的析气器，多配套于连续氢化工艺。

9.5.2.2 催化剂调和罐

催化剂调和罐的作用是将定量催化剂与部分待氢化的油脂调制成悬浮液。其结构主要由锥底圆筒罐体及搅拌装置等结成。该设备配套于连续氢化工艺时设置有液位控制器和催化剂定量装置。

9.5.2.3 其他

油脂氢化工程中，常配套有热交换器、真空、过滤、后脱色、脱臭器及循环氢净化压缩等系统。这些辅助设备多为化学工业上通用的定型机械产品，可根据生产规模和需要选择配套。

9.6 油脂氢化工艺

9.6.1 油脂氢化工艺的基本过程

油脂氢化工艺一般都包括以下基本过程。

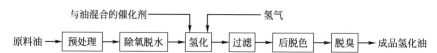

9.6.1.1 对原料油的预处理

为保证氢化反应的顺利进行，确保催化剂的活性及尽量减少其用量，在进入氢化反应器（罐）前，原料油脂中的杂质应尽量去除，杂质的允许残留量为：$FFA \leqslant 0.05\%$，水分 $\leqslant 0.05\%$，含皂 $\leqslant 25mg/kg$，$POV \leqslant 2mmol/kg$，磷 $\leqslant 2mg/kg$，色泽 R1.6 Y16 $\left(5\dfrac{1}{4}槽\right)$，茴香胺值 $\leqslant 10$，铜 $\leqslant 0.01mg/kg$，铁 $\leqslant 0.03mg/kg$。

9.6.1.2 除氧脱水

采用间歇式工艺时一般在氢化反应器内进行。连续或半连续式工艺，原料油在进反应器前须设立一台真空脱气器。

9.6.1.3 氢化

油脂氢化按生产的连贯性分为间歇式和连续式两类工艺。通常以下列方式判定氢化终点。

（1）以氢化时间判断 预先测定碘值与氢化时间的关系，绘制成标准曲线指导生产或凭经验确定时间。

（2）以氢气压力的下降值判断 在标准状态下，每千克油脂碘值降低 1，耗氢量为 $0.88L(0℃)$ 或 $0.93L(15℃)$。根据压差求得在一定温度下批量油脂的耗氢量。可用计算机进行控制。

（3）以氢化放热量进行判断　通过在线量热计进行观察，并按照每降低 1 个碘值升温 1.6～1.7℃的理论值，进行记录、计算得出氢化过程的放热量，便可判断氢化终点。

（4）利用已知油脂折射率与碘值之间的关系判断　通过测定折射率的变化，可直接确定氢化程度。该法简便、快速，但测量仪器也必须快速、可靠。利用内在纤维光学技术的折射率参比仪以及在线折射率仪器将成为自动记录和控制氢化程度的有效手段。这种仪器还能测出产品的顺式与反式异构体的比例。

氢化反应的条件根据油脂的品种及氢化油产品质量的要求而定。一般范围：温度 150～200℃，氢气在 140～150℃时开始加入，压力为 0.1～0.5MPa，催化剂用量 0.01%～0.5%（镍/油），搅拌速度 600r/min 以上。例如大豆油轻度氢化（目的在于去除亚麻酸）的反应条件为：温度 175℃，压力 0.1MPa，催化剂用量 0.02%（镍/油），搅拌速度 600r/min。大豆油选择性氢化（用作人造奶油原料），其反应条件为：温度（180±5）℃，压力 0.3MPa，催化剂用量 0.1%（镍/油），产品熔点为（43±1）℃。

9.6.1.4　过滤

目的在于脱除氢化油中的催化剂。进过滤机前，油温须降低到 70℃左右。此外，经过后精炼的成品油还需要精滤方可入库。

9.6.1.5　后脱色与脱臭

（1）后脱色　目的是借白土吸附进一步去除残留催化剂。工艺条件：温度 100～110℃，时间 10～15min，白土量 0.4%～0.8%，压力 6.7kPa。镍残留量低于 5mg/kg。

（2）后脱臭　脱臭温度 230～240℃，真空度≤0.5kPa，汽提蒸汽流量 40m³/h，油在脱臭塔内停留时间<4h。

9.6.2　间歇式氢化工艺

间歇式氢化工艺即待氢化油脂分批进行氢化的工艺。多应用于食用油脂选择性氢化和规模较小或油脂品种更换较为频繁的工业氢化油脂的加工。按照氢气的循环与否，分为封闭式和循环式两种。

9.6.2.1　封闭式间歇氢化工艺

典型的封闭式氢化工艺如图 9-20 所示。待氢化油和催化剂悬浮液由输送泵和真空系统注入封闭式氢化罐，经预热及真空系统脱氧干燥后，通入加压氢气，在强烈的搅拌混合下进行加氢。反应期间，根据情况通过泄氢装置排放废氢（废气），并由供氢装置补充新鲜氢气。反应的操作温度通过罐内的换热装置进行调节。氢化反应至终点后，停止供氢，由泄氢装置释放余氢与废气。启动真空系统排尽残氢，通入待氢化油（或冷却水），将氢化油冷却至 80℃左右后，破除真空，泵入过滤机分离催化剂。分离过催化剂的氢化油经后处理，即得成品氢化油脂。

该工艺利用氢化罐本体进行热交换，设备利用率和生产效率低。同样容量的氢化罐若配套于图 9-21 给出的工艺流程时，则可提高生产效率。

9.6.2.2　循环式间歇氢化工艺

循环式间歇氢化工艺是氢气在循环的状态下，将油脂分批进行氢化的工艺（见图9-22）。油脂分批进入氢化罐完成加氢的过程与封闭式相同，但氢气不是以死端式压入氢化罐，而是在操作压力下连续通过油层，在不断循环的状况下参与反应。穿过油层的氢气经循环氢出口进入净化系统净化后，由氢压缩机压入氢化罐而形成循环。循环系统与储氢罐联通，以保证氢化罐的操作压力稳定。

循环式间歇氢化工艺中氢气能通过循环充分利用，因而单位产品耗氢量低，但建设投资

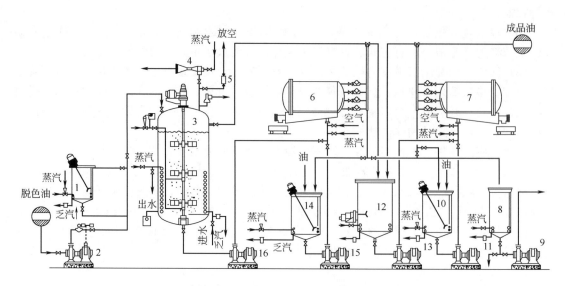

图 9-20　封闭式间歇氢化工艺流程 I

1—催化剂、油混合罐；2—输油泵；3—氢化反应器；4—蒸汽喷射器；5—阻火器；6—催化剂压滤器；
7—后脱色压滤器；8—回料油罐；9—回料泵；10—预涂层罐；11—预涂层泵；12—后脱色锅；
13—脱色过滤泵；14—预涂层罐；15—预涂层泵；16—催化剂过滤泵

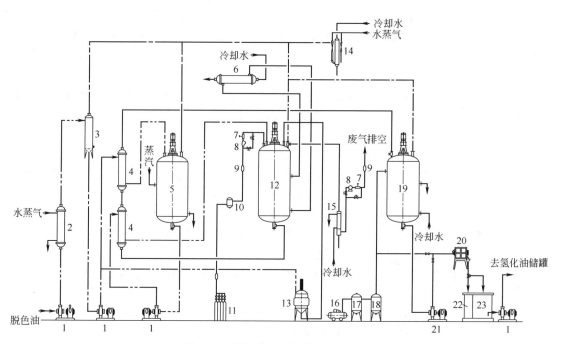

图 9-21　封闭式间歇氢化工艺流程 II

1—输油泵；2—加热器；3—除气器；4—热交换器；5—预热罐；6—冷凝器；7—计量仪；
8—过滤器；9—阻火器；10—气包；11—氢气钢瓶集装箱；12—氢化反应罐；
13—催化剂混合罐；14—二级蒸汽喷射泵；15—废气冷凝器；16—空气压缩机；
17—除油罐；18—压缩空气储罐；19—氢化油冷却罐；20—氢化油过滤机；
21—过滤泵；22—回油罐；23—氢化油暂存罐

大，故多用于生产规模较大的工业氢化油脂的加工。已经具备该工艺的企业，应用该工艺加工食用氢化油脂，同样可获得封闭式氢化工艺的效果。

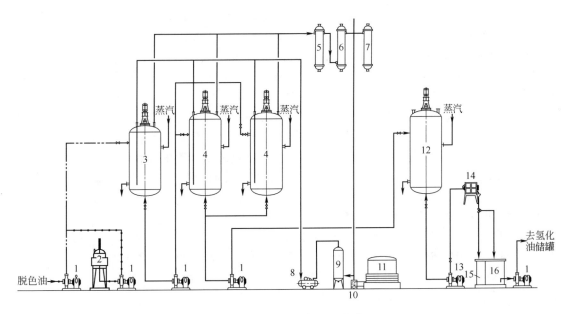

图 9-22　循环式间歇氢化工艺流程

1—输油泵；2—油催化剂混合罐；3—预热罐；4—氢化罐；5—油氢分离器；6—氢气净化器；
7—氢气冷凝器；8—氢压缩机；9—氢气干燥器；10—水封池；11—氢气储柜；12—黑氢化
油待滤罐；13—过滤泵；14—压滤机；15—过滤回收油箱；16—氢化油暂存罐

9.6.3　连续式氢化工艺

连续式氢化工艺是油脂在连续通过氢化装置时完成氢化过程的工艺。由于生产过程连续自动化而体现出辅助时间短、氢化速度快、催化剂和氢气的消耗低、热能利用好、生产成本低、生产效率和经济效益高等诸多优点。特别适用于在较长时间内同一种原料油脂生产相同产品的大规模工业生产。典型的连续氢化工艺见图 9-23。

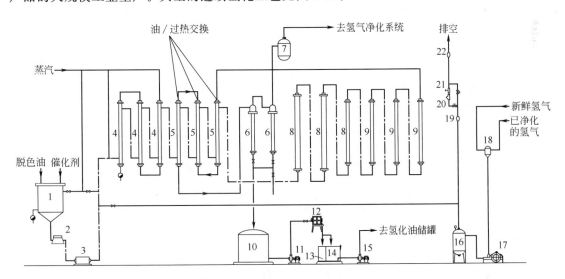

图 9-23　连续氢化工艺流程 I

1—计量混合器；2—计量器；3—高压柱塞泵；4,5,8—氢化反应器（管）；6—油氢分离器；7—氢气降压器；
9—氢化反应辅助器；10—待滤罐；11—过滤泵；12—压滤机；13—回收油罐；14—氢化油暂存罐；
15—输油泵；16—高压集氢器；17—氢压缩机；18—净化氢气混合罐；
19—分离器；20—过滤器；21—计量仪；22—阻火器

待氢化油脂经预热、脱氧干燥后，与和油流量匹配的定量催化剂经计量混合器混合后，由高压柱塞泵输入列管式氢化装置，与由氢压缩机输入的加压氢气完成氢化反应。然后与温度低的初步氢化油热交换，进入油/氢化离器分离后，进入待滤油罐。由油/氢分离器分离出的氢气，经降压器降压后，转入循环氢系统，经净化、冷却，由氢压缩机压入氢气装置而实现循环。

连续氢化作业前，首先用蒸汽使氢化系统贯通，使管路及反应装置畅通无阻，再压入氢气，除去装置中的残留水分，然后将前批加工停车前，中断氢化的硬化油（待滤罐中）加热熔化后，用进料泵输入反应系统，驱逐系统中的空气，至分离器中见有油流后，停止压料。加热使油温度高于20℃时方可向系统中正常输入油/催化剂的混合料，并压入氢，转入氢化过程。氢化过程中注意控制好如下参数：预热段温度160～180℃；热交换段温度180～210℃；反应器温度（250±5）℃；辅助反应器温度（230±5）℃；出料温度200～220℃；氢气压缩机压力（30～35）×10⁵Pa；氢压缩机压力中，入口（20～25）×10⁵Pa，出口（30～35）×10⁵Pa；进油流量1000～1300kg/h；油/氢体积比300～600；转速比1.2～1.5。

塔式连续氢化工艺（见图9-24）的工作流程与管式连续氢化工艺类同，适用于生产规模适中的工业氢化油脂的加工。

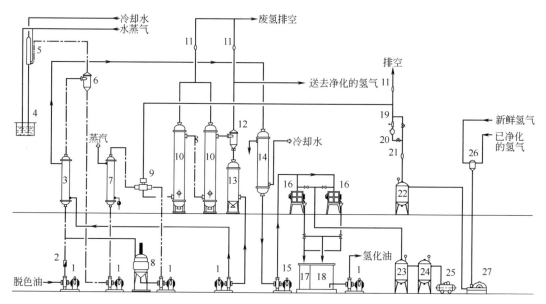

图9-24　连续氢化工艺流程Ⅱ

1—输油泵；2—流量计；3—热交换器；4—水封池；5—蒸汽喷射泵；6—析气器；7—加热器；8—催化剂混合罐；
9—混合器；10—氢化反应塔；11—阻火器；12—油氢分离器；13—氢化油收集器；14—冷却器；15—过滤泵；
16—氢化油过滤机；17—回收油槽；18—氢化油暂存罐；19—计量仪；20—过滤器；21—氢气分离器；
22—高压氢气罐；23—压缩空气储罐；24—储油罐；25—空气压缩机；
26—净化氢气混合罐；27—氢气压缩机

9.6.4　氢化工艺的一般条件及消耗

氢化生产的产品有油脂食品基料与油脂化工两类。包括宽塑性范围起酥油（IV80～85），窄塑性范围起酥油（IV75，作煎炸、糖果脂肪），流动性起酥油（液态油90%～98%和固态脂10%～2%，IV108～132，面包或煎炸用），餐用人造奶油（80%脂肪，如单一基料大豆油IV75），焙烤用人造奶油，可可脂代用品（镍硫催化氢化反式异构体为主体，IV74.1～81.4），色拉油和烹调油（IV105～110），硬化油（硬脂，IV 1～5，规格IV0.5以下）；脂肪醇（脂肪酸或甲酯的铜铬催化氢化产品），脂肪胺（脂肪腈的镍催化氢化产品）。

9.6.4.1　氢化油脂产品质量与工艺条件的关系（见表9-6）

表 9-6　氢化油脂产品质量与工艺条件的关系

原料油脂	催化剂		反应温度	反应压力	吸氢量	反应时间	氢化油产品质量	
	种类	用量/%	/℃	/MPa	/(m³/T)	/h	碘值(IV)	熔点/℃
大豆油	镍	0.02	190～165	约 0.10	约 40	约 2	70～86	约 33.3
大豆油	镍	0.02	190	约 0.10	27	1.5	104～106	—
牛脂	镍	0.10	180	约 0.10	3.0	1.0	40	46
牛脂	镍	0.20	200	0.49	48	2.5	0.5	60
鲸油	镍	0.40	200	0.1～0.2	50	3.0	65	36
鲸油	铜、铬	1.00	210	0.10	37	3.0	78	23
棉籽油	镍	约 0.20	200～220	约 2.5	约 40	1～2.5	约 5.0	约 58
葵花油	钯	0.001	140～200	0.1～0.2	约 40	1～2	70～85	30.5～36

9.6.4.2　氢化生产消耗与成本估算

将间歇式与连续式氢化的典型生产工艺进行计算对比，现按照每降低 60 个碘值（IV），生产 1t 氢化油的辅助原材料的耗用量，列于表9-7。

表 9-7　氢化油脂的原辅材料耗用量

生产方式	蒸汽消耗量/kg		冷却水量20℃ /m³	氢气(纯度 99.5% 以上)/m³	催化剂镍 /kg	电力(不包括 制氢)/kW	操作工人 /(人/班)
	1MPa	0.4MPa					
间歇式	140	—	6	72(标准态)	0.2～0.5	20	1～2
连续式	—	100	4	72(标准态)	0.2～0.5	13	1

第 10 章　油脂酯交换

10.1　油脂酯交换反应的种类

油脂酯交换是指甘油三酸酯与脂肪酸、醇、自身或其他酯类作用，引起酰基交换而产生新酯的一类反应。由于不需改变油脂脂肪酸组成就能改变油脂的特性，酯交换与氢化、分提已成为目前油脂改性的三大手段。近几十年来，油脂的酯交换发展迅速，虽然酯交换技术目前尚存在催化剂的选择、反应定向控制等问题，还有待于进一步扩大工业化生产，但其能有效提高油脂的可塑性及可塑性范围，在改变油脂物理性状的同时，既不降低其不饱和程度，又不产生异构化酸，保持了油脂中天然脂肪酸的营养价值的这一特点，使油脂酯交换有着潜在应用前景。目前酯交换已被广泛地应用于表面活性剂、乳化剂、生物柴油和各种专用油脂的各个生产领域。

根据酯交换反应中的酰基供体的种类（酸、醇、酯）不同，可将其分为酸解、醇解及酯-酯交换。

10.1.1　酸解

油脂与脂肪酸作用，酯中酰基与脂肪酸酰基互换，生成新酯的反应称为酸解：

$$R_1\text{—}\overset{\overset{\displaystyle O}{\|}}{C}\text{—}OR_2 + R_3\text{—}\overset{\overset{\displaystyle O}{\|}}{C}\text{—}OH \Longrightarrow R_3\text{—}\overset{\overset{\displaystyle O}{\|}}{C}\text{—}OR_2 + R_1\text{—}\overset{\overset{\displaystyle O}{\|}}{C}\text{—}OH$$

酸解反应十分缓慢，较之醇解反应有更多副反应。尽管如此，通过酸解反应，可以将低分子量的酸引入到由较高分子量脂肪酸构成的油脂中去，例如将甲酸、乙酸或丙酸与中性椰子油在 $150\sim170℃$ 及硫酸催化下进行反应，生成一种低熔点物质，可用于生产火棉的增塑剂；通过酸解反应也可以将高分子量的酸引入由低分子量脂肪酸构成的油脂中，例如将椰子油与棉籽油脂肪酸在 $260\sim300℃$ 下进行非催化反应 $2\sim3h$，并在减压下除去所产生的低分子量的游离脂肪酸，产物的皂化值由原来的 258 降低到 245。

要使酸解反应顺利进行，一要游离酸的活度大于被置换下来的酸，二要自反应体系中移去酸解下来的脂肪酸。酸解反应很少用于食用油的加工。

10.1.2　醇解

油脂或其他酯类在催化剂的作用下与醇作用，交换酰基生成新酯的反应叫醇解。

可参加反应的醇类有一元醇（如甲醇、乙醇）、二元醇（如乙二醇）、三元醇（甘油）、多元醇、糖类（如蔗糖）等，其反应式为：

$$R_3OH + R_1\text{—}\overset{\overset{\displaystyle O}{\|}}{C}\text{—}OR_2 \Longrightarrow R_1\text{—}\overset{\overset{\displaystyle O}{\|}}{C}\text{—}OR_3 + R_2OH$$

油脂与甘油进行醇解，可得到单甘酯、双甘酯及甘三酯的混合物。所得混合物中 $40\%\sim60\%$ 为单甘酯，经分子蒸馏可将其纯度提高到 95% 以上。这是工业上制备食品乳化剂单甘酯的主要方法。

醇解反应能生成包括单甘酯、双甘酯等在内的各种结构变更了的新的酯类。由于醇解反应能提供除甘油酯以外的其他酯类，且工艺简便，所以在工业上占有重要地位。醇解反应常常用于合成单甘酯、山梨糖脂肪酸酯、蔗糖脂肪酸酯等食品加工用的乳化剂。

醇解也是可逆反应，酸或碱均可用作催化剂。

10.1.3　酯-酯交换

油脂中的甘三酯与甘三酯或其他酯类作用，交换酰基生成新酯的反应叫酯-酯交换。

甘三酯分子中有三个脂肪酸酰基，油脂酯交换可以是同一个甘三酯分子内的酰基交换，也可以是不同分子间的酰基交换：

$$
\begin{array}{c}
CH_2OCOR_2 \\
|\\
CHOCOR_3 \\
|\\
CH_2OCOR_4
\end{array}
\ \rightleftharpoons\
\begin{array}{c}
CH_2OCOR_3 \\
|\\
CHOCOR_2 \\
|\\
CH_2OCOR_4
\end{array}
\ \rightleftharpoons\
\begin{array}{c}
CH_2OCOR_2 \\
|\\
CHOCOR_4 \\
|\\
CH_2OCOR_4
\end{array}
$$

分子内酯交换

$$
\begin{array}{c}
CH_2OCOR_2 \\
|\\
CHOCOR_2 \\
|\\
CH_2OCOR_2
\end{array}
+
\begin{array}{c}
CH_2OCOR_3 \\
|\\
CHOCOR_3 \\
|\\
CH_2OCOR_3
\end{array}
\rightleftharpoons
\begin{array}{c}
CH_2OCOR_3 \\
|\\
CHOCOR_2 \\
|\\
CH_2OCOR_3
\end{array}
+
\begin{array}{c}
CH_2OCOR_2 \\
|\\
CHOCOR_3 \\
|\\
CH_2OCOR_3
\end{array}
\rightleftharpoons
\begin{array}{c}
CH_2OCOR_3 \\
|\\
CHOCOR_3 \\
|\\
CH_2OCOR_2
\end{array}
+
\begin{array}{c}
CH_2OCOR_2 \\
|\\
CHOCOR_2 \\
|\\
CH_2OCOR_3
\end{array}
$$

分子间酯交换

酯交换使甘三酯分子的脂肪酸酰基发生重排，而油脂的总脂肪酸组成未发生变化。酰基的这种交换重排是按随机化原则进行的，反应所得到的甘三酯的种类是各种脂肪酸在各个甘油基及其三个位置上进行排列组合的结果，最终按概率规则达到平衡状态。

表 10-1 对比了用实际测定和计算法确定的酯交换油脂样品甘三酯的组成。

表 10-1　实际测定和计算法确定的甘三酯样品组成

甘　三　酯	物质的量分数	
	实际测定值	计 算 值
三饱和甘三酯（S_3）	6.4	6.4
二饱和一不饱和甘三酯（S_2U）	29.2	28.8
一饱和二不饱和甘三酯（SU_2）	43.6	43.2
三不饱和甘三酯（U_3）	20.8	21.6

油脂的性质主要取决于所含脂肪酸的种类、碳链长度、不饱和程度和脂肪酸在甘三酯分子中的分布。酯-酯交换反应中，虽然油脂的脂肪酸的组成未发生改变，但酰基的随机重排，脂肪酸分布状况的变化使油脂的甘三酯组分发生变化，而使其物理性质发生改变。酯-酯交换作为当今油脂改性的重要手段之一，在油脂食品生产中的应用日益增加。

酯交换是一类比较复杂的化学反应，根据酯交换反应中所使用的催化剂不同，将其划分为化学酯交换反应和酶法酯交换反应两大类，前者是指油脂或酯类物质在化学催化剂（如酸、碱等）作用下发生的酯交换反应，后者是利用酶作为催化剂的酯交换反应。

10.2　油脂酯交换的机理

10.2.1　脂肪酸在甘三酯中的分布

10.2.1.1　天然植物油中脂肪酸在甘三酯中的分布

在天然油脂中，脂肪酸在甘三酯中的分布既不是均匀的也不是随机的，而是另有规律。随着分析技术的发展，已经积累了足够的分析数据，说明脂肪酸在甘油分子的三个羟基上的分布是有选择性的：sn-1、sn-2、sn-3 三个位置是有区别的。植物油中的油酸、亚油酸和亚麻酸具有选择地与甘油的 sn-2 位的羟基结合，其余的脂肪酸如饱和脂肪酸与长碳链不饱和脂肪酸，包括多余的油酸与亚油酸、亚麻酸，则集中在 sn-1 与 sn-3 位上；不常见的酸（如芥酸）联结在 sn-3 位上。

10.2.1.2　酯交换油脂中脂肪酸在甘三酯中的分布

　　油脂酯交换反应的实质是各种脂肪酸在分子内和分子间进行重排的过程。这种重排符合随机化原则，即每种脂肪酸进入 sn-1、sn-2、sn-3 的机会均等，没有选择性，各占 1/3，就甘油的三个位置而言，理论上饱和脂肪酸在 sn-2 上的比例应是 33.3%，实验数据在 30%～39%之间，可认为是相符的；sn-1、sn-2 同样如此。由此可见，天然油脂酯交换后脂肪酸的分布发生明显变化，可能出现天然油脂中所没有的甘三酯种类。

10.2.2　油脂酯交换的反应机理

　　甘三酯的酯-酯交换反应机理尚无定论，目前存在有两种假设：第一种是反应中形成了作为引发剂，作用于甘三酯上的中间产物——烯醇式酯离子；第二种是反应过程中引发剂与甘三酯分子中的羰基作用形成加成复合体。

10.2.2.1　形成烯醇式酯离子的机理假设

（1）烯醇式酯离子的形成（以甲醇钠作催化剂）过程

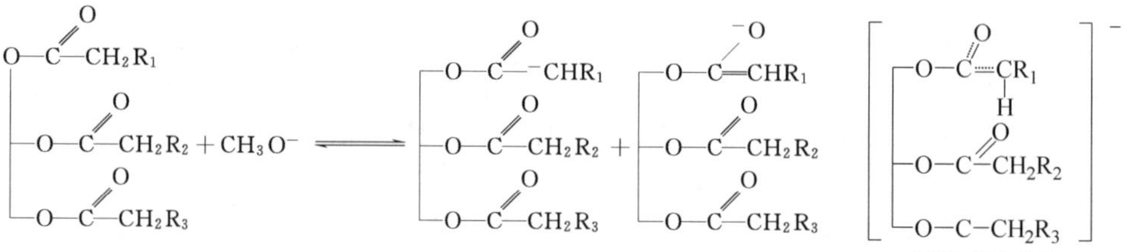

烯醇式酯离子

（2）分子内酯-酯交换反应

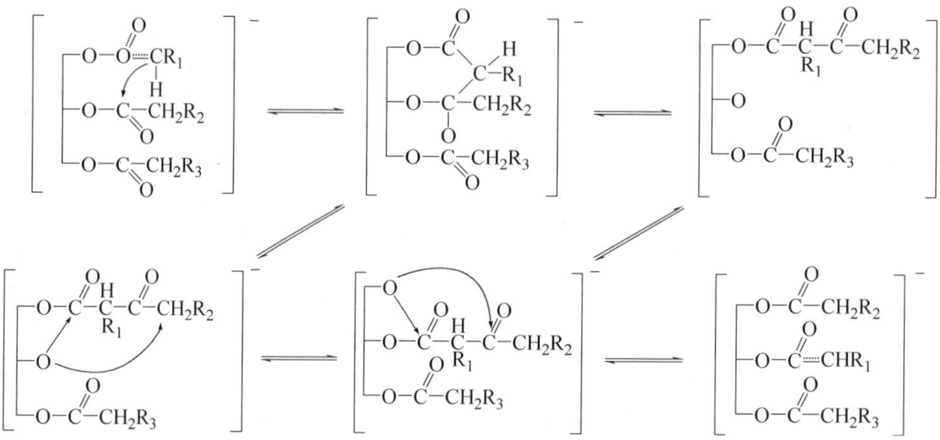

（3）分子间的酯-酯交换

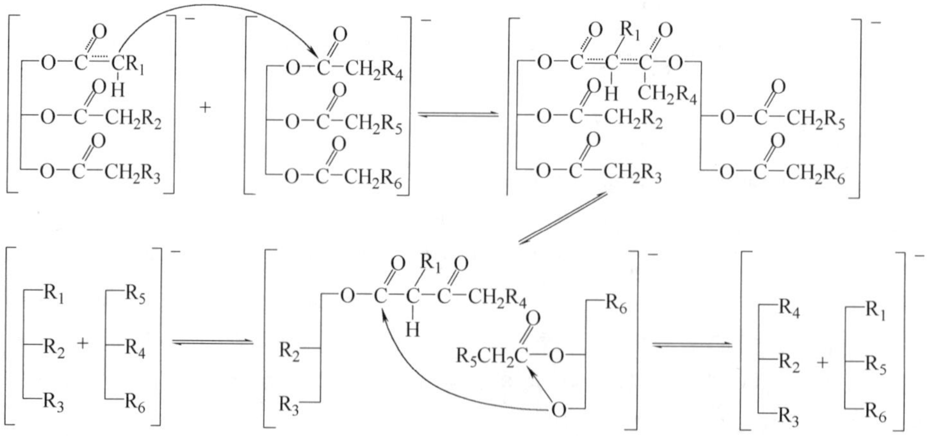

根据此假设，β 酮酸是必不可少的中间产物。

10.2.2.2 羰基加成的机理假设

酯-酯交换反应虽然可以在无催化剂的情况下进行，但是实际反应都使用催化剂，最常用的催化剂是碱性催化剂如醇钠、金属合金。在反应过程中，碱性催化剂能够活化单甘酯和双甘酯，增加它们的羟基氧的负电荷，其具体过程如下。

（1）活化或诱导期

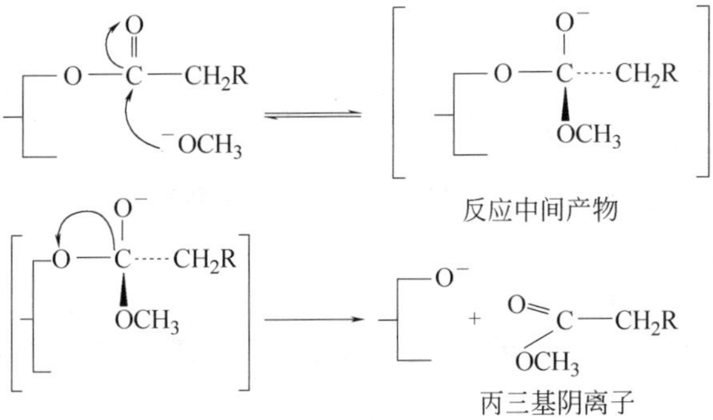

反应中间产物

丙三基阴离子

（2）交换期

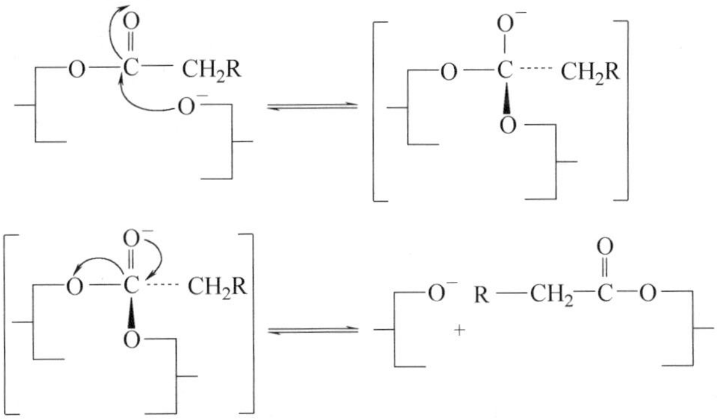

诱导期的长短取决于催化剂的性质和数量、原料油脂的甘三酯及脂肪酸组成、过程的流体动力学条件、反应温度及时间、混合形式等。该假设是双分子的亲核取代反应，新生成的真正催化剂（DG—O$^-$）再与另一个极化甘三酯分子反应，转移其脂肪酸生成新的甘三酯分子以及再生的二酰甘油阴离子。这一过程通过一系列的链反应不断重复进行，直到所有的脂肪酸酰基改变位置，并使随机化趋于完全为止。

10.2.3 酯交换反应后油脂性质的变化

油脂进行酯交换后，虽然脂肪酸组成未变，但脂肪酸的分布发生了改变，使甘三酯的构成在种类和数量上都发生了变化，引起油脂的多种性质也相应发生改变。具体变化与原料中脂肪酸组成的改变或生成物中甘三酯组成的改变密切相关。

10.2.3.1 熔点

随酯交换后甘三酯组成的变化情况，而发生改变。

对于某种原料油和其他油脂的混合物，如果饱和脂肪酸含量增加，反应后产物的熔点会相应升高，反之则下降，例如氢化油和液态油进行酯交换后，氢化油的熔点一般下降 $10\sim20℃$。

在同一原料油的酯交换，虽然脂肪酸组成未发生改变，由于天然油脂中各种脂肪酸通常不是随机分布，而是呈现某种规律，经过酯交换随机排列后，脂肪酸的分布会比较均匀，例如对于单一的植物油，一般三饱和甘三酯存在的比率低，分子的随机重排会使之比率上升，而使反应后的熔点升高，通常会升高 $10\sim20℃$。动物脂肪酯交换后，三饱和甘三酯的含量变化不大，略有下降，反应后油脂的熔点亦然。表 10-2 给出了几种油脂酯交换后熔点的变化情况。

表 10-2　几种油脂随机酯交换后的熔点变化

油　脂		大豆油	棉籽油	椰子油	棕榈油	猪脂	牛脂
熔点/℃	反应前	−7	10.5	26.0	39.8	43.0	46.2
	反应后	5.5	34.0	28.2	47.0	42.8	44.6

10.2.3.2　固态脂指数（SFI）

由于酯交换后，脂肪酸重新分布，有些油脂的甘三酯组成变化较大，使 SFI 变化也大。SFI 发生变化使油脂的可塑性、稠度也随之发生改变。

由表 10-3 可以看出，有些油脂的固态脂指数变化较小，如棕榈油、猪脂、牛脂等；而棕榈仁油及其与椰子油的配合油，反应后固态脂指数变化较大；变化最大是可可脂，反应前后有显著差异。

表 10-3　交酯反应前后 SFI 值的变化

油　脂	反　应　前			反　应　后		
	10℃	20℃	30℃	10℃	20℃	30℃
可可脂	84.9	80	0	52.0	46	35.5
棕榈油	54	32	7.5	52.5	30	21.5
棕榈仁油	—	38.2	80	—	27.2	1.0
氢化棕榈仁油	74.2	67.0	15.4	65	49.7	1.4
猪脂	26.7	19.8	2.5	24.8	11.8	4.8
牛脂	58.0	51.6	26.7	57.1	50.0	26.7
60%棕榈油+40%椰子油	30.0	9.0	4.7	33.2	13.1	0.6
50%棕榈油+50%椰子油	33.2	7.5	2.8	34.4	12.0	0
40%棕榈油+60%椰子油	37.0	6.1	2.4	35.5	10.7	0
20%棕榈油硬脂+80%轻度氢化植物油	24.4	20.8	12.3	21.2	12.2	15

图 10-1 为随机酯-酯交换对可可脂的作用。可可脂是一种具有鲜明熔化特征，SFI 曲线陡峭的油脂，熔点范围窄，在人体体温 37℃ 左右时，固态脂完全熔化，显示出很好的口溶性。由于随机酯交换，生成高熔点甘三酯，使得在高温下（50℃）仍有一定量的固态脂，在人体口腔温度下不能完全熔化，并且熔点范围增宽，SFI 曲线走势变得平缓。

10.2.3.3　结晶特性

酯交换可使某些油脂的结晶特性明显改变，例如天然猪油的甘三酯分子中，二饱和甘三酯（S_2U）大都是以 S-P-U 的形式排列，即棕榈酸选择性地分布在 sn-2 位上，而硬脂酸分布在 sn-1 或 sn-3 位上，这种结构的相似性使其容易形成 β 晶体，而使猪油产生粗大的结晶，酪化性差。酯交换中脂肪酸分子重排，各种脂肪酸进行随机化排列，从表 10-4 可以看出，反应

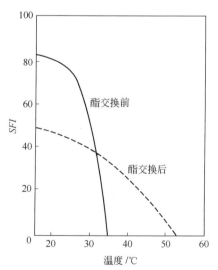

图 10-1　随机酯-酯交换前后
可可脂的 SFI 曲线

后，二饱和甘三酯的数量几乎没有变化，但 S-P-U 结构的甘三酯数量却激减，从而失去了形成稳定 β 结晶的基础。酯交换后的猪油形成 β' 结晶，可使其酪化性等特性发生明显改善。油脂进行酯交换后，其稳定性也会有所改变。

表 10-4　酯交换前后猪油甘三酯的组成

甘　三　酯		S_3	S_2U	SU_2	U_3
组成/%	酯交换前	2	26	54	18
	随机酯交换后	5	25	44	26
	定向酯交换后	14	15	32	39

10.3　影响酯交换的因素

酯-酯交换反应能否发生以及进行的程度如何与原料油脂的品质、催化剂种类及其使用量、反应温度等密切相关。

10.3.1　酯交换的催化剂

10.3.1.1　化学催化剂

油脂酯交换在没有催化剂的条件下，也可以进行，但速度很低且要求反应温度很高（250℃左右），所需反应时间长，且伴有分子分解及聚合等副反应。因此必须使用催化剂。

化学酯交换常用的催化剂是碱金属、碱金属的氢氧化物及碱金属烷氧化物等。目前在食用油脂生产中使用最广泛的是甲醇钠，其次是钠、钾、钠钾合金以及氢氧化钠等。

甲醇钠一般以粉末状态使用，它有许多优点：价格低，操作容易控制，引发反应温度低（50～70℃）、用量少（底物重 0.2%～0.4%）、反应结束时易通过水洗失活去除等。但也有不足之处：易吸潮，且易与水、碳酸气、氧、无机酸、有机酸、过氧化物等物质激烈作用。因此无水甲醇钠必须在避免与空气、水分及上述化合物接触的条件下保存和使用。另外在酯交换反应过程中，它易与中性油反应生成皂类及甲酯，造成中性油的损失。

金属钠常以分散于二甲苯、甲苯的形式添加，由于接触空气会起火，与水起剧烈反应，必须小心处理。钠钾合金与金属钠一样，处置要谨慎。它们在 0℃时也呈液态，容易分散于油脂中，适合在较低温度下进行酯交换反应，例如定向酯交换反应。其使用温度为 25～170℃，使用量为 0.1%～1.0%。

氢氧化钠价格低廉，由于难溶于油脂，需要与甘油共用，作为水溶液添加。由于与甘油合用，提高了催化效果，但反应中伴有少量的单甘酯和双甘酯产生。为使反应顺利进行，添加催化剂后必须迅速脱除水分并在较高温度下（140～160℃）进行。

10.3.1.2　酶催化剂

脂肪酶既可用于油脂的水解，也可应用于酯交换反应。脂肪酶的种类不同，其催化作用也不同。人们常根据其催化的特异性将其分为三大类：非特异性脂肪酶、特异性脂肪酶和脂肪酸特异性脂肪酶。不同种类的脂肪酶催化油脂酯交换反应的过程与产物各异。

常用非特异性脂肪酶作为催化剂，这类酶对甘油酯作用的位置无特异性，其产物类似于化学酯交换所获得的产物。它在含水量高的情况下将甘三酯分解为游离脂肪酸和甘油，仅有少量的中间产物如单甘酯、双甘酯存在。一些微生物能产生这一类脂肪酶。

使用 1,3-特异性脂肪酶催化酯交换反应，若不考虑副反应时，酰基转移仅限制于 sn-1 和 sn-3 位置，所产生的甘三酯混合物是化学催化酯交换反应所无法得到的产物。但是脂肪酶催化油脂酯交换反应过程中会伴随着水解及酰基位移等副反应，致使产物不单一。因此使用时要严格控制反应条件，反应时间也不易过长，否则会产生许多不希望得到的副产物。一些微生物能产生 1,3-特异性脂肪酶，动物的胰脏内的胰脂酶及米糠的解脂酶等既属于这类特异性脂肪酶。甘三酯和游离脂肪酸的混合物可作为脂肪酶的催化反应基质，在反应时特定的游离脂肪酸与特定的酰基互换，产生新的甘三酯。

脂肪酸特异性脂肪酶对甘油酯分子上特异性的脂肪酸产生解离酯交换。大部分的微生物胞外酶对中性油只呈现少量的脂解特异性，但个别微生物分离出来的脂肪酶却有明显的脂解特异性，即对第九个碳位置含有顺式双键结构的长链脂肪酸（如油酸、亚油酸及亚麻酸等）优先解离，而对于甘三酯中的饱和脂肪酸及第九个碳位置上不具有顺式双键的不饱和脂肪酸，其解离速度非常缓慢。在实际生产中，可根据具体情况选择不同的脂肪酶，以生产出符合要求的产品。

进行酶法酯交换，首先要选择合适的脂肪酶品种（高活性、耐高温、价格低者）。游离酶一般不直接用于反应体系，而是将脂肪酶固定到担体上，制备出固定化酶后再使用，以提高酶的分散性和酶的使用次数等。

品种不同的脂肪酶其最佳使用温度、反应时间、副反应（主要指水解及酰基位移）发生情况等均不同。

10.3.2 酯交换的反应温度

温度不仅影响酯交换反应速率，而且影响酯交换反应平衡的方向。可以将酯交换反应看作是一个可逆反应：

$$UUU+SSS \rightleftharpoons SUU+SSU+UUU+SSS$$

反应可以向两个方向移动，当反应温度高于熔点时，反应是向正反应方向移动；当控制温度低于油脂熔点时，酯交换朝逆向移动。

在工艺上，酯交换分为随机酯交换和定向酯交换两种方式。随机酯交换是指在高于油脂熔点的状态下进行的，不施加其他辅助手段，产物完全是随机重排的结果。

在酯交换过程中，若产物之一从反应中移去，则反应平衡状态发生变化，趋于产生更多的被移去产物。因此，通过选择性结晶析出油脂酯交换产物中的三饱和甘三酯成分，残留的液相部分继续反应至平衡，又有部分三饱甘三酯析出，从而引导所有饱和脂肪酸有效地转化为三饱和酸甘油酯，直到结束反应，反应物以三饱和甘三酯（S_3）和三不饱和甘三酯（U_3）为主，这种方法称为定向酯交换。

10.3.3 原料油品质

由于水、游离脂肪酸和过氧化物等能够降低甚至完全破坏催化剂的催化功能，使酯交换反应无法顺利进行，所以用于酯交换反应的油脂应符合下列基本要求：水分不大于 0.01%，游离脂肪酸含量不大于 0.05%，过氧化物含量极少。且最好在充氮的环境中进行反应。

10.4　油脂酯交换工艺

油脂酯交换按工艺分为间歇式和连续式两种。

10.4.1 间歇式酯交换

间歇工艺的主要设备是反应罐，类似油脂氢化的闭端反应器，带有搅拌，并在底部设有导入氮气的管道。

10.4.1.1 随机酯交换工艺

此工艺的过程为：

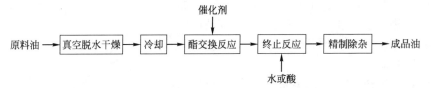

原料油脂泵入反应罐后，真空下加热到 100℃ 左右，使油脂充分干燥至水分达到 0.01%
以下后，冷却到 50℃ 左右，在氮气流下快速添加油重 0.1% 的甲醇钠（20% 的甲醇溶液）。
催化剂添加后，起初为白色浑浊，一旦出现褐色即表示反应开始。反应速率与反应所用的温
度和催化剂的浓度有关。以甲醇溶液添加催化剂时，在低温下反应会生成甲酯而产生损耗，
因此常在 60℃ 以上进行。通常反应温度为 60～80℃，约需 30min；85～100℃ 需 20min；
20～30℃ 需 24h。反应到达终点后，发生催化剂失活终止反应，最后进行精制，除去催化剂
等杂质。

使用氢氧化钠作催化剂时，一般用量为油重的 0.1% 左右（50% 的水溶液），常同时加
入 0.1%～0.2% 的甘油作为助催化剂，通常反应体系变为褐色后，仍需继续进行 10～
60min。反应温度为 160℃ 时，约需 15min 达到平衡，反应温度 180℃ 时，约需 10min。

10.4.1.2　定向酯交换工艺

使用金属钠和钠-钾合金进行定向酯交换时，对原料油的前处理，与随机酯交换一样。
油脂在冷却到 50℃ 时，加入 0.2% 的钠-钾合金，充分搅拌，反应时间约需 3～6min，将此
反应物移入冷却罐中冷却到 21℃，使形成晶核，搅拌促进晶体成长，然后移至结晶槽，缓
慢搅拌，保持约 1.5h，当三饱和甘三酯的含量达到 14% 时，作为反应结束的指标。同时用
水和二氧化碳使催化剂失活，成为碳酸盐而除去。

判定反应终点的方法是测定熔点和测定固态脂指数的变化。油脂酯交换反应后需进
行精制，由于油中一般存在皂残余物，通常需对油脂进行洗涤、干燥，并进行脱色和脱
臭处理。

10.4.2　连续式随机酯交换工艺

以使用甲醇钠催化对猪油进行随机酯交换为例，工艺流程见图 10-2。

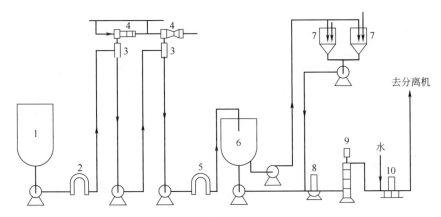

图 10-2　甲醇钠作催化剂连续酯交换流程
1—原料储罐；2—加热器；3—二级真空干燥机；4—蒸汽喷射真空泵；5—冷却器；
6—中间罐；7—催化剂浆液罐；8,10—混合机；9—反应器

将油脂进行脱酸处理后，加热，通过二级真空干燥机在 150～180℃、2kPa 的真空条件
下进行干燥；冷却到 50℃，进入中间罐，将其中一部分泵入催化剂罐中与粉末状的甲醇钠

混合成浆料,并按比例与从中间罐送来的油脂在混合机中混合,进入反应器中反应约 10min 后加水,并在混合机中混合使催化剂钝化;送到离心机分离,去除所生成的油脚。

若用氢氧化钠作催化剂,则将上述过程改为先加催化剂,然后进行真空脱水,再升温到 140~160℃进行反应。

10.4.3　连续式定向酯交换工艺

天然猪油经过随机酯交换后,形成 β' 结晶,能改善外观和酪化性,同时塑性范围也有所增宽。经定向酯交换后的猪油在高温下的固态脂含量比天然猪油及随机酯交换后的都要高,其 SFI 曲线最为平缓(见图 10-3),SFI 值随温度升高变化较小,在 20℃以上较天然猪油硬,而在 20℃以下则比天然猪油软,拓展了猪油的塑性范围。所以这种经定向酯交换的猪油的可塑性范围比天然猪油和随机酯交换猪油都大,可直接作为起酥油而无需添加三饱和酸甘三酯。

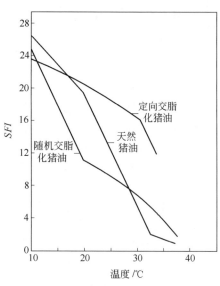

图 10-3　酯交换对猪油 SFI 曲线的影响

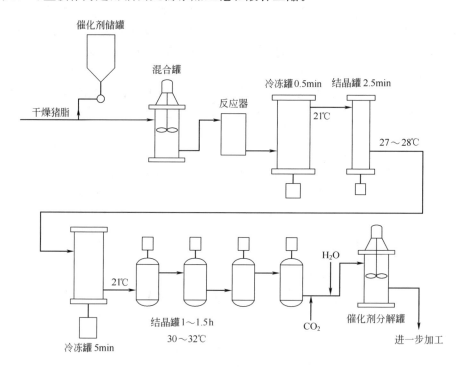

图 10-4　猪油连续定向酯交换流程

用钠-钾合金作催化剂时,猪油进行定向酯交换的工艺流程如图 10-4 所示。将精炼的新鲜猪油干燥至含水量低于 0.01%,并冷却到 40~42℃,将其输入混合器与定量加入的钠-钾合金混合,然后进入一蛇管式酯交换反应器进行反应,约 15min,随机化混合物用泵输送通过急冷机冷却至 20~22℃后移到结晶罐,搅拌时间约 2.5min。由于结晶的放热效应,混合物温度上升至 27~28℃,再经过另一个氨冷却的急冷机冷却至 21℃,由此开始,混合物通过一系列带有缓慢搅拌装置的结晶罐，停留时间为 1.5h。物料离开结晶器时的温度为 30～32℃，用二氧化碳和水在高速混合器中进行处理以钝化催化剂，产生的肥皂通过离心分离除去，然后把猪油进一步水洗以除尽肥皂，将经水洗的猪油加以干燥，即得成品。它在 32℃下的固态脂指数 SFI 约为 14。反应终点的三饱和甘油酯的比例可以根据不同的产品要求在最低（为 5%）和最高（组成中的饱和脂肪酸全部转变为三饱和甘油酯）之间选择。

第 11 章　油脂深加工产品

11.1　人造奶油

人造奶油起源于 19 世纪后期。法国化学家梅吉·穆里斯将去掉硬质部分的牛油作为原料，添加牛奶进行乳化冷却，于 1869 年成功制造出奶油的第一代代用品，从此，人造奶油开始发展起来。人造奶油的问世和发展，在不断采用新的油脂原料的同时，加工工艺与设备也在不断进步。20 世纪初，出现了用椰子油和棕榈仁油配制的全植物型人造奶油；20 世纪 30 年代，美国采用油脂氢化技术，使普通液态油转变为塑性脂作为人造奶油的原料，以及人造奶油专用设备急冷机、捏合机的发明应用等，都为大批量生产高质量的人造奶油提供了条件，促进了现代人造奶油的进一步发展。

人造奶油的发明和发展，原本是为了弥补天然奶油的短缺，随后却因不含胆固醇、脂肪酸含量高及相对价格较低等，人们的消费量不断上升，甚至超过了天然奶油，处于遥遥领先的地位。根据市场的需求，在注重营养价值和风味的特性的基础上，众多品种的人造奶油不断出现。

11.1.1　人造奶油的定义及标准

人造奶油是指那些包括油脂与油溶性添加剂的油相，与水和水溶性添加剂的水相经混合、加工而成的乳化状油脂产品。

在人造奶油的定义和标准中，各国对人造奶油的最高含水量的规定以及奶油与其他脂肪混合的程度上存在差别，因此影响了国际间的交易，为此，联合国粮农组织 FAO 与世界卫生组织 WHO 联合食品标准委员会制定了统一的国际标准。我国也颁布了人造奶油的国家标准。

根据 FAO 与 WHO 的国际标准定义，人造奶油具有如下特征：①为可塑性或流体乳化状食品；②主要是油包水型（W/O）；③乳脂不是主要成分。

根据中国专业标准定义，人造奶油是指精制食用油添加水及其他辅料，经乳化、急冷捏合成具有天然奶油特色的可塑性制品。

根据各种标准，人造奶油中油脂含量一般在 80% 左右，作为人造奶油的主要成分，也是传统的配方。近几年国际上人造奶油新产品不断出现，其规格在很多方面已超越了传统规定，在营养价值及使用性能等方面超过了天然奶油。一大批含有较多水相和较少油相，被称为涂抹脂的产品，深受消费者的欢迎。例如 1993 年，美国农业部提出一部新的包括人造奶油、奶油和低脂涂抹脂制品的法规，对有关人造奶油产品的含油量、原料油及添加剂方面的规定，进行了修改和补充。

11.1.2　人造奶油的种类

20 世纪 50 年代初期，几乎所有的人造奶油产品都是硬质制品，随后出现了与传统产品有很大区别的新产品，例如，从冰箱中取出就可以涂抹的软质（或桶装）人造奶油，以及多不饱和型人造奶油和低脂涂抹制品等多种产品，满足了消费者对使用便利、富含营养和低热能等方面的需求。1950 年至 1993 年相继开发的各种餐用人造奶油制品见表 11-1。

表 11-1　1950 年至 1993 年开发的餐用人造奶油制品

产　品	上市年份	产　品	上市年份
可涂抹的硬质人造奶油	1952	涂抹脂(60％脂)	1975
搅打型人造奶油	1957	搅打型涂抹脂	1978
玉米人造奶油(高不饱和)	1958	黄油掺和脂(宽涂抹性)	1981
轻质人造奶油	1962	改善型 40％脂涂抹品①	1986
流态人造奶油	1963	低脂涂抹品(20％脂)	1989
节食型人造奶油(40％脂)	1964	无脂涂抹品	1993

① 含凝胶剂。

总的来说，人造奶油可分成两大类：家庭用人造奶油和工业用人造奶油。

11.1.2.1　家庭用人造奶油

家庭用人造奶油主要是在就餐时直接涂抹在面包上食用，少量用于烹调，市场上多以小包装销售。

家庭用人造奶油必须具备的一些特性。

① 口感好。这类产品的口熔性非常重要，且风味好，具有各种使人愉快的滋味和香味。

② 保形性和涂抹性优良。室温下不熔化、不变形，而在外力作用下则易变形，即使放入冰箱后取出也可直接涂抹面包，不发硬。

③ 营养价值方面。一要考虑为人体提供热量，更重要的是要考虑为人体提供多不饱和脂肪酸，这是目前日益注重的问题。

目前国内外家庭用人造奶油主要有以下几种类型。

(1) 硬型餐用人造奶油　即传统的餐用人造奶油，主要特征是模仿天然奶油，作为其替代品，熔点与人的体温接近，塑性范围宽，亚油酸含量 10％左右。

(2) 软型人造奶油　这类人造奶油的特点是配方时使用较多的液体植物油，亚油酸含量在 30％左右，营养性较好，且改善了低温下的延展性。软型人造奶油通常要求在 10℃以下保存，以避免过软同时提高氧化稳定性。软型人造奶油自 20 世纪 60 年代供应市场以来，由于营养方面的优越性，发展很快，目前日本的软型人造奶油占家庭用人造奶油的 90％以上。

(3) 高亚油酸型人造奶油　这类人造奶油强调亚油酸的含量，含亚油酸 50％～63％，与一些植物油中的亚油酸含量相当。一般认为要尽量减少家庭用人造奶油中的异构酸，因此研究者致力于研究不含反式酸的人造奶油。

由于亚油酸含量高，氧化稳定性低，所以营养学要求，亚油酸的摄取需与维生素 E 平衡，故这类人造奶油必须添加维生素 E、TBHQ 等抗氧化剂。

(4) 低热量型人造奶油　发达国家中人们由于油脂摄取量过多而影响健康，希望减少食物中油脂的含量。美国在 20 世纪 60 年代中期，先后生产出含油脂 40％及 60％的低热量型人造奶油，这种在外观、风味和口感方面与传统人造奶油相似，属油包水型，但含脂量少于80％，被称作低脂涂抹脂的产品，随即受到消费者的青睐，并发展迅速，已从奶油和人造奶油的替代品，发展到现在无论是从品种还是消费数量上都占主导地位的产品。从 1980 年以来，市场上已陆续出现了含脂量从 75％至不足 5％的各种涂抹脂制品，而传统的含脂 80％的人造奶油已受到了明显冷落。

现在已有新的水包油型低脂涂抹型产品面市。这类产品的一个缺陷是易发生变质，为达到可接受的货架期限，对超高温加工和无菌包装有严格的要求。表 11-2 列举了现有的脂肪含量在 5％～60％的低脂涂抹型人造奶油产品。脂肪含量低于 20％，具有连续水相的 W/O 型乳化液特性的产品较为普遍。

表 11-2　几种常见的低脂涂抹型人造奶油

类　别	脂肪含量/%	类　别	脂肪含量/%
植物脂涂抹人造奶油Ⅰ	60	极低脂涂抹人造奶油	20～30
植物脂涂抹人造奶油Ⅱ	40	水相连续涂抹人造奶油Ⅰ	15
乳脂涂抹人造奶油	40	水相连续涂抹人造奶油Ⅱ	9
植物油/乳脂混合涂抹人造奶油	40	水相连续涂抹人造奶油Ⅲ	5

（5）流动型人造奶油　这类产品是以色拉油为基础油脂，添加 0.75%～5% 的硬脂肪制成，其制品在 4～33℃ 的温度范围内，SFI 几乎没有变化。

（6）烹调用人造奶油　这类产品主要用于煎、炸及烹调。其特点是加热时风味好、不溅油、烟点高。

11.1.2.2　食品工业用人造奶油

食品工业用人造奶油是含有水分，以乳化型出现的起酥油，它除具备起酥油所具有的加工性能外，还能够利用水溶性的食盐、乳制品和其他水溶性增香剂改善食品的风味和色泽。

（1）通用型人造奶油　这类人造奶油在很宽的温度范围内都具有可塑性和酪化性，熔点一般都较低，属于万能型，可用于各类所需场合糕点食品的加工。通用型人造奶油常有加盐和不加盐两种。

（2）专用人造奶油

① 面包用人造奶油。这种制品稠度比家庭用人造奶油硬，要求塑性范围较宽，吸水性和乳化性要好，用于加工面包、糕点和作为食品装饰。要使面包具有奶油风味且防止老化，可在制品中添加香料及 2.5%～3% 的单甘酯。

② 起层用人造奶油。这种制品比面包用人造奶油硬，可塑性范围广，具有黏性，用于食品烘烤后要求出现薄层的食品。

③ 酥点心用人造奶油。这种制品比普通起层用人造奶油更硬，配方中使用较多的极度氢化油。

（3）O/W 型人造奶油　一般人造奶油是油包水型（W/O）乳状物，水包油型人造奶油由于水相在外侧，水的黏度较油小，加工时不粘辊，延伸性好，这些优点有利于糕点加工。另外，其硬度也较普通人造奶油低，不受气温变化的影响，可塑范围很宽。

（4）双重乳化型人造奶油　这种人造奶是一种 O/W/O 型乳化物，问世于 1970 年。其特点为即具有 O/W 型，与鲜奶油一样，水相为外相，风味清淡，受到消费者的欢迎。同时又具有 W/O 型人造奶油，油为外相，不易滋生微生物且起泡性、保形性好的特点。

该制品是先以高熔点油脂和水制成 O/W 型乳状液，再将此乳状液和低熔点的油制成 O/W/O 型乳状液，高熔点油脂为最内层，低熔点油脂为最外层，水层介于两者之间。

（5）调和型人造奶油　这种人造奶油是把人造奶油同天然奶油调和在一起，使其具有人造奶油的加工性能并更具有天然奶油的风味。奶油的配合比为 25%～50%，主要用于糕点和奶酪加工。

11.1.3　人造奶油的品质及影响因素

人造奶油一般用与涂抹面包或供家庭烹调和焙烤之用，对于其品质，消费者的直接感受是它们的延展性、口感和熔化特性。餐用人造奶油必须能在口腔中完全熔化，否则会产生不舒适的"黏糊"感觉。理想的人造奶油应是可塑的，容易涂抹于新鲜的面包上，且应足够坚固，可以在要求的包装容器中成形，这些性质主要取决于产品中固态脂的含量、脂肪的种类以及乳化稳定性等。就风味而论，作为奶油的仿制品，一般应具有天然奶油的滋味和香气。影响人造奶油品质的两个最主要因素是固态脂含量和加工条件。

11.1.3.1　人造奶油的品质

除了产品的风味，延展性是人造奶油属性中最重要的品质之一，表现为涂抹性和在各种加工中容易糅合展开等。延展性可以通过稠度测定值和 SFI 值来表示。经验表明，在实际使用的温度下，固态脂指数（SFI）为 10～20 时，一定稠度的产品具有最佳的延展性。

稠度是表示塑性脂肪硬度的指标，其测定的标准方法是采用锥形针入度法。针入度值是用标准锥体垂直下落，5s 内下落压入产品表面内的距离来表示，一个距离单位为 0.1mm。可以把针入度值换算成屈服值（它与锥体质量无关）。在对奶油、人造奶油制品的延展性能测评中，作为温度函数的延展性与针入度有关，当屈服值达 30～60kPa 时，产品具有最佳的延展性。

对某些产品而言，有时稠度测定值与 SFI 值之间的相关性并不很好，因为除了固态脂含量外，加工过程造成产品脂肪晶体网络结构的不同，同样也会大大影响产品的流变性。在同一生产条件下，加工出的具有相似结晶性质的产品，在固态脂含量和产品稠度之间存在直接的相关性。

11.1.3.2　油的离析

当人造奶油脂晶体不能长久保持足够的粒度，或不能包纳所有液态油时，就会发生油的离析现象，而使产品外部的包装物被油浸渍，严重时，油会渗流出来。可以通过把一定形状和质量的人造奶油样品放在一只金属丝网或一张滤纸上，然后置于 26.7℃ 温度下 24～48h，通过测定油渗过金属丝网或渗入到滤纸上的质量的方法来测评油的离析程度。离析现象的发生与人造奶油中固态脂含量和存放时晶型发生转换有关。

11.1.3.3　口感

高质量的餐用人造奶油放入口中应能迅速熔化，口熔性好，并且可以马上就觉察到风味物和盐从水相中释放出来，这样口中就无油腻和蜡质感，具有清爽的口感和良好的风味。

人造奶油的口感与脂肪的熔点、乳化物的紧密度和最终产品储存的条件有关。

为了使人造奶油在口中能完全熔化，在 33.3℃ 的 SFI 值应小于 3.5（SFC 值应小于 5%）。奶油能产生清爽口感，归因于在口腔中能急剧熔化吸收热量所致。

对于家庭用人造奶油和通用型人造奶油，熔点一般为 32～33℃。夏季熔点可略高些，为 34～36℃。

人造奶油乳状物的紧密度是产品加工方法、乳化剂含量和水相配方三方面的综合效果。如果水相液滴十分均一细微，或乳状物十分稳定，那么风味物和盐的释放就较为迟缓。当人造奶油的水滴直径约 95% 为 1～5μm，4% 为 4～10μm，1% 为 10～20μm 时，这种人造奶油的口感就会很清淡。水滴的大小还影响产品可能被微生物污染的程度，并且在某种程度上会影响产品的稠度。

11.1.3.4　结晶性

人造奶油品的稠度和乳化稳定性均与脂肪结晶密切相关。β' 晶型是人造奶油所需的晶体类型，这种结构中可以形成很精细的网络，由于该网络具有很大的表面积，所以有能力去束缚住大量的液油和水相液滴，而颗粒大的 β 晶体则不能形成三维网状结构。人造奶油的基料油脂应选择能形成 β' 晶型者。

11.1.3.5　外观

制品的外观与脂晶、乳状液滴的粒度及乳化剂、着色剂的选用有关。固态脂晶粒度大的制品，不仅有砂粒状的外观和渗油倾向，而且在口熔时有黏糊状或蜡状感觉。油相和水相组分必须通过合适的乳化剂充分混合，构成粒度组成合理的细微乳化液滴。乳化液滴大的制品不仅影响制品的结构稳定性，而且会使制品色泽不均或形成渗水的外观。

11.1.3.6 营养性

人造奶油的营养性体现在维生素和多不饱和脂肪酸的含量及多不饱和脂肪酸与饱和酸的比例等几个方面。维生素 A、维生素 E 的强化，一般是通过进行色泽调整和作为抗氧化剂分别添加 β-胡萝卜素和维生素 E 而实现的。

11.1.4 影响品质的因素

人造奶油的各种品质与基料油脂的组成、辅料的选用以及加工工艺密切相关。

11.1.4.1 基料油脂的组成

除了考虑营养性，基料固态脂的结晶性是影响人造奶油结构稳定性、口感等品质的主要因素之一。所选用油脂的类型对人造奶油加工中的结晶特性有相当大的影响。

对于家庭用人造奶油的基料油脂要求富含亚油酸，然而某些富含亚油酸的植物油脂往往不具有稳定的 β' 型。如果基料油脂有强烈的 β 化倾向，则加工中已形成的 β' 型晶体，在某些储存条件下仍可转变为最为稳定、熔点最高的 β 晶型，形成由大晶体组成的粗粒状结构，从而使人造奶油组织砂粒化或出现渗油现象，严重时导致液相油滴渗漏，水相凝聚（见图 11-1）。因此当主体基料为 β 晶型类油脂时，须通过添加 β' 型硬脂或抑晶剂（甘二酯等）以阻止或延缓向 β 型结晶转化。

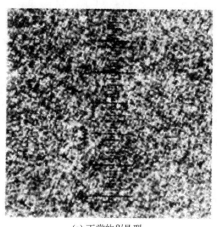 

(a) 正常的 β' 晶型   (b) 砂粒状的 β 晶型

图 11-1 用葵花籽油加工的人造奶油结晶

基料油中的固、液相比例是构成人造奶油可塑性的基础条件，必须充分合理配比，以使产品的 SFI 曲线满足性能上的要求。人造奶油制品中，由于液相部分包含水相，因此制品性能所要求的稠度有别于基料油脂的塑性稠度。

家庭用人造奶油是直接食用的油脂制品，稠度范围需考虑能适应常温下的保形性、体温下的口熔性以及低温下的涂抹性。因此 10℃、21.1℃ 和 33.3℃ 下的 SFI 是人造奶油品质设计的依据，这些 SFI 值分别代表了最终产品在冷藏温度时的涂抹性，室温下的稳定性、可塑性和口熔性方面的品质。SFI 在 28 以下的人造奶油，延展性好；SFI 在 30 以上时，制品变硬，失去延展性。33.3℃ 时，SFI 低于 3.5 的制品，口熔性好，大于 3.5 的制品口熔性差。软质人造奶油 10℃ 时的 SFI 一般为 21～32。一些典型人造奶油制品的 SFI 值见表 11-3。

11.1.4.2 辅料的影响

人造奶油是油水乳化态可塑状制品，其外观、口感、风味除了与基料油脂有关外，还受蛋白质（乳成分）、乳化剂、风味剂等辅料的直接影响。

表 11-3 几类典型人造奶油的固态脂指数

制品品种	固态脂指数（SFI）				
	10℃	21℃	26.7℃	33.3℃	37.8℃
硬质人造奶油	28	16	10	2	0
中稠度人造奶油	20	13	9	2.5	0
软质人造奶油	11	7	5	2	0.5
流体人造奶油	3	2.5	2.5	2	1.5
餐用人造奶油	29	17	—	3	0
面包用人造奶油	29	18	—	13	5
起层用人造奶油	25	20	—	17	14
膨化食品用	26	24	—	21	17

蛋白质是重要的因素，乳成分除了模仿天然奶油，增加风味外，奶的固体物还能螯合金属离子，提高制品的氧化稳定性。蛋白质能使油包水型乳状物稳定性降低，在人造奶油配方中，如果没有添加蛋白质，则乳化系统和加工方式通常也要适当调整，以不影响制成品中风味和盐的释放，否则由于水相液滴较为细致，使乳化液具有较好的抗破乳能力而影响风味。乳状液因含有蛋白质而易失去稳定性，这对油脂含量少于 50％的产品配制尤为重要。在美国，以往含 40％油脂的所有节食型人造奶油是不含蛋白质的，但如今，许多含油量低于 40％的涂抹制品中，由于存在凝胶剂或其他水合剂，为蛋白质添加后制品的稳定性提供了保证。添加 0.01％～0.1％的酪蛋白酸钠会提高无乳型人造奶油的盐味。

乳化剂能降低油相和水相的表面张力，形成稳定的乳状液，从而确保人造奶油制品结构稳定，阻止储存期间渗油或水相凝聚。乳化剂还具有抗食品中淀粉老化、在煎炸过程中起到防溅作用等功能。乳化剂的作用及其相互作用十分复杂，尤其在油脂含量较低的情况下，这些作用更为重要。

不同制品需要相应的乳化剂，如在用于煎炸的制品中应能起到防溅的作用等。

风味剂的正确选择和合理使用，能使制品产生天然奶油的芳香风味。发酵乳、脱脂乳的馏分以及合成香料等香味剂对制品风味的影响，除与自身品质和添加量有关外，还与人造奶油制品的组织紧密度、基料脂肪熔化特性等有关。pH 值和盐的浓度也会影响香味的感观度和浓郁度。

制品中的不饱和酸、重金属、水相以及蛋白质容易导致制品酸败变质，添加抗氧剂、金属络合剂和防腐剂可以延缓或抑制酸败或腐败的产生。

对于低脂涂抹产品，由于水分多于油分，这种油包水型乳化液在本质上是不稳定的，有转变成水包油的趋势，因此无法用普通人造奶油加工所使用的简单乳化方法，需进行特种加工，且往往还需添加稳定剂、增稠剂。

色素、盐、谷氨酸钠、维生素等的合理选用与配方都会影响制品的外观及风味。

11.1.4.3 加工工艺

人造奶油中固态脂晶适当的粒度与分散度，是构成塑性的基础条件。除了与基料油脂选择有关，还与加工条件密不可分。相同 SFI 值的基料油脂通过不同的加工工艺条件，可获得不同的脂晶粒度与数量，从而影响制品的塑性和结构稳定性。

11.1.5 人造奶油的基料与辅料的选择

11.1.5.1 基料油脂

最早制备人造奶油所用的基料油脂是牛油经分提得到的软质部分，后来使用猪油，随着油脂精炼、加工技术的进步，尤其是油脂氢化技术的广泛应用，目前人造奶油的基料油脂多种多样，特别是植物油比例的增大已成为人造奶油发展的一大特点。

（1）基料油脂种类与品质 人造奶油基料油脂的来源比较广泛，包括动物油、植物油以及它们的氢化或酯交换改性油。

常用的基料油脂包括：①动物油脂，如牛油、猪油；②动物氢化油，如鱼油、鲸油等氢化产品；③植物油，如大豆油、棉籽油、棕榈油、菜籽油等多种普通植物油；④植物氢化油，如各种植物油脂的选择性氢化产品；⑤酯交换改性动植物油，如改质猪油、改质羊油或牛油等。

作为人造奶油的基料油脂，须经过严格的精炼，其品质除符合高级烹调油或色拉标准外，茴香胺值（A_nV）、总氧化值（TV）、重金属和微生物应低于极限允许值。所有基料油脂应是新鲜加工产品。随着人们健康意识的加强，以植物油为主体的基料已成为当今人造奶油的发展趋势。

（2）基料油脂的选择　一般传统的人造奶油中，油相所占比例较大，为80%左右。为保证成品的可塑性要求，通常基料油脂由一定数量的固态脂和一定数量的液态油搭配调和而成。油脂的选择和配合往往不是单一的，常采用两种或两种以上的油脂混合配比，以使制品有适当的晶型、熔点和塑性范围等。例如35℃、38℃、42℃等的氢化油适当的配比，能使制品稠度适中。具体的比例和种类根据产品要求和资源而异，一般从人造奶油的主要品质特性着手进行选择，其原则是：①按产品的用途和使用环境温度，选择一定量的固态脂和液态油搭配，使之有适当的SFI值和熔点，例如用碘值60～65的氢化大豆油和75%～80%的液态油相配合，使产品10℃时的SFI值在21～24左右，稠度适中，具有较好的延展性。②注意基料油脂的结晶性，一般选择几种油脂搭配，以使能形成稳定的β'晶型。③考虑营养性，餐用人造奶油要求亚油酸与饱和脂肪酸的比例为1.0以上，为此常用富含亚油酸的液态油脂，如棉籽油、米糠油、玉米油、葵花籽油等，大豆油由于亚麻酸含量高，氧化稳定性相对较差，常限制用量。

① 固相基料。很多情况下，人造奶油的基料油脂以固相基料为主体。固相基料常包括结构硬脂和主体氢化基料脂。结构硬脂指的是用以增加制品塑性和形成β'晶型结构的氢化硬脂。一般选用结构上有利于形成稳定β'晶型的原料油脂，经深度氢化而成。氢化基料脂指的是动植物油经过选择性氢化，加工而成的具有不同稠度范围的氢化产品。通过不同的氢化手段，可获得不同稠度、熔点的氢化基料脂，见表11-4。

表 11-4　人造奶油典型大豆油氢化条件及氢化基料脂的特性

项　　目		1	2	3	4
氢化条件	初始温度/℃	148.9	148.9	148.9	148.9
	氢化温度/℃	165.6	176.7	218.3	218.3
	压力/MPa	0.11	0.11	0.11	0.04
	镍用量/%	0.02	0.02	0.02	0.02
特性	碘值/(gI/100g)	80～82	106～108	73～76	64～68
	凝固点/℃	—	—	23.9～25	33～33.5
	SFI 值				
	10℃	19～21	最高4	36～38	58～61
	21.1℃	11～13	最高2	19～21	42～46
	33.3℃	0	0	最高2	最高2

② 液相基料。液相基料包括基料配方中的液态油脂和氢化基料中的液相部分，选用黏度较大的油品有益于制品结构稳定。一些大宗植物油脂可选作液相基料，家用特别是健康型家用人造奶油液相基料，一般多选用富含亚油酸的精炼植物油。

流体人造奶油制品，一般以液态植物油为主体基料，添加0.75%～5%硬脂组成。基料油脂在4～32℃范围内SFI基本无变化。几类人造奶油基料油脂的组成见表11-5。

表 11-5　几类人造奶油基料油脂组成

制品类别	基料油脂组成	熔点/℃	比例/%
家用人造奶油	氢化棉籽油	28	85
	氢化棉籽油	42～44	15
	氢化葵花籽油	44	20
	氢化葵花籽油	32	60
	液态油		20
家用软型人造奶油	氢化大豆油	34	40
	氢化棉籽油	34	20
	红花籽油		20
	大豆油		20
糕点用人造奶油	氢化大豆油	35	30
	氢化鱼油	34	50
	大豆油		20
面包用人造奶油	氢化大豆油	34	30
	氢化鱼油	34	30
	氢化棕榈油	50	5
	猪油		20
	大豆油		15
通用型人造奶油	棕榈油+氢化棕榈油		45
	椰子油		25
	葵花籽油		20
	大豆油		10

11.1.5.2　辅料

人造奶油是油脂和水乳化后进行结晶的产物。为了改善制品的风味、外观、组织特性和储存性等，需要使用各种添加剂。

(1) 水　人造奶油是可以直接食用的含水油脂制品，制品配方中的水必须是纯净水或经过杀菌消毒、精细过滤、脱除金属离子等严格处理，符合卫生标准的直接饮用水。

(2) 乳成分　一般多使用牛奶、脱脂乳以及喷雾干燥乳清。新鲜牛奶必须经过严格的巴氏消毒处理，也可使用奶粉，只是乳味稍差。发酵乳由于乳脂经乳酸菌发酵，产生二乙酰丁二酮，使用时可强化制品风味，但对生产场所和时间要求较高，因此已被脱脂奶所取代。近年来，人造奶油生产多使用喷雾干燥乳清蛋白，并以酪蛋白酸钾增补。添加 0.01%～0.1% 的酪蛋白酸钠会提高无乳型人造奶油的盐味。

乳成分的存在易使微生物繁殖而引起人造奶油变质。解决的办法是使用防腐剂和冷藏。我国目前在配料中一般不使用发酵乳和鲜牛奶，以利保存，一般加入脱脂奶粉或植物蛋白。脱脂奶粉的添加量为 0.5%～20%（或水相的 2%～10%）。

(3) 乳化剂　人造奶油生产中，为了形成乳化、防止油水分离，必须使用一定量的乳化剂。为了获得理想的乳化效果，一般可通过功能实验选择乳化剂的种类、用量及几种乳化剂的搭配，单独使用一种乳化剂的情况不多。

常用的乳化剂有卵磷脂、硬脂酸单甘酯及蔗糖单脂肪酸酯等。硬脂酸单甘酯是 W/O 型乳化剂，蔗糖单脂肪酸酯能构成 O/W 型乳状液，而卵磷脂则具有双重乳化功能。

由于磷脂还具有防溅作用，可用于所有的人造奶油中，用量常为 0.1%～0.5%。不过在含脂量很低的涂抹制品中，磷脂的存在可能会造成乳化稳定性下降，增加油的离析现象。

在硬质人造奶油中，由于含有较多的能使结晶乳状物稳定的固体脂肪，所以只需添加磷脂即可。大多数人造奶油还加入一定量的中低碘值的单、双甘酯来防止水的离析。

高碘值的单甘酯，例如用葵花籽油或红花籽油加工得到的单甘酯，应用在低脂产品中效果很好。单甘酯和聚甘油酯的混合物，对含有较多乳蛋白、且含脂量很低的涂抹制品，尤其在同时含有凝胶剂的情况下十分有效。

（4）稳定剂　消费者对油包水型的产品情有独钟，因为这类产品中由于油为连续相，口感润滑，可释放出油溶性奶油风味，微生物稳定性好和水分损失小等特点。由于脂含量低，W/O 型的低脂人造奶油在本质上是不稳定的，存在着转变为 O/W 的趋势，很容易出现制品质构分散、粗糙，口感不好的情况。过去为了达到所需要的稳定性，常采用高度乳化使产品具有非常紧密的结构，以至使制品的感官性能太差，有油腻的口感，且风味与盐的释放较少。为此，除添加乳化剂之外，在低脂涂抹品中，还常含有水溶性凝胶剂和/或增稠剂，例如明胶、果胶，卡拉胶、琼脂、黄原胶、动物胶、淀粉或淀粉衍生物、海藻酸盐或甲基纤维素衍生物等，以帮助形成稳定度高、乳化紧密度适合、口感好的产品。

明胶是最为适宜的胶质，它在口腔中融化，促使水包油型乳液的形成，而使原来的油包水型乳液破坏。因此这种涂抹制品熔化很完全，并能很好地释放出风味物和盐分。

（5）调味剂　调味剂主要有食盐，它即是调味剂又具有防腐功能。餐用人造奶油几乎都添加食盐，添加量一般为 1%～3%，有时还适量添加谷氨酸钠（0.01%～0.1%），以使盐味圆润柔和。硬质制品用盐量偏上限，软质制品偏低，冬季用盐量为 1%～2%，夏季为 2%～3%。

糖可降低水分活度，有助于防腐，还可满足甜食者的需求，有时也常用于小包装制品。

（6）保鲜剂　保鲜剂是指防止制品氧化、霉变、腐败变质、保持新鲜的一类添加剂。

① 抗氧化剂。抗氧化剂的作用是防止油相的氧化酸败。常用的抗氧剂有维生素 E、BHA、BHT、TBHQ 和 PG 等，柠檬酸常用作增效剂。一般维生素 E 浓缩物用量为 0.005%～0.05%，BHT 等合成抗氧剂用量不超过 0.02%，增效剂用量为 0.01%左右。

② 金属络合剂。金属络合剂的作用是使制品中的铜、铁等金属钝化，从而有效地防止由于它们诱发氧化降解而引起的异味，常用的金属络合剂有柠檬酸、柠檬酸盐和 EDTA 等。

③ 抗微生物剂。人造奶油中由于水相的存在，为微生物污染繁殖创造了条件。从微生物污染的角度考虑，油包水型乳状物要比水相自身稳定。水相液滴的平均直径和最大直径、pH 值、有效营养物和沾染细菌的程度都对产品是否会受到微生物的污染具有极为重要的作用。水滴过大（直径 30～40μm），易受微生物的污染。由于液滴的大小在很大程度上取决于加工过程的工艺参数，尤其在生产低脂涂抹制品时更是如此，所以生产过程的控制至关重要。就含脂 80% 的人造奶油而言，水相中盐的浓度为 2% 时，对防腐有较好的作用，但通常仅有食盐和柠檬酸等的辅助防腐作用尚不能完全阻止微生物对制品的污染，一般还需添加抗微生物剂。

非离解性酸的防腐作用非常好，并且 pH 值愈低，它的效果愈好，不过这种酸在油相中的溶解度通常要大于在水相中的溶解度，而后者正是需要加以保护的对象，山梨酸在水相具有较优的分配系数。虽然盐对水相中的防腐剂有增效作用，但它对乳液中的山梨酸的分配系数产生负面影响，它会使较多的酸进入油相。

常用的抗微生物剂有山梨酸、安息香酸、乳酸、脱氢乙酸、苯甲酸及其钠盐等。山梨酸、安息香酸及其盐类，尤其适用于低脂和低盐的产品的生产。添加量一般为山梨酸、安息香酸或脱氢乙酸 0.05%，乳酸 0.25% 以上，苯甲酸或其钠盐 0.1%。

pH 值的大小影响防腐剂的防腐功能，一般无盐制品 pH 值宜保持 4～5，加盐制品 pH 值为 5～6。

（7）风味香料剂　为使人造奶油制品具有天然奶油的风味，通常加入少量具有奶油味和香草味一类的合成香料，代替或增强乳成分所具有的香味。许多人工合成的奶油风味物质都可以应用到人造奶油中，已被鉴别出对奶油风味有贡献的化合物很多，例如内酯、短链脂肪酸乙酯、酮和醛类的混合物等，其中丁二酮是主要的可挥发性成分，它对奶油香味的贡献最大（天然奶油中丁二酮的浓度为 1～4mg/kg）。可用来仿效奶油风味的香料有多种，它们的主要成分是丁二酮、丁酸、丁酸乙酯等，在制品中的浓度一般为 1～4mg/kg。

另外，乳化液的紧密程度和脂肪的熔融特性，对香味的感觉速度和浓郁度也会产生影响，盐分的浓度和 pH 值通过影响各种风味成分在油和水中的分配系数，也影响风味的平衡。

（8）着色剂　人造奶油一般无需着色，但为仿效天然奶油的淡黄色，则需加入少量着色剂。主要的着色剂有 β-胡萝卜素和柠檬黄，其次为含有类胡萝卜素的天然提取物，胭脂树橙油、胡萝卜籽油、红色的棕榈油等。使用胭脂树橙和姜黄抽提物的混合色素，比单独使用胭脂树橙的效果更佳。

（9）维生素　天然奶油含有丰富的维生素 A 和少量的维生素 D，为提高人造奶油的营养价值，需加入维生素 A（可用加入 β-胡萝卜素或维生素 A 酯代替）。强化人造奶油制品维生素 A 的量要求不低于 4500IU/100g 油，而对维生素 D 一般不作规定，可自行选择。维生素 E 通常作为抗氧剂加入。

11.1.5.3　人造奶油配方

人造奶油的配方均是根据产品的要求、原辅料的供应等多方面的因素确定，各企业不尽相同，甚至差别很大。一些典型的人造奶油配方见表 11-6 至表 11-8。

表 11-6　人造奶油的典型配方

用　料	用量/%	用　料	用量/%
基料油脂	80～85	奶油香精	$(0.1～0.2)×10^{-4}$
水分	15～7	脱氢乙酸	0～0.5
食盐	0～3	固形乳成分	0～2
硬脂酸甘一酯	0.2～0.3	胡萝卜素	微量
卵磷脂	0.1		

表 11-7　典型的人造奶油和低脂涂抹脂的配方

成　分	在成品中的含量/%		
	80%脂型	60%脂型	40%脂型
油相			
液态大豆油和部分氢化大豆油配合	79.884	59.584	39.384
大豆磷脂	0.100	0.100	0.100
大豆油型单、双甘酯（最大 IV5）	0.200	0.300	—
大豆油型单甘酯（最大 IV6）	—	—	0.500
维生素 A、棕榈酯、β-胡萝卜素混合物	0.100	0.100	0.100
油溶性香精	0.015	0.015	0.015
水相			
水	16.200	37.360	54.860
明胶(250 目)	—	—	2.500
喷雾干燥乳清粉	1.600	1.000	1.000
食盐	2.000	1.500	1.500
苯甲酸钠	0.090	—	—
山梨酸钾	—	0.130	0.130
乳酸	—	调至 pH5	调至 pH4.8
水溶性香精	0.010	0.010	0.010

表 11-8　含 40％油脂的低脂涂抹脂的典型配方

组成部分	配　料	含量/％	组成部分	配　料	含量/％
油混合物	氢化植物油	37～40	防腐剂	山梨酸钾	0.1～0.3
	植物油			山梨酸	
乳化剂	单甘酯和甘二酯	0.25～1.0	含蛋白源的水	酪乳	50～60
	卵磷脂			脱脂乳	
	聚丙三醇酯			乳清	
色素	β-胡萝卜素,包括维生素 A 和 D	0.001～0.005		酪蛋白酸盐	
	胭脂树橙			大豆	
风味物质	黄油萃取物	100～200mg/kg	盐	盐	1～2
	有机酸		酵母培养物	S. Cremoris	痕量
	酮			S. Diacelylactis	
	酯			S. Leuconostoc	
稳定剂	麦芽糊精	1～3	氢氧化钠	—	0.1
	明胶		钠-氢	酸度调节剂	0.1～0.4
	改性淀粉		柠檬酸三钠	酸度调节剂	0.1～0.4
	藻朊酸钠			缓冲液	

从表 11-7 和表 11-8 可以看出，对于低脂涂抹品，还需加入明胶等稳定剂。

低脂人造奶油生产的关键，是加工中关键过程的控制和配方中水结合剂的恰当添加。

就配方而论，低脂涂抹人造奶油可如下分类：①不加入蛋白质和稳定剂者；②不加入蛋白质，但加入稳定剂者；③低蛋白质含量并加入稳定剂者；④高蛋白质含量并加入稳定剂者；⑤低蛋白质含量并加入稳定剂和增稠剂（脂肪代用品）者。

11.1.6　人造奶油的加工工艺

11.1.6.1　基本加工工艺

人造奶油发展至今，尽管产品已经多种多样，各具特色，但就其生产的基本过程不外乎包括原辅料的调和、乳化、急冷、捏合、包装和熟成 5 个阶段（见图 11-2）。人造奶油的生产如今多采用连续生产过程，其工艺流程见图 11-3。

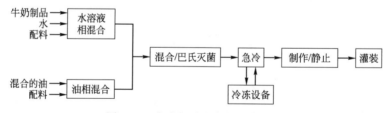

图 11-2　人造奶油生产的基本过程

（1）调和乳化　调和乳化的主要目的是将油和油溶性的添加剂、水和水溶性的添加剂分别溶解形成均匀的溶液后，充分混合形成乳化液，两步操作可以按间歇程序操作，都在乳化锅中完成；也可以通过严格定量、连续混合、连续乳化的装置完成。生产传统的 W/O 型人造奶油，形成的乳化液中，水在油中的分散程度十分重要。要控制水滴大小适当，以获得风味好、不易繁殖微生物的产品。水滴太小，分散程度太大，则产品油感重，风味差；水滴过大，风味好但易腐败变质。

在间歇式调和乳化装置中，生产普通的 W/O 型人造奶油，原料油按比例计量后进入乳化罐，油溶性添加物用油溶解后加入，充分搅拌形成均匀的油相溶液后，升温到 60℃，加入计量好的含水溶性添加剂的均匀水相，迅速搅拌形成乳化液。水相的分散度可通过显微镜观察。一般罐式搅拌乳化时间长、水分散度差且不易均匀。为此，连续混合、乳化装置正在

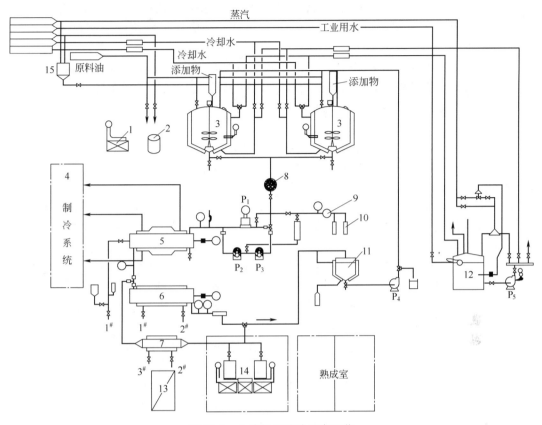

图 11-3　人造奶油连续生产工艺

1—台秤；2—添加物溶解罐；3—乳化锅；4—制冷系统；5—A 单元；6—B 单元；7—滞留管；8—过滤器；
9—压力调整器；10—氮气瓶；11—回收油罐；12—温水罐；13—操作台；14—包装设备；15—热水罐；
P_1—柱塞泵；P_2，P_3—齿轮泵；P_4，P_5—离心泵

逐渐取代间歇式乳化装置，分别采用高压混合泵和静态混合器，完成混合与乳化工序。

（2）急冷　生产人造奶油时，乳状液在刮板式换热器上处理，快速过冷以形成尽可能多的晶核。

前工序形成的乳状液由高压泵以 2.1～2.8MPa 的压力输入急冷机（也称 A 单元）进行急速冷却。急冷机为一管道式刮板换热器，人造奶油乳化液通过轴与冷却筒壁间的空隙时，在冷却内壁上料液冷冻析出结晶。由于轴上刮刀的刮削作用和轴的高速旋转，不断快速地从筒壁上刮下已结晶的产品薄片，并与温度更高的产品重新混合，这使得料液在准确的温度控制下快速成核并进一步乳化，产生较高的总传热系数并均匀冷却人造奶油乳状液。

物料通过 A 单元，温度降至 10℃，此时料液已降到油脂熔点以下，析出晶核，由于 A 单元较高的转速和刮刷套筒内壁的次数，强烈的搅拌作用使物料不致大量结晶，而成为含有微细晶核的过冷液。

（3）捏合　从 A 单元出来的过冷液只是部分结晶，还需要一段时间使晶核成长，如果让过冷液在静止的状态下完成结晶，会形成硬度很大的整体，没有可塑性。要得到有塑性的产品，避免形成整体结构，则必须进行机械捏合。在大多数生产工艺中，物料需进入捏制单元或混合器进行捏合。不同的人造奶油产品及基料油相的结晶特性不同，在急冷和捏合的组合以及捏合的程度上，工艺参数各有所不同。限制产品捏合程度的目的在于：使产品不会太软而能在条状自动包装机械中处理；另外也可防止人造奶油的水相分散成极细小的液滴，以

利于产品的风味释放。餐用人造奶油比软质人造奶油有更高的脂肪含量，过强的捏合作用可能使产品具有不良的油腻稠度而影响风味。太油腻的稠度还可能使包装材料与产品互相黏结。

　　工业用人造奶油和软质人造奶油一般须通过捏合机（B单元），采用剧烈的搅拌捏合，使微细脂晶成长、转型，重新构成塑性结构，以拓展稠度范围。由于脂晶转型会放出结晶热和机械剪切热，故捏合过程中物料温度有所上升，常为20～25℃，此时结晶完成了约70%，但仍呈柔软状态。

　　对于餐用人造奶油，由于过度捏合会影响风味，或者产品包装要求物料具有较大的稠度，则一般不经过捏合机，而采用静态的B单元，进入滞留管（或静止管）或混合罐内进行适度的捏合。

　　静态B单元一般由几段带法兰盘的静止管段组成，其长度可以根据产品所需变更。常用两个并列的静止管，利用一只定时旋转的阀门，让物料交替地进入这两根并列的静止管中，以增加物料静置的时间。

　　（4）包装、熟成　从捏合机出来的人造奶油为半流体，要送往包装机进行充填包装。有些需成型的制品则先经成型机成型后再包装。包装好的人造奶油，通常还须置于低于熔点10℃的环境中保存2～5日，以完成晶型转化，使产品得到适宜的稠度，此过程称为熟成。

11.1.6.2　典型人造奶油的生产

　　不同品种人造奶油的连续加工，主要区别在于急冷结晶和捏合调质过程。

　　（1）硬质人造奶油的生产　硬质人造奶油的连续生产过程如图11-4所示。不使用强烈捏合的混合机B单元，而是采用静止管。如果制品采用模压式打印包装设备，则要求产品从A单元流出后直接进入静止管；如果用充填式打印包装设备，则需在静止管之前装一个小型混合机调整稠度，以得到较软的制品，便于包装，但最终产品稍微偏软。对于易极度过冷的基料油脂混合物（如富含棕榈油的油相），由于它在急冷过程中无法获得充足的时间形成晶体网络，可能会在静止管中或者包装之后变得十分坚硬，为了避免制品硬化的发生，可于A单元之间串接一个低速捏制机，以延缓结晶过程。

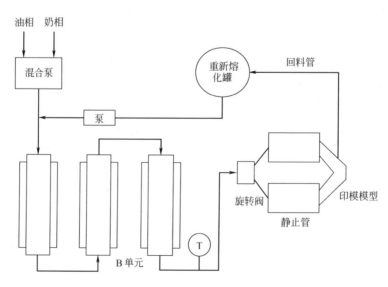

图11-4　硬质人造奶油连续生产工艺

　　（2）软质人造奶油的生产　软质人造奶油的连续生产工艺如图11-5所示。为了适量充

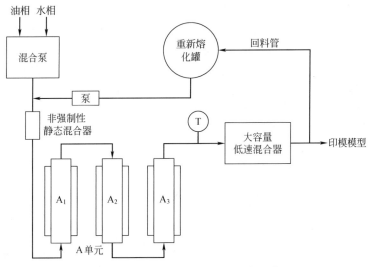

图 11-5　软质人造奶油连续生产工艺

填包装容器，软质人造奶油在包装前要求易于流动，一般不设置静置管，而采用一个大容量揑合机 A 单元调质软化，使制品不致在包装容器内过分结晶而脆化。对于固态脂含量低的基料油脂，混合机可衔接于 A_2、A_3 单元之间，以避免过度结晶而影响制品的涂抹性能。

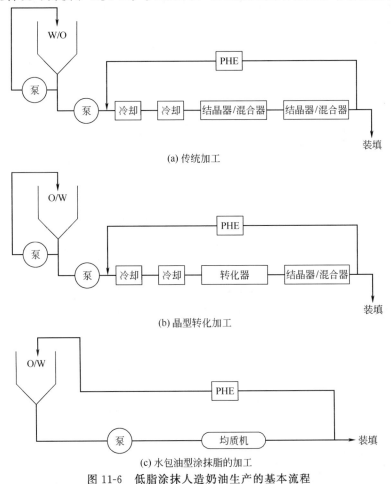

(a) 传统加工

(b) 晶型转化加工

(c) 水包油型涂抹脂的加工

图 11-6　低脂涂抹人造奶油生产的基本流程

11.1.6.3　低脂人造奶油

由于水相多于油相，W/O 型低脂人造奶油生产的乳化工艺有别于普通制品；而且为了获得稳定的乳化态，在配方中常要使用明胶等稳定剂。实践表明，乳化过程的控制和添加高含量的水结合剂是低脂人造奶油生产的关键。由于能更充分地分散加入的水相液滴，较高的液态油含量可改善乳浊液的稳定性，故采用富含液态油和低 SFI 值的基料油脂作为原料，更容易制备低脂的产品。通过对基料油脂进行适当的选择，并采用恰当的加工方式，可以确保生产出类似于奶油质构的低脂产品。

低脂人造奶油加工工艺与传统人造奶油加工工艺十分相似，但由于这种水相多于油相的 W/O 型乳化液本身更不稳定，在制备乳状液时要求油相和水相的温度必须相近，而且要缓慢地混合。由于内相比例较大，乳状液的黏度高，需要强烈搅拌以确保均质，但要避免空气混入。低脂乳状液对管道压力和冷却速率均较敏感。由于黏度较大，低脂人造奶油包装温度应高于普通制品。

另外也可借助明胶等凝胶剂，将油相分散在热水相中，先形成水包油型乳化液，乳化液被冷却到低于凝胶温度后才进行搅拌，发生相转变成为一种油包水型乳状物，从而使加工自由度更大，产品稳定性更好。选用单甘酯和聚甘油酯的复配乳化剂较适用于这种方式。实际操作中，可以用标准的刮板式换热器，甚至可以用静态换热器进行冷却，在高剪切力的捏制单元中完成相的转变。最关键的参数是离开捏制单元之前的冷却时间和发生凝胶时的温度。

现已出现采用均质和速冷含有大量凝胶剂和增稠剂的水包油型乳液的方法，来制备含脂量很低的涂抹脂制品。

图 11-6 说明和概括了用于不同的低脂涂抹人造奶油生产的基本流程。

图 11-7 中是生产低脂涂抹人造奶油的连续工艺流程。包括了对所制得的油包水型乳化液进行巴氏灭菌、乳化液的结晶和结晶乳化液捏合等加工的过程。

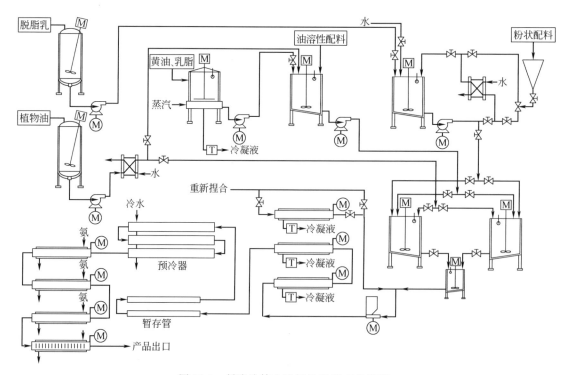

图 11-7　低脂涂抹人造奶油连续工艺流程

11.1.7　人造奶油加工设备

人造奶油的生产线中，除了必需的乳化液制备设备如处理罐、板式换热器和离心泵、混合设备外，人造奶油生产的关键设备为高压进料泵、急冷机和捏合机等。

（1）高压进料泵　急冷机的进料，根据所设计的最大产品压力和所生产的各种人造奶油产品的要求，需安装出口压力为 4MPa、7MPa 或 12MPa 的正向位移泵来完成。一般多选用高压柱塞泵，与物料接触部分用 316 不锈钢制造，或选用陶瓷柱塞泵。在泵的出口处安装有气压式或弹簧式脉动阻尼器，或采用较慢的泵曲轴旋转速度，以减少压力波动，确保物料流动更平稳。为防止生产线上发生堵塞现象，高压泵通常还备有压力安全阀和相关的管道系统，以起保护作用。泵的吸入管上需安装过滤器，以保护泵和急冷机的工作筒体免受人造奶油乳浊液中的任何可能异物的损坏。

在压力不需太高的地方，如半液态灌装的工业化人造奶油或起酥油的生产线中，通常可采用齿轮泵，其最大出口压力为 2.6～3.3MPa。

（2）急冷机　急冷机是人造奶油生产的核心设备，在其中可完成初始冷却、过冷、诱导成核和结晶。其实质上是一个高压刮板式换热器，与捏合机共同作用，完成人造奶油生产的关键步骤。在设计上，此设备必须有足够的灵活性，以适应不同的产品类型和生产条件的变化。

世界上生产人造奶油急冷机比较有名的企业有：美国的 Cherry-Burrell Votator Division of Louisville；英国的 CHEMTECH International Limited；丹麦的 Gerstenberg & Agger A/S 和德国的 Schroeder & Co.，各自产品的商标分别为 Votator、Chemetatar、Perfecter 和 Kombinator。

刮板式换热器急冷机通常由一个或多个水平放置的冷却组件构成。其结构可参考图11-8所示。

冷却组件主要由冷却筒和位于其中的空心轴构成。冷却筒通常用工业纯镍或钢制造，确保有较高的传热效率。冷却筒外壁走冷却剂，内壁和轴之间的通道走乳化液。轴上装有可自由移动的刮刀，操作中由轴高速旋转产生的离心力把刮刀推向筒壁，不断地把冷却筒内表面刮干净，始终露出新的冷却面，保持高效传热。

轴的旋转速度通常为 300～700r/min，轴上装有 2～6 排刮刀，这些刮刀通过特别设计的销固定在轴上，并可在固定点上进行移动。

为了防止结晶物料在轴上黏结，轴内通入温水循环以确保轴表面干净。通常在靠近推力/轴支承部件的某一点泵入温水，并根据轴的内部构造在靠近水进口处排出。若发生短暂的堵塞，此水循环系统有助于熔化凝固的物料，有利于设备的重新启动。

（3）捏合机　急冷机出来的脂肪料液，需要时间来完成结晶，这通常在捏合机的结晶器中完成。

捏合机由筒壁内装上杆条（固定杆）和转轴上装有杆条（旋转杆）的大直径圆筒构成。固定在同心转轴的杆以螺旋形式排列，与筒壁上的固定杆相啮合，当轴旋转使两者对料液产生强烈的捏合作用，其结构如图 11-9 所示。捏合机既可安装在多筒急冷机的冷却筒之间，也可装在急冷机之后。捏合单元有利于避免料液大块结晶，保持适当的稠度。有些捏合机装有用于调节工作筒温度的水夹套，并装有用于调节水温的水加热器和循环泵，这有利于防止筒壁上产品的凝结，并更好地控制物料的温度。

通常捏合机筒内加工体积为每筒 35～105L。市场上有同一支撑架上装有三个捏合筒的 B 单元，每个捏合筒常装有各自的驱动装置，使人造奶油加工中具有更大的灵活性。

（4）休止管　休止管的主要结构是一个细长形的圆筒（见图11-10），内部安装有挡板

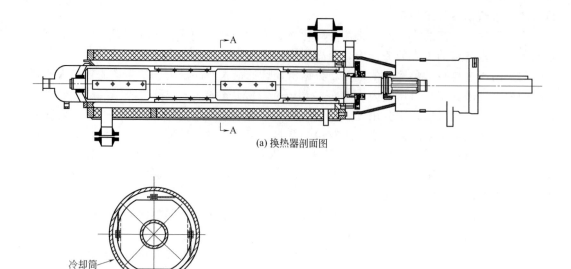

(a) 换热器剖面图

冷却筒

(b) A—A 视图

图 11-8　刮板式换热器

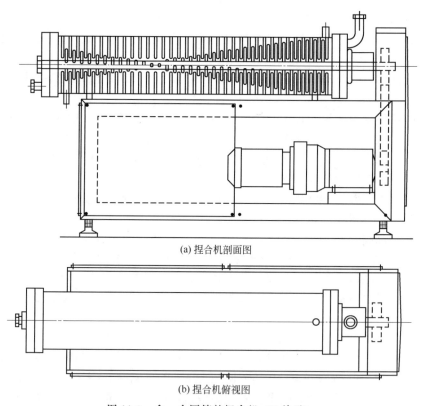

(a) 捏合机剖面图

(b) 捏合机俯视图

图 11-9　含一个圆筒的捏合机（B 单元）

或多孔板，其结构通常还包括入口接头，带凸轮的部件和出口连接法兰。出口连接法兰用于与包装机械直接相连，也可装配出口挤出喷嘴，物料通过开口进料斗系统进入包装机械。休止管常装有夹套，用于温水循环，以减少人造奶油与每个零件不锈钢表面的摩擦，这有利于防止物料的沟流，且能降低高压进料泵所需的总出口压力。

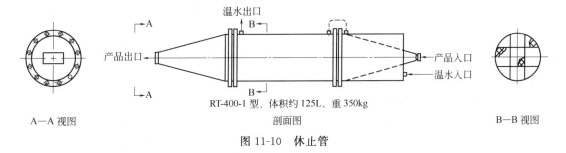

图 11-10　休止管

人造奶油借高压进料泵的压力强制通过休止管，其内部的多孔板能给予物料一定程度的捏合作用，从而保证产品具有适当的塑性。

用于餐用人造奶油或类似产品加工时，休止管由长度为 450～900mm 的带凸轮的部件组成，直径通常为 150～180mm；酥皮糕点人造奶油生产中的休止管，直径通常为 300～400mm，带凸轮部件的长度约 1000mm，其体积通常比其他产品生产中所使用的要大，这就有足够的时间形成酥皮糕点人造奶油所需的特定的稠度。

人造奶油产品的要求不同，静止管所需体积的大小要相应变化，在生产线中所处的位置也会不同。

11.2　起　酥　油

起酥油是 19 世纪末在美国作为猪油代用品而出现的。猪油作为加工面包及其他点心的用油，因具有良好的性能而很受欢迎。为了弥补猪油供量的不足，人们曾用牛油的软脂部分来代替猪油。19 世纪 60 年代，美国的棉花种植很兴旺，于是人们将棉籽油和牛油的硬脂部分混合起来，作为猪油的代用品，这便是历史上最早出现的起酥油。1910 年，美国从欧洲引进了油脂氢化技术，通过氢化把植物油和海产动物油转化成硬脂肪而制得的起酥油，加工面点时的性能比猪油更好，使起酥油生产进入一个新的时代。此后，随着人们对天然油脂性质的进一步认识，1933 年前后出现了高比率起酥油，给焙烤和起酥油生产带来了巨大的变革。1945 年以后，随着食品乳化剂的应用和发展，又进一步研制出了各种专用的新型起酥油制品。到目前为止，各种功能的起酥油品种繁多，形式多样，对它的研究也不再仅停留在其功能性质，对其原料油脂营养性方面的研究也在不断进行。我国的起酥油生产较晚，起始于 20 世纪 80 年代初。

11.2.1　起酥油的定义

起酥油是一种工业制备的食用油脂。它之所以有此名称，是因为不溶于水的脂肪加入面团，可以防止面团混合时谷蛋白的相互粘连，而使焙烤食品变得松酥，这种作用称为油脂的起酥作用。起酥油是用动植物油脂配制而成，为具有某些功能特性而进行了各种加工，它脱除了不合乎要求的气味和风味，为典型的百分之百含油脂的制品，可用在烹调、煎炸、焙烤等方面，并可以作为馅料、糖霜和糖果的配料，以改善食品的质构和适口性。

在人们的传统概念中，起酥油是具有可塑性的固体脂肪，它与人造奶油的区别主要在于起酥油中没有水相，气味温和。由于新开发的起酥油有流动状、粉末状产品，均具有与可塑性产品相同的用途和性能，因此起酥油的范围很广，下一个确切的定义比较困难，不同国家、不同地区起酥油的定义不尽相同。

以日本农林标准（JAS）为例：起酥油是指精炼的动、植物油脂，氢化油或上述油脂的混合物，经急冷捏合制造的固态油脂或不经急冷捏合加工而得的固态或流动态的油脂产品。起酥油具有可塑性、乳化性等加工性能。

起酥油一般不宜直接食用，而是用于加工糕点、面包或煎炸食品，必须具有良好的加工性能。

11.2.2　起酥油的种类

过去提到起酥油，主要是指那些在室温下为固态、用于食品的焙烤加工使其酥松的天然脂肪。现在用来制备起酥油的原料，已经从天然脂肪转变为油和硬脂的混合物，并进一步发展为氢化液态油和硬脂掺和，然后又发展到掺入各种添加剂，诸如乳化剂、抗氧化剂，抗泡剂、金属螯合剂和抗溅剂等。尽管发生了这些改变，起酥油的功能仍然是以使焙烤食品变得松软或酥脆为主，同时还具有许多有益于焙烤和其他加工食品的功能，它能对加工食品的结构、口感、外观质量、稳定性和风味等产生很大影响。

由于现代油脂加工水平的不断提高，起酥油产品已适应食品工业的多种要求，并形成了较为完善的品种体系。

11.2.2.1　按原料来源分类

按原料来源，可分为植物性起酥油、动物性起酥油和动植物混合型起酥油。

11.2.2.2　按制造方法分类

（1）全氢化型起酥油　原料油全部由经不同程度氢化的油脂所组成，其氧化稳定性特别好。

（2）混合型起酥油　氢化油（或饱和程度高的动物油）中添加一定比例的液态油作为原料油。这类起酥油的可塑性范围较宽，可根据要求任意调节。

（3）酯交换型起酥油　用经酯交换的油脂作为原料制成。

11.2.2.3　按使用添加剂的不同分类

（1）非乳化型起酥油　不添加乳化剂，可用于煎炸与喷涂。

（2）乳化型起酥油　添加乳化剂，用于加工面包、糕点、饼干焙烤等。

11.2.2.4　按产品性能分类

（1）通用型起酥油　用于各种场合的加工，应用范围广。

（2）乳化型起酥油　含乳化剂较多，通常含 $10\% \sim 20\%$ 的单甘油酸酯。其加工性能较好，常用于加工西式糕点和配糖量多的重糖糕点。

（3）高稳定型起酥油　可长期保存，不易氧化变质。全氢化起酥油多属于这种类型。其 AOM 值在 100h 或 150h 以上，适于加工饼干、椒盐饼干及煎炸食品。

11.2.2.5　按产品性状分类

（1）可塑性起酥油　这是开发最早，也是目前应用最广，室温下呈固态的塑性产品。

（2）液体起酥油　同其他产业一样，糕点、面包产业也朝着自动化、大型化方向迅速发展。由于具有可塑性的油脂在连续供料上存在困难，由此开发出现了液体起酥油制品。

① 液体起酥油的分类。液体起酥油是指在常温下具有流动性，能用泵输送，性质稳定，具有各种加工特性的油脂产品。它可分成以下 3 类。

a. 流动型起酥油。油脂呈乳白色不透明状，内有固态脂的悬浮物。

b. 液体起酥油。油脂为透明液体。

c. O/W 乳化型起酥油。含有水的乳化型产品。

② 液体起酥油的性质

a. 流动性。油脂的流动性是糕点、面包连续化生产过程中，计量、输送所不可缺少的特性。一般应将黏度控制在 6Pa·s（6000cP）以下。

　　b. 稳定性。液体起酥油是以液态油为基础，添加固态脂和乳化剂加工而成，这些成分应不会分离析出。

　　c. 可加工性。可加工性与可塑性对于糕点加工来说同样重要，可通过对其中固体成分与乳化剂的添加控制来满足产品的需求。

　　（3）粉末起酥油　粉末起酥油又称粉末油脂，是在方便食品发展过程中出现的。粉末油脂一般含油脂 50%～80%，也有的高达 92% 左右。

　　在油脂中加入蛋白质、胶质或淀粉等包裹壁材使之成为乳化物，然后进行喷雾干燥形成粉末状态。其特点是油脂呈细小的颗粒被胶体物质所包裹，散落性优良，与外界气体隔离，稳定性好，因而方便使用、保存和运输等。粉末油脂可以很方便地添加到糕点、即时汤料等方便食品中使用。

　　粉末油脂有粉末状、粒状及薄片状等多种形态的产品。

11.2.3　起酥油的功能特性及影响因素

　　起酥油能使制品分层、膨松、酥脆、保湿等，其功能特性包括可塑性、起酥性、酪化性、乳化性、吸水性、氧化稳定性和油炸性，不同的品种，对其功能特性的具体要求各异，其中可塑性是最基本的特性。

11.2.3.1　可塑性

　　可塑性是传统起酥油的基本性质，是指固态脂在一定温度下，具备塑性物质的特征，在一定外力作用下能保持形状，当外力超过范围时则发生变形，可作塑性流动的性质。起酥油可塑性好，便于涂布加工，形成的面团延展性好，加工的制品酥脆。

　　脂肪的可塑性可粗略地用稠度来衡量，稠度合适的塑性脂肪才具有良好的可塑性。能使脂肪保持可塑性的温度范围称塑性范围，如果温度变化不大，脂肪稠度却有较大的变化，则说明其塑性范围窄；反之温度变化大，稠度变化却不大，则塑性范围宽。

　　影响起酥油可塑性的因素有以下几点。

　　（1）基料油脂中固、液相的比例　基料油脂中固态脂与液态油的比例是构成脂肪制品塑性的首要条件。固相低于 5% 的脂肪接近液态，不呈塑性；而高于 40%～50% 则形成坚实结构，失去可塑性。起酥油固、液相比例一般控制在 10%～30%，可塑性好的起酥油，固、液相比例为 15%～25%。

　　油脂中固态脂含量的表示方法，目前有固态脂指数（SFI）和固态脂的绝对含量（SFC）两种。虽然随着核磁共振（NMR）技术的逐步推广应用，对 SFC 的使用增多，但因 SFI 是传统的表示方法，故目前仍多以 SFI 衡量基料油脂的固态脂含量。

　　起酥油基料配料时应注意，对在使用温度下需要有适当稠度的起酥油，必须选择在此温度下有适当 SFI 值的基料油脂。表 11-9 给出了猪油和某种可塑性起酥油在不同温度下稠度与固体脂肪含量间的关系。

　　（2）基料油脂的种类　起酥油中固态脂的晶体结构影响着起酥油的稠度。一定温度下，在同样的固态脂含量下，固态脂的晶型不同，起酥油的稠度也可能不同。不同品种的油脂在冷却时有不同的稳定晶型。

　　起酥油与人造奶油一样期望获得 β' 型结晶。β' 型脂晶较 β 型细小，在相同 SFI 下，由于基料油中固相颗粒多，总表面积大，因而能扩展起酥油的塑性，并使其外表光滑均匀。

　　脂肪酸碳链长短不整齐的甘三酯，其稳定的晶型是 β' 型，当基料固体脂肪中含有稳定的 β' 晶型甘三酯时，整个脂肪都会有形成稳定的 β' 晶体的倾向；反之，则易形成稳定的 β 型晶体。基料油脂中液态油脂的黏度与起酥油的稠度也呈正相关，也直接影响其可塑性。

表 11-9　可塑性脂稠度和固体脂肪含量的关系

温度/℃	猪　油		全氢化起酥油	
	微针入度/10^{-1}mm	固体脂/%	微针入度/10^{-1}mm	固体脂/%
50	—	0	—	0
45	—	0.5	—	2.6
40	—	2.0	—	5.7
35	—	4.5	336	9.4
30	378	10.5	212	12.6
25	137	21.0	101	14.0
20	105	26.0	45	19.7
15	73	29.0	24	21.7
10	41	32.0	16	27.8
5				31.4

　　温度变化对不同的塑性脂肪的稠度影响各不相同，为了便于加工和使用，一般多希望起酥油的稠度不要因温度变化而受较大的影响，即期望其可塑性范围较宽为好。因此，一般基料油脂多由不同熔点的油脂调和而成。本身稠度受温度影响大的油脂不宜选作这类基料，如椰子油等。

　　(3) 冷却加工的条件　基料油脂中固相脂晶的粒度与分散度对塑性的构成，也是一个重要的条件。塑性脂肪中固相脂晶的颗粒细度要求小至其重力与分子内聚力相比，可忽略不计；脂晶间的空隙要求小至液相液滴不致流动或渗出，使基料油脂中的组分通过分子内聚力而结合在一起。脂晶粒度小，总表面积和分子内聚力均大，能使起酥油具有较好的稠度。

　　除了晶型的影响，脂晶的粒度和分散度还与起酥油加工条件有关。缓慢冷却比快速冷却的油脂结晶数量少、晶粒大。即使固态脂含量相同，在不改变熔点的情况下，通过改变冷却速率，也可改变油脂的稠度。过冷、急速冷却和激烈搅打捏合的加工条件，可产生众多的脂晶核、阻止晶核之间的内聚、长大，促使脂晶核在基料油脂中的均布而形成整个组分的内聚结构，从而获得稳定的良好塑性。

　　(4) 添加剂与熟化处理　起酥油加工过程中，快速冷却析出的 α 晶型向 β' 晶型转化需要一定的时间和温度，当其离开充填包装生产线后，结晶化 (晶型转化) 仍在继续。产品要在稍低于熔点的温度下放置 2～3 天，使 α 晶型能顺利转化为 β' 晶型，并在缓慢转化过程中，脂晶的粒度得到调整，从而使产品获得稳定的塑性范围。

　　起酥油加工中一些添加剂，如乳化剂、阻晶剂，能延缓或阻止基料油脂中固态脂 β 晶化，从而使产品稠度得到保证。

11.2.3.2　起酥性

　　起酥性是指能使烘焙糕点具有酥松的性质，它是保证各类饼干、薄脆饼和酥皮等产品具有良好食用特性的主要性质。起酥油以薄膜状层分布在烘焙食品组织中，阻断面筋质间的相互黏结，起润滑作用，使制品组织松脆可口。一般稠度合适、可塑性好的起酥油，起酥性也好。过硬的起酥油在面团中呈块状，展布不均，使制品酥脆性差；而过软的起酥油在面团中呈微球状分布，起不到阻隔作用，使制品多孔粗糙。

　　对于特定烘焙制品，能覆盖面粉粒最大表面积的油脂具有最好的起酥性。影响起酥性的因素有：①脂肪的饱和度越高，起酥性越好；②脂肪的用量越大，起酥性越好；③固态脂指数适合者，起酥性好；④其他辅料及其浓度合适者，起酥性好；⑤混合程度剧烈者，起酥性好。

油脂的起酥性用起酥值表示，起酥性与起酥值呈负相关系，即起酥值越小，起酥性越好。表 11-10 列出了几种油脂的起酥值。

表 11-10　几种油脂的起酥值

油　脂	熔点/℃	起酥值	油　脂	熔点/℃	起酥值
猪油	32.0	<60	椰子油	24.0	127.5
菜籽起酥油	39.4	120.0	椰子氢化油	27.3	127.9
棉籽起酥油	44.0	123.0	人造奶油(棉籽油)	35.3	140.2
氢化猪油	49.2	126.2			

从表中可以看出，椰子油及椰子油氢化油等可塑性差的油脂，起酥值大，起酥性也差；猪油等可塑性好的油脂，起酥值小，起酥性好。但猪油经氢化后起酥值升高，起酥性降低。

11.2.3.3　酪化性

对起酥油进行高速搅打，可使空气以细小的气泡裹吸于油脂中，而使起酥油的体积增大，油脂的这种含气性质就叫酪化性。把起酥油加到混合面浆中进行高速搅打，会使面浆体积增大。酪化性可用酪化值（CV）表示，即 100g 油脂中所含空气的量（mg）。

起酥油的酪化性要比奶油和人造奶油好得多。

起酥油的酪化性取决于它的可塑性，并与基料油脂组分、甘三酯晶体结构及其工艺条件都相关。β' 型结晶微小，酪化性良好；β 型结晶粗大，酪化性较差；在起酥油加工中，经熟成处理的产品酪化性明显高于非熟成品；饱和程度较高的油脂酪化性好，在 β 型结晶的油脂中添加 β' 结晶的油脂和在天然油脂中添加氢化油均能提高其酪化性。此外，乳化剂的种类和用量也可影响起酥油的酪化性。

11.2.3.4　乳化性

油和水互不相溶，但在食品加工中，经常要将油相和含有奶、蛋、糖的水相均匀地混合在一起。蛋糕面团是 O/W 型乳化液，起酥油在乳浊体中的均匀分布直接影响面团组织的润滑效果和制品的稳定程度。因此糕点起酥油一般都需添加乳化剂，以提高油滴的分散程度。乳化性能影响蛋、糖的起泡能力，适量添加起泡剂可以减少乳化剂的负面影响。

11.2.3.5　吸水性

起酥油即使不使用乳化剂，也能吸收和保持一定量的水分。起酥油的吸水性取决于其自身的可塑性和乳化剂添加量。油脂经氢化可增加吸水性。例如 22.5℃左右，几种不同类型的起酥油的吸水率为：猪油、混合型起酥油 25%～50%；氢化猪油 75%～100%；全氢化起酥油 150%～200%；含单、双甘酯的起酥油≥400%。

吸水性对加工奶油糖霜和烘焙糕点有着重要的功能意义，它可以争夺形成面筋所必需的水分，从而使制品酥脆。

11.2.3.6　氧化稳定性

一般油脂在烘焙、煎炸过程中，由于本身不含天然抗氧剂或天然抗氧剂的热分解，致使烘焙、煎炸制品的稳定性差、货架寿命短。起酥油基料油脂通过氢化、酯交换改性，不饱和程度降低或添加抗氧化剂，从而提高了氧化稳定性。起酥油的氧化稳定性不一定代表烘焙制品的储存稳定性，因此在设计起酥油氧化稳定性时，需根据起酥油的用途而有所区别。例如椒盐饼干等制品由于没有含糖糕点烘焙时氨基酸和糖进行麦拉德反应产物的保护，需使用 AOM 值大于 100h 的高稳定性起酥油。

11.2.3.7　煎炸性

起酥油的煎炸性包括风味特性和高温下的稳定性，应能在持续高温下不易氧化、聚合、水解和热分解，并能使制品具有良好的风味。起酥油的煎炸性一般与基料油脂的饱和程度、甘三酯脂肪酸碳链长短、消泡剂以及煎炸条件（如温度、煎炸物水分、油渣清理和油脂置换率）等多种因素有关。

11.2.4　起酥油的原料和辅料

11.2.4.1　基料油脂

生产起酥油的原料油有两大类：植物性和动物性油脂。一些大宗的植物油脂和陆地、海洋动物油脂以及它们的氢化或酯交换产品，都可用作起酥油的基料。这些油脂都必须经过严格的精炼，使其达到高级烹调油的质量要求。

（1）基料油脂的组成　一般起酥油的塑性范围要求比人造奶油宽，熔点较高，在接近体温时的 SFI 值较高。通常按不同的产品要求，用氢化油作为基料，配合一定数量的硬脂，有时还掺入一定数量的液体油组成基料油脂。

硬脂是指碘值为 5～10 的固态脂，其添加量最多不能超过 10%～15%。

① 固相油脂。基料油脂中的固相油脂是起酥油功能特性的基础，一般多选用能形成 β' 晶型的油脂。甘三酯脂肪酸碳链长短不齐和甘三酯组成较复杂的动、植物油脂，都可通过选择性氢化加工成基料固态脂或直接作为基料固态脂。

棕榈油、猪油和牛油是天然起酥油基料固态脂，它们也可以与棉籽油、菜籽油和鱼油等配合通过极度氢化加工成凝固点为 58～60℃ 的固态脂，作为硬料而用于起酥油基料配方。有些植物油，如大豆油、葵花籽油等，若氢化后的碘值太低，由于含有大量的三硬脂酸甘油酯，会导致起酥油的凝固和操作性能不佳；而棉籽油、棕榈油、鱼油含有较多的棕榈酸，可保证只形成少量的三硬脂酸甘油酯而得到合适的多晶形结晶。

液体植物油和海产动物油可根据起酥油稠度设计要求，通过选择性氢化加工成一定凝固点的氢化固脂，用作基料油脂（见表 11-11）。

表 11-11　大豆起酥油的氢化基料油脂

项　目		I	II	III	IV
氢化条件	开始温度/℃	148.9	148.9	148.9	140.6
	氢化温度/℃	165.6	165.6	165.6	140.6
	压力/MPa	0.11	0.11	0.11	0.28
	催化剂 Ni/%	0.02	0.02	0.02	0.02
分析数据	终点碘值	83～86	80～82	70～72	104～106
	固态脂指数				
	10℃	16～18	19～21	40～43	<4
	21.1℃	7～9	11～13	27～29	<2
	33.3℃	0	0	9～11	0

其中，I、II 基料用于通用型起酥油，III 基料用于高稳定型起酥油，IV 基料用于生产流动型起酥油。

② 液相油脂。起酥油基料油脂中，液相油脂应选择一些氧化稳定性较好，以油酸和亚油酸组成为主的油脂。为了调整一定的稠度范围，应选择黏度稍大的油脂品种。液相油脂包含基料固态脂中的液相部分。

（2）基料油脂的配比　为使起酥油具有较宽的塑性范围，需采用不同熔点的油脂配合，其具体配比依据产品的要求确定。应用最广的是控制其固体脂肪指数，也有采用控制熔点、冻点、浊点、折射率和碘值者。此外，还必须考虑原料油脂的晶型。

基料油脂的稠度主要取决于基料固、液相组分的合理配比。不同起酥油制品的功能特性不同，其稠度要求不同。可塑性起酥油稠度设计的原则是固、液相油脂比例必须满足塑性条件。液态起酥油的稠度设计以形成固相脂晶在液相油脂中的稳定悬浮体为基准。

塑性起酥油基料油脂稠度设计时，固相部分应选用能形成 β' 脂晶、甘三酯组成较复杂的油脂，当选用猪油或 β 型氢化大豆油、葵花籽油和椰子油时，需加入一定比例 β' 晶型硬脂，以便通过 β' 脂晶的诱导，促使全部固态脂晶体 β' 化。

除某些专用起酥油需要陡峭的熔化曲线外，一般用途以及糕点和糖霜塑性起酥油的基料油脂，常温下应呈塑性固体，在 21～27℃ 下有合适的稠度，在较高和较低的温度下稠度变化不大。塑性起酥油 SFI 值一般在 15～25 之间，SFI 值超过 25 属硬起酥油，SFI 值低于 15 起酥油太软，而 SFI 值介于 15～22 的起酥油具有较宽的塑性范围。

流体起酥油基料油脂稠度设计时，固相部分应选用能形成 β 结晶的油脂，使其脂晶粒度符合悬浮颗粒特征。基料油脂中固体脂肪含量一般为 5%～10%，其熔点范围应能确保在温度 18～35℃ 下，悬浮基料稳定（SFI 值 6～8）。

基料油脂的稠度可通过氢化基料油、氢化硬脂、动物脂肪以及液体植物油的合理配方进行调整。几种典型的起酥油制品的稠度和基料油脂组成见表 11-12。

表 11-12　典型起酥油制品的稠度和基料油脂组成

类　型		熔点 /℃	固脂指数（SFI）					基料油脂		
			10℃	21.1℃	26.7℃	33.3℃	40℃	基料油脂组成/%	碘值	熔点/℃
通用型	1	51.1	22～24	18～20		13～15	10～12	豆油基料Ⅰ:88～89 硬脂:11～12	83～88 1～8	
	2		24～27	18～20		12～14	6～8	豆油基料Ⅱ:92～93 硬脂:7～8	80～82 1～8	
	3		28	23	22	18	15	大豆氢化油:85～90 棉油硬脂:10～15	80	58
稳定型		42.7	44	28	22	11	5	大豆氢化油:95 棉油硬脂:5	70	
煎炸型		39～42	41～44	28～30		12～14	2～5	豆油基料Ⅲ:97 硬脂:3	70～72	
面包用	1	37.8	27	16	12	3.5	0	大豆氢化油Ⅰ:20 大豆氢化油Ⅱ:80	55 86	44.0 30.0
	2							大豆氢化油:20 大豆色拉油:20 氢化鱼油:60		34.0 35.0
	3							氢化大豆油:40 猪脂:10 棕榈油:30 大豆色拉油:20		34.0
冰淇淋用								氢化椰子油:20 精制椰子油:80		35.0
流体型起酥油	1	34	6	6	6	6		精制花生油:50 氢化花生油:50	90 8	
	2	41	8	8		7	8	液体植物油:90～95 硬脂:2～10	>100 <10	
液体起酥油								液体植物油:82～98 乳化剂(亲油亲水型):8～18	>100	
猪脂			27	19	12	3	2	−37.8℃下		35～49
改质猪脂			25	11	9	8	3	−37.8℃下		
氢化猪脂			38	30		15	10	−37.8℃下		
液牛脂			28	14		2	0			

11.2.4.2 辅料

生产起酥油使用的辅料有乳化剂、抗氧化剂、消泡剂、氮气等，根据产品要求有时还加一些香料和着色剂。

（1）乳化剂　乳化剂是具有表面活性的物质，能降低界面张力，增强起酥油的乳化性和吸水性，使之能在面团中均匀分布，强化面团，保持水分防止老化，还有利于稳定气泡，提高起酥油的酪化性，增大面团的体积。表 11-13 列出了常用于起酥油的乳化剂。

表 11-13　用于起酥油的乳化剂

乳 化 剂	应用的制品	乳 化 剂	应用的制品
单甘酯	R. M. C. B. S. I	环氧单甘酯	B
双甘酯	R. M. C. B. S. I	硬脂酰乳酸酯	M. C. B
磷脂	B	聚山梨醇酯 60	R. M. C. B. S. I
乳酸单甘酯	M. C	聚甘油酯	C. I
硬脂酰乳酸钙	B. S	琥珀酸单甘酯	B
硬脂酰乳酸钠	B. S	硬脂酰富马酸钠	B. S
亚丙基二醇酯	B. S. I	蔗糖酯	C. B. S
二乙酰酒石酸单甘酯	B	无水山梨醇单硬脂酸酯	M. C

注：R 为零售起酥油；M 为糕点混合粉；C 为糕点；B 为面包与面包卷；S 为甜食品；I 为糖霜及夹心。

常用的比较安全的乳化剂有：①单甘酯，添加量为 0.2%～1.0%；②蔗糖脂肪酸酯，添加量为 0.2%～1.5%；③大豆磷脂，一般不单独使用，多与单甘酯或其他乳化剂配合使用，在通用型起酥油中，与单甘酯合用时其用量为 0.1%～0.3%；④丙二醇硬脂酸酯，通常是由丙二醇与一个硬脂酸酯化而成。它与单甘酯混用时具有增效作用，多在流动型起酥油中使用，用量为 5%～10%，在液体（透明）起酥油中，使用的最佳含量为 10%～12%；⑤山梨醇脂肪酸酯，它具有较强的乳化能力，在高乳化型起酥油中用量为 5%～10%。

（2）抗氧化剂　常用的抗氧剂除维生素 E 之外，还有合成的酚类抗氧剂 BHA、BHT、PG 和 TBHQ，它们可按 0.01% 单独使用，也可按 0.02% 混合使用，应根据起酥油的用途和抗氧剂的特点选择合适的抗氧剂。PG 虽有较强的抗氧化能力，但其热稳定性差，在烘烤和煎炸温度下很快失效，在水分存在时与铁结合生成蓝黑色的结合物，故不适用于烘烤和煎炸的起酥油。BHA 和 BET 对植物油、尤其是高亚油酸起酥油的抗氧化能力弱，但其热稳定性好，适于烘烤和煎炸用起酥油；高温下 BHA 会放出酚的气味，因此它常常是少量地与其他抗氧剂混合用于烘焙油和煎炸油。TBHQ 是近年来推崇的一种安全、高效的抗氧化剂。

起酥油常用的抗氧化剂的增效剂有柠檬酸、磷酸、抗坏血酸、酒石酸及硫代二丙酸等多元酸。

（3）消泡剂　食品煎炸过程中，为安全起见，煎炸用起酥油中常添加 0.5～3.0mg/kg 聚硅氧烷树脂作为消泡剂。加工面包和糕点使用的起酥油不用添加消泡剂。

（4）氮气　由于氮气呈微小的气泡状分散在起酥油中，使之呈乳白色不透明状。一般标准起酥油的氮气含量为每 100g 起酥油含 20mL 以下的氮气。氮气还有利于提高起酥油的氧化稳定性。

11.2.5　起酥油的生产工艺

11.2.5.1　可塑性起酥油的工艺过程

起酥油的性状不同，生产工艺也有所不同。可塑性起酥油的加工过程与人造奶油相近，而且主要设备也通用，具体包括基料配比混合、急冷捏合、充填包装和熟成调质等，其工艺过程见图 11-11。

原料油和按一定比例事先用油溶解的添加物，经计量后进入调和罐，充分混合，然后冷

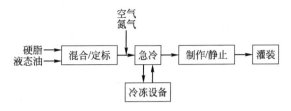

图 11-11　起酥油加工过程

却到 49℃，进行预冷。用齿轮泵将混合物与导入的氮气一起送到 A 单元进行急冷，迅速冷却到过冷状态 25℃，部分油脂开始结晶。然后通过 B 单元连续捏合进行结晶，出口温度在 30℃左右。A 单元和 B 单元都是在 2.1～2.8MPa 压强下操作，压强由齿轮泵作用于特殊设计的挤压阀而产生。当起酥油通过最后的背压阀时压强突然降到大气压，充入的氮气膨胀，使起酥油获得光滑的奶油状组织和白色的外观。刚生产出来的起酥油是流态的，当充填到容器后不久就呈半固体状。若刚开始生产时，B 单元出来的起酥油质量不合格或包装设备有故障时，可通过回收油槽回去重新调和。具体流程如图 11-12 所示。

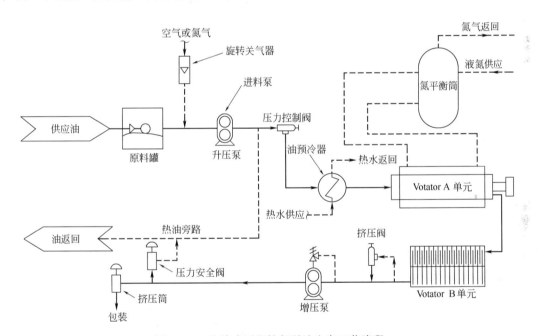

图 11-12　连续式可塑性起酥油生产工艺流程

生产起酥油，在 B 单元所需搅拌捏合的时间，一般比生产人造奶油要长（2～3min），转速可以稍低。

11.2.5.2　液体起酥油的生产

液体起酥油的品种很多，制法不完全一样，主要有三种。

① 最普通的方法是把原料油脂及辅料调和后用 Votator 的 A 单元进行急冷，然后在储存罐中存放 16h 以上，搅拌使之流动化，然后装入容器。

② 将硬脂或乳化剂磨碎成细微粉末，添加到作为基料的油脂中，用搅拌机搅拌均匀。

③ 将配好的原料加热到 65℃使之熔化，缓慢搅拌，徐徐冷却使形成 β 型结晶，直到温度下降至装罐温度（26℃左右）。

11.2.5.3　粉末起酥油的生产

生产粉末起酥油的方法有多种，目前大多用喷雾干燥法生产。将油脂、包裹壁材、乳化剂和水一起乳化，然后喷雾干燥，使之成为粉末状态。使用的油脂通常是熔点为 30～35℃ 的植物氢化油，也有的使用部分猪油等动物油脂和液态油脂。使用的包裹壁材包括蛋白质和碳水化合物。蛋白质有酪蛋白、明胶、乳清蛋白、大豆分离蛋白等植物蛋白等。碳水化合物可采用玉米、马铃薯等鲜淀粉，也可使用植物胶、淀粉衍生物、环糊精及乳糖等，有的专利介绍使用纤维素或微结晶纤维素。乳化剂使用卵磷脂、甘油一酸酯、丙二醇酯和蔗糖酯等。

其工艺过程为：将按比例配制好的壁材溶液在一定温度下（50～70℃）加入定量的油脂进行充分搅拌混合，形成 O/W 型乳化液，需要时加入一定量的乳化剂。经高温瞬时灭菌与高压均质机进一步乳化后，由高压均质泵（20～40MPa）送入喷雾干燥塔内，采用热风顺流式干燥，得到成品粉末油脂。

典型粉末起酥油的成分为：脂肪 79.5%～80.8%，蛋白质 7.6%～8.1%，碳水化合物 4.1%～4.6%，无机物 3.5%～3.8%（K_2HPO_4、CaO 等），水分 1.5%～1.7%。

11.3　可可脂及代用品

11.3.1　可可脂及代用品的特性

可可脂是深受人们喜爱的巧克力糖果产品的主要原料，是由可可豆经预处理、压榨获得的，具有独特的浓郁风味和口感特性。可可树生长在赤道南北纬 20 度以内，大多集中在拉美和非洲国家。由于受到地域与气候等因素的影响，可可脂产量有限，远远不能满足巧克力制品生产发展的需要，市场价格昂贵。为了满足人们的需求，降低成本，众多科技工作者为此付出了艰辛的努力，利用较普遍、便宜的油脂原料，采用各种改性技术如氢化、酯交换、分提等制作出了具有与天然可可脂物理性质相似的替代品。

（1）可可脂的特性　可可脂是一种植物硬脂，液态呈琥珀色，固态时呈淡黄色或乳黄色，具有可可特有的香味。天然可可脂在最稳定的结晶状态下，熔点约为 32～35℃，它在 30℃ 时的固体脂肪含量高达 40% 以上，但在 35℃ 时即能迅速降至 5% 以下，因此使得巧克力糖果产品在室温时很硬，但入口即化，是一种既有硬度，溶解得又极快的油脂，具有口熔性佳及口感清凉的感觉。可可脂还具有良好的氧化稳定性。

（2）可可脂的组成　可可脂的主要脂肪酸组成为：棕榈酸 24.0%～27.0%，硬脂酸 32.0%～35.0%，油酸 33.8%～36.9%，亚油酸 27.0%～40.0%，与羊油脂肪酸组成十分相似。但是可可脂的主要甘三酯分子是油酸在 sn-2 位，棕榈酸和硬脂酸在 sn-3 位的 β-POSt、β-POP 及 β-StOSt，其总量可达 70% 以上。这种特殊的甘三酯分子结构，使可可脂具有其他油脂无法比拟的物理特性：塑性范围极窄，熔点变化范围很小，且接近人体温度，在稍微低于人体的口腔温度时，即会全部熔化，残留固态脂为 0，呈现良好的口熔性；凝固收缩易脱模，有典型的表面光滑感和良好的脆性，无油腻感等。正是由于这些独特的性能使可可脂广泛应用于巧克力、糖果外衣和点心等食品制造业中。天然可可脂具有 7 种不同的结晶形态（见表 11-14）。

将可可脂加热融化后，采用不同的结晶速度会产生不同的结晶形态，从而得到可可脂的多种熔点和硬度。在巧克力糖果制作过程中，如果调温工作做得好，则结晶将会形成稳定的 β 型，而使巧克力产品具有非常良好的光泽、硬度及光泽稳定性，否则将会造成产品硬度不足与光泽不良的情形。表 11-15 给出了经调温与未经调温处理的可可脂熔点与固体脂肪含量的变化。巧克力制品在存放过程中，易出现晶型转换，使产品的光泽受到破坏，产生起霜现象。

表 11-14　可可脂的晶型及熔点

晶　型	熔点(最终)/℃	平均熔化范围/℃	晶　型	熔点(最终)/℃	平均熔化范围/℃
γ	16~18	4~7	β'	30~33.8	24~32
α	21~24	14~23	β	34~36.3	25~35
$\alpha+\gamma$	25.5~27.1	17~27	无定型	38~41	—
β''	27~29	12~28			

表 11-15　不同温度下可可脂熔点与固体脂肪含量的变化

可　可　脂	固体脂肪含量(SFC)/%			
	熔点	20℃	30℃	35℃
未经调温	25.6	51.1	7.1	1.3
经调温	33.2	69.8	42.5	1.3

11.3.2　可可脂替代品

自 20 世纪 50 年代以来，生产者已利用氢化、酯交换、分提等各种加工技术将一些普通而廉价的食用油脂，加工成具有与天然可可脂在物理特性方面相类似的替代品，用它们取代天然可可脂。目前，世界上可可脂替代品种类繁多，概括起来可分为两类：类可可脂和代可可脂。

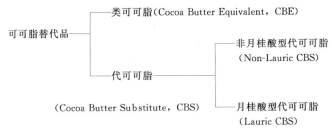

11.3.2.1　类可可脂

天然可可脂具有熔点窄、SFI 曲线陡峭以及 100% 的 β 型稳定结晶等特性，这与其甘三酯组成中，一油酸二饱和酸的对称型甘三酯分子为主要成分（含量在 70 以上）直接相关。因此可以通过制备与天然可可脂的甘三酯分子结构一致的脂类，作为可可脂的代用品——类可可脂（Cocoa Butter Equivalent，CBE）。

类可可脂是指甘三酯组成和同质多晶现象与天然可可脂十分相似的代用脂，具有与可可脂相似的对称型甘三酯分子结构。因此其塑性、熔化特性、脱模性等都十分相似，可以与天然可可脂完全相溶。

制取类可可脂（CBE）的原料油应当含有尽可能多的对称性甘三酯分子。

类可可脂的生产可以采用直接提取、分提以及生物技术改性等方法实现。

（1）常用加工技术制备类可可脂　某些油脂如棕榈油、牛油树脂（shea nut oil）、以立泼脂（illipe）、沙罗脂（sal）等，其甘三酯分子组成中含有相当多类似于天然可可脂中对称结构的组分，可以通过分提加工来提高对称型甘三酯的含量，然后再按比例调制成与天然可可脂相似或相同的产品，当然也可以根据情况直接配制，此类产品即为类可可脂产品。表 11-16 给出了棕榈油等油脂及其分提物的对称型甘三酯的组成与含量。

（2）利用生物技术制备类可可脂　由于甘三酯结构与天然可可脂相似的油脂资源有限，另外其甘三酯结构及相关的物理性质与天然可可脂还有一定的差异，为了得到脂肪酸组成、甘三酯结构以及同质多晶现象等都与天然可可脂进一步类似的类可可脂产品，生物技术改性制备类可可脂技术也应运而生。日本 Fuji 和英国 Unilever 等 10 多家公司已经利用微生物酶

表 11-16 几种油脂的对称甘三酯分子的含量

油脂	对称型甘三酯(摩尔分数/%)				
	β-POP	β-POSt	β-StOSt	其他	对称型总量
可可脂	12	34.8	25.2	2.2	74.2
棕榈油	25.9	3.1	微量	1.3	30.3
棕榈油的中间分提物	56	10	1	—	67
牛油树脂	0.3	6.4	29.6	微量	36.6
以立泼脂	6.6	34.3	44.5	—	85.4
沙罗脂	2	11	36	—	49
沙罗硬脂	2	13	43	—	58
乌桕脂	82.6	微量	微量	—	83.5

注：P=16:0；O=18:1w9；St=18:0。

的酯交换技术实现半工业化生产类可可脂。无论从理论还是从实践方面而言，利用 1,3-位专一效果好的脂肪酶催化适宜的原料油脂（主要成分是 sn-位富含油酸的甘三酯）生产类可可脂是可行的。其反应机理可以简单表示为：

$$
\begin{array}{c}
\left[\begin{array}{c} P \\ O+St \\ P \end{array}\right] \xrightarrow{\text{1,3-位专一性脂肪酶}} \left[\begin{array}{c} P \\ O \\ P \end{array}\right] + \left[\begin{array}{c} P \\ O \\ St \end{array}\right] + \left[\begin{array}{c} St \\ O+P+St \\ St \end{array}\right]
\end{array}
$$

$$
\begin{array}{c}
\left[\begin{array}{c} St \\ O+P \\ St \end{array}\right] \xrightarrow{\text{1,3-位专一性脂肪酶}} \left[\begin{array}{c} P \\ O \\ P \end{array}\right] + \left[\begin{array}{c} P \\ O \\ St \end{array}\right] + \left[\begin{array}{c} St \\ O+P+St \\ St \end{array}\right]
\end{array}
$$

$$
\begin{array}{c}
\left[\begin{array}{c} O \\ O+P+St \\ O \end{array}\right] \xrightarrow{\text{1,3-位专一性脂肪酶}} \left[\begin{array}{c} P \\ O \\ P \end{array}\right] + \left[\begin{array}{c} P \\ O \\ St \end{array}\right] + \left[\begin{array}{c} St \\ O \\ St \end{array}\right] + \left[\begin{array}{c} O \\ O+P+St+O \\ O \end{array}\right]
\end{array}
$$

利用生物技术制备类可可脂扩大了原料的选择范围，从而也使规模化生产类可可脂成为可能。但是酶法酯交换制备类可可脂的反应过程中，伴随着水解及酰基转移反应，使副产物增多，从而增加了分离的难度。另外，1,3-专一性脂肪酶的价格很高，这也是酶法制备类可可脂的生产成本较高的原因之一。因此生物技术制备类可可脂技术有待于进一步研究。

由于类可可脂的甘三酯组成与天然可可脂相似或完全相同，因此类可可脂所表现的物理特性也与天然可可脂相同，且能以任意的比例与天然可可脂相溶。在生产巧克力制品中，两者的工艺技术一致。由类可可脂所制的巧克力，在黏度、硬度、脆性、膨胀收缩性、流动性和涂布性等方面，可以达到乱真的地步，尤其在 30～35℃之间，两者 SFI 值几乎完全一致，口味类似天然可可脂巧克力，无糊状感。因此类可可脂在食品工业中的应用日益增加。图 11-13 为类可可脂与天然可可脂在不同温度下固体脂肪指数的比较。

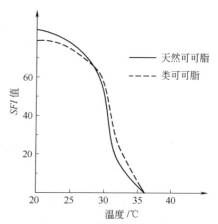

图 11-13 不同温度下固体
脂肪指数的比较

11.3.2.2 代可可脂（Cocoa Butter Substitute，CBS）

代可可脂（CBS）是一类口熔性好的人造硬脂。其脂肪酸及甘三酯组成与天然可可脂完全不同，但在物理特性上，接近天然可可脂，具有与天然可可脂相似的熔化曲线。在 20℃时硬度很大，而在 25～35℃之间能迅速熔化。

由于甘三酯结构不同于天然可可脂，代可可脂与天然可可脂的相溶性差。代可可脂可用不同类型的原料油脂进行加工制造。目前常见的有两种类型——月桂酸型和非月桂酸型代可可脂。

(1) 月桂酸型代可可脂　是利用月桂酸系列的油脂，如椰子油、棕榈仁油等，采用氢化、酯交换、分提等工艺过程制备而成的。月桂酸型代可可脂具有与天然可可脂相似的熔点、SFI 曲线等物理特性，在品质上以采用分提加工所得的产品为佳。

由于甘三酯组成与天然可可脂完全不同，且由于含有相当量的短碳链脂肪酸，如月桂酸，这类代可可脂与天然可可脂的相溶性差，最多不超过 6％。

代可可脂产品在 20℃以下具有很好的硬度、脆性和收缩性，而且在适当的温度下具有良好的涂布性和口感；在制作巧克力时无需调温，结晶快，在冷却装置中停留时间短，大大简化了生产工艺。

但是，由于此类产品含有相当量的短链脂肪酸，在加工生产时必须防止水分等的污染，以免产品发生水解而产生皂味等刺激性气味。另外，若在天然可可脂中加入代可可脂的量过多，会造成巧克力硬度降低、味道清淡、熔点范围变宽、制成的巧克力有蜡状感、产品存放过程中易产生冒霜、发花现象等不良现象。

(2) 非月桂酸型代可可脂　主要利用非月桂酸类的液态油，如大豆油、棉籽油、玉米油、菜籽油等采用氢化以及分提等工艺加工而成。它们也具有与天然可可脂近似的熔点、SFI 曲线等物理特性，在品质上也以经过分提加工的产品较佳。由于此类产品的甘三酯组成与天然可可脂完全不同，因此与天然可可脂的相溶性也不佳，一般最多不超过 25％，但是耐热性好。

非月桂酸型代可可脂中对称型甘三酯分子并不多，因此在巧克力产品制造中可不经调温处理，生产中也没有产生刺激性气味（如皂味）的可能。

由于非月桂酸型代可可脂熔点范围宽，口腔内熔化较慢，制成的巧克力有蜡状感，结晶时收缩性小，脆性较差。

无论是月桂酸型或非月桂酸型代可可脂，虽然都与天然可可脂在很多物理特性方面相似，但由于化学结构相差很大，使代可可脂与天然可可脂相溶性差。另一方面，由于代可可脂不存在同质多晶现象，使之制备巧克力制品时，勿需调温处理，从而简化了工艺过程。

(3) 代可可脂的制取

① 油脂氢化-分提法/分提-氢化法

将棕榈油、大豆油、棉籽油及菜籽油等分别进行氢化，然后混合。或先将它们按一定比例混合后再氢化，然后将氢化油进行溶剂分提，即可得到 CBS 产品。

先对棕榈仁油或椰子油进行分提，再进行氢化也可得到 CBS 产品。

② 油脂酯交换-氢化法

例如 30 份棕榈油与 70 份葵花籽油进行酯交换反应，水洗去除催化剂，脱色、脱臭后得到酯交换油脂，将该油脂氢化后可得 CBS 产品。

11.4 调 和 油

11.4.1 调和油的概念

调和油是将两种或两种以上的优质食用油脂，按一定比例调配成的具有某些功能特性的高级食用油。

不同品种的食用植物油脂，由于脂肪酸组成和甘三酯结构上的差异，使它们具有不同的物理化学性质和生理代谢功能。饱和酸含量高的油脂，容易引起血清中低密度脂蛋白胆固醇的积累，从而导致动脉粥样硬化，诱发心血管疾病；不饱和酸含量高的油脂，氧化稳定性差，过量摄取易引起过氧化物积累而导致肝脾病变甚至致癌；亚油酸则是人体必需的脂肪酸，摄取不足会造成生理代谢紊乱而发生疾病。按照最新科学研究，符合生理代谢营养要求的膳食油脂，其脂肪酸组成比例最好是

饱和酸：单不饱和酸：多不饱和酸＝1：1：1

且 $(n-6)$：$(n-3)$＝4：1。因此将两种或两种以上食用油脂进行科学调配，可以弥补单一品种食用油脂营养功能结构不合理的缺陷。食品工业用油脂在考虑营养功能的同时，往往更注重油品的稳定性和使用性能，将稳定性和营养性好的油进行调配，可得到既有营养又具有行业功能的专用油脂。实际运用中，一些高级食用油脂产品，往往是综合油源组织、加工成本、风味和稳定性能等各种因素，经过科学调配，精心加工而成的。既满足人们的口味嗜好，又顺应人们的生理营养需求。

11.4.2 调和油的分类

调和油的品种很多，根据其使用功能，主要可分为三类。

11.4.2.1 风味调和油

根据人们喜爱花生油、芝麻油香味的倾向，把菜籽油、米糠油、棉籽油等进行全精炼，然后与香味浓郁的花生油或芝麻油按一定比例调和，制成轻味花生油或轻味芝麻油供应市场。

11.4.2.2 营养调和油

由玉米油、葵花籽油、红花籽油、米糠油、大豆油配制而成，其亚油酸和维生素 E 含量都高，可制成脂肪酸比例均衡的营养健康油，供高血压、冠心病患者以及患必须脂肪酸缺乏症患者食用。

11.4.2.3 煎炸调和油

利用氢化油和全精炼的棉籽油、菜籽油、猪油或其他油脂调配成起酥性能好、烟点高、稳定性强的煎炸用油。

11.4.3 调和油的加工

制备调和油时，原料油脂可采用先调配再精制，也可将各原料油脂先精制后再进行调配。

具有食用油脂精炼生产能力的企业，一般是将各种原料毛油脱胶、脱酸后分类储存，然后综合油品资源、品质设计、加工成本以及市场需求等因素，科学调配后再进行脱色、脱臭（或进一步脱脂）精制而成。对于没有精炼能力或生产规模小的企业，则是将各种精炼后的油脂进行调和。

调和油的加工简单，在一般精炼车间即可进行，不需添加特殊设备。调制风味调和油

时，将各原料油按设计比例输入调和罐中，在 35～40℃ 温度下搅拌混合 30min 即可。如要调制高亚油酸营养油，则需在常温下进行调和，并加入一定量的维生素 E。如要调制饱和程度较高的煎炸调和油，则调和时温度要高些，一般为 50～60℃，最好再加入一定量的抗氧化剂。所有调和油在包装前均经过安全过滤机，以除去调和过程中偶然混入的不溶性杂质。

第 12 章　油脂产品包装及储存

　　包装是食用油脂加工过程的最后一步。油脂包装是指采用适当材料、容器和包装技术把油脂包装起来，以便油脂在运输和储藏中保持其价值和原有的理化性质。油脂包装的目的在于保证油脂的质量和安全性，为用户使用提供方便，突出油脂包装外表及标志，以提高油脂的商品价值。

　　油脂从工厂到消费者手中要经历各种流通环节，主要包括运输、搬运、储存和销售等环节。随着人们消费观念和生活方式的改变，对食用油脂的品种、数量、质量以及购买方式提出了新的要求。采用散装运输或用大油桶盛装再零售，油脂容易受污染，且暴露于空气中，容易氧化变质。因此食用油脂及其制品作为食品进入市场，对其进行合理的包装是十分必要和重要的。包装是产品成为商品的不可缺少的组成部分。

　　油脂作为商品，还必须对其储藏稳定性作出评价。由于其特殊的结构，储藏不当容易发生品质劣变，因此对其进行安全储藏意义重大。

12.1　油脂及相关产品的包装

12.1.1　油脂包装的目的与分类

12.1.1.1　目的与要求

　　油脂及其产品作为商品在到达消费者手中的流通过程中，可能会遇到各种严酷的气候、物理、化学、生物等条件而受到损害。包装的首要目的就是保护产品，使其避免变质、减少损失。包装的另一目的是便于产品的储存、运输和装卸。在市场经济的激烈竞争中，包装是提高商品竞争能力的重要手段之一，包装可以通过造型、材料、质量、色彩以及能引起消费者关注的装潢来影响消费者，刺激他们的消费欲望。可起到宣传产品、树立企业形象的作用，是最直接、最廉价的产品广告。

　　对油脂及其制品进行包装应达到的基本要求是：

　　① 选择合适的包装材料，确保油脂及其制品不渗漏、不变质，确保流通环节安全；

　　② 做到避光、隔绝空气，不给产品带入金属离子，有条件时充氮，以避免或减少品质的劣变，确保油脂及其制品质量；

　　③ 符合食品卫生要求，防止尘埃、微生物及有毒、有害物质的污染，给消费者以安全感；

　　④ 方便储存、运输和流通，开启方便；

　　⑤ 注重造型和装潢设计，提高商品价值和竞争力；

　　⑥ 降低包装成本，包装器材不给环境带来污染。

12.1.1.2　包装分类

　　油脂及其制品根据流通和市场消费要求有多种包装形式。

　　① 桶包装。用于毛油、半炼油，小批量流通领域的包装以及高级食用油制品的小批量应急流通领域的包装。

　　② 金属罐包装。用于起酥油、人造奶油、精制猪油、棕榈油、椰子油等塑性脂肪包装，以及高级食用油制品的大容量包装。

③ 玻璃瓶包装。用于稀珍油品、调味油品、蛋黄酱调味汁制品的包装。

④ 塑料吹制品包装。用于精制油品，调和油直接消费包装。

⑤ 塑料杯、盒包装。适用于人造奶油、蛋黄酱制品包装。

⑥ 塑料软包装。用于精制油品家庭消费小包装。

⑦ 复合材料软包装。适用于风味油品，半固状调味汁制品包装。

12.1.2　油脂的包装器材

12.1.2.1　包装材料特殊要求

包装材料是影响油脂及其制品储存期品质和货架寿命的重要影响因素之一。用于制作包装器材的材料应具备以下特性。

① 强度。主要指抗拉强度、延伸性、撕裂强度、耐油性等基础材料特性。基础材料间的黏合强度、热封适应性是决定器材加工技术的要素。对包装材料的强度要求是确保包装器具在储存、运输和流通领域中不致因强度因素而引起破损。

② 商品的保护性。主要指防水性、防湿性、防气性、遮光性及保香性等防止油品及其制品品质劣变的性能。特别要注意的是阻气性和遮光性。常用包装材料的性能和对油品的保护性能分别见表 12-1 和图 12-1。

表 12-1　常用材料的防水、阻气、遮光性能

材料名称	透氧速率/cm³ /(mil·100in²·atm·24h)	透水(气)速率/cm³ /(mil·100in²·atm·24h)	透光率/% 紫外光	透光率/% 可见光	相对价格指数(美元)
金属	0	0	0	0	1.4
茶色玻璃	0	0	3	3~65	1
白玻璃	0	0	—	90	1
聚乙烯对酞酸盐(PET)	10	4	—	90	1
聚氯乙烯(PVC)	16	2.5	—	90	1
高密度聚乙烯(HDPE)	110	0.5	31~44	57	0.8~0.9
丙烯腈-甲基丙烯酸共聚物	0.8	5.0	—	90	1.2

注：1. 透氧速率的环境为 23℃，相对湿度为 50%（1mil＝25.4×10⁻⁶m，1in＝0.0254m）。
2. 透水（气）速率的环境为 38℃，相对湿度为 90%。
3. 透光率为通过标准壁厚的光，%。

③ 热特性。指材料的耐热性、低温特性和冻结适应性等性能。

④ 加工适应性。要求材料具有良好的成型、成膜、印刷、黏合等加工适应性。能塑造有利于销售的形状和美的外观。

⑤ 机械适应性。指对采用自动充填包装时的适应性，包括材料的延伸性、硬度、滑动性以及静电性等。

⑥ 经济性。指来源广，售价廉。不能因包装费用引起商品价格上涨而使消费者不易接受。

⑦ 卫生性。对油脂及其制品不会带来引起品质劣变或影响人体健康的有害（或有毒）物质。

⑧ 后处理性。指包装启封后，包装材料作废弃物（垃圾）进行后处理的一些特性。包装材料应具有回收（再生）利用不污染环境的特性。

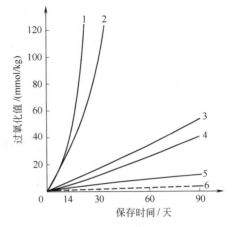

图 12-1　不同包装材料对大豆油的保护性能
1—聚乙烯；2—聚碳酸酯；3—聚氯乙烯；
4—聚偏二氟乙烯；5—聚偏二氯乙烯；6—褐色玻璃

12.1.2.2　包装容器与包装材料

（1）金属容器与金属材料

① 金属油桶。由薄钢板卷焊而成的圆筒状容器。一端设有以螺旋盖封闭的进油孔和透气孔，标准金属油桶（590mm×900mm），装载容量180kg。适用于毛油、半炼油、小批量流通领域包装。具有容量大、避光、阻气性好、抗冲击等优点，并能够重复使用。是一种经济的中间包装器具。但存在铁离子渗入油品的缺陷。油品装载前，要用洗净剂、热水进行严格清洗，并确保干燥后才能使用。

② 金属罐。由镀锡薄铁皮（马口铁）制成的箱式或罐式容器。内壁涂环氧酚醛树脂。箱式罐容量一般为20kg，适用于起酥油，精制猪油以及行业用人造奶油和精制食用油的包装。罐式容器一般为圆形或扁形长方体罐，容量一般为500～2500g，适用于精制食用油、精制猪油及起酥油包装。由于涂膜具有较强的防渗能力，容器金属不会对油品或制品产生促氧化作用，制作成本高。

（2）玻璃瓶　玻璃是众所周知的包装材料。它有很多优点：干净、坚硬、不透气。玻璃中最基本的组分是从砂子中得到的二氧化硅，以及电石或石英。其他少量组分的添加是为了改变颜色。玻璃的性能可以分为力学、热学和光学特性。常用的玻璃质容器有无色和着色两类。无色玻璃能显示产品的感观品质，但其遮光率不及着色玻璃（见图12-2）。

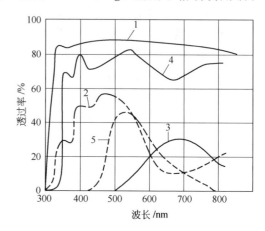

图 12-2　着色玻璃瓶（壁厚 10mm）的紫外线、可视光线的透过率
1—普通无色玻璃；2—绿色玻璃；3—褐色玻璃（碳硫磺着色剂）；4—茶色玻璃；5—翡翠绿玻璃（遮断紫外线）

玻璃质容器可根据造型设计，吹塑成各种形状，适用于稀珍油品、风味油品、蛋黄酱调味汁等制品的零售包装，容量一般较小。玻璃质容器阻气、隔水性较好，可回收利用，成本也较低，但自身质量较大，容易破碎，给中间包装和运输包装带来了困难。

（3）塑料容器与塑料材料　塑料容器适用于食用油小包装，多采用聚乙烯等材料制成。这类吹塑制品在加工过程中除以合成树脂为主要原料外，还要添加一些辅助剂，目的是使塑料具有较好的工艺和使用性能（色彩、外观和耐久性），或为了加工过程的方便，这些辅助剂统称为添加物。塑料包装容器具有制作方便、适应性广、成本低等特点，因而广泛应用于油脂及其制品的包装。塑料容器由各类塑料材料加热吹塑而成。可供制作食品包装器具的塑料有以下几种。

① 聚乙烯（PE）塑料。聚乙烯塑料属于聚烯烃树脂，是我国食品工业或家用食具中使用最多的一种塑料，其本身毒性极低。由于具有超长饱和直链烷烃，故化学稳定性较高，生物活性很低，在食品卫生学上属于最安全的塑料。制作成油脂包装器具，其单体渗透量很低。用作食品包装的聚乙烯，须符合国家卫生标准（见表12-2）。

表 12-2　聚乙烯食品包装的卫生标准　　　　　　　　单位：mg/kg

项　目	数　据	项　目	数　据
4%乙酸中浸泡液蒸发残渣	≤30	水浸液中高锰酸钾消耗量	≤10
65%乙醇浸泡液蒸发残渣	≤30	重金属（4%乙酸）	≤1
正己烷浸泡液蒸发残渣	≤60		

聚乙烯分高密度聚乙烯（HDPE）和低密度聚乙烯（LDPE）。随着密度增高，聚乙烯的透氧率、透气率、透油率相应降低。高密度聚乙烯是较理想的包装材料。低密度聚乙烯中的低分子聚合物有溶于油脂的可能，故不适宜作长期储油容器。另外，为防止残留物和添加色素的污染，聚乙烯容器的回收再生制品也不宜做油脂容器。

② 聚酯（PET）塑料。聚酯即聚对苯二甲酸乙二酯。其隔氧、隔湿性好，耐油性也较聚乙烯和聚氯乙烯好，本身无毒，是较好的油脂包装材料。

③ 聚氯乙烯（PVC）塑料。聚氯乙烯由氯乙烯聚合而成，分硬质、半硬质和软质三类，硬质制品添加增塑剂 0～5%（质量分数），软质制品为 30%～60%，其他添加物的量为 1.5%～3%，PVC 的热稳定性和透明性较好，且染色性好，能制成各种色彩的包装器具，不易破碎，加工性能好，价格低廉。但聚氯乙烯塑料中往往混有一定数量的氯乙烯单体，这种单体能够溶于油脂中，具有毒性，会损害肝脏，引起病变。因此用于食品包装的聚氯乙烯，其氯乙烯单体含量应尽可能低，要符合国家卫生标准（见表 12-3）。

表 12-3　聚氯乙烯食品包装的卫生标准　　　　单位：mg/kg

项　　目	数　据	项　　目	数　据
VC 单体残留量	≤1	蒸馏水浸泡液蒸发残渣	≤15
4%乙酸中浸泡液蒸发残渣	≤20	重金属(4%乙酸)	≤1
20%乙醇浸泡液蒸发残渣	≤20	水浸液中高锰酸钾消耗量	≤5
正己烷浸泡液蒸发残渣	≤20	异臭实验	阴性

④ 聚丙酸（PP）塑料。聚丙烯是高结晶结构，其渗透性为聚乙烯的 1/4～1/2。聚丙烯透明度高，易加工。但耐寒性差，脆化温度高、易老化、易带静电。故不宜作人造奶油等冷藏品的包装材料。

⑤ 聚偏二氯乙烯（PVDC）塑料。其阻气性能在现有塑料中是最优异的（接近于金属的阻气性能）。聚偏二氯乙烯塑料多用于复合薄膜及涂覆材料。聚偏二氯乙烯中单体有毒，故必须控制其含量，要求单体含量在 1mg/kg 以下。

⑥ 聚苯乙烯（PS）塑料。聚苯乙烯无味、无毒、气密性差，耐油性不太好，很少用于液态油的包装，主要用于小盒餐用人造奶油等制品的保冷包装。

（4）铝箔　用于人造奶油、起酥油及半固状调味汁的包装。通常与塑料薄膜组成复合材料，用于袋装产品零售包装，也可与聚丙烯制成聚丙烯/铝箔/聚丙烯复合罐体，提高强度、避光和气密性能，用于塑性类制品的包装。

（5）纸质容器　半透明纸、蜡纸和羊皮纸（硫酸纸），具有良好的耐油性和耐潮性，可加工成纸盒、纸杯，用于人造奶油和半固体状油脂制品的包装。纸盒、纸杯外涂蜡或复合聚乙烯，能提高防渗性能。纸质容器后处理性好，对环境污染小。

（6）陶瓷　陶瓷虽然是一种传统的包装材料，但其易碎，限制了其应用。

（7）复合材料　是根据某种要求，将两种或两种以上的单体材料复合在一起，使之达到一种特殊的包装性能。常用的复合材料主要有塑-塑复合、铝-塑复合、纸-塑复合、纸-铝复合等，复合层数自两层至数十层不等。

12.1.3　油脂的包装

油脂及其制品的包装过程中，根据自动化程度配套有不同的作业流程、作业设备和输送设备。这些设备均属于食品包装机械，市场上已有不同类型的定型产品，可根据产品包装要求选择配套。油脂及其制品的性状分液体和塑性物料两类，两类物料包装作业线的主要部分是灌装。

12.1.3.1　液体食用油包装

液体食用油的包装分大包装与零售包装。大包装一般采用标准铁桶灌装、计量和封盖，适用于商品流通领域包装，其作业流程为：

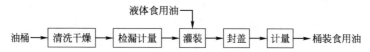

零售包装是产品提供消费者直接使用的包装，由于容量小、灌装频繁，多采用自动灌装进行连续灌装，其作业流程为：

连续灌装生产线由检瓶机、吹扫机、灌装机、压盖机、商标粘贴机、激光打印机以及传送带等组成。可根据自动化要求增减配套各功能作业机。常用配套的主要作业机的结构和工作原理简述如下。

（1）灌装机　液体灌装的基本方式有重力灌装、压力灌装和真空灌装。真空灌装是在低于大气压下进行灌装，分低真空和高真空灌装。液态油真空灌装机多为低真空式，工作压力为93～95kPa。

低真空灌装机分单室和双室两种类型。单室低真空灌装机储油室和装载瓶都建立真空，在真空辅助下借重力进行灌装，故又称重力低真空灌装机。双室低真空灌装机只在装载中建立真空，借储油室和装载瓶的压差进行灌装。

① 单室低真空灌装机。单室低真空灌装机灌装部分主要由储油室、浮阀、导气管、灌装阀（注油嘴）、瓶托和机架等组成，灌装机一般设计成回转式，灌装阀的头数决定灌装机的产量，我国 G-12 型、DZG 型、荷兰 VV-24 型和德国 sectz 公司的 12 头低真空灌装机，均属该类型灌装机。

单室低真空灌装机的工作原理如图 12-3 所示，作业时，储油室液面上部空间由水环式真空泵造成 500～700mm 真空度，并由浮阀控制液位，装载瓶通过进瓶螺旋轮及星形拨轮传递到瓶托上，在弹簧的作用下上升，当装载瓶瓶口抵达导瓶罩密封垫而被密封并打开灌装阀后，装载瓶即通过导气管与储油室联通，在装载瓶压力与储油室压力平衡时，储油室中的油即借重力注入瓶中，当瓶内液位上升到浸没导气管时，仍将继续上升一段距离，注油即结束。接着装载瓶随凸轮作用下的瓶托下降，灌装阀在压簧作用下自动关阀。灌装过程中，装载瓶随储油室、瓶托等同步旋转，当输送至输送带前位时，满装瓶退出星形拨轮，落入传送带，输往压盖工位。在装载瓶瓶口离开灌装阀的瞬间，导气管中的油即被真空吸回储油室，从而避免了灌装阀（注油嘴）油的滴漏。

灌装过程中，随液态油进入装载瓶的空气会产生气泡，从而影响计量的准确性，因此，在整个包装系统各工位的时间分配上，必须确保气泡上升到油面并被真空抽出。灌装阀的定位调节和真空度的设定是影响单室真空灌装机正常工作的关键，其工作原理和设定方法均应掌握。

② 双室低真空灌装机。双室低真空灌装机主要由气室、储油槽、导气管、吸油管、回油管、灌装阀、注油嘴和瓶托组成。灌装机一般设计成回转式，灌装阀的头数决定灌装机的产量。我国 G-45 型、G-30 型等系列产品和意大利 ASSO-SF$_1$ 型低真空灌装机均属该类型灌装机。

双室低真空灌装机的工作原理如图 12-4 所示。作业前，通过水环真空泵将气室造成

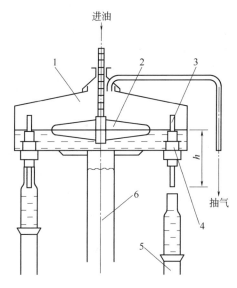

图 12-3　VV-24 型单室低真空灌装机原理

1—储油罐；2—浮阀；3—导气管；
4—灌装阀；5—瓶托；6—机架

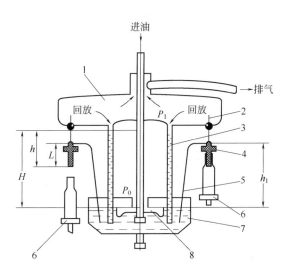

图 12-4　ASSO-SF$_1$ 型灌装机原理

1—气室；2—导气管；3—回油管；4—灌装阀；
5—吸油管；6—瓶托；7—储油槽；8—浮阀

4.90～6.86kPa 真空度，储油室中的油即沿回流管上升一定高度指示作业真空度。储油室的油位由浮阀控制。作业时，装载瓶随瓶托上升，当瓶口抵达密封圈被密封，并打开灌装阀后，装载瓶即通过导气管与气室联通，在装载瓶与气室压力平衡时，储油槽中的油即通过吸油管转入瓶中，当瓶中油位上升浸没导气管时，仍继续上升一段距离，直至整个系统平衡，注油即结束。当装载瓶随瓶托下降时，灌装阀自动关闭，吸油管中的油回流到储槽，导气管中的油被吸入气室，经两根回油管回流到储油槽。

　　与单室灌装机一样，灌装阀的定位调节和真空度的设定是作业中需要掌握的关键之处。

　　③ 压力式灌装机。压力式灌装机是通过活塞的往复运动在液压下进行灌装的一类灌装设备，分直线式和回转式。直线式产量较小，回转式的灌装头数多，产量高。国产 GHY-8型灌装机（见图 12-5）为典型的压力式灌装机，适用于食用油及一般黏稠物料的灌装。常用系列产品的主要技术参数见表 12-4。

表 12-4　GHY-8 型回旋活塞式灌装机主要技术参数

灌装头数	8	12	16
生产能力/(瓶/h)	1000～2000	1500～2800	1800～3500
灌装范围/mL	100～500,500～2000,500～1000,1000～3200,1000～2000,2000～5500		
灌装精度/%	＜±3		
适应瓶(罐)型	各种圆形、方形、异形塑瓶、玻璃瓶、金属罐		
外形尺寸/mm	1890×1610×2450，根据不同头数，容量有所变化		

　　如图 12-5 所示，GHY-8 型回旋活塞式灌装机主要由机身、机械传动系统、灌装系统、旋转工作台及高度调节机械、灌装量及调节机构、瓶升降机构、高速分件供送变螺距螺杆及进出口装置、供油及液位控制装置、无瓶不灌装机构和电气控制系统等部分组成。

　　其工作原理为：当无级调速电机启动后，经机械传动系统变转，旋转工作台顺时针运转，进出瓶星形拨轮逆时针转动，高速分件供送变螺距螺杆逆时针转动，链板输送带动链带由左向右运动。

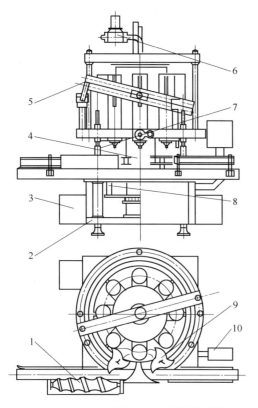

图 12-5 GHY-8 型活塞式黏稠液体灌装机
1—高速分件供送螺杆；2—机身；3—机械传动
系统；4—旋转工作台及高度调节机构；5—灌
装及调节机构；6—供油及液位装置；
7—无瓶不灌装机构；8—瓶升降机构；
9—瓶进出装置；10—电气控制箱

当装载瓶由左进入链带上，在变螺距螺杆的作用下，被分隔开一定的距离，经进瓶星形拨轮和弧形导向板将瓶转送至瓶托盘上。随着旋转工作台的转动，固联在工作台顶部每个液压缸的活塞上的滚轮在倾斜圆形导轨中运动，从而带动液压缸的活塞上下往复运行，旋转灌装阀与液压缸和储油槽连为一体。在旋转工作台的一个 180°区间，液压缸是吸液行程，此时灌装阀关闭，进入降瓶段，灌装嘴从瓶口内逐渐退出，盛液瓶经出瓶星形拨轮被转送到输送链带上，而后进入压盖（或旋盖）工序，工作台转过一段无瓶区后，开始进入升瓶段，由进瓶星形拨轮转送到升瓶托盘的空瓶渐渐升起，灌装嘴缓缓插入，当工作台转至灌装阀开阀位置时，凸轮使阀开启，液压缸的活塞由上向下运动，实现灌装行程，即在旋转工作台的另一个 180°区间内，完成既定量的灌装。

GHY-8 型灌装机结构紧凑、动转平稳、性能良好。因采用活塞容积式灌装原理，故其灌装精度不受产品温度和黏度的限制。该机适用于各种圆形、方形、异形瓶（罐）的灌装，瓶的高度、灌装量和生产率能方便实现无级调节。机体与被灌装流体接触的零部件和外形面板为不锈钢制造。采用机械、可编程序控制技术实现无瓶不灌装。灌装嘴设有消泡装置和防滴漏装置以及自动计数装置。此外，该机易于清洗，并设有清洗液回收装置。

（2）压盖机 压盖机由瓶盖供应罐及装盖-压盖装置组成，该机紧挨着灌装机安装在同一传送带上。灌装完毕的满载油瓶沿传送带抵达装盖-压盖装置拨瓶工位时，即被拨进转盘，随转盘缓慢转动依次进入装盖位和焊盖位。在装盖位，由自动装置将盖供应罐供给的瓶盖准确盖在瓶口上，旋至压盖位时，由机械装置将瓶盖压下，与瓶口密合，然后转入焊盖位，并用高频电流热合，并在模具配合下将瓶盖筒体末端直径缩小，夹紧在瓶口颈部凹处，焊完盖后，由转盘转送至传送带上输入下一工序。

高频电流焊盖法只适用于聚氯乙烯、聚酰胺、聚偏二氯乙烯等极性高的塑料。非极性塑料（如聚乙烯、聚丙烯等）应采用电热丝加热焊合。

（3）商标粘贴机（贴标机） 贴标机一般由主机、卷纸机、分切刀具、光电管、程序控制台等部分组成。作业时，光电管负责监测瓶速度，速度信号输入程序控制台，再由程控系统向卷纸机发出指令，按指定的速度进纸，并按程序设计好的大小切纸。包装瓶与商标纸同时到达指定位置，然后由喷气嘴从商标纸侧面喷出压缩空气，将商标纸粘贴在包装瓶上（也有的靠机械装置粘贴）。

国产 TB-1 型直线式贴标机是一种真空转鼓式贴标机，主要由取标、打印、上浆、贴标和搓压等部分组成。其工作原理如图 12-6 所示。圆筒形瓶（罐）由输送带喂入定距工位，由进瓶螺杆将瓶（罐）按一定间距分开送向真空转鼓工位，与此同时，真空转鼓在逆时针旋

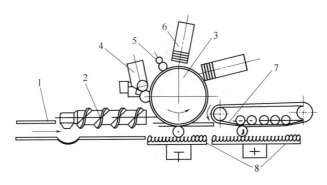

图 12-6　真空转鼓式贴标机工作原理

1—输送带；2—进瓶螺杆；3—真空转鼓；4—涂胶装置；

5—印码装置；6—标签盒；7—搓滚输送皮带；8—海绵橡胶

转过程中，依靠圆柱面上的真空气眼，并在商标纸盒、印刷装置、涂胶装置的协调动作配合下，先后完成真空吸取商标纸、打印出厂日期和涂上适量胶液等动作，然后在商标纸和瓶（罐）准确相遇时，真空气眼接通大气，使商标纸失去真空吸力，在海绵橡胶的挤压下将商标粘贴在瓶（罐）上，然后随传送带输入第二海绵橡胶衬垫构成的挤压通道，将商标进一步贴牢。

另一类液体食用油的零售包装，称为软包装。我国研制的 SYB-Ⅲ 全自动液体包装机，采用复合膜制袋、密积法计量、液下宽边封口无气包装，并采用光标定位、热码打印、整机微机控制等先进技术。其包装产品具有容量小（500mL）、抗压（承受静压 60kg）、包装成本低等特点，这种形式的零售包装能给市场带来活力。

12.1.3.2　塑性油脂制品包装

人造奶油、起酥油、蛋黄酱及半固状调味汁等油脂制品属塑性物料，大容量包装一般采用马口铁罐、复合材料罐，通过半连续式或由人工进行包装。零售小容量包装一般采用自动包装线包装。按包装材料的性状可分为薄膜包装和硬质杯（盒）装。

（1）薄膜包装　薄膜包装是指采用纸、铝箔复合膜等薄软材料包装产品。2kg 以上的容量多采用人工包装，连续包装多应用于容量小的零售包装。

薄膜连续包装分为预先制盒和预先切块两类生产线，预先切块工艺是先将制品挤压成型，分切成块，然后输往包装工位包装，包装容量一般为 0.5～2kg，多用于硬质油脂制品的包装。预先制盒工艺是将薄膜材料预先制成盒组，然后输往灌装、压盖、冲切等包装工位

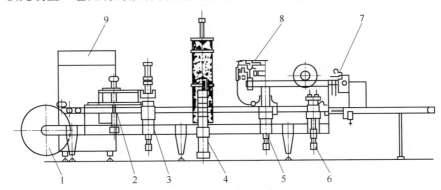

图 12-7　人造奶油包装线

1—塑料卷筒；2—预热器；3—塑料盒成型机；4—灌装机；5—压盖机；

6—冲切装置；7—修剪装置；8—盖板成型装置；9—控制台

完成包装过程。包装容量伸缩性较大，多应用于软质油脂制品的包装。图12-7所示的人造奶油包装线属于该类型的包装线。

图12-7为国产人造奶油包装线，该包装线主要由塑料预热装置、盒成型装置、灌装机、压盖机以及冲切装置等组成。作业时塑料薄板由卷筒进入预热装置预热到一定温度，输入盒成型机制成彼此相连的网状盒组，然后输往灌装工位充填物料，再加盖密封，最后由分切装置将连在一起的包装盒分切，即得盒装制品。

（2）硬质杯（盒）包装　硬质杯（盒）包装过程和机械，与罐（瓶）包装过程和机械相似。

12.2　油脂在储存过程中的劣变

油脂的稳定性包括热稳定性、氧化稳定性、风味稳定性以及色泽稳定性等。精炼油脂及油脂深加工产品因含杂含水少，故其稳定性应高于毛油，但由于除杂过程中也除去大量的天然抗氧化剂，故精制油的某些性能（如抗氧化稳定性）反而比毛油差。如无合理储存措施或储存时间过长，油脂可能出现劣变，严重的会导致变质，甚至具有毒性，从丧失其使用及营养价值。

引起油脂品质劣变的主要原因是氧化及水解反应。这些反应既可在甘油三酸酯部分发生，也可在油脂的非甘油三酸酯部分发生。

12.2.1　油脂的气味劣变

油脂及其制品在制作初期并无异味，但如储存不当或储存时间过长，则会产生各种不良气味，通常被称作为回味臭和酸败臭。回味臭是油脂劣变的初期阶段所产生的气味，当油脂劣变到一定的深度，便产生强烈的酸败臭。

回味和酸败都是油脂劣变所产生的现象，在某些方面很相似，但两者又有区别：回味是酸败的先导，但因油脂的劣变过程相当复杂，故有时两者并存，无明显的界线之分。

（1）回味　鱼油等海产动物油及多烯酸类的高度不饱和植物油在储存过程中会产生腥臭味等不良气味，这些异味有的与毛油臭味很相近，故这种现象称之为回味。鱼油等海产动物油回味现象十分突出，对植物油而言，回味问题比较集中地反映在大豆油上。大豆油的回味最初给人感觉是像奶油一样的气味，或者是很淡的豆腥味，继之像青草味，或像干草味，进而像油漆味，最后发出鱼腥臭味。关于回味成分的研究早在1936年就见报道，研究证实，3-顺式-己烯醛是豆油中的回味物质之一，这种物质由亚麻酸产生，其他可能产生回味的物质还有亚油酸、磷脂、不皂化物、氧化聚合物等。

（2）酸败　油脂产品储存不当或时间过长，在空气中氧及水分的作用下，稳定性较差的油脂分子会逐渐发生氧化及水解反应，产生低分子油脂降解物，这一现象称为油脂酸败，酸败的特征是酸败油中这些低分子降解物发出强烈的刺激臭味，俗称哈喇味，这种刺激臭味比回味产生的臭味要剧烈得多。油脂酸败现象在日常生活中经常遇到，因此很早就一直是人们研究和尽力要防止的问题。

油脂酸败可分为氧化酸败和水解酸败两类。饱和程度较低的脂肪酸甘油酯因其稳定性差，易发生氧化酸败；分子量较低的脂肪酸甘油酯水解速率较快，易发生水解酸败；人造奶油等制品因含有水相，也较易发生水解酸败。

① 氧化酸败。氧化酸败是油脂受光、微量金属元素等的诱发而与空气中氧缓慢而长期作用的结果。各种油脂长期储存后都会出现不同程度的氧化酸败，因而氧化酸败是油脂制品劣变的主要内容。对其机理的研究报道较多，一般认为，油脂氧化后先生成过氧化物，而后

分解或聚合成多种产物，如醛类、酮类、醇类、脂肪酸、环氧化物、烃、内酯、氢过氧化物、二聚物及三聚物等，其中以醛、酮类居多。醛类产物主要存在于大豆油、玉米油、橄榄油、棉籽油等不饱和酸含量较高的酸败产物中，如大豆油的酸败产物有戊烯醛、2-己烯醛、2-庚烯醛，2,4-庚二烯醛等；酮类产物则主要存在于 $C_6 \sim C_{14}$ 低碳链饱和脂肪酸酯的酸败产物中，如奶油、椰子油等的酸败产物中存有甲基戊酮、甲基庚酮、甲基壬酮等。醛类及酮类都是氧化酸败的产物。但油脂组成不同，因而反应历程不同，诱发条件也不同。醛类产物是双键氧化、断键产生的，酮类产物则主要是低分子脂肪酸经 β-羟基化、脱羧后产生的。据报道，酮类产物除受光、微量金属诱发外，更多的是受微生物、酶的诱发而产生，因而即使在空气氧化可能性极小的条件下，该反应也可发生。

② 水解酸败。油脂水解酸败主要发生在人造奶油等深加工产品以及米糠油等含解酯酶较多的油品中。人造奶油中含有 20% 以上的水分，且饱和程度高的低碳脂肪酸较多，受微生物、酶的作用，易发生水解酸败；又因为一乳状物，热稳定性差，因而也易受温度影响因熔化，导致水解酸败。人造奶油水解酸败产物为丁酸、己酸、辛酸等，这些物质产生恶臭气味。因而人造奶油必须在规定的温度（-5~5℃）储存，其所含细菌数也要求在规定值内。

③ 光氧化酸败。油脂中的叶绿素等光敏物质将其吸收的光能传给氧，使基态氧（三线态 $^3O_2$）转化成激发态（单线态 $^1O_2$），由于后者的能量很高，可以直接氧化双键产生氢过氧化物，同时发生双键的位移，所以光氧化的速度远大于自动氧化酸败的速度。但由于氢过氧化物的分解产物类似，故光氧化和自动氧化的酸败臭成分类似。

④ 酮式酸败。含有 $C_6 \sim C_{14}$ 的低分子饱和脂肪酸的油脂（如奶油和椰子油）在微生物的作用下，易发生酮式酸败，其产物主要是低分子酮类。

⑤ 酸败油脂的生理作用。酸败的油脂不仅气味难闻，而且严重酸败的油脂还呈现毒性，导致的食用中毒事件并不少见。

对酸败油脂毒性成分的研究由来已久，现在已有定论，认为致毒成分主要是油脂与空气中氧作用产生的过氧化物。

由图 12-8 可知，将棉籽油在 60℃吹入空气，使之氧化，得到氧化程度不同的各种油。19 天以后，过氧化值最高为 1135，后趋下降，将这些油给白鼠做实验的结果表明：当给白鼠摄取过氧化值急剧增加的油时，白鼠肝肥大加剧，油作为热量源的作用反而减小；摄取量过多时，还引起腹

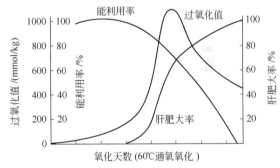

图 12-8　酸败棉籽油的氧化深度与能量利用率及毒性的关系

泻和肠炎；其肝脏、心脏、肾脏等肥大，有肝变性、脂肪肝等症状发生。

据报道，过氧化物中 5~9 个碳的 4-氢过氧基-2-烯醛的毒性最大。这种成分在过氧化值由最大趋向减小时生成量最多，它能顺利地通过动物肠壁向体内转移而致毒。

12.2.2　油脂的回色

油脂经过精炼，制品呈淡黄色，或接近无色，但在产品储存过程中又逐渐着色，向精炼前的颜色转变，产生着色的这种现象称为回色。

储存中油脂回色的程度反映了油脂色泽的稳定性，它与油脂氧化稳定性一样，同样是人们关心的重要问题。

一般油品储存后均会出现回色现象，其原因是生育酚在空气、热、光、微量金属元素的

作用下，氧化成色满5,6-醌类色素，回色程度因储存条件不同而异，时间上也因条件不同而异，回色较快的出现在几个小时之后，慢的在数月甚至半年之后。相同条件下，不同的油品，其回色程度也不同，大豆油因其色素组成较特殊，回色现象较少。回色现象最突出的是棉籽油。棉籽油的回色油中色素复合物是受氧化作用引起的。研究表明，棉籽油回色的速度与储存前油中棉酚的含量有关。低温、低水分蒸胚，油中含棉酚最多，回色速度最快。正常生产，条件适中，棉酚含量较少，回色速度较慢。用对氨基苯甲酸处理过的棉籽油不回色，原因是对氨基苯甲酸与棉酚反应生成化合物二-对羧基苯胺基棉酚，该化合物不溶于油，可借过滤去除，这一技术如今还未进入工业应用。

回色油的色泽稳定性减弱，受外界影响，稍被氧化色泽即加深。脱色油比碱炼油更易回色，故对回色严重的油脂而言，两者对色泽并无一般关系可循，油料未成熟收获，制得的油脂容易回色。

12.2.3　影响油脂安全储藏的因素

12.2.3.1　油脂的组成

（1）脂肪酸及其分布　油脂的氧化不仅与组成油脂的碳链长度及不饱和度有关，而且与脂肪酸在甘油基上的分布位置有关。脂肪酸的碳链越短，不饱和度越高，且位于甘油基的α-位或α'-位时，其活度越高，越易被氧化，稳定性也越差。表12-5给出了各种脂肪酸的氧化速率比较数据，为了方便，把亚麻酸100作为标准来比较其他脂肪酸的氧化速率。

表 12-5　各种脂肪酸氧化速率比较

脂 肪 酸	100℃	37℃	20℃	脂 肪 酸	100℃	37℃	20℃
硬脂酸	0.6	—	—	亚麻酸	100	100	100
油酸	6	—	4	花生四烯酸	—	199	—
亚油酸	64	42	48				

从表12-5可见，饱和脂肪酸在油脂氧化时非常稳定。另外，即使同是单烯酸（油酸与反油酸），反油酸的稳定性远大于油酸。

（2）天然抗氧化剂　氧化作用是影响成品油质量劣变的决定性因素。而导致油脂氧化变质的因素主要有氧气或空气、受热、日光照射、促进氧化金属离子的存在和储存时间等。所以在高度精炼的油脂产品中必须加入抗氧化剂和增效剂，并进行安全储存、及时使用以确保其优良品质。

12.2.3.2　温度

温度是影响化学反应速率的重要因素，与化学反应一样。对于油脂氧化速率，温度也起着重要的作用。对于油脂氧化速率与温度的相关性作过实验，各学者的实验结果不尽相同，有的实验了大豆油脂肪酸在15～75℃范围内每升高温度12℃，氧化反应速率增加一倍。实验结果因所用油脂不同，实验条件不同而温度系数也有差别，但大致相近。

过滤毛油与水化胶胶油样品，分别存放在0℃、15～25℃（室温）、30℃和45℃恒温箱中作比较，并测定了储期内过氧化值等理化数值的变化（见表12-6）。

表 12-6　不同温度下储藏油脂的酸值与过氧化值比较

测 定 项 目		原始值	0℃终值	0℃增值	室温终值	室温增值	30℃终值	30℃增值	45℃终值	45℃增值
酸值	过滤毛油	1.29	1.37	0.08	1.49	0.20	1.29	0.10	1.58	0.29
	水化油	1.33	1.42	0.09	1.51	0.18	1.50	0.17	1.62	0.29
过氧化值	过滤毛油	3.09	4.72	1.63	4.95	1.86	6.19	3.10	17.41	4.38
	水化油	3.49	5.22	1.73	11.04	7.55	28.24	24.74	83.40	79.91

从实验的水化油推算，原始过氧化值 3.49，增长到卫生标准 0.15％（即 11.82mmol/kg），0℃时需 200 多天，室温 15～25℃ 下需 50 多天，30℃ 时约 12 天，而 45℃ 只需 4～5 天。

毛油与水化油在不同温度下氧化速率增长情况显然不同，但平均计算还是每上升温度 10℃，氧化反应速率约增加一倍。实验再次说明，温度对油脂储存时的氧化作用影响很大。

实验桶装油脂库存与棚下存放，因温度的不同，氧化情况也不同，无论是菜籽毛油、水化菜籽油碱炼菜籽油，还是芝麻油、大豆油它们的过氧化值的增长都是棚下存放高于库内存放，对温度的影响再作佐证。低温能降低氧化速率，故低温条件是油脂安全储存的重要因素之一。

温度不仅影响自动氧化速率，而且影响反应的机制。在较低温度下，氢过氧化物变化途径占优势，在此过程中，不饱和程度无变化，而在较高温度条件下，形成过氧化物的变化占优势，很大一部分双键变成了饱和键。

12.2.3.3　水分

油脂中水的存在历来被认为有碍安全储存，它会引起和促进亲水物质引起的油脂变质；加强酶的活性，有利微生物繁殖，导致水解酸败，增加油脂过氧化物的生成。特别是未经初步净制的原始毛油，水分对油脂质量的损害更严重。

有报道称，红花籽油中含水量与油脂氧化变质的关系有这样的结果：当含水量为 10～266mg/kg 时，含水量每增加 1mg/kg，过氧化值增加 0.15％；含水 266～1518mg/kg 时，增加含水量 1mg/kg，过氧化值增加 0.003％。可见，过低的含水量并不一定有利于储存。

由此可见，水分对油脂酸败的影响有两面性。有适当低的水分，其对脂质能形成单分子的水膜吸附，可起到一定的保护作用。但在非脂类物质的参与下，水对油脂氧化的影响，取决于它在整个环境中的比例，当含水量极低时，水分子与碳氢化合物分子链结合十分牢固，因而对油脂的氧化过程不具有任何影响，含水一定程度后才使油中许多化合物的迁移率增高，促进油脂的氧化。因此可以推论，含有低量的水分对限制亲水物质的劣变有利。所以只要油品本身含其他杂质少，特别是亲水性杂质少，很少的水分并不造成严重的问题（低于 0.2％）。

水分活度（A_w）对脂肪氧化作用的影响很复杂，体系中水分含量特别高或特别低时，酸败的发展都很快，但当水分含量低至单分子层吸附的水平时，脂肪的稳定性却最高。单分子层的保护效应机制是：与金属催化剂作用，降低了催化能力；阻止氧向油脂输送；通过氢键作用，抑制了过氧化物的生成和分解。

12.2.3.4　光和射线

光（特别是紫外线）能促进油脂的氧化。这是由于光氧化作用，并能使油脂中痕量的氢过氧化物分解，产生游离基，并进入连锁反应，加速油脂的氧化。

波长在 520nm 左右的光，对于油脂氧化作用很大，因为油脂对这种黄色带的可见光具有最大吸收。各种光对油脂氧化的促进顺序为：青色＞白色＞黄色＞绿色＞暗色。为减缓油脂氧化，必须遮断阳光的照射。

高能射线（β 射线、γ 射线）辐照食品能显著提高氧化酸败的敏感性，通常对这种现象的解释是辐照能诱导游离基的产生。

12.2.3.5　氧气

自动氧化和聚合过程是油脂与氧气发生反应的过程。自动氧化和聚合过程的氧气吸收量是逐渐增加的。氧的浓度越大，氧化速率越快。在储存容器中，氧气的分压越大，氧化进行得越迅速，如果在油内通入空气，氧化更为激烈。即使在油的表面有流动的空气，也能加速其氧化历程。

脂肪自动氧化速率随大气中氧分压的增加而增大，但氧分压达到一定范围后，自动氧化速度便保持相对稳定。

另据报道，脂肪氧化速率的倒数与氧分压倒数之间呈线性关系。

降低氧分压即可导致游离氧的减少。有人研究指出，氧分压降至标准大气压的 10% 时，氧化速率下降到 67%。

为了阻止油脂和含脂食品的氧化变质，常采用的方法是排除氧气或真空充填惰性气体（CO_2，N_2）；使用密闭容器或透气性低的包装材料。

12.2.3.6 催化剂

① 油脂中存在许多助氧化物质，微量金属（特别是变价金属）有显著作用，它们是油脂自动氧化酸败的强力催化剂，由于它们的存在，大大缩短了油脂氧化的诱导期，加快了氧化反应速率。Fe^{3+}、Cu^{2+}、Mn^{2+} 等金属离子的助氧化作用最大，作用所需的浓度为 10^{-6} 级甚至更低。在食品中甚至精炼油脂中，其含量也常超过催化所需的临界值。

许多研究者报告，Fe^{3+} 与 Cu^{2+} 对促进油脂的氧化都有很大的作用，特别是 Cu^{2+}，只要有痕量存在，助氧化作用就很明显。

② 叶绿素是一种光敏物质，对于光氧化反应起催化作用，因菜籽中含有较多量的叶绿素在油脂制取时进入油中，特别是由未成熟的菜籽及不完善粒较多的菜籽所得的油，叶绿素的含量更高。有些国家对菜籽与菜籽油中叶绿素的含量作了探讨，如加拿大研究者认为，菜籽油叶绿素含量应低于 12mg/kg，瑞典限制为 30mg/kg。由此可见，国外对菜籽油中叶绿素含量已经重视，对其他油脂中存在的叶绿素，也应给予关注。

12.3 油脂产品的安全保存措施

油脂产品的安全保存措施很多，择其要者介绍四种。

12.3.1 钝化法

常规的储油方法包括密闭储存与低温储存。储存的容器主要有两大类：一类是大储油罐，容量有大有小（由 10~20t 到 1000~6000t），设置有进油泵，熔化油的蒸气管以及有密闭性能的罐盖，罐身金属有一定的耐压强度；另一类是油桶（铁），有用 1.22mm 铁皮制成单料桶和用 1.5mm 制成的双料桶，其容量视需要可大可小。

储藏油品，必须除去油品中的水、杂质及一切可以引起酸败的物质。无水、无杂、低酸值的油品是安全储藏最基本的前提条件。添加金属螯合剂（钝化剂）、10~15℃低温则是所有食用油脂安生储存的保证之一。

12.3.2 阻化法

应用抗氧化剂添加到油脂中以阻止氧化的方法称为阻化法。

抗氧化剂应用于石油、橡胶、聚合剂洗涤剂等工业已有近百年的历史。经过长期的研究，抗氧化剂性能较好的已有 500 余种。但是由于物质的特征，抗氧化剂的性能以及使用时的溶解、分散、温度、水分和毒性等条件限制，能满足某一物质（例如食用油脂）的抗氧化剂并不多。

抗氧化剂应用于食用油脂（以下称油脂）起始于 20 世纪 30 年代，经发现，愈疮树脂对猪油具有较好的抗氧化作用。1940 年美国正式批准该树脂可作为食品添加剂，也是最早被认可用于油脂的抗氧化剂。抗氧化剂分为合成抗氧化剂及天然抗氧化剂两类。常用的合成抗氧化剂及其结构如下。

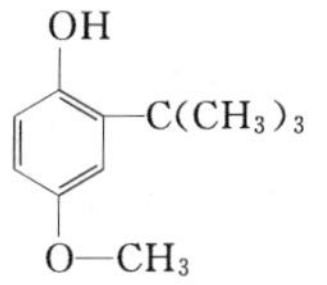

BHA
3-叔丁基-4-羟基茴香醚

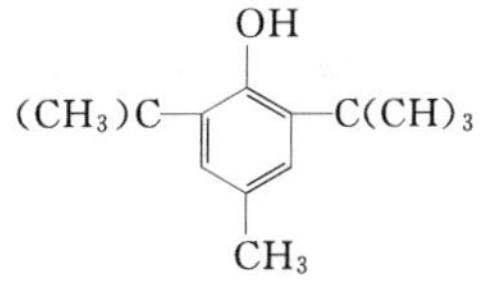

BHT
3,5-二叔丁基-4-羟基甲苯

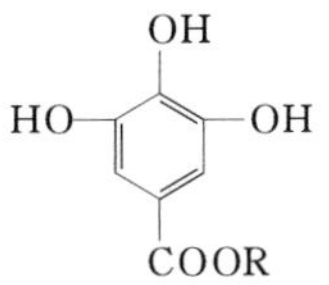

PG 倍酸酯

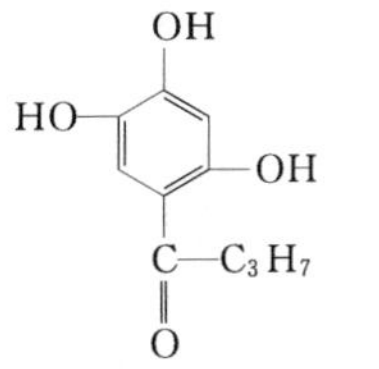

(THBP) 2,4,5-三羟基苯基丁酮

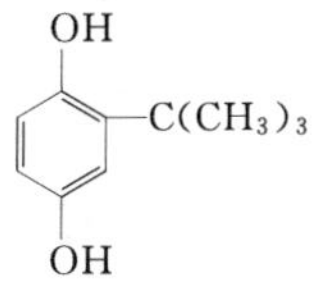

(TBHQ) 2-叔丁基氢醌

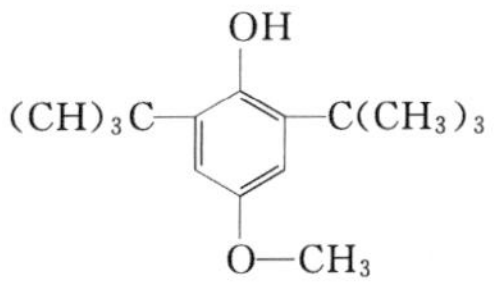

Topanol　3,5-二叔丁基-4-羟基茴香醚

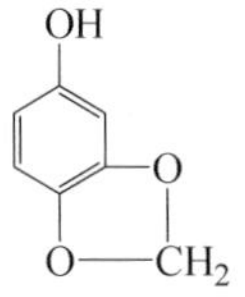

芝麻酚

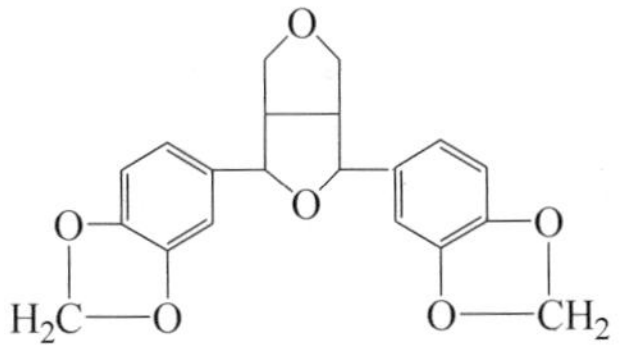

芝麻明

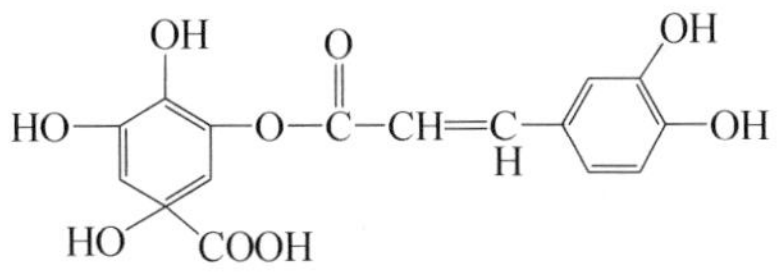

绿原酸

主要天然抗氧化剂生育酚（维生素 E）的结构如下：

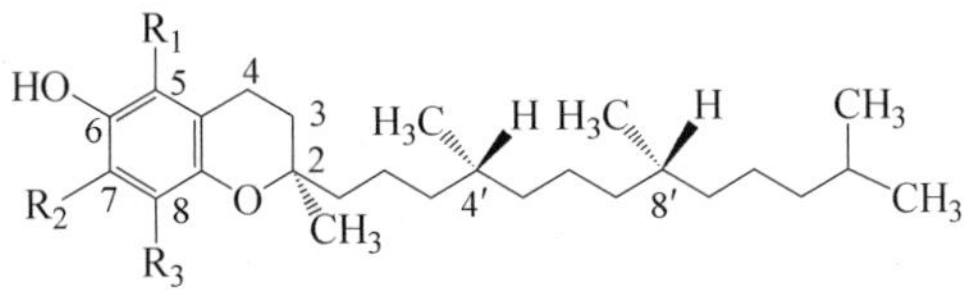

其中，$R_1=R_2=R_3=CH_3$ 时，为 α-生育酚；

$R_1=R_3=CH_3$，$R_2=H$ 时，为 β-生育酚；

$R_1=H$，$R_2=R_3=CH_3$ 时，为 γ-生育酚；

$R_1=R_2=H$，$R_3=CH_3$ 时，为 δ-生育酚。

12.3.3　充氮法

油脂储存过程中，除去氧气（防止油脂氧化）是实用的方法。这一操作方法是用氮气取代氧气（排除氧气）。此操作有两种方法：一种是完成精炼的成品油，在氮气完全覆盖下，移至储存罐的过程中，让油脂充分吸收氮气；另一种是在储油罐中充氮，首先对盛油罐抽真空，然后吸入氮气，使氮气穿过油层，以赶出油中氧气。氮气由液氮罐或氮气发生器提供。

12.3.4　满罐法

　　圆筒储油罐设计成"人"字形顶，并设置呼吸阀。操作时罐内盛油后，还预留出一定的罐内空间。该空间大小是油脂因温差变化所引起的体积改变容量空间（约为 0.4% 体积容量）。油脂到位后，将所预留的空间部分抽成真空状态后关闭所有阀门，形成密闭的满罐，即完成操作。

第 13 章 油脂检验分析

13.1 油脂的采样方法

13.1.1 样品的分类

按照采样、分样和检验过程，将油样品分为原始样品、平均样品和实验样品三类。

(1) 原始样品 从一批受检的油品中最初采取的样品，称为原始样品或称总样品。原始样品的数量，是根据一批油品的数量和质量检验的要求而定的。油料的原始样品一般不少于2kg；油脂的原始样品不少于1kg；零星收付的油样品可酌情减少；油料饼粕的总样品，粉、块状饼粕基本批≤100t 时，为 2～10kg；100t＜基本批≤500t 时，为 10～50kg；油饼基本批≤500t 时，总样品为 5 个饼；饼干原始样品不少于1kg；面包每班每次 2～5 个。

(2) 平均样品 原始样品按照规定连续混合，平均均匀地分出一部分，作为该批的待检样品，称为平均样品，或称缩分样品。平均样品一般不少于1kg 以下，油脂样品要避光处妥善保存 1 个月，以备复验。

油脂的采样方法：从一批油中平均采取原始样品的过程叫做采样。

13.1.2 油脂采样器具

13.1.2.1 采样器

油脂盛装方式的不同，所使用的采样器也不同，一般分为桶装采样器和散装采样器两种。

(1) 桶装采样器 桶装采样器是一根内径 1.5～2.5cm，长约 120cm 的玻璃管。这种采样器既可用来采取油样，又可在现场用来检查桶装油脂的油色，有无明水和明杂等情况，如图 13-1 所示。

(2) 散装采样器

① 采样筒。是用圆柱形铝筒制成，容量约 0.5L。由圆筒、盖、底和活塞等部分组成，见图 13-2。

② 样品瓶。磨口瓶，容量 1～4kg。

13.1.2.2 搅和器

搅和器是搅和桶装油脂用的，使油脂充分混合，以便采样。它是由金属的棒、管和叶子板制成的，器长约 110cm。管套在棒上，叶子板两端分别与管和棒连接，其两端和中间均可活动，能撑开能收回，见图 13-3。当用来搅和油时，先提上外管收回叶子板，将搅和器插入油桶中，放下外管，于是叶子板撑开，形成一个三角形，这时在搅和器的上端接以旋转器或直接用手转管采样器动搅和器即可。

13.1.2.3 样品容器

磨口塞的细口瓶，容量 1～4kg。

13.1.3 油脂采样方法

油脂的采样方法，按不同的储存方式，可分为桶装采样法和散装采样法两种。

13.1.3.1 桶装采样法

根据一批桶装油总件数确定采样桶数。桶装油 7 桶以下，逐桶采样；10 桶以下，不少

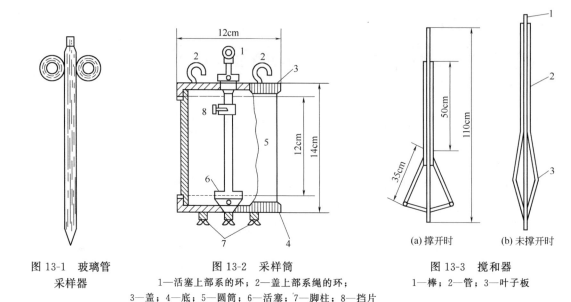

图 13-1　玻璃管　　　　　图 13-2　采样筒　　　　　　　图 13-3　搅和器
采样器　　　　　1—活塞上部系的环；2—盖上部系绳的环；　1—棒；2—管；3—叶子板
　　　　　　　3—盖；4—底；5—圆筒；6—活塞；7—脚柱；8—挡片

于 7 桶；11~50 桶，不少于 10 桶；51~100 桶，不少于 15 桶；101 桶以上，按不少于总桶数的 15% 采取。采样的桶点要分布均匀。

采样方法：油脂中存在一定数量的水分和杂质，这些杂质和水分随着静置的时间长短不同而会出现不同的分离和沉淀现象。因此，在采样前需先将油脂搅拌均匀（桶装油可采用滚桶方式），再将采样管缓缓地由桶口斜插至桶底，然后用拇指堵压上口，提出采样管，将油样注入样品瓶。如采取某一部位油样时，先用拇指堵压上口，将采样管缓慢地插至要采取的部位，松开拇指，待油样进入管中后，再用拇指堵压上孔提出，将油样注入样品瓶中。如采取样品的数量不足 1kg 时，可增加采样桶数，每桶采样的数量应一致。

13.1.3.2　散装油采样法

（1）检验单位　散装油以一个油池、一个油罐、一个车槽为一个检验单位。

（2）采样数量　散装油脂 500t 以下，不少于 1.5kg；501~1000t，不少于 2.0kg；1001t 以上，不少于 4.0kg。

（3）采样规则　按散装油高度，等距离分为上、中、下三层，上层距油面约 40cm，中层在油层中间，下层距油池底部 40cm 处。三层采样数量比例为 1:3:1（卧式油池、车槽的三层采样数量比例为 1:8:1）。

（4）采样　关闭采样筒活塞，将采样筒沉入采样部位后，提动筒塞上的细绳，打开活塞，让油进入筒内，提取采样筒，将采样筒内油样注入样品瓶内。

13.1.3.3　输油管流动油脂取样

根据油脂的数量和流量，计算流动时间，采用定时、定量法用油勺在输出口处取样。

13.2　植物油料含油量测定（GB/T 14488.1—2008）

1　原理

用正己烷或石油醚作溶剂，使用适当的抽提装置，将植物油料中的正己烷或石油醚可溶物提取出来，除去溶剂，称量提取物的质量。

2 试剂

正己烷或石油醚：由 6 个碳原子组成的碳氢化合物，其沸程为 $40\sim60℃$ 或 $50\sim70℃$，沸程低于 $40℃$ 的物质少于 5%。每 $100mL$ 溶剂的蒸馏残留物不得超过 $2mg$。

3 仪器设备

一般实验室仪器设备及以下仪器设备。

3.1 分析天平：感量 $0.001g$。

3.2 碾磨机：易于清理，适合碾磨油料，能将油料碾磨成均匀的颗粒。碾磨过程中不发热，碾磨后水分、挥发物或含油量不发生明显变化。

注：The Christy Norris 8 Laboratory Mill，the Ultra Centrifugal Mill（UCM）型实验磨适用。

Christy Norris 8 Laboratory Mill 的条形筛的规格，可根据样品的品种来选用（如 $0.8mm$ 筛孔板，$3mm$，$6mm$ 长的条形筛，见 5.3.2，5.3.3 和 5.3.4）。

Ultra Centrifugal Mill（UCM）在粉碎葵花籽时用 $1mm$ 的筛孔，可根据样品的品种来选用不同的筛子。

3.3 粉碎机：能将油料粉碎成为粒度小于 $160\mu m$ 的细粉，但不包括壳。粉碎后壳部分的粒度能达到 $400\mu m$。

注：Dangoumau 型实验磨具有 $150mL$ 的容量，内有直径为 $1cm$、$2cm$、$3cm$ 的钢珠（重约 $7g$、$30g$、$130g$）。适用于粉碎试样。

以下实验磨也适用：Retsch，IE Retsch，Planetary Ball Mill1，S1 和 S2 离心球型磨，Batam Mikro 型锤式粉碎机，IKA Mill，Fritch Pulverisette 5 Planetary 球型磨和蒸汽磨。

3.4 滤纸筒和脱脂棉：无正己烷或石油醚可溶物。

3.5 抽提器：回流式抽提器、直滴式抽提器及其他抽提器。其中回流式抽提器和直滴式抽提器的抽提瓶容量为 $200\sim250mL$。为保证不同抽提器所测含油量的一致性，需通过测定已知含油量的样品来确定所选的抽提设备是否满足要求。

注：The Butt，Smalley 或 Bolton-Williams 直滴式抽提器适用。

3.6 沸石：轻质小石粒或其他沸石：用前先在（130 ± 2）℃的烘箱中烘干，置干燥器中备用。

3.7 挥发滤纸筒中的有机溶剂的装置（如可产生热风的电吹风机）。

3.8 电加热装置：砂浴锅、水浴锅、加热套和电热板等。

3.9 电烘箱：控温要求（103 ± 2）℃，具有常压干燥和真空干燥功能。

3.10 干燥器（装有有效干燥剂，如变色硅胶或五氧化二磷）。

3.11 电烘箱：控温要求（130 ± 2）℃，用于烘干棉籽，见 5.3.5。

3.12 平底金属盘：直径 $100mm$，高约 $40mm$。

4 扦样

所取样品应具有代表性，且在运输和储存的过程中无损坏或变质。

本标准不规定扦样方法，推荐采用 ISO 542。

5 试样制备

5.1 分样

按 ISO 664 制备试样。如在分样前已将大的不含油杂质去除，按式（3）计算含油量。根据检验要求来决定是否除去杂质。

5.2 预干燥

在对样品进行油脂的抽提之前，应使样品的水分低于 10%。

注：如果没有注意这一点，可能会导致测定结果不准确。

　　用快速筛选法来估测试样（5.1）的水分含量，如果试样水分大于 10%，需将试样（5.1）装入铝盒，在不高于 80℃ 的烘箱中烘干试样，使其水分达到 10% 以下。烘干后的样品置于广口瓶中密闭备用。在测试样品含油量时，需按 GB/T 14489.1 分别测定原始试样和烘后试样的水分含量。其含油量按式（6）进行计算。

5.3　试样

5.3.1　总则

　　样品磨碎后要在 30 min 内进行抽提，尤其是游离脂肪酸较高的样品。

　　在磨碎样品前后都应仔细清理实验磨，残留在磨子上的样品应与粉碎后的样品混合均匀。

　　注：以下提及的种子或仁，指的是完整的种子或仁和它们的破碎粒。

5.3.2　棕榈仁

　　在测定含油量时，需准备 600g 样品，将外壳作为杂质和其他杂质一并去掉后，将棕榈仁粉碎至细度不超过 6mm 后进行测试。如果需测毛样的含油量，因外壳难于碾磨，需分开碾磨棕榈仁和杂质，以免样品粉碎不均匀。然后分别测定棕榈仁和杂质的含油量。按式（2）计算含油量。杂质的测定按 GB/T 14488.2 进行。

　　注：可用配有 6mm 条形筛的 Christy Norris 8 Laboratory Mill（3.2）粉碎棕榈仁。

　　对壳和泥土杂质可用 3.3 中所列的配有 3cm 直径钢珠的粉碎机粉碎 10min。

5.3.3　椰干（椰子）

　　整个样品可用备有 6mm 条状筛的 Christy Norris 8 Laboratory Mill（3.2）粉碎，在磨碎前样品要先冷冻。试样在粉碎过程中及粉碎后应避免吸收水分。粉碎细度约为 2mm，不要超过 5mm。试样混匀后要迅速测定。

5.3.4　大中粒油料（雾冰草籽、酪脂果、葵花籽、花生果、大豆等）

　　用碾磨机（3.2）快速地磨碎成均匀的细颗粒状。大豆、葵花籽粒度小于 1mm，花生果粒度小于 3mm，其他大中粒的油料种子的粒度小于 6mm。弃去最先粉碎的约二十分之一的样品，收集余下部分迅速混匀进行测定。

　　大豆可用装有 0.8mm 筛孔板的 Christy Norris 8 Laboratory Mill 或备有 1mm 筛孔的 Ultra Centrifugal Mill 来粉碎。

　　葵花籽可用装有 1mm 筛孔的 Ultra Centrifugal Mill（UCM）粉碎。

　　花生可用装有 3mm 条形筛孔的 Christy Norris 8 Laboratory Mill 粉碎，当样品的含油量超过 45% 时，应尽可能避免样品结成糊状。

　　其他油料粉碎时可用 6mm 的条形筛。

　　注：为便于粉碎含油量高的样品，在粉碎前可将其先放到 −10～−20℃ 条件下进行冷冻。冷冻后的试样在粉碎过程中及粉碎后应避免吸收水分。

5.3.5　棉籽

　　称取 15g 样品于金属盘（3.12）中，精确至 0.001g。放入已升温至 130℃ 的烘箱（3.11）中烘 2h，置空气中冷却 30min。然后用碾磨机（3.2）将其全部粉碎，并移入已垫好脱脂棉的滤纸筒（3.4）中进行测试。

5.3.6　小粒油料（亚麻籽、油菜籽等）

　　选取有代表性的样品大约 100g 进行粉碎，要确保每粒都被粉碎。收集磨子上残留的样品与其他粉碎样品混合，粉碎后的样品整体上应混合均匀，整个过程应防止样品水分挥发散失。

如果粉碎机粉碎样品的时间和速度是可调的，应在测定前根据粉碎机和样品的特性设定粉碎时间和速度。粉碎不应引起仁壳分离，样品不应出油并应有至少 95％（质量分数）能通过 1mm 的筛孔。

如需测定净样品的含油量，按 GB/T 14488.2 除去杂质，制备至少 30g 净样品（含破碎籽粒）。因为对于芝麻等特别小粒的样品，制备 100g 净样品可操作性差。

6　操作步骤

注：如果需要验证重复性（8.2）试验，按 6.1 和 6.2 进行平行测定。

6.1　测定

6.1.1　称取粉碎后的试样（5.3）（10±0.5）g，精确至 0.001g。杂质中含油量的测定见 6.3。

6.1.2　将试样小心转移至一滤纸筒（3.4）中，并用蘸有少量溶剂（第 2 章）的脱脂棉（3.4）擦拭称量所用的托盘及转移试样所用的器具，直到无试样和油迹为止。最后将脱脂棉一并移入滤纸筒内，用脱脂棉封顶，压住试样。

6.2　抽提

6.2.1　准备抽提瓶

将装有沸石（3.6）的抽提瓶（3.5）置于烘箱中烘至恒质，放入干燥器中冷却后称取质量。精确至 0.001g。

6.2.2　抽提

三个抽提步骤（见 6.2.2.1，6.2.2.2 和 6.2.2.3）中所规定的时间允许有±10min 的差别，如无特殊说明不需延长抽提时间。

6.2.2.1　第一步

在抽提瓶（3.5）中加入适量的溶剂（2.1）。将装有滤纸筒（3.4）的抽提管与抽提瓶连接好。装上冷凝管，打开冷却水，将抽提烧瓶放置在电热器（3.8）上加热。控制温度使溶剂回流速度至少每秒 3 滴。沸腾适度，无爆沸现象。

抽提 4h 后，将滤纸筒从冷却后的抽提管中取出。用溶剂挥发装置（3.7）将大部分的溶剂挥发掉。

6.2.2.2　第二步

将滤纸筒中的样品倒出来，进行第二次粉碎（3.3），粉碎 7min 后将样品转入滤纸筒中，用蘸有少量溶剂的脱脂棉擦洗磨碎机，直到无试样和油迹为止。最后将脱脂棉一并移入滤纸筒内，用脱脂棉封顶，压住试样。将滤纸筒放回抽提装置中，继续使用第一步中所用的抽提烧瓶，再抽提 2h。抽提完后取出滤纸筒，排净大部分的残留溶剂并冷却，然后对样品进行第三次粉碎。

6.2.2.3　第三步

将粉碎后的样品转入滤纸筒中，同 6.2.2.2 中的操作并清理粉碎机。使用同一抽提瓶，同 6.2.2.1 中的操作再抽提 2h。

6.2.3　蒸发溶剂、称重

取出滤纸筒，将抽提瓶放在电加热器上蒸发并回收大部分溶剂，可往抽提瓶中通入空气或惰性气体（如氮气、二氧化碳）以辅助溶剂挥发。然后将其放入（103±2）℃的烘箱（3.9）中，常压条件下烘干 30～60min，或放入 80℃ 的烘箱中真空条件下烘干 30～60min。取出后置于干燥器（3.10）内冷却 1h，称量，精确至 0.001g。同等条件下再烘干 20～30min，冷却后称量，两次的称量结果之差不应超过 5mg。如超过，需重新烘干、冷却后称量，直至两次的称量结果之差在 5mg 之内。记录抽提瓶的最终质量。抽提瓶增加的质量即为所测试样的含油量。

如果烘干后抽提瓶质量增加超过 5mg，则说明在干燥过程中油被氧化，应在分析过程中采取措施防止油被氧化：

——含较多挥发性酸的油料（如椰干、棕榈仁等），其提取物必须在常压、80℃以下烘干；

——干性油或半干性油必须用减压烘干法烘干；

——不含月桂酸的油，应在 80℃的烘箱中真空条件下烘干。

6.2.4　抽提油中杂质的测定

如果抽提得到的油中含有杂质，则将适量的溶剂加至抽提瓶中使油溶解，再用一张预先已在（103±2）℃烘箱中烘至恒质，且冷却称量的滤纸过滤，然后用石油醚反复洗涤滤纸，以完全除去滤纸上残留的油。将滤纸放在（103±2）℃烘箱中烘至恒质，取出置于干燥器中冷却称量。滤纸增加的质量即为杂质的质量。全部抽提物的质量减去杂质的质量即为油的质量。

6.3　杂质中含油量的测定

杂质中含油量的测定方法与样品一致。将称取得到的 5～10g 杂质进行 4h 的抽提即可。

7　结果计算

7.1　计算方法

如果测定结果满足重复性（8.2）中的允许差要求，取两次测定的算术平均值为测定结果，结果保留一位小数。否则另取二份试样再进行测定。如果测定结果之差仍超过允许差范围，而四次结果的极差不超过 1.5%，则取四次测定结果的平均值为测定结果。

7.1.1　含油量（w_0）以测试样的质量分数表示。按式（1）计算：

$$w_0 = \frac{m_1}{m_2} \times 100 \tag{1}$$

式中，w_0 为含油量（以质量分数计），%；m_1 为测试样质量，g；m_2 为干燥后提取物质量，g（9.2.3）。

7.1.2　棕榈仁含油量（w_0），按式（2）计算：

分别测定籽粒和杂质的含油量，按式（1）计算。

$$w_0 = w_1 - \left[\frac{p}{100}(w_1 - w_2)\right] \tag{2}$$

式中，w_0 为棕榈仁含油量（以质量分数计），%；w_1 为纯子仁含油量（以质量分数计），%；w_2 为杂质中含油量（以质量分数计），%；p 为杂质占总样品的质量分数，%。

7.1.3　如在测试前已除去大的非含油杂质（见 5.1），则根据式（2）计算所得的结果，应按式（3）计算原始样品的含油量：

$$w_0 \times \left(\frac{100-x}{100}\right) \tag{3}$$

式中，w_0 为除去大的非含油杂质后样品的含油量（以质量分数计），%（根据不同的油料来确定 w_0 的计算公式）；x 为大的非含油杂质的质量分数，%。

7.1.4　花生含油量（w_0）按式（4）计算：

$$w_0 = w_1 - \left(\frac{P+I_0+I_n}{100}\right) \times (w_1 - w_2) \tag{4}$$

式中，w_0 为花生油含油量（以质量分数计），%；P 为细杂的质量分数，%；I_0 为含油杂质的质量分数，%；I_n 为非含油杂质质量分数，%；w_1 为纯子仁含油量（质量分数），%；w_2 为杂质中含油量（质量分数），%。

如果测试的是原始样品的含油量，则按式(1)进行计算。

7.1.5　含油量以试样干物质的质量分数表示，按式(5)计算：

$$w_0 \times \left(\frac{100}{100-U} \right) \tag{5}$$

式中，w_0 为样品的含油量，%；U 为样品水分及挥发物含量，%（按照 GB/T 14489.1 测定）。

7.1.6　特定水分下含油量 w' 按式(6)计算：

$$w' = w \times \left(\frac{100-U'}{100-U} \right) \tag{6}$$

式中，w 为水分为 U 时样品的含油量，%；w' 为水分为 U' 时样品的含油量，%。

有时需要将一种水分含量下的含油量，换算成另外一种水分含量下的含油量。例如经过预干燥的样品其含油量按式(6)进行计算。

8　精密度

8.1　联合实验室测试

第 10 章汇集了关于本方法精密度的联合实验室试验数据。对于其他的浓度范围和测试对象来说，这些试验数据可能是不适用的。

8.2　重复性

在短时间内，在同一实验室，由同一操作者使用相同的仪器，采用相同的方法，检测同一份样品，两次测定结果的绝对差值不应大于：油菜籽 0.4%，大豆 0.4%，葵花籽 0.5%。以大于这种情况不超过 5% 为前提。

8.3　再现性

在不同的实验室，由不同的操作者，使用不同的仪器，采用相同的测试方法，检测同一份被测样品，测出两个独立的结果。两次测定结果的绝对差值不应大于其平均值：油菜籽 1.6%，大豆 1.1%，葵花籽 1.6%。以大于这种情况不超过 5% 为前提。

9　实验报告

实验报告需说明：

——完整识别样品所需的所有信息；

——试样的扦样方法；

——采用的检验方法；

——所使用的溶剂；

——所有在本标准中未规定或视为任选的操作细节，以及其他可能已经影响了试验结果的事件；

——测试所得结果，应明确表明是否以干基计，或在特定水分下计算所得。样品在测试前是否除去杂质或除去外壳；

——如果检验了重复性，列出结果。

注：(1) Christy Norris 8 型实验磨和 Ultra 离心磨（UCM）是适用的，但国际标准化组织（ISO）并没指定这些实验磨为专用设备。

(2) 以上所列只是适用的实验磨，但国际标准化组织（ISO）并没指定这些实验磨为专用设备。

（3）The Butt，Smalley 或 Bolton-Williams 直滴式抽提器适用。但国际标准化组织（ISO）并没指定这些直滴式抽提器为专用设备。

（4）见（1）。

10 联合实验室测试结果

采用直滴式抽提的方法，在具有国际水平的一系列联合实验室进行测试。统计结果（按照 ISO 5725 计算）见表 1 至表 3。

10.1 油菜籽

测试时间：1992 年。

参加的实验室数量：42。

重复次数：2 次。

参与国家：13 个。

表 1 油菜籽联合实验室测试结果

项　目	测试 1	测试 2	项　目	测试 1	测试 2
实验结果剔除异常后的实验室数量	40	40	重复性限 r,2.83×S_r/%	0.41	0.42
平均值/%	42.1	42.0	再现性标准偏差 S_R/%	0.55	0.56
重复性标准偏差 S_r/%	0.14	0.15	再现性变异系数/%	1.31	1.32
重复性变异系数/%	0.34	0.35	再现性限 R,2.83×S_R/%	1.57	1.57

10.2 大豆

测试时间：1990 年。

参加的实验室数量：33。

重复次数：2 次。

参与国家：12 个。

表 2 大豆联合实验室测试结果

项　目	测试 1	测试 2	项　目	测试 1	测试 2
实验结果剔除异常后的实验室数量	30	30	重复性限 r,2.83×S_r/%	0.37	0.40
平均值/%	20	20.7	再现性标准偏差 S_R/%	0.36	0.39
重复性标准偏差 S_r/%	0.13	0.14	再现性变异系数/%	1.74	1.87
重复性变异系数/%	0.64	0.67	再现性限 R,2.83×S_R/%	1.01	1.09

10.3 葵花籽

测试时间：1994 年。

参加的实验室数量：22。

重复次数：2 次。

参与国家：9 个。

表 3 葵花籽联合实验室测试结果

项　目	测试 1	测试 2	项　目	测试 1	测试 2
实验结果剔除异常后的实验室数量	22	22	重复性限 r,2.83×S_r/%	0.50	0.44
平均值/%	45.9	45.9	再现性标准偏差 S_R/%	0.53	0.54
重复性标准偏差 S_r/%	0.18	0.16	再现性变异系数/%	1.15	1.18
重复性变异系数/%	0.39	0.35	再现性限 R,2.83×S_R/%	1.47	1.51

13.3　透明度、色泽、气味、滋味鉴定

13.3.1　透明度鉴定

13.3.1.1　透明度概念

植物油脂透明度是指油样在一定温度下，静置一定时间后，目测观察油样的透明程度。

品质正常合格的油脂应是澄清、透明的，但若油脂中含有过高的水分、磷脂、蛋白质、固体脂肪、蜡质或含皂量过多时，油脂会出现浑浊，影响其透明度。因此，油脂透明度的鉴定是借助检验者的视觉，初步判断油脂的纯净程度，是一种感官鉴定方法。

我国植物油国家标准规定：各种色拉油、高级烹调油均应澄清、透明；一级香油透明，二级香油允许微浊；一级普通芝麻油透明，二级普通芝麻油允许微浊；食用亚麻籽油允许微浊；一、二级葵花籽油均应透明；玉米油，一级透明，二级允许微浊。

13.3.1.2　仪器和用具

① 100mL 比色管，直径 25mm。

② 乳白灯泡等。

13.3.1.3　操作方法

量取混匀试样[1]100mL 注入比色管中，在 20℃温度下静置 24h（蓖麻籽油静置 48h），然后移置在乳白灯泡前（或在比色管后衬以白纸），观察透明程度[2]，记录观察结果。

13.3.1.4　结果表示

观察结果以"澄清、透明""透明""微浊""浑浊"表示。

说明

[1] 如油样受冷而出现凝固时，应置于 50℃水浴中加热熔化，取出，逐渐冷却至 20℃，然后再混匀备用。

[2] 观察时，如油样内无絮状悬浮物及浑浊，即认为透明。棉籽油在比色管的上半部无絮状悬浮物及浑浊，也认为透明；如有少量的絮状悬浮物，即认为微浊；若有明显的絮状悬浮物，即为浑浊。

13.3.2　色泽鉴定

13.3.2.1　概述

色泽的深浅是植物油脂的重要质量指标之一，特别是对于食用植物油，常要求具有较浅的色泽。植物油脂之所以具有各种不同的颜色，如淡黄色、橙黄色、棕红色以及青绿色等，主要是由于油料籽粒中含有叶黄素、叶绿素、叶红素、类胡萝卜素、棉酚等色素，在制油过程中溶于油脂中的缘故。油脂的色泽，除了与油料籽粒的粒色有关外，还与加工工艺以及精炼程度有关。此外，油料品质劣变和油脂酸败也会导致油色变深或影响油脂色泽。所以，测定油脂的色泽，可以了解油脂的纯净程度、加工工艺和精炼程度，以及判断其是否变质。

我国植物油国家标准中对各类、各种、各等级植物油的色泽，应用罗维朋比色计进行测定，并制订了相应的指标，见表 13-1。此外，植物油色泽鉴定方法还可采用重铬酸钾法，并给出相应的色值。

13.3.2.2　罗维朋比色计法

（1）原理　通过调节黄、红色的标准颜色色阶玻璃片与油样的色泽进行比色，比至两者色泽相当时，分别读取黄、红色玻璃片上的数字作为罗维朋色值，即油脂的色泽值。

（2）仪器　罗维朋比色计。

表 13-1　植物油色泽质量指标

各项等级指标①	一级		二级		各项种类指标②	黄	红
	黄	红	黄	红			
花生油	25	2	25	4	花生色拉油	15	1.5
浓香花生油	15	1.5	—	—	花生高级烹调油	20	2.0
大豆油	70	4	70	6	大豆色拉油	20	2.0
玉米油	30	3.5	30	6.5	高级大豆烹调油	35	4
菜籽油	35	4	35	7	菜籽色拉油	20	2.0
蓖麻籽油	20	1.5	20	3.5	高级菜籽烹调油	35	4
葵花籽油	35	3.0	35	5.0	葵花籽色拉油	15	1.5
油茶籽油	35	2.0	35	5.0	葵花籽高级烹调油	35	5.0
精炼米糠油	35	3.0	35	6.0	米糠色拉油	35	3.5
亚麻籽油	35	7.0	—	—	米糠高级烹调油	35	5.0
工业用亚麻籽油	35	3.0	35	5.0	棉籽色拉油	35	3.5
精炼棉籽油	35	8	—	—	棉籽高级烹调油	35	5.0
小磨香油	70	11	70	15			
机制香油	70	12	70	18			
普通芝麻油	70	8.0	70	12.0			
桐油	35	3.0	35	5.0			

① 比色槽为 25.4mm。

② 比色槽为 133.4mm。

罗维朋比色计主要由比色槽、比色槽托架、碳酸镁反光片、乳白灯泡、观察管以及红、黄、蓝、灰色的标准颜色色阶玻璃片等部件组成，如图 13-4 所示。

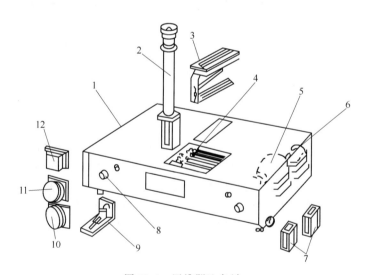

图 13-4　罗维朋比色计

1—比色箱；2—观察管；3—透明样品架；4—有色玻璃架（11块）；5—灯泡（4只，其中 2 只备用）；

6—积时数字钟；7—比色槽（6只，其中 10mm 2 只，1in 3 只，5$\frac{1}{4}$in 1 只）；8—开关；

9—固体样品架；10—标准白板；11—粉末样品盘；12—胶体样品盘

比色槽有两种规格，厚度为 25.4mm 比色槽用于普通植物油色泽测定，厚度为 133.4mm 用于色拉油、高级烹调油（即浅色油）色泽测定。

标准颜色玻璃片有红色、黄色、蓝色和灰色四种。红色玻璃片号码由 0.1～70 组成，分为三组。一组 0.1~0.9，二组 1~9，三组 10~70。黄色玻璃片号码由 0.1~70 组成，也分为三组。蓝色玻璃片号码由 0.1~40，也分为三组。灰色玻璃片号码由 0.1~3 组成，分为两组。标准颜色玻璃片中常用的是红、黄两种，而蓝色玻璃片仅作为调配青色用（油色如为青绿色时），灰色玻璃片用作调配亮度用。红、黄两色玻璃片的选用方法是，先根据质量标准固定规定号码的黄色玻璃片，然后用不同号码的红色玻璃片配色，直至与油样的色泽相当。

用作光源的两只乳白灯泡，在使用 100h 后，应更换它们，以保证光源准确的光强度。碳酸镁反光片表面如变色时，可用小刀仔细地将变色层刮去，但应保证反光面平整。

（3）操作方法

比色。取澄清试样 50mL 注入纳氏比色管中，与标准系列进行比色，比至等色时的色值，就是重铬酸钾法的色值[1,2]。

说明

[1] 重铬酸钾标准溶液最好临用现配制。

[2] 罗维朋比色计法与重铬酸钾溶液比色法比较见表 13-2。

表 13-2　罗维朋比色计法与重铬酸钾溶液法色值对照

重铬酸钾法色值	罗维朋法色值								油脂色泽
	精炼棉籽油		花生油		大豆油		菜籽油		
	黄	红	黄	红	黄	红	黄	红	
0.10	35	1.6	25	0.3	70	1.0	35	0.8	柠檬色
0.15	35	2.5	25	1.4	70	3.0	35	2.5	淡黄色
0.20	35	3.0	25	2.0	70	3.5	35	3.0	黄色
0.25	35	5.5	25	2.5	70	4.0	35	3.8	橙黄色
0.30	35	6.8	25	3.0	70	5.0	35	5.0	棕黄色
0.35	35	8.5	25	4.0	70	6.0	35	6.0	棕色
0.40	35	9.0	25	5.4	70	7.2	35	6.8	棕褐色

13.3.3　气味、滋味鉴定

各种油脂都具有独特的气味和滋味，例如菜籽油和芥籽油常常带有辣味，而芝麻油则带有令人喜爱的香味等。酸败变质的油脂会产生酸味或哈喇的滋味等。因此，通过油脂气味和滋味的鉴定，可以了解油脂的种类、品质的好次、酸败的程度、能否食用以及有无掺杂等。

操作方法：取少量试样注入烧杯中，加温至 50℃，用玻璃棒边搅拌边嗅气味，同时尝、辨滋味。凡具有该油固有的气味和滋味，无异味的为合格。不合格的应注明异味情况。

13.4　相对密度的测定

13.4.1　油脂相对密度的概念

油脂在 20℃时的质量与同体积纯水在 4℃时的质量之比，称为油脂的相对密度，用 d_4^{20} 或相对密度（20/4℃）表示。

各种纯净、正常的油脂，在一定温度下均有不同的相对密度范围。天然油脂的相对密度均小于 1，其数值在 0.908~0.970 之间变动。我国植物油国家标准规定植物油特征指标——相对密度（d_4^{20}）：花生油为 0.9110~0.9175，大豆油为 0.9180~0.9250，菜籽油为 0.9090~0.9145，精炼棉籽油为 0.9170~0.9250，芝麻油为 0.9126~0.9287，蓖麻籽油为 0.9515~0.9675，亚麻籽油为 0.9260~0.9365，桐油为 0.9360~0.9395，油茶籽油为

0.9104~0.9205，葵花籽油为 0.9164~0.9214，玉米油为 0.9153~0.9234，精炼米糠油为 0.9129~0.9269。

油脂的相对密度与油脂的分子组成有密切关系，组成甘油三酸酯的脂肪酸相对分子质量越小，不饱和程度越大，羟酸含量越高，则其相对密度越大。例如，酮酸含有三个双键，蓖麻酸中含有羟酸基，故桐油和蓖麻油的相对密度较其他植物油的相对密度大，蓖麻油最大，桐油次之。这是因为，脂肪酸中的不饱和键要比饱和的碳-碳单键的键长短一些（如碳-碳双键的键长为 0.134nm，共轭双键的键长为 0.137nm，而碳-碳单键的键长为 0.154nm），这样，随着脂肪酸不饱和程度的增高，单位体积内脂肪分子相对密度增大，所以以相对密度也随之加大。而脂肪酸相对分子质量越小，说明碳链越短，与相对分子质量大的长碳链的脂肪酸相比，分子中氧所占的比例越大，氧在构成脂肪的各元素中，原子量最大，所以，组成油脂的脂肪酸相对分子质量越小，油脂的相对密度就越大。植物油的相对密度（d_{15}^{15}）的近似表示方法可用下式表示。

$$d_{15}^{15}=0.8475+0.00030(皂化值)+0.00014(碘值)$$

测定油脂的相对密度，可作为评定油脂纯度、掺杂、品质变化的参考，还可以根据相对密度将储藏与运输油脂的体积换算为质量。

测定油脂相对密度的方法有液体相对密度天平法（比重天平法）、相对密度瓶（比重瓶）法和相对密度计（比重计）法。

13.4.2　液体相对密度天平法

13.4.2.1　试剂

洗涤液；乙醇、乙醚、无二氧化碳蒸馏水。

13.4.2.2　仪器和用具

烧杯、吸管；液体密度天平。

液体相对密度天平是根据阿基米德定律（任何物体沉于液体中时，物体减轻的质量等于该物体排开的液体的质量）设计而成的一种不等臂天平。它由天平座、支柱、天平梁、浮标、平衡砝码、量筒和温度计等部件组成，如图 13-5 所示。天平座上有一个水平调节螺钉，支柱中部的螺丝用来调节天平梁的高低。天平梁由两臂组成，天平平衡时，左臂的锥尖与梁架上的锥尖正好对准；右臂上有 10 个刻槽，在第 10 槽上有挂钩，钩子上挂一用白金丝吊的浮标（浮标中附有温度计），浮标的质量恰好使天平在空气中保持平衡。液体相对密度天平配有 5 个砝码，其中有两个质量相同的大砝码（1 号等于 20℃时被浮标排开水的质量），其余三个砝码分别是大砝码质量的 1/10（2 号）、1/100（3 号）、1/1000（4 号），这些砝码可以骑在刻槽上，或挂在挂钩上。

13.4.2.3　操作方法

（1）称量水　按照仪器使用说明，先将仪器校正好，在挂钩上挂上 1 号砝码，向干净的量筒内注入无二氧化碳蒸馏水，

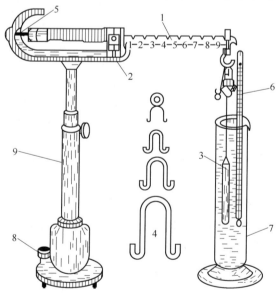

图 13-5　液体相对密度天平
1—秤杆；2—刀口座；3—浮标；4—砝码；5—锥尖；
6—温度计；7—量筒；8—水平调节螺丝；9—支架

使达到浮标上的白金丝浸入水中 1cm 为止。将水调节到 20℃，拧动天平座上的螺丝，使天平达到平衡，再不要移动，倒出量筒内的水，先用乙醇，后用乙醚将浮标、量筒和温度计上的水除净，再用脱脂棉擦干。

（2）称试样　将试样注入量筒内，达到浮标上的白金丝浸入试样中 1cm 为止，待试样温度达到 20℃时，在天平刻槽上移加砝码，使天平恢复平衡。

砝码的使用方法：先将挂钩上的 1 号砝码移至刻槽 9 上，然后在刻槽上填加 2 号、3 号、4 号砝码，使天平达到平衡。

13.4.2.4　结果计算

天平达到平衡后，按大小砝码所在的位置计算结果。1 号、2 号、3 号和 4 号砝码分别为小数点后第一位、第二位、第三位和第四位。例如，油温和水温均为 20℃，1 号砝码在 9 处，2 号在 4 处，3 号在 3 处，4 号在 5 处，此时油脂的相对密度为 0.9435。

测出的相对密度按公式（13-1）换算为标准相对密度。

$$d_4^{20} = d_{20}^{20} \times d_{20} \qquad (13-1)$$

式中，d_4^{20} 为油温 20℃、水温 4℃时油脂试样的相对密度；d_{20}^{20} 为油温 20℃、水温 20℃时油脂试样的相对密度；d_{20} 为水在 20℃时的相对密度，水温在 20℃时水的相对密度为 0.998230。

如试样温度和水温度都须换算时，则按公式（13-2）计算。

$$d_4^{20} = [d_{t_2}^{t_1} + 0.00064 \times (t_1 - t_2)] \times d_{t_2} \qquad (13-2)$$

式中，t_1 为试样温度，℃；t_2 为水温度，℃；$d_{t_2}^{t_1}$ 为试样温度 t_1 时测得的相对密度；d_{t_2} 为水温在 t_2 时水的相对密度，可由表 13-3 查得；0.00064 为油脂在 10～30℃每差 1℃时的膨胀系数（平均值）。

表 13-3　水的相对密度

温度/℃	相对密度	温度/℃	相对密度	温度/℃	相对密度
0	0.999868	16	0.998970	25	0.997071
4	1.000000	17	0.998801	26	0.996810
5	0.999992	18	0.998622	27	0.996539
6	0.999968	19	0.998432	28	0.996259
7	0.999926	20	0.998230	29	0.995971
8	0.999876	21	0.998019	30	0.995673
9	0.999808	22	0.997797	31	0.995367
10	0.999727	23	0.997565	32	0.995052
15	0.999126	24	0.997323		

双实验结果允许差不超过 0.0004，取其平均数，即为测定结果。测定结果取小数点后四位。

13.4.3　相对密度瓶法

13.4.3.1　原理

用同一相对密度瓶在同一温度下，分别称量等体积的油脂和蒸馏水的质量，两者的质量比即为油脂的相对密度。

13.4.3.2　试剂

乙醇、乙醚；无二氧化碳蒸馏水；滤纸等。

13.4.3.3　仪器和用具

电热恒温水浴锅；感量 0.0001g 分析天平；吸管（25mL）、烧杯；25mL 或 50mL（带温度计塞）相对密度瓶（见图 13-6）。

13.4.3.4　操作方法

（1）洗涤相对密度瓶（比重瓶）　用洗涤液、水、乙醇、水依次洗净相对密度瓶。

（2）测定水质量　用吸管吸取蒸馏水，沿瓶口内壁注入相对密度瓶，插入带温度计的瓶塞（加塞后瓶内不得有气泡存在），将相对密度瓶置于 20℃恒温水浴中，待瓶内水温达到（20±0.2）℃时，经 30min 后取出相对密度瓶，用滤纸吸去排水管溢出的水，盖上瓶帽，揩干瓶外部，称量。

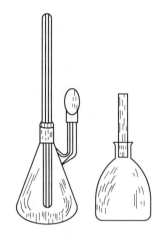

图 13-6　相对密度瓶
（比重瓶）

（3）测定瓶质量　倒出瓶内水，用乙醇和乙醚洗净瓶内水分，用干燥空气吹去瓶内残留的乙醚，并吹干瓶内外，然后加瓶塞和瓶帽称量（瓶质量应减去瓶内空气质量，1cm³ 干燥的空气质量在标准状况下为 0.001293g≈0.0013g）。

（4）测定试样质量　吸取 20℃以下澄清试样，按测定水质量法注入瓶内，加塞，用滤纸蘸乙醚揩净外部，置于 20℃恒温水浴中，经 30min 后取出，揩净排水管溢出的试样和瓶外部，盖上瓶帽，称量。

13.4.3.5　结果计算

在试样和水的温度为 20℃条件下测得的试样质量（m_2）和水质量（m_1），先按公式（13-3）计算相对密度（d_{20}^{20}）。

$$d_{20}^{20} = m_2/m_1 \tag{13-3}$$

式中，m_1 为水质量，g；m_2 为试样质量，g；d_{20}^{20} 为油温、水温均为 20℃时油脂的相对密度。

换算为水温 4℃的相对密度、试样和水温都须换算时的公式。一定温度下，水的相对密度见表 13-3。

13.5　折射率的测定

折射率是油脂的重要物理特性常数之一，它与油脂的组成和结构有密切的关系。一般来说，油脂中脂肪酸的分子质量越大，不饱和程度越高，其折射率就越大。此外，含有共轭双键和羟基的脂肪酸的油脂，其折射率也要比一般油脂高。例如菜籽油、花生油，分子中含不饱和脂肪酸较少，其折射率较低，$n^{20}=1.4710\sim1.4755$，$n^{20}=1.4695\sim1.4720$；而桐油含有共轭双键，其 $n^{20}=1.5161\sim1.5220$，蓖麻油含有羟基，其 $n^{20}=1.4765\sim1.4810$。所以，不同的油脂，具有不同的折射率，可以用来鉴别油脂的种类和纯度，我国植物油国家标准中将折射率列为特征指标，各类油脂的折射率见表 13-4。

表 13-4　食用植物油折射率

油　脂	折　射　率	油　脂	折　射　率
大豆油	1.4720～1.4770	亚麻籽油	1.4785～1.4840
菜籽油	1.4710～1.4755	葵花籽油	1.4746～1.4766
精炼棉籽油	1.4690～1.4750	油茶籽油	1.4671～1.4720
芝麻油	1.4692～1.4791	花生油	1.4695～1.4720
玉米油	1.4726～1.4759	精炼米糠油	1.4700～1.4750
蓖麻籽油	1.4765～1.4816	桐油	1.5161～1.5220

折射率的测定还可用来确定油料种子和饼粕的含油量。

13.5.1　阿贝折光仪

阿贝 (Abbe) 折光仪是测定植物油折射率的常用仪器，它适用于测定折射率在 1.3～1.7 的物质的折射率。

13.5.1.1　阿贝折光仪构造

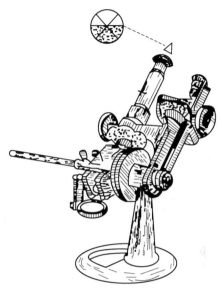

阿贝折光仪由光学系统和机械系统两部分构成，如图 13-7 所示。左半边为光学系统，主要部件有棱镜组、阿米西棱镜、目镜、反光镜等。棱镜组由两块直角棱镜组成，下棱镜为毛面棱镜，上棱镜为光面棱镜。两棱镜玻璃的折射率都为 1.75。两棱镜置于金属框中，通过金属框可用所需温度的水流来调整棱镜温度，测量温度可在上棱镜内插入温度计（带有温度计座）。两棱镜之间有约 0.15mm 的空隙，用来装被测液体。阿米西棱镜又称色散补偿器，由两组棱镜组成，每一组棱镜包括两个无铅玻璃（冕玻璃，crown glass）棱镜和一个带直角的燧石玻璃（flint glass）棱镜，后者位于中间。此两组棱镜通过补偿器旋钮调节，两者转动方向相反，如图 13-8 所示。当两组棱镜沿光轴各以相反方向旋转 90°（即与原来位置相差 180°），则借两倒置棱镜（BCD 与 $B'C'D'$）之助，将

图 13-7　阿贝折光仪

通过棱镜组所引起的色散光中除钠黄光以外的杂光消除。然而两组棱镜无论在任何位置，对钠黄光都不会改变方向，这就解决了钠黄光光源的问题。目镜是观察全反射现象的，其中有斜交的十字线，以作为全反射临界线的交点。反光镜为下棱镜提供光源。

右半边为机械系统，主要是圆盘组，圆盘内装有读数标尺，通过齿轮啮合与左边的棱镜组相连。右边的目镜是用来观察读数标尺的。棱镜转动手轮用来调节棱镜组的位置，使全反射临界线位于十字交叉线的中心。小反光镜为读数标尺提供光源。

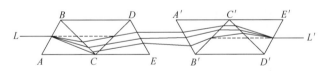

图 13-8　色散补偿器原理

13.5.1.2　阿贝折光仪的工作原理

当光线从折射率较大的介质 Ⅰ（光密介质）射入折射率较小的介质 Ⅱ（光疏介质）时，折射角 γ 将大于入射角，图 13-9 所示。入射角逐渐增大，折射角也将增大，当入射角增大至某一角度时，折射角将有一最大值 $\gamma = 90°$。如再增大入射角，则光线将不会进入介质 Ⅱ，而全部反射回介质 Ⅰ，这种现象称为全反射，α 发生全反射时的入射角，称为临界角。在这种情况下，应用公式 (13-4) 则为：

$$n_2 = n_1 \times \sin\alpha \tag{13-4}$$

如果介质 Ⅰ 是固定的，即折射率 n_1 为已知数，临界角 α 可直接测得，由此就可以算出介质 Ⅱ 的折射率 n_2。因此可以说，阿贝折光仪就是根据全反射现象制成的一种光学仪器。

通过折光仪的镜筒测量各种折射物质的临界角，由仪器各常数算出其折射率，刻于读数标尺上。

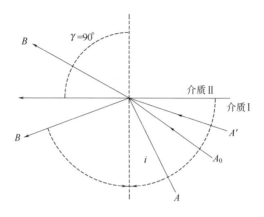

图 13-9　角的全反射现象

13.5.2　折射率的测定

13.5.2.1　试剂

乙醚、乙醇。

13.5.2.2　仪器和用具

阿贝折光仪；小烧杯；擦镜纸、镊子、脱脂棉、玻璃棒（一头烧成圆形）。

13.5.2.3　操作方法

（1）校正仪器　用已知折射率的物质校正仪器，常用的校正仪器物质有纯水或 α-溴代萘或标准玻璃片。

① 用标准玻璃片校正。在折光仪上带有已知折射率的标准玻璃片。校正时，打开上下棱镜金属匣，拉开下棱镜，在上面铺一层脱脂棉（避免标准玻片从上棱镜滑下时击碎），把上棱镜的表面调整至水平位置（仪器倒转），用少量 α-溴代萘润湿标准玻片的磨光面，将其贴于上棱镜（棱镜与标准玻片之间不得有气泡），转动棱镜，使读数与标准玻片的折射率相同，再转动补偿器旋钮，消除色散干扰，如果明暗分界线正好位于十字交叉点上，说明仪器正常。如不符合标准玻片的折射率时，应用仪器配备的小钥匙插入目镜下方小螺丝孔中，旋转螺丝，将明暗分界线调整至正切在十字交叉线的交叉点上。校正时仪器的放置如图 13-10 所示。

② 用蒸馏水校正。不含二氧化碳的蒸馏水在一定温度下有恒定的折射率（表 13-5），可用以校正折光仪。校正时，放平仪器，用脱脂棉蘸乙醚揩净上下棱镜。在温度计座处插入温度计。待乙醚挥发完全后，在下棱镜的毛玻璃面上滴 2 滴新制蒸馏水，关紧上下

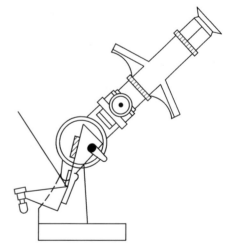

图 13-10　用标准玻片校正仪器

棱镜，约经 3min，待温度稳定后，按上述方法进行校正。若温度不是整数，则用内插法求对应温度下的折射率。例如测定温度为 22.4℃，测得水的折射率应介于 1.33281 与 1.33272 之间，用内插法求得：

$$n^{22.4}=1.33281+\frac{1.33272-1.33281}{23.0-22.0}\times(22.4-22.0)$$
$$=1.33281-0.00004$$
$$=1.33277$$

表 13-5　蒸馏水折射率

温度/℃	折射率	温度/℃	折射率	温度/℃	折射率
10	1.33371	17	1.33324	24	1.33263
11	1.33363	18	1.33316	25	1.33253
12	1.33359	19	1.33307	26	1.33242
13	1.33353	20	1.33299	27	1.33231
14	1.33346	21	1.33290	28	1.33220
15	1.33339	22	1.33281	29	1.33208
16	1.33332	23	1.33272	30	1.33196

（2）测定　经校正后的仪器，用乙醚将上下棱镜揩净后，用圆头玻璃棒取混匀、过滤的试样 2 滴，滴在下棱镜上（玻璃棒不要触及镜面），转动上棱镜，关紧两块棱镜，约经 3min 待试样温度稳定后，转动阿米西棱镜手轮和棱镜转动手轮，使视野分成清晰可见的两个明暗部分，其分界线恰好在十字交叉点上，记下标尺读数和温度。

13.5.2.4　结果计算

标尺读数即为测定温度条件下的折射率值。如测定温度不在 20℃ 时，必须按公式（13-5）换算为 20℃ 时的折射率（n^{20}）。

$$折射率(n^{20}) = n^t + 0.00038 \times (t - 20) \tag{13-5}$$

式中，n^t 为油在 t℃ 时测得的折射率；t 为测定折射率时的油温；0.00038 为油温在 10～30℃ 范围内，每差 1℃ 时折射率的校正系数。

13.6　烟点、熔点、凝固点的测定

13.6.1　烟点的测定

烟点又称发烟点，是油脂接触空气加热时对它的热稳定性的一种量度。是指在避免通风并备有特殊照明的实验装置中，加热时第一次呈现蓝烟时的温度。

13.6.1.1　仪器和用具

检验箱（见图 13-11）；0～300℃ 温度计；样品杯[1]（见图 13-12）；加热板（见图 13-13）；石棉板（见图 13-14）；电炉或煤气灯；100W 日光灯。

13.6.1.2　操作方法

将油或熔化了的脂肪样品，小心注入样品杯中，使其液面恰好在装样线上，并调节仪器的位置，使火苗集中在杯底部的中央，将温度计垂直地悬挂在杯中央，水银球离杯底约 6cm。

迅速加热样品到发烟点前 42℃ 左右，然后调节热源使样品升温速度为 5～6℃/min，当样品冒少量烟，同时继续有浅蓝色的烟冒出时的温度即为烟点，可借助 100W 灯光看发烟时的温度[2]。

双实验允许差不超过 2℃，求其平均数即为实验结果，测定结果取小数点后一位。

说明

[1] 样品杯要保持干净，否则会造成烟点偏低。

[2] 在样品开始连续冒烟前，有时可能会喷出一些微弱的烟雾，这对测定结果并没有影响。

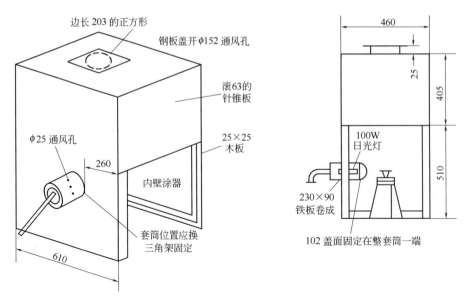

图 13-11   检验箱

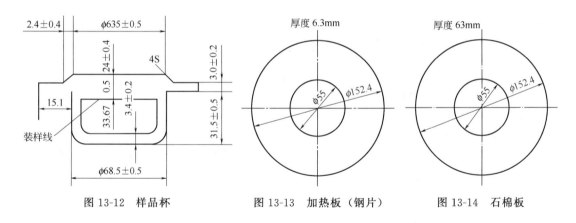

图 13-12   样品杯   图 13-13   加热板（钢片）   图 13-14   石棉板

13.6.2   熔点的测定

熔点是指固体油脂完全转变成液体状态时的温度，也就是固态和液态的蒸气压相等时的温度。

测定人造奶油[1]（人造黄油）的熔点可以了解人造奶油质量，指导加工工艺。

13.6.2.1   仪器和用具

① 毛细玻管。内径 1mm，外径最大为 2mm，长度 80mm[2]。

② 水银温度计。200℃，1/10℃ 刻度。

③ 冰箱、恒温烘箱、电炉、恒温水浴。

④ 500mL 烧杯。

⑤ 酒精喷灯、锥形瓶、漏斗、滤纸等。

13.6.2.2   操作方法

（1）样品处理   取试样约 20g，在温度低于 150℃ 搅拌加热，使油相和水相分层，然后取上层油相在 40~50℃ 左右保温过滤、烘干，使油相透明清亮。

取洁净干燥的毛细玻管 3 只，分别吸取试样达 10mm 高度，用喷灯火焰将吸取试样的管端封闭，然后放入烧杯中，置于 4～10℃ 的冰箱中过夜，到时取出用橡皮筋将 3 只管紧扎在温度计上，使试样与温度计水银球相平。

（2）测定　在 500mL 烧杯中，先注入半杯水，悬挂 1 只温度计，然后将试样管和温度计也悬挂在杯内的水中，使水银球浸入水中 30mm 深处，置于水浴中开始加热。开始温度要低于试样熔点 8～10℃，同时搅动杯中水，使水温上升的速度约为 0.5℃/min。

试样在熔化前常发生软化状态，继续加热直至玻管内的试样完全变成透明的液体为止，立即读取当时的温度，计算 3 只管的平均值，即为试样的熔点[3]。

双实验结果允许差不超过 0.5℃，取其平均值作为测定结果，测定结果取小数点后第一位。

我国人造奶油（人造黄油）标准规定：A 型和 B 型人造奶油熔点、油相皆为 28～38℃。

说明

［1］人造奶油是指精制食用油添加水及其他辅料，经乳化急冷捏合成具有天然奶油特色的可塑性制品。

［2］毛细管玻璃不要太厚，粗细要均匀，内径应在 1mm 左右。

［3］样油在完全熔化之前往往先浑浊，四周比中部先澄清，继续加热至油样完全澄清透明，油样到达完全澄清透明的最低温度即为熔点。

13.6.3　凝固点的测定

凝固点是指液体油脂或脂肪酸冷却凝结为固体时，在短时间内停留不变的最高温度。

油脂在冷却时不是一下子全部结晶，而是按照一定的顺序：高熔点组分先结晶，并且引起油脂浑浊；随着进一步的冷却，低熔点甘油酯开始结晶而增大浑浊度；最后，全部混合物凝固。由于凝固时放出的潜热能使温度在短的时间内保持不变，有时甚至会暂时地使温度回升。这个暂时保持不变或回升的最高温度就作为油脂或脂肪酸的凝固点。

某些油脂在凝固时温度只有极小的回升，或只有很短暂的停留时间，然后就迅速地下降。因此，这类油脂的凝固点是不稳定的，很难得到重现的结果。但是从油脂中分出的混合脂肪酸，其凝固点的重现性要好得多，可靠得多。因此，在油脂分析中，很少测定油脂的凝固点，而是用脂肪酸的凝固点来表示油脂这一重要物理常数，并称之为油脂的脂肪酸冻点。

13.6.3.1　试剂

60g/100mL，氢氧化钠溶液；95% 乙醇；1g/100mL 甲基橙指示液；硫酸溶液（$c_{\frac{1}{2}H_2SO_4}=6mol/L$）。

13.6.3.2　仪器和用具

① 凝固点测定器。由烧杯、广口瓶、试管及温度计等组成，如图 13-15 所示。烧杯的容量为 2000mL；广口瓶的容量为 450mL，高 190mm，瓶颈 38mm；试管长 100mm，内径 25mm；温度计的刻度为 0.1℃；搅拌器内径 2～3mm，一端弯成环形，直径 19mm。

② 保温漏斗。

③ 恒温水浴。

④ 1000mL 烧杯。

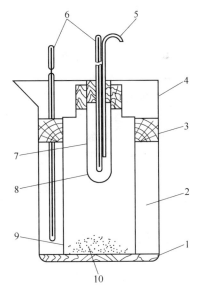

图 13-15　凝固点测定器
1—软木；2—水浴；3—软木块；
4—2L 烧杯；5—搅拌器；
6—温度计；7—装在
试管中样品；8—试管；
9—广口瓶；10—铅粒

13.6.3.3　操作方法

（1）脂肪酸冻点的测定　取油样 40g 于 1000mL 烧杯中，加入 60g/100mL 氢氧化钠溶液 20mL 和 95％乙醇 80mL 的混合液，置于水浴上加热，不断搅拌，煮沸 30min 使皂化完全。继续在水浴上加热蒸发乙醇，并用玻棒将肥皂捣碎，时加搅拌，以使乙醇蒸发去尽，然后加入 300～400mL 水使肥皂溶解，煮沸 1h，加入几滴 1g/100mL 甲基橙指示液和硫酸溶液（$c_{\frac{1}{2}H_2SO_4}$＝6mol/L）50～60mL，使溶液呈红色。将烧杯置于水浴中加热，直到析出的脂肪层澄清为止。把水层吸出，再加 250mL 热水洗涤，静置分层后再将水层吸出，如此反复洗涤至洗液不呈酸性为止。

用保温漏斗或在 100～105℃ 烘箱中过滤，然后将脂肪酸置于 130℃ 烘箱中去水分。约 1h 后取出，冷却至 60℃，注入凝固点测定器试管中，插入温度计，温度计的水银球应处在脂肪酸的中心，并且与四周管壁等距离。装好水浴，水浴内的温度用冰保持在固定水平上（对所有冻点≥35℃的样品，将温度调到 20℃，而对冻点＜35℃的样品，则将水温调至低于冻点 15～20℃），水平面应高出样品平面 1cm。用搅拌器不断地垂直搅动，至温度不再下降或开始回升时，立即停止搅动并观察温度上升情况，在温度再度下降前由温度计测得的最高值，即为脂肪酸的冻点。

（2）油脂凝固点的测定　将试样熔化后过滤，并置于 130℃ 烘箱内烘去水分，取出冷却至 60℃ 时，注入凝固点测定器试管中，按脂肪酸冻点的测定方法进行凝固点的测定。

13.6.4　冷冻实验

冷冻实验是用来检验各种色拉油在冬季摄氏零度下，有无结晶析出和不透明的现象。

13.6.4.1　仪器和用具

① 油样瓶。115mL（直径约 40mm），必须洁净、干燥。

② 0℃冰水浴。容积约为 2L（高约 250mm），内装有碎冰块的桶。

③ 温度计（-10～50℃）。

④ 软木塞和石蜡（封口用）。

13.6.4.2　操作方法

将混合均匀的油样（200～300mL）加热至 130℃ 立即停止加热，并趁热过滤，将过滤油移入油样瓶中，用软木塞塞紧，冷却至 25℃，用石蜡封口，然后将油样瓶浸入 0℃ 冰水浴中，用冰水覆盖，使冰水浴保持 0℃，随时补充冰块，放置 5.5h 后取出油样瓶，仔细观察脂肪结晶或絮状物（注意切勿错误地认为分散在样品中细小的空气泡是脂肪结晶），合格的样品必须澄清透明。

13.7　杂质的测定

油脂杂质是指油脂中不溶于石油醚等有机溶剂的残留物。主要是泥土、砂石、饼屑、碱皂等。

杂质存在于植物油中，不仅使植物油脂品质降低，而且会加速油脂品质的劣变，影响油脂储藏的稳定性。因此，测定油脂杂质可以评定油脂品质的优劣，检查过滤设备的工艺效能，了解油脂储藏安全性等。

13.7.1　方法原理

利用杂质不溶于有机溶剂的性质，用石油醚溶解油样（蓖麻籽油用 95％乙醇溶解），应用过滤或抽提的方法使杂质与油脂分离，然后将杂质烘干、称量，即可计算出杂质的含量。

13.7.2　试剂

沸程 60～90℃石油醚；95％乙醇；酸洗石棉；脱脂棉、定量滤纸等。

13.7.3　仪器和用具

抽气泵、抽气瓶、安全瓶；2 号玻璃砂芯漏斗；称量皿；感量 0.0001g、0.1g 天平；胶管、镊子、量筒、玻棒等。

13.7.4　操作方法

（1）抽滤装置准备　用胶管连接抽气泵、安全瓶和抽气瓶。用水将石棉分成粗、细两部分，先用粗的，后用细的石棉铺垫玻璃砂芯漏斗（约 3mm 厚），先用水沿玻棒倾入漏斗中抽洗，后用少量乙醇和石油醚先后抽洗，待石油醚挥净后，将漏斗送入 105℃烘箱中，烘至前后两次质量差不超过 0.001g 为止。

（2）抽滤杂质　称取混匀试样 15～20g（mL）于烧杯中，加入 20～25mL 石油醚（蓖麻油用 95％乙醇），用玻棒搅拌使试样溶解，倾入漏斗中，用石油醚将烧杯中的杂质全部洗入漏斗内，再用石油醚分数次抽洗杂质，洗至无油迹为止。

（3）烘干杂质　用脱脂棉揩净漏斗外部，在 105℃温度下烘至恒重（m_1）。

13.7.5　结果计算

杂质含量按公式（13-6）计算。

$$杂质（含量）=\frac{m_1}{m}\times100\%\qquad(13\text{-}6)$$

式中，m_1 为杂质质量，g；m 为试样质量，g。

双实验结果允许差不超过 0.04％，求其平均数，即为测定结果，测定结果取小数点后两位。

13.8　酸值的测定

油脂酸值是指中和 1g 油脂中的游离脂肪酸所需氢氧化钾的量（mg）。

一般从新收获、成熟的油料种子中制取的植物油脂含有约 1％的游离脂肪酸。原料中含有较多的未熟粒、生芽粒、霉变粒等，则制出的毛油中含有较多的游离脂肪酸，精炼工艺不当，则等级油将会有较高的酸值；此外，在油脂储藏过程中，如水分、杂质含量高，温度高时，脂肪酶活性大，也使植物油脂中游离脂肪酸的含量增高。因此，测定油脂酸值可以评定油脂品质的优劣和储藏方法是否得当，并能为油脂碱炼工艺提供需要的加碱量。

13.8.1　测定方法

13.8.1.1　方法原理

用中性乙醇和乙醚混合溶剂溶解油样，然后用碱标准溶液滴定其中的游离脂肪酸，根据油样质量所消耗碱液的量计算出油脂酸值。

13.8.1.2　试剂

0.1mol/L KOH（或氢氧化钠）标准溶液；中性乙醚：乙醇（2:1）混合溶剂，临用前用 0.1mol/L 碱液滴定至中性；1g/100mL 酚酞乙醇溶液指示剂。

13.8.1.3　仪器和用具

25mL 滴定管；250mL 锥形瓶；感量 0.001g 天平；容量瓶、移液管、称量瓶、试剂瓶等。

13.8.1.4　操作方法

称取混匀试样 3～5g(mL)[1]注入锥形瓶中，加入混合溶剂 50mL[2]，摇动使试样溶解，再加三滴酚酞指示剂，用 0.1mol/L 碱液滴定[3]至出现微红色，在 30s 内不消失[4]，记下消耗的碱液的体积（V/mL）。

13.8.1.5 结果计算

油脂酸值按公式（13-7）计算[5]。

$$酸值 = \frac{V \times c \times 56.1}{m}$$ (13-7)

式中，V 为滴定消耗的氢氧化钾溶液体积，mL；c 为 KOH 溶液浓度，mol/L；m 为试样质量，g；56.1 为 KOH 的摩尔质量，g/mol。

双试结果允许差不超过 0.2mg KOH/g 油，求其平均数，即为测定结果。测定结果取小数点后一位。

说明

[1] 测定深色油的酸值，可减少试样用量，或适当增加混合溶剂的用量，以酚酞为指示剂，终点变色明显。

[2] 蓖麻油不溶于乙醚，因此测定蓖麻油的酸值时，只用中性乙醇，不用混合溶剂。

[3] 滴定过程中如出现浑浊或分层，表明由碱液带进水量过多（水：乙醇超过 1：4），使肥皂水解所致。此时应补加混合溶剂以消除浑浊，或改用碱乙醇溶液进行滴定。

[4] 对于深色油滴定，不便于观察终点还可以改变指示剂，改用 2g/100mL 碱性蓝 6B 乙醇溶液或 1g/100mL 麝香草酚酞乙醇溶液。碱性蓝 6B 指示剂变色范围内 pH＝9.4～14，酸性显蓝色，中性显紫色，碱性显淡红色；麝香草酚酞变色 pH 范围为 9.3～10.5，从无色到蓝色即为终点。

[5] 游离脂肪酸的含量除以酸值表示外，还可用油脂中游离脂肪酸的百分含量（以某种脂肪酸计）来表示。一般油脂的主要脂肪酸组成是硬脂酸、油酸、亚油酸、亚麻酸等十八碳原子的脂肪酸（占一般常见油脂脂肪酸含量的 90％以上），这些脂肪酸的相对分子质量很接近，故常以油酸来计算游离脂肪酸的含量。但当所检验的油脂中含有大量与油酸相对分子质量不同的脂肪酸时，应以油脂所含主要脂肪酸来计算游离脂肪酸的百分含量。例如，对于椰子油和棕榈仁油、棕榈油、蓖麻油、菜籽油，常分别以月桂酸、棕榈酸、蓖麻酸、芥酸来计算游离脂肪酸的含量。

以游离脂肪酸百分含量表示，按公式（13-8）计算。

$$游离脂肪酸含量 = \frac{V \times c \times F}{m \times 1000} \times 100\%$$ (13-8)

式中，F 为游离脂肪酸的相对分子质量（油酸为 282，月桂酸为 200，棕榈酸为 256，蓖麻酸为 298，芥酸为 338）。

酸值和游离脂肪酸百分含量可按公式（13-9）互相换算：

$$游离脂肪酸（以油酸计）＝0.503 \times 酸值$$ (13-9a)

$$游离脂肪酸（以月桂酸计）＝0.503 \times 酸值$$ (13-9b)

$$游离脂肪酸（以棕榈酸计）＝0.456 \times 酸值$$ (13-9c)

$$游离脂肪酸（以蓖麻酸计）＝0.530 \times 酸值$$ (13-9d)

$$游离脂肪酸（以芥酸计）＝0.602 \times 酸值$$ (13-9e)

13.8.2 快速测定法

13.8.2.1 方法原理

本法是在上述滴定法的基础上改进的，将油样质量按照相对密度换算为体积，省去称量操作，并在碱标准溶液中加入指示剂，换算为一定酸值的氢氧化钾乙醇溶液。测定时，在一定体积的油样中，加入已知每毫升能中和一定酸值的氢氧化钾溶液直至终点，读取消耗的氢氧化钾乙醇溶液的体积（mL），即得油脂酸值。

由于此法简化了操作，不需称取油样，不用计算准确结果，因而适合于收购油脂时定等作价、分级储存和进行油脂现场普查等。

13.8.2.2　试剂

① 配制能中和一定酸值的氢氧化钾乙醇溶液，设被测油样的相对密度为 0.92（d），按照酸值标准指标为 4，试样用量（V_1）与氢氧化钾乙醇溶液用量（V_2）等体积混合后，恰好中和完全，为此，应配制氢氧化钾溶液的浓度如下。

根据酸值的计算式：

$$酸值 = \frac{V_2 \times c \times 56.1}{V_1 \times d}$$

代入以上所设数则得：

$$c = \frac{4 \times 0.92}{56.1} = 0.0656$$

称取氢氧化钾约 4.2g 溶于 1000mL 乙醇中，加入 1g/100mL 酚酞乙醇溶液 6mL，用邻苯二甲酸氢钾标定其标准浓度后，用中性乙醇将其浓度调整至恰好为 0.0656mol/L，即为相当于酸值 4 的氢氧化钾乙醇溶液，称为甲液。

② 量取 100mL 甲液，加入 300mL 含有 1.8mL 酚酞指示剂的中性乙醇，准确稀释至 400mL 并摇匀。此溶液相当于酸值 1 的 0.0164mol 氢氧化钾乙醇溶液，称为乙液。

油温不同、油脂种类不同，其相对密度也不同，因此可按被检油样的相对密度，依此法配制适当浓度的氢氧化钾乙醇溶液。

13.8.2.3　仪器和用具

具塞量筒 10mL、20mL、100mL；其余仪器同上法。

13.8.2.4　操作方法

移取 4mL 油样注入 20mL 具塞量筒中，再加入 4mL 甲液，剧烈振摇 0.5min，静置分层，观察上层溶液的颜色，如红色消失，表示该油样酸值大于 4；如红色不消失，表示酸值小于 4。

酸值大于 4 时，可继续滴加甲液至红色，30s 内不消失，读取量筒中液体的体积（mL），然后减去试样体积 4mL，剩下的体积即为耗用甲液的体积（mL），也为油样的酸值。例如，量筒中液体总体积共 10mL，酸值即为 6。

酸值小于 4 时，则另取油样 1mL 于 10mL 具塞量筒中，加入 1mL 乙液，用力摇匀后，上层红色不消失，表示酸值小于 1；反之，酸值大于 1。酸值大于 1 时，则继续滴加乙液至红色不消失为止。读取量筒中液体体积总数，从中减去油样体积 1mL，余下为耗用的乙液的体积（mL），就是试样的酸值。

13.9　磷脂的测定

磷脂是由甘油、脂肪酸、磷酸和氨基醇所组成的复杂化合物，能溶解在含水很少的油脂中。油料种子内含有较多的磷脂，例如，大豆中含 1.6%～2.0%，棉籽中含 1.7%～1.8%，因此，制油时磷脂很容易转移至油中。

由于磷脂具有亲水性，能使油脂水分增加，促使油脂水解和酸败；磷脂还具乳化性，在烹饪加热时会产生大量泡沫；同时易氧化，受热会发黑变苦，影响油炸食品品质。所以在制油工艺中，常用水化法或碱炼除去油脂中的磷脂。并且植物油国家标准中对各等级油脂中磷脂含量做了规定：280℃加热实验油色不得变深，无析出物。

13.9.1 测定方法

13.9.1.1 加热实验

油脂加热实验是将油样加热至280℃，观察其析出物的多少和油色变化情况，从而鉴定商品植物油脂中磷脂含量的感官鉴定方法。

油脂经加热至280℃后，如无析出物或只有微量析出物，且油色不变深，则认为油脂中磷脂含量合格（磷脂含量≤0.10%），如油脂中磷脂含量较高时（磷脂含量＞0.10%），经加热后则有多量絮状析出物，油色变黑。

（1）仪器和用具

电炉；装有细砂的金属盘（砂浴盘）或石棉网；100mL烧杯；300~350℃温度计；铁支柱等。

（2）操作方法 取混匀试样约50mL注入100mL烧杯内，置于带有砂浴盘（或石棉网）的电炉上加热，用铁支柱悬挂温度计，使水银球恰在试样中心，加热在16~18min使试样温度升至280℃（亚麻籽油加热至289℃），取下烧杯，趁热观察析出物多少和油色深浅情况。待冷却至室温后，再观察一次。

（3）实验结果 植物油脂加热实验仅是鉴别油脂中磷脂含量的简易方法，不是定量分析。因此实验结果以"油色不变"、"油色变深"、"油色变黑"、"无析出物"、"有微量析出物"、"多量析出物"以及"有刺激性异味"等表示。

微量析出物：油温加至280℃时趁热观察，有析出物悬浮。

多量析出物：析出物成串、成片结团。

13.9.1.2 甲醇＋冰乙酸萃取法

本法是一种能替代280℃加热实验的快速、准确、简便易行的定量测定油脂磷脂含量的方法。

（1）方法原理 用甲醇＋冰乙酸萃取油脂中磷脂，与无机磷分离，然后用硫酸-过氧化氢消化提取液，使磷脂中的磷转化为磷酸，再在酸性条件下与显色剂作用，生成钼蓝，于波长680nm处测定其吸光度，与标准系列比较定量。

（2）试剂

甲醇；冰乙酸；浓硫酸；30%过氧化氢；硫酸溶液 $c(\frac{1}{2}H_2SO_4)=10mol/L$；4g/100mL钼酸铵溶液；0.05g/100mL硫酸肼溶液；磷标准储备液；磷标准应用液。

磷标准储备液：称取无水磷酸二氢钾0.4391g，溶于水中并准确稀释至1000mL，混匀。此溶液含磷0.1mg/mL。

磷标准应用液：移取上述磷标准储备液10mL，加水准确稀释至10mL，混匀。此溶液含磷10μg/mL。

（3）仪器和用具

10mL具塞离心试管；25mL具塞消化-比色管；3000r/min离心机；1000W电热套或可调电炉；721型分光光度计；感量0.01g天平。

（4）操作方法 称取油样1g（准确至0.01g）于10mL具塞离心试管中，加入3.0mL甲醇＋冰乙酸（2:1）溶液[1]，塞好塞子，用力振摇2min，在转速为3000r/min下离心2min，移取上层甲醇＋冰乙酸提取液1.0mL于20mL消化-比色管中，加入0.7mL浓硫酸[2]、1.0mL过氧化氢，置于电热套中消化，待消化液出现棕色，补加过氧化氢，消化至溶液澄清无色，产生白烟（注意：应彻底赶净消化液中的过氧化氢）[3]，取出消化管，冷却至室温，加水至 10mL 刻度处混匀。同时做一份空白。

吸取 0mL、1.0mL、2.0mL、4.0mL、6.0mL、8.0mL 磷标准应用液（相当于 0μg、10μg、20μg、40μg、60μg、80μg 磷），分别置于 25mL 消化-比色管中，加入 2.0mL 硫酸溶液 $[c(\frac{1}{2}H_2SO_4)=10mol/L]$，加水至 10mL 刻度处，混匀。

于样品溶液、空白溶液及标准溶液中各加 1.0mL 4g/100mL 钼酸铵溶液、2.0mL 0.05g/100mL 硫酸肼溶液，摇匀，置于沸水浴中 10mm，取出冷却，加水至 25mL 刻度处，摇匀。用 1cm 比色皿以"0"管调节零点，于波长 680nm 处测吸光度，绘制标准曲线，与标准比较定量[4]。

（5）结果计算　磷脂含量按公式（13-10）计算[5]。

$$磷脂 = \frac{(A_1-A_0)\times 26.31}{m\times \frac{V_2}{V_1}\times 10^4}(\mu g/mL) \tag{13-10}$$

式中，A_1 为测定用样品消化液中磷的含量，g；A_0 为试剂空白液中磷的含量，μg；26.31 为每微克磷相当磷脂的量，μg；V_1 为样品消化液的总体积，mL；V_2 为测定用样品消化液的体积，mL。

说明

［1］如样品是大豆油，所用甲醇＋冰乙酸溶液应为 20∶1。

［2］消化时浓硫酸用量的影响：显色操作中酸的浓度太大或太小对显色都有很大的影响，显色时适宜的酸浓度应为 $1.38\sim 1.93mol/L(\frac{1}{2}H_2SO_4)$。因此，消化时加入浓硫酸的量应既能使油样迅速消解，又要使消化液显色时酸的浓度适宜。实验证明，加入 0.7mL 浓硫酸可以使油样消化在 15min 内完成，并且可满足显色时酸的浓度要求。

［3］过氧化氢对显色的影响：消化后消化液中如残存过氧化氢，显色时会导致溶液颜色变浅，吸光度下降，严重时甚至不显色。因此，消化完成后，必须将过氧化氢赶净。

［4］与 280℃ 加热实验相关性：对 397 份菜籽油、大豆油、花生油和棉籽油样品磷脂含量测定，并与 280℃ 加热实验对照。实验结果表明，四种植物油脂符合以下规律：磷脂含量＞0.1％时，加热实验有多量析出物，或油色变黑；磷脂含量≤0.1％时，加热实验无析出物，或有微量析出物，符合率达 95％ 以上。

［5］本法对磷脂最低检出量为 0.005％。

13.9.1.3　丙酮不溶物测定方法

本法适用于普通芝麻油的加热实验结果有争议时的检验。二级油丙酮不溶物不超过 0.04％。

（1）测定原理　磷脂具有亲水性，当与水接触时，磷脂将吸水膨胀而使其在油脂中的溶解度大大降低。因此，加水至油脂中，其中的磷脂将沉淀下来，又依据磷脂不溶于丙酮的特性，用丙酮洗涤沉淀除去油脂等其他物质，烘干残余物，称量即得磷脂含量。

（2）仪器和试剂

感量 0.0001g 天平；电动离心机；具塞离心试管；皮头吸管、小烧杯及试剂瓶；饱和丙酮溶液。

饱和丙酮溶液：称取化学纯磷脂约 10g，置于 1000mL 试剂瓶中，加入 1000mL 分析纯丙酮，加塞，充分振摇 30min，并不时将塞子打开放气。振摇后，试剂瓶底部应有磷脂沉淀出现，使用时过滤，滤液即饱和磷脂丙酮溶液。

（3）操作方法　取经 90℃ 保温过滤混匀样品约 10mL 于已知恒重的离心管中，放入小烧杯中，在分析天平上准确称重（准确至 0.0001g），用移液管加入蒸馏水 1.0mL 于油样中，再预热加温至 60~70℃，盖上塞子，用拇指按紧，四指紧握管身，充分振荡 1~2min，使油水混匀，将管塞上的油沿管口刮净，把充分水化的油样放入离心机中，先慢速，待离心机运转正常后，逐渐加速，调整到 4000r/min，保持 20min 后停机，取出离心试管，用吸管吸去上部清油（注意不要搅动底部沉淀），再用 10mL 饱和磷脂丙酮溶液洗涤沉淀及管壁，离心 5min，吸去丙酮液。再使用 5mL 饱和丙酮液，如此反复洗涤，用滤纸检验无油迹为止。如管外有油脂溢出，用蘸有丙酮的脱脂棉擦去。再将离心管放入原小烧杯中，用吹风机吹干残留丙酮，置 105℃烘箱中，烘至恒重（两次烘后差不超过 0.0002g）。如后一次质量超过前一次质量，即以前一次质量为准。

（4）结果计算　丙酮不溶物含量按公式（13-11）计算。

$$w = \frac{m_1 \times m_2}{m} \times 100\% \tag{13-11}$$

式中，w 为丙酮不溶物的质量分数，%；m_1 为离心管＋沉淀物质量，g；m_2 为离心管质量，g；m 为试样质量，g。

丙酮不溶物的测定结果，取平行实验结果的两个接近值的平均值。

13.9.2　工业用亚麻籽油破裂实验

本方法是检验亚麻籽油中有无析出物的方法。

13.9.2.1　仪器和试剂

50mL 烧杯；360℃温度计；万用电炉、石棉网；相对密度为 1.19 的盐酸。

13.9.2.2　操作方法

取混匀试样约 25mL，注入 50mL 烧杯内，加两滴（约 0.1mL）浓盐酸于油样中，用玻璃棒搅拌使盐酸分布均匀，置于电炉上加热，用铁支柱悬挂温度计，使水银球恰好在试样中心，升温速度保持在 7.0~8.0℃/min，加热至 289℃，立即观察油中有无析出物产生。

实验结果用"无析出物"或"有析出物"表示。

13.10　含皂量的测定

油脂中的含皂量，即油脂经过碱炼后，由于水洗不彻底而残留在油脂中的皂化物数量（以油酸钠计）。

13.10.1　方法原理

油样用石油醚和乙醇溶解后，加入比油样质量多 10 倍的热水使皂化物水解；

$$RCOONa + H_2O \Longrightarrow RCOOH + NaOH$$

向水解液中逐滴滴入微量强酸时，使反应向水解方向移动，直至皂化物完全水解，根据消耗酸标准溶液的体积（mL）即可计算出含皂量。

13.10.2　试剂

沸点 60~90℃石油醚；95％中性乙醇；0.2g/100mL 甲基红乙醇溶液；硫酸溶液 $c\left(\frac{1}{2} H_2SO_4\right) = 0.02mol/L$；无水碳酸钠。

13.10.3　仪器和用具

250mL 锥形瓶；微量滴定管；感量 0.0001g、0.01g 天平；量筒、烧杯、恒温水浴、电炉等。

13.10.4　操作方法

称取混匀试样约 10g(mL)，注入干燥的锥形瓶中，加入乙醇 10mL 和石油醚 60mL 摇动，使试样溶解后，缓慢加入 80℃的水 80mL，振摇成乳状，滴入 3 滴甲基红指示剂，趁热逐滴加入硫酸溶液（$c_{\frac{1}{2}H_2SO_4}=0.02mol/L$），每加一滴振摇一次，滴至分层下的溶液显出微红色为止，记下消耗硫酸溶液的体积（V/mL）。

13.10.5　结果计算

油脂含皂量按公式（13-12）计算。

$$含皂量 = \frac{V \times c \times 0.304}{m} \times 100\% \qquad (13\text{-}12)$$

式中，V 为滴定用去的硫酸溶液体积，mL；c 为 $\frac{1}{2}H_2SO_4$ 溶液浓度，mol/L；m 为试样质量，g；0.304 为油酸钠毫摩尔质量，g/mmol。

双实验结果允许差不超过 0.02%，求其平均数，即为测定结果。测定结果取小数点后两位。

13.11　皂化值的测定

皂化值是指 1g 油脂完全皂化时所需氢氧化钾的量（mg）。

油脂的皂化就是皂化油脂中的甘油酯和中和油脂中所含的游离脂肪酸。因此，皂化值包含着酯值与酸值（酯值是指皂化 1g 油脂内中性甘油酯和内酯时所需氢氧化钾的量（mg））。

皂化值的大小与油脂中甘油酯的平均相对分子质量有密切关系，其中主要取决于该油脂所含的脂肪酸相对分子质量。甘油酯或脂肪酸的平均相对分子质量越大，皂化值越小。此外，皂化值也与油脂中的不皂化物含量、游离脂肪酸、一甘油酯、二甘油酯以及其他酯类的存在有关。油脂内含有不皂化物、一甘油酯和二甘油酯，将使油脂皂化值降低；而含有游离脂肪酸将使皂化值增高。由于各种植物油的脂肪酸组成不同，故其皂化值也不相同。因此，根据油脂皂化值结合其他检验项目，对油脂的种类和纯度进行鉴定。

13.11.1　方法原理

利用油脂能被碱液皂化的特性，先在油样中加入过量的碱醇溶液共热皂化：

$$C_3H_5(OCOR)_3 + 3KOH \Longrightarrow C_3H_5(OH)_3 + 3RCOOK$$

待皂化完全后，用盐酸标准溶液滴定剩余的碱，同时作空白实验。由所消耗碱液量计算出皂化值。

13.11.2　试剂

0.5mol/L KOH 乙醇溶液[1]；0.5mol/L HCl 标准溶液；1g/100mL 酚酞乙醇溶液或 2g/100mL 碱性蓝 6B 乙醇溶液；玻璃珠或瓷粒（助沸物）。

13.11.3　仪器和用具

① 锥形瓶。250mL，耐碱玻璃制成，带有磨口。
② 回流冷凝管。带有连接锥形瓶的磨玻璃接头。
③ 加热装置。水浴锅或电热板（不能用明火加热）。
④ 滴定管。50mL，最小刻度为 0.1mL。
⑤ 25mL 移液管。
⑥ 感量 0.001g 天平。

13.11.4　操作方法

称取混匀试样 2g（mL，准确至 0.005g）[2]，注入锥形瓶中，用移液管加入 0.5mol/L 氢氧化钾溶液 25mL，并加入一些助沸物，连接回流冷凝管与锥形瓶，将锥形瓶放在加热装置上慢慢煮沸，不时摇动，维持沸腾状态 1h。难于皂化的需煮沸 2h。

加入 0.5～1mL 酚酞指示剂，趁热[3]用 0.5mol/L 盐酸标准溶液滴定至红色消失[4]。如果皂化液是深色的，则用 0.5～1mL 的碱性蓝 6B 溶液。

同时进行空白实验。

13.11.5 结果计算

植物油皂化值按公式（13-13）计算[5]。

$$皂化值 = \frac{(V_2 - V_1) \times c \times 56.1}{m} \quad (mg\,KOH/g) \qquad (13-13)$$

式中，V_1 为滴定试样用去的盐酸溶液体积，mL；V_2 为滴定空白用去的盐酸溶液体积，mL；c 为 HCl 溶液的浓度，mol/L；m 为试样质量，g；56.1 为 KOH 的摩尔质量，g/mol。

双实验结果允许差不超过 1.0mg KOH/g 油，求其平均数，即为测定结果。测定结果取小数后一位。

说明

[1] 制备稳定的无色氢氧化钾乙醇溶液，可采用下述方法：称取 8g 氢氧化钾和 5g 铝片，加入 1000mL 乙醇，加热回流 1h，然后立即进行蒸馏。溶解需要量的氢氧化钾于馏出液中，静置数日后，用虹吸法将碳酸钾沉淀上面的清液吸出，储于棕色玻璃瓶中备用。

也可以不用蒸馏的方法制备稳定的氢氧化钾溶液：在 1000mL 乙醇中加入 4mL 丁酸铝，静置数日后，慢慢倒出上层清液，溶解需要量的氢氧化钾于上清液中，静置数日后，倒出清亮的上层清液备用。

[2] 试样应澄清无显著杂质。如水杂过大，在测定前应加以过滤。试样的用量应视皂化值的大小而定，一般要求试样的质量调整到滴定试样所耗盐酸溶液约为滴定空白时所耗盐酸溶液的 45%～55%。例如棉籽油的皂值约为 195，当空白和试样均加入 0.5mol/L 氢氧化钾溶液 25mL 时，试样用量计算如下：

$$下限：m = \frac{0.5 \times 25 \times 56.1 \times 0.45}{195} = 1.62 \,(g)$$

$$上限：m = \frac{0.5 \times 25 \times 56.1 \times 0.45}{195} = 1.98 \,(g)$$

即棉籽油试样用量应在 1.62～1.98g。

[3] 皂化完毕后，应趁热迅速滴定，既可避免碱液吸收空气中二氧化碳而影响测定结果，又可避免因冷却钾肥皂凝结（冬季时尤要注意）而无法滴定。

[4] 滴定过程中，如溶液出现浑浊，是由于盐酸溶液带入水量过多（水：乙醇超过 1：4），此时应补加适当数量的无水乙醇以消除浑浊，再进行滴定。

[5] 根据植物油皂化值鉴定油脂的纯度。如大豆油的皂化值应当不小于 188，由于存在外来的杂质而增加不皂化物的量，使该油样的皂化值变为 172，则该批大豆油纯度为：

$$\alpha = \frac{172 \times 100}{188} = 91.5\%$$

13.12 不皂化物的测定（乙醚法）

不皂化物是指油脂皂化时，与碱不起作用的、不溶于水但溶于醚的物质。不皂化物包括甾醇、高分子脂肪醇、碳氢化合物、蜡、色素和维生素等，其中最重要组成部分是甾醇。大部分植物油中约含 1% 的不皂化物。

植物油中不皂化物含量的大小，是鉴定油脂品质指标之一。当植物油中掺杂有矿物油、石蜡，其不皂化物值将增高，因此，测定油脂的不皂化物，可以鉴定油脂的纯度和掺杂情况。此外，在制皂工业上，也常测定油脂的不皂化值，以决定该油脂是否适宜于制皂，不皂化物含量超过 2％～3％的油脂，不适于制皂。

13.12.1 方法原理

将油脂与碱醇溶液共热皂化，用乙醚萃取不皂化物，与肥皂分离，蒸去乙醚后即得不皂化物。

13.12.2 试剂

1.0mol/L KOH 乙醇溶液；0.5mol/L KOH 水溶液；乙醇、乙醚；中性乙醚乙醇混合液（2∶1）。

13.12.3 仪器和用具

250mL 锥形瓶；冷凝管（与锥形瓶配套）；电热恒温水浴锅；250mL 分液漏斗；50mL 量筒；索氏抽提器（抽提瓶 250mL）；感量 0.001g 天平；电热恒温烘箱；电炉、烧杯、试剂瓶等。

13.12.4 操作方法

称取混匀试样 5g，注入锥形瓶中，加 1.0mol/L KOH 乙醇溶液 50mL，连接冷凝管，在水浴锅上煮沸回流约 30min，煮到溶液清澈透明为止。用 50mL 水将皂化液转移入分液漏斗中，加入 50mL 乙醚，趁温热时猛烈摇动 1min 后，静置分层[1]。将下层皂化液放入另一分液漏斗中，用乙醚提取两次，每次 50mL。合并乙醚提取液[2]，加水 20mL 轻轻旋摇，待分层后，放出水层，再用水洗涤两次，每次 20mL，猛烈振摇。

乙醚提取液再用 0.5mol/L 氢氧化钾水溶液和水 20mL 充分振摇洗涤一次，如此再洗涤两次。最后用水洗至加酚酞指示剂时不显红色为止。

将乙醚提取液转移至恒重的脂肪抽提器的抽提瓶中，在水浴上回收乙醚后，于 105℃烘箱中烘 1h，冷却，称量，再烘 30min，直至质量不变为止。将称量后的残留物溶于 30mL 中性乙醚乙醇中，用 0.02mol/L KOH 溶液滴定至粉红色[3]。

13.12.5 结果计算

植物油中不皂化物含量按公式（13-14）计算。

$$不皂化物含量 = \frac{m_1 - 0.282Vc}{m} \times 100\% \tag{13-14}$$

式中，m_1 为残留物质量，g；m 为油样质量，g；V 为滴定所消耗的氢氧化钾溶液体积，mL；c 为 KOH 溶液的浓度；0.282 为 1mmol/L 油酸的毫摩尔质量，g/mmol。

双实验结果允许差不超过 0.2％，求其平均数，即为测定结果。测定结果取小数点后一位。

说明

[1] 在最初用乙醚提取时，溶液的碱性相当强，可能形成乳浊层，可滴加几滴 1mol/L HCl 使分层清晰。

[2] 所用的分液漏斗的活塞上，不宜涂凡士林润滑剂。在合并三次乙醚提取液时，应从分液漏斗上口倒出，不宜从活塞放出。

[3] 在稀的皂液中，常使肥皂水解产生脂肪酸溶于乙醚层中，虽然乙醚层反复用碱液洗涤，使脂肪酸皂化，再用水洗去，但仍有脂肪酸残留。所以，在称量不皂化物后，必须将残留物溶于中性乙醚乙醇中，测定脂肪酸的质量。在结果计算中从残留物质量中扣去这部分质量。

油脂与碱醇溶液共热皂化后，也可用石油醚萃取，其他操作同乙醚法。

13.13 碘值的测定

植物油脂中含有不饱和脂肪酸与饱和脂肪酸，其中不饱和脂肪酸无论在游离状态或成甘油酯时，都能在双键处与卤素起加成反应。由于组成每种油脂的各种脂肪酸的含量都有一定的范围，因此，油脂吸收卤素的能力就成为它的特殊常数之一。油脂吸收卤素的程度常以碘值来表示。

碘值就是在油脂上加成的卤素的百分率（以碘计），即 100g 油脂所能吸收碘的量（g）。

碘值的大小在一定范围内反映了油脂的不饱和程度，所以，根据油脂碘值可以判定油脂的干性程度。例如，碘值大于 130 的属于干性油，可用作油漆；小于 100 的属于不干性油；在 100~130 的则为半干性油。

在油脂氢化过程中，按照碘值可以计算氢化油脂时所需要的氢量及检查油脂的氢化程度。

碘值的测定方法很多，其原理多数基本相同：把试样溶入惰性溶剂，加入过量的卤素标准溶液，使卤素起加成反应，但不使卤素取代脂肪酸中的氢原子。再加入碘化钾与未起反应的卤素作用，用硫代硫酸钠滴定放出的碘。卤素加成作用的速度和程度与采用何种卤素及反应条件有很大的关系。氯和溴加成得很快，同时还要发生取代作用，碘的反应进行得非常缓慢，但卤素的化合物，例如氯化碘（ICl）、溴化碘（IBr）、次碘酸（HIO）等，在一定的反应条件下，能迅速地定量饱和双键，而不发生取代反应。因此，在测定碘值时，常不用游离的卤素，而是用这些化合物作为试剂。

在一般油脂的检验工作中，常用氯化碘-乙醇溶液法、氯化碘-乙酸溶液法和溴化碘-乙酸溶液法来测定碘值。下面介绍氯化碘-乙酸溶液法（韦氏法），该法的优点：试剂配好后立即可以使用，浓度的改变很小，而且反应速率快，操作所花时间短，结果较为准确，能符合一般的要求。但所得结果要比理论值略高（1%~2%）。

13.13.1 方法原理

在溶剂中溶解试样并加入 Wijs 试剂（韦氏碘液），氯化碘则与油脂中的不饱和脂肪酸发生加成反应：

$$CH_3 \cdots CH = CH \cdots COOH + ICl \rightleftharpoons CH_3 \cdots \underset{I}{CH} - \underset{Cl}{CH} \cdots COOH$$

再加入过量的碘化钾与剩余的氯化钾作用，以析出碘：

$$KI + ICl = KCl + I_2$$

析出的碘用硫代硫酸钠标准溶液进行滴定：

$$I_2 + 2Na_2S_2O_3 = Na_2S_4O_6 + 2NaI$$

同时做空白实验进行对照。根据试样加成氯化碘（以碘计）的量求出碘值。

13.13.2 试剂

10g/100mL 碘化钾溶液（不含碘酸盐或游离碘）；0.5g/100mL 淀粉溶液；0.1mol/L $Na_2S_2O_3$ 标准溶液（标定后 7 天内使用）；环己烷和冰乙酸等体积混合液（溶剂）；Wijs 试剂。

Wijs 试剂：即含一氯化碘的乙酸溶液。称 9g 一氯化碘溶解在 700mL 冰乙酸和 300mL

环己烷的混合液中。取 5mL 上述溶液加 5mL 10g/100mL 碘化钾溶液和 30mL 水，加几滴淀粉溶液作指示剂，用 0.1mol/L $Na_2S_2O_3$，标准溶液滴定析出的碘，滴定体积 V_1。

加 10g 纯碘于试剂中，使其完全溶解。如上法滴定，得 V_2。V_2/V_1 应大于 1.5，否则可稍加一点纯碘直至 V_2/V_1 略超过 1.5。

将溶液静置后取上层清液倒入具塞棕色试剂瓶中，避光保存，此溶液在室温下可保存几个月。

13.13.3　仪器和用具

感量 0.0001g 分析天平；玻璃称量皿（与试样量适宜并可置入锥形瓶中）；锥形瓶（容量 500mL，具塞并完全干燥）；25mL 大肚吸管。

13.13.4　操作方法

(1) 称样　试样的质量根据估计的碘值而异，如表 13-6 所示。

表 13-6　碘值与试样用量范围

估计碘值	试样质量/g	估计碘值	试样质量/g
<5	3.00	51~100	0.20
5~20	1.00	101~150	0.13
21~50	0.40	151~200	0.10

(2) 试样制备　将称好试样放入 500mL 锥形瓶中，加入 20mL 溶液溶解试样，用大肚吸管准确加入 25mL Wijs 试剂，盖好塞子，摇匀后将锥形瓶置于暗处。

同样用溶剂和试剂制备空白溶液。

对碘值低于 150 的样品，锥形瓶应在暗处放置 1h；碘值高于 150 和已经聚合的物质或氧化到相当程度的物质，应置于暗处 2h。

(3) 测定　反应时间结束后加 20mL 碘化钾溶液和 150mL 水。用硫代硫酸钠标准溶液滴定至浅黄色。加几滴淀粉溶液继续滴定，直到剧烈摇动后蓝色刚好消失。

13.13.5　结果计算

油脂碘值按公式 (13-15) 计算。

$$碘值 = \frac{(V_2 - V_1) \times c \times 0.1269}{m} \times 100$$

$$(13-15)$$

式中，碘值为每 100g 试样中含碘的质量，g/100g；V_1 为试样用去的硫代硫酸钠溶液体积，mL；V_2 为空白实验用去的硫代硫酸钠溶液体积，mL；c 为硫代硫酸钠溶液的浓度，mol/L；m 为试样质量，g；0.1269 为 $\frac{1}{2}I_2$ 的毫摩尔质量，g/mmol。

双实验结果允许差不超过 0.5 碘值单位，求其平均数，即为测定结果。

13.13.6　注意事项

① Wijs 试剂由大肚吸管中流下的时间，各次实验应取得一致，试剂与油样接触的时间应注意维持恒定，否则易产生误差。

② 测定桐油的碘值时，碘的过量数与作用温度

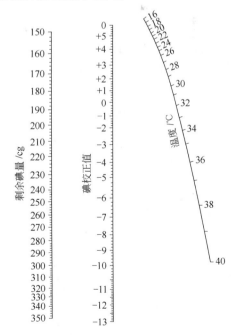

图 13-16　桐油碘值校正值

都会影响它的结果。可先按公式（13-16）计算碘的过量数（剩余碘量），然后根据图 13-16 求得其校正值。

$$剩余碘量＝测得碘值 \times \frac{V_1}{V_2 - V_1} \qquad (13-16)$$

式中，V_1、V_2 分别为滴定空白及油样时所耗用的 0.1mol/L 硫代硫酸钠溶液体积，mL。

　　作校正计算时，"测得碘值"以每克油样加成碘的量（cg）表示。

例　在 32℃时测得桐油的碘值为 170.1，滴定空白实验用硫代硫酸钠溶液 46.81mL，滴定油样用硫代硫酸钠溶液 26.61mL，则：

$$剩余碘量＝170.1 \times \frac{26.61}{46.81 - 26.61} ＝224 (cg)$$

在图上剩余碘量 224cg 与温度 32℃ 两点连一直线，交"碘值校正值"于－2.4，因此：

$$碘值（经校正的）＝170.1 - 2.4 ＝167.7$$

③ 光和水分对氯化碘起作用，因此所用仪器必须干净、干燥。试样最好事先过滤，以除去水分。配好的试剂必须用深色玻璃瓶盛装。

13.14　油脂酸败实验及过氧化值的测定

油脂在储藏期间，由于光、热、空气中的氧，以及油脂中的水和酶的作用，常会发生变质腐败的复杂变化，这种变化称为酸败。

油脂的酸败分为水解酸败和氧化酸败两种。水解酸败是指油脂在水和解脂酶存在下，水解成甘油和脂肪酸的变化；氧化酸败是指油脂（特别是含有不饱和脂肪酸的油脂）在空气中氧的作用下，分解成醛、酮、醇、酸的作用。一般油脂主要发生氧化酸败，在氧化过程中生成过氧化物和氢过氧化物等中间产物，它们很容易分解而产生挥发性和非挥发性脂肪酸、醛和酮、醇等，这些酸败产物常具有特殊的臭气和发苦的滋味，以致影响了油脂的感官性质，酸败严重的油脂则不能食用。而水解酸败如果产生的是低级脂肪酸（如丁酸或其他低级脂肪酸），很可能直接影响油脂的气味。同时，水解产物的氧化，将更快地改变油脂的新鲜正常的滋味和气味。

因此，检验油脂中是否存在过氧化物、醛、酮等，以及它们的含量大小，即可判断油脂是否酸败和酸败的程度。

13.14.1　过氧化值的测定

13.14.1.1　测定原理

油脂在氧化酸败过程中产生的过氧化物很不稳定，氧化能力较强，能氧化碘化钾成为游离碘，用硫代硫酸钠标准溶液滴定，根据析出碘量计算过氧化值，以活性氧的毫克当量来表示。其反应为

$$—CH—CH—+2KI \longrightarrow K_2O+I_2+—CH\ \ CH—$$
$$O—O \qquad\qquad\qquad\qquad O$$

$$I_2+2Na_2S_2O_3 \longrightarrow Na_2S_4O_6+2NaI$$

13.14.1.2　试剂

三氯甲烷；乙酸；饱和碘化钾溶液；0.5g/100mL 淀粉溶液；0.005mol/L $Na_2S_2O_3$ 标

准溶液和 0.001mol/L Na$_2$S$_2$O$_3$ 标准溶液。

饱和碘化钾溶液：取 10g 碘化钾，加 5mL 水，储于棕色瓶中[1]。

13.14.1.3　仪器和用具

感量 0.0001g 分析天平；250mL 具塞锥形瓶；5mL、10mL、15mL 移液管；100mL 量筒；10mL 滴定管，最小分度值 0.05mL。

13.14.1.4　操作方法[2]

(1) 称样　称取混匀和过滤的油样，试样量如表 13-7 所示，准确至 0.001g。

表 13-7　称取的混匀和过滤油样试样量

估计过氧化值/(mmol/kg)	试样质量/g	估计过氧化值/(mmol/kg)	试样质量/g
≤12	5.0～2.0	30～50	0.8～0.5
12～20	2.0～1.2	≥50	0.5～0.3
20～30	1.2～0.8		

(2) 测定　在装有称好试样的锥形瓶中加入 10mL 三氯甲烷，溶解试样，再加入 15mL 乙酸和 1mL 饱和碘化钾溶液，迅速盖好瓶塞，摇匀溶液 1min，在 15～25℃ 避光静置 5min[3]。

加入约 75mL 水，以 0.5g/100mL 淀粉溶液为指示剂，用硫代硫酸钠标准溶液滴定析出的碘（估计值小于 12 时用 0.001mol/L 标准溶液，大于 12 时用 0.005mol/L 标准溶液），滴定过程要用力振摇。

同时做空白实验。如空白实验超过 0.1mL 0.005mol/L 硫代硫酸钠标准溶液，应更换不纯的试剂。

13.14.1.5　结果计算

过氧化值按公式（13-17）计算。

$$过氧化值 = \frac{(V_1 - V_0) \times c}{m} \times 100 \quad (mmol/kg) \tag{13-17}$$

式中，V_1 为试样用去的硫代硫酸钠溶液体积，mL；V_0 为空白实验用去的硫代硫酸钠溶液体积，mL；c 为 Na$_2$S$_2$O$_3$，溶液的浓度，mol/L；m 为试样质量，g。

双实验允许差符合要求时，求其平均数，即为测定结果。结果小于 12 时保留一位小数，大于 12 时保留到整数位。允许差按表 13-8 规定。

表 13-8　实验允许差值

过氧化值/(mmol/kg)	允　许　差	过氧化值/(mmol/kg)	允　许　差
≤1	0.1	6～12	0.5
1～6	0.2	≥12	1

如以每千克油脂中活性氧的物质的量（mmol）表示过氧化值，或者以每克油脂中活性氧的量（μg）表示过氧化值，可将公式（13-17）所得的结果乘以表 13-9 中所列的换算系数。

表 13-9　实验允许差值换算系数

表　示　方　法	换　算　系　数
mmol/kg	1
mmol/kg	0.5
μg/g	8

说明

[1] 饱和碘化钾溶液中不可存在游离碘和碘酸盐。验证方法：在 30mL，乙酸-三氯甲

烷溶液中加两滴 0.5g/100mL 淀粉溶液和 0.5mL 饱和碘化钾溶液，如果出现蓝色，需要 0.005mol/L 硫代硫酸钠标准溶液 1 滴以上才能清除，则需重新配制此溶液。

〔2〕光线会促进空气对试剂的氧化，因此，实验应在散射日光或人工光线下进行。

〔3〕三氯甲烷、乙酸的比例，加入碘化钾后静置时间的长短及加水量多少等，对测定结果均有影响。

13.14.2 油脂酸败实验

13.14.2.1 间苯三酚试纸法

（1）检验原理 油脂酸败产生的醛类，与间苯三酚反应生成红色，借此作为酸败的定性实验。

（2）试剂

① 间苯三酚试纸取长 7cm、宽 0.4cm 的滤纸条，浸入 0.1g/100mL 间苯三酚乙醇溶液中，浸泡约 3min 后取出，阴干、装入棕色瓶中备用。

② 直径约 2mm 大理石颗粒或碳酸钙。

③ 盐酸。

（3）仪器和用具 恒温水浴锅、电炉、50mL 三角瓶（插有 5cm 长玻璃管的胶塞）、移液管、棕色瓶等。

（4）操作方法 将间苯三酚试纸条装入锥形瓶胶塞的玻璃管内，取 5mL 油样注入锥形瓶中，加入 5mL 盐酸，摇匀，立即加入 5～6 粒大理石，塞紧胶塞，在约 25℃ 的水浴中放置 20min。试纸变红为阳性，表示有醛类存在，油脂已发生酸败；试纸呈黄色或橙色时为阴性。

13.14.2.2 间苯三酚乙醚溶液法

取 5mL 油样于试管中，加入相对密度 1.19 的浓盐酸 5mL，用橡胶塞塞好管口，剧烈振荡 10s 左右，再加 0.1g/100mL 间苯三酚溶液 5mL，加塞后剧烈振荡 10～15s，使酸层分离。如下层呈桃红色或红色，表示油脂已经酸败；如呈浅粉红色或黄色表示未酸败。

13.15　油脂 p-茴香胺值的测定

油脂氧化后的二次生成物醛类（主要是 2-直链烯醛）与 p-茴香胺试剂有如下缩合反应：

$$R-CH=CH-C-H + H_2N-\!\!\!\langle\rangle\!\!\!-OCH_3 \xrightarrow{-H_2O} R-CH=CH-CH-N-\!\!\!\langle\rangle\!\!\!-OCH_3$$

在 350nm 的波长下测定此缩合生成物的吸光度即可计算得醛值。因此，p-茴香胺值的大小可直接反映出醛类化合物生成量的高低。它的数值变化和油脂酸败的程度呈密切关系。一般刚精炼好的新鲜油脂，其 p-茴香胺值极低，基本上接近零；当 p-茴香胺值超过 10 以上，则油脂已开始显著酸败。

13.15.1 方法原理

在乙酸存在的条件下，p-茴香胺与油脂中的醛生成黄色化合物，然后在 350nm 处测定其吸光度。

13.15.2 试剂

异辛烷（光学纯）；冰乙酸（分析纯）；p-茴香胺试剂；5g p-茴香胺溶于 1000mL 冰乙酸中。

13.15.3   仪器和用具

紫外分光光度计；20mL 磨口具塞试管；25mL 容量瓶；1mL、5mL 移液管。

13.15.4   操作方法

称取油样 1～1.5g（准确至 0.001g）于 25mL 容量瓶中，用异辛烷溶解并稀释至刻度，得到油溶解液。以异辛烷作为空白对照，用 1cm 比色槽在 350nm 处测定油溶解液的吸光度（A_b）。

取具塞试管两支，用移液管在第一支试管内准确加入 5mL 油溶解液；在第二支试管内准确加入 5mL 异辛烷。用移液管在两支试管中各准确加入 1mL p-茴香胺试剂，加塞后振荡混匀。

10min 后，以第二支试管内的溶液作为空白对照，用 1cm 比色槽在 350nm 处测定第一支试管内溶液的吸光度（A_s）。

13.15.5   结果计算

p-茴香胺值按公式（13-18）计算。

$$p\text{-茴香胺值} = \frac{25 \times (1.2A_s - A_b)}{m} \tag{13-18}$$

式中，A_s 为与 p-茴香胺试剂反应后油溶解液的吸光度；A_b 为油溶解液的吸光度；m 为油样的质量，g。

13.15.6   注意事项

① 油样若有较高的醛值，则取样宜取低限（即 1g 左右）。

② 本实验所用仪器均应干燥洁净，操作要迅速准确，避免较大误差。

③ p-茴香胺具有毒性，使用时要防止污染或毒害。

④ 反应所生成的黄色化合物其颜色的强度，不仅取决于存在的醛类化合物的量，而且还取决于化合物的结构。已发现与羰基双键共轭的碳链中的双键，其分子的吸光度增加 4～5 倍，这就是说，特别是 2-直链烯醛对测出值有显著影响。

⑤ 多数情况下，正己烷可作为溶剂以代替异辛烷，但是氧化酸含量高的油脂不能完全溶解于正己烷，对于这样的油脂应该用异辛烷作为溶剂。

所用溶剂（异辛烷或正己烷）的吸光度，用 1cm 比色槽在 300～380nm 测定时，应该为零或接近于零。

⑥ p-茴香胺与醛之间的反应牵涉到水的形成。因此，任一试剂或样品中水分的存在会导致反应的不完全，从而使测定值偏低。

由于冰乙酸高度吸湿，必须用 Karl Fischer 测定法检验其水分含量，如果超过 0.1%，则该冰乙酸不能适用于本实验。

⑦ 在储存过程中，由于氧化的结果，p-茴香胺往往会变黑。可用下述方法使变色的试剂脱色。

a. 在 75℃ 的温度下溶解 40g p-茴香胺于 1L 75℃ 蒸馏水中，加入 2g 硫酸钠和 20g 活性炭，搅拌 5min，然后用双层滤纸过滤。

b. 使滤液冷却至 0℃ 左右，静置 4h 以上（最好过夜）。滤出的 p-茴香胺在约 0℃ 的温度下用少量蒸馏水洗涤、真空干燥，装入棕色瓶内，储存于低温、暗处。一年内不会明显变黑。

⑧ 以异辛烷或正己烷作空白对照，用 1cm 比色槽，在 350nm 处测得的 p-茴香胺试剂溶液的吸光度大于 0.200 时，便不能使用。

13.16　羰基值的测定

在对油脂酸败产物的测定中，p-茴香胺值和硫代巴比妥酸值一般都是与特定的醛类（如 2-直链烯醛、丙二醛）物质进行反应，而羰基值的测定值基本上包括了多种饱和羰基化合物和不饱和羰基化合物。一般油脂随储藏时间的延长和不良条件的影响，其羰基值的数值都呈不断增高的趋势，它和油脂的酸败劣变紧密相关。研究表明，羰基化合物的气味最接近于油脂自动氧化的酸败臭，其主要原因是多数羰基化合物都具有挥发性。因此，用羰基值来评价油脂中氧化产物的含量和酸败劣变的程度，具有较好的灵敏度和准确性。目前，大多数国家都采用羰基值作为评价油脂氧化酸败的一项指标，我国已把羰基值列为油脂的一项食品卫生检测标准。

对羰基化合物的测定对象可分为油脂总羰基直接定量和挥发性或游离羰基分离定量两种情况。挥发性或游离羰基分离定量可采用蒸馏法或柱色谱法。这里介绍一下总羰基的测定方法。

13.16.1　方法原理

油脂中的羰基化合物和 2,4-二硝基苯肼反应生成腙，在碱性条件下形成醌离子，呈葡萄酒红色，测定其在 440nm 处的吸光度。其反应式为：

13.16.2　试剂

(1) 精制乙醇　取 1000mL 无水乙醇，置于 2000mL 圆底烧瓶中，加入 5g 铝粉、10g 氢氧化钾，接上标准磨口的回流冷凝管，在水浴中加热回流 1h，然后用全玻璃蒸馏装置蒸馏，收集馏出液。

(2) 精制苯　取 500mL 苯，置于 1000mL 分液漏斗中，加入 50mL 硫酸，小心振摇 5min（开始振摇时注意放气），静置分层，弃除硫酸层；再加 50mL 硫酸重复处理一次，将苯层移入另一分液漏斗中，用水洗涤三次，然后经无水硫酸钠脱水，用全玻璃蒸馏装置蒸馏，收集馏出液。

(3) 2,4-二硝基苯肼溶液　称取 50mg 2,4-二硝基苯肼，溶于 100mL 精制苯中。

(4) 三氯乙酸溶液　称取 4.3g 固体三氯乙酸，溶于 100mL 精制苯中。

(5) 氢氧化钾乙醇溶液　称取 4g 氢氧化钾，加入 100mL 精制乙醇使其溶解，置冷暗处过夜，取上部澄清液备用。若溶液变黄褐色则应重新配制。

(6) 三苯膦溶液（0.5g/L）　称取 100mg 三苯膦，溶于 200mL 精制苯中。

13.16.3　仪器和用具

72 型分光光度计；25mL 磨口具塞试管；5mL、10mL 移液管；恒温水浴锅。

13.16.4　操作方法

称取约 0.025～0.10g 样品，置于 25mL 具塞试管中，加入 5mL 三苯膦溶液（三苯膦还原氢过氧化物为非羰基化合物）溶解样品，室温暗处放置 30min，再加 3mL 三氯乙酸溶液及 5mL 2,4-二硝基苯肼溶液，振摇混匀，在 60℃水浴中加热 30min，冷却后，沿试管壁慢慢加入 10mL 氢氧化钾乙醇溶液，使之成为二液层，塞好，剧烈振摇混匀，放置 10min。以 1cm 比色杯，用不含三苯膦的试剂空白（以 5mL 精制苯代替三苯膦溶液）调节零点，用含三苯膦还原剂的试剂空白吸收作校正，于波长 440nm 处测定吸光度。

13.16.5　结果计算

羰基值按公式（13-19）计算。

$$羰基值 = \frac{A}{854 \times m \times V} \times 1000 \tag{13-19}$$

式中，羰基值为每 1kg 样品中各种醛的物质的量，mmol；A 为测定时样液吸光度；m 为样品质量，g；V 为测定用样品液的体积，mL；854 为各种醛物质的量的平均值，mmol。

测定结果取算术平均值的三位有效数；相对偏差≤5%。

13.16.6　注意事项

① 所用仪器必须洁净、干燥。

② 所用试剂在含有干扰实验的物质时，都必须精制后才能用于实验。

③ 空白实验管的吸收值（在波长 440nm 处，以水作对照）超过 0.20 时，则实验所用试剂的纯度不够理想。

④ 当油样过氧化值较高（超过 20～30mmol/kg）时，将影响羰基值的测定，此时最好先除去过氧化物。

13.17　油脂稳定性的测定

不同种类的油脂，由于本身所包含的天然抗氧化剂的数量不同、加工制取方法不同、精炼程度不同、储藏技术条件不同，其抗氧化酸败的性能也不一样，也就是说，油脂的储藏稳定性不同。油脂在储藏中是否稳定，仅从外观上是不能判断的，如果不进行储藏实验就无法判别其稳定性的强弱。为了在短期内判别油脂的稳定性，必须要在比实际储藏条件苛刻得多的条件下进行稳定性实验，如利用油脂的高温储藏、通风、光照等方法使油脂尽快劣化，然后测定其氧化程度。这种方法叫做虐待实验。

预测油脂储藏稳定性的实验有多种方法，较为常用的有活性氧（AOM）法、氧吸收法和质量法。下面主要介绍活性氧法。

13.17.1　方法原理

活性氧法实验是在控制流量和温度保持在（98.0±0.2)℃的条件下，向油脂样品中鼓入空气，然后在仔细测定时间的同时测定过氧化值。测定获得过氧化值 100（以活性氧 mmol/kg 油脂）时的时间（h）。

13.17.2　试剂

沸点在 40～60℃石油醚（A.R.）；丙酮（A.R.）；适于清洗玻璃制品的洗涤剂；用于测定过氧化值的试剂。

13.17.3　仪器

（1）能保持（98.0±0.2)℃恒温的加热浴或加热仪器　此仪器应该用装于试管中的油脂样品日常检验的温度来控制，试管在实验条件（鼓入空气）下，逐个地被置于盖板上各个孔内。当测定时，该温度必须用在实验条件下稳定的矿物油，以规定的量装于试管中来测量。

（2）空气净化系统（见图 13-17）

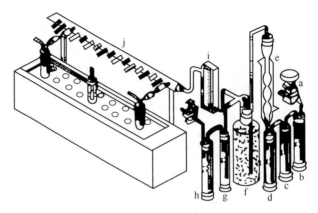

图 13-17　空气净化系统

a—空气进口管；b,c,d—柱型洗瓶；e—水冷凝器；f—收集器；
g,h—压力调节瓶；i—空气流量计；j—空气分配支管

① 压缩空气源的空气进口管，备有不锈钢针型阀。

② 柱型洗瓶，高 375mm，外径 50mm，装有蒸馏水。

③ 与②相同的柱型洗瓶，用 1％的硫酸中含有 2％重铬酸钾溶液装至约 25cm 高度。在连续 72h 的操作后更换。

④ 与②相同的柱型洗瓶，用蒸馏水装至约 25cm 高度。当出现黄颜色时应用新鲜蒸馏水更换。

⑤ Allihn 五球式水冷凝器。

⑥ 收集器，填充玻璃棉的 500mL 广口瓶。

⑦ 压力调节瓶，由与②相同的瓶子组成，并装有蒸馏水。可通过压力调节阀来调节压力。

⑧ 空气流量计，校正过的锥形较合适。

⑨ 空气分配多支管，由不锈钢、镍、铝或玻璃制成。当每个管子的总流量被调至 2.33mL/s 时，通过各毛细管出口处的流量也应校正到相同流量（±10％以内）。

（3）洁净、无油污压缩空气的低压源　可用一个无活塞隔膜型专用空气压缩器，并采用工业压缩空气为好。

（4）温度计　在 95～105℃测得的温度能准确至 0.1℃以内。

（5）25mm×200mm 派热克斯玻璃试管　在 20mL 处划有刻度，用于定量。每个试管均备有两孔的聚氯丁橡胶塞子和一支通气管（见图 13-18）。另外，该试管用于控制温度时，必须能插入温度计。

（6）烘箱　能调温至（103±2）℃的烘箱。

（7）其他设备　用于测定过氧化值的设备。

13.17.4　操作步骤

（1）试管和通气管的清理　用石油醚和丙酮将试管和通气管清洗后，再用接近沸腾的洗涤剂溶液洗涤所有的试管和通气管，并彻底刷洗。

在烘箱中于（103±2）℃的温度下烘干，并储存于无灰的地方。

（2）测定　在两个试管中各装入 20mL 混匀的样品，勿使样品

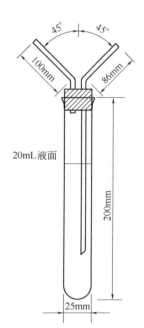

图 13-18　派热克斯
试管内径为 25mm

沾染试管上部和塞子。

装上通气管并调节通气管的末端在样品表面以下 5cm 处。

试管和通气管必须彻底干净，使之不含任何微量有机和无机物质（尤其是微量金属）。

将注有试样且装配好的试管置于沸水浴中为时 5min。然后取出试管，擦干后立即放入恒温加热器上，保持温度在 98.0℃。连接通气管与多支管上的毛细管（此毛细管是预先调好空气流速的），同时记下开始的时间。

在预计的终点将要到达以前（见注意事项①），由试管中取出 0.3g 试样，测定其过氧化值。

如果这时测定的过氧化值高于 175mmol，该试样应弃去，而测定必须从头开始。

如果获得的过氧化值低于 75mmol 时，应测出 75mmol 所要求的时间，到时取 0.3g 新的试样测定其过氧化值。将这第一个数据记下。

第一次测定准确计时 1h 后，用相同的试管另外再取 0.3g 试样，再测定过氧化值。并将这第二个数据记下。这两次测得的过氧化值应在 75～175mmol 之间。

13.17.5　结果表示

在坐标纸上以反应时间为横坐标，以过氧化值为纵坐标，找出两次测定值的坐标位置，用直线连接两点。

此直线交于纵坐标 100 处的时间（h）被认为是油脂阻滞自动氧化的指数，也即该油脂的稳定度。

用第二份试样重复整个操作过程，并计算结果的平均值，以 h 计（精确至整数）。

13.17.6　注意事项

① 根据一些经验，可以从试管中逸出的气味（有点臭味）来判断是否已接近终点。但由于各个人的感官检验有很大差异，因此气味不能作为最后的判断依据。

② 必须将试样连续加热和通气直至到达终点。当不可行时将试管从加热器上取下，迅速冷却并使温度维持在 10℃ 以下，直到可再继续下去为止，应从"将注有试样且装配好的试管置于沸水浴中为时 5min……"这一步往下操作。

③ 用于测定过氧化值的试剂应每天都进行空白实验，其空白值不得超过 0.1mL 硫代硫酸钠溶液。

④ 利用活性氧法时，吹入的风量对结果无大的影响，但温度影响较大。如把实验温度提高到 110℃，达到酸败点的时间就缩短 2.5 倍。因此，如加速氧化结果，可借助于增加实验温度到 110℃ 来实现。把获得过氧化值 100 时的时间（h）乘以因子 2.5，即转换成油脂的稳定度。

13.18　油脂氧化酸的测定

油脂氧化后，甘油酯中的脂肪酸和游离脂肪酸将有部分多或少地不溶于石油醚。这种"不溶脂肪酸"随着氧化作用的进行而增加，继续不断氧化时，"氧化酸"中有一部分将不溶于乙醚。

所谓"氧化酸"，一般是指在规定条件下，油脂中不溶于石油醚而溶于乙醇的脂肪酸。

13.18.1　方法原理

将样品皂化，并用盐酸分解肥皂，然后用石油醚萃取未氧化脂肪酸，接着用乙醇萃取氧化脂肪酸。蒸去溶剂并称出氧化脂肪酸的质量。

13.18.2 试剂

1.0mol/L KOH 乙醇溶液；1mol/L HCl 溶液；沸点为 40～60℃ 石油醚；95％ 乙醇；乙醚。

13.18.3 仪器和用具

500mL 分液漏斗；250mL 烧杯；250mL 锥形瓶；冷凝管；水浴锅；电炉；电烘箱；分析天平（感量 0.001g）；量筒；漏斗；瓷蒸发皿；瓷坩埚等。

13.18.4 操作步骤

(1) 不皂化物的萃取 同测定不皂化物一样的方法，用 1.0mol/L 氢氧化钾乙醇溶液处理 5g 油样，使之皂化，然后用乙醚萃取皂化液两次，并将乙醚萃取液用水洗涤两次。

将萃取后的皂化液和两次水洗液倒至瓷蒸发皿中，煮沸完全除去乙醇及溶解的任何乙醚。

(2) 肥皂的分解 将蒸发皿内容物倒入分液漏斗，用少量水刷洗蒸发皿并使漏斗内总体积为 150mL 左右。冷却后加入稍过量的 1mol/L 盐酸，振摇 2min，证实溶液呈酸性，必要时再加一点盐酸。

(3) 用石油醚分离氧化酸 加入 100mL 石油醚于分液漏斗，摇动 1min，启开活塞 2～3次以降低压力。静置 12h。弃去酸性液层。用铺有滤纸的漏斗过滤石油醚溶液。

氧化酸通常以带红褐色的黏状物附于分液漏斗侧壁上，若量相当大，可将石油醚从分液漏斗上口倒出，以免堵塞活塞。用石油醚刷洗分液漏斗两次，每次用 25mL，并使洗液通过滤纸。然后用石油醚洗涤三次：用 10mL 洗涤分液漏斗的排出管和过滤漏斗；过滤用 10mL；用 5mL 洗涤过滤漏斗颈。最后将过滤漏斗颈和分液漏斗排出管外侧擦净。

(4) 用乙醇溶解氧化酸 将残留在分液漏斗中的氧化酸溶于 25mL 热乙醇中，然后再用 50mL 乙醇使热溶液通过滤纸并收集于烧杯中。

然后冲洗分液漏斗排出管、过滤漏斗及其颈部，每次用 5mL 热乙醇冲洗，并收集于烧杯中。

(5) 乙醇的蒸发和氧化酸的称量 蒸发乙醇溶液直至浓缩到数毫升为止。用少量乙醚将残留物完全转移到已知质量的坩埚中（这是为避免用乙醇而带来的困难，即当蒸发时出现沿坩埚壁蠕升的趋向）。起初用空气流蒸发溶剂，然后在沸水浴上，直到醚和醇的气味完全消失，而出现辛辣味为止。置坩埚于烘箱中，于 (105±2)℃ 的温度下烘 30min，冷却、称重。再复烘直到恒重（两次连续称量之间相差 1mg 或更少）。灼烧该残留物。使坩埚冷却，再称量。

13.18.5 结果表示

氧化酸含量按公式 (13-20) 计算。

$$氧化酸含量 = \frac{m_1 - m_2}{m} \times 100\% \tag{13-20}$$

式中，m_1 为灼烧前坩埚的质量，g；m_2 为灼烧后坩埚的质量，g；m 为油样质量，g。

13.19 油脂的定性检验

油脂定性检验是根据不同油品具有不同的物理和化学特性，通过物理和化学手段进行处理，从而达到区分油品，检验纯度的目的，通常人们称之为掺伪实验。油脂互混因素很多，简单可分为两种。第一种客观因素引起的混杂，如油料混装、混存，运输工具未清理干净；存油容器未清理；油库入油出油用一条管道而没有清理；榨油设备未清理等，都有可能引起油品的混杂。第二种是人为因素引起的混杂，如低值油脂掺入高值油脂中，以次充好，谋求暴利；存放油脂装具没有标记，搬倒或装车造成混杂。目前，随着市场经济的不断发展，油脂产品流通加快，在社会化的商品大流通中，油脂混杂现象已很普遍，如何识别油脂真伪？维护生产者、经营者和消费者利益显得十分重要。关于油脂掺伪检验方法，目前最常用的为物理检验、化学检验及仪器分析等。

13.19.1　芝麻油检出

芝麻油检出实验是其他植物油中混有芝麻油时，通过本方法可定性检出其存在性，此方法不能准确定量。这里介绍威勒迈志修的实验方法，其灵敏度为 0.25%。

13.19.1.1　原理

芝麻油中含极微量芝麻醛，经盐酸水解生成芝麻酚后与糠醛作用产生红色反应，红色程度与芝麻酚的含量成正比，红色越深，表明芝麻油含量越多。因此可以配制芝麻油的系列浓度通过红色程度比较进行粗略定量。特别是在实践中，其他植物油中掺入芝麻油的可能性是很小的，在特定情况下，此方法也可以反向应用。

13.19.1.2　仪器和用具

试管一支；10mL 量筒；25mL 橡皮头滴瓶；1mL、5mL 移液管；比色管。

13.19.1.3　试剂

浓盐酸（HCl 相对密度 1.16）；体积分数为 2% 的糠醛乙醇溶液，2mL 糠醛加入体积分数为 95% 的乙醇至 100mL 混匀。

13.19.1.4　操作方法

量取混匀试样和浓盐酸各 5mL 注入比色管中，混匀，加入 0.1mL 体积分数为 2% 的糠醛乙醇溶液，充分混匀，摇动 30s，静置 10min，观察产生的颜色，若有深红色出现，加水 10mL，再摇动，如红色消失，表示没有芝麻油存在；红色不消失，表示有芝麻油存在。

13.19.1.5　注意事项

① 实验深色油样时，可用碱漂白，并将油中的碱和水除净。

② 此实验必须注意充分混匀。

③ 必要时可用芝麻油标准样进行对照实验，也可用比色计比色。

13.19.2　花生油检出

该方法是在其他油脂中掺混有花生油时，可快速检出花生油的方法。

13.19.2.1　原理

花生油中含有花生酸等，在某些溶剂（乙醇）中的相对不溶解特性而定性检出。花生油中花生酸等的质量分数为 5%～7%，其他油脂中一般不含有。由于花生酸分子量大，溶于热乙醇，但是当乙醇温度降低时，其溶解度也减小。因此可以利用观察花生酸等在乙醇溶剂中溶解析出变化，即溶液产生浑浊这一特殊现象进行判断是否有花生油存在。

13.19.2.2　仪器和用具

150mL 锥形瓶；水浴锅（恒温）；吸液管、温度计、量筒等。

13.19.2.3　试剂

1.5mol/L KOH 乙醇溶液；体积分数为 70% 的乙醇；盐酸，量取浓盐酸 83mL，加入到 17mL 水中，摇匀，加水至 100mL。

13.19.2.4　操作方法

准确量取混匀试样 1mL 注入锥形瓶中，加入 1.5mol/L KOH 乙醇溶液 5mL，连接空气冷凝管，在水溶液中加热皂化 5min，加 50mL 体积分数为 70% 的乙醇和 0.8mL 盐酸，将出现的沉淀加热溶解后，置于低温水浴中，用温度计不断搅拌，使降温速度达到 1℃/min，随时观察发生浑浊时的温度并记录：橄榄油在 90℃以前；菜籽油在 22.5℃以前；棉籽油、米糠油、大豆油在 13℃以前；芝麻油在 15℃以前发生浑浊，均表明有花生油存在。

13.19.2.5　注意事项

① 此方法的关键在皂化反应及酸置换反应。

② 必要时可用体积分数为 90％的乙醇洗涤花生酸等测定熔点。

③ 油在成酸后发生的少量乳白色不是浑浊点，如出现浑浊时，再重复降温观察一次，以第二次的浑浊程度为准。

13.19.3　大豆油检出

13.19.3.1　原理

大豆油与三氯甲烷（加入硝酸盐），呈现乳浊现象，乳浊液为柠檬黄色，来判定大豆油存在。

13.19.3.2　仪器和用具

100mL 量筒；带塞试管。

13.19.3.3　试剂

三氯甲烷；20mg/mL 硝酸钾溶液。

13.19.3.4　操作方法

量取混匀试样 5mL 注入试管中，加入 2mL 三氯甲烷和 3mL 20mg/mL 硝酸钾溶液用力猛摇，使溶液成乳浊状。如乳浊液呈柠檬黄色，表示有大豆油存在。如有花生油、芝麻油和玉米油存在时，乳浊液则呈白色或微黄色。

13.19.4　菜籽油检出

菜籽油中芥酸的质量分数 40％～48％（低芥酸品种芥酸的质量分数小于 10％），芥酸是二十二个碳链的不饱和一稀酸，熔点为 33～34℃。它是菜籽油中特征脂肪酸，分析芥酸在掺混油脂中的存在与否，就可以证明菜籽油存在与否。因此，在诸多分析方法中都是根据芥酸的特性来确定分析方案的。目前常用的分析方法有：①卤素（碘）加成反应滴定法；②乙醇溶解度变化观测方法；③气相色谱法。这里介绍第一种方法。

13.19.4.1　原理

在一定温度下，经过化学处理，使芥酸分离出来，加入定量卤素（碘），与之发生加成反应，芥酸含量越高，消耗碘液越多。再用硫代硫酸钠标准溶液对剩余碘液进行反滴定，即可计算出芥酸含量。含芥酸的质量分数在 4.0％以上时，表示有菜籽油或芥籽油存在。

13.19.4.2　仪器和用具

150mL 三角瓶；冷凝管；恒温水浴锅；电炉；玻璃过滤坩埚（3 号）；抽滤装置；1000mL 容量瓶；量筒、滴定管、试剂瓶、碘值瓶等；分度值为 0.001g/分度天平。

13.19.4.3　试剂

① KOH 乙醇溶液：0.25g/mL KOH（相对密度）溶液 80mL 加体积分数为 95％乙醇稀释到 1000mL。

② 乙酸铅溶液：50g 乙酸铅加 5mL 体积分数为 90％的乙酸混合，用体积分数为 80％的乙醇稀释至 1000mL。

③ 碘乙醇溶液：5.07g 升华碘溶解于 200mL 体积分数为 95％的乙醇中。临用时现配。

④ 乙醇乙酸混合液：体积分数为 95％的乙醇与体积分数为 96％的乙酸按体积比 1∶1 混合。

⑤ 体积分数为 70％的乙醇。

⑥ 0.1mol/L 硫代硫酸钠标准溶液。

⑦ 淀粉指示剂。

13.19.4.4 操作方法

称取混匀试样 0.500~0.510g，注入 150mL 三角瓶中，加入 50mL 氢氧化钾乙醇溶液，连接冷凝管，置于水浴上加热 1h，对已经皂化的溶液加入 20mL 乙酸铅溶液和 1mL 体积分数为 90％的乙酸，然后继续加热至铅盐溶解为止，取下三角瓶，待溶液稍冷后，加入水 3mL，摇匀，置于 20℃保温箱中静置 14h，将沉淀转入玻璃过滤坩埚中（3 号），用 20℃的体积分数为 70％的乙醇 12mL 分数次洗涤三角瓶和沉淀。移坩埚于碘值瓶上，用 20mL 热的乙醇乙酸混合液将沉淀溶入碘值瓶中，再用 10mL 热的乙醇乙酸混合液洗涤坩埚。吸取碘乙醇溶液 20mL 注入碘值瓶中，摇匀，立即加水 20mL，再摇匀，在暗处静置 1h，到时间用 0.1mol/L 硫代硫酸钠标准液滴定至溶液呈浅黄色时，加入 1mL 淀粉指示剂，摇匀后，继续滴定至蓝色消失为止。同时用乙醇乙酸混合液 30mL 作空白实验。

13.19.4.5 结果计算

芥酸的质量分数按下式计算。

$$芥酸 = \frac{(V_1 - V_2)c \times 0.169}{m} \times 100\%$$

式中，V_1 为空白实验用去的硫代硫酸钠溶液体积，mL；V_2 为试样用去的硫代硫酸钠溶液体积，mL；c 为硫代硫酸钠溶液的浓度，mol/L；0.169 为芥酸的摩尔质量，g/mol；m 为试样质量，g。

双实验结果允许差不超过 0.2％，求其平均值，作为测定结果。结果取小数点后两位。

13.19.4.6 注意事项

① 将沉淀从三角瓶移入坩埚，再从坩埚溶洗至碘值瓶中，要仔细认真且移洗彻底。

② 硫代硫酸钠溶液要进行检定。

③ 碘与光易挥发，避光操作。

④ 淀粉指示剂临用前现配。

13.19.5 蓖麻油检出

主要介绍两种检验方法，第一种方法利用蓖麻油在乙醇中溶解性好的特点进行低温实验；第二种方法是加碱蒸发嗅闻气味法。

（1）仪器和用具

试管；镍蒸发皿；酒精灯。

（2）试剂

体积分数为 95％的乙醇；固体氢氧化钾；八碳醇（辛醇）；氯化镁溶液；稀盐酸。

（3）操作方法

① 试样与体积分数为 95％的乙醇按 1:5 体积混合，放入试管中。将试管放入有碎冰块的食盐水中，使混合液冷却至 -20℃，若是纯蓖麻油，则溶液十分透明。若混有其他油时（只要质量分数达 2％），当温度在 -5℃时，溶液即呈现乳白色，-9℃时就会有沉淀发生。

② 取少量混匀试样，注入镍蒸发皿中，加氢氧化钾一小块，慢慢加热使其熔融。如有辛酸气味，表明有蓖麻油存在。或将上述熔融物加水溶解，然后加过量的氯化镁溶液，使脂肪酸沉淀、过滤，滤液用稀盐酸调成酸性，如有结晶析出，表明有蓖麻油存在。

13.19.6 桐油检出

桐油是黄棕色干性油，其主要成分是桐酸（9,11,13-十八碳三烯酸）的甘油酯。桐油的定性实验，一般常用三氯化锑-氯仿（三氯甲烷）溶液法，特别对菜籽油、花生油和茶籽油中混杂的桐油检出，灵敏度较高，可以检出质量分数为 0.5% 的掺混。对于豆油及其他油常采用凝固实验。

13.19.6.1　三氯化锑-氯仿溶液法

此方法适用于菜籽油、花生油、茶籽油中混有质量分数为 0.5% 桐油的检测。

（1）仪器和用具

试管；10mL 量筒；水浴锅；温度计。

（2）试剂　氯化锑氯仿溶液：将 10g 三氯化锑溶解于 100mL 氯仿中搅拌，可用微热使其溶解。如有沉淀，可过滤（盛于有色磨口瓶中，暗处存放备用）。

（3）操作方法　量取混匀试样 1mL 注入试管中，然后沿管口内壁加入三氯化锑氯仿溶液 1mL，使管内溶液分为两层，在温度 40℃ 水浴中加热 8～10min。如有桐油存在，在两液层分界面上出现紫红色至深咖啡色环。

13.19.6.2　亚硝酸钠法

采用亚硝酸钠与硫酸生成的亚硝酸的氧化性，使桐油迅速氧化成膜，以试管内产生絮状沉淀以鉴别。此法适用于大豆油、棉籽油及深色油中混有桐油的检出。不适用于芝麻油和梓油。

（1）仪器和用具

量筒；试管；亚硝酸钠；石油醚；5mol/L 硫酸。

硫酸的配制：取 27.5mL 浓硫酸（相对密度 1.84）缓缓倒入 75.5mL 水中，搅拌均匀。

（2）操作方法　取混匀试样 5～10 滴于试管中，加石油醚 2mL 溶解试样（必要时可过滤），在溶液（或滤液）中加入少量亚硝酸钠，加入 1mL 5mol/L 硫酸，摇匀后静置。如有桐油存在，溶液呈现浑浊，并有絮状团块析出，初成白色，放置后变成黄色。

（3）硫酸法　在白瓷板上加油样数滴，加浓硫酸 1～2 滴如有桐油存在，则出现深红色并凝固成固体。同时颜色逐渐加深，最后变成炭黑色。

13.19.7　矿物油检出

矿物油泛指除动植油品之外的石油产品，如柴油、润滑油、石蜡等。甚至包括那些不皂化的脂溶性物质。食用油能与氢氧化钾皂化，生成甘油及钾皂，两者均溶于水，呈透明溶液，然而矿物油则不能被皂化，也不溶于水，故溶液浑浊。此法对质量分数为 0.5% 的矿物油可检出。

（1）仪器和用具

100mL 三角瓶；水浴锅或沙浴。

（2）试剂

KOH 溶液（体积比为 3∶2）；无水乙醇。

（3）操作方法　取混匀试样 1mL 注入锥形瓶中，加 1mL 氢氧化钾溶液和 25mL 无水乙醇，连接空气冷凝管，回流煮沸约 5min，摇动数次，直至皂化完成为止。加 25mL 沸水，摇匀。如有矿物油存在，则出现明显的浑浊或有油状物析出。

（4）注意事项　若矿物油具有挥发时，在皂化时可嗅出气味。

13.19.8　亚麻油检出

（1）仪器和试剂

20mL 具塞比色管；恒温水浴；乙醚（60～90℃ 沸程）；溴；四氯化碳。

（2）操作方法　取混匀过滤试样 0.5mL 注入具塞 20mL 比色管中，加 10mL 乙醚和 3mL 溴液，溶解后加塞，充分振荡混匀，置于 25℃ 水浴中保温，如有亚麻油存在，2min 内即呈现浑浊。

（3）注意事项

① 必要时可用亚麻油样作对照实验。

② 溴液：在四氯化碳中加足量溴，使容量增加一半。

13.19.9　棉籽油检出

本法属于哈尔芬实验，可检出混入棉籽油质量分数 0.2% 以上的棉籽油。

（1）仪器和用具

试管；恒温水浴锅；量筒。

（2）试剂

0.01g/mL 硫磺粉二硫化碳溶液；吡啶或戊醇；饱和食盐水。

（3）操作方法　量取混匀试样 5mL，加入 0.01g/mL 硫磺粉二硫化碳溶液 5mL，均注入试管中，加 2 滴吡啶（或戊醇），摇匀后，置于饱和食盐水浴中，缓缓加热至盐水开始沸腾后，经过 40min，取出试管观察。如有深红色或橘红色出现，表示有棉籽油存在。颜色越深，表明其含量越多。

（4）注意事项

① 二硫化碳极易挥发，使用毕必须及时加盖拧紧，且属易燃品。

② 饱和食盐水：在烧杯中放入 NaCl，加蒸馏水溶解（加热），冷却至室温，有 NaCl 析出。

13.19.10　植物油中猪脂的检出

根据各种油脂晶体形状的不同，用镜检法检出猪脂。

（1）仪器和用具

20mL 试管；内径 3mm 玻璃管；冰箱、显微镜；乙醚、脱脂棉。

（2）操作方法　取 20mL 试管洗净烘干，编号 1，2，3 号，各加入乙醚 10mL。1 号管中加入被检油样 2mL；2 号管中加入熔化后的猪脂 1mL；3 号管中加入被检的纯油 2mL。三个管口各塞脱脂棉，置于冰箱或冰水中，结晶体析出后（约 10h）进行镜检观察。3 号管应无晶体析出（菜油），2 号管有白色晶体析出，1 号管中如有猪脂也有白色晶体析出，其析出量与猪脂含量成正比。猪脂晶体鉴别：在玻片上滴一滴纯油，用内径 3mm 的玻管吸取半滴结晶物加入油滴中，加覆盖片在显微镜下观察，猪脂晶体为细长形或针叶状。

13.19.11　茶籽油检出

（1）仪器和用具

50mL 试管；恒温水浴锅；量筒等。

（2）试剂

乙酸酐（醋酐）；二氯甲烷；浓硫酸；无水乙醚。

（3）操作方法　量取乙酸酐 0.8mL、二氯甲烷 1.5mL 和浓硫酸 0.2mL，注入试管中，混合后冷却至室温，加 7 滴试样（质量约为 0.22g）于管中，混匀，冷却，如溶液出现浑浊，则滴加乙酸酐，滴边振摇，滴至突然澄清为止。静置 5min 后，量取 10mL 无水乙醚注入显色液中，立即倒转一次使之混合，约在 1min 内，茶籽油将产生棕色，后变深红色，在几分钟内慢慢褪色。橄榄油加入无水乙醚后，初为绿色，慢慢变成棕灰色，有时中间还经过浅红色过程。橄榄油与茶籽油的混合油呈茶籽油的显色反应，颜色深度与茶籽油含量成正比。如需比色定量时，可在上述方法静置 5min 后，将试管置于冰水浴锅中 1min，注入经冰水冷却的无水乙醚 10mL 混合后，仍置于冰水浴中。1～5min，颜色深度可达最高峰，已知茶籽油含量的试样与被检试样，选用最深的红色进行比色定量。

13.19.12　茶籽油纯度实验

（1）仪器和用具

试管；量筒。

（2）试剂

浓硫酸；树脂粉二硫化碳饱和溶液。

树脂粉二硫化碳饱和溶液的配制：称取 2～3g 纯净树脂粉溶于 100mL 二硫化碳，猛摇几下使其成为饱和溶液，用滤纸过滤后备用。

（3）操作方法　量取试样 1～2mL 注入试管中，加入等量的树脂粉二硫化碳饱和溶液，充分摇匀，加入浓硫酸 1mL，再猛烈振荡。若为纯茶籽油，则不呈任何颜色，并且试管下层酸液蒲如水。如有其他植物油存在，则出现紫色或红色，但所发生的颜色不久即消失。

13.19.13　大麻籽油（麻籽油）检出

（1）仪器和用具

硅酸 C 薄层板；10mL、20mL 微量注射器；展开槽。

（2）试剂

苯；牢固蓝盐 B。

（3）操作方法　取被检试样和对照（已知含有大麻籽油）的试样各 10μL，分别点样于硅胶 G 薄层板上（105℃活化 30min）。如点样有困难，可将试样用苯稀释 5 倍，各点样10～20μL。展开剂用苯，显色剂用 5mg/mL 牢固蓝盐 B 溶液（临用时现配）。被检试样出现红色斑点，色调和比移值与对照试样一致，即表明有大麻籽油存在。亚麻油、芝麻油也呈现红色，但比移值比大麻籽油小些。

13.19.14　棕榈油检出

棕榈油的脂肪酸组成中多为饱和脂肪酸。当温度低于 20℃时呈固体状，故可用低温实验区分之。

（1）仪器和用具　试管，冰箱等。

（2）操作方法　取混合试样少许，注入试管中，置于冰箱冷藏室 1h 后观察，如有乳白色或乳黄色固体出现，可粗略判定有棕榈油存在。

13.20　食用植物油卫生标准的分析方法
（GB/T 5009.37—2003）

1　范围

本标准规定了食用植物油卫生指标的分析方法。

本标准适用于食用植物油卫生指标的分析。

本方法残留溶剂的检出限为 0.10mg/kg，过氧化值第二法的检出限为 0.0015mmol/kg（0.003 meq/kg）。

2　规范性引用文件

下列文件中的条款通过本标准的引用而成为本标准的条款。凡是注日期的引用文件，其随后所有的修改单（不包括勘误的内容）或修订版均不适用于本标准，然而，鼓励根据本标准达成协议的各方研究是否可使用这些文件的最新版本。凡是不注日期的引用文件，其最新版本适用于本标准。

GB/T 5009.11　食品中总砷及无机砷的测定

GB/T 5009.22　食品中黄曲霉毒素 B_1 的测定

GB/T5009.27 食品中苯并（a）芘的测定

GB/T 5009.138 食品中镍的测定

3 感官检查

3.1 色泽

3.1.1 仪器

烧杯：直径 54mm，杯高 100mm。

3.1.2 分析步骤

将试样混匀并过滤于烧杯中，油层高度不得小于 5mm，在室温下先对着自然光观察，然后再置于白色背景前借其反射光线观察并按下列词句描述：白色、灰白色、柠檬色、淡黄色、黄色、橙色、棕黄色、棕色、棕红色、棕褐色等。

3.2 气味及滋味

将试样倒入 150mL 烧杯中，置于水浴上，加热至 50℃，以玻璃棒迅速搅拌。嗅其气味，并蘸取少许试样，辨尝其滋味，按正常、焦糊、酸败、苦辣等词句描述。

4 理化检验

4.1 酸值

4.1.1 原理

植物油中的游离脂肪酸用氢氧化钾标准溶液滴定，每克植物油消耗氢氧化钾的量（mg），称为酸值。

4.1.2 试剂

4.1.2.1 乙醚-乙醇混合液：按乙醚-乙醇（2∶1）混合。用氢氧化钾溶液（3g/L）中和至酚酞指示液呈中性。

4.1.2.2 氢氧化钾标准滴定溶液，$c(KOH)=0.050mol/L$。

4.1.2.3 酚酞指示液，10g/L 乙醇溶液。

4.1.3 分析步骤

称取 3.00～5.00g 混匀的试样，置于锥形瓶中，加入 50mL 中性乙醚-乙醇混合液，振摇使油溶解，必要时可置热水中，温热促其溶解，冷至室温，加入酚酞指示液 2 滴～3 滴，以氢氧化钾标准滴定溶液（0.050mol/L）滴定，至初现微红色且 0.5min 内不褪色为终点。

4.1.4 结果计算

试样的酸值按式（1）进行计算。

$$X = \frac{V \times c \times 56.11}{m} \tag{1}$$

式中，X 为试样的酸值（以氢氧化钾计），mg/g；V 为试样消耗氢氧化钾标准滴定溶液体积，mL；c 为氢氧化钾标准滴定的实际浓度，mol/L；m 为试样质量，g；56.11 为与 1.0mL 氢氧化钾标准滴定溶液 $[c(KOH)=1.000mol/L]$ 相当的氢氧化钾量，mg。

计算结果保留两位有效数字。

4.1.5 精密度

在重复性条件下获得的两次独立测定结果的绝对差值不得超过算术平均值的 10%。

4.2 过氧化值

4.2.1 第一法滴定法

4.2.1.1 原理

油脂氧化过程中产生过氧化物，与碘化钾作用，生成游离碘，以硫代硫酸钠溶液滴定，计算含量。

4.2.1.2　试剂

（1）饱和碘化钾溶液：称取14g碘化钾，加10mL水溶解，必要时微热使其溶解，冷却后贮于棕色瓶中。

（2）三氯甲烷-冰乙酸混合液：量取40mL，三氯甲烷，加60mL冰乙酸，混匀。

（3）硫代硫酸钠标准滴定溶液 [$c(Na_2SO_3)＝0.0020mol/L$]。

（4）淀粉指示剂（10g/L）：称取可溶性淀粉0.50g，加少许水，调成糊状，倒入50mL沸水中调匀，煮沸。临用时现配。

4.2.1.3　分析步骤

称取2.00～3.00g混匀（必要时过滤）的试样，置于250mL碘瓶中，加30mL三氯甲烷-冰乙酸混合液，使试样完全溶解。加入1.00mL饱和碘化钾溶液，紧密塞好瓶盖，并轻轻振摇0.5min，然后在暗处放置3min。取出加140mL水，摇匀，立即用硫代硫酸钠标准滴定溶液（0.0020mol/L）滴定，至淡黄色时，加1mL淀粉指示液，继续滴定至蓝色消失为终点，取相同量三氯甲烷-冰乙酸溶液、碘化钾溶液、水，按同一方法做试剂空白试验。

4.2.1.4　计算结果

试样的过氧化值按式（2）和式（3）进行计算。

$$X_1=\frac{(V_1-V_2)\times c\times0.1269}{m} \tag{2}$$

$$X_2=X_1\times78.8 \tag{3}$$

式中，X_1为试样的过氧化值，g/100g；X_2为试样的过氧化值，mmol/kg；V_1为试样消耗硫代硫酸钠标准滴定溶液体积，mL；V_2为试剂空白消耗硫代硫酸钠标准滴定溶液体积，mL；c为硫代硫酸钠标准滴定溶液的浓度，mol/L；m为试样质量，g；0.1269为与1.00mL硫代硫酸钠标准滴定溶液 [$c(Na_2S_2O_3)＝1.000mol/L$] 相当的碘的质量，g；78.8为换算因子。

计算结果保留两位有效数字。

4.2.1.5　精密度

在重复性条件下获得的两次独立测定结果的绝对差值不得超过算术平均值的10%。

4.2.2　第二法　比色法

4.2.2.1　原理

试样用三氯甲烷-甲醇混合溶剂溶解，试样中的过氧化物将二价铁离子氧化成三价铁离子，三价铁离子与硫氰酸盐反应生成橙红色硫氰酸铁配合物，在波长500nm处测定吸光度，与标准系列比较定量。

4.2.2.2　试剂

（1）盐酸溶液（10mol/L）：准确量取83.3mL浓盐酸，加水稀释至100mL混匀。

（2）过氧化氢（30%）。

（3）三氯甲烷-甲醇（7∶3）混合溶剂：量取70mL三氯甲烷和30mL甲醇混合。

（4）氯化亚铁溶液（3.5g/L）：准确称取0.35g氯化亚铁（$FeCl_2\cdot4H_2O$）于100mL棕色容量瓶中，加水溶解后，加2mL盐酸溶液（10mol/L），用水稀释至刻度（该溶液在10℃下冰箱内贮存可稳定1年以上）。

（5）硫氰酸钾溶液（300g/L）：称取30g硫氰酸钾，加水溶至100mL（该溶液在10℃下冰箱内贮存可稳定1年以上）。

（6）铁标准储备溶液（1.0g/L）称取0.1000g还原铁粉于100mL烧杯中，加10mL

盐酸（10mol/L）、0.5～1.0mL 过氧化氢（30%）溶解后，于电炉上煮沸 5min 以除去过量的过氧化氢。冷却至室温后移入 100mL 容量瓶中，用水稀释至刻度，混匀，此溶液每毫升相当于 1.0mg 铁。

（7）铁标准使用溶液（0.01g/L）：用移液管吸取 1.0mL 铁标准储备溶液（1.0mg/mL）于 100mL 容量瓶中，加三氯甲烷-甲醇（7∶3）混合溶剂稀释至刻度，混匀，此溶液每毫升相当于 10.0μg 铁。

4.2.2.3　仪器

（1）分光光度计；（2）10mL 具塞玻璃比色管。

4.2.2.4　分析步骤

（1）试样溶液的制备

精密称取约 0.01～1.0g 试样（准确至刻度 0.0001）于 10mL 容量瓶内，加三氯甲烷-甲醇（7∶3）混合溶剂溶解并稀释至刻度，混匀。

分别精密吸取铁标准使用溶液（10.0μg/mL）0，0.2，0.5，1.0，2.0，3.0，4.0mL（各自相当于铁浓度 0，2.0，5.0，10.0，20.0，30.0，40.0μg）于干燥的 10mL 比色管中，用三氯甲烷-甲醇（7∶3）混合溶剂稀释至刻度，混匀。加 1 滴（约 0.05mL）硫氰酸钾溶液（300g/L），混匀。室温（100～350℃）下准确放置 5min 后，移入 1cm 比色皿中，以三氯甲烷-甲醇（7∶3）混合溶剂为参比，于波长 500nm 处测定吸光度，以标准各点吸光度减去零管吸光度后绘制标准曲线或计算直线回归方程。

（2）试样测定

精密吸取 1.0mL 试样溶液于干燥的 10mL 比色管内，加 1 滴（约 0.05mL）氯化亚铁（3.5g/L）溶液，用三氯甲烷-甲醇（7∶3）混合溶剂稀释至刻度，混匀。以下按 4.2.2.4.1 自"加 1 滴（约 0.05mL）硫氰酸钾溶液（300g/L）……"起依法操作。试样吸光度减去零管吸光度后与曲线比较或代入回归方程求得含量。

4.2.2.5　结果计算

试样中过氧化值的含量按式（4）进行计算。

$$X = \frac{c - c_0}{m \times V_2/V_1 \times 55.84 \times 2} \tag{4}$$

$$X_2 = X_1 \times 78.8$$

式中，X 为试样中过氧化值的含量，mmol/kg；c 为由标准曲线上查得试样中铁的质量，μg；c_0 为由标准曲线上查得零管铁的质量，μg；V_1 为试样稀释总体积，mL；V_2 为测定时取样体积，mL；m 为试样质量，g；55.84 为 Fe 的原子量；2 为换算因子。

4.2.2.6　精密度

在重复性条件下获得的两次独立测定结果的绝对差值不得超过算术平均值的 10%。

4.3　羰基值

4.3.1　原理

羰基化合物和 2,4-二硝基苯肼的反应产物，在碱性溶液中形成褐红色或酒红色，在 440nm 下，测定吸光度，计算羰基值。

4.3.2　试剂

4.3.2.1　精制乙醇：取 1000mL 无水乙醇，置于 2000mL 圆底烧瓶中，加入 5g 铝粉、10g 氢氧化钾，接好标准磨口的回流冷凝管，水浴中加热回流 1h，然后用全玻璃蒸馏装置，蒸馏收集馏液。

4.3.2.2 精制苯：取 500mL 苯，置于 1000mL 分液漏斗中，加入 50mL 硫酸，小心振摇 5min，开始振摇时注意放气。静置分层，弃除硫酸层，再加 50mL 硫酸重复处理一次，将苯层移入另一分液漏斗，用水洗涤三次，然后经无水硫酸钠脱水，用全玻璃蒸馏装置蒸馏收集馏液。

4.3.2.3 2,4-二硝基苯肼溶液：称取 50mg 2,4-二硝基苯肼，溶于 100mL 精制苯中。

4.3.2.4 三氯乙酸溶液：称取 4.3g 固体三氯乙酸，加 100mL 精制苯溶解。

4.3.2.5 氢氧化钾-乙醇溶液：称取 4g 氢氧化钾，加 100mL 精制乙醇使其溶解，置冷暗处过夜，取上部澄清液使用。溶液变黄褐色则应重新配制。

4.3.3 仪器

分光光度计。

4.3.4 分析步骤

精密称取约 0.025～0.5g 试样，置于 25mL 容量瓶中，加苯溶解试样并稀释至刻度。吸取 5.0mL，置于 25mL 具塞试管中，加 3mL 三氯乙酸溶液及 5mL 2,4-二硝基苯肼溶液，仔细振摇混匀，在 60℃ 水浴中加热 30min，冷却后，沿试管壁慢慢加入 10mL 氢氧化钾-乙醇溶液，使成为二液层，塞好，剧烈振摇混匀，放置 10min 以 1cm 比色杯，用试剂空白调节零点，于波长 440nm 处测吸光度。

4.3.5 结果计算

试样的羰基值按式（5）进行计算。

$$X = \frac{A}{854 \times m \times V_2/V_1} \times 1000 \tag{5}$$

式中，X 为试样的羰基值，mmol/kg；A 为测定时样液吸光度；m 为试样质量，g；V_1 为试样稀释后的总体积，mL；V_2 为测定用试样稀释液的体积，mL；854 为各种醛的毫摩尔吸光系数的平均值。

结果保留三位有效数字。

4.3.6 精密度

在重复性条件下获得的两次独立测定结果的绝对差值不得超过算术平均值的 5%。

4.4 游离棉酚（本法适用于棉籽油）

4.4.1 紫外分光光度法

4.4.1.1 原理

试样中游离棉酚经用丙酮提取后，在 378nm 有最大吸收，其吸收值与棉酚量在一定范围内成正比，与标准系列比较定量。

4.4.1.2 仪器

紫外分光光计。

4.4.1.3 试剂

（1）丙酮（70%）：将 350mL 丙酮加水稀释至 500mL；（2）棉酚标准溶液：准确称取 0.1000g 棉酚，置于 100mL 容量瓶中，加丙酮（70%）溶解并稀释至刻度。此溶液每毫升相当于 1.0mg 棉酚；（3）棉酚标准使用液：吸取棉酚标准溶液 5.0mL，置于 100mL 容量瓶中，加丙酮（70%）稀释至刻度。此溶液每毫升相当于 50.0μg。

4.4.1.4 分析步骤

称取 1.00g 精制棉油或 0.20g 粗棉油，置于 100mL 具塞锥形瓶中，加入 20.0mL 并加入玻璃珠 3 粒～5 粒，在电动振荡器上振荡 30min，然后再并向中放置过夜。取此提取液之上清液，过滤。滤液供测定用

吸取 0、0.10、0.20、0.40、0.80、1.6、2.4mL 棉酚标准使用液（相当于 0、5、10、20、40、80、120μg 棉酚），分别置于 10mL 具塞试管中，各加入丙酮（70%）至 10mL，混匀，静置 10min。取试样滤液及标准液于 1cm 石英比色杯中，以丙酮（70%）调节零点于 378nm 波长处测吸光度，绘制标准曲线比较。

4.4.1.5 计算结果

试样中游离棉酚的含量按式（6）进行计算。

$$X = \frac{m_1}{m_2 \times 100 \times 1000} \times 100 \times 2 \tag{6}$$

式中，X 为试样中游离棉酚的含量，g/100g；m_1 为测定用样液中游离棉酚的质量，μg；m_2 为试样质量，g；

结果保留三位有效数字。

4.4.1.6 精密度

在重复性条件下获得的两次独立测定结果的绝对差值不得超过算术平均值的 10%。

4.4.2 苯胺法

4.4.2.1 原理

试样中游离棉酚经提取后，在乙醇溶液中与苯胺形成黄色化合物，与标准系列比较定量。

4.4.2.2 试剂

（1）丙酮（70%）：量取 70mL 丙酮，加水至 100mL；（2）乙醇（95%）；（3）苯胺：应为无色或淡黄，若色深则重蒸馏；（4）棉酚标准溶液：同 4.4.1.3.2 和 4.4.1.3.3。

4.4.2.3 分析步骤

称取约 1.00g 试样，置于 150mL 具塞锥形瓶中，加入 20.0mL 丙酮（70%）、玻璃珠 3～5 粒，剧烈振摇 1h，在冰箱中过夜，过滤，滤液备用。

在两支 25mL 具塞比色管中，各加入 2.0mL 上述滤液，以甲管为试样管，乙管为对照管。另吸取 0、0.10、0.20、0.40、0.80、1.00mL 棉酚标准使用液（相当 0、5.0、10.0、20.0、40.0、50.0μg 棉酚）各两份，分别置于甲、乙两组 25mL 具塞比色管中，各管均加入丙酮（70%）至 2mL，甲组标准管与试样管甲管各加入 3mL 苯胺，在 80℃ 水浴中加热 15min，取出冷至室温，各加入乙醇至 25mL；乙组标准管与试样管乙管各加乙醇至 25mL。两组溶液在加乙醇后均放置 15min，以甲组标准的零管为试剂空白，以乙组的零管为溶剂空白，用 1cm 比色杯，以各组标准零管调节零点，在波长 445nm 处，测定两组的吸光度，以两组对应的吸光度之差，以及相应标准浓度绘制标准曲线，以试样管甲管与乙管的吸光度之差从标准曲线查出棉酚含量。

4.4.2.4 计算结果

试样中游离棉酚的含量按式（7）进行计算。

$$X = \frac{m_1}{m_2 \times 1000 \times 1000 \times 2/20} \times 100 \qquad (7)$$

式中，X 为试样中游离棉酚的含量，g/100g；m_1 为测定用样液中游离棉酚的质量，μg；m_2 为试样质量，g；

结果保留三位有效数字。

4.4.2.5　精密度

在重复性条件下获得的两次独立测定结果的绝对差值不得超过算术平均值的 10%。

4.5　砷

按 GB/T 5009.11 操作。

4.6　黄曲霉毒素 B_1

按 GB/T 5009.22 操作。

4.7　苯并（a）芘

按 GB/T 5009.27 操作。

4.8　残留溶剂

4.8.1　原理

将植物油试样放入密封的平衡瓶中，在一定温度下，使残留溶剂气化达到平衡时，取液上气体注入气相色谱中测定，与标准曲线比较定量。

4.8.2　试剂

4.8.2.1　N,N-二甲基乙酰胺（简称 DMA）：吸取 1.0mL 放入 100～150mL 顶空瓶中，在 50℃放置 0.5h，取液上气 0.10mL 注入气相色谱仪在 0～4min 内无干扰即可使用。如有干扰可用超声波处理 30min 或通入氮气用曝气法蒸去干扰。

4.8.2.2　六号溶剂标准溶液：称取洗净干燥的具塞 20～25mL 气化瓶的质量为 m_1，瓶中放入比气化瓶体积少 1mL 的 DMA 密塞后称量为 m_2，用 1mL 的注射器取约 0.5mL 六号溶剂标准溶液通过塞注入瓶中（不要与溶液接触），混匀，准确称量为 m_3。用式（8）计算六号溶剂油的浓度：

$$X = \frac{m_3 - m_2}{(m_2 - m_1)/0.935} \times 1000 \qquad (8)$$

式中，X 为六号溶剂的质量浓度，mg/mL；m_1 为瓶和塞的质量，g；m_2 为瓶、塞和 DMA 的质量，g；m_3 为 m_2 加六号溶剂的质量，g；0.935 为 DMA 在 20℃时密度，g/mL。

4.8.3　仪器

4.8.3.1　气化瓶（顶空瓶）：体积为 100～150mL 具塞（见图 1）。

气密性试验：把 1mL 己烷放入瓶中，密塞后放入 60℃热水中 30min（密封处无气泡外漏）。

4.8.3.2　气相色谱仪：带氢火焰离子化检测器。

4.8.4　分析步骤

4.8.4.1　气象色谱参考条件

（1）色谱柱：不锈钢柱，内径 3mm，长 3m，内装涂有 5%DEGS 的白色担体 102（60～80）目；（2）检测器：氢火焰离子化检测器；（3）柱温：60℃；（4）汽化室温度：14℃；（5）载气（N_3）：30mL/min；（6）氢气：50mL/min；（7）空气：500mL/min。

4.8.4.2　测定

称取 25.00g 的食用油样，密塞后于 50℃恒温箱中加热 30min，取出后立即用微量注射器或注射器吸取 0.10～0.15mL 液上气体（与标准曲线进样体积一致）注入气相色谱，记录单组分或多组分（用归一化法）测量峰高或峰面积，与标准曲线比较，求出液上气体六号溶剂的含量。

4.8.4.3　标准曲线的绘制

取预先在气相色谱仪上测试管六号溶剂量较低的油为曲线制备的体底油（或经 70℃开放式赶掉大部分残留溶剂的食用油或压榨油），分别称取 25.00g 放入 6 支气化瓶中，密塞。通过塞子注入六号溶剂标准液（4.8.2.2）0、20、40、60、80、100μL（含量分别为 0、$0.02 \times X$, …, $0.10 \times X \mu g$，其中 X 为六号溶剂的浓度）。放入 50℃烘箱中，平衡 30min，分别取液上气体注入色谱，各响应值扣除空白值后，绘制标准曲线（多个色谱峰用归一化法计算）。

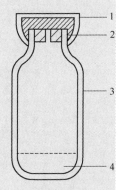

图 1　气化装置
1—铝盖；2—橡胶塞；3—输液瓶；4—试样

4.8.5　结果计算

油样中六号溶剂的含量按式（9）进行计算。

$$X = \frac{m_1 \times 1000}{m_2 \times 1000} \quad (9)$$

式中，X 为油样中六号溶剂的含量，mg/kg；m_1 为测定气化瓶中六号溶剂的质量，μg；m_2 为试样质量，g。

结果保留三位有效数字。

4.8.6　精密度

在重复性条件下获得的两次独立测定结果的绝对差值不得超过算术平均值的 15%。

4.9　镍（适用于人造奶油）

按 GB/T 5009.138 操作。

4.10　油中非食用油的鉴别

对常见的三类非食用油进行定性鉴别。

4.10.1　桐油

4.10.1.1　三氯化锑-三氯甲烷界面法：取油样 1mL 移入试管中，沿试管壁加 1mL 三氯化锑-三氯甲烷溶液（10g/L），使试管内溶液分成两层，然后在水浴中加热约 10min。如有桐油存在，则溶液两层分界面上出现紫红色至深咖啡色环。

4.10.1.2　亚硝酸法：适用于豆油、棉油等深色油中桐油的检出，但不适用于梓油或芝麻油中桐油的检出。取试样 5～10 滴于试管中，加 2mL 石油醚，使油溶解，有沉淀物时，过滤一次，然后加入结晶亚硝酸钠少许，并加入 1mL 硫酸（1∶1）摇匀，静置，如有桐油存在，油液混浊，并有絮状沉淀物，开始呈白色，放置后变黄色。

4.10.1.3　硫酸法：取试样数滴，置白瓷板之上，加硫酸 1～2 滴，如有桐油存在，则出现深红色并且凝成固体，颜色渐加深，最后成炭黑色。

4.10.2　矿物油

取 1mL 试样，置于锥形瓶中，加入 1mL 氢氧化钾溶液（600g/L）及 25mL 乙醇，接空气冷凝管回流皂化约 5min，皂化时应振摇使加热均匀。皂化后加 25mL 沸水，摇匀，如浑浊或有油状物析出，表示有不能皂化的矿物油存在。

4.10.3 大麻油

取试样和对照大麻油各 10μL，点样于硅胶 G 薄层板，此薄层板厚 0.25～0.3mm，105℃下活化 30min。油太黏稠则用 5 倍苯稀释，再进行点样，点样量稍多一点约 10～20μL。展开剂为苯，显色剂为牢固蓝盐 B 溶液（1.5g/L，临用配制）。当斑点和对照颜色及比移值相当时表示有大麻油。胡麻油、芝麻油和牢固蓝盐 B 也呈红色，但在薄层板上比移值较小。

4.11 黄曲霉毒素

GB/T 5009.22 操作。

第 14 章 油脂精炼实例

14.1 大豆油精炼

14.1.1 连续脱胶、脱溶工艺流程

连续式大豆油精炼工艺主要采用国产离心机的设备，其工艺流程如图 14-1 所示。

图 14-1 连续式大豆油精炼工艺流程

主要设备选择依据工艺特点来确定，首先离心机采用自清式离心机，以保证分离效果，混合器采用刀式混合器和静态混合器，刀式混合的混合程度较结合，转化为水化磷脂。然后加入热水，采用静态混合器混合，磷脂水化充分，为离心分离创造条件。混合后的油脂在反应器内有充足的时间和空间充分反应，以形成结构理想的絮状油脚，使离心机分离效果明显。

经脱胶后的油脂，因含有一定水量，常规精炼采用离心机二次分水，而本工艺是在离心机脱胶后直接闪蒸脱水，在进闪蒸前将油脂加热到 130℃，在真空的条件下，油脂中的水分被迅速闪蒸，达到脱水目的。

经脱水后的油脂再进入连续式脱溶塔，进一步脱除油脂中溶剂。该脱溶塔是薄膜填料式，其工作原理是将油脂溢流到填料上（用不锈钢薄板经特殊工艺冲压而成）。油脂在波纹状填料上以薄膜状的形式向下流动，与塔底自下而上的干蒸汽进行汽液接触传质。在真空状态下，油脂中残存的溶剂挥发进入气相而排出设备。经该设备的处理，浸出毛油中残存的溶剂基本上挥发干净。由于该设备中的油脂是以薄膜状汽提，因此脱溶效果好，且脱溶时间在 2～5min 之内即可完成，油脂质量得到充分保证，连续脱胶、脱溶工艺流程图如图 14-2 所示。

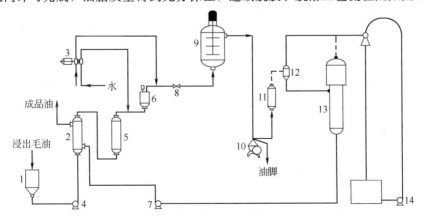

图 14-2 连续脱胶、脱溶工艺流程

1—浸出毛油暂存罐；2—热交换器；3—磷酸泵；4,7—泵；5—加热器；
6—暂存罐；8—静态混合器；9—刀式混合器；10—自清式离心机；
11—闪蒸器；12—气液分离器；13—连续式脱溶塔；14—汽水串联喷射泵

14.1.2 工艺指标测试

对负压蒸发浸出毛油作连续脱胶、脱溶工艺生产的原料进行工艺指标测试，得到数据见表 14-1。

表 14-1 连续式脱胶、脱溶参数

项目	浸出毛油质量	精炼后二级油质量
磷脂含量	2.5%	150mg/kg
毛油含杂/%	0.1	测不出
含溶剂/(mg/kg)	1500	30
含水量/%	0.1	测不出
色泽	R4.3 Y70	R3.2 Y60

经生产测试，100t/d 连续脱胶、脱溶工艺技术经济指标：

耗电量：65kW·h/t（油）　　　　　　精炼率：97%

耗汽量：100kg/t（料）［折标准煤 17kg/t（油）］　　油脚含油：25%

耗水：0.4L/d　　　　　　　　　　　油脚含水：35%

14.1.3 与传统的罐炼工艺比较

连续式工艺的效益是明显的，见表 14-2。

表 14-2 间歇精炼（罐炼）与连续精炼工艺的技术经济指标比较

名称	间歇精炼	连续精炼
精炼率/%	95	97
油脚含量/%	35	25
电耗/(kW·h/t)	10	6.5
水耗/(kg/t)	800	400
气耗/(kg/t)	180	100

连续式脱胶、脱溶在大豆油的精炼工艺中运行是可靠的，一次性水化可以达到二级油质量指标要求，连续脱溶也能达到二级油质量要求。连续式脱胶、脱溶在生产中表现出的优越性是多方面的，反应时间短，分离技术快速，产生的油脚和油乳化现象降至最低；采用机械离心分离出的油脚含油量降至 25% 以下。而罐炼油脚的分离靠自然沉降，油脚含大量的中性油，一般在 35% 以上，即使有相同的精炼效果，连续精炼比罐炼提高出油率在 2% 以上。连续脱胶脱溶是在密封设备内完成的，与空气接触的机会减少，油脂中的氧化物大为降低，且色泽也大大改善，脱水温度也较罐炼低。

14.2 花生油精炼

14.2.1 浸出花生油的物理精炼

14.2.1.1 工艺流程

浸出花生油的物理精炼工艺流程如图 14-3 所示。

14.2.1.2 操作参数

浸出花生毛油加热温度：60～65℃；磷酸加入量：0.12%～0.15%（油质量）；热水加入量：5%（油质量）；热水水温：85～90℃；进自清离心机油温：85℃；水洗加水量：3%（油质量）；脱色白土加入量：1.0%～2.0%（油质量）；脱色温度：100～105℃；脱臭温度：250～260℃；脱臭时间：1～1.5h。

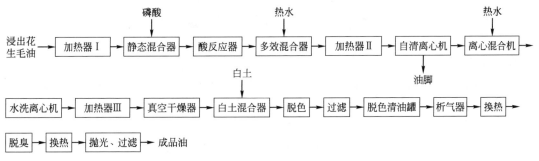

图 14-3　浸出花生油的物理精炼工艺流程

14.2.1.3　操作要点

（1）酸炼脱胶　物理精炼要求脱胶必须完全彻底，因为残存在油中的磷脂在高温时易分解，影响油的颜色，并引起异味。酸炼脱胶注意事项：

① 磷酸加入量要保持稳定，并且不得间断，不得低于油量的 0.1%。

② 加水量要适中，多效混合器的加热水量和离心混合机前的加热水量相关联，总量在7%～8%（油质量）之间。如果前面加水量多，则后面加水量相应少些，反之亦然。

（2）脱色　物理精炼脱色白土添加量较化学精炼要大，一般根据毛油质量和产品要求确定添加量，其范围在 1%～2.5%（油质量）之间。脱色温度、脱色时间、真空度等条件与化学精炼一样。

（3）脱酸脱臭　在脱酸脱臭过程中，游离脂肪酸及低分子质量的物质在高温高真空和直接蒸汽条件下被蒸馏出来。物理精炼脱臭温度较常规脱臭温度要高，一般在 250～260℃之间。操作过程应注意：

① 升温要迅速，在较短的时间内将油温升到蒸馏最佳温度，以达到较好的脱酸效果。

② 平衡待脱臭油进口和成品油出口流量，保证油-油换热效果，稳定塔内温度，确保脱臭效果。

③ 严格控制脱臭时间，在 255～260℃的温度区间内，停留时间保持 1～1.5h，实际操作中只应该控制脱臭塔第 3 层的温度在 255～260℃，第 1、2 层的温度低于 255℃。

14.2.1.4　工艺控制点

（1）真空干燥器出口取样，检测油的 280℃加热试验及酸值。

（2）脱色清油取样，检测油的色泽、酸值。

（3）脱臭成品油取样，按 GB 1534 中浸出成品一级花生油中各项指标检验。

14.2.2　浸出成品花生油实测指标

表 14-3 是物理精炼条件下，加工浸出花生毛油，所有成品油抽样检测的平均结果。

表 14-3　浸出成品花生一级油与物理精炼成品花生油指标对比

项目	色泽	气味、滋味	透明度	水分及挥发物/%	不溶性杂质/%	酸值(KOH)/(mg/g)	过氧化值/(mmol/kg)	烟点/℃	溶剂残留/(mg/kg)
实测指标	黄 11 红 1.0	无气味，口感好	澄清、透明	0.01	0.02	0.16	1.8	217	未检出
标准指标	黄 15 红 1.5	无气味，口感好	澄清、透明	≤0.05	≤0.05	≤0.20	≤5.0	≥215	不得检出

采用物理精炼工艺加工的浸出花生一级油各项指标均符合国家标准，同时避免了中性油损失和原辅料的消耗，降低了生产成本，减少了废水等污染物的排放。

14.3 棉籽油精炼

14.3.1 传统的碱炼工艺

　　棉籽油精炼工艺除传统的化学碱炼工艺，还有混合油精炼工艺。其中混合油精炼要求所有的装置必须是密闭而且防爆，还需增加皂脚脱溶系统，目前国内使用的不多。我国大部分油厂仍采用传统的碱炼工艺。传统的棉籽油碱炼工艺存在一些不足，如传统的碱炼工艺需将油温升高到80～85℃后加碱反应，此时因反应温度较高，不能长时间反应，否则会导致大量的中性油皂化；而较短反应时间，生成的皂没有充分的时间吸附棉酚，且棉酚也可以与碱反应，生成溶于水的棉酚钠盐，导致棉酚不能脱除干净，从而在后道工序中棉酚因为升温变性使色泽固定，造成不可脱除的颜色。

14.3.2 低温长混碱炼工艺

14.3.2.1 生产原理

　　虽然碱和游离脂肪酸或棉酚的皂化反应几乎是瞬间完成的，但为了尽可能脱除棉籽油中的棉酚，需要增加反应时间。通过60～90min反应，生成的皂有充分的时间吸附棉酚，从而在碱炼工段内将棉籽油的色泽降低到Y35 R2.5左右（罗维朋比色计25.4mm槽），以便脱色、脱臭中能比较容易地生产出色泽较好的棉籽油。

14.3.2.2 工艺流程

　　工艺流程如图14-4所示。

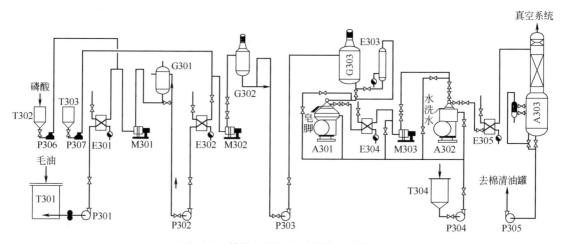

图14-4 棉籽油低温长混碱炼工艺流程

T301—毛油暂存罐；T302—磷酸罐；T303—碱液暂存罐；T304—软水罐；
E301/3/4/5—加热器；E302—冷却器；P301—毛油泵；P302—离心油泵；P303—隔膜泵；
P304—热水泵；P305—碱炼泵；P306—磷酸计量泵；P307—碱液计量泵；
M301/2/3—离心混合器；G301—磷酸反应罐；G302—碱反应罐；
G303—滞留罐；A301—离心机；A302—离心机；A303—脱溶塔

14.3.2.3 工艺说明

　　（1）磷酸反应　预脱胶需加入85%的食用级磷酸，可以起到水化、去除钙、镁和磷脂化合物的作用。根据生产实践，对棉籽油在80～85℃时添加0.05%～0.2%的食用级磷酸，可以有效地降低碱炼棉清油的残皂量和磷脂含量，从而在后道的脱色中可以避免白土的过多损耗。棉籽油用磷酸处理与否对碱炼油含皂量及磷脂含量的影响见表14-4。

表 14-4　棉籽油用磷酸处理与否对碱炼油含皂量及磷脂含量的影响

油中加磷酸量/%	磷脂含量/%		含皂量/(mg/kg)	
	毛油	碱炼油水洗后	中和后	水洗后
未添加	0.7	0.3	5000	2100
0.2	0.7	0.012	1100	110

（2）降温冷却　酸反应后的油脂通过板式换热器降温至 40～50℃后进入下道工序。

（3）离心混合　通过计量泵准确添加一定量的氢氧化钠水溶液（14%～16%）和温度为 40～50℃的酸反应后的毛棉籽油进入离心混合器，使之充分混合后进入碱反应罐。

（4）碱反应　在碱反应罐中的快速搅拌作用下，使碱滴分散，碱液的总表面积增大，碱液和油中的游离脂肪酸充分接触。同时，搅拌还可以增进碱液和游离脂肪酸的相对运动，提高反应速率，并且使反应生成的皂粒尽快脱离碱液。

（5）滞留反应　在滞留罐中的慢速搅拌作用下，通过 60min 左右的滞留，以保证胶质形成大的絮团，并且使生成的肥皂充分吸附棉酚。油靠重力压差从滞留罐进入加热器中，在加热器中将油加热到 80～90℃后进入下道工序。

（6）离心分离　在 80～90℃时，皂脚和油的相对密度差最大，同时皂脚黏度在 90℃时降低率最大。

（7）水洗　脱皂后的油中还含有游离碱、皂和一些胶体杂质，在油中加入 10%～15% 的软水通过离心分离去除。

（8）调节温度　将水洗后的油加热升温到 125～140℃。

（9）脱水、脱溶　碱炼油经过水洗离心机分离之后，油中还含有 0.3%～0.5% 的水分。这部分水分必须及时脱除，否则将影响油品的透明度和稳定性，并给后续加工带来困难。我公司采用填料式脱溶塔进行油脂的脱水、脱溶，不锈钢填料具有巨大的表面积，增大了汽液传质效率，节约了汽提和真空系统的蒸汽消耗。油脂在 15～20min 即可去除挥发性组分，而且油品质量稳定。低温长混碱炼的工艺参数见表 14-5。

表 14-5　低温长混碱炼的工艺参数

项目	工艺参数	项目	工艺参数
进油温度/℃	80～85	碱反应温度/℃	40～50
磷酸添加	量为 0.1%,85% 磷酸	滞留时间/min	60
酸反应时间/min	15～20	分离温度/℃	85～90
碱液添加	定量添加,14%～16%	水洗水量	10%～15% 油重,软水
碱反应时间/min	15～20	脱溶温度/℃	125～140

在传统的碱炼工艺中仅需要增加反应罐的容量就可以进行低温长混碱炼工艺的操作，对现有工艺和设备的改造费用较低。低温长混碱炼工艺因为在温度比较低的情况下添加氢氧化钠溶液，可以减少中性油皂化的概率，故炼耗较低，精炼收率较高。通过低温长混碱炼工艺生产的棉清油质量较好，色泽浅，为生产高品质的棉籽高烹油、色拉油提供较好原料油。

14.4　菜籽油精炼

14.4.1　半连续脱胶工艺

（1）工艺流程

半连续脱胶工艺流程如图 14-5 所示。

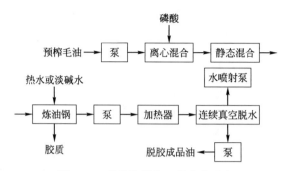

图 14-5　半连续脱胶工艺流程示意

（2）经叶片过滤机过滤后的预榨菜籽毛油，其温度为 70～75℃与 0.15%（油质量）的磷酸（浓度 85%）在离心混合器中首次混合，再经静态混合器第二次混合后进入炼油锅，调节油温至 80～85℃，并开启搅拌装置，搅拌时间约 20～30min，然后保温静置 30min，接着加 10%（油质量）、温度为 90℃的热水或淡碱水进行水化（同时开启搅拌装置），整个加水时间为 25～35min。之后，静置 2～2.5h，放去锅底胶质，由翻锅泵将上层清油经加热器送入连续真空脱水器。然后由泵抽出送入脱胶成品油罐，此油达二级油质量标准，亦可进入下一工序进一步加工。

14.4.2　连续脱色工艺

脱色塔为机械搅拌；脱色温度应控制在 110℃左右，不宜过高；物料在塔内的停留时间为 20～30min；白土加入量为 1.5%～2.6%（油质量）。

14.4.3　连续脱臭工艺

由于物理精炼的脱酸是在脱臭工艺中进行的，因此，脱臭工艺中除了高温和高真空为必需的生产条件外，脱臭塔结构设计是否合理成为脱酸效果好坏的关键。在该脱臭工艺中，脱臭塔为塔盘式结构，共七层。其中六层为工作层，内有导热油加热盘管，以保持脱酸、脱臭所需的温度；直接汽翻动油层的方式为两种形式：一种为蒙马泵式，另一种为盘管侧喷式，依层数交替布置；最后一层为内置式油—油热交换层，以充分利用能源，有利油温的降低，对防止油品的氧化有一定的作用，并由此改善了脱臭抽出泵的工作条件，该塔不仅具有脱酸、脱臭功能，且后脱色的能力也很明显。与化学精炼相比，物理精炼其馏出物—脂肪酸相对量大，因此，必须加强脂肪酸捕集功能，以利于环保，并以此获得一定的经济效益。

选择的半连续工艺流程，前道脱胶、脱磷部分在原二级油生产线的基础上略加改进，投入部分主要集中在脱色、脱臭、导热油炉部分，大大节省了投入。产量 7m³/h，白土添加量 2.0%，菜籽毛油酸值 3.0mg KOH/g，色泽（罗维朋 25.4mm 槽）Y3.5R5.5，菜籽油成品油，菜籽毛油酸值 0.20mgKOH/g，色泽（罗维朋 133.3mm 槽）Y20R1.4。毛油总收率达 95.5%以上。

14.5　米糠油精炼

米糠含油 16%～22%，米糠油不饱和脂肪酸含量为 60%～70%，其中油酸为 42%、亚油酸为 38%，并含有丰富的谷维素。谷维素具有降低血小板凝聚，减少肝脏胆固醇合成和降低胆固醇吸收等作用。毛米糠油的自身特性决定了米糠油精炼工艺区别于其他油品。首先毛米糠油酸值很高，一般在 8～20mg（KOH）/g，有些陈化米糠油酸值高达 30mg（KOH）/g以上，其次含蜡质 2%～5%，色泽较深，脱色困难。传统的碱炼工艺碱炼损耗大，精炼成本高，为了生产出合格的新国标一级精炼米糠油，又能够降低成本，适合采用物理精炼工艺。

14.5.1　毛米糠油主要成分

毛米糠油主要成分含量见表 14-6。

表 14-6　毛米糠油主要成分

固杂 /%	含磷量 /(mg/kg)	酸值 /[mg(KOH)/g]	水分 /%	过氧化值 /(mmol/kg)	蜡质 /%	色泽 (25.4mm 槽)
1	280	22	0.5	4.5	4	Y50R9

成品油指标按 GB 19112 米糠油一级标准执行。

14.5.2　工艺流程

米糠油精炼工艺流程如图 14-6 所示。

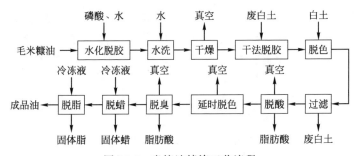

图 14-6　米糠油精炼工艺流程

14.5.3　工艺说明

（1）水化脱胶　米糠油物理精炼的关键是尽可能地去除油中的胶体物质。胶体物质的大量存在不仅会影响产品质量，而且在高温作用下易结焦形成油垢附着在填料表面，影响设备的正常运转。一般水化脱胶油含磷量必须小于等于 30mg/kg。首先将毛油升温至 80～85℃，加入油量的 0.3%、含量为 85% 的磷酸（食品级），快速搅拌 30min。再加入温度为 90～95℃、油量的 8%、含量为 5% 的明矾溶液，慢搅 15min 后，静置沉淀 2h 放出油脚。

（2）水洗　首先将脱胶油升温至 75～78℃，加入温度为 90～95℃、油量 8%、含量为 5% 的明矾溶液慢搅 15min 后，静置沉淀 2h 放出油脚。然后再将油温升至 75%～78%，加入温度为 90～95℃、油量 8% 的热水慢搅 15min 后，静置沉淀 2h 放出油脚，备用。

（3）干燥　干法脱胶前必须将水化脱胶油水分降至 0.5% 以下。水化脱胶油干燥是在连续式填料脱溶脱水器中进行，干燥真空度为 -0.09MPa、进油温度 105～110℃。

（4）干法脱胶　干燥油加热到 85℃ 左右，由定量泵加入含量为 85% 的磷酸、加入量为油质量的 0.1%，经刀式混合器快速搅拌混合反应后，进入叶片过滤机。利用脱色后的废白土过滤去除残余的磷脂及金属离子等杂质得到干法脱胶油。一般经干法脱胶的油含磷量小于等于 10mg/kg。

（5）脱色　将干法脱胶油的 70% 加热至 110%，进入脱色塔，30% 的油进入油土混合器与加入的白土混合调浆后，由真空吸入脱色塔与塔内油混合进行脱色。脱色塔为双层结构、蒸汽搅拌。脱色塔真空度为 -0.09MPa，脱色时间为 30min，白土添加量以油质量的 2% 为宜。如果脱色效果不好，可添加少许活性炭配合使用。

（6）过滤　叶片过滤机操作压力为 0.2～0.3MPa，脱色清油经袋式过滤机进入真空脱色油暂存罐。一般脱色油含磷量小于等于 5mg/kg、色泽 Y35、R6 左右。

（7）脱酸　脱色油经油-油换热器，最后经加热器加热至 250～260℃进入脱酸塔脱酸。脱酸塔为结构填料塔，油在填料表面从顶部在重力作用下向下流动，与从底部喷入的饱和蒸汽充分接触达到汽提脱酸的目的。油在塔内流动时间为 5min，直接汽用量为油质量的 2%，真空绝压小于等于 200Pa。脱酸油在重力作用下流入延时脱色罐。

（8）延时脱色　在高温、高真空条件下，脱酸油中叶绿素、类胡萝卜素等热敏性色素被分解脱除。延时脱色罐为卧式罐体，内部分为 4 个格，油在内部按顺序流动。延时脱色温度为 240～245℃，真空绝压小于等于 200Pa，时间 60min 左右。油在重力作用下溢流至脱臭塔。

（9）脱臭　脱臭塔为结构填料塔。油在填料表面从顶部在重力作用下向下流动，与从底部喷入的饱和蒸汽充分接触达到汽提脱臭的目的。油在塔内流动时间为 15～20min、脱臭温度大于等于 230℃、直接汽用量为油质量的 1%左右，真空绝压小于等于 200Pa。从塔底部抽出的脱臭油经油—油换热器、最后冷凝器冷却至 40℃以下。一般脱臭油酸值小于等于 0.2mg（KOH）/g，色泽 Y20、R2 左右脱酸、脱臭抽出的混合脂肪酸由结构填料捕集塔捕集后流至脂肪酸循环罐，混合脂肪酸在此被冷却至 60～70℃。冷却的混合脂肪酸由脂肪酸循环泵泵入捕集塔顶部分配器。脂肪酸在填料表面自上而下流动，与自下而上高速流动的高温混合脂肪酸气体相接触完成热交换，使混合脂肪酸气体变成液体，从而被捕集下来。一般的，混合脂肪酸酸值为 150～190mg（KOH）/g。

（10）脱蜡　脱臭油经板式换热器与冷冻液换热，油温降至 15℃后泵入不锈钢结晶罐，在搅拌作用下，利用盘管内冷冻液的循环使其缓慢降温至 8℃进行结晶，结晶时间约 3h。将结晶油压入养晶罐，恒温 8℃条件下养晶 3h，在 0.6MPa 空气压力下过滤，得脱蜡油。

（11）脱脂　滤出的脱蜡油泵入不锈钢脱脂罐，在具有刮板装置的慢速搅拌作用下，利用夹套冷冻液循环缓慢降温至 3℃。恒温 3℃条件下养晶 6h，在 0.6MPa 空气压力下过滤得脱脂米糠油。成品油质量指标检测结果见表 14-7。

表 14-7　成品米糠油的质量指标检测结果

项目	指标	项目	指标
色泽（133.4 槽）	Y20R1.8	烟点/℃	215
水分及挥发物/%	0.02	冷冻试验（0℃,5.5h）	澄清、透明
酸值/[mg(KOH)/g]	0.15	过氧化值（mmol/kg）	4

毛米糠油后各项指标统计见表 14-8。由表 14-8 可知，因毛米糠油酸值、含蜡量较高造成成品油收率较低。但以当时价格计算，加工每吨毛米糠油的综合利润可达 200 多元。脂肪酸酸值很高，说明纯度高，飞溅油较少，精炼损耗低。水、煤、电耗与该厂原有的碱炼工艺相比都有所下降。

表 14-8　生产时各项指标统计情况

项目	指标	项目	指标
磷酸/（kg/t 毛油）	4	自来水/（kg/t 毛油）	3000
白土/（kg/t 毛油）	22	煤耗/（kg/t 毛油）	120
油脚含油/%	20	电耗/（kg/t 毛油）	78
废白土含油/%	22	成品油/（kg/t 毛油）	753
脂肪酸值/[mg(KOH)/g]	167	脂肪酸/（kg/t 毛油）	176

14.6　玉米油精炼

14.6.1　工艺流程及主要设备

（1）工艺流程　玉米油精炼工艺流程图如图 14-7 所示。

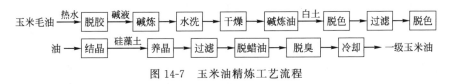

图 14-7　玉米油精炼工艺流程

（2）主要设备选型　DHZ470 碟式分离机；YTSI20 脱色塔，NYB.30 叶片过滤机，QSJW—120 汽水串联真空泵；YJJG.140 结晶罐；YYJG.220 养晶罐；WYB—80 卧式过滤机；YTXD90—180X3 脱臭塔（软塔）；4ZP（10＋80）-2 四级蒸汽喷射泵。

14.6.2　工艺设备特点

14.6.2.1　传统工艺与新工艺对比

玉米油精炼传统工艺流程图如图 14-8 所示。

图 14-8　玉米油精炼传统工艺流程

（1）传统工艺中玉米油脱臭后再结晶、养晶、过滤脱蜡，由于过滤时添加了硅藻土助滤剂，它偏酸性，会造成成品油酸值上升，影响成品油的品质，并且会使成品油中带有明显的泥土异味。新工艺把脱蜡工段放在脱色和脱臭工段之间，脱臭塔可去除脂肪酸降低酸值，并且脱除硅藻土中泥土异味，有效控制成品油的品质。

（2）传统工艺是往脱臭油中加入油质量 0.2% 左右的助滤剂，脱臭油油温需冷却到 20℃，保持 48h，并伴随搅拌，油中的蜡质慢慢地凝聚，最后用过滤机将蜡质从油中分离出去。新工艺是往脱色油中加入油质量 0.2% 左右的助滤剂，快速冷却到 5～10℃，并伴随速度为 10～13r/min 的慢速搅拌，在此条件下，保持 7～8h，然后采用卧式过滤机将蜡质除去。两种工艺通过实践对比，后一种工艺中的脱蜡工序在不影响油品质量的前提下，脱蜡工段时间短，可提高产量，从而提高企业的经济效益，降低投资成本。

14.6.2.2　设备选用的不同点

新工艺脱臭工段采用软塔设备，目的是通过软塔系统"先汽提，后保持"的原理，首先在填料塔内进行汽提，除去游离脂肪酸、其它挥发物、"臭味"物质，并尽可能减少维生素 E 的损失和形成反式酸的可能性。使用软塔可使脱臭/脱酸过程实现较低温、较短时间的处理，它的使用不仅能降低生产成本，还有利于抑制反式脂肪酸的产生和保持维生素 E 的存留量。一般操作温度在 230℃ 左右。

汽提部分和塔盘完全分离可防止自由基的产生和色素沉着。自由基是产生油脂风味劣化和色泽变深的原因之一，另外游离脂肪酸的存在可诱发色素沉着和新的游离脂肪酸的产生，但软塔脱臭/脱酸系统在 5min 内即可完成汽提操作，因此得到的油色泽浅，同时，塔盘内油层薄，保持时间短，能抑制反式脂肪酸的产生。

当真空度一定的情况下，不同的汽提蒸汽量将对馏出物中维生素 E 的捕集有不同的效果。当汽提蒸汽量较少时，油中维生素 E 的存留量必然多。由于使用软塔系统，不必利用蒸汽来翻动油层，其汽提压力降较低，因此可以采用较少的汽提蒸汽量来处理，有利于提高维生素 E 在油中的存留量，能耗较低。

14.6.2.3　生产应注意的问题

(1) 实际中脱胶工段对成品油质量影响比较大，如果胶质脱除效果不好，会使玉米成品油回色严重。并且胶质含量多，会影响软塔的汽提效果。

(2) 碱炼时采用纯度为 99% 的固体片碱。因为 Ca^{2+}、Mg^{2+} 的存在对玉米成品油的回色影响也比较大。

(3) 由于玉米原油在榨油、浸出过程中含杂较高，建议在脱胶、碱炼前先进行静置沉淀，降低玉米油中的含杂量，为提高碟式分离机的分离效果，将玉米原油中含杂量控制在 0.2% 以下。

(4) 脱臭工段中软塔中油温不宜太高，控制在 230℃ 左右。

(5) 脱臭工段后玉米成品油一定要冷却后，才能入库，冬天将入库油温控制在 30℃ 以下，夏天控制在 35℃ 以下，防止玉米成品油回色。

(6) 为提高玉米成品油的收率，降低生产成本，碱炼油的酸值控制在 0.2～0.25 (KOH) mg/g 之间。

(7) 为提高脱蜡工段过滤速率，提高脱蜡效果，助滤剂建议采用硅藻土，而不采用珍珠岩。

当玉米毛油品质在如下指标范围内见表 14-9，经过精炼生产出的玉米成品油的各项指标见表 14-10，玉米油精炼理化指标的指标见表 14-11，达到玉米油国标一级油的各项指标。

表 14-9　玉米毛油理化指标

项目	指标	范围
理化指标	色泽(罗维朋比色槽25.4)	R≤6.5；Y≤30
	水分及挥发物/%	≤0.5
	不溶性杂质/%	≤0.5
	酸值(KOH)/(mg/g)	<8.0
	磷脂/%	≤1.0
	蜡/%	≤0.5

表 14-10　新工艺精炼的玉米成品油的各项指标

项目	指标	一级
感官指标	气味、滋味	无气味、口感好
理化指标	色泽(罗维朋比色槽133.4)	R≤1.0；Y≤15.0
	水分及挥发物/%	≤0.05
	不溶性杂质/%	≤0.05
	酸值(KOH)/(mg/g)	≤0.18
	反式酸含量/%	≤0.80
	V_E 存留量	≥原油中含量的85%
	成品油温/℃	≤35(冬季≤30)
	冷冻试验(0℃)	72h,澄清

表 14-11　玉米油精炼理化指标

项目	指标	范围
	色泽(罗维朋比色槽133.4)	R≤0.5；Y≤7.0
	反式酸含量/%	≤0.50
	V_E 保留量	≥原油中含量的95%

14.7　油茶籽油精炼

油茶籽油属不干性油，色清味香。油茶籽油主要由油酸的甘油酯构成，其饱和酸构成的酯（固体酯）含量较少。油酸和亚油酸两者合计的含量高达 90％，其油茶籽油的脂肪酸组成见表 14-12。

表 14-12　油茶籽油的脂肪酸组成

成分	豆蔻酸	棕榈酸	硬脂酸	花生酸	油酸	亚油酸
含量/%	0.3	7.6	0.8	0.6	83.3	7.4

油茶籽油中的不饱和脂肪酸含量高是其主要特性，近年来油茶籽油在保健及医药上的用途日渐广泛。由于油茶籽油被人体吸收后可防止血管硬化、改善细胞组织、提高大脑活力，故被誉为细胞的保护神和血管的清道夫，可用来辅助治疗高血压和肥胖病，是优良的保健用油。精制后的油茶籽油在药物上可用来作为药物用油。由于油茶籽油的甘油酯具有双极性分子结构，含甘油酸根、胆碱基的极性端，具有亲水性，这种独特的物化特性和生理活性在制药工业中有十分重要的意义。高精制油茶籽油可用作制备含有各种药物制剂的调理剂和乳化剂，可改善药物的溶解性，提高悬浮液的稳定性。同时，利用油茶籽油形成脂质体的性质，用于药剂传递和输送系统，作为药物的载体具有定向靶性，制成脂肪乳剂或加到水溶性的其他活性物质中，可制成具有特殊疗效的新剂型。据报道，油茶籽油作为药物用主要有两种方法：一是作为不能经口进食和超高代谢的危专病人的静脉输注用油，即脂肪乳液；二是作为药物的溶媒，改善药物在机体中吸收利用的情况，从而使药物充分发挥作用。目前油茶籽油主要用作第二种用途。

14.7.1　油茶籽油的理化指标

毛油茶籽油的物理化学特征见表 14-13。

表 14-13　毛油茶籽油的物理化学特征

项目	理化指标	项目	理化指标
透明度	有混浊,有少量沉淀物(真空抽滤法)	折光指数 $n^{20℃}$	1.4679~1.4690
		酸值	2.0mg(KOH)/g
气味	有茶叶味和一些桐油异味	过氧化值	3.3mmol/kg
色泽	Y35 R7.0 B0.1(罗维朋比色计 25.4mm)	脂肪酸凝固点	13~18℃
		皂化值	193~196
碘值	79.39gI/100g	油酸含量	≥78%
水分及挥发物	0.12%		

根据卫生部脂肪乳注射液标准和《中华人民共和国药典》（以下简称《中国药典》）的有关附录，确定质量检测标准。现将毛油茶籽油的理化指标列于表 14-13，以便分析说明油茶籽油精炼工艺的质量指标要求。其他医药卫生指标（如细菌、毒性、热源等），应符合《中国药典》对药物用溶剂的要求。

14.7.2　药物用油茶籽油的精炼

14.7.2.1　质量指标

从上述质量指标中可以看出，与一般的食用高档油相比，主要对药物用油茶籽油的油品色泽、酸值、过氧化物及重金属和卫生指标等提出了较高的要求，尤其是色泽与过氧化值两项指标（见表 14-14）。因此，确定药物用油茶籽油的生产工艺，关键是要选用合适的设备，在每道生产工序中严格按操作规程要求，控制好有关指标，从而保证产品的质量最终达到药物用油的要求。

表 14-14　药物用油茶籽油的质量标准

项目	指标	项目	指标
过氧化值	0.02%(0.75mmol/kg)	透明度	澄清,透明
冷冻试验	0℃冷藏 5.5h 以上澄清透明	气味	无气味
酸值	≤0.3mg(KOH)/g	不皂化物	≤0.90%
色泽	Y10 R0.2(罗维朋比色计 133.4mm 槽)	水分及挥发物/%	≤0.10

14.7.2.2　工艺流程

油茶籽油中的胶质含量不高，一般不需要专门的脱胶工序；由于药物用油茶籽油对酸值、色泽及其他杂质的要求较高，故工艺中脱酸、脱色、脱臭等工序必不可少；据分析油茶籽油中的微量成分主要有：作为不皂化物是茶油甾醇（C29H480）、豆油甾醇（C29H480）、β-谷甾醇（C29H500）等为代表的植物甾醇和香树精（C30H50O）等的甲基甾醇类，而且还含有山茶皂苷（C57H94030）等的皂苷类，这些组分大多可通过碱炼精制而除去。鉴于药物用油茶籽油的生产规模不大，但对质量要求很高，故采用与间歇式高档油精炼相似的工艺，并根据需要将整个工艺过程分成精制及净化两个工段，其中主要设备经过特制，材料全部用不锈钢。

（1）精制工段工艺流程　油茶籽油精炼工艺流程图如图 14-9 所示。

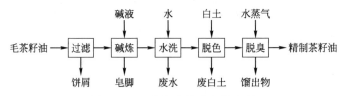

图 14-9　油茶籽油精炼工艺流程

（2）净化及灌装工段工艺流程　油茶籽油精炼净化及灌装工段工艺流程如图 14-10 所示。

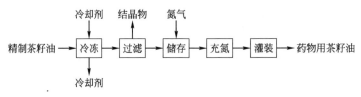

图 14-10　净化及灌装工段工艺流程

14.7.3　质量参数

（1）毛油预处理　由于用压榨法取得的毛油茶籽油品质较好，一般仅需要做过滤处理除去其中的饼屑即可。为此，可采用两个并联的滤网型管道过滤器，经过过滤后杂质降至 0.2% 以下即可进入下道工序。

（2）碱炼　考虑到毛油茶籽油中胶质含量较低，且酸值也不高，故仅需要进行碱炼即可，根据油茶籽油的性质和用途，采用低温碱炼法。控制毛油初温 25℃，加碱量根据毛油的实际酸值计算。

$$理论碱量(t)=0.713×10^{-3}×油质量×酸值$$

式中，$0.713=\dfrac{M_{NaOH}}{(M_{KOH×1})}=\dfrac{40}{56.11}$。

理论碱量的 0.10%～0.25% 为超量碱。碱液的含量控制在 12.66%～14.35%（18～20°Be′），要求碱液在 10min 内加完。开始时搅拌速度 70r/min 左右，碱液加完后应继续搅拌，并取样观察，当出现皂粒凝聚较大且与油呈分离状态，则放慢速度（30r/min），同时开间接蒸汽升温，升温速度控制在 1.5℃/min 左右，再取样观察，当皂粒大且结实，并与油分离较快时，则应停止升温，同时加入盐水，然后停止搅拌，进行沉淀，一般沉淀时间要求在 10h 以上。

碱炼过程存在碱液量准确控制问题。在以往的工艺设备中大多数采用泵体输送，但泵输送很难保证量的准确性。考虑到药物用油茶籽油酸值控制很严格，在设计时选用了小容量专用配比设备，采用气体压送，碱液进锅也是设计专用喷头喷入。

（3）水洗　把上层油吸到水洗锅，搅拌，将油升温至 80℃ 左右，然后用 85℃ 的热水进行洗涤 3 次左右，控制用水量为油质量的 10% 左右，洗涤过程中进行慢速搅拌。水洗合格与否采用预先配置的滴定液做试验，以不显示明显碱性为准。

（4）脱色　用真空将油吸入脱色罐，升温至 95℃ 脱水，脱水时间控制在 20～30min，降低水分至 0.1% 以下（至罐内水汽消失为止）。降温至 90℃ 左右，打入真空干燥器干燥，干燥后的油 97% 打入脱色塔脱色，3% 的油进入调浆罐与加入的白土调浆后输入脱色塔脱色，要求一次性吸入脱色罐。在实际生产中有的油品采用干白土真空吸入达到效果会更好。脱色时间控制在 20min，真空度（残压）为 97～9kPa，冷却至 80℃ 以下过滤。

为达到更好的脱色效果，设计脱色设备时，使用特制的白土喷嘴，从而保证白土与油茶籽油充分、均匀地混合。必要时可在活性白土中加入 3%～5% 的活性炭。

（5）脱臭　将脱色油吸入经特殊设计的脱臭锅，先用间接蒸汽升温至 110℃，再用导热油升温至 150℃ 时开直接蒸汽翻动，此直接蒸汽为过热蒸汽，直接蒸汽应先开大一些，但以不使油飞溅太厉害为准。继续加温至 240℃ 计时，此时到分离器取样观察，样品保留。2h 后再取样与原先的样品作比较，如色泽淡下来，稠度降低时，关小直接汽阀门，再计时 2h 后关掉加热系统与直接蒸汽，然后进行冷却，当油温降至 70℃ 时关闭蒸汽喷射泵，让油继续冷却（在蒸汽管中通入冷却水），一直到油温为 25℃ 左右才能翻锅。脱臭的真空系统采用三级蒸汽喷射泵或四级喷射泵，真空度（绝对压强）控制在 300Pa 左右。

开始冷却阶段，由于油温高而引起冷却管压力过高，从而产生盘管、锅体剧烈震动（有拉断盘管的可能），这是常规脱臭器经常出现的现象，是很危险的。为避免这种现象发生，我们在工艺与设备的设计中，考虑了在开始阶段采用高温水外加泵力强制冷却（水温加高、水量加大以不至于盘管内水蒸气压力过高），并对油茶籽油脱臭器本身的结构也作了相应的改变。

（6）冷冻（冬化）处理　从毛油茶籽油的储存性要好于精炼油茶籽油情况来看，精炼后的油茶籽油中天然抗氧化成分所剩无几，这就要求我们对精炼油茶籽油储藏采取更为安全、更为完善的措施，以确保其质量。

首先将脱臭油茶籽油用气体压送入冷冻结晶罐，进行冷冻处理，当油温降至 3℃ 以下时，停止夹套中冷冻剂的循环，使油温继续降至 0℃ 左右，保持 5.5h 后进行过滤。

由于采用的过滤介质是药用滤纸，冬化设备的冷冻系统应采用自动控制，否则，一旦出现常规冷冻中因温度过低造成结锅的现象，而不得不采用外加热解冻时，则对于品质要求很高的注射用油是不利的。

（7）充氮及包装　将脱臭后的油茶籽油用真空（残压为 300Pa）吸入充氮罐，然后开启氮气罐阀门，将氮气充入油中，根据需要用氮气压送进行包装。注射用油，一般采用 25 的特制小油桶包装。

14.7.4 样品理化指标与药理试验

（1）理化指标 理化指标见表14-15。

表 14-15 样品理化指标

指标	药典标准	样品试验
透明度	澄清,透明	水样状
气味	澄清,透明	无味
色泽	Y10 R0.2(罗维朋比色计 133.4mm 槽)	Y10 R0.2(罗维朋比色剂 133.4mm 槽)
酸值	$\leqslant$0.3mg(KOH)/g	$\leqslant$0.27mg(KOH)/g
过氧化值	0.02%(0.75mmol/kg)	0.02%(0.74mmol/kg)

（2）重金属 取一定量供试品于水浴锅上浓缩至干,火加热至安全炭化,加1mL硫酸,使其湿润,低温加热至硫酸蒸汽除尽,在500～600℃下炽灼完全灰化、入冷,按《中国药典》附录ⅧH第三法检查残渣,重金属含量符合标准。

（3）热源 按照《中国药典》附录ⅪD热源检查法,将一定剂量的供试品,静脉注入家兔体内,在规定时间内观察兔体温升情况,受检的家兔均符合热源检查规定。

（4）异常毒性 按照《中国药典》附录ⅪC异常毒性检查法,对体重17～20g的小鼠尾部注射一定剂量的供试品,在规定时间内观察发现,均符合异常毒性检查标准。

（5）无菌 按照《中国药典》附录ⅪH无菌检查法,供试品均符合标准。

14.8 茶叶籽油精炼

我国是茶叶的故乡,茶叶籽资源十分丰富。我国现有茶园180多万公顷,年产茶叶籽80余万吨,理论可产优质食用油10余万吨,相当于33.3万公顷油茶树的年产量,经济价值十分可观。茶叶籽中含有25%～35%的油脂,属不干性油,常温下为液体,具有茶叶籽油特定的气味,不饱和脂肪酸含量超过80%,尤其是亚油酸含量达20%以上,具有很高的营养价值和保健功能。茶叶籽毛油色泽深,酸值较高,且含有皂素等一些固体杂质,油脂具有苦涩味,不符合国家食用油标准,要对茶叶籽毛油进行脱胶、脱酸、脱色和脱臭等精炼。

14.8.1 精炼工艺

茶叶籽油精炼工艺流程如图14-11所示。

茶叶籽毛油 → 酸法脱胶 → 过滤 → 碱炼脱酸 → 过滤 → 水洗 → 脱色 → 脱臭 → 干燥 → 茶叶籽精炼油

图 14-11 茶叶籽油精炼工艺流程

（1）脱胶率计算 茶叶籽毛油中的胶质物质主要是磷脂,胶质的存在不仅影响了油的稳定和贮藏性,而且会在后续的碱炼脱酸工序中产生乳化,增加炼耗和用碱量。脱胶率按下列公式计算:

$$脱胶率 = \frac{毛油中磷脂含量 - 精炼油中磷脂含量}{毛油中磷脂的含量} \times 100\%$$

（2）加碱量确定及脱酸率计算 加碱量依据毛油酸值确定,按下列公式计算:

$$理论加碱量 = \frac{7.13 V_A G_0}{1000c}$$

$$加碱量 = 理论加碱量 + 超碱量$$

式中,V_A 为茶叶籽毛油的酸值;G_0 为茶叶籽毛油的质量,kg;C 为 NaOH 溶液的质量分数。

加碱量、碱液质量分数、中和温度及搅拌速度等因素均对碱炼效果产生影响。加碱过多会造成中性油大量损失，试验操作过程中，脱酸时还应加入一定的超碱量，用量约为油质量的 0.2％～0.4％。为了除去脱酸后茶叶籽油中残存的碱液和皂脚，必须用同温或稍高于油温的软水洗涤 2～3 遍，当排出的水遇酚酞液不变红时，表明油中的碱液与皂脚已洗干净，软水用量为油脂的 15％左右，然后再测定其酸值，按下列公式计算脱酸率：

$$脱胶率 = \frac{毛油酸值 - 脱酸油酸值}{毛油酸价} \times 100\%$$

（3）脱色率计算　准确称取 50g 待脱色油。置于 150mL 烧杯中，于电炉上加热至 80℃，边搅拌边加入 2g 活性炭，升温至 100℃，在磁力搅拌器上保温搅拌 30～90min，然后趁热抽滤。在 520nm 波长处，测定其吸光度，按下面公式计算脱色率：

$$X_1 = \frac{A_0 - A_1}{A_0} \times 100\%$$

式中，X_1 为油脂脱色率；A_0 为脱色前油脂的吸光度；A_1 为脱色后油脂的吸光度。

（4）脱臭原理　脱臭是在高温高真空条件下，借助水蒸气蒸馏脱并汽提脱除油中游离脂肪酸和臭味物质。油在塔内自上而下，直接蒸汽自下而上与油均匀地逆流传质汽提，在脱臭过程中，通过低压高温作用将臭味物质分解，并由水蒸气将分解物带出，从而达到脱臭目的。

（5）茶叶籽油理化指标的测定　采用 GB 5530 测定酸值；采用 GB 5537 测定磷脂含量；采用 GB 5535 测定不皂化物含量；采用 GB 5527 测定折光指数；采用 GB/T 5538 测定过氧化值；采用 GB/T 5532 测定碘值。

14.8.2　工艺条件

（1）酸法脱胶　磷脂分为亲水磷脂和非亲水磷脂，加酸的目的就是把非亲水磷脂转化为亲水磷脂，有利于分离。经测定脱胶前茶叶籽毛油的磷脂含量为 0.432％，以温度、加酸量和时间为考察因素，对脱胶工艺条件进行优化，以脱胶率为评价指标，在 90℃条件下，加入 3％柠檬酸并搅拌 25min，磷脂去除率可达 88.89％。

（2）碱炼脱酸　是油脂精炼过程中的关键工序，也是导致中性油损失最多的环节，应根据毛油酸值确定加碱量。经测定，茶叶籽毛油的酸值为 3.55mg（KOH）/g，在不同的温度下，脱酸率有较大差异，为获得适宜的脱酸温度范围，应进行温度对脱酸率的影响试验。通常，随着温度的升高，脱酸率随之增加，当温度超过 90℃，脱酸率变化不大。超碱量对茶叶籽毛油脱酸影响最大，其次是温度和搅拌速度，时间对脱酸的影响最小。碱炼脱酸工艺条件的优化组合为 A3B3C1D2，即温度 90℃，超碱量 0.4％，脱酸时间 30min，搅拌速度 100r/min，此时脱酸率可达到 95.89％，处理后油脂的酸值为 0.146mg（KOH）/g。

（3）活性炭吸附脱色　起始阶段，随着脱色时间的增加，脱色率提高较快，当达到 80min 后，脱色率增加不明显，故选择 80min 为茶叶籽毛油的脱色时间。

（4）脱臭　将脱色油在脱臭锅内加热至 100℃，再抽真空到 500Pa 左右，并持续升温至 200℃，通过直接蒸汽自下而上与油均匀地传质汽提过程，并维持残压在 1000Pa 以下，分别设置脱臭时间为 30、40、50、60、70、80min，探讨不同时间的脱臭效果。试验结果表明，脱臭 30min，茶籽毛油仍具有明显的苦涩味，随脱臭时间延长，苦涩味逐渐减淡，当脱臭时间为 70min 时，能有效脱除茶叶籽毛油中的收敛性苦涩味，且无异味产生。

（5）理化指标　测定精炼茶叶籽油的各项理化指标，结果见表 14-16。

表 14-16   茶叶籽油精炼前后理化指标比较

名称	过氧化值 mmol/kg	酸值 /(mg/g)	碘值	折光指数 n^{20}	不皂化物/%	磷脂含量/%	水分及挥发物/%
茶叶籽毛油	0.57	3.553	91	1.4710	0.57	0.432	0.23
精炼茶叶籽油	0.31	0.158	85	1.4700	0.71	0.048	0.12

分析可知，茶叶籽毛油在精炼前有轻微氧化，在精炼过程中，一些氧化物质及挥发性物质被去除。游离脂肪酸是一种容易氧化酸败物质，从酸值降低程度，说明游离脂肪酸已基本去除，水分及挥发物降低，更有利于油脂保存。

试验以茶叶籽毛油为原料，毛油中磷脂含量为 0.43%，经过酸法脱胶可脱除 88.89% 的磷脂。毛油初始酸值为 3.55mg（KOH）/g，采用碱炼脱酸法可将酸值降至 0.15mg（KOH）/g。毛油颜色较深，为棕褐色，采用活性炭脱色最高脱色率可达到 81.3%，脱色后精炼油的颜色为淡黄色。在真空度为 500Pa 左右，持续升温至 200℃，通入水蒸气，维持残压在 1000Pa 以下，脱臭 70min，可有效脱除茶叶籽毛油中的收敛性苦涩味，且无异味产生。精炼后茶叶籽油的指标见表 14-16，符合国家食用植物油卫生质量标准（GB 11765—2003），质量属于二级食用油。

14.9   核桃油精炼

14.9.1   工艺流程及主要设备

（1）工艺流程   核桃油精炼工艺流程如图 14-12 所示。

核桃毛油 → 脱胶 → 真空干燥 → 脱色 → 脱臭（脱酸）→ 核桃成品油

图 14-12   核桃油精炼工艺流程

（2）主要设备及型号   蝶式离心机：DHZ360；脱色塔：YTS80；叶片过滤机：NYB.7；汽水串联真空泵：QSWJ-100；脱臭塔：YTXD40-100X3；四级蒸汽真空泵：4ZP（5+20）—1。

14.9.2   工艺流程特点

（1）普通毛油精炼大多采用化学精炼工艺，由于在碱炼过程中产生的皂脚将一些具有生理活性的物质如维生素 E 等从油中带走，从而使油中维生素 E 等物质减少，损失颇大。因此，对核桃毛油精炼采用物理精炼方法。前工序仅作脱胶处理，以保证上述具有生理活性的物质不受损失，并不加任何化学物质。

（2）本工艺方案是专为精制核桃油而设计的，脱臭工段利用软塔系统"先汽提，后保持"的原理，在填料塔内先进行汽提，除去游离脂肪酸、挥发物、"臭味"等物质，并尽可能地减少维生素 E 的损失和反式酸的形成。

（3）软塔脱臭（脱酸）系统是由于在填料塔中油落入填料上，随即油分散成薄层流动，并与水蒸气呈逆流接触状。脂肪酸和各种挥发性成分在真空与汽提蒸汽的相乘效果中被蒸馏脱除，从而达到脱臭（脱酸）的目的。

（4）薄膜式填料塔中的填料要选择最佳的比表面积，油脂以降膜逆流的形式通过填料，汽提能力高，压力降低，无结构死角，油脂附着极其微弱，脂肪酸可快速脱除而不至于发生水解。由于填料塔的特点可使脱臭（脱酸）过程缩短，它不仅降低生产成本，还有利于抑制反式脂肪酸的形成和保存维生素 E 的存留量。通常操作温度控制在 220～240℃，真空度控制在 266.6Pa，直接蒸汽量控制在油量的 1% 左右。

（5）汽提部分和塔盘完全分离，可防止自由基的产生和色素沉着。自由基是产生油脂风味劣变和色泽变深的原因之一，另外游离脂肪酸的存在可诱发色素定着和新的游离脂肪酸的产生。软塔脱臭（脱酸）系统在 5min 左右时间内即可完成汽提操作，因此可得到色泽较浅的油。同时，塔盘内保持仅仅是浅盘短时间，因而也就有可能抑制反式脂肪酸的形成。

（6）当真空度一定的情况下，不同的汽提蒸汽量将对馏出物中维生素 E 的捕集有不同的效果。当汽提蒸汽量较少时，油中维生素 E 的留存量必然多。由于本系统采用的是软塔系统，不必利用蒸汽来翻动油层，所以可以采用较少的汽提蒸汽量来处理，因此有利于提高维生素 E 在油中的留存量。

14.9.3　核桃油质量指标

当核桃毛油品质在如下指标范围内（见表 14-17）时，经过该套设备物理精炼生产出的精制核桃油的各项指标（见表 14-18），达到和优于一级油标准。

表 14-17　核桃毛油质量指标

项目	指标	项目	指标
水分及挥发物/%	≤0.2	FFA/%	≤2.5
不溶性杂质/%	≤0.2	含磷量/(mg/kg)	20

表 14-18　精制核桃油质量指标

项目	一级指标	项目	一级指标
气味、滋味	无气味、口感好	维生素 E 保留量	≥85%（原油的）
色泽（罗维朋 133.4mm 槽）	R≤1.2,Y≤20	成品油温/℃	≤35（冬季≤30）
水分及挥发物/%	≤0.05	最大限度指标可达值（指单项指标而言）	
不溶性杂质/%	≤0.05	色泽（罗维朋 133.4mm 槽）	R≤1.0,Y≤10
FFA/%	≤0.1	反式酸含量/%	≤0.3
反式酸含量/%	≤0.8	维生素 E 保留量	≥96%（原油的）

14.10　葡萄籽油精炼

葡萄籽油是一种不可多得的纯天然高级营养油。近年来，随着国内外对保健食品的大力倡导以及人民生活水平的大幅度提高，精炼葡萄籽油越来越受到消费者的青睐。葡萄籽油含有丰富的维生素、不饱和脂肪酸，对人体具有独特的营养保健作用，是目前国际市场上热销的高档食用营养油。因此，开发与利用葡萄籽油具有广阔的市场前景。其精炼过程主要包括：碱炼（脱胶）、脱色、脱蜡、脱臭 4 个工段。

14.10.1　碱炼（脱胶）工艺

（1）工艺流程　葡萄籽油碱炼（脱胶）工段工艺流程如图 14-13 所示。

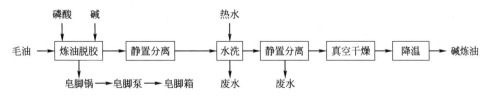

图 14-13　葡萄籽油碱炼（脱胶）工艺流程

（2）工艺说明　先将毛油经油泵送入炼油锅中，油位到合适位置后停止输入，启动炼油锅的快速搅拌装置，打开加热盘管蒸气阀门，将油加热到 40℃ 左右，加入适量的食用级

85％磷酸，充分混合 30min 左右。

在高速搅拌下，加入适量 12～24°Bé 的烧碱溶液。毛油酸值高时，采用浓碱，酸值低时采用稀碱，操作温度一般在 35℃左右，全部碱液在 5～10min 内加完。继续搅拌至油-皂明显分离时，降低搅拌速率（低速），通过加热装置以每分钟升高 1℃ 的速率加热葡萄籽油，促进皂料絮凝，终温控制在 65℃左右。

达到终温后停止搅拌，静置分离。分离的沉降时间在 6～8h，当设备条件允许时可适当延长，使沉降皂脚有足够的压缩压实时间，以降低中性油含量，同时沉降过程中要注意保温。

经皂脚分离后，上部的碱炼油经输油泵送入水洗锅中。放出的皂脚经送入皂脚锅中，需经多次升温、静置及撇去浮油，操作温度由 60℃ 递增到 80℃，然后皂脚进入皂脚箱。

残皂的洗涤操作在水洗锅中进行，洗涤温度应不低于 85℃，水温应不低于油温，洗涤水最好为软水。每次洗涤用水量为油质量的 10％～15％，搅拌强度适中（一般慢速），20min 后 80℃ 左右保温静置 1h，再分离废水，洗涤 2～3 次，直到油中残皂量符合工艺指标为止。

水洗后的油送入加热器，升温至 110℃左右，进入真空连续干燥器（真空度一般在 0.082MPa 以上），真空干燥后的油，再由冷却器降温（≤70℃）后进入碱炼油罐中。

（3）工艺特点

碱炼工段因产量小，采用间歇工艺，投资少，工艺设备简单，操作易于掌握。

14.10.2 脱色工艺

（1）工艺流程　葡萄籽油脱色工段工艺流程如图 14-14 所示。

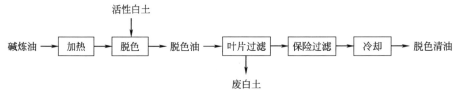

图 14-14　葡萄籽油脱色工艺流程

（2）工艺说明　碱炼油由输油泵抽出，经流量计控制产量，再经加热后送入真空脱色塔与白土混合，脱色塔内油温控制在 105℃左右，脱色时间 30min 左右，脱色塔真空度（表压）－0.082MPa。脱色后的油经泵送入叶片过滤机，两台过滤机交替使用，以保证连续工作。从过滤机出来的澄清油再经冷却降温后进入脱色清油罐。

（3）工艺特点

① 采用机械搅拌的真空连续脱色塔，该设备操作简单，脱色效果好，油和白土混合物在塔内停留 30min 左右，脱色温度 105℃左右。

② 油脂脱色，油与白土的分离采用立式叶片过滤机，优点是油在密闭状态下操作，高温时与空气隔绝，避免油氧化，油品质量好。且实现了自动排渣，劳动强度小。在工艺中配置了 2 台立式叶片过滤机进行轮流操作。

14.10.3 脱蜡工艺

（1）工艺流程　葡萄籽油脱蜡工艺流程如图 14-15 所示。

脱色清油经输油泵依次送入 4 个结晶养晶罐中，控制冷却速率，油温从 40℃左右匀速降至 5℃左右，结晶养晶时间不低于 36h，当油温降至 8℃ 左右时应停止搅拌，养晶 8h 以上。在进行过滤前在结晶养晶罐中加入适量的助滤剂，油通过抽出泵送入板框压滤机过滤除

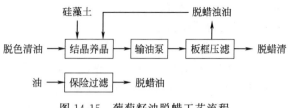

图 14-15　葡萄籽油脱蜡工艺流程

蜡。清油进入脱蜡清油箱中，浊油再经泵送回结晶养晶罐中。两台压滤机交替工作以实现脱蜡的连续生产，脱蜡清油再经保险过滤精滤后送入脱蜡油罐。

（2）工艺特点　该油脂冬化脱蜡工艺及设备，对植物油的脱蜡效果较好，与传统的油脂脱蜡相比具有以下优点：

① 立式结晶养晶罐与卧式结晶罐相比具有结构简单、投资少、占地面积少、易于保温，对环境温度要求不严等优点；② 板框压滤机，投资少，操作简单；③ 采用乙二醇冷水机组，操作方便，能根据设定实现温度自动控制。

14.10.4　脱臭工艺

（1）工艺流程　葡萄籽油脱臭工艺流程如图 14-16 所示。

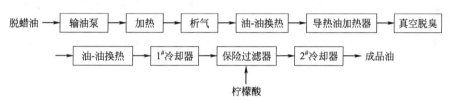

图 14-16　葡萄籽油脱臭工艺流程

（2）工艺说明　脱蜡油经输油泵通过流量计调节产量，进入加热器升温到 130℃ 左右进入析气器，在真空状态下脱气，经泵打入油-油换热器，与从脱臭塔抽出的脱臭油进行热交换，然后经过导热油加热器加热到 255℃ 左右进入脱臭软塔。脱臭软塔真空度 0.267kPa 的情况下，经过约 1h 的真空脱臭，由屏蔽泵抽出再经油-油换热器与析气器出来的脱色油进行油-油热交换，然后经过水 1# 冷却器把油温降到 70℃ 以下，再进入保险过滤器，进保险过滤器前可定量加入柠檬酸等抗氧化剂，最后脱臭油再经 2# 冷却器降温至 40℃ 左右，进入脱臭成品油罐。

（3）工艺及设备特点　利用油脂中臭味物质与甘三酯挥发度的差异，在高温和高真空条件下借助水蒸气蒸馏脱除游离脂肪酸、易挥发物、臭味等物质的过程。

采用的脱臭软塔是在吸收借鉴国外产品的基础上研制而成，具有鲜明的特点。塔的上部分采用填料式结构，内装有比表面积极佳的波形填料，使液-液对流和薄膜技术具有最佳的表面积油量比，独特的非滞留结构设计保证均匀的蒸气分布。工作时油在填料层中垂直方向均匀分布流动，形成薄膜，从而实现与水蒸气高效率的接触。水蒸气被挥发的臭味组分所饱和，并按其分压的比率逸出，达到了气-液体系间的传质过程，从而达到脱除臭味组分的目的。填料层没有直接蒸气喷嘴。脱臭软塔下部为 3 层塔盘式结构，每层都有直接蒸气喷嘴，油在每层都保持一定液位进行热脱色及进一步的汽提脱臭。由每层塔盘汽提产生的蒸气向上运动，进入填料层中与向下运动的油物料逆向接触，从而实现油品的高效率脱臭。

软塔塔体结构为上面填料层直径小，下边塔盘部分直径大，比例约为 1∶2，这更利于保持汽提压力的更大动能。当 3 层塔盘内汽提蒸气及夹带的馏出物蒸气在真空的作用下以一定压力向上运动时，塔体变小使混合气体产生的动能更大，使得呈薄膜状向下流动的油与上升的蒸气逆流交换强度加大，从而大大提高脱臭效率。

脱臭软塔 1h 左右脱臭时间实现了低温、短时间下的单元操作，将游离脂肪酸和臭味物质有效地去除，同时有效地降低聚合作用，抑制反式脂肪酸的产生及保存维生素 E 的存留量，提高了油品的营养价值。较低的脱臭温度及充分的节能换热使能量需要小且省，导热油（柴油）的用量较板式塔明显减少，节省了能源，降低了成本。

该工艺成熟可靠，设备结构合理，运行可靠，运行维护费低。脱酸、脱蜡工艺设备间歇化操作，脱色、脱臭工艺设备连续化操作，一般情况下加工葡萄籽油（葵花一级油、玉米一级油）时，油依次走完每一个单元，但在实际操作中有不同情况，要灵活掌握选择适当的加工单元。而当加工大豆或菜籽油等不需脱蜡的油品时，根据毛油的质量和产量要求，决定其工艺路线和操作。

14.11　鱼油精炼

鱼油是一种重要的油脂来源，而且鱼油特殊的脂肪组成（富含 EPA 和 DHA），既有利于增强人的体质、提高健康水平，又可提高我国海洋鱼油经济效益和社会效益。随着我国海洋产业的迅猛发展，为了合理综合利用此丰富的海洋资源，研究采用国产连续精炼设备．生产精制鱼油为基础原料的系列产品，意义重大。对于国产鱼油或进口鱼油其加工方法不同以及鱼种不同等因素，并兼顾到生产不同种类的产品．在生产中既可采用化学精炼，也可采用超级脱胶物理精炼的连续精炼工艺。

14.11.1　工艺流程

在生产实践中，鱼油主要采用以下两条连续生产工艺（鱼油）。

（1）化学精炼工艺流程　鱼油化学精炼工艺流程如图 14-17 所示。

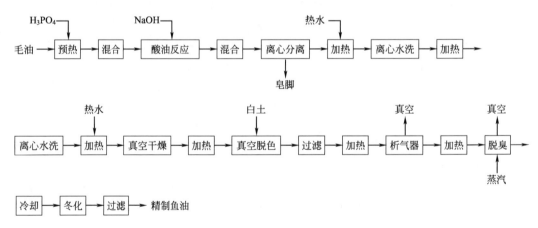

图 14-17　鱼油化学精炼工艺流程

（2）物理精炼工艺流程　鱼油物理精炼工艺流程如图 14-18 所示。

14.11.2　技术特点

（1）工艺选择　品质较差的毛油（酸值 AV≥8），应该采用超级脱胶物理精炼工艺。品质较好的鱼油（酸值 AV<8）应采用化学精炼工艺、一机多用。灵活应用工艺。使产品收率显著提高，产品质量达到企业标准。

（2）成本低　对于品质较差的鱼油，采用物理精炼工艺，脱色时白土用量只需一般工艺的一半。而且省去碱炼时的用碱量，降低了成本。

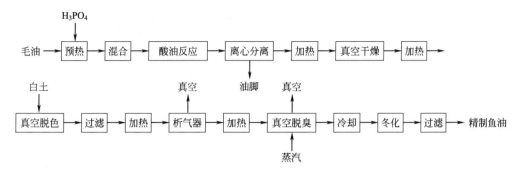

图 14-18　鱼油物理精炼工艺流程

14.11.3　工艺操作要点及其说明

（1）超级脱胶　根据 280℃加热试验无析出物，可获得鱼油中磷脂含量较少，约在 1%以内，大部分为非水化磷脂因对其它工序影响较大，必需将其除去。在化学精炼中约添加 0.1%、含量为 75%～85%的磷酸；物理精炼中需添加 0.15%～0.2%、含量 75%～85%的磷酸，得到的脱胶油质量较好（磷含量在 10～15mg/kg），符合物理精炼要求。

（2）脱酸加碱　根据毛油酸值计算加碱量（包括超量碱），碱液约为 12～14°Bé。保证连续均匀稳定，以免乳化，中性油损失。

（3）离心分离　操作温度在 85～90℃时分离心效果较佳。

（4）水洗加水　热水温度控制在 90～95℃左右，比油温高，以免乳化。

（5）真空干燥　真空干燥与一般工艺相同，温度在 95℃、真空度在 700mmHg 以上，时间约 30min，干燥油水分 0.1%以下。

（6）真空脱色　三分之一油与白土预混合后真空吸入脱色塔，三分之二直接吸入脱色塔。温度在 100℃、真空度 720mmHg 以上，时间控制在 20～30min。白土添加量 2%～5%。化学精炼工艺中，白土添加量约为 4%左右；物理精炼工艺中，白土添加量约为 2%左右。

（7）析气　控制温度在 140℃左右，真空度在 752mmHg 以上。

（8）脱臭　保证入塔温度在 200℃，时间约 100～120min，真空度在 758mmHg 以上。

（9）冬化　生产中采用两段慢速降温冬化，效果较好。

14.11.4　影响产品质量和收率的原因分析和解决方法

（1）毛鱼油的品质　特别国产鱼油，主要有干法和湿法两种提取的。干法提取的鱼油色泽深，精炼率低，不易脱色。湿法制取的鱼油色泽浅、精炼率高，易脱色。生产中发现，对捕捞的鲜鱼马上进行提取鱼油并及时进行水化脱胶、脱水处理，其鱼油质量较好，色泽较浅，精炼率高，更易脱色。因而，在连续精炼预热前一定要经压滤把杂质除去，以免影响后道工序。

（2）水洗水温　应严格控制水洗时的水温应比油温略高 2～3℃。避免乳化造成中性油损失、精炼率低等。

（3）脱色效果　活性白土与油预混合后加入，比直接加入白土的脱色效果更好。脱色时间为 20min 左右为佳。添加白土量应根据油质的不同，确定白土添加量。

（4）脱臭、脱腥　生产中采用高温、高真空条件下，水蒸气蒸馏并汽提脱除油中臭味物质。温度应控制 200℃以下。试验中发现，温度太低，臭味、腥味较浓，效果不佳；温度太高，黏度升高，有聚合物产生，影响鱼油品质。应掌握真空度 758mmHg 以上，温度在 195～200℃，脱臭 100～120min 左右效果最好。

（5）冬化去脂　主要水产油脂的脂肪酸组成见表 14-19。

表 14-19　主要水产油脂的脂肪酸组成

项目	沙丁油	秋刀油	乌贼油	鲨肝油	长须鲸油	抹香鲸油
碘值	179	136	180.1	339	139.1	77.8
皂化值	193	183	177.1	—	191.8	129
不皂化物(%)	0.63	0.97	4.1	85.3	1.6	39.8
14:0	7.9	8.4	4.0	1.9	5.6	6.1
16:0	21.0	10.7	13.3	18.3	15.1	11.4
16:1	11.1	4.4	5.7	6.4	7.6	16.7
18:0	5.4	1.7	3.8	2.9	4.6	2.9
18:1	16.7	7.0	17.6	31.6	25.8	25.9
18:2	3.1	1.3	1.6	0.6	2.3	0.9
18:3	1.2	—	0.4	—	1.7	0.8
20:1	2.4	19.7	12.1	11.7	10.7	15.7
20:4	0.8	—	—	0.9	—	—
20:5(EPA)	15.8	4.9	10.2	1.5	2.3	—
22:1	0.3	23.3	9.7	10.7	8.8	5.0
22:5(DPA)	2.6	1.4	1.3	—	1.5	—
22:6(DHA)	8.4	10.5	15.2	7.2	0.4	—
其他	3.3	6.7	5.1	6.3	13.4	14.6

由表 4-19 可看到鱼油的大致脂肪酸组成，其中含 16:0、16:1、18:1 较多，决定了鱼油含固脂较多，凝固点较高。而且鱼油的结晶为 β_1 中间型，不易形成稳定的大晶体，为此，工艺上采用两段慢速结晶法，取得较好效果。精炼率高，约在 90% 左右，而且经过冬化去脂，可提高鱼油中有效成分（EPA 和 DHA）约 2%～3%。

近几年，我国饲料工业发展迅速。鱼油作为饲料油脂添加剂的主要原料，鳗鱼饵料中添加鱼油约为 12%～16%，其他大部分饲料约在 5% 左右，我国每年约进口 2 万吨鱼油弥补不足。从表中可看出，鱼油是世界上唯一含有人体所必需的 4 种脂肪酸——亚油酸、亚麻酸、EPA、DHA 的食用油脂，其中含有丰富的 EPA（20:5）和 DHA（22:6），是陆产动植物油所没有的特殊成分。英国脑营养化学研究所和东海水产研究所的报告指出：EPA 具有预防心脑血管疾病降低血脂的作用；DHA 具有促进脑发育的效果。因此，浓缩 EPA 和 DHA 产品成为抢手货。其提取方法目前有：脲包法；分子蒸馏法；超临界二氧化碳萃取法。因此，如何浓缩高浓度的 EPA 和 DHA 成为国内外专家的重要课题。精制鱼油经过加氢选择性氢化，制得氢化鱼油，可作为煎炸油和人造奶油的上佳原料。在此方面得到越来越广泛的应用。食用鱼油理化指标对照见表 14-20。

表 14-20　食用鱼油理化指标对照

项目	本工艺精制鱼油	冰岛	日本	挪威	国内鱼油	青岛食用鱼油
酸值/(KOHmg/g)	≤1	≤1	≤2	2～14	1～2	4
过氧化值/(mmol/kg)	≤10	—	—	—	3～20	6～9
碘值/(1g/100g)	≥100	120	—	150	140	—
水分/%	≤0.05	≤0.15	1.5	0.5	0.1	2
杂质/%	≤0.05	—	—	—	≤0.1	≤2
(EPA+DHA)/%	18～30	—	—	—	—	—

14.12　蓖麻油精炼

蓖麻油是一种重要的工业原料。如蓖麻油经硫化后制成硫化蓖麻油用于软橡胶；经氢化制成氢化蓖麻油用于制作润滑剂、增塑剂、上光剂、鞋油等；经磺化制成磺化蓖麻油用于制做皮革整理剂、人造纤维软化剂、浸润剂；经脱水后制成脱水蓖麻油用于制作油漆、油灰、防水布等；经皂化后可制取肥皂、甘油。蓖麻油加热裂解制得的癸二酸是重要的工程塑料原料。可以说，以石油、煤做原料制得的化工产品，几乎都可以从蓖麻油再加工中得到。目前，蓖麻油在国际市场上日益走俏，全世界年需求量 60 万 t，而世界年供给量仅 30 万 t。中国年产蓖麻籽 30 万 t，产地主要分布在东北、内蒙古等地。蓖麻油是唯一以羟基为主的商品性油脂，其本身独特的物理和化学性质决定了在生产加工过程中与其他油料作物有着许多不同之处。

14.12.1　常规法蓖麻油精炼工艺

目前，常规的蓖麻油精炼多以间歇式为主，其工艺过程如图 14-19 所示。

图 14-19　常规法蓖麻油精炼工艺过程

该精炼工艺虽然较为成熟，但在实际过程中由于蓖麻油独特的理化性质和其工艺过程的操作稳定性差，不易控制，且生产成本高，劳动强度大，成品油性能指标也有很大的不稳定性，具体表现以下几方面。

（1）蓖麻油的极性较大，同水的亲和力较强，表现在吸湿性强，使得碱炼时极易产生乳化现象，有一部分肥皂转入油相形成胶体溶液，造成分离困难。而这一特性即使采用常规法连续离心分离时也不可避免。发生此情况时，一般的方法是按油质量的 0.2%～0.3% 添加含量为 10%～12% 的食盐溶液来破坏乳化现象，但这样会造成油脂损耗大，生产成本增加。

（2）蓖麻油的相对密度与水很接近，因此碱炼后的水洗易造成两相分层困难，操作不当，容易形成乳化现象。

（3）蓖麻油中的蓖麻酸在一定条件下（如时间、温度、压力、催化剂等）易发生分子内脱水，生成熔点为 56℃ 的反-8-反-10-十八碳二烯酸和熔点为 54℃ 的反-9-反-11-十八碳二烯酸及 Mangld 酸。如果蓖麻油干燥处理不当，分子内脱水生成这些高熔点的不饱和二烯酸，则会降低成品油透明度，产品质量下降，且使蓖麻油由不干性油向干性油转化。

（4）由于蓖麻油脂肪酸中的第 12 位碳原子上羟基的作用，使得 9、10 位碳原子上的双键较为活跃，易氧化生成壬二酸等。因此，蓖麻油在高温状态下的干燥脱水、脱臭对真空度和温度的要求较为严格。

蓖麻油的间歇精炼工艺操作难以控制，产品质量不稳定，生产成本也高。而采用蓖麻油混合油全精炼工艺则在很大程度上可以克服由于蓖麻油自身独特的理化性质（如黏度高、相对密度大、易分解等）带来的精炼工艺上的困难和不足，使工艺生产更加合理稳定。

14.12.2　蓖麻油的混合油全精炼

目前，混合油精炼应用较多的是棉籽油，而且仅局限于碱炼工段。实际上，人们在棉籽油混合精炼生产工艺中的成熟经验完全可应用于蓖麻油的加工生产。

（1）蓖麻油混合油碱炼　工艺流程如图 14-20 所示。

1）碱炼机理　经调制的混合油中，甘油酯分子周围排列大量的溶剂分子，从而排斥阻碍极性碱液与甘三酯分子中的酰氧基的接触，避免了中性油的皂化；而游离脂肪酸的羧基虽然也被溶剂包围，但因其羧基比甘三酯的酰氧基受到的空间阻碍要小得多，因此，羧基能深入碱液发生中和反应，而油分子中的基团不易发生反应，避免了中性油的损失，且皂脚夹带的油少，精炼率得到提高。

2）碱炼工艺过程简介　来自浸出器的混合油（20%～25%）与预榨毛油、新鲜溶剂在

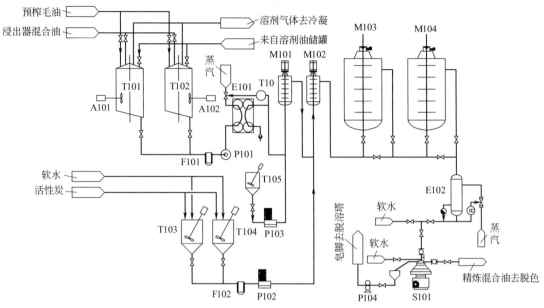

图 14-20　蓖麻油混合油碱炼的工艺流程

A101—混合油搅拌装置；F102—活性碱液过滤器；P101—油合油抽出泵；A102—混合油搅拌装置；
M101—式混合器；P102—碱液定量泵；F101—混合油加热器；M102—刀式混合器；P103—酸液定量泵；
E102—混合油加热器；M103—滞留罐；P104—皂脚抽出泵；F101—混合油过滤器；M104—滞留罐；
T101—混合油暂存罐；T102—混合油暂存罐；T103—碱水比配罐；T104—碱水比配罐；
T105—酸液储罐；S101—自清式碟式离心机

T101、T102 中调配至 50％～65％，再经管道过滤器 F101 过滤后由泵 P101 经混合油加热器 E101 加热后泵入两刀式混合器 M101、M102 中，与配制好一定浓度的磷酸和碱液充分混合，混合温度 55～60℃。磷酸由计量泵 P103 将 75％的磷酸从贮罐 T105 中抽出后与油相直接混合。由于蓖麻油中的胶质含量在 0.3％以下，因此，应根据不同工艺需求考虑是否添加磷酸，以节约生产成本。中和需要的碱液在碱水比配罐 T103、T104 中比配至适宜浓度，再经过管道过滤 F102 由定量泵 P102 泵入混合油中，再经刀式混合器强烈混合后进入滞留罐（即中和反应器）M103、M104 中，一般采用短混形式，反应时间 15min 左右，反应温度 50～55℃。混合油经中和反应后，经过加热器 E102 将其调至适宜的离心分离温度（60℃），以加强离心分离效果。

离心分离后的混合油去脱色、蒸发、脱溶工序，皂脚经皂脚泵 P104 输送至浸出车间脱溶机，与湿粕均匀混合进行脱溶处理。

（2）蓖麻油混合油脱色、蒸发、脱溶　其工艺流程如图 14-21 所示。

由于混合油的黏度降低，混合油本身具有良好的渗透性能，能使漂土的活性表面充分与混合油接触，大大提高了吸附效率，而常规脱色则是靠提高反应温度和真空度来实现的。

将碱炼混合油泵入白土-油预混罐 T202 中，与白土进行短时间混合。白土由风机经卸料器和布袋除尘器输送至白土暂存罐中，然后由定量装置输送至预混罐中。定量装置设计过程中要保证密封，防止溶剂气体外溢。预混后的混合油再送至脱色器 M201 中，脱色时间 15～20min，温度 50～60℃，白土加入量 2％～4％。脱色完成后的白土-油混合物泵入叶片过滤机 F201 中进行白土过滤。过滤后的脱色油送入加热器 E201 中调整至适宜的蒸发温度后入蒸发系统。

蒸发系统与常规工艺相同，由一蒸 E202、二蒸 E203 和汽提塔 S201 组成。需要指出的

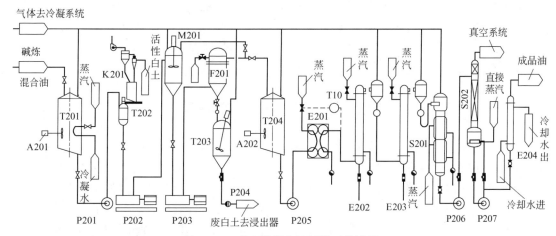

图 14-21　蓖麻油混合油精炼工艺流程

A201—混合油搅拌装置；K201—白土供料系统；A202—混合油搅拌装置；F201—脱色油过滤机；
E201—混合油加热器；M201—脱色器；E202—第一长管蒸发器；S201—汽提塔；E203—第二长管蒸发器；
S202—脱溶塔；E204—油冷却器；P203—白土-油抽出泵；T201—混合油暂存罐；P204—过滤白土-油抽出幕；
T202—预混罐；P205—混合油抽出泵；T203—废白土储罐；P206—汽提毛油抽出泵；
T204—混合油暂存罐；P207—成品油抽出泵；P201—混合油抽出泵；P202—白土-油抽出泵

是：为保证最终成品质量，建议在负压状态下对混合油进行蒸发、汽提。

经汽提塔出来的毛油送至脱溶塔 S202 中进行真空脱溶。脱溶塔采取填料式结构，以尽可能缩短蓖麻油在高温状态下的停留时间，提高成品质量。真空脱溶工艺参数：温度130～140℃，时间 30～40min，真空残压 0.67kPa 以下。

脱溶后的油经冷却器 E204 冷却到 40℃以下入成品油罐。

脱溶后的蓖麻油基本上满足国标 GB 8234 质量标准（见表 14-21），一般不进行脱臭处理。

表 14-21　蓖麻油质量标准

等级	1 级	2 级	等级	1 级	2 级
气味	具有蓖麻油固有的气味		杂质/% ≤	0.05	0.10
酸值/[mg(KOH)/g] ≤	2.0	4.0	透明度	透明	允许微浊
水分及挥发物/% ≤	0.10	0.20	色泽(罗维朋比色计 25.4mm 槽)	黄 20　红≤1.5	黄 20　红≤3.5

14.12.3　蓖麻油混合油全精炼优点

① 混合油状态下，蓖麻油的黏度和密度大大降低。从而使实际生产中的碱炼、分离、过滤等操作更加容易。

② 由于分离效果好，碱炼后的混合油不经过水洗即可进行脱色处理，减少了操作工序，提高了精炼率，劳动强度降低。

③ 混合油脱色前色素等一些油脂伴随物没有经过高温变性，色素基本上是天然色素，很容易被白土吸附，且脱色过程是在低温状态下进行，避免了氧化色素的形成。

④ 混合油全精炼过程基本上完全是低温下进行，混合油脱色不必考虑真空系统，既节约能源，又避免了高温状态下的氧化增色现象。

⑤ 混合油精炼过程中产生的皂脚及废白土及时混入了饼粕中，无须另行处理，基本上实现了零污染。

⑥ 混合油蒸发时，已基本上全部脱除了油脂的伴随物，避免了蒸发器的结垢现象，保证了油品质量，提高了设备使用效率。

⑦ 蓖麻油脱溶采用填料式脱溶塔，利用填料本身强大的比表面积，提高汽-液两相的接触面积，有效缩短脱溶时间，保证油品质量。

14.13　火麻仁油精炼

火麻别名麻子、大麻，为桑科植物大麻，其成熟种子中含油约 30％。火麻仁油脂肪酸被广泛用于医药、保健食品、功能食品和化妆品领域。火麻仁油富含亚油酸和亚麻酸。针对其特点及产品用途，精炼原则：去除油中对人体有害或不利于油脂储藏和使用的杂质，适当提高成品油的感观质量；对不影响油脂的使用性能且有益人体健康的成分，最大限度地保留在成品油中。采用物理精炼工艺，经脱胶、脱色、脱臭 3 个工段对火麻仁油进行精炼。

14.13.1　脱胶工段

（1）工艺流程　火麻仁油脱胶工艺流程如图 14-22 所示。

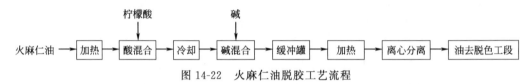

图 14-22　火麻仁油脱胶工艺流程

（2）工艺说明　首先将毛油加热到 70℃，加入 50％柠檬酸水溶液，混合 15min，将其冷却到 35℃，加入 2％氢氧化钠水溶液，混合 15min 后将油输送到缓冲罐，缓慢搅拌 60～90min，加热至 50～60℃后进入离心机分离。

加入 50％柠檬酸水溶液的目的是将油中的非水化磷脂转化成水化磷脂，加入量为油质量的 0.1％～0.3％（根据毛油的磷含量调整）。2％氢氧化钠水溶液的加入量约为油质量的 0.06％（以纯碱计），加入的目的是与磷脂发生水化作用，使磷脂吸水膨胀，相对密度增加，从油中析出，同时促进析出的磷脂凝聚，提高分离效率。油在缓冲罐中缓慢搅拌 60～90min，目的是确保微小的磷脂与块状磷脂凝聚。进离心机的油温控制在 50～55℃分离效果最好。脱胶后的油其磷含量要求达到 20mg/kg 以下。

14.13.2　脱色工段

（1）工艺流程　火麻仁油脱色工艺流程如图 14-23 所示。

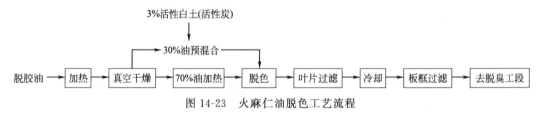

图 14-23　火麻仁油脱色工艺流程

（2）工艺说明　脱胶油加热到 90℃，进入真空干燥器（真空度 0.08MPa）进行干燥。干燥后 70％的油加热到 110℃，进入脱色塔脱色；30％的油进入调浆罐与加入的活性白土（活性炭）调浆后输送到脱色塔脱色，脱色塔保持 0.08MPa 的真空度，脱色时间控制在 30min。脱色后的油进入叶片过滤机过滤，冷却至 70℃，再进入板框过滤机过滤后，输送到脱臭工段。

（3）脱色前后色泽比较　火麻仁油脱色前后色泽比较见表 14-22。

表 14-22 火麻仁油脱色前后色泽比较

毛油	脱色油
Y21 R1.6	Y10 R0.9
(25.4mm 槽)	(133.4mm 槽)

14.13.3 脱臭工段

(1) 工艺流程 脱色油首先进入析气器脱除油中的氧和水分,析气器的真空度保持在0.08MPa。析气后的油加热到240℃输送到脱臭塔,脱臭塔的绝对压力维持在500Pa。脱臭塔为塔板式,分为5层,每层底部配有直接蒸汽喷管,当各层充满油,温度达到180℃时,通入直接蒸汽,直接蒸汽的通入量以使油有效翻动为宜,蒸馏出的脂肪酸和其他物质由脱臭塔顶部的脂肪捕集器冷凝回收,成品油冷凝到40℃,经检测合格后输送至成品罐。

(2) 工艺参数调整 火麻仁油含有约52%的亚油酸和22%的亚麻酸,这两种脂肪酸在脱臭过程中工艺参数控制不当的情况下,会产生大量反式脂肪酸,因此调整脱臭工艺参数非常关键。

① 脱臭温度 如果脱臭温度太高,火麻仁油会产生大量的反式脂肪酸。脱臭时应将进入脱臭塔的温度控制在240℃。

② 脱臭时间 油脂在脱臭塔内滞留时间的长短也会影响脂肪酸异构。脱臭时间的长短是通过调节进出脱臭塔的油流量来实现的。计算脱臭塔5层塔板的体积,确定脱臭时间45min,然后计算进油流量。

③ 直接蒸汽用量 直接蒸汽喷入量太大容易引起油脂飞溅,炼耗加大,真空度难以达到要求。因此直接蒸汽的用量以能翻动油脂为宜。

14.13.4 毛油与成品油质量指标对比

毛油与成品油质量指标对比见表 14-23。

表 14-23 毛油与成品油质量指标对比

样品	色泽	酸值/[mg(KOH)/g]
毛油	Y21 R1.6(25.4mm 槽)	1.09
成品油	Y8 R0.7(133.4mm 槽)	0.104

从表中看出,成品油指标符合要求。

14.14 橡胶籽油精炼

随着我国橡胶产业的发展,橡胶籽油现已成为一种新的植物油源。它是一种可食用的富含不饱和脂肪酸的植物油,其不饱和脂肪酸占80%以上,尤其是亚麻酸含量较高,治疗和预防动脉硬化及心血管系统疾病有明显的疗效。此外,橡胶籽油还用于油漆工业,通过环氧化、硫化、硫酸化、氢化等化学改性方法制成各种化学产品,其水解产物游离脂肪酸和甘油也是很好的有机化工原料。橡胶籽油的碘值很高,属于半干性油。橡胶籽在收获季节水分高,由于籽中解脂酶的作用导致加工时毛油酸值很高,同时油中还含有各种胶质,给精炼带来了不少的困难,很难用常规的方法达到满意的产品质量。

14.14.1 压榨橡胶籽油基本理化性质

橡胶籽来源于云南西双版纳,通过压榨得到橡胶籽毛油。橡胶籽油基本理化性质见表

14-24。橡胶籽油脂肪酸组成见表 14-25。

表 14-24 压榨橡胶籽油基本理化数据

项目	酸值 /[g(KOH)/g]	碘值 /[g(I)/100g]	磷脂含量/%	色泽罗维朋比色计 10mm	折光指数 n^{20}
冷榨橡胶籽毛油	31.74	138	0.32	Y10 R2.7	1.475
热榨橡胶籽毛油	32.57	142	0.68	Y19.7 R3.0	1.476

表 14-25 橡胶籽油脂肪酸组成

项目	棕榈酸 (16:0)	硬脂酸 (18:0)	油酸 (18:1)	亚油酸 (18:2)	亚麻酸 (18:3)
组成/%	8.6	8.2	25.0	37.0	20.4

14.14.2 橡胶籽油精炼工艺

(1) 冷榨橡胶籽油的脱胶 将冷榨毛油加热到 70℃，按油重的 3% 加入 85% 的分析纯磷酸进行脱胶处理，搅拌反应 15min，然后按油重的 1% 加入 85% 分析纯的甲酸进行脱胶处理，搅拌反应 15min 后，3000r/min 转速下离心 10min 去除杂质后，加油重 10% 的盐水进行水洗，然后在真空度 0.09MPa、温度为 90℃ 的条件下进行脱水。

(2) 冷榨橡胶籽的脱色 将脱胶后的橡胶籽油加入 5% 白土在 90~110℃ 进行脱色，搅拌 20min 后趁热过滤。

(3) 冷榨橡胶籽的脱酸 脱酸利用游离脂肪酸和甘油三酸酯在乙醇中的溶解度不同的性质进行脱酸，反应条件为：75% 左右乙醇，醇油比（体积比）为 2:1，萃取温度 55~60℃，搅拌 30min 后分离，如此操作数次将酸值降到 1 以下为止。

14.14.3 冷榨橡胶籽毛油与热榨橡胶籽毛油脱胶、脱色对比

通过对冷榨毛油的脱胶、脱色研究，摸索出一些比较适合橡胶籽油精炼的方法。为了得到进步的验证，采用两种不同方法压榨得到的毛油，进行精炼对比，结果见表 14-26。

表 14-26 两种橡胶籽油脱胶与脱色比较

名称	磷脂含量/%	色泽 罗维朋比色计 10mm	酸值 /[g(KOH)/g]	折光指数 /n^{20}
冷榨橡胶籽油	0.1	Y6.0 R0.9	31.15	1.476
热榨橡胶籽油	0.15	Y4.0 R0.7	32.04	1.476

两种橡胶籽油的脱胶效果都很明显，热榨橡胶籽毛油的脱胶效果优与冷榨橡胶籽毛油。在脱色方面热榨橡胶籽油的脱色效果也要稍好于冷榨橡胶籽油。

14.14.4 橡胶籽精炼油的质量

橡胶籽毛油通过脱胶、脱色、脱酸后，可达到食用油的标准，其理化指标见表 14-27。

表 14-27 精炼橡胶籽油的理化指标

项目	结果	项目	结果
色泽罗维朋比色计 25.4mm	Y70 R2.0	酸值/[mg(KOH)/g]	0.54
水分及挥发物/%	0.06	不皂化物/%	0.48
杂质/%	0.04	280℃加热试验	无析出物

14. 15　花椒籽仁油精炼

自 1968 年 Gunstone 等人对花椒籽中所含油脂及脂肪酸成分报道以来，人们逐渐开始关注这一长期被忽略并废弃的农业资源，并对花椒籽的成分、花椒籽油提取工艺及其应用进行了大量研究。目前，国内外多采用整籽粉碎提取获得花椒籽油。但是，由于花椒籽皮含有大量生物碱（花椒麻味及刺激性口感的根源）和蜡质成分，致使整籽提取的花椒籽油蜡质含量高（15％～20％）、口感差，极大地阻碍了花椒籽油的实际应用。为此，众多研究者对其提取工艺进行了大量研究，以期实现花椒籽皮油和花椒籽仁油的分离，直接获得花椒籽仁油，从而提高产品质量及其应用价值。尽管人们通过改进提取工艺能够实现花椒籽皮油和花椒籽仁油的分离，但提取的花椒籽仁油仍含有一定量的游离脂肪酸酸、胶质和蜡质，需经过进一步处理，才能作为食用油资源开发利用。

14. 15. 1　花椒籽仁油的制取

采用同种溶剂两步浸提法制取花椒籽仁油，在真空减压下除去水分和残留溶剂，测定花椒籽仁油的酸值（KOH）为 41.10mg/g，含蜡量为 2.02％，在氮气保护下储藏，供精制用。

14. 15. 2　脱酸、脱蜡工艺

比较酸化-碱炼-结晶法和酸化-碱炼-溶剂法，对花椒籽仁油精制效果的影响，选择适宜的工艺条件，采用单因素试验和正交试验优化工艺条件。

（1）酸化-碱炼-结晶法　准确称取一定质量的花椒籽仁油于三颈瓶中，在氮气保护下，搅拌、加热至 85～90℃，加入适量磷酸，冷却至室温，搅拌下滴加稀碱液使 pH 为中性，离心分离得脱胶、脱酸花椒籽仁油。根据蜡在低温下结晶的原理进行冷却结晶脱蜡，待充分结晶后离心分离，并在真空下脱水，得到精制花椒籽仁油。

（2）酸化-碱炼-溶剂法　准确称取一定质量的花椒籽仁油于三颈瓶中，在氮气保护下，搅拌、加热至 85～90℃，加入适量磷酸，冷却至室温，搅拌下滴加稀碱液使 pH 为中性，离心分离得脱胶、脱酸花椒籽仁油。搅拌下加入乙醇溶液，在一定温度下静置，离心分离，并在真空下脱水，得到精制花椒籽仁油。

14. 15. 3　花椒籽仁油酸值和含蜡量测定

采用氢氧化钾滴定法测定花椒籽仁油的酸值；改进丁酮不溶物测定法测定花椒籽仁油的含蜡量。

14. 15. 4　脱酸、脱蜡工艺的选择

分别采用酸化-碱炼-结晶法和酸化-碱炼-溶剂法精制花椒籽仁油，平行试验 3 次。考察两种方法对花椒籽仁油脱蜡效果的影响，结果如图 14-24 所示。

由图 14-24 可知，采用两种方法花椒籽仁油的脱蜡率均随静置时间的延长而增大，且静置时间达 8h 后均趋于平缓；在不同静置时间下结晶法的脱蜡率均高于溶剂法，说明前者在短时间内的脱蜡率明显优于后者。故本试验选择酸化-碱炼-结晶法工艺精制花椒籽仁油。

14. 15. 5　酸化-碱炼-结晶法的影响因素分析

（1）结晶温度和结晶时间的影响　加入浓度为 0.0960mol/L 的氢氧化钾溶液，平行试验 3 次。考察结晶温度、结晶时间对花椒籽仁油脱蜡率的影响结果如图 14-25 所示。

由图 14-25 可以看出，结晶温度和结晶时间对脱蜡率的影响较大。当结晶时间小于 8h 时，脱蜡率随着结晶时间的延长均有不同程度的增加；当结晶时间超过 8h 后，脱蜡率随结

晶时间的延长均有所降低。以8℃为分界，结晶温度在4、6、8℃时，脱蜡率相对较高；结晶温度在10、12、14℃时，脱蜡率相对较低；且结晶温度为8℃时脱蜡效果最好，14℃时效果最差。当结晶温度小于8℃时，随着温度降低花椒籽仁油的黏度增大，油-蜡分离困难，而且一些固态脂也一并析出，增加油脂损耗，使脱蜡率降低；当结晶温度大于8℃时，蜡在油脂中的溶解度随着温度升高而增大，影响蜡的沉淀析出。故本试验选择结晶温度为8℃。观察结晶温度为8℃的试验曲线可知，结晶时间8h时的脱蜡效果最好。

（2）氢氧化钾浓度的影响　加入不同浓度的氢氧化钾溶液，在结晶温度为8℃，结晶时间为8h的条件下进行脱蜡试验，结果如图14-26所示。

由图14-26可知，氢氧化钾浓度对花椒籽仁油脱蜡有一定影响。开始花椒籽仁油脱蜡率随氢氧化钾浓度的增加逐渐增大，当其浓度大于0.4mol/L后，花椒籽仁油脱蜡率略微下降。这是因为加入的碱量过大，产生乳化，致使蜡质和油难以彻底分离。因此，较适宜的氢氧化钾浓度为0.5mol/L。

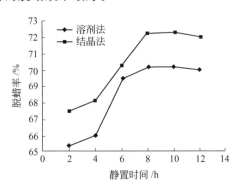

图14-24　两种方法对花椒籽仁油
脱蜡效果的影响结果

14.15.6　最优工艺条件

① 比较了酸化-碱炼-结晶法和酸化-碱炼-溶剂法对花椒籽仁油的脱酸、脱蜡效果，结果表明前者明显优于后者。

② 花椒籽仁油酸化-碱炼-结晶法脱酸、脱蜡最优工艺条件为：结晶温度8℃，结晶时间8h，氢氧化钾浓度0.5mol/L。

③ 验证试验表明，在最优工艺条件下，花椒籽仁油的脱蜡率达82.28%，脱酸率为97.20%。

14.16　猕猴桃籽油精炼

猕猴桃果实含籽0.8%～1.6%，外观呈椭圆形、黄褐色或棕褐色，千粒重1.2～1.6g，含粗脂肪28%～36%。采用超临界CO_2萃取技术从猕猴桃籽中提取的猕猴桃籽油富含多种不饱和脂肪酸、维生素、微量元素硒及其他生物活性物质，其中亚油酸、亚麻酸等多烯酸占75%以上。研究表明，猕猴桃籽油能够有效地抑制血栓性病症，预防心肌梗塞和脑梗塞，降低血脂，清除自由基，抑制出血性中风，抑制癌症的发生和转移，具有增长智力、保护视力、延缓衰老、降低血清胆固醇水平等保健功效，开发应用前景广阔。由于猕猴桃籽油具有特殊的多

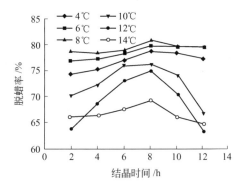

图14-25　结晶温度、结晶时间对花椒籽
仁油脱蜡率的影响结果

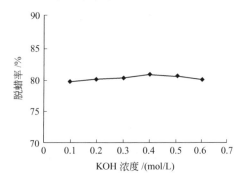

图14-26　氢氧化钾浓度的影响

不饱和脂肪酸组成，含有大量不饱和双键，通常易发生自动氧化而使油质酸败劣变，产生刺激性的哈喇味，过氧化值、酸值超标。

14.16.1　猕猴桃籽油精炼工艺流程

猕猴桃籽油精炼工艺流程如图 14-27 所示。

图 14-27　猕猴桃籽油精炼工艺流程

14.16.2　操作要点

（1）脱胶　采样低温酸化法脱胶，首先将毛油送入脱酸罐，温度控制在 30～35℃，加入油量的 0.05%～0.2%、浓度为 85% 的磷酸溶液，搅拌转速控制为 55～60r/min，搅拌 20～25min，再洒入 8% 的 10% 盐水，静置 30min，最后从罐低放出盐水等杂质。

（2）脱酸　脱酸即采用氢氧化钠稀溶液中和油脂中的游离脂肪酸，亦称碱炼。进行碱炼时，油温为 30～35℃，碱液温度高出油温 3～6℃，碱液含量为 8.5%～10%，搅拌转速控制为 55～60r/min，控制升温速度为 1℃/min 左右，直至温度升到 55～65℃时停止搅拌，在上层清亮油的表面洒入适量盐水，充入适量氮气，静置保温沉降 6～8h，皂脚沉淀较完全时从罐低放出。得到的碱炼油升温到 75～80℃，首先加入 10% 的盐水，搅匀，沉降 1h，放废水；再加入 8% 的柠檬酸水溶液并搅匀，沉降 30min，放废水；再用 8% 的软水清洗，沉降 30min，放废水，直至油清亮无杂质为宜。

（3）脱水、脱色　水洗油送入脱色罐内，控制真空度 0.08～0.1MPa，温度 95～105℃，干燥 45～55min，检验水分脱除到 0.1% 以下即可完成脱水。加入适量活性白土，温度恒定在 85～95℃，真空度 0.08～0.1MPa，搅拌转速 55～60r/min，脱色 25～30min。脱色结束后，采用板框过滤机过滤至清亮透明，充入氮气破真空度。

（4）脱臭　主要目的是脱除油脂中的臭味物质，如酮类、醛类、不饱和脂肪酸氧化物和活性白土味等。首先把脱色过滤油真空吸入脱臭罐，控制油温 150℃，真空度 0.08～0.1MPa，维持 2～2.5h；脱臭完成后，充入氮气。

（5）贮藏　通常采用不锈钢罐贮藏猕猴桃籽油，尽可能把罐装满，充入适量氮气后密封，进行低温储藏（0～5℃左右）。

14.16.3　猕猴桃籽油精炼工艺参数

（1）脱酸工艺参数　碱液含量为 9%，下碱初温 35℃，搅拌速度 60r/min，沉降温度 60℃，沉降时间 8h 条件下，脱酸率为 98.6%。

（2）脱水工艺参数　脱水温度 105℃，搅拌速度 45r/min，真空度 0.08MPa，脱水时间 55r/min 条件下，脱水油残留水分量为 0.08%。

（3）脱色工艺参数　最佳脱色温度为 95℃，脱色时间以 30min 为宜；活性白土用量以 2.5% 为宜。

（4）脱臭工艺参数　脱臭时间以 2.5h 为宜；脱臭时间 2.5h；真空度 0.08MPa；脱臭温度 150℃ 为宜。

14.16.4　猕猴桃油理化指标和脂肪酸组成

猕猴桃籽油的理化指标检测结果见表 14-28，脂肪酸组成见表 14-29。

表 14-28　猕猴桃籽油理化指标

项目	密度	折光指数（20℃）	酸值/[mg(KOH)/g]	烟点/℃	含皂量/%	碘值/(g/100g)	羟基值/(mmol/kg)	过氧化值/(mmol/kg)
指标	0.9273	1.4837	1.95	160	0.02	171	3.85	4.9

表 14-29　猕猴桃籽油脂肪酸组成

脂肪酸名称	棕榈酸($C_{16:0}$)	硬脂酸(18:0)	油酸(18:1)	亚油酸($C_{18:2}$)	亚麻酸($C_{18:3}$)
含量/%	6.2	1.8	4.1	13.8	64.1

从表 14-28、表 14-29 可知，猕猴桃籽油的折光指数为 1.4837，明显较一般油脂大，碘值（IV）高达 171g/100g，表明猕猴桃籽油中含有大量不饱和双键，属干性油，具有较大的开发利用价值；猕猴桃籽油主要含 5 种脂肪酸，其中饱和脂肪酸占 8%，不饱和脂肪酸占 82%，多不饱和脂肪酸占 77.9%，尤其是亚麻酸占 64.1%，这是目前发现的除苏籽油外亚麻酸含量最高的天然植物油，是天然多烯酸的最佳来源之一，市场应用前景广阔。

14.17　梾木油精炼

梾木，又名光皮树，为山茱萸科梾木属多年生落叶乔木，是一种理想的野生木本油料树种。平均每株产油 15kg 以上，其中果实含油率 33%～36%，不带果皮的种子含油率 16%～20%。梾木油的主要脂肪酸成分为月桂酸、肉豆蔻酸、棕榈酸、硬脂酸、油酸、芥酸、亚油酸和亚麻酸，其中油酸 28.3%、亚油酸 38.85%。正是由于梾木油中含有不饱和脂肪酸，使其具有了一定的医疗保健作用，经临床应用治疗高血脂症的有效率为 93.3%，其中降低胆固醇的有效率为 100%。另外，梾木油中还含有少量二十八烷醇、β-谷甾醇类物质、β-胡萝卜素和维生素 E 等营养成分。近年来，面对粮食、能源和生态的重大难题，世界各主要国家都把发展木本油料生产作为解决人类食用油短缺问题和能源危机及生态问题的主要措施，因此开发利用丰富、廉价的梾木籽，生产具有保健作用的梾木食用油，对提高我国食用油品质，缓解食用油短缺具有重要的经济价值和社会意义。

14.17.1　精炼工艺过程

（1）脱胶　梾木毛油中的胶质主要是磷脂，磷脂分为亲水磷脂和非亲水磷脂。磷脂的存在影响油的品质和贮藏稳定性，使碱炼脱酸时产生油、水乳化，增加炼耗和用碱量，影响后续的脱色效果，所以毛油中的磷脂必须除去。在毛油中加入磷酸后能把非亲水磷脂转化为亲水磷脂，有利于沉降分离。取样 20mL（约 17.6g）置于 250mL 锥形瓶中，分别加入一定量的磷酸，于一定温度的水浴中搅拌反应一定时间后，加入 1.7% 的 NaOH 溶液，调节水浴温度至 70℃，搅拌 10min，以 4000r/min 离心 5min，取上层油，温水洗 3 次，干燥后测其磷含量。

（2）脱酸　取样 20mL（约 17.6g）置于 250mL 锥形瓶中，加入 0.6% 的磷酸，80℃ 水浴搅拌 30min。分别加入一定量的 NaOH 溶液，于一定温度的水浴中搅拌反应一定时间，以 4000r/min 离心 5min，取上层油，温水洗 3 次，干燥后测其酸值。

（3）脱色　取脱胶、脱酸油置于 250mL 锥形瓶中，加入一定量的白土，分别在一定温度下搅拌 30min，以 4000r/min 离心 5min，取上层油，测其色泽。

14.17.2　影响梾木油精炼的因素

（1）脱胶

① 磷酸添加量的影响。脱胶温度 75℃，脱胶时间 30min 条件下，磷酸添加量对梾木油脱胶效果的影响结果如图 14-28 所示。磷含量、油收率均随着磷酸添加量的增加而降低。当磷酸添加量高于 0.6% 时，磷含量虽然减少，但是变化不大，油收率却大大减少。磷酸添加量为 0.6% 时，磷含量由毛油的 1520mg/kg 降至 14.98mg/kg，脱胶效果较好，故选择磷酸添加量为 0.6%。

② 脱胶温度的影响。在磷酸添加量 0.6%、脱胶时间 30min 条件下，考察脱胶温度对

脱胶效果的影响结果如图 14-29 所示。磷含量随脱胶温度升高而降低，温度高于 80℃时磷含量减少缓慢；油收率随温度升高而逐渐增加，原因可能是高温有利于破乳，胶质沉降快，易与油分离，且脱胶油清亮。在 80℃时，磷含量由毛油的 1520mg/kg 降至 14.25mg/kg。从能耗角度考虑选脱胶温度 80℃为宜。

③ 脱胶时间的影响。在磷酸添加量 0.6%、脱胶温度 80℃条件下，考察脱胶时间对脱胶效果的影响，结果如图 14-30 所示。随着脱胶时间的延长，磷含量和油收率都逐渐降低，30min 时，磷含量由毛油的 1520mg/kg 降至 13.7mg/kg，再延长脱胶时间，磷含量降低程度较小而油收率则迅速降低。可能是反应过程中形成了新型非水化磷化物，该化合物与油脂键结合使油收率降低。综合考虑选择脱胶时间为 30min。

楝木毛油磷酸脱胶工艺条件为：脱胶温度 80℃，磷酸添加量 0.6%，脱胶时间 30min。在此条件下磷含量由毛油的 1520mg/kg 降至 13.7mg/kg。

（2）脱酸

① 加碱量的影响。在脱酸温度 70℃、反应时间 10min 条件下，考察加碱量对脱酸效果的影响，结果如图 14-31 所示。加碱量在 1.8%时脱酸效果较好，同时得到的油质量较高，加碱量低酸值偏高，加碱量高中性油皂化，精炼油收率低。

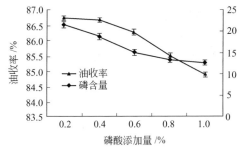

图 14-28　磷酸添加量对脱胶效果的影响

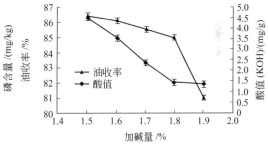

图 14-31　加碱量对脱酸效果的影响

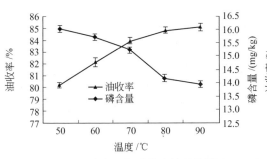

图 14-29　脱胶温度对脱胶效果的影响

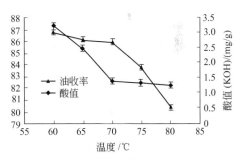

图 14-32　脱酸温度对脱酸效果的影响

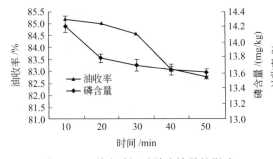

图 14-30　脱胶时间对脱胶效果的影响

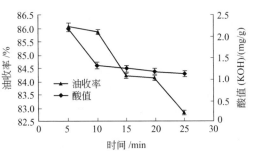

图 14-33　反应时间对脱酸效果的影响

② 脱酸温度的影响。在加碱量 1.8%、反应时间 10min 条件下，考察脱酸温度对脱酸效果的影响，结果如图 14-32 所示。脱酸温度为 70℃时脱酸效果较好。随温度升高中性油被皂化的程度增加，温度高时，应采用稀碱液，反之则选用较浓的碱液，可以提高脱酸效果，减少精炼损失。

③ 反应时间的影响。在加碱量 1.8%，脱酸温度 70℃条件下，考察反应时间对脱酸效果的影响，结果如图 14-33 所示。反应时间太短时，中和反应不完全，游离脂肪酸含量高；时间过长，中性油因皂化而损耗高。即在其他操作条件相同时，油和碱反应时间愈长，中性油被皂化的程度愈大。因此，适当地延长碱炼时间，对综合脱胶将产生良好的效果，使油皂分离完全。加碱反应 20min，酸值较低，精炼油质量较好。

楝木毛油脱酸工艺条件为：加碱量 1.8%，脱酸温度 70℃，反应时间 20min。此条件下楝木毛油酸值（KOH）由 23mg/g 降至 1.4mg/g，磷含量为 12.45mg/kg。

（3）脱色

① 脱色温度的影响。采用吸附脱色。国内企业对吸附剂活性白土的添加量一般控制在 1%～5%之间。活性白土为极性物质，放入油中后，优先吸附的是极性较大的色素，如加工过程中由蛋白质与糖反应产生的颜色或多酚类、醌类化合物。在脱色时间 30min 白土添加量 3%条件下，考察脱色温度对脱色效果的影响结果见表 14-30。当温度达到 100℃时具有较好的脱色效果。若温度过高就会因新色素的生成而造成油脂回色。脱色温度还影响脱色油的酸度，超过临界温度时，随着温度升高，脱色油的游离脂肪酸含量会成正比例函数增长。

表 14-30   温度对脱色效果的影响

色泽	温度/℃						
	50	60	70	80	90	100	110
红（R）	3.0	2.9	2.7	2.5	2.2	1.8	1.5
黄（Y）	22	22	21	19	17	16	13
蓝（B）	3.7	3.5	3.0	2.2	1.3	1.2	2.7

② 白土加入量的影响。在脱色时间 30min、脱色温度 100℃条件下，考察白土加入量对脱色效果的影响结果见表 14-31。白土用量过少，达不到预期的脱色效果；白土用量过多，油耗多，油的酸值回升高，且带有过浓的白土味，给油脂脱臭带来困难。白土加入量为 5%，脱色温度为 100℃时脱色效果好。

表 14-31   白土加入量对脱色效果的影响

色泽	白土加入量/%					
	1	3	5	7	9	11
红（R）	2.2	1.8	1.6	1.5	1.3	0.7
黄（Y）	23	16	11.6	10	9.8	9
蓝（B）	1.7	1.1	0.2	0	0	0

14.17.3   楝木油品质检测结果

采用国家标准方法，测定精炼后楝木油的理化指标及脂肪酸组成结果见表 14-32。精炼后楝木油的各项指标均达到国家标准要求，同时楝木油含有较高的油酸和亚油酸，分别是 26.3%和 40.8%。

14.17.4   楝木油清除 DPPH· 的能力

样品质量浓度（反应 30min）和反应时间对 DPPH·清除率的影响如图 14-34 所示。随着样品质量浓度的增加，楝木油清除 DPPH·[1]能力明显增强。当质量浓度达到 50mg/mL 时清除率达 86%，随着质量浓度的继续增加，楝木油对 DPPH·清除率的提高作用不显著。在 0～50mg/mL 范围内，楝木油清除 DPPH·能力与反应时间呈正相关，并且在 0～10min 时，清除率与反应时间呈线性关系，30min 后基本稳定。研究结果表明，楝木油具有较高的清除 DPPH·能力。

表 14-32　楝木油理化指标及脂肪酸组成检测结果

检测项目	检测结果	检测项目	检测结果
水分及挥发物/%	0.15	不皂化物/(g/kg)	5.6
不溶性杂质/%	0.02	磷含量/(mg/kg)	4.35
色泽(罗维朋比色槽 133.4mm)	Y16.0 R1.8	脂肪酸组成	
酸值(KOH)/(mg/g)	1.5	棕榈酸/%	23.5
过氧化值/(mmol/kg)	1.3	硬脂酸/%	1.7
折光指数(20℃)	1.4708	油酸/%	26.3
相对密度(20℃)	0.9198	亚油酸/%	40.8
碘值(I)/(g/100g)	82	亚麻酸/%	2.4
皂化值(KOH)/(mg/g)	193		

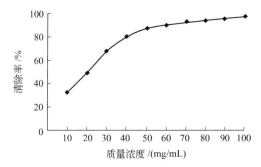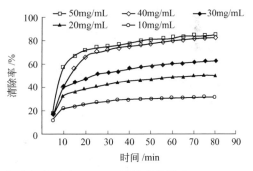

图 14-34　样品质量浓度（反应 30min）和反应时间对 DPPH·清除率的影响

14.17.5　精炼楝木油质量

楝木毛油磷酸稀碱法精炼工艺条件：脱胶温度 80℃，磷酸添加量 0.6%，脱胶时间 30min；加碱量 1.8%，脱酸温度 70℃，反应时间 20min。此条件下楝木油磷含量由 1520mg/kg 降至 12.45mg/kg，酸值（KOH）由 23mg/g 降至 1.4mg/g。

脱胶、脱酸油白土脱色条件为：脱色温度 100℃，白土添加量 5%，脱色时间 30min。在此条件下油的色泽从墨绿色降至 Y11.6，R1.6，B0.2。

精炼楝木油质量浓度在 0～50mg/mL 范围内，DPPH·的清除率与质量浓度呈正相关，高于 50mg/mL 时，对 DPPH·的清除率可以达到 80%，表明精炼楝木油具有较高的清除 DPPH·能力。

---

[1] DPPH·表示自由基，名称，1,1-二苯基-2-三硝基苯肼。

附录 部分油脂质量的国家标准

附录 1 大豆油（摘录 GB 1535—2003）

1 质量要求

1.1 特征指标

折光指数 n^{40}	1.466～1.470
相对密度 d_{20}^{20}	0.919～0.925
碘值(I)/(g/100g)	124～139
皂化值(KOH)/(mg/g)	189～195
不皂化物/(g/kg)	≤15

脂肪酸组成/%

十四碳以下脂肪酸	ND～0.1	亚油酸 $C_{18:2}$	49.8～59
豆蔻酸 $C_{14:0}$	ND～0.2	亚麻酸 $C_{18:3}$	5.0～11.0
棕榈酸 $C_{16:0}$	8.0～13.5	花生酸 $C_{20:0}$	0.1～0.6
棕榈一烯酸 $C_{16:1}$	ND～0.2	花生一烯酸 $C_{20:1}$	ND～0.5
十七烷酸 $C_{17:0}$	ND～0.1	花生二烯酸 $C_{20:2}$	ND～0.1
十七碳一烯酸 $C_{17:1}$	ND～0.1	山葡酸 $C_{20:0}$	ND～0.7
硬脂酸 $C_{18:0}$	2.5～5.4	芥酸 $C_{20:1}$	ND～0.3
油酸 $C_{18:1}$	17.7～28.0	木焦油酸 $C_{24:0}$	ND～0.5

注：1. 上列指标与国际食品法典委员会标准 CODEX STAN 210—1999《制定的植物油法典标准》的指标一致。2. ND 表示未检出，定义为 0.05%。

1.2 质量等级指标

1.2.1 大豆原油质量指标见表 1。

表 1 大豆原油质量指标

项 目		质量指标
气味、滋味		具有大豆原油固有的气味和滋味,无异味
水分及挥发物/%	≤	0.20
不溶性杂质/%	≤	0.20
酸值(KOH)/(mg/g)	≤	**4.0**
过氧化值/(mmol/kg)	≤	**7.5**
溶剂残留量/(mg/kg)	≤	**100**

注：黑体部分指标强制。

1.2.2 压榨成品大豆油、浸出成品大豆油质量指标见表 2。

1.3 卫生指标

按 GB 2716、GB 2760 和国家有关规定执行。

1.4 其他

表 2　压榨成品大豆油、浸出成品大豆油质量指标

项　目		质　量　指　标			
		一级	二级	三级	四级
色泽	（罗维朋比色槽 25.4mm）≤	—	—	黄 70　红 4.0	黄 70　红 6.0
	（罗维朋比色槽 133.4mm）≤	黄 20　红 2.0	黄 35　红 4.0	—	—
气味、滋味		无气味，口感好	气味，口感良好	具有大豆油固有的气味和滋味，无异味	具有大豆油固有的气味和滋味，无异味
透明度		澄清、透明	澄清、透明	—	—
水分及挥发物/%	≤	0.05	0.05	0.10	0.20
不溶性杂质/%	≤	0.05	0.05	0.05	0.05
酸值（KOH）/（mg/g）	**≤**	**0.20**	**0.30**	**1.0**	**3.0**
过氧化值/（mmol/kg）	**≤**	**5.0**	**5.0**	**6.0**	**6.0**
加热试验（280℃）		—	—	无析出物，罗维朋比色：黄色值不变，红色值的增加小于 0.4	微量析出物，罗维朋比色：黄色值增加小于 4.0；蓝色值增加小于 0.5
含皂量/%	≤	—	—	0.03	—
烟点/℃	≥	215	205	—	—
溶剂残留量/（mg/kg）		不得检出	不得检出	≤50	≤50

注：1. 划有"—"者不做检测，压榨油和一、二级浸出油的溶剂残留量检出值小于 10mg/kg 时，视为未检出。
2. 黑体部分指标为强制。

大豆油不得掺有食用油和非食用油；不得添加任何香精和香料。

附录 2　棉籽油（摘录 GB 1537—2003）

1　技术质量要求

1.1　特征指标

折光指数 n^{40}　　　　　　　　　　1.458～1.466
相对密度 d_{20}^{20}　　　　　　　　　0.918～0.926
碘值/（g/100g）　　　　　　　　100～115
皂化值（KOH）/（mg/g）　　　　189～198
不皂化物/（g/kg）　　　　　　　≤15
脂肪酸组成/%

十四碳以下脂肪酸	ND～0.2	亚麻酸 $C_{18:3}$	ND～0.4
豆蔻酸 $C_{14:0}$	0.3～1.0	花生酸 $C_{20:0}$	0.2～0.5
棕榈酸 $C_{16:0}$	21.4～26.4	花生一烯酸 $C_{20:1}$	ND～0.1
棕榈一烯酸 $C_{16:1}$	ND～1.2	花生二烯酸 $C_{20:2}$	ND～0.1
十七烷酸 $C_{17:0}$	ND～0.1	山嵛酸 $C_{22:0}$	ND～0.3
十七碳一烯酸 $C_{17:1}$	ND～0.1	芥酸 $C_{22:1}$	ND～0.6
硬脂酸 $C_{18:0}$	2.1～3.3	二十二碳二烯酸 $C_{22:2}$	ND～0.1
油酸 $C_{18:1}$	14.7～21.7	木焦油酸 $C_{24:0}$	ND～0.1
亚油酸 $C_{18:2}$	46.7～58.2		

注：1. 上列指标与国际食品法典委员会标准 CODEX STAN 210：1999《指定的植物油法典标准》的指标一致。2. ND 表示未检出，定义为 0.05%。

1.2 质量等级指标

1.2.1 棉籽原油质量指标见表 1。

表 1 棉籽原油质量指标

项 目		质量指标
气味、滋味		具有菜籽原油固有的气味和滋味，无异味
水分及挥发物/%	≤	0.20
不溶性杂质/%	≤	0.20
酸值(KOH)/(mg/g)	≤	**4.0**
过氧化值/(mmol/kg)	≤	**7.5**
溶剂残留量/(mg/kg)	≤	**100**

注：黑体部分指标强制。

1.2.2 压榨成品棉籽油、浸出成品棉籽油质量指标见表 2。

表 2 压榨成品棉籽油、浸出成品棉籽油质量指标

项 目			质 量 指 标		
			一级	二级	三级
色泽	(罗维朋比色槽 25.4mm)	≤	—	—	黄 35 红 8.0
	(罗维朋比色槽 133.4mm)	≤	黄 35 红 3.5	黄 35 红 5.0	
气味、滋味			无气味、口感好	气味、口感良好	具有棉籽油固有的气味和滋味，无异味
透明度			澄清、透明	澄清、透明	—
水分及挥发物/%		≤	0.05	0.05	0.20
不溶性杂质/%		≤	0.05	0.05	0.05
酸值(KOH)/(mg/g)		≤	**0.20**	**0.30**	**1.0**
过氧化值/(mmol/kg)		≤	**5.0**	**5.0**	**6.0**
加热试验(280℃)			—	—	无析出物，罗维朋比色：黄色值不变，红色值增加小于 0.4
含皂量/%		≤	—	—	0.03
烟点/℃		≥	215	205	—
溶剂残留量/(mg/kg)	浸出油		**不得检出**		**≤50**
	压榨油		**不得检出**		

注：1. 划有"—"者不做检测，压榨油和一、二级浸出油的溶剂残留量检出值小于 10mg/kg 时，视为未检出。
2. 黑体部分指标强制。

1.3 卫生指标

按 GB 2716，GB2760 和国家有关标准、规定执行。

1.4 其他

棉籽油中不得掺有其他食用油和非食用油；不得添加任何香精和香料。

附录 3 花生油（摘录 GB 1534—2003）

1 质量要求

1.1 特征指标

折光指数 n^{40}　　　　　　　　　　1.460～1.465

相对密度 d_{20}^{20}　　　　　　　　　　0.914～0.917

碘值(I)/(g/100g)　　　　　　　　86～107

皂化值(KOH)/(mg/g)　　　　　　187～196

不皂化物/(g/kg)　　　　　　　　≤10

脂肪酸组成/%

十四碳以下脂肪酸	ND～0.1	亚油酸 $C_{18:2}$	13.0～43.0
豆蔻酸 $C_{14:0}$	ND～0.1	亚麻酸 $C_{18:3}$	ND～0.3
棕榈酸 $C_{16:0}$	8.0～14.0	花生酸 $C_{20:0}$	1.0～2.0
棕榈一烯酸 $C_{16:1}$	ND～0.2	花生一烯酸 $C_{20:1}$	0.7～1.7
十七烷酸 $C_{17:0}$	ND～0.1	山萮酸 $C_{22:0}$	1.5～4.5
十七碳一烯酸 $C_{17:1}$	ND～0.1	芥酸 $C_{22:1}$	ND～0.3
硬脂酸 $C_{18:0}$	1.0～4.5	木焦油酸 $C_{24:0}$	0.5～2.5
油酸 $C_{18:1}$	35.0～67.0	二十四碳一烯酸 $C_{24:1}$	ND～0.3

注：1. 上列指标与国际食品法典委员会标准 CODEXSTAN 210—1999《指定的植物油法典标准》的指标一致。2. ND 表示未检出，定义为 0.05%。

1.2　质量等级指标

1.2.1　花生原油质量指标见表 1。

表 1　花生原油质量指标

项　目		质量指标
气味、滋味		具有花生原油固有的气味和滋味、无异味
水分及挥发物/%	≤	0.20
不溶性杂质/%	≤	0.20
酸值(KOH)/(mg/g)	**≤**	**4.0**
过氧化值/(mmol/kg)	**≤**	**7.5**
溶剂残留量/(mg/kg)	**≤**	**100**

注：黑体部分指标强制。

1.2.2　压榨成品花生油、浸出成品花生油质量指标分别见表 2 和表 3。

表 2　压榨成品花生油质量指标

项　目		质　量　指　标	
		一级	二级
色泽(罗维朋比色槽 25.4mm)	≤	黄 15　红 1.5	黄 25　红 4.0
气味、滋味		具有花生油固有的香味和滋味,无异味	具有花生油固有的香味和滋味,无异味
透明度		澄清、透明	澄清、透明
水分及挥发物/%	≤	0.10	0.15
不溶性杂质/%	≤	0.05	0.05
酸值(KOH)/(mg/g)	**≤**	**1.0**	**2.5**
过氧化值/(mmol/kg)	**≤**	**6.0**	**7.5**
溶剂残留量/(mg/kg)		**不得检出**	**不得检出**
加热试验(280℃)		无析出物,罗维朋比色:黄色值不变,红色值增加小于 0.4	微量析出物,罗维朋比色:黄色值不变,红色值增加小于 4.0,蓝色值增加小于 0.5

注：黑体部分指标强制。

1.3　卫生指标

按 GB 2716、GB 2760 和国家有关规定执行。

1.4 其他

花生油中不得掺有其他食用油和非食用油；不得添加任何香精和香料。

表3　浸出成品花生油质量指标

项目			质量指标			
			一级	二级	三级	四级
色泽	(罗维朋比色槽25.4mm) ≤		—	—	黄25 红2.0	黄25 红4.0
	(罗维朋比色槽133.4mm) ≤		黄15 红1.5	黄20 红2.0	—	—
气味、滋味			无气味、口感好	气味、口感良好	具有花生油固有的气味和滋味，无异味	具有花生油固有的气味和滋味，无异味
透明度			澄清、透明	澄清、透明	—	—
水分及挥发物/%		≤	0.05	0.05	0.10	0.20
不溶性杂质/%		≤	0.05	0.05	0.05	0.05
酸值(KOH)/(mg/g)		≤	**0.20**	**0.30**	**1.0**	**3.0**
过氧化值/(mmol/100g)		≤	**5.0**	**5.0**	**7.5**	**7.5**
加热试验(280℃)			—	—	无析出物，罗维朋比色：黄色值不变，红色值增加小于0.4	微量析出物，罗维朋比色：黄色值不变，红色值增加小于4.0，蓝色值增加小于0.5
含皂量/%		≤	—	—	0.03	
烟点/℃		≥	215	205		
溶剂残留量/(mg/kg)			**不得检出**	**不得检出**	**≤50**	**≤50**

注：1. 划有"—"者不做检测，压榨油和一、二级浸出油的溶剂残留量检出值小于10mg/kg时，视为未检出。
2. 黑体部分指标强制。

附录4　菜籽油（摘录 GB 1536—2004）

1　质量要求

1.1　特征指标

	一般菜籽油	低芥酸菜籽油
折光指数 n^{40}	1.465~1.469	1.465~1.467
相对密度 d_{20}^{20}	0.910~0.920	0.914~0.920
碘值(I)/(g/100g)	94~120	105~126
皂化物/(KOH)/(mg)	168~181	182~193
不皂化物/(g/kg)	≤20	≤20
脂肪酸组成/%		
十四碳以下脂肪酸	ND	ND
豆蔻酸 $C_{14:0}$	ND~0.2	ND~0.2
棕榈酸 $C_{16:0}$	1.5~6.0	2.5~7.0
棕榈一烯酸 $C_{16:1}$	ND~3.0	ND~0.6
十七烷酸 $C_{17:0}$	ND~0.1	ND~0.3
十七碳一烷酸 $C_{17:1}$	ND~0.1	ND~0.3
硬脂酸 $C_{18:0}$	0.5~3.1	0.8~3.0
油酸 $C_{18:1}$	8.0~60.0	51.0~70.0
亚油酸 $C_{18:2}$	11.0~23.0	15.0~30.0
亚麻酸 $C_{18:3}$	5.0~13.0	5.0~14.0

花生酸 $C_{20:0}$	ND～3.0	0.2～1.2
花生一烯酸 $C_{20:1}$	3.0～15.0	0.1～4.3
花生二烯酸 $C_{20:2}$	ND～1.0	ND～0.1
山嵛酸 $C_{22:0}$	ND～2.0	ND～0.6
芥酸 $C_{22:1}$	3.0～60.0	ND～3.0
二十二碳二烯酸 $C_{22:2}$	ND～2.0	ND～0.1
木焦油酸 $C_{24:0}$	ND～2.0	ND～0.3
二十四碳一烯酸 $C_{24:1}$	ND～3.0	ND～0.4

　　注：1. 上列指标除芥酸含量外，其他指标与国际食品法典委员会标准 CODEX STAN210—1999《指定的植物油法典标准》。2. ND 表示未检出，定义为 0.05％。

1.2　质量等级指标

1.2.1　菜籽原油质量指标见表1。

表 1　菜籽原油质量指标

项　目		质量指标
气味、滋味		具有菜籽原油固有的气味和滋味，无异味
水分及挥发物/％	≤	0.20
不溶性杂质/％	≤	0.20
酸值(KOH)/(mg/g)	≤	**4.0**
过氧化值/(mmol/kg)	≤	**7.5**
溶剂残留量/(mg/kg)	≤	**100**

　　注：黑体部分指标强制。

1.2.2　压榨成品菜籽油、浸出成品菜籽油质量指标见表2。

表 2　压榨成品菜籽油、浸出成品菜籽油质量指标

项　目			质　量　指　标			
			一级	二级	三级	四级
色泽	（罗维朋比色槽25.4mm）	≤	—	—	黄 35　红 4.0	黄 35　红 7.0
	（罗维朋比色槽133.4mm）	≤	黄 20　红 2.0	黄 35　红 4.0	—	—
气味、滋味			无气味、口感好	气味、口感良好	具有菜籽油固有的气味和滋味，无异味	**具有菜籽油固有的气味和滋味，无异味**
透明度			澄清、透明	澄清、透明	—	—
水分及挥发物/％		≤	0.05	0.05	0.10	0.20
不溶性杂质/％		≤	0.05	0.05	0.05	0.05
酸值(KOH)/(mg/g)		≤	**0.20**	**0.30**	**1.0**	**3.0**
过氧化值/(mmol/kg)		≤	**5.0**	**5.0**	**6.0**	**6.0**
加热试验(280℃)			—	—	无析出物，罗维朋比色：黄色值不变，红色值增加小于0.4	微量析出物，罗维朋比色：黄色值不变，红色值增加小于4.0，蓝色值增加小于0.5
含皂量/％		≤	—	—	0.03	
烟点/℃		≥	215	205	—	—
冷冻试验(0℃储藏 5.5h)			澄清、透明			
溶剂残留量/(mg/kg)	浸出油		**不得检出**	**不得检出**	**≤50**	**≤50**
	压榨油		**不得检出**	**不得检出**	**不得检出**	**不得检出**

　　注：1. 划有"—"者，压榨油和一、二级浸出油的溶剂残留量检出值小于 10mg/kg，视为未检出。2. 黑体部分指标强制。

1.3 卫生指标

按 GB 2716，GB 2760 和国家有关标准，规定执行。

1.4 其他

菜籽油不得掺有其他食用油和非食用油；不得添加任何香精和香料

附录 5 芝麻油（摘录 GB 8233—2008）

1 技术质量要求

1.1 特征指标

折光指数 n^{40}	1.465～1.469
相对密度 d_{20}^{20}	0.915～0.924
碘值(I)/(g/100g)	104～120
皂化值(KOH)/(mg/g)	186～195
不皂化物/(g/kg)	≤20

脂肪酸组成/%

十四碳以下脂肪酸	ND～0.1	亚油酸 $C_{18:2}$	36.9～47.9
豆蔻酸 $C_{14:0}$	ND～0.1	亚麻酸 $C_{18:3}$	0.2～1.0
棕榈酸 $C_{16:0}$	7.9～12.0	花生酸 $C_{20:0}$	0.3～0.7
棕榈一烯酸 $C_{16:1}$	ND～0.2	花生一烯酸 $C_{20:1}$	ND～0.3
十七烷酸 $C_{17:0}$	ND～0.2	山萮酸 $C_{22:0}$	ND～1.1
十七碳一烯酸 $C_{17:1}$	ND～0.1	芥酸 $C_{22:1}$	ND
硬脂酸 $C_{18:0}$	4.5～6.7	木焦油酸 $C_{24:0}$	ND～0.3
油酸 $C_{18:1}$	34.4～45.5	二十四碳一烯酸 $C_{24:1}$	ND

注1：上列指标与国际食品法典委员会标准 Codex-Stan 210（Amended 2003，2005）《指定的植物油法典标准》的指标一致。2：ND 表示未检出，定义为不大于 0.05%。

1.2 质量指标

1.2.1 芝麻香油质量指标见表 1。

表 1 芝麻香油（包括小磨香油）质量指标

项目	等级	
	一级	二级
气味、滋味	具有浓郁或显著芝麻香油的香味和滋味，无异味	
透明度(20℃,24h)	澄清、透明	
不溶性杂质/% ≤	0.10	
水分及挥发物/% ≤	0.10	0.20
色泽(色维朋比色槽 25.4mm) ≤	黄 70　红 11.0	黄 70　红 16.0
酸值(KOH)/(mg/g) ≤	**2.0**	**4.0**
过氧化值/(mmol/kg) ≤	**6.0**	**7.5**
溶剂残留量/(mg/kg) ≤	**不得检出**	

注：1. 溶剂残留量检出值小于 10mg/kg 时，视为未检出。2. 黑体部分指标强制。

1.2.2 成品芝麻油和芝麻原油质量指标见表 2。

1.3 卫生指标

表 2　成品芝麻油和芝麻原油质量指标

项　目		质量指标		
		成品芝麻油		芝麻原油
		一级	二级	
色泽	（色维朋比色槽 25.4mm）	—	黄 20　红 10.0	—
	（色维朋比色槽 133.4mm）	黄 20　红 2.0	—	—
气味、滋味		具有成品芝麻油固有的气味和滋味，无异味、口感好		具有芝麻原油固有的气味和滋味
透明度（20℃，24h）		澄清、透明		—
不溶性杂质/% ≤		0.05		—
含皂量/% ≤		0.03		—
水分及挥发物/% ≤		0.05	0.10	0.20
冷冻试验（0℃贮藏 5.5h） ≤		澄清、透明	—	—
酸值（KOH）/（mg/g） ≤		**0.60**	**3.0**	**4.0**
过氧化值/（mmol/kg） ≤		**6.0**		**7.5**
溶剂残留量/（mg/kg） ≤		**5.0**		**100**

注：1. 划有"—"者不做检测。2. 黑体部分指标强制。

按 GB 2716、GB 2760 和国家有关标准、规定执行。

1.4　真实性要求

不得掺有其他食用油和非食用油；不得添加任何香精和香科。

附录 6　米糠油（摘录 GB 19112—2003）

1　质量要求

1.1　特征指标

折光指数 n^{40}　　　　　　　　　　　1.461～1.468
皂化值（KOH）/（mg/g）　　　　　　179～195
相对密度 d_{20}^{20}　　　　　　　　　0.914～0.925
不皂化物/（g/kg）　　　　　　　　　≤45
碘值（I）/（g/100g）　　　　　　　　92～115
主要脂肪酸组成/%

豆蔻酸 $C_{14:0}$	0.4～1.0	油酸 $C_{18:1}$	40～50
棕榈酸 $C_{16:0}$	12～18	亚油酸 $C_{18:2}$	29～42
棕榈一烯酸 $C_{16:1}$	0.2～0.4	亚麻酸 $C_{18:3}$	<1.0
硬脂酸 $C_{18:0}$	1.0～3.0	花生酸 $C_{20:0}$	<1.0

1.2　质量等级指标

1.2.1　米糠原油质量指标见表 1。

表 1　米糠原油质量指标

项　目	质量指标
气味、滋味	具有米糠原油固有的气味和滋味，无异味
水分及挥发物/%	≤0.2
不溶性杂质/%	≤0.2
酸值（KOH）/（mg/g）	≤4.0
过氧化值/（mmol/kg）	≤7.5
溶剂残留量/（mg/kg）	≤100

1.2.2 压榨成品米糠油、浸出成品米糠油质量指标见表2。

表2　压榨成品米糠油浸出成品米糠油质量指标

项　目		质　量　指　标			
		一级	二级	三级	四级
色泽	（罗维朋比色槽25.4mm）≤	—	—	黄30　红3.0	黄30　红6.5
	（罗维朋比色槽133.4mm）≤	黄30　红3.0	黄35　红4.0	—	—
气味、滋味		无气味、口感好	气味、口感良好	具有米糠油固有的气味和滋味,无异味	
透明度		澄清、透明		—	—
水分及挥发物/%	≤	0.05		0.10	0.20
不溶性杂质/%	≤	0.05			
酸值(KOH)/(mg/g)	**≤**	**0.20**	**0.30**	**1.0**	**3.0**
过氧化值/(mmol/kg)	**≤**	**5.0**		**7.5**	
加热试验(280℃)		—	—	无析出物,罗维朋比色:黄色值不变,红色值的增加小于0.4	微量析出物,罗维朋比色:黄色值不变,红色值增加小于4.0,蓝色值增加小于0.5
含皂量/%	≤	0.03			
烟点/℃	≥	215	205	—	—
冷冻试验(0℃储藏5.5h)		澄清、透明	—	—	
溶剂残留量/(mg/kg)	浸出油	不得检出		≤50	
	压榨油	不得检出			

　　注：1. 划有"—"者不做检测，压榨油和一、二级浸出油的溶剂残留量检出值小于10mg/kg 时，视为未检出。
2. 黑体部分指标强制。

1.3　卫生指标

　　按 GB 2716、GB 2760 和国家有关标准、规定执行。

1.4　其他

　　米糖油中不得掺有其他食用油和非食用油；不得添加任何香精和香料。

附录7　玉米油（摘录 GB 19111—2003）

1　质量要求

1.1　特征指标

折光指数 n^{40}	1.456～1.468
相对密度 d_{20}^{20}	0.917～0.925
碘值(I)(g/100g)	107～135
皂化值(KOH)(mg/g)	187～195
不皂化物(g/kg)	≤28

脂肪酸组成(%)

十四碳以下脂肪酸	ND～0.3	棕榈一烯酸 $C_{16:1}$	ND～0.5
豆蔻酸 $C_{14:0}$	ND～0.3	十七烷酸 $C_{17:0}$	ND～0.1
棕榈酸 $C_{16:0}$	8.6～16.5	十七碳一烯酸 $C_{17:1}$	ND～0.1

硬脂酸 $C_{18:0}$	ND～3.3	花生一烯酸 $C_{20:1}$	0.2～0.6
油酸 $C_{18:1}$	20.0～42.2	花生二烯酸 $C_{20:2}$	ND～0.1
亚油酸 $C_{18:2}$	34.0～65.6	山萮酸 $C_{22:0}$	ND～0.5
亚麻酸 $C_{18:3}$	ND～0.1	芥酸 $C_{22:1}$	ND～0.3
花生酸 $C_{20:0}$	0.3～1.0	木焦油酸 $C_{24:0}$	ND～0.5

注：1. 上列指标与国际食品法典委员会标准 Codex Stan 210：1999《指定的植物油法典标准》的指标一致。2. ND 表示未检出，定义为 0.05%。

1.2　质量等级指标

1.2.1　玉米原油质量指标见表1。

表1　玉米原油质量指标

项　目		质量指标
气味、滋味		具有玉米原油固有的气味和滋味、无异味
水分及挥发物/%	≤	0.20
不溶性杂质/%	≤	0.20
酸值(KOH)/(mg/g)	≤	**4.0**
过氧化值/(mmol/kg)	≤	**7.5**
溶剂残留量/(mg/kg)	≤	100

注：黑体部分指标强制。

1.2.2　压榨成品玉米油、浸出成品玉米油质量指标见表2。

表2　压榨成品玉米油、浸出成品玉米油质量指标

项　目			质　量　指　标			
			一级	二级	三级	四级
色泽	(罗维朋比色槽25.4mm)	≤	—	—	黄30　红3.5	黄30　红6.5
	(罗维朋比色槽133.4mm)	≤	黄30　红3.0	黄35　红4.0	—	—
气味、滋味			无气味、口感好	气味、口感良好	具有大豆油固有的气味和滋味，无异味	
透明度			澄清、透明		—	—
水分及挥发物/%		≤	0.05		0.10	0.20
不溶性杂质/%		≤	0.05			
酸值(KOH)/(mg/g)		≤	**0.20**	**0.30**	**1.0**	**3.0**
过氧化值/(mmol/kg)		≤	**5.0**		**6.0**	
加热试验(280℃)			—	—	无析出物，罗维朋比色：黄色值不变，红色值增加小于0.4	微量析出物，罗维朋比色：黄色值增加小于4.0，蓝色值增加小于0.5
含皂量/%		≤	—	—	0.03	
烟点/℃		≥	215	205		
冷冻试验(0℃储藏5.5h)			澄清、透明	—		
溶剂残留量/(mg/kg)	浸出油		不得检出		≤50	
	压榨油		不得检出		不得检出	不得检出

注：1. 划有"—"者不做检测，压榨油和一、二级浸出油的溶剂残留量检出值小于 10mg/kg 时，视为未检出。
2. 黑体部分指标要强制。

1.3　卫生指标

按 GB 2716、GB 2760 和国家有关标准、规定执行。

1.4　其他

玉米油中不得掺有其他食用油和非食用油；不得添加任何香精和香料。

附录 8　油茶籽油（摘录 GB 11765—2003）

1　质量要求

1.1　特征指标

折光指数 n^{40}	1.460～1.464
相对密度 d_{20}^{20}	0.912～0.922
碘值(I)(g/100g)	83～89
皂化值(KOH)(mg/g)	193～196
不皂化物(g/kg)	≤15
主要脂肪酸组成/%	
饱和酸	7～11
油酸 $C_{18:1}$	74～87
亚油酸 $C_{18:2}$	7～14

1.2　质量等级指标

1.2.1　油茶籽原油质量指标见表1。

表 1　油茶籽原油质量指标

项　目		质量指标
气味、滋味		具有油茶籽原油固有的气味和滋味,无异味
水分及挥发物/%	≤	0.20
不溶性杂质/%	≤	0.20
酸值(KOH)/(mg/g)	≤	**4.0**
过氧化值/(mmol/kg)	≤	7.5
溶剂残留量/(mg/kg)	≤	100

注：黑体部分指标强制。

1.2.2　压榨、浸出成品油茶籽油质量指标分别见表2、表3。

表 2　压榨成品油茶籽油质量指标

项　目		质　量　指　标	
		一　级	二　级
色泽(罗维朋比色槽25.4mm)≤		黄 35　红 2.0	黄 25　红 3.0
气味、滋味		具有油茶籽原油固有的气味和滋味,无异味	
透明度		澄清、透明	
水分及挥发物/%	≤	0.10	0.15
不溶性杂质/%	≤	0.05	0.05
酸值(KOH)/(mg/g)	≤	**1.0**	**2.5**
过氧化值/(mmol/kg)	≤	**6.0**	**7.5**
溶剂残留量/(mg/kg)	≤	**不得检出**	
加热试验(280℃)		无析出物,罗维朋比色;黄色值不变,红色值增加小于0.4	微量析出物,罗维朋比色;黄色值不变,红色值增加小于4.0,蓝色值增加小于0.5

注：黑体部分指标强制。

表3 浸出成品油茶籽油质量指标

项 目		质 量 指 标			
		一级	二级	三级	四级
色泽	(罗维朋比色槽25.4mm) ≤	—	—	黄35 红2.0	黄35 红5.0
	(罗维朋比色槽133.4mm) ≤	黄30 红3.0	黄35 红4.0	—	—
气味、滋味		无气味、口感好	气味、口感良好	具有油茶籽原油固有的气味和滋味,无异味	
透明度		澄清、透明		—	
水分及挥发物/% ≤		0.05		0.10	0.20
不溶性杂质/(mg/g) ≤		0.05			
酸值(KOH)/(mg/g) ≤		**0.20**	**0.30**	**1.0**	**3.0**
过氧化值/(mmol/kg) ≤		**5.0**		**6.0**	
加热试验(280℃)		—	—	无析出物,罗维朋比色:黄色值不变,红色值增加小于0.4	微量析出物,罗维朋比色:黄色值不变,红色值增加小于4.0,蓝色值增加小于0.5
含皂量/% ≤		—	—	0.03	
烟点/℃ ≥		215	205	—	—
冷冻试验(0℃储藏5.5h)		澄清、透明	—	—	—
溶剂残留量/(mg/kg)		**不得检出**		**≤50**	

注:1. 划有"—"者不做检测。压榨油和一、二级浸出油的溶剂残留量检出值小于10mg/kg时,视为未检出。
2. 黑体部分指标强制。

1.3 卫生指标

按GB 2716、GB 2760国家有关标准、规定执行。

1.4 其他

油茶籽油中不得掺有其他食用油和非食用油;不得添加任何香精和香料。

附录9 棕榈油(摘录 GB 15680—2009)

1 质量要求

1.1 特征指标

1.1.1 棕榈油特征指标见表1。

表1 棕榈油特征指标

项 目	棕 榈 油
折光指数(50℃)	1.454~1.456
相对密度(50℃/20℃水)	0.891~0.899
碘值/(g/100g)	50.0~55.0
皂化值(以氢氧化钾计)/(mg/g)	190~209
不皂化物/(g/kg) ≤	12

脂肪酸组成/%

葵酸 C$_{10:0}$	ND	棕榈酸 C$_{16:0}$	39.3~47.5
月桂酸 C$_{12:0}$	ND~0.5	棕榈一烯酸 C$_{16:1}$	ND~0.6
豆蔻酸 C$_{14:0}$	0.5~0.2	十七烷酸 C$_{17:0}$	ND~0.2

十七碳一烯酸 $C_{17:1}$	ND	亚麻酸 $C_{18:3}$	ND~0.5
硬脂酸 $C_{18:0}$	3.5~6.0	花生酸 $C_{20:0}$	ND~1.0
油酸 $C_{18:1}$	36.0~44.0	花生一烯酸 $C_{20:1}$	ND~0.4
亚油酸 $C_{18:2}$	9.0~12.0	山萮酸 $C_{22:0}$	ND~0.2

1.1.2 分提棕榈油特征指标见表2。

表2　分提棕榈油特征指标

项 目		棕榈液油	棕榈超级液油	棕榈硬脂
折光指数(40℃)		1.458~1.460	1.463~1.465	1.447~1.452
相对密度(40℃/20℃水)		0.899~0.920	0.900~0.925	0.881~0.891
碘值/(g/100g)	≥	56	60	48
皂化值(以氢氧化钾计)/(mg/g)		194~202	180~205	193~205
不皂化物/(g/kg)	≤	13	13	9
脂肪酸组成/%				
葵酸 $C_{10:0}$		ND	ND	ND
月桂酸 $C_{12:0}$		0.1~0.5	0.1~0.5	0.1~0.5
豆蔻酸 $C_{14:0}$		0.5~1.5	0.5~1.5	1.0~2.0
棕榈酸 $C_{16:0}$		38.0~43.5	30.0~39.0	48.0~74.0
棕榈一烯酸 $C_{16:1}$		ND~0.6	ND~0.5	ND~0.2
十七烷酸 $C_{17:0}$		ND~0.2	ND~0.1	ND~0.2
十七碳一烯酸 $C_{17:1}$		ND~0.1	ND	ND~0.1
硬脂酸 $C_{18:0}$		3.5~5.0	2.8~4.5	3.9~6.0
油酸 $C_{18:1}$		39.8~46.0	43.0~49.5	15.5~36.0
亚油酸 $C_{18:2}$		10.0~13.5	10.5~15.0	3.0~10.0
亚麻酸 $C_{18:3}$		ND~0.6	0.2~1.0	ND~0.5
花生酸 $C_{20:0}$		ND~0.6	ND~0.4	ND~1.0
花生一烯酸 $C_{20:1}$		ND~0.4	ND~0.2	ND~0.4
山萮酸 $C_{22:0}$		ND~0.2	ND~0.2	ND~0.2

注：1. 上列指标与国际食品法典委员会标准 CODEX-STAN 210-2003《指定的植物油法典标准》的指标一致。2. ND表示未检出，定义为≤0.05%。

1.2 质量指标

1.2.1 棕榈油质量指标见表3。

表3　棕榈油质量指标

项 目		质量指标	
		棕榈原油	成品棕榈油
熔点/℃		33~39	
色泽(罗维朋比色槽133.4mm)	≤	—	黄 30 红 3.0
透明度		—	50℃澄清、透明
水分及挥发物/%	≤	0.20	0.05
不溶性杂质/%	≤	0.05	0.05
酸值(以氢氧化钾计)/(mg/g)	≤	**10.0**	**0.20**
过氧化值/(mmol/kg)	≤	**—**	**5.0**
铁/(mg/g)	≤	5.0	—
铜/(mg/g)	≤	0.4	—

注：1. 划有"—"者不做检测。2. 黑体部分指标强制。

1.2.2 分提棕榈油的原油和成品油质量指标见表4和表5。

表4 分提棕榈油的原油质量指标

项 目		质量指标		
		棕榈液油	棕榈超级液油	棕榈硬脂
熔点/℃		≤24	≤19.5	≥44
水分及挥发物/%	≤	0.20		
不溶性杂质/%	≤	0.05		
酸值(以氢氧化钾计)/(mg/g)	≤	**10.0**		
铁/(mg/kg)	≤	5.0		
铜/(mg/kg)	≤	0.4		

注：黑体部分指标强制。

表5 分提棕榈油的成品油质量指标

项 目		质量指标		
		棕榈液油	棕榈超级液油	棕榈硬脂
熔点/℃		≤24	≤19.5	≥44
透明度		40℃澄清、透明		
酸值(以氢氧化钾计)/(mg/g)	≤	**0.20**		**0.40**
过氧化值/(mmol/kg)	≤	**5.0**		
气味、滋味	≤	具有棕榈油固有的气味、滋味，无异味		
色泽(罗维朋比色槽133.4mm)	≤	黄30 红3.0		
水分及挥发物/%	≤	0.05		
不溶性杂质/%	≤	0.05		

注：黑体部分指标强制。

1.3 卫生指标

按 GB 2716、GB 2760 和国家有关标准、规定执行。

1.4 真实性要求

棕榈油中不得掺有其他食用油和非食用油；不得添加任何香精和香料。

附录10 葵花籽油（摘录 GB 10464—2003）

1 质量要求

1.1 特征指标

折光指数 n^{40}	1.461～1.468
相对密度 d_{20}^{20}	0.918～0.923
皂化值(KOH)/(mg/g)	118～194
不皂化物/(g/kg)	≤15
碘值(I)/(g/100g)	118～141

脂肪酸组成/%

十四碳以下脂肪酸	ND～0.1	棕榈一烯酸 $C_{16:1}$	ND～0.3
豆蔻酸 $C_{14:0}$	ND～0.2	十七烷酸 $C_{17:0}$	ND～0.2
棕榈酸 $C_{16:0}$	5.0～7.6	十七碳一烯酸 $C_{17:1}$	ND～0.1

硬脂酸 $C_{18:0}$	2.7～6.5	山萮酸 $C_{22:0}$	0.3～0.5
油酸 $C_{18:1}$	14.0～39.4	芥酸 $C_{22:1}$	ND～0.3
亚油酸 $C_{18:2}$	48.3～74.0	二十二碳二烯酸 $C_{22:2}$	ND～0.3
亚麻酸 $C_{18:3}$	ND～0.3	木焦油酸 $C_{24:0}$	ND～0.5
花生酸 $C_{20:0}$	0.1～0.5	二十四碳一烯酸 $C_{24:1}$	ND
花生一烯酸 $C_{20:1}$	ND～0.3		

注：1. 上列指标与国际食品法典委员会标准 CODEX STAN 210—1999《指定的植物油法典标准》的指标一致。2. ND 表示未检出，定义为 0.05%。

1.2 质量等级指标

1.2.1 葵花籽原油质量指标见表 1。

表 1　葵花籽原油质量指标

项　目		质量指标
气味、滋味		具有葵花籽原油固有的气味和滋味,无异味
水分及挥发物/%	≤	0.2
不溶性杂质/%	≤	0.2
酸值(KOH)/(mg/g)	≤	**4.0**
过氧化值/(mmol/kg)	≤	**7.5**
溶剂残留量/(mg/kg)	≤	**100**

注：黑体部分指标强制。

1.2.2 压榨成品葵花籽、浸出成品葵花籽油质量指标见表 2。

表 2　压榨成品葵花籽、浸出成品葵花籽油质量指标

项　目		质　量　指　标			
		一级	二级	三级	四级
色泽	(罗维朋比色槽25.4mm) ≤	—	—	黄 35 红 3.0	黄 35 红 6.0
	(罗维朋比色槽133.4mm) ≤	黄 15 红 1.5	黄 25 红 2.5	—	—
气味、滋味		无气味、口感好	气味、口感良好	具有葵花籽油固有的气味和滋味,无异味	
透明度		澄清、透明		—	
水分及挥发物/%	≤	0.05		0.10	0.20
不溶性杂质/%	≤	0.05			
酸值(KOH)/(mg/g)	≤	**0.20**	**0.30**	**1.0**	**3.0**
过氧化值/(mmol/kg)	≤	**5.0**			
加热试验(280℃)		—	—	无析出物,罗维朋比色:黄色值不变,红色值的增加小于0.4	微量析出物,罗维朋比色:黄色值不变,红色值增加小于4.0,蓝色值增加小于0.5
含皂量/%	≤	—		0.03	
烟点/℃	≥	215	205	—	—
冷冻试验(0℃储藏5.5h)		澄清、透明			
溶剂残留量/(mg/kg)	浸出油	不得检出		≤50	
	压榨油	不得检出			

注：1. 划有"—"者不做检测,压榨油和一、二级浸出油的溶剂残留量检出值小于 10mg/kg 时,视为未检出。
2. 黑体部分指标强制。

1.3 卫生指标

按 GB 2716、GB 2760 和国家有关标准、规定执行。

1.4 其他

葵花籽油中不得掺有其他食用油和非食用油；不得添加任何香精和香料。

附录 11 营养强化维生素 A 食用油（摘录 GB 21123—2007）

1 技术要求

1.1 质量指标

按 GB 14880 规定的食用植物油脂种类的产品标准中成品油质量指标执行。

1.2 维生素 A 的强化量

按 GB 14880 的规定执行。

1.3 卫生指标

按 GB 2716 和国家有关规定执行。

1.4 其他

在营养强化维生素 A 食用油中不得掺有其他非食用油，同时不得添加任何香精和香料。

附录 12 橄榄油、油橄榄果渣油（摘录 GB 23347—2009）

1 技术质量要求

1.1 特征指标

1.1.1 脂肪酸组成见表 1。

表 1 橄榄油和油橄榄果渣油脂肪酸组成

名 称		含量/%	名 称		含量/%
豆蔻酸($C_{14:0}$)	≤	0.05	亚油酸($C_{18:2}$)		3.5～21.0
棕榈酸($C_{16:0}$)		7.5～20.0	亚麻酸($C_{18:2}$)	≤	1.0
棕榈油酸($C_{16:1}$)		0.3～3.5	花生酸($C_{20:0}$)	≤	0.6
十七烷酸($C_{17:0}$)	≤	0.3	二十碳烯酸($C_{20:1}$)	≤	0.4
十七烷一烯酸($C_{18:0}$)	≤	0.3	山嵛酸($C_{22:0}$)	≤	0.2"
硬脂酸($C_{18:0}$)		0.5～5.0	二十四烷酸($C_{24:0}$)	≤	0.2
油酸($C_{18:1}$)		55.0～83.0			

1.1.2 反式脂肪酸量见表 2。

表 2 橄榄油和油橄榄果渣油反式脂肪酸量

反式脂肪酸种类	初榨橄榄油	精炼橄榄油	油橄榄果榨油
$C_{18:1T}$	≤0.05	≤0.20	≤0.40
$C_{18:1T}+C_{18:3T}$	≤0.05	≤0.30	≤0.35

注：混合型油品不要求。

1.1.3 不皂化物含量见表 3。

表3   橄榄油和油橄榄果渣油不皂化物含量

产品类别		不皂化物含量/(g/kg)
橄榄油	≤	15
油橄榄果渣油	≤	30

1.1.4 甾醇和三萜烯二醇（高根二醇和熊果醇）组成。

1.1.4.1 甾醇总含量见表4。

表4   橄榄油和油橄榄果渣油中甾醇总含量

产品类别		甾醇含量/(mg/kg)
特级初榨橄榄油	≥	
中级初榨橄榄油	≥	
初榨油橄榄灯油	≥	1000
精炼橄榄油	≥	
混合橄榄油	≥	
粗提油橄榄果渣油	≥	2500
精炼油橄榄果渣油	≥	1800
混合油橄榄果渣油	≥	1600

1.1.4.2 无甲基甾醇组分见表5。

表5   橄榄油和油橄榄果渣油中甾醇组成

甾醇组成		占甾醇总含量/%
胆甾醇	≤	0.5
菜籽甾醇	≤	0.2(适用于油橄榄果渣油) 0.1(适用于其他等级)
菜油甾醇	≤	4.0
豆甾醇	≤	菜油甾醇
δ-7-豆甾醇	≤	0.5
δ-豆甾醇＋δ-5-燕麦甾烯醇＋δ-5-23-豆甾二烯醇＋赤桐甾醇＋谷甾烷醇＋δ-5-24-豆甾二烯醇的总和	≥	93.0

1.1.4.3 高根二醇和熊果醇含量见表6。

表6   橄榄油中高根二醇和熊果醇含量

产品类别		占甾醇总含量/%
初榨橄榄油	≤	
精炼橄榄油	≤	4.5
混合橄榄油	≤	

1.1.5 蜡含量见表7。

1.1.6 ECN42甘油三酸酯实际与理论含量的最大差值见表8。

1.1.7 豆甾二烯含量。初榨橄榄油≤0.15mg/kg。

1.1.8 甘三酯-2位的饱和脂肪酸（棕榈酸和硬脂酸的总和）含量见表9。

表 7　橄榄油和油橄榄果渣油中蜡含量

产品类别		占甾醇总含量/%
特级初榨橄榄油	≤	250
中级初榨橄榄油	≤	
初榨油橄榄灯油	≤	300
精炼橄榄油	≥	350
混合橄榄油	≥	
粗提油橄榄果渣油	>	350
精炼油橄榄果渣油	>	
混合油橄榄果渣油	>	

表 8　ECN42 甘油三酸酯实际与理论含量的最大差值

产品类别	ECN42 甘油三酸酯实际与理论含量的最大差值
初榨橄榄油	0.2
精炼橄榄油	0.3
混合橄榄油	0.3
油橄榄果渣油	0.5

注：$ECN = Cn - 2n$，CN 是碳数；n 是双键数。

表 9　甘三酯-2 位的饱和脂肪酸（棕榈酸和硬脂酸的总和）

产品类别		甘三酯-2 位的饱和脂肪酸的含量/%
初榨橄榄油	≤	1.5
精炼橄榄油	≥	1.806
混合橄榄油	≥	
精炼油橄榄果渣油	>	2.2
混合油橄榄果渣油	>	

注：1. 表 1 指标和数据与国际橄榄油理事会 COI/T.15/NCN 0.3/REV.2（2006）的指标和数据一致。2. 5.1.2、5.1.3、5.1.4、5.1.5、5.1.6、5.1.7、5.1.8 的指标和数据与国际食品法典委员会标准 CODEX STAN 33-1981（REV.2-2003）的指标和数据一致。

1.2　质量指标

1.2.1　橄榄油的质量指标见表 10。

表 10　橄榄油的质量指标

项　目		质量指标				
		特级初榨橄榄油	中级初榨橄榄油	初榨油橄榄灯油	精炼橄榄油	混合橄榄油
气味与滋味	感官评判	具有橄榄油固有的气味和滋味，正常		—	正常	正常
	缺陷中位值①（Me）	0	0<Me≤2.5	Me>2.5	—	—
	果味特征中位值②（Me）	Me>0	Me>0	—	—	—
色泽		—			浅黄色	浅黄到浅绿
透明度（20℃,24h）		清澈		—	清澈	
酸值（以氢氧化钾计）/（mg/g）		≤1.6	≤4.0	>4.0	≤0.6	≤2.0

续表

项 目		质量指标				
		特级初榨橄榄油	中级初榨橄榄油	初榨油橄榄灯油	精炼橄榄油	混合橄榄油
过氧化值③/(mmol/kg) ≤		**10**	**10**	—	**2.5**	**7.5**
溶剂残留量/(mg/kg)		—			不得检出	
紫外线吸收光度($K_{1cm}^{1\%}$)	270mm ≤	0.22	0.25	—	1.10	0.90
	ΔK ≤	0.01	0.01	—	0.16	0.15
	232nm④ ≤	2.5	2.6	—	—	—
水分及挥发物/% ≤		0.2		0.3	0.1	0.1
不溶性杂质/% ≤		0.1		0.2	0.05	0.05
金属含量/(mg/kg)	铁 ≤	3.0				
	铜 ≤	0.1				

① 国际橄榄油理事会设定的评价橄榄油风味缺陷指标。
② 国际橄榄油理事会设定的评价橄榄油风味特征指标。
③ 过氧化值的单位换算:当以 g/100g 表示时,如:5.0mmol/kg=5.0/39.4≈0.13g/100g
④ 此项检测只作为商业伙伴在自愿的基础上实施的剂限量。
注:1. 划有"—"者不检测。当溶剂残留量检出值小于 10mg/kg 时,视为为检出。2. 黑体部分指标强制。

1.2.2 油橄榄果渣油的质量指标见表11。

表 11 油橄榄果渣油的质量指标

项 目		质 量 指 标		
		粗提油橄榄果渣油	精炼油橄榄果渣油	混合油橄榄果渣油
气味与滋味		—	正常	
色泽		—	浅黄到褐黄色	浅黄到绿色
透明度(20℃,24h)		—	透明	
酸值(以氢氧化钾计)/(mg/g)		—	**0.6**	**2.0**
过氧化值/(mmol/kg) ≤		—	**2.5**	**7.5**
溶剂残留量/(mg/kg)		≤100	不得检出	
紫外线吸收光度($K_{1cm}^{1\%}$)	270mm ≤	—	2.00	1.70
	ΔK ≤	—	0.20	0.18
水分及挥发物/% ≤		1.5	0.1	
不溶性杂质/% ≤		—	0.05	
金属含量/(mg/kg)	铁 ≤	—	3.0	
	铜 ≤	—	0.1	

注:1. 划有"—"者不检测。当溶剂残留量检出值小于 10mg/kg 时,视为为检出。2. 黑体部分指标强制。

1.3 卫生指标

按 GB 2716 和国家有关标准、规定执行。橄榄油和油橄榄果渣油中每种卤化溶剂残留量不得超过 0.1mg/kg,所有卤化溶剂残留量总和不得超过 0.2mg/kg。

1.4 真实性要求

橄榄油、油橄榄果渣油中不得掺有其他食用油和非食用油,不得添加任何香精和香料。

1.5　食品添加剂

初榨橄榄油不得添加任何添加剂。

精炼橄榄油、混合橄榄油、精炼油橄榄果渣油和混合油橄榄果渣油中允许添加维生素E，在最终产品中维生素E的浓度不得超过200mg/kg。

注：5.3、5.5的指标和数据与国际食品法典委员会标准CODEX STAN 33-1981（REV.2—2003）的指标和数据一致。

附录13　蓖麻籽油（摘录GB/T 8234—2009）

1　质量要求

1.1　特征指标

蓖麻籽油特征指标见表1。

表1　蓖麻籽油特征指标

项　目		指　标
折光指数 n^{20}		1.4765～1.4810
相对密度 d_4^{20}		0.9515～0.9675
碘值（I_2）/（g/100g）		80～88
皂化值（KOH）/（mg/g）		177～187
乙酰值（KOH）/（mg/g）	≥	140

1.2　质量指标

蓖麻籽油质量指标见表2。

表2　蓖麻籽油质量指标

项　目		质量指标	
		一级	二级
色泽（罗维朋比色槽25.4mm）	≤	黄20　红1.5	黄20　红3.5
气味		具有蓖麻籽油固有的气味	
透明度		透明	允许微浊
水分及挥发物含量/%	≤	0.10	0.20
不溶性杂质含量/%	≤	0.05	0.10
酸值（KOH）/（mg/g）	≤	2.0	4.0

附录14　亚麻籽油（摘录GB/T 8235—2008）

1　质量要求

1.1　特征指标

折光指数 n^{20}	1.4785～1.4840
相对密度 d_{20}^{20}	0.9276～0.9382
碘值（以 I_2 计）/（g/100g）	164～202
皂化值（以 KOH 计）/（mg/g）	188～195
不皂化物/（g/kg）	≤15

脂肪酸组成/%

棕榈酸 $C_{16:0}$	3.7～7.9	亚油酸 $C_{18:2}$	12.0～30.0
硬脂酸 $C_{18:0}$	2.0～6.5	亚麻酸 $C_{18:3}$	39.0～62.0
油酸 $C_{18:1}$	13.0～39.0		

1.2 质量指标

1.2.1 亚麻籽原油质量指标见表1。

表1　亚麻籽原油质量指标

项　目		质　量　指　标
气味、滋味		具有亚麻籽油固有的气味和滋味,无异味
水分及挥发物/%	≤	0.20
不溶性杂质/%	≤	0.20
酸值(KOH)/(mg/g)	≤	4.0
过氧化值/(mmol/kg)	≤	7.5
溶剂残留量/(mg/kg)	≤	100

1.2.2 压榨成品亚麻籽油和浸出成品亚麻籽油质量指标分别见表2和表3。

表2　压榨成品亚麻籽油质量指标

项　目		一级	二级
色泽(罗维朋比色槽25.4mm)	≤	黄45　红4.5	黄50　红7.0
气味、滋味		具有亚麻籽油固有的气味和滋味,无异味	
透明度		澄清、透明	
水分及挥发物/%	≤	0.10	0.15
不溶性杂质/%	≤	0.05	0.05
酸值(以 KOH 计)/(mg/g)	≤	1.0	3.0
过氧化值/(mmol/kg)	≤	6.0	7.5
溶剂残留量/(mg/kg)		不得检出	
加热试验(280℃)		无析出物,罗维朋比色:黄色值不得增加,红色值增加小于0.4	微量析出物,罗维朋值:黄色值不得增加,红色值增加小于4.0,蓝色值增加小于0.5

注:溶剂残留量小于10mg/kg 时,视为未检出。

表3　浸出成品亚麻籽油质量指标

项　目			一级	二级	三级	四级
色泽	(罗维朋比色槽25.4mm)	≤	—	—	黄35　红3.0	黄35　红5.0
	(罗维朋比色槽133.4mm)	≤	黄35　红3.5	黄35　红5.0		
气味、滋味			气味、口感好	具有亚麻籽油固有的气味和滋味,无异味,口感良好	具有亚麻籽油固有的气味和滋味,无异味	
透明度			澄清、透明		—	—
水分及挥发物/%		≤	0.05		0.10	0.20
不溶性杂质/%		≤	0.05			
酸值(以 KOH/计)/(mg/g)		≤	0.2	0.3	1.0	3.0
过氧化值/(mmol/kg)		≤	5.0		6.0	

续表

项　目		一级	二级	三级	四级
加热试验(280℃)		—	—	无析出物,罗维朋值:黄色值不得增加,红色值增加小于0.4	微量析出物,罗维朋值:黄色值不得增加,红色值增加小于4.0,蓝色值增加小于0.5
含皂量/%	≤	—	—	0.03	0.03
冷冻试验(0℃储藏5.5h)		澄清、透明	—	—	—
溶剂残留量/(mg/kg)		不得检出		≤50	

注：1. 划有"—"不做要求。2. 溶剂残留量小于10mg/kg时，视为未检出。

1.3 卫生指标

按 GB 2716 和国家有关标准、规定执行。

1.4 真实性要求

亚麻籽油中不得掺有其他食用油和非食用油；不应添加任何香精和香料。

附录 15　工业用猪油（摘录 GB/T 8935—2006）

1　要求

1.1　质量指标

工业用猪油的质量指标见表1。

表 1　工业用猪油的质量指标

项　目		质 量 指 标
性状及色泽	凝固态	白色或淡黄色,有光泽,呈软膏状
	融化态	微黄色或黄棕色,透明或微浊,无沉淀物
气味	凝固态	允许有焦味和轻哈喇气味
	融化态	允许有明显的焦味和轻哈喇气味
酸值(KOH)/(mg/g)	≤	4.0
过氧化值/%	≤	1.0
水分/%	≤	0.5

1.2　鉴定指标

工业用猪油鉴定指标见表2。

表 2　工业用猪油鉴定指标

项　目	鉴 定 指 标
折射率(40℃)/%	1.448～1.465
相对密度(20℃)	0.894～0.910
皂化值(KOH)/(mg/g)	192～205
碘值/%	45～70
熔点/℃	32～45

注：碘值指标采用 CODEX STAN 29—1981 的对应指标。

1.3 抗氧化剂

工业用猪油中抗氧化剂的使用限量见表3。

表 3　工业用猪油中抗氧化剂的最大限量

名　称	最大限量/(mg/kg)	用　法
没食子酸丙酯(PG)	100	单用或合用
丁基羟基茴香醚(BHT)	200	单用或合用
二丁基羟基甲苯(BHA)	200	单用或合用
PG 与 BHA 或 BHT 或与二者的混合	200	PG 不超过 100mg/kg
天然与合成维生素 E	受良好加工方法限制	单用或合用
柠檬酸	受良好加工方法限制	单用或合用
柠檬酸钠	受良好加工方法限制	单用或合用

1.4 污染物

工业用猪油污染物最大限量见表4。

表 4　工业用猪油污染物最高限量

项　目	最大限量
铅(以 Pb 计)/(mg/kg)	≤1.0
铜(以 Gu 计)/(mg/kg)	≤0.4
砷(以 As 计)/(mg/kg)	≤0.1
乙醚不溶物/%	≤0.5

注：铜、砷指标采用 CODEX STAN 29—1981 的相应指标。

附录 16　食用猪油（摘录 GB/T 8937—2006）

1　要求

1.1　感官特征

食用猪油的感官特征见表1。

表 1　食用猪油的感官特征

项　目		等级指标	
		一　级	二　级
性状及色泽	凝固态	白色,有光泽,细腻,呈软膏状	白色或微黄色,稍有光泽,细腻,呈软膏状
	融化态	微黄色,澄清透明,不允许有沉淀物	微黄色,澄清透明
气味及滋味	凝固态	具有猪油固有的气味及滋味,无外来气味和味道	

1.2　物性与卫生指标

1.2.1　物性指标

食用猪油物理性状指标见表2。

1.2.2　卫生指标

1.2.2.1　理化指标　食用猪油理化指标见表3。

1.2.2.2　微生物指标　食用猪油微生物指标见表4。

表 2　食用猪油物性指标

项　目	指　标
折射率(40℃)/%	1.448～1.460
相对密度(20℃)	0.896～0.904
熔点/℃	32～45

注：折射率、相对密度指标采用 CODEX STAN 28—1981 的指标。

表 3　食用猪油理化指标

项　目		等　级	
		一　级	二　级
水分/%		≤0.20	≤0.25
酸值(KOH)/(mg/g)	**≤**	**1.0**	**1.3**
过氧化值/%	**≤**	**0.10**	
皂化值(KOH)/(mg/g)		190～202	
碘值/%		45～70	
丙二醛/(mg)		≤0.25	
铅(以 Pb 计)/(mg/kg)		≤1.0	
铜(以 Gu 计)/(mg/kg)		≤0.4	
砷(以 As 计)/(mg/kg)		≤0.1	
不溶于乙醚的物质		≤0.5	

注：1. 碘值、铜、砷指标采用 CODEX STAN 28—1981 的指标。2. 黑体部分指标强制。

表 4　食用猪油微生物指标

项　目	指　标
菌落总数/(CFU/g)	≤50000
大肠菌群/(MPN/100g)	≤70
致病菌①	不得检出

① 致病菌指沙门菌、志贺菌及金黄色葡萄球菌、溶血性链球菌。

1.2.2.3　食品添加剂指标　食用猪油中食品添加剂的最大限量见表 5。

表 5　食用猪油中食品添加剂的最大限量

名　称	最大限量/(mg/kg)	用　法
没食子酸丙酯(PG)	100	单用或合用
丁基羟基茴香醚(BHT)	200	单用或合用
二丁基羟基甲苯(BHA)	200	单用或合用
PG 与 BHA 或 BHT 或与二者的混合	200	PG 不超过 100mg/kg
天然与合成生育酚	受良好加工方法限制	单用或合用
柠檬酸	受良好加工方法限制	单用或合用
柠檬酸钠	受良好加工方法限制	单用或合用

附录 17　蚝油（摘录 GB/T 21999—2008）

1　技术要求

1.1　主要原料和辅料

1.1.1　牡蛎　应符合 GB 2733 的规定。

1.1.2　食糖　应符合 GB 13104 的规定。

1.1.3　食用盐　应符合 GB5461 规定。

1.1.4　淀粉　应符合 GB/T 10228 规定。

1.1.5　水　应符合 GB 5749 规定。

1.1.6　食品添加剂　食品添加剂的品种和使用量应符合 GB 2760 规定的品种，其质量应符合相应的标准和有关规定。

1.1.7　其他辅料　质量符合相应的标准和有关规定。

1.2　感官要求　蚝油应符合表 1 的规定。

表 1　蚝油感官要求

项　目	要　求
色泽	红棕色至棕褐色,鲜亮有亮泽
气味	有熟蚝香
滋味	味鲜美,咸淡适口或鲜甜,无异味
体态	黏稠适中,均匀,不分层,不结块,无异物

1.3　理化指标　应符合表 2 的规定。

表 2　蚝油理化指标

项　目		指　标
氨基酸态氮/(g/100g)	≥	0.3
总酸(以乳酸计)/(g/100g)	≤	1.2
食盐(以氯化钠计)/(g/100g)	≤	14.0
总固形物/(g/100g)	≥	21.0
挥发性盐基氮/(mg/100g)	≤	50

1.4　卫生指标　蚝油卫生指标应符合 GB 10133 规定，同时应符合表 3 的要求。

表 3　蚝油卫生指标

项　目		指　标
铅(Pb)/(mg/kg)	≤	1.0
甲基汞/(mg/kg)	≤	0.5
3-氯-1,2-丙二醇/(mg/kg)	≤	0.02

1.5　净含量　应符合《定量包装商品计量监督管理办法》的规定。

<h2 align="center">附录18　核桃油（摘录 GB/T 22327—2008）</h2>

1　质量要求

1.1　特征指标　特征指标见表 1。

1.2　质量指标

1.2.1　核桃原油质量指标见表 2。

1.2.2　压榨核桃油质量指标见表 3。

表 1　核桃油特征指标

项　　目		范　　围
折光指数 n^{20}		1.467～1.482
相对密度		0.902～0.929
碘值(以 I 计)/(g/100g)		140～174
皂化值(以 KOH 计)/(mg/g)		183～197
不皂化物/(g/kg)	≤	20
脂肪酸组成/%		
棕榈酸　$C_{16:0}$		6.0～10.0
棕榈油酸 $C_{16:1}$		0.1～0.5
硬脂酸　$C_{18:0}$		2.0～6.0
油　酸　$C_{18:1}$		11.5～25.0
亚油酸　$C_{18:2}$		50.0～69.0
亚麻酸　$C_{18:3}$		6.5～18.0

表 2　核桃原油质量指标

项　　目		质量指标
水分及挥发物/%	≤	0.20
不溶性杂质/%	≤	0.20
酸值(以 KOH 计)/(mg/g)	≤	4.0
过氧化值/(mmol/kg)	≤	10.0
溶剂残留量/(mg/kg)	≤	100

表 3　压榨核桃油质量指标

项　　目		质量指标
色泽(罗维朋比色槽 25.4mm)	≤	黄 30　红 4.0
气味、滋味		正常、无异味
透明度		澄清、透明
水分及挥发物/%	≤	0.10
不溶性杂质/%	≤	0.05
酸值(以 KOH 计)/(mg/g)	≤	**3.0**
过氧化值/(mmol/kg)	≤	**6.0**
铁/(mg/kg)	≤	5.0
铜/(mg/kg)	≤	0.4
溶剂残留量/(mg/kg)		**不得检出**

注：1. 溶剂残留量检出值小于 10mg/kg 时，视为未检出。2. 黑体部分指标强制。

1.2.3　浸出核桃油分级质量指标见表 4。

表 4　浸出核桃油质量指标

项　　目		质　量　指　标	
		一级	二级
色泽	(罗维朋比色槽 25.4mm) ≤	—	黄 30　红 4.0
	(罗维朋比色槽 133.4mm) ≤	黄 20　红 2.0	—
气味、滋味		气味、口感好	
透明度		澄清、透明	

项 目		质 量 指 标	
		一级	二级
水分及挥发物/%	≤	0.10	
不溶性杂质/%	≤	0.05	
酸值(以 KOH 计)/(mg/g)	**≤**	**0.6**	**3.0**
过氧化值/(mmol/kg)	**≤**	**6.0**	
含皂量/%	≤	0.03	
溶剂残留量/(mg/kg)	**≤**	**50**	
铁/(mg/kg)	≤	1.5	
铜/(mg/kg)	≤	0.1	

注：1. 溶剂残留量检出值小于 10mg/kg 时，视为未检出。2. 黑体部分指标强制。

1.3 卫生指标 按 GB 2716 和国家有关标准、规定执行。

1.4 添加剂使用限制 不得添加任何香精和香料。

1.5 真实性要求 核桃油中不得掺有其他食用油和非食用油。

附录19 红花籽油（摘录 GB/T 22465—2008）

1 质量要求

1.1 特征指标

折光指数 n^{40} 1.467～1.470

相对密度 d 0.922～0.927

碘值(I)/(g/100g)   136～148

皂化值(KOH)/(mg/g)   186～198

不皂化物/(g/kg)   ≤15

脂肪酸组成见表1。

表 1 红花籽油脂肪酸组成

脂肪酸	占总脂肪酸/%	脂肪酸	占总脂肪酸/%
豆蔻酸 $C_{14:0}$	ND～0.2	亚麻酸 $C_{18:3}$	ND～0.1
棕榈酸 $C_{16:0}$	5.3～8.0	花生酸 $C_{20:0}$	0.2～0.4
棕榈一烯酸 $C_{16:1}$	ND～0.2	二十碳一烯酸 $C_{20:1}$	0.1～0.3
十七烷酸 $C_{17:0}$	ND～0.1	山萮酸 $C_{22:0}$	ND～1.0
十七碳一烯酸 $C_{17:1}$	ND～0.1	芥酸 $C_{22:1}$	ND～1.8
硬脂酸 $C_{18:0}$	1.9～2.9	木焦油酸 $C_{24:0}$	ND～0.2
油酸 $C_{18:1}$	8.4～21.3	二十四碳一烯酸 $C_{24:1}$	ND～0.2
亚油酸 $C_{18:2}$	67.8～83.2		

注：ND 表示未检出，定义为≤0.05%。

红花籽油总甾醇要求为 2100～4600mg/kg，甾醇成分含量见表2。

表 2　红花籽油甾醇成分含量

甾醇成分	占总甾醇的百分数	甾醇成分	占总甾醇的百分数
胆固醇	ND～0.7	δ-5-燕麦甾醇	0.8～4.8
芸苔甾醇	ND～0.4	δ-7-谷甾醇	13.7～24.6
菜籽甾醇	9.2～13.3	δ-7-燕麦甾醇	2.2～6.3
豆甾醇	4.5～9.6	其他	0.5～6.4
β-谷甾醇	40.2～50.6		

注：ND表示未检出，定义为≤0.05%。

1.2　质量等级指标

1.2.1　红花籽原油质量指标见表3。

表 3　红花籽原油质量指标

项　目		质　量　指　标
气味、滋味		具有红花籽原油固有的气味和滋味，无异味
水分及挥发物/%	≤	0.20
不溶性杂质/%	≤	0.20
酸值(KOH)/(mg/g)	≤	4.0
过氧化值/(mmol/kg)	≤	7.5
溶剂残留量/(mg/kg)	≤	100

1.2.2　压榨成品红花籽油、浸出成品红花籽油质量指标见表4。

表 4　压榨成品红花籽油、浸出成品红花籽油质量指标

项　目			质量指标		
			一级油	二级油	三级油
色泽	(罗维朋比色槽25.4mm)	≤	—	黄35　红2.5	黄35　红5.0
	(罗维朋比色槽133.4mm)	≤	黄25　红3.0	—	—
滋味、气味			具有红花籽固有气味和滋味，无异味		
透明度			澄清、透明		
水分及挥发物/%		≤	0.10		0.20
不溶性物质/%		≤	0.05		
酸值(KOH)/(mg/g)		≤	0.5	1.0	3.0
过氧化值/(mmol/kg)		≤	6.0	7.5	
铁/(mg/kg)		≤	1.5		5.0
铜/(mg/kg)		≤	0.1		0.4
溶剂残留量/(mg/kg)	浸出油		不得检出	≤50	
	压榨油		不得检出		

注：1. 划"—"不做检测；2. 压榨油和一、二级浸出油的溶剂残留量检出值小于10mg/kg时，视为未检出。

1.3　卫生指标　按GB 2716和国家有关标准、规定执行。

1.4　添加剂使用限制　按GB 2760和国家有关标准、规定执行，不得添加任何香精和香料。

1.5 真实性要求 红花籽油中不得掺有其他食用油和非食用油。

附录 20 葡萄籽油（摘录 GB/T 22478—2008）

1 质量要求与卫生要求

1.1 特征指标

1.1.1 物性指标

折光指数 n^{40}	1.467～1.477
相对密度 d_{20}^{20}	0.920～0.926
碘值(I)/(g/100g)	128～150
皂化值(KOH)/(mg/g)	188～194
不皂化物/(g/kg)	≤20

1.1.2 葡萄籽油脂肪酸组成见表1。

表 1 葡萄籽油脂肪酸组成

脂肪酸		含量/%	脂肪酸		含量/%
豆蔻酸	$C_{14:0}$	ND～0.3	亚油酸	$C_{18:2}$	58.0～78.0
棕榈酸	$C_{16:0}$	5.5～11.0	亚麻酸	$C_{18:3}$	ND～1.0
棕榈油酸	$C_{16:1}$	ND～1.2	花生酸	$C_{20:0}$	ND～1.0
十七烷酸	$C_{17:0}$	ND～0.2	二十碳一烯酸	$C_{20:1}$	ND～0.3
十七碳一烯酸	$C_{17:1}$	ND～0.1	山嵛酸	$C_{22:0}$	ND～0.5
硬脂酸	$C_{18:0}$	3.0～6.5	芥酸	$C_{22:1}$	ND～0.3
油酸	$C_{18:1}$	12.0～28.0	木焦油酸	$C_{24:0}$	ND～0.4

注：ND表示未检出，含量≤0.05%。

1.1.3 总甾醇含量：2000mg/kg～7000mg/kg。

1.1.4 各种甾醇成分含量（占总甾醇的质量分数）见表2。

表 2 葡萄籽油甾醇成分含量

甾醇成分	占总甾醇的百分数/%	甾醇成分	占总甾醇的百分数/%
高根二醇	＞2.0	δ-5-燕麦甾醇	1.0～3.5
芸苔甾醇	ND～0.2	δ-7-谷甾醇	0.5～3.5
菜籽甾醇	7.5～14.0	δ-7-燕麦甾醇	0.5～1.5
豆甾醇	7.5～12.0	其他	ND～5.1
β-谷甾醇	64.0～70.0		

注：ND表示未检出，含量≤0.05%。

1.2 质量指标 质量指标见表3。

1.3 卫生要求

按 GB 2716 和国家有关标准、规定执行。

1.4 添加剂使用限制

不得添加任何香精和香料。

1.5 真实性要求

葡萄籽油中不得掺有其他食用油和非食用油。

表3　葡萄籽油质量指标

项　目		等　级		
		一级	二级	三级
色泽		淡绿色或浅黄绿色		
气味、滋味		气味、口感好	气味、口感良好	具有葡萄籽油固有的气味和滋味,无异味
透明度		澄清、透明		
水分及挥发物/%	≤	0.10		
杂质/%	≤	0.05		
酸值(以 KOH 计)/(mg/g)	**≤**	**0.60**	**1.0**	**3.0**
过氧化值/(mmol/kg)	**≤**	**5.0**	**6.0**	**7.5**
含皂量/(%)	≤	0.005		0.03
铁/(mg/kg)	≤	1.5		5.0
铜/(mg/kg)	≤	0.1		0.4
溶剂残留量/(mg/kg)	≤	50		

注：1. 当油的溶剂残余量检出值小于10mg/kg时，视为未检出。2. 黑体部分指标制强。

附录 21　花椒籽油（摘录 GB/T 22479—2008）

1　质量要求与卫生要求

1.1　特征指标

折光指数 n^{20}　　　　　　　　　　　　　1.472～1.481
相对密度 d_{20}^{20}　　　　　　　　　　　　0.921～0.967
碘值(I)/(g/100g)　　　　　　　　　　125～133
皂化值(KOH)/(mg/g)　　　　　　　191～198
不皂化物/(g/kg)　　　　　　　　　　≤10
脂肪酸组成/%

棕榈酸	$C_{16:0}$ 9～14	油酸	$C_{18:1}$ 25～32
棕榈油酸	$C_{16:1}$ 2～8	亚油酸	$C_{18:2}$ 18～33
硬脂酸	$C_{18:0}$ 1～3	亚麻酸	$C_{18:3}$ 17～24

1.2　质量指标　压榨花椒籽油和浸出花椒籽油分级质量指标要求见表1。

表1　质量指标

项　目		质　量　指　标	
		一级	二级
色泽(罗维朋比色槽25.4mm)	≤	黄 30　红 4.0	黄 35　红 7.0
气味、滋味		具有花椒油固有的气味和滋味、无异味	
酸值(KOH)/(mg/g)	≤	1.0	3.0
透明度		澄清、透明	—
不溶性杂质/%	≤	0.05	
含皂量/%	≤	0.03	
水分及挥发物/%	≤	0.20	
过氧化值/(mmol/kg)	≤	6.0	
溶剂残留量/(mg/kg)	≤	50	
铁/(mg/kg)	≤	1.5	
铜/(mg/kg)	≤	0.1	

注：1. 划有 "—" 者不做检测；2. 溶剂残留量检出值小于 10mg/kg 时，视为未检出；3. 压榨花椒籽油溶剂残余量不得检出。

1.3 卫生指标 按 GB 2716 和国家有关标准、规定执行。

1.4 添加剂使用限制 不得添加任何香精和香料。

1.5 真实性要求 花椒籽油中不得掺有其他食用油和非食用油。

附录 22 食品级白油（摘录 GB 4853—2008）

技术要求和试验方法

食品级白油的技术要求和试验方法见表 1。

表 1 食品级白油的技术要求和试验方法

项　目	质量指标					试验方法
	低、中黏度				高黏度	
	1 号	2 号	3 号	4 号	5 号	
运动黏度(100℃)/(mm²/g)	2.0～3.0	3.0～7.0	7.0～8.5	8.5～11	≥11	GB/T 265
运动黏度(40℃)/(mm²/g)	报告					GB/T 265
初馏点/℃　　　　　　　　　>	200				250	SH/T 0558
5%(质量分数)蒸馏点碳数　不小于	12	17	22	25	28	SH/T 0558
5%(质量分数)蒸馏点温度/℃ 大于≥	224	287	356	391	422	SH/T 0558
平均相对分子质量① 不低于	250	300	400	480	500	SH/T 0398 SH/T 0730
颜色,赛氏号　　　　不低于	+30					GB/T 3555
水溶性酸或碱	无					GB/T 259
易炭化物	通过	通过	通过	通过	通过	GB/T 11079
稠环芳烃,紫外吸光度（260～420nm)/cm　　　　不大于	0.1					GB/T 11081
固态石蜡	通过					SH/T 0134
铅含量②/(mg/kg)　　不大于	1					附录 A GB/T 5009.75
砷含量/(mg/kg)　　　不大于	1					GB/T 5009.76
重金属含量/(mg/kg)　不大于	10					GB/T 5009.74

① 平均相对分子质量的仲裁试验方法为 SH/T 0730。

② 铅的仲裁试验方法为附录 A。

附录 23 原产地域产品 吉林长白山中国林蛙油
（摘录 GB 19507—2004）

1 要求

1.1 生态环境

吉林长白山中国林蛙油的基源动物为中国林蛙长白山亚种，原产地域为吉林省长白山区域，包括东部山区和中部半山区，北纬 40°51′55″～44°38′54″，东经 125°16′57″～131°19′12″。

东部山区为寒温两带交错地区，主要植被类型是针阔叶混交林，天然植被占优势，森林覆盖率 68.3％，夏季枝繁叶茂，郁闭度大，土质肥沃，含水性强，地表温度高，林下植物生长旺盛；中部半山区为森林草原植被，林地占 13％，草本植物种类繁多。

整个地区林下植被繁茂，枯枝落叶层厚度可达 20cm，昆虫种类多，密度大，河流纵横，水系交错，水体无污染，pH 值为 6～7，含氧量 4mg/L，为中国林蛙长白山亚种的生长发育提供了良好的地理环境。

本地域属大陆性季风气候，东部山区年平均气温多在 3℃ 左右，无霜期 120 天左右，年平均降水量 600～1300mm，林下相对湿度 85％ 左右；中部半山区年平均气温 4.5℃，无霜期达 140 天，年平均降水量 600～800mm。

1.2　中国林蛙长白山亚种的养殖

1.2.1　养蛙场选择

两山夹一沟，沟长 1～5km，沟宽 200～1500m，河宽 1～5m，水深 20～30cm 为宜，水流不断。沟内无污染，无农药残留，远离村庄及畜禽。植被为阔叶林或针阔混交林，郁闭度 0.6 以上。林下有灌木、草本植物和枯枝落叶层，利于保持土壤水分和昆虫的繁衍。

1.2.2　养蛙设施

1.2.2.1　孵化池　孵化区位于河流中下游，孵化池按每平方米投放 5 个卵团左右计算，面积为 20～40 m²，池水深 20～30cm 为宜，排水口低于入水口，口上均设栏网设施。

1.2.2.2　饲养池　每平方米放养蝌蚪 1000～1500 只，水池面积不超过 40m²，水深 25～30cm 为宜，出水口与入水口处均设栏网。

1.2.2.3　变态池　在沟内沿河道每隔 500m 左右建一变态池，面积为 30～40m² 为宜，池形为锅底形，中间深 30cm，边缘深 10cm。

1.2.2.4　越冬池　在沟内河道边缘处，每隔 500～1000m 建一越冬池，水深 2.0～2.5m 为宜，确保不冻层 1m 以上。越冬池内必须是流水，并且不渗水。

1.2.2.5　贮蛙池　选择距河道近的地方修建贮蛙池，并将水引入贮蛙池，水深 80～100cm 为宜，要求能过水，能入能排。

1.2.3　选留种蛙

1.2.3.1　时间　在上年 10 月下旬、11 月初或当年 3 月末及 4 月初选择。

1.2.3.2　雄雌比　抱对雄雌蛙的比例为 1：1。

1.2.3.3　形态　身体健壮，体形好，无损伤，动作灵活，背部皮肤黑褐色并有黑斑，肩部有"∧"形黑色条纹。

雄蛙：2～4 年生，体重 15～30g，身长 5.0～6.8cm。

雌蛙：2～4 年生，腹部红黄色稍带花纹，体重 25～55g，身长 6.0～8.6cm，每只产孵 1500～2000 粒，卵团重 20～28g。

1.2.4　孵化条件

雄雌蛙交配水温 8～10℃，孵化适宜水温 10～22℃，受精卵发育期（尾芽期）240h 左右，孵化率 88％～90％。

1.2.5　蝌蚪的饲养

每万只蝌蚪喂精饲料 1kg，无毒青饲料 5kg。

完整蝌蚪体长 1.2～1.3cm，尾长 2.1～2.4cm。蝌蚪发育 25～35 天长出后肢，体长 1.3～1.5cm，尾长 2.5～3.2cm。蝌蚪发育 40～50 天长出前肢，体长 1.4～1.8cm，尾

长 2.9cm。

蝌蚪变态率一般为 70%～80%。变态后幼蛙体长 1.3～1.5cm，体重 0.5～1g，身长为体长的三分之一。

1.2.6　蛙放养

变态蝌蚪放养：每公顷有效森林放养 10～25kg（1kg 含变态蝌蚪 1800 只左右）。

一年生幼蛙放养量：每公顷 7500～9000 只。

二年生成蛙放养量：每公顷 4500 只左右。

幼蛙森林活动期在 5 月下旬～9 月下旬，成蛙下山冬眠期为 9 月末至第二年 3 月下旬。

1.2.7　蛙的生长发育

二年生雄蛙身长 5.0～5.6cm，体重 15～20g；二年生雌蛙身长 6.0～6.9cm，体重 25～32g。

三年生雄蛙身长 5.7～6.5cm，体重 21～24g；三年生雌蛙身长 7.0～7.5cm，体重 33～45g。

四年生雄蛙身长 6.6～6.8cm，体重 25～30g；四年生雌蛙身长 7.6～8.6cm，体重 46～55g。

蛙群中一年生与二、三年生比例约为 7：3，雌蛙、雄蛙比例控制在 3：2 为好。

1.2.8　下山回河越冬蛙

秋后气温下降到 10℃ 以下，河水温度 8℃ 以下，林蛙开始下山回河。此时，林蛙处在不稳定冬眠状态，11 月初至 11 月中旬进入稳定冬眠。回捕的林蛙先入贮蛙池，11 月初送入越冬池，保持温度 1～5℃。死亡率控制在 2% 以下，回捕率为 3%～5%。

1.3　蛙油加工工艺流程

收购 → 分等 → 穿蛙 → 晾晒 → 软化 → 扒油 → 净选去杂 → 阴干 → 包装 → 贮存

1.4　感官指标

感官指标应符合表 1 的规定。

表 1　吉林长白山中国林蛙油感官指标

项　目	指　标	项　目	指　标
形态	呈不规则块状，弯曲而重叠	质地	质硬，手摸有滑腻感
大小	长 2～5cm，厚 1.5～5mm	气味	具有腥气，味微甘，嚼之有黏滑感，无其他异味
色泽	黄白色至土黄色或暗黄色	膨胀性	温水中浸泡，体积膨胀为原来的 10 倍以上
表面特征	呈脂肪样光泽，偶有带灰白色或灰黑色薄膜状干皮	杂质	无肉眼可见外来杂质

1.5　理化指标

理化指标应符合表 2 的规定。

表 2　吉林长白山中国林蛙油理化指标

项　目		指　标	项　目		指　标
膨胀度/（mL/g）	≥	100	水分/%	≤	18

1.6　卫生指标

卫生指标应符合表 3 的规定。

表 3 吉林长白山中国林蛙油卫生指标

项 目		指 标	项 目		指 标
菌落总数/(cfu/g)	≤	15000	滴滴涕/(μg/g)	≤	0.4
大肠菌群/(MPN/100g)	≤	100	砷(As)/(mg/kg)	≤	2.0
霉菌计数/(cfu/g)	≤	300	铅(Pb)/(mg/kg)	≤	0.5
酵母计数/(cfu/g)	≤	30	铜(Cu)/(mg/kg)	≤	5.0
致病菌①	≤	不得检出	汞(Hg)/(mg/kg)	≤	0.02
六六六/(μg/g)	≤	0.2			

① 致病菌系指肠道致病菌及致病性球菌。

附录 24 原产地域产品 秀油（摘录 GB 19695—2005）

1 要求

1.1 秀油原材料的生长自然环境

1.1.1 地质地貌

秀油所用原材料（油桐林）原产地域位于四川盆地，盆周山区东南方与云贵高原东北方毗连，为武陵山腹地。其地形西南高东北低，西部及西南部为中低山区和浅丘区，中部及东北部为浅丘区和平坝区，海拔 245.7~1631.4m，地质结构系武陵山二级隆起带，褶皱山脉风化地表。

1.1.2 土壤

土壤为疏松性山地土壤，pH 值 5.5~6.5。

1.1.3 气候

气候属中亚热带湿润季风气候，温和湿润，雨量充沛，日照充足，无霜期长，四季分明，呈山区主体生物性气候；年平均气温 16.5℃，年平均降雨量 1334.6mm，年平均日照时数 1235.4h，无霜期 290d。

1.1.4 植被

自然植被属湿润森林植被，植物种类丰富，生长繁密。油桐林主要分布在海拔 400~800m 的平坝和浅丘地带。

1.2 原材料

秀油主要原材料应是在规定的区域内生长的油桐树所结桐树果剥离的桐籽，并在该区域加工的桐油（另见 GB 19695—2005 标准第 3 章）。

1.3 加工和生产

秀油加工生产应在规定的区域内，在特定的时间里，采用传统的工艺（另见 GB 19695—2005 标准第 3 章）。

1.3.1 时间一般为春夏季节夜间降雾开始至日出前。

1.3.2 主要工艺流程

桐饼 → 磨籽 → 炒制(碳化) →〔加入桐油〕→ 加热搅拌(脱烟) → 熬制 → 过滤 → 冷却 → 秀油成品

1.4 产品技术指标

秀油的产品技术指标应符合下表规定。

秀油产品技术指标

项　目		指　标	项　目		指　标
外观和颜色		棕红色透明液体 （20℃静置24h后）	干燥时间 　表干/h	≤	10
气味		具有桐油香味	实干/h	≤	24
细度/μm	≤	30	水分及挥发物/%	≤	0.5
杂质/%	≤	1.0	酸值(KOH)/(mg/g)	≤	10
黏度/s	≤	70～90	烟碱含量/(mg/100mg)	≤	0.008

参 考 文 献

[1] 苏望懿主编. 油脂加工工艺学. 武汉：湖北科学技术出版社，1997.

[2] 韩景生. 油脂精炼工艺学. 北京：中国财政经济出版社，1988.

[3] 何东平编著. 油脂制取及加工技术. 武汉：湖北科学技术出版社，1998.

[4] 于文景，于平主编. 油脂制取加工技术、工艺流程、质量检测与生产管理、包装储藏实务全书. 北京：金版电子出版公司，1998.

[5] 徐帮学主编. 食用油生产加工工艺与技术标准规范实用指南. 合肥：安徽文化音像出版社，2003.

[6] E. 贝拉蒂尼著. 油脂加工. 刘大川译. 北京：中国商业出版社，1988.

[7] 刘玉兰主编. 植物油脂生产与综合利用. 北京：中国轻工业出版社，1999.

[8] ［苏］B. X.巴拉扬等编. 油脂及代脂工艺学. 胡健华译. 武汉：湖北科学技术出版社，1991.

[9] 田星文. 油脂氢化技术. 北京：中国轻工业出版社，1987.

[10] 刘玉兰主编. 油脂制取与加工工艺学. 北京：科学出版社，2003.

[11] 张玉军，陈杰瑢主编. 油脂氢化化学与工艺学. 北京：化学工业出版社，2004.

[12] ［美］Y. H. Hui主编. 油脂化学与工艺学. 第五版. 徐生庚，裘爱泳主译. 北京：中国轻工业出版社，2001.

[13] 胡传荣. 高 d-a-维生素 E 的研制. 中国油脂，2003 (11)：45.

[14] 赵国志. 植物甾醇双甘酯油营养特性. 粮食与油脂，2004，(7)：8.

[15] 宋晓燕. 天然维生素 E 的功能及应用. 中国油脂，2000，(6)：45.

[16] 王立中. 浅析油脂中色素对油品质量的影响. 四川粮油科技，1990，(4)：11.

[17] 杨博，王宏建. 经济环保的酶法脱胶技术 [J]. 中国油脂，2004，29 (3)：21-23.

[18] 相海，李子明，周海军. 软塔脱臭系统 [J]. 中国油脂，2003，28 (3)：21-24.

[19] 李志江，杨明富. 火麻仁油精炼技术 [J]. 粮油食品，2010，4：51-52.

[20] 秦卫国，徐闯，赵广彬. 玉米油精炼的工艺实践 [J]. 粮食与食品工程，2006，13 (3)：3-5.

[21] 李加兴，舒象满，李伟等. 猕猴桃籽油精炼技术研究 [J]. 食品科学，2008，29 (12)：300-304.

[22] 何海燕，袁建，何荣等. 栎木油精炼工艺及其清除 DPPH·能力的研究 [J]. 中国油脂，2011，36 (5)：36-40.

[23] 涂果. 蓖麻油混合油全精炼技术 [J]. 中国油脂，2001，26 (5)：40-43.

[24] 李峰. 物理精炼浸出花生油工艺简介 [J]. 中国油脂，2009，34 (9)：17-18.

[25] 殷钟意，杜若愚，刘芳丹等. 花椒籽仁油脱酸、脱蜡精制工艺研究 [J]. 中国油脂，2010，35 (10)：15-17.

[26] 左青. 连续精炼工程设计和实践（Ⅰ）[J]. 粮食与食品工程，2005，(4)：18-22.

[27] 左青. 连续精炼工程设计和实践（Ⅱ）[J]. 粮食与食品工程，2005，(5)：25-31.

[28] 张爱军，沈继红，石书河. 鳀鱼油脱胶、脱色、脱臭工艺的研究 [J]. 中国油脂，2006，31 (8)：30-32.

[29] 王小李，詹琳. 橡胶籽油的精炼研究 [J]. 中国油脂，2000，25 (4)：10-11.

[30] 赵国志，刘喜亮，刘智锋. 油脂脱蜡技术 [J]. 粮食与油脂，2003，(11)：7-11.

[31] 陈林杰，麻成金，黄群等. 茶叶籽油精炼研究 [J]. 中国油料作物学报，2008，30 (2)：235-238.

[32] 杨继国，杨博，林炜铁. 植物油物理精炼中的脱胶工艺 [J]. 中国油脂，2004，29 (2)：7-10.

[33] 田华，黄涛，苏明华. 橡胶籽油脱胶脱色的工艺研究 [J]. 武汉工业学院学报，2007，26 (2)：9-11.

[34] 柴本旺. 米糠油脱蜡 [J]. 粮食食品科技，2000，8 (6)：5-7.

[35] Bramley P M, Elmadfa, Kafatos A, et al. Review Vitamin E [J]. *J. Sci. Food Agric.*，2000，80：913-938.

[36] Angelo Azzi, Achim Stocker. Vitamin E：non-antioxidant roles [J]. *Progress in Lipid Research*，2000，39：231-255.

[37] Burton G W. Autoxidation of biological molecules 4，maximizing the antioxidant activity of phenols [J]. *J. Am. Chem. Soc.*，1985，107：7053-7065.

[38] Ronald R. Vitamin E content of fats and oils-nutritional implications [J]. *Food Technology*，1997，51 (5)：78.

[39] Lechtken. Preparation of d-alpha-tocopherol from intermediates [P]. U. S. P4 925 960.

[40] PM Bramley, Elmadfa, A Kafatos, et al. Review Vitamin E [J]. *J. Sci. Food Agric.*，2000，80：913-938.

[41] Angelo Azzi, Achim Stocker. Vitamin E：non-antioxidant roles [J]. *Progress in Lipid Research*，2000，39：231-255.

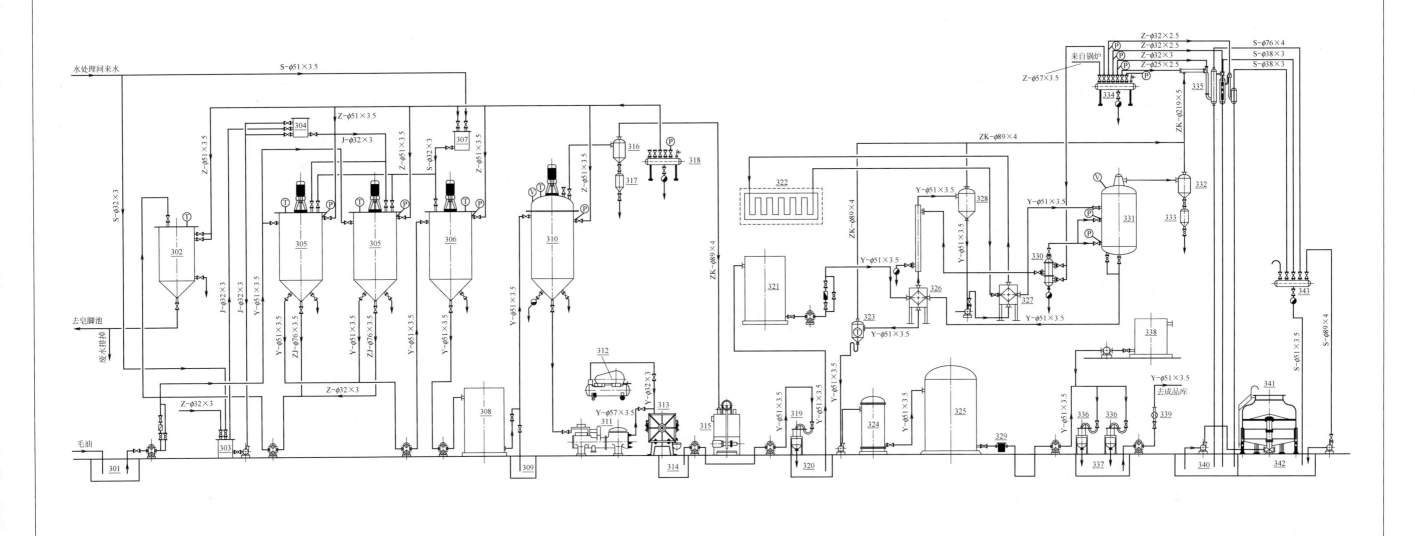

水处理间来水
S-φ51×3.5
S-φ32×3
Z-φ51×3.5
毛油
去皂脚池
废水排放

Z-φ32×2.5
Z-φ32×2.5
S-φ76×4
Z-φ32×3
S-φ38×3
Z-φ25×2.5
S-φ38×3
来自锅炉
Z-φ57×3.5

ZK-φ89×4

管道代号表

序号	代号	名 称
1	Y	油管
2	J	碱液
3	ZJ	皂脚
4	Z	蒸汽
5	S	水
6	ZK	真空

管路附件图例

序号	代号	名 称
1		球阀
2		闸阀
3		截止阀
4		止回阀
5		节流阀
6		安全阀
7		三通球阀
8		玻璃转子流量计
9		疏水器
10		椭圆转子流量计
11	P	压力表
12	T	温度表
13	V	真空表

43	343	水平衡罐	1	FSG30			
42	342	水封池	1	10m³			
41	341	玻璃钢冷却塔	1	BNGG80	5.5kW		
40	340	循环水池	1	100m³			
39	339	椭圆流量计	2	LC11-65			
38	338	柠檬酸罐	1				
37	337	过滤油池	1	YC2			
36	336	抛光过滤机	2	DL-1P1S-0.5A	全不锈钢		
35	335	蒸汽喷射泵	1	4ZP(10+60)-5			
34	334	分汽缸	1	FQG25			
33	333	储液罐	1	YCG30			

32	332	捕沫器	1	YBM80			13	313	液压板框过滤机	1	BMY50-810	0	0	聚丙烯
31	331	脱臭塔	1	YLYT200×2	全不锈钢		12	312	空气压缩机	1	2V-0.6/7-8	0	0	
30	330	分水过滤器	1	FG25			11	311	蒸汽往复泵	1	ZQS-21/17			
29	329	管道过滤器	1				10	310	脱色锅	1	LYG200			7.5kW
28	328	析气器	1	YXQ60			9	309	白土罐	1	YBT1.0			
27	327	螺旋板式换热器	1	I6B12-0.4/600-6	全不锈钢		8	308	碱炼油罐	1	YQG8			
26	326	螺旋板式换热器	2	I6B15-0.6/600 6	全不锈钢		7	307	高位水箱	1	YS1.5			
25	325	脱臭油罐	1	YCG5			6	306	水洗锅	1	LYL200			7.5/5.5kW
24	324	油冷却器	1	LNLT15			5	305	炼油锅	2	LYL200			7.5/5.5kW
23	323	平衡罐	1	YXQ60			4	304	高位碱箱	1	YJ1.5			
22	322	导热油炉	1	QXL40	23.8kW		3	303	配碱池	1	YJC0.1			
21	321	脱色油罐	1	YCG8			2	302	皂脚锅	1	LYZ180			
20	320	油池	1	YC1.5			1	301	储油罐	1	YQG8			
19	319	保险过滤机	1	DL-1PIS-0.5A			序号	代号	名 称	数量	规格型号	单重	总重	备注
18	318	分汽缸	1	FQG25										
17	317	储液罐	1	YCQ30					半连续精炼工艺流程图			武汉工业学院		
16	316	捕沫器	1	YBM60										
15	315	水喷射泵	1	ZSP-280			标记	处数	更改文件号	签字	日期	图样标记	质量	比例
14	314	油池	1	YC2			设计			标准化				
							校对			批准				1:1
							审核							
							工艺			日期			共 张	第 张

图 1-5 高烹油半连续精炼工艺流程

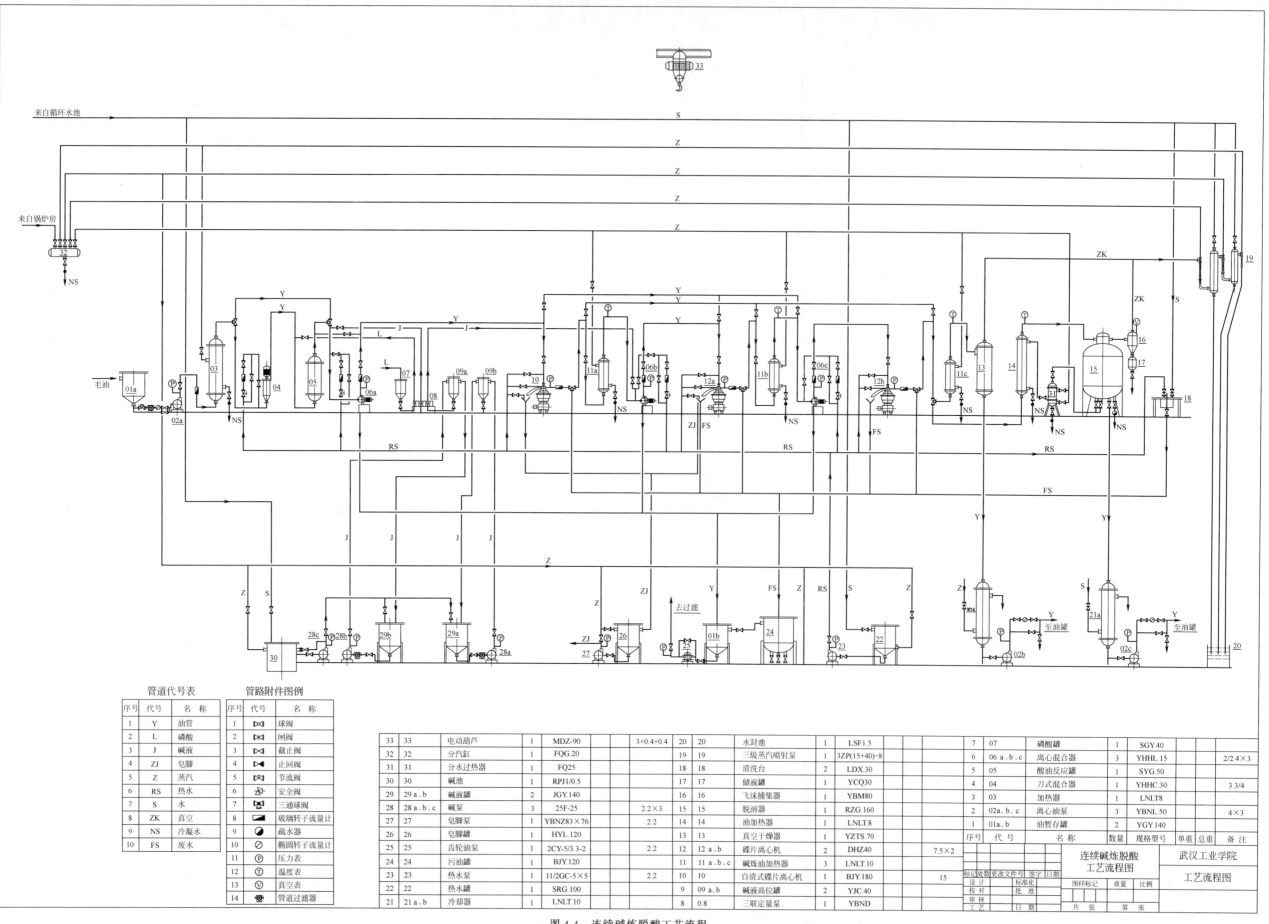

图 4-4 连续碱炼脱酸工艺流程

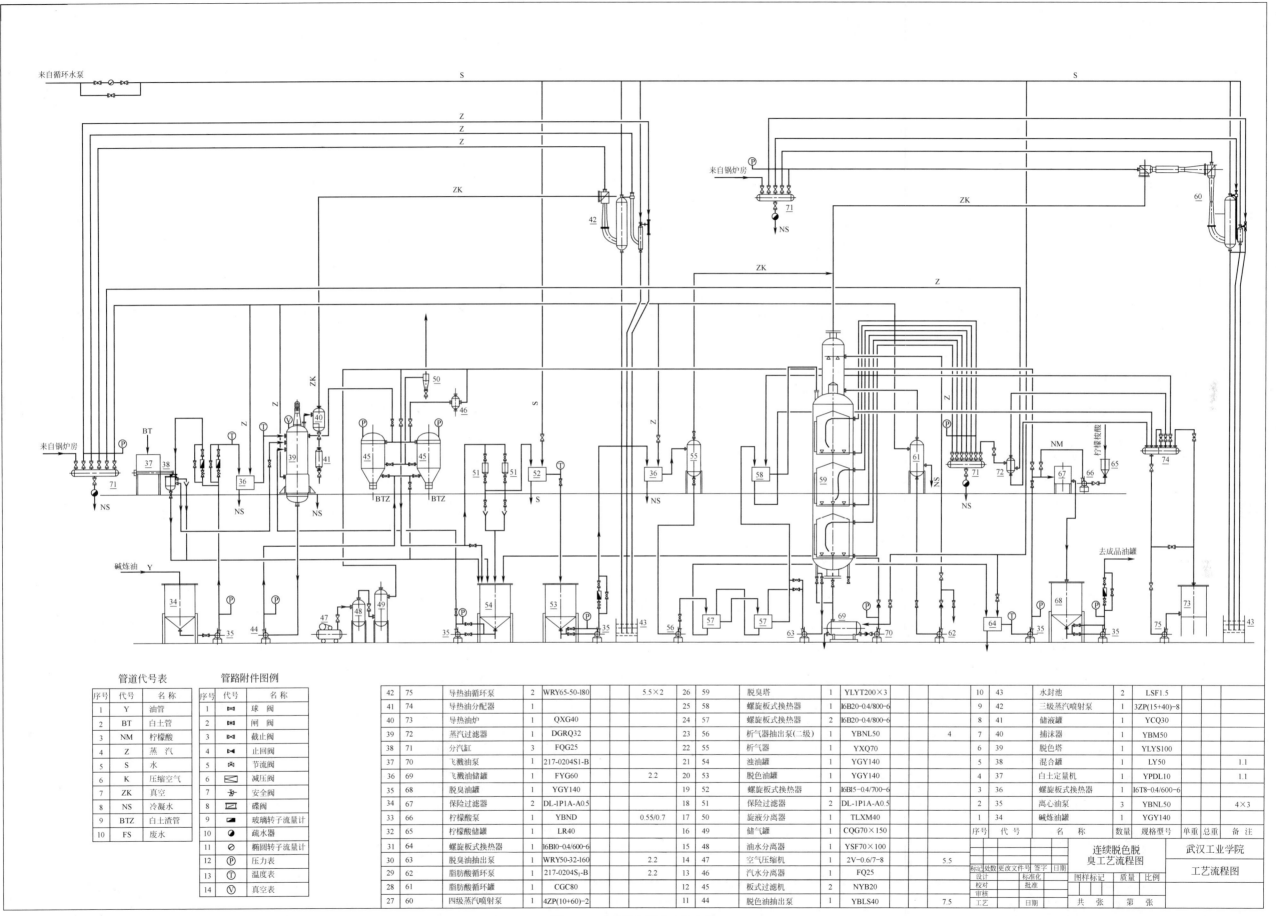

来自循环水泵

来自锅炉房

ZK

ZK

ZK

S

S

Z

Z

Z

S

来自锅炉房

碱炼油

去成品油罐

NM

柠檬酸

管道代号表

序号	代号	名称
1	Y	油管
2	BT	白土管
3	NM	柠檬酸
4	Z	蒸汽
5	S	水
6	K	压缩空气
7	ZK	真空
8	NS	冷凝水
9	BTZ	白土渣管
10	FS	废水

管路附件图例

序号	代号	名称
1		球阀
2		闸阀
3		截止阀
4		止回阀
5		节流阀
6		减压阀
7		安全阀
8		蝶阀
9		玻璃转子流量计
10		疏水器
11		椭圆转子流量计
12	P	压力表
13	T	温度表
14	V	真空表

	序号	名称	数量	规格型号			序号	名称	数量	规格型号			序号	名称	数量	规格型号	单重	总重	备注
42	75	导热油循环泵	2	WRY65-50-180	5.5×2	26	59	脱臭塔	1	YLYT200×3		10	43	水封池	2	LSF1.5			
41	74	导热油分配器	1			25	58	螺旋板式换热器	1	I6B20-04/800-6		9	42	三级蒸汽喷射泵	1	3ZP(15+40)-8			
40	73	导热油炉	1	QXG40		24	57	螺旋板式换热器	1	I6B20-04/800-6		8	41	储液罐	1	YCQ30			
39	72	蒸汽过滤器	1	DGRQ32		23	56	析气器抽出泵(二级)	4	YBNL50		7	40	捕沫器	1	YBM50			
38	71	分汽缸	3	FQG25		22	55	析气器	1	YXQ70		6	39	脱色塔	1	YLYS100			
37	70	飞溅油泵	1	217-0204S1-B		21	54	浊油罐	1	YGY140		5	38	混合罐	1	LY50			1.1
36	69	飞溅油储罐	1	FYG60	2.2	20	53	脱色油储罐	1	YGY140		4	37	白土定量机	1	YPDL10			1.1
35	68	脱臭油罐	1	YGY140		19	52	螺旋板式换热器	1	I6BI5-04/700-6		3	36	螺旋板式换热器	1	I6T8-04/600-6			
34	67	保险过滤器	2	DL-1P1A-A0.5		18	51	保险过滤器	2	DL-1P1A-A0.5		2	35	离心油泵	3	YBNL50			4×3
33	66	柠檬酸泵	1	YBND	0.55/0.7	17	50	旋液分离器	1	TLXM40		1	34	碱炼油罐	1	YGY140			
32	65	柠檬酸储罐	1	LR40		16	49	储气罐	1	CQG70×150		序号	代号	名称	数量	规格型号	单重	总重	备注
31	64	螺旋板式换热器	1	I6BI0-04/600-6		15	48	油水分离器	1	YSF70×100									
30	63	脱臭油抽出泵	1	WRY50-32-160	2.2	14	47	空气压缩机	1	2V-0.6/7-8	5.5								
29	62	脂肪酸循环泵	1	217-0204S₁-B	2.2	13	46	汽水分离器	1	FQ25									
28	61	脂肪酸循环罐	1	CGC80		12	45	板式过滤机	2	NYB20									
27	60	四级蒸汽喷射泵	1	4ZP(10+60)-2		11	44	脱色油抽出泵	1	YBLS40	7.5								

连续脱色脱臭工艺流程图

武汉工业学院

工艺流程图

标记	处数	更改文件号	签字	日期					
设计				标准化		图样标记	质量	比例	
校对				批准					
审核									
工艺			日期			共 张	第 张		

图 6-13　连续脱色脱臭工艺流程